全国高职高专教育土建类专业教学指导委员会规划推荐教材

水处理工程技术

(给水排水工程技术专业适用)

本教材编审委员会组织编写
吕宏德 主　编
张宝军　史乐君 副主编
彭永臻 主　审

中国建筑工业出版社

图书在版编目（CIP）数据

水处理工程技术/吕宏德主编. —北京：中国建筑工业出版社，2005（2022.8重印）
全国高职高专教育土建类专业教学指导委员会规划推荐教材. 给水排水工程技术专业适用
ISBN 978-7-112-06963-7

Ⅰ. 水… Ⅱ. 吕… Ⅲ. 水处理-市政工程-高等学校：技术学校-教材 Ⅳ. TU991.2

中国版本图书馆 CIP 数据核字（2005）第 032197 号

责任编辑：陈　桦　齐庆梅
责任设计：崔兰萍
责任校对：李志瑛　王雪竹

全国高职高专教育土建类专业教学指导委员会规划推荐教材
水处理工程技术
（给水排水工程技术专业适用）
本教材编审委员会组织编写
吕宏德　主　编
张宝军　史乐君　副主编
彭永臻　主　审

*

中国建筑工业出版社出版、发行（北京西郊百万庄）
各地新华书店、建筑书店经销
北京建筑工业印刷厂印刷

*

开本：787×1092 毫米　1/16　印张：28½　字数：690 千字
2005 年 6 月第一版　2022 年 8 月第十七次印刷
定价：**48.00** 元
ISBN 978-7-112-06963-7
（20892）

版权所有　翻印必究
如有印装质量问题，可寄本社退换
（邮政编码　100037）

本社网址：http://www.cabp.com.cn
网上书店：http://www.china-building.com.cn

本教材编审委员会名单

主　任：张　健

副主任：刘春泽　贺俊杰

委　员：陈思仿　范柳先　孙景芝　刘　玲　蔡可键

　　　　蒋志良　贾永康　王青山　谷　峡　陶竹君

　　　　谢炜平　张　奎　吕宏德　边喜龙

序　言

全国高职高专教育土建类专业教学指导委员会建筑设备类专业指导分委员会（原名高等学校土建学科教学指导委员会高等职业教育专业委员会水暖电类专业指导小组）是建设部受教育部委托，并由建设部聘任和管理的专家机构。其主要工作任务是，研究建筑设备类高职高专教育的专业发展方向、专业设置和教育教学改革，按照以能力为本位的教学指导思想，围绕职业岗位范围、知识结构、能力结构、业务规格和素质要求，组织制定并及时修订各专业培养目标、专业教育标准和专业培养方案；组织编写主干课程的教学大纲，以指导全国高职高专院校规范建筑设备类专业办学，达到专业基本标准要求；研究建筑设备类高职高专教材建设，组织教材编审工作；制定专业教育评估标准，协调配合专业教育评估工作的开展；组织开展教学研究活动，构建理论与实践紧密结合的教学内容体系，构筑"校企合作、产学研结合"的人才培养模式，为我国建设事业的健康发展提供智力支持。

在建设部人事教育司和全国高职高专教育土建类专业教学指导委员会的领导下，2002年以来，全国高职高专教育土建类专业教学指导委员会建筑设备类专业指导分委员会的工作取得了多项成果，编制了建筑设备类高职高专教育指导性专业目录；制定了"供热通风与空调工程技术"、"建筑电气工程技术"、"给水排水工程技术"等专业的教育标准、人才培养方案、主干课程教学大纲、教材编审原则，深入研究了建筑设备类专业人才培养模式。

为适应高职高专教育人才培养模式，使毕业生成为具备本专业必需的文化基础、专业理论知识和专业技能、能胜任建筑设备类专业设计、施工、监理、运行及物业设施管理的高等技术应用性人才，全国高职高专教育土建类专业教学指导委员会建筑设备类专业指导分委员会，在总结近几年高职高专教育教学改革与实践经验的基础上，通过开发新课程，整合原有课程，更新课程内容，构建了新的课程体系，并于2004年启动了"供热通风与空调工程技术"、"建筑电气工程技术"、"给水排水工程技术"三个专业主干课程的教材编写工作。

这套教材的编写坚持贯彻以全面素质为基础，以能力为本位，以实用为主导的指导思想。注意反映国内外最新技术和研究成果，突出高等职业教育的特点，并及时与我国最新技术标准和行业规范相结合，充分体现其先进性、创新性、适用性。它是我国近年来工程技术应用研究和教学工作实践的科学总结，本套教材的使用将会进一步推动建筑设备类专业的建设与发展。

"供热通风与空调工程技术"、"建筑电气工程技术"、"给水排水工程技术"三个专业教材的编写工作得到了教育部、建设部相关部门的支持，在全国高职高专教育土建类专业教学指导委员会的领导下，聘请全国高职高专院校本专业享有盛誉、多年从事"供热通风与空调工程技术"、"建筑电气工程技术"、"给水排水工程技术"专业教学、科研、设计的副教授以上的专家担任主编和主审，同时吸收工程一线具有丰富实践经验的高级工程师及优秀中青年教师参加编写。可以说，该系列教材的出版凝聚了全国各高职高专院校"供热通风与空调工程技术"、"建筑电气工程技术"、"给水排水工程技术"三个专业同行的心血，也是他们多年来教学工作的结晶和精诚协作的体现。

各门教材的主编和主审在教材编写过程中认真负责，工作严谨，值此教材出版之际，全国高职高专教育土建类专业教学指导委员会建筑设备类专业指导分委员会谨向他们致以崇高的敬意。此外，对大力支持这套教材出版的中国建筑工业出版社表示衷心的感谢，向在编写、审稿、出版过程中给予关心和帮助的单位和同仁致以诚挚的谢意。衷心希望"供热通风与空调工程技术"、"建筑电气工程技术"、"给水排水工程技术"这三个专业教材的面世，能够受到各高职高专院校和从事本专业工程技术人员的欢迎，能够对高职高专教学改革以及高职高专教育的发展起到积极的推动作用。

全国高职高专教育土建类专业教学指导委员会
建筑设备类专业指导分委员会
2004年9月

前　言

《水处理工程技术》是以原高等职业教育专业指导委员会水暖电指导小组会议通过的给水排水工程专业高职院校培养方案的精神为依据编写的。教学时数为116学时。

近年来，水处理工程技术的理论和工艺已取得了长足的发展，我国对水处理领域的国家标准如《生活饮用水水质规范》（2001）及《污水综合排放标准》（GB 8978—1996）进行了修订和增补，这些标准的修订和增补，使我国水处理及水资源行业的现行标准基本与国际接轨。这是本书重新编写的原因之一。

由于水处理领域理论和技术的迅速发展，使得传统的给水处理与污水处理的界限越来越模糊，难以区分哪些技术为给水处理或者污水处理所专有，如污水的生物处理技术已应用在饮用水微污染的预处理工艺中，某些给水处理技术则应用在污水的三级处理或深度处理与污水回用工艺流程中。二者涉及的单元处理技术已经融合为一体。因此，本教材以统一的水处理基本工艺理论与基本原理为原则，并将之落实在各种水的处理系统中。

本书在编写过程中，对基本概念和作用机理力求简单阐述，减少了过多的理论推导，着重介绍国内外水处理领域的新技术、新工艺，从阐述原理与工艺的角度来介绍各种处理构筑物与设备装置，了解其设计参数及运行参数，虽然对单元反应器的设计作了介绍，但着重对运行管理知识加以阐述。

基于职业教育的特征，加强了实践环节，体现了职业教育的特点。本教材试图使学生对水处理理论与工艺有初步的了解，注重对各种水处理技术原理进行广泛的介绍，对其中常见单元环节与工艺进行重点阐述，在内容深度上则注意与本科生教育的衔接与分工。

本教材理论部分基本能满足给水排水工程及环境工程专业高等专科学校的教学要求，因此，也适用于同行业高等专科学校学生使用，同时也可作为高职院校环境工程专业教材。

本书编写分工为：广州大学市政技术学院吕宏德编写（绪论、第一章、第二章、第十一章、第十二章），王涌编写（第十三章、附录）；徐州建筑职业技术学院张宝军编写（第三章、第四章、第五章、第七章）；深圳职业技术学院李绍锋编写（第八章、第九章、第十章）；平顶山工学院史乐君编写（第十五章、第十六章、第十八章），李宝宏编写（第六章、第十七章）；全书由吕宏德主编。

本书由北京工业大学彭永臻教授主审。

编写过成中，得到北京工业大学环境与能源工程学院张树军博士、广州大学土木工程学院张朝升教授、广州大学市政技术学院周美新高级工程师、黑龙江建筑职业技术学院谷峡教授、边喜龙副教授的大力支持，在此表示衷心的感谢。

由于编者水平有限，时间仓促，尽管力求完美，但书中错误和不当之处再所难免，敬请广大师生、同行及前辈学者批评指正。

编　者

目 录

绪论　水资源与水环境 ·· 1

第一篇　水质与水处理基本概论 ··· 5

第一章　水质与水质标准 ·· 5
第一节　水中杂质的种类与性质 ··· 5
第二节　河流水体的自净规律 ·· 9
第三节　给水水质标准 ·· 14
第四节　污水排放标准 ·· 16
思考题与习题 ·· 17

第二章　水处理方法概论 ·· 18
第一节　给水处理工艺流程 ·· 18
第二节　污水处理工艺流程 ·· 19
思考题与习题 ·· 21

第二篇　物理、物理化学、化学处理工艺原理 ························· 22

第三章　水质的预处理 ··· 22
第一节　格栅 ·· 22
第二节　均和调节 ·· 27
思考题与习题 ·· 30

第四章　凝聚和絮凝 ·· 31
第一节　胶体稳定性 ··· 31
第二节　混凝机理 ·· 34
第三节　混凝剂 ··· 38
第四节　混凝过程 ·· 46
第五节　混凝设施 ·· 51
思考题与习题 ·· 57

第五章　沉淀 ··· 58
第一节　悬浮颗粒在静水中的沉淀 ··· 58
第二节　理想沉淀池的沉淀原理 ·· 63
第三节　沉淀池 ··· 66
第四节　沉砂池 ··· 78
第五节　澄清池 ··· 82
思考题与习题 ·· 85

第六章　过滤 ··· 86
第一节　过滤原理 ·· 86
第二节　快滤池的构造和工作过程 ··· 90
第三节　滤料 ·· 92

第四节　配水系统和承托层 ·· 94
　　第五节　滤池的冲洗 ·· 98
　　第六节　普通快滤池的设计 ·· 103
　　第七节　其他形式滤池 ·· 106
　　思考题与习题 ··· 117

第七章　吸附 ··· 119
　　第一节　吸附原理 ··· 119
　　第二节　吸附剂 ·· 122
　　第三节　吸附工艺和设备 ··· 125
　　第四节　活性炭的再生 ·· 128
　　思考题与习题 ··· 130

第八章　氧化还原与水的消毒 ··· 131
　　第一节　氧化还原工艺 ·· 131
　　第二节　氯化与消毒 ·· 137
　　第三节　其他消毒法 ·· 141
　　思考题与习题 ··· 144

第九章　水的循环冷却 ··· 145
　　第一节　水的冷却原理 ·· 145
　　第二节　冷却构筑物类型、工艺构造及特点 ························· 148
　　第三节　循环冷却水基础 ··· 156
　　第四节　冷却水系统的综合处理 ··· 162
　　思考题与习题 ··· 166

第十章　几种特殊处理方法 ·· 167
　　第一节　化学沉淀 ··· 167
　　第二节　中和 ·· 168
　　第三节　吹脱 ·· 169
　　第四节　电解 ·· 171
　　第五节　膜法 ·· 172
　　第六节　气浮 ·· 180
　　思考题与习题 ··· 186

第三篇　生物处理理论与应用 ·· 187

第十一章　污水的生物处理法（一）——活性污泥法 ·········· 187
　　第一节　概述 ·· 187
　　第二节　活性污泥法基本概念和工艺流程 ···························· 188
　　第三节　活性污泥对有机物的净化过程与机理 ····················· 192
　　第四节　活性污泥法的运行方式 ··· 196
　　第五节　曝气原理与曝气池构造 ··· 200
　　第六节　活性污泥法的工艺设计 ··· 210
　　第七节　活性污泥法的脱氮除磷原理及应用 ························ 226
　　第八节　活性污泥法的发展与新工艺 ·································· 232
　　第九节　活性污泥法污水处理系统的运行控制与管理 ··········· 237
　　思考题与习题 ··· 242

第十二章 污水生物处理（二）——生物膜法 … 243
- 第一节 生物膜的构造及净化机理 … 243
- 第二节 生物滤池 … 245
- 第三节 生物曝气滤池 … 256
- 第四节 生物转盘 … 259
- 第五节 生物接触氧化法 … 268
- 思考题与习题 … 271

第十三章 厌氧生物处理 … 273
- 第一节 概述 … 273
- 第二节 厌氧生物处理机理 … 275
- 第三节 污泥厌氧生物处理 … 277
- 第四节 两相厌氧生物处理 … 284
- 第五节 升流式厌氧污泥床（UASB法）… 286
- 第六节 悬浮式厌氧生物处理法 … 288
- 第七节 厌氧生物膜法 … 290
- 思考题与习题 … 293

第十四章 污水的自然生物处理 … 294
- 第一节 稳定塘 … 294
- 第二节 土地处理 … 305
- 思考题与习题 … 310

第十五章 污泥的处理与处置 … 311
- 第一节 概述 … 311
- 第二节 污泥浓缩 … 319
- 第三节 污泥好氧消化 … 326
- 第四节 污泥的干化与脱水 … 327
- 第五节 污泥的消毒、干燥与焚烧 … 334
- 第六节 污泥的最终处置与利用 … 337
- 思考题与习题 … 338

第四篇 水处理工艺及工程实例 … 340

第十六章 几种特殊水源水及特殊要求水的处理 … 340
- 第一节 地下水除铁除锰处理 … 340
- 第二节 软化、除盐与锅炉水处理 … 343
- 第三节 水的除臭除味处理 … 355
- 第四节 水的除氟处理 … 357
- 第五节 水的除藻 … 358
- 第六节 游泳池水处理 … 359
- 思考题与习题 … 361

第十七章 地表水给水处理系统 … 362
- 第一节 给水处理工艺系统的选择原则 … 362
- 第二节 一般地表水处理系统 … 364
- 第三节 高浊度水处理系统 … 365
- 第四节 微污染水处理系统 … 367

  第五节 优质饮用水处理系统 …… 372
  第六节 净水厂工艺设计 …… 375
  思考题与习题 …… 381
第十八章 污水处理工艺系统 …… 382
  第一节 城市污水处理 …… 382
  第二节 城市污水的深度处理与回用 …… 402
  第三节 工业废水的处理 …… 407
  思考题与习题 …… 435
附录 …… 437
  附录1 我国鼓风机产品规格 …… 437
  附录2 氧在蒸馏水中的溶解度 …… 437
  附录3 空气管道计算图 …… 438
  附录4 泵型曝气叶轮的技术规格 …… 439
  附录5 平板叶轮计算图 …… 440
主要参考文献 …… 442

绪论 水资源与水环境

一、水资源的基本含义

水是人类生产和生活不可缺少的物质，是生命的源泉，也是工农业生产和经济发展不可取代的自然资源。

随着工农业生产的发展，世界人口的不断增长，尤其近几十年来人民生活水平的日益提高，用水量逐年增加。因此，每个国家都把水当作一种宝贵的资源，并加以开发、保护和利用。各国对水资源的概念理解有所不同。水资源一词最早出现在1894年美国地质调查局水资源处，其主要职责是测量和观察地表水和地下水；1963年英国通过了水资源法，将水资源定义为"具有足够数量的可用水源"。在《英国大百科全书》中，水资源被定义为"全部自然界任何形态下的水，包括气态水、液态水和固态水。"1977年联合国教科文组织建议水资源为"可以利用或有可能被利用的水源，具有足够数量和可用的质量，并能在某一点为满足某种用途而被利用。"

在我国1988年颁布的《中华人民共和国水法》和1994出版的《环境科学词典》，分别对水资源加以解释。综上所述，水资源可以定义为：人类长期生存、生活和生产过程中所需要的各种水，既包括了数量和质量的定义，又包括了使用价值和经济价值。从水资源的定义可知，其含义很广。从广义来讲是指人类能够直接或间接使用的各种水和水中的物质，作为生活资料和生产资料的天然水，在生产过程中具有经济价值和使用价值的水都可为水资源；从狭义上讲，就是人类能够直接使用的淡水，这部分水主要指江、河、湖泊、水库、沼泽及渗入地下的地下水。目前，人类把它用来满足生活、农业、工业等方面的用水。不论从广义上还是狭义上讲，水资源都包含着"量与质"的要求，不同的用水对质与量有不同的要求，其在一定的条件下可以相互转化。

二、水循环

地球上的水时时刻刻都在运动中，而且可以相互交换。我们生存的地球上，总表面积为 5.1×10^8 平方千米，其中海洋面积占全球面积的70.8%，陆地面积约占29.2%。海洋储量占地球水总量的96.5%，陆地表面水量为3.5%。如果没有水的运动，陆地的水很快就会枯竭。正是由于地心引力及太阳的辐射作用，使得各种状态的水从海洋、江河、湖泊、沼泽、水库及陆地表面的植被中，蒸发、散发变成水汽，上升到空中，一部分被气流带到其他区域，在一定条件下凝结，通过降水的形式落到海洋或陆地上；一部分滞留在空中，待条件成熟，降到地球表面；降到陆地上的水，在地心引力的作用下，一部分形成地表的径流流入江河，最后流入海洋，还有一部分渗入了地下，形成了地下径流，另外，还有一小部分又重新蒸发回空中。这种现象称之为水的循环。

根据其循环途径可分为大循环和小循环。

大循环是指海陆之间的水分交换，即海洋中的水蒸发到空中后，飘移到大陆上凝结后降落到地表面，一部分汇入江河，通过地面径流，回归大海，另一部分渗入地下，形成地下水,通过地下径流等形式汇入江河或海洋。

小循环是指海洋或陆地的水汽上升到空中凝结后又各自降入海洋或陆地上,没有海陆之间的交换,即陆地或者海洋本身的水单独循环的过程。

水循环还包括水的社会循环

人们在生活和生产过程中需要天然水体中的水,作为人类维持生命活动的基础物质以及生产过程的必须物质。这部分水,经过人们正常生活和生产过程使用后又重新排入自然环境中,这种循环方式,主要是通过城市的供排水管网来实现循环,即人们通过城市供水系统的取水设施从水源中取出可用水,经过适当处理后,送入千家万户及工业生产过程中,经使用后,水质在不同程度受到污染,在经过城市排水管网输送到指定位置,经处理后排回自然水体。这一过程是人类生活生产过程中必备的条件,循环往复,构成了水的社会循环。

三、水资源

地球表面的 70.8% 以上被水覆盖,总水量约为 $1.39 \times 10^9 km^3$,其中海洋水占 96.5%,地下水占 1.69%,冰川及永久积雪占 1.74%,湖泊水、水库水及沼泽水占 0.0138%,江河水占 0.0002%,大气水占 0.001%。其中在总储量中,咸水占 97.5%,淡水占 2.5%,而且仅有的淡水中又有 69.5% 为固态水,主要储存在高山及永冻层内,南北两极的储量最多,另一部分为地下水,占淡水的 30%。只有少部分存在于江河、湖泊、沼泽及大气中。全球储水量见表 0-1。

全球储水量   表 0-1

水体种类	储水总量		咸水水量		淡水水量	
	万(km³)	比例	万(km³)	比例	万(km³)	比例
海洋水	133800.00	96.54%	133800.00	99.04%	0	0
地表水	2425.41	1.75%	8.54	0.006%	2416.87	69.0%
冰川与冰盖	2406.41	1.736%	0	0	2406.41	68.7%
湖泊水	17.64	0.013%	8.54	0.006%	9.10	0.26%
沼泽水	1.15	0.0008%	0	0	1.147	0.033%
河流水	0.21	0.0002%	0	0	0.21	0.006%
地下水	2370.00	1.71%	1287.00	0.953%	1083.00	30.92%
重力水	2340.00	1.688%	1287.00	0.953%	1053.00	30.06%
永冻土底冰	30.00	0.022%	0	0	30.00	0.86%
土壤水	1.65	0.001%	0	0	1.65	0.05%
大汽水	1.29	0.0009%	0	0	1.29	0.04%
生物水	0.11	0.0001%	0	0	0.11	0.003%
全球总储水量	138598.46	100%	135095.54	100%	3502.92	100%

(一)我国水资源概况

我国国土面积为 960 万平方千米,由于地域辽阔,降雨量地区分布不均匀,特点如下:西北地区干旱,东南地区多雨;山区降雨多于平原,年降水量总的趋势为西北内陆向东南沿海递增。

据统计，我国平均年降雨量为 6.2×10^{13} m³，平均年降雨深度 648mm，与全世界陆地平均降水深度 798mm 相比，小于世界平均降雨量，也小于亚洲平均年降水深度 741mm。多年河川年径流量为 2.71×10^{13} m³，多年平均地下水资源量 8.29×10^{12} m³，扣除两者重复量，全国多年平均年水资源量为 2.81×10^{13} m³。从总淡水量上看，我国的水资源并不算缺乏，但我国人口重多，人均占有资源量仅为 2360m³，相当于世界人均占有量的 1/4，美国的 1/6，巴西和俄罗斯的 1/11，加拿大的 1/50。人均占有水量为世界的 121 位，属贫水国。

(二) 我国水资源的特点

1. 水资源地区分布不均匀

从地表水资源看，东南部地区丰富，西北部地区缺乏。全国 90% 的地表径流，70% 的地下径流在南方地区，而占全国 50% 的北方地区只占 10% 的地表径流和 30% 的地下径流。

2. 时间分布不均匀

我国大部分地区的降水年内分配不均，年际变化大。南方地区受东南季风影响，雨季一般长达半年，每年集中在 3~7 月份降雨，占全年降雨量的 50%~60%；北方地区，降水期较集中，一般在 6~9 月份，降水量占全年的 70%~80%。西北地区为最干旱地区，主要位于新疆、宁夏、甘肃、内蒙的西北部的沙漠地带，降雨量的年际变化率大，因此上述地区大多干旱少雨，河流较少，且有较大面积的无流区域。

(三) 我国水资源存在的问题

随着人类社会经济的发展，各国的用水量迅速增加。据统计 20 世纪初全世界的年用水量为 4000 亿 m³，到 20 世纪末增加到 40000 多亿 m³，我国在上世纪 80 年代初用水为 450 亿 m³，到了 20 世纪末已达 700 亿 m³。工农业用水量增大，加剧了水资源的供需矛盾，再有污水排放量的增加，使得人类赖以生存的水资源环境受到了破坏，水体受到污染，环境恶化。虽然人类在积极地利用和改造并力争保持天然水源不受污染，但由于人类对自然环境的认识不深，不自觉地使天然水资源环境遭受破坏。目前，全国的日排污水量达 1.26 亿 m³，而大多数污水未经处理直接排入水体，使地表水系统及近海受到污染。我国各流域的污水排放情况见表 0-2。

由于人类的活动，使得河川的径流量减少，加上人类不限量开采，使得有限的水资源枯竭，主要表现在地表水的减少，地下水衰竭，致使地面沉降。我国的用水量近 50 年迅速增加，使河川径流减少，西北、华北的环境和生态引起较大的变化，塔里木河为我国内陆河，流域人口 780 万，由于这些年的大量引水灌溉和一些不合理的开发利用，使下游流量迅速减少，流域面积减小，1998 年统计，该河已缩短了 320km 的径流。地下水的大量开采使得地面下沉。据统计我国有 50 多个城市出现地面下沉等地质灾害。

水体污染是指排入水体的污染物质的含量超过了水体本身的自净能力，使得水的性质发生变化，影响使用。造成水体污染的主要因素是城市污水的排放。生活污水中重要污染成分为有机物、无机盐类及病原菌和病毒，还含有较高浓度的氮磷，氮磷会使水体产生富营养化造成水体污染；工业用水产生的废水中含有大量的有毒和有害物质，流入水体后，造成水体的严重污染；另外在农业灌溉中，由于在农业中使用了大量的化肥、农药也会造成水体污染。

各流域废污水量和污径比（污水水量单位：10^4 t/d） 表0-2

	流域片 项目	黑龙江	辽河	海滦河	黄河	淮河	长江	珠江	浙闽诸河	西南诸河	内陆河	全国
废污水	工业废水	398.3	606.4	828.0	406.6	578.2	2919.6	866.9	460.4	24.2	68.6	7157.2
	占总量百分比(%)	86.5	85.7	82.0	81.9	82.8	81.8	85.9	83.6	87.4	66.0	82.9
	生活废水	62.2	100.9	182.1	89.7	120.3	649.4	142.5	90.2	3.5	35.3	1476.1
	占重量百分比(%)	13.5	14.3	18.0	18.1	17.2	18.2	14.1	16.4	12.6	34.0	17.1
	废污水总量	460.5	707.3	1010.1	496.3	698.5	3569.0	1009.4	500.6	27.7	103.9	8633.3
	占全国百分数(%)	5.3	8.2	11.7	5.7	8.1	41.1	11.7	6.4	0.3	1.2	100.0
	顺序	8	4	3	7	5	1	2	6	10	9	
污径比	污径比	0.014	0.053	0.128	0.027	0.034	0.014	0.008	0.010	0.0002	0.003	
	顺序	5	2	1	4	3	6	8	7	10	9	

注：① 含额尔齐斯河；
② 未统计台湾省的废污水量。

水体污染能使人类产生疾病，例如含镉水能使人体产生骨痛现象，饮用水含汞过高能引起水俣病。上述两种疾病在日本均发生过，造成59人死亡，上万人发病。

我国的污水年排放量为460亿 m^3（2003年统计其中生活污水247.6亿 m^3、工业废水212.4亿 m^3），这些污水绝大多数未经处理而直接排放，造成了江河、湖泊和地下水的污染。

第一篇 水质与水处理基本概论

第一章 水质与水质标准

第一节 水中杂质的种类与性质

一、天然水体的类型及杂质的特征

（一）天然水体的类型

天然水体按水源的种类可分为地表水和地下水两种，地表水是指经地表径流的江河水及湖泊、水库及海洋水；地下水根据其埋藏条件可为上层滞水、潜水、承压水。

（二）天然水中的杂质及其特征

1. 天然地表水的杂质特征

天然地表水体的水质和水量受人类活动影响较大，几乎各种污染物质可以通过不同途径流入地表水，且向下游汇集。

水是一种很好的溶剂，它不但可以溶解全部的可溶物质，而且一些不溶的悬浮物、胶体和一些生物等均可以存在于水体中，因此，自然界中的各种水源都含有不同成分的杂质。按杂质颗粒的尺寸大小可分为悬浮物、胶体和溶解物质三类。以悬浮物形式存在的主要有石灰、石英、石膏及黏土和某些植物；呈胶体状态的有黏土、硅和铁的化合物及微生物生命活动的产物即腐殖质和蛋白质；溶解物质包括碱金属、碱土金属及一些重金属的盐类，还含有一些溶解气体，如氧气、氮气和二氧化碳等。除此之外，还含有大量的有机物质。水中杂质分类见表1-1。

水中杂质分类　　　　　　　　　表1-1

杂 质	溶解物		胶 体		悬浮物	
颗粒尺寸	0.1nm　　1nm	10nm　　100nm　　1μm	10μm　　100μm　　1mm
分辨工具	电子显微镜	超显微镜	显微镜	肉眼
外观	透明	浑浊	浑浊	

2. 天然水的特性指数

表征水的物理性质的指标有色度、嗅、味、混浊度、固体含量及温度等。

嗅和味主要来源于水体自净过程的水生动植物及微生物的繁殖和衰亡及工业废水中的各种杂质。目前，测定水的嗅与味只能靠人体的感官进行。

色度表现在水体呈现的不同颜色。纯净水无色透明，天然水中含有黄腐酸呈黄褐色，含有藻类的水呈绿色或褐色，较清洁的地表水色度一般为 15～25 度，湖泊水可达 60 度以上。饮用水色度不超过 15 度。

浑浊度是表示水中含有悬浮及胶体状态的杂质物质。浑浊度主要来自于生活污水与工业废水的排放。

水温与水的物理化学性质有关，气体的溶解度、微生物的活动及 pH 值、硫酸盐的饱和度等都受水温影响。

一般来讲天然水源的地下水水质的悬浮物较少，但由于水流经岩层时溶解了各种可溶的矿物质，所以其含盐量高于地表水（海水及咸水湖除外），故其硬度高于地表水，我国地下水总硬度平均为 60～300mg/L 之间，有的地区可高达 700mg/L。地表水主要以江河水为主，其水中的悬浮物和胶体杂质较多，浊度高于地下水，但其含盐量和硬度较低。

二、水体污染及污水的分类

水体污染是排入水体的污染物质总量超过了水体本身的自净能力，主要是由于人类生活、生产造成的。其主要污染源为工矿企业生产过程产生的废水，城镇居民生活区的生活污水与农业生产过程中产生有机农药污水也对水体产生污染。生活污水是指人类在日常生活中使用过的，并被生活废弃物所污染的水；工业废水是在工矿企业生产过程中使用过的并被生产原料等废料所污染的水。当工业废水污染较轻时，即在生产过程中没有直接参与生产工艺，没有被生产原料严重污染，如只是水温有所上升，这种污水通常称为生产废水，相反，污染严重的水称为生产污水。

初期的降水由于冲刷了地表的各种污染物，污染也很大，应做净化处理。生活污水和工业废水的混合污水，称为城市污水。

污水经净化处理后最后的出路为排放水体，灌溉农田和重复利用。排放水体是污水的自然归宿。当污水排入水体后，水体本身具有一定的稀释与净化能力，污染物浓度能得以降低，但也是造成水体污染的重要原因。灌溉农田可以节约水资源，但必须符合灌溉的有关规定，如果用污染超标水灌溉，一则不利农作物生长，二则污染了地下水或地表水。因此，农业灌溉用水也是水体受到污染的原因之一。

三、污水的性质

污水中的污染物质复杂多样，根据对环境造成的危害及污染物质的不同，其性质和特征主要表现在物理性质、化学性质和生物性质等方面，下面分别介绍。

（一）物理性质及其指标

表示污水物理性质的指标有水温、臭味、色度以及固体物质等。

1. 水温

污水的水温，对污水的物理性质、化学性质、生物性质有直接影响。许多工业排出的废水温度较高；生活污水的年平均温度相差不大，一般在 10～20℃ 之间。水温升高影响水生生物的生存，水中的溶解氧随水温的升高而减小；而在另一方面，水温升高加速了污水中好氧微生物的耗氧速度，导致水体处于缺氧和无氧状态，使水质恶化。城市污水的水温与城市排水管网的体制及生产污水所占的比例有关。一般来讲，污水生物处理的温度范围在 5～40℃。

2. 臭味

臭和味是一项感官性状指标。天然水是无色无味的。水体受到污染后产生气味，影响了水环境。生活污水的臭味主要由有机物腐败产生的气体造成，主要来源于还原性硫和氮的化合物，工业废水的臭味主要由挥发性化合物造成。

3. 色度

生活污水的颜色一般呈灰色。工业废水的色度由于工矿企业的不同而差异很大，如印染、造纸等生产污水色度很高，使人感官不悦。

4. 固体物质

水中所有残渣的总和为总固体（TS），其测定方法是将一定量水样在105～110℃烘箱中烘干至恒重，所得含量即为总固体量。总固体量主要是有机物、无机物及生物体三种组成。亦可按其存在形态分为：悬浮物、胶体和溶解物。显然，总固体包括溶解物质（DS）和悬浮固体物质（SS）。悬浮固体是由有机物和无机物组成，根据其挥发性能，悬浮固体又可分为挥发性悬浮固体（VSS），亦称灼烧减重和非挥发性悬浮固体（NVSS）或称灰分两种。挥发性悬浮固体主要是污水中的有机质，而非挥发性固体为无机质。生活污水中挥发性悬浮固体约占70%左右。

溶解固体的浓度与成分对污水处理效果有直接影响，悬浮固体含量较高能使管道系统产生淤积和堵塞现象，也可使污水泵站的设备损坏。如果不处理直接排入受纳水体，能造成水生动物窒息，破坏生态。

（二）污水的化学性质及其指标

1. 有机物指标

城市污水中含有大量的有机物，其主要是碳水化合物、蛋白质、脂肪等物质。由于有机物种类极其复杂，难于逐一定量。但上述有机物都有被氧化的共性，即在氧化分解中需要消耗大量的氧，所以可以用氧化过程消耗的氧量作为有机物的指标。所以在实际工作中经常采用生物化学需氧量（BOD）、化学需氧量（COD）、总有机碳（TOC）、总需氧量（TOD）等指标来反映污水中有机物的含量。

（1）生物化学需氧量（Bio-Chemical Oxygen Demand 缩写 BOD）

生物化学需氧量也称生化需氧量。

在一定条件下，即水温为20℃，由于好氧微生物的生活活动，将有机物氧化成无机物（主要是水、二氧化碳和氨）所消耗的溶解氧量，称为生物化学需氧量，单位为mg/L。

污水中的有机物分解一般分为两个阶段进行。在第一阶段，主要是将有机物氧化分解为无机的水、二氧化碳和氨，也称为碳氧化阶段；第二阶段，主要是氨被转化为亚硝酸盐和硝酸盐，此阶段也称硝化阶段。

生活污水中的有机物需要20天左右才能完成第一阶段过程，即测定第一阶段的生化需氧量至少需要20天时间，而要想完成两个阶段的氧化分解需要100天以上，所以在实际工作中要想测得准确的数值需要时间太长，有一定难度，故工程实际中常用5天生化需氧量（BOD_5）作为可生物降解有机物的综合浓度指标。

五天的生化需氧量（BOD_5）约占总生化需氧量（BOD_u）的70%～80%，即测得BOD_5后，基本能折算出BOD_u的总量。

（2）化学需氧量（Chemical Oxygen Demand 缩写 COD）

在污水中的有机物按被微生物降解的难易程度可分为两类：可生物降解有机物和难于被生物降解有机物；这两类有机物都能被氧化成无机物，但氧化的方法完全不同。易于被微生物降解的有机物，在温度一定，有氧的条件下，可以用生物化学需氧量（BOD）测定出其含量，而难于被微生物降解的有机物，不能直接用生物化学需氧量表现出来，所以BOD不能准确地反映污水中有机污染物质的含量。

化学需氧量（COD）是用化学氧化剂氧化污水中有机污染物质，氧化成 CO_2 和 H_2O，测定其消耗的氧化剂量，用（mg/L）来表示。常用的氧化剂有两种，即重铬酸钾和高锰酸钾。重铬酸钾的氧化性略高于高锰酸钾。以重铬酸钾作氧化剂时，测得的值称 COD_{cr} 或 COD；用高锰酸钾作氧化剂测得的值为 COD_{Mn} 或 OC。

显然化学需氧量（COD）能反映出易于被微生物降解的有机物，同时又反映出难于被微生物降解的有机物，能较精确地表示污水中有机物的含量。

对于同一种水样，如果同时测定 BOD_u 和 COD 两个数值有较大的差别，如 COD 数值大于 BOD_u，两者的差值大致等于难于被生物降解的有机物量。差值越大，表明污水中难于被生物降解的有机物量越多，越不宜采用生物处理方法。所以，BOD_5/COD 的比值，是可以用来判别污水是否可以生化处理的标志。一般认为比值大于 0.3 的污水，基本能采用生物处理方法。据统计，城市污水 BOD_5/COD 的比值一般为 0.4～0.65 之间。

COD 的测试需要时间较短，一般需几个小时即可测得，较测得 BOD 方便。但只测得 COD 值，只能反映总有机物的含量，并不能判别易于被生物降解的有机物和难于被生物降解的有机物所占的比例，所以，在实际工程中，要同时测试 BOD_5 与 COD 两项指标作为污水处理领域的重要指标。

（3）总有机碳（Total Organic Carbon 缩写 TOC）

TOC 的测定原理为：将一定数量的水样，经过酸化后，注入含氧量已知的氧气流中，再通过铂作为触媒的燃烧管，在 900℃ 高温下燃烧，把有机物所含的碳氧化成二氧化碳，用红外线气体分析仪记录 CO_2 的数量，折算成含碳量即为总有机碳。在进入燃烧管之前，需用压缩空气吹脱经酸化水样中的无机碳酸盐，排除测试干扰。单位为（mg/L）表示。

（4）总需氧量（Total Oxygen Demand 缩写 TOD）

有机物的主要组成元素为碳、氢、氧、氮、硫等。将其氧化后，分别产生 CO_2、H_2O、NO_2 和 SO_2 等物质，所消耗的氧量称为总需氧量，以 mg/L 表示。

TOD 和 TOC 都是通过燃烧化学反应，测定原理相同，但有机物数量表示方法不同，TOC 是用含碳量表示，TOD 是用消耗的氧量表示。

当在水质条件较稳定的污水，其测得的 BOD_5、COD、TOD 和 TOC 之间，数值上有下列排序：

$$TOD > COD_{cr} > BOD_u > BOD_5 > TOC$$

五者之间有一定的相关关系。生活污水 BOD_5/COD 约为 0.4～0.65，BOD_5/TOC 比值为 1.0～1.6。工业废水上述两个比值决定于工业废水的性质。

2. 无机物指标

无机物指标主要包括氮、磷、无机盐类和重金属离子及酸碱度等。

（1）污水中的氮磷物质

污水中的氮、磷为植物的营养物质，对高等植物的生长，N、P 是宝贵物质，而对天然水体中的藻类,虽然是生长物质,但藻类的大量生长和繁殖,能使水体产生富营养化现象。

(2) 无机盐类

污水中的无机盐类,主要指污水中的硫酸盐,氯化物和氰化物等。硫酸盐来自人类排泄物及一些工矿企业废水,如洗矿、化工、制药、造纸等工业废水。污水中的硫酸盐用 SO_4^{2-} 表示,可以在缺氧状态下,在硫酸盐还原菌和反硫化菌的作用,还原成 H_2S。硫化物主要来自人类排泄物。某些工业废水含有较高的氯化物,它对管道及设备有腐蚀作用。

污水中的氰化物主要来自电镀、焦化、制革、塑料、农药等工业废水。氰化物为剧毒物质,在污水中以无机氰和有机腈两种类型存在。

除此以外,城市污水中还存在一些无机有毒物质,如无机砷化物,主要以亚砷酸和砷酸盐形式存在。砷会在人体内积累,属致癌物质。

(3) 重金属离子

污水中重金属离子主要有汞、镉、铅、铬、锌、铜、镍、锡等。重金属离子以离子状态存在时毒性最大,这些离子不能被生物降解,通常可以通过食物链在动物或人体内富集,产生中毒现象。上述金属离子在低浓度时,有益于微生物的生长,有些离子对人类也有益,但其浓度超过一定值后,即有毒害作用。需要说明的是,有些重金属,具有放射性,在其原子裂变的过程中会释放一些对人体有害的射线,主要有 α 射线、β 射线及 γ 射线及质子束等。产生这些放射物质的金属主要是镧系和锕系元素,这些物质在生活污水中很少见,在某些工业废水如采矿业及核工业废水中会出现。一般情况在城市污水中的含量极低。放射性物质能诱发白血病等疾病。

(4) 酸碱污染物

主要由排入城市管网的工业废水造成。水中的酸碱度以 pH 值反映其含量。酸性废水的危害在于有较大的腐蚀性;碱性废水易产生泡沫,使土壤盐碱化。一般情况下,城市污水的酸碱性变化不大,微生物生长要求酸碱度为中性偏碱为最佳,当 pH 值超出 6~9 的范围,对人畜造成危害。

(三) 生物性质及其指标

污水中生物污染物是指污水中能产生致病的微生物,以细菌和病毒为主。主要来自生活污水、制革污水、医院污水等含有病原菌、寄生虫卵及病毒的污水。污水中的绝大多数微生物是无害的,但有一部分能引起疾病,如肝炎、伤寒、霍乱、痢疾、脑炎、脊髓灰质炎、麻疹等。因此,了解污水的生物性质意义重大。

污水生物性质检测指标为大肠菌群数、大肠杆菌指数、病毒及细菌总数。大肠菌群数是每升水样中含有的大肠菌群数目,以个/升表示,大肠菌群指数是以查出一个大肠菌群所需的最少水样的水量,以毫升表示。

第二节 河流水体的自净规律

水体的自净过程是排入污染物的受纳水体的固有能力,其接纳的污染物质对每个水体是有限的。水体具有的这种自净能力称为自净容量,自净容量的大小取决于天然水体的流量,流速等水文条件。当自净容量的潜力很大时,利用水体的稀释和自净能力,能取得暂时的经济上的好处。

水体受到污染后，经过复杂的过程，使污染物的浓度降低，受污染的水体部分地或完全地恢复原来状态，这种现象称为水体自净。水体自净现象从净化机理来看可分为三类，即物理净化作用、化学净化作用和生物净化作用。物理净化（图1-1）是指污染物质由于稀释、混合、沉淀、挥发使河水的污染物质降低的过程，但这种过程，污染物质总量不减；化学净化是指污染物由于氧化、还原、中和、分解合成等使河水污染物降低的过程，这种过程只是将污染物质存在的形态及浓度发生了变化，但总量不减；生物净化是由于水中生物活动，尤其水中微生物的生命活动，使得有机污染物质氧化分解从而使得污染物质降低的过程。这一过程能使有机污染物无机化，浓度降低，污染物总量减少，这一过程是水体自净的主要原因。

一、物理净化作用

1. 混合、稀释和扩散

污染物排入水体后，在水体的流动过程中，逐渐和水体相混合，使污染物的浓度不断降低的过程为稀释。

混合过程可分为三个阶段：①竖向混合阶段；②横向混合阶段；③断面完全混合阶段。

竖向混合阶段：亦称为深度方向的混合。一般的河流的宽度远远大于水深，所以污染物第一时间应在深度方向完成浓度分布，使其均匀；横向混合阶段：当深度上浓度分布均匀后，在横向上（河宽）存在混合过程，经过一段时间后，污染物在整个横断面上浓度分布均匀；断面完全混合阶段：横向和纵向的污染物浓度分布完全相同，即污染物完全均匀地混合在河流的每个断面上。由于有些大江大河的河床宽阔，污水与河水不容易达到完全混合，只能与部分河水混合。完全混合阶段是稀释的理想阶段。

产生扩散有三种方式：

（1）分子扩散作用：是由污染物分子的布朗运动引起的物质分子扩散；

（2）紊流扩散作用：是由水体的流态（紊流）造成的污染物浓度降低的扩散；

（3）弥散：是由于水体沿水深方向流速分布不均，造成各水层之间流速不同，使污染物浓度的扩散过程。

混合也是稀释过程。影响混合稀释的原因很多，如污水排放口的位置、排放方式、河水流量与污水的混合流量之比，以及河段的各种水文、地质等条件。

污水进入水体后，并不能立刻完全混合，而是要有一个过程。对于河流，混合稀释效果取决于混合系数 α

$$\alpha = \frac{Q'}{Q_{总}} \tag{1-1}$$

α——混合系数

Q'——参与混合的河水流量，m^3/s；

$Q_{总}$——河水的总流量，m^3/s。

但参与混合的河水流量 Q' 在实际中很难确定，因此，计算断面的混合系数最简便的公式为：

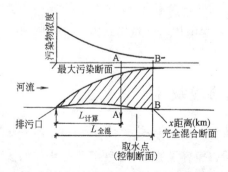

图1-1 水体的物理净化过程图

$$\alpha = \frac{L_{计算}}{L_{全混合}} \qquad (L_{计算} \leqslant L_{全混合}) \tag{1-2}$$

$L_{计算}$——排水口至计算断面的距离，km；

$L_{全混合}$——排污口至完全混合断面的距离，km；

α——混合系数，当$L_{计算} \geqslant L_{全混合}$，$\alpha=1$，即污水与水体完全混合。

对于岸边集中排放污水时排放点与完全混合断面的距离统计数据见表1-2。

岸边排污口与完全混合断面距离（km） 表1-2

河水流量与污水流量之比值 Q/q	河水流量 Q（m³/s）			
	5	5~50	50~500	>500
5:1~25:1	4	5	6	8
25:1~125:1	10	12	15	20
125:1~600:1	25	30	35	50
>600:1	50	60	70	100

注：当污水在河心进行集中排污时，表列距离可缩短至2/3；当进行分散式排污时，表列距离可缩短至1/3。

当只考虑单纯的稀释作用时，完全混合断面，污水平均浓度为：

$$C = \frac{C_W q + C_R \alpha Q}{\alpha Q + q} \tag{1-3}$$

式中 C_W——原污水中某污染物的浓度，mg/L；

q——污水流量，m³/s；

C_R——河水中该污染物的浓度，mg/L；

Q——河水流量，m³/s。

若原河水中无该污染物质，即$C_R=0$时，式（1-3）简化为：

$$C = \frac{C_W q}{\alpha Q} = \frac{C_W}{n} \tag{1-4}$$

式中 n——河水与污水的稀释比，$n = \frac{\alpha Q}{q}$。

2. 沉淀

当污染物质排入水体后，仍然具有较大的颗粒，河流流速和污染物颗粒能满足沉淀过程，污染物浓度可以被降低，直径较大的颗粒大多沉在水体的底部，形成底泥。当河水流速增加即出现洪水现象，底泥可能被冲刷起来，对河水造成二次污染。

二、化学净化作用

化学净化作用可分为化学和物理化学过程。水体中含有大量的铝硅酸盐类物质和一些腐殖酸等胶体、悬浮颗粒。这些物质的表面大多含有电荷，当电荷相异时，会出现吸附和凝聚现象，沉淀到水底，达到净化目的。水中的某些金属离子，在水中溶解氧的氧化下，如铁、锰可生成难溶物$Fe(OH)_3$等而沉淀至水底。

三、生物净化作用

排入水体中的污染物质经稀释和扩散后，其污染物的浓度已降低，但总量并没减少。

水中的好氧微生物，在有溶解氧的情况下，可以氧化分解水中的有机物，最后的产物为H_2O、CO_2、NH_3等无机物质，这一过程能使水体得到净化，同时，污染物质的量得以降低。

由于好氧微生物的呼吸作用，消耗了水中的溶解氧，消耗溶解氧的速度与水体中的有机物浓度成正比（一级反应）。而水中的溶解氧的含量受温度和压力等因素的影响，如温度不变，压力不变，水中溶解氧是一个定值。如果水中的微生物将溶解氧全部耗尽，则水体将出现无氧状态，当DO<1mg/L时，大多数鱼类会窒息死亡。此时，厌氧菌起主导作用，水体变坏。河流水体中溶解氧主要来自于大气，亦可能来自于水生植物的光合作用，但以大气

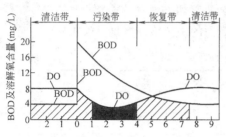

图1-2 河流BOD与DO变化曲线

补充为主，这一过程称为复氧作用。显然，水中的实际溶解氧含量应与该时刻水中的耗氧速度与大气向水复氧速度有关，耗氧和溶氧同时进行，决定水体中溶解氧的含量。污水中溶解氧的变化是复杂的，但有规律性，见图1-2。

沿受污点下游河段中，溶解氧及污染物质（BOD）的变化曲线，反映了河段的受污染状态和自净规律，是水体物理、化学、生物自净过程的综合特征。

1. 氧垂曲线

有机物排入水体后，由于微生物降解有机物而将水中的溶解氧消耗殆尽，使河水出现氧不足现象，或称亏氧状态，而在此同时，大气向水体不断溶氧，又使得水体中的溶解氧逐步得到恢复。由于好氧和溶氧过程同时发生，水体中实际溶解氧含量很难确定。为研究方便，将耗氧过程和溶氧过程分别讨论，再对二者进行数学叠加计算，便可得出水中实际溶解氧的变化规律。

2. 氧垂曲线方程——菲尔普斯方程

（1）有机物耗氧过程

假定排放口只有一个，排入水体污水量和河流流量不变；污水排入河中立刻达到完全混合；不考虑河水中藻类的光合作用及沉淀作用；当河水温度不变，有机物生化降解和耗氧量与该时刻河水中尚存的有机物量成正比，表达式为：

$$\frac{dL}{dt} = -K_1 \cdot L \tag{1-5}$$

式中 $\frac{dL}{dt}$——有机物降解速度；

K_1——耗氧速度常数；

L——河水中该时刻的有机物浓度。

当$t=0$时，即水中的有机物浓度为L_0，即河水在允许亏氧的条件下，可以氧化的最大有机物量。式中负号为dL本身为负值。

对上式两边积分得：

$$L_t = L_0 e^{-K_1 t} = L_0 \exp(-K_1 t) \tag{1-6}$$

换成以 10 为底： $$L_t = L_0 10^{-k_1 t} \tag{1-7}$$

式中　L_t——t 时刻水中残存的有机物量；

　　　t——有机物降解时间 d；

　　　k_1——耗氧速度常数，$k_1 = 0.434 K_1$。

耗氧速度常数 K_1 和 k_1 因污水性质不同而不同，根据实验测得，生活污水排入河流后的 k_1 见表 1-3。

生活污水耗氧速率常数 k_1　　　　　　表 1-3

温度(℃)	0	5	10	15	20	25	30
k_1	0.03999	0.0502	0.0632	0.0795	0.1000	0.1260	0.1583

(2) 水体溶解氧变化过程：

水体表面与大气接触，氧气不断溶入河水中。当温度和压力等条件不变的情况下，大气向水中溶氧（复氧）与水体中的亏氧量（氧不足量）成正比，表达式为：

$$\frac{dD}{dt} = K_2 D \tag{1-8}$$

式中　K_2——复氧速度常数；

　　　D——亏氧量，$D = C_0 - C_X$；

　　　C_0——一定温度水中饱和溶解氧，mg/L；

　　　C_X——河中溶解氧含量，mg/L。

当 $t = 0$ 时，水中的溶解氧最大，即溶解氧的饱和值，亏氧量为 $D = 0$，此时水体中溶解氧含量最高。

菲尔普斯对有机物污染的河流中溶解氧变化过程进行研究之后，认为：河水中亏氧量的变化速度是水体中有机物的耗氧速度与大气向水中复氧速率之和。所以，水体中实际溶解氧变化曲线为耗氧曲线与溶氧曲线的叠加值，便形成了图 1-2 的曲线形式。

亏氧方程式

$$\begin{cases} \dfrac{dD}{dt} = k_1 L - k_2 D \\ t = 0, \ D = 0, \ L = L_0 \end{cases} \tag{1-9}$$

由于污水排入水体后，水体中 DO 曲线呈悬索状下垂，故称为氧垂曲线。

水体中任意时刻的亏氧量，可用下式求定：

$$D_t = \frac{k_1 L_0}{k_2 - k_1}(10^{-k_1 t} - 10^{-k_2 t}) + D_0 10^{-k_2 t} \tag{1-10}$$

式中　D_0——有机物氧化分解开始时水体中的亏氧量；

其余同上式，溶氧常数 k_2 见表 1-4。

到达最大亏氧点的时间 t_c，可由公式（1-9）求得，即当 $dD/dt = 0$ 时，得：

$$t_c = \frac{\lg\left\{\dfrac{k_2}{k_1}\left[1 - \dfrac{D_0(k_2 - k_1)}{k_1 L_0}\right]\right\}}{k_2 - k_1} \tag{1-11}$$

溶氧常数 k_2 值　　　　　　　　　　　　　表 1-4

水体特征	水温(℃)			
	10	15	20	25
缓流水体	—	0.11	0.15	—
流速小于 1m/s 的水体	0.17	0.185	0.20	0.20
流速大于 1m/s 的水体	0.425	0.460	0.50	0.5
急流水体	0.684	0.740	0.80	0.8

式中各项含意同 (1-10) 式。

水体受到污染后经 t 时，排放口下游各点的溶解氧含量 $DO_{(t)}$ 可用下式计算：

$$DO_{(t)} = C - D_{(t)} \tag{1-12}$$

式中　$DO_{(t)}$——排放开始经 t 时水中溶解氧含量；

　　　C——某温度下水中溶解氧饱和度（见附录 2）；

　　　$D_{(t)}$——排放开始经 t 时刻水中的亏氧量。

通过计算，如果在最大缺氧点的溶解氧含量达不到地面水最低溶解氧含量的要求时，应当对污水进行适当处理。

在进行水体自净容量计算时，河水中溶解氧的含量应采用夏季每昼夜平均含量，城市污水流量采用平均日流量，有毒污水流量采用最大时流量来计算。

第三节　给水水质标准

水质标准是用水对象（如生活饮用和工业用水及其他杂用等）所要求的各项水质参数应达到的指标和限值。不同的用水对象，要求的水质标准不同，如生活饮用水水质标准，它与人类身体健康有直接关系。随着人们生活水平的提高和科学技术的进步以及水源的污染日益严重，饮用水标准不断修改。我国政府十分重视饮用水对人民身体健康造成的影响，早在 1956 年颁布了第一个《生活饮用水水质标准（试行）》，此标准只包括了 16 项水质指标；1976 年修订此标准（TJ 20—76），将用水标准增加到 23 项。1985 年又对此标准修订（GB 5749—85），用水标准增至 35 项。2001 年卫生部对饮用水标准重新修订，这次修订，规定了饮用水源中有害物质的最高容许浓度，其中较大调整了有机物的指标。调整以后，我国水质标准已基本与国际接轨。

一、生活饮用水标准

我国自颁布生活饮用水卫生标准以来进行了多次修订，水质指标项目不断增加，主要增加项目是化学污染物的项目。对于污染较严重的水源来说，目前的常规给水处理工艺，还不能对人体的安全有绝对保证，再有人类对一些有毒有害的物质认识还需要一个过程，因此可能还有一些有毒害作用的物质仍未被列入标准。

生活饮用水标准所列的水质项目主要有四项：第一类为感官性状指标，这项指标主要包括水的浊度、色度、臭和味及肉眼可见物等，这类指标虽然对人体健康无直接危害，但能引起使用者的厌恶感。浊度高低取决于水中形成浊度的悬浮物多寡，并且有些病菌和病毒及其他一些有害物质可能裹挟在悬浮物中，因此饮用水水质标准中尽量降低水的浊度。第二类指标为化学物质指标。水中含有一些如钠、钾、钙、铁、锌、镁、氯等人体必需的化学元素，但这些物质的浓度的过高，能使人们的正常使用产生不良影响。第三类为毒理学指标。主要是水源污染造成的，如源水中含有汞、镉、铬、氰化物、砷及氯仿等物质，这些物质对人体的危害极大，常规的给水处理工艺很难去除这些物质，因此，要想控制这些有害物质在饮用水中的浓度，主要控制水源的污染。第四类指标为细菌学指标，这类指标主要列出细菌总数及总大肠菌数和游离余氯量；另外还有一类为放射性指标，这类指标含两项即总α放射性、总β放射性。放射性指标为最近两次水质标准修订所增项目，这两项指标过高能使人体引起白血病及生理变异等现象。

我国卫生部 2001 年颁布的《生活饮用水水质标准》，着重要求饮用水源中有害物质的最高容许浓度，共计 64 项。1985 年颁布的国家标准《生活饮用水卫生标准》(GB 5749—85)。

二、工业用水标准

不同的工矿企业用水，对水质的要求各不相同，即使是同一种工业，不同生产工艺过程，对水质的要求也有差异。一般应该根据生产工艺的具体要求，对原水进行必要的处理以保证工业生产的需要。

食品工业用水水质标准与生活饮用水基本相同。

在纺织和造纸工业中，水直接与产品接触，要求水质清澈，否则会使产品产生斑点，铁锰过多能使产品产生锈斑。

石油化工、电厂、钢铁等企业需要大量的冷却水。这类水主要对水温有一定要求，同时对易于发生沉淀的悬浮物和溶解性盐类不宜过高，以防止堵塞管道和设备，藻类和微生物的滋长也要控制，还要求水质对工业设备无腐蚀作用。

电子工业用水要求较高，半导体器件洗涤用水及药液的配制，都需要高纯水。

三、地表水环境质量指标

由于原水对处理后水质影响很大，国家环保总局于 1999 年颁布《地表水环境质量标准》(GHZB-1999)。该标准规定项目为 75 项，其中基本项目 31 项，特定项目 4 项以及控制地表水Ⅰ、Ⅱ、Ⅲ类水与有机化学物质项目 40 项。

依据地表水使用目的和保护目标，水域划分为 5 类：

Ⅰ类　主要适用于源头水，国家自然保护区；

Ⅱ类　主要适用于集中式生活饮用水水源地一级保护区、珍贵鱼类保护区，鱼虾产卵场等；

Ⅲ类　主要适用于集中式生活饮用水水源地二级保护区、一般鱼类保护区及游泳区；

Ⅳ类　主要适用于一般工业用水及人体非直接接触的娱乐用水区；

Ⅴ类　主要适用于农业用水区及一般景观要求水域。

四、生活饮用水水源水质指标

1993 年建设部颁布了《生活饮用水水源水质标准》(CJ 3020—93)，规定了生活饮用水水源的水质指标，该标准将生活饮用水水质分为二级。一级水源要求：水质良好，地下水只需消毒处理，地表水经简易净化处理（如过滤）消毒即可供生活饮用。二级水源要求：水质受轻度污染。经净水常规处理工艺（如混凝、沉淀、过滤、消毒等），其处理后水质可达《生活饮用水卫生标准》规定，可供饮用。《生活饮用水水源水质标准》见附录13。

《生活饮用水水源水质标准》要求：水质浓度超过二级标准限值的水源水，不宜作生活饮用水的水源。若条件所限需要利用时，应采用相应的净化工艺处理。处理后水质必须达到《生活饮用水卫生标准》之规定，并取得省、市、自治区卫生厅（局）及主管部门批准。

五、城市供水行业水质标准

1992年，建设部根据我国各地区发展不平衡及城市的规模，将自来水公司划分为4类：

第一类为最高日供水量超过100万 m^3/d 的直辖市，对外开放城市，重点旅游城市和国家一级企业的自来水公司（以下简称水司）；

第二类水司为最高日供水量超过50万 m^3/d 的城市，省会城市和国家二级企业的水司；

第三类为最高日供水量为10万 m^3/d 以上，50万 m^3/d 以下的水司；

第四类为最高日供水量小于10万 m^3/d 以下的水司。

同时建设部组织编制了《城市供水行业2000年技术进步发展规划》，规定了四类水司的水质标准，其中对三四类水司的出水标准的要求基本与国家标准GB（5749—85）相同，此《标准》代表我国20世纪80年代国内水平；二类水司标准参照世界卫生组织（WHO）的水质，代表20世纪80年代国际水平；一类水司标准指标值取自欧洲共同体（EC）标准，其中包括感官性状指标4项，物理及物理化学指标15项，不希望过量的物质指标24项，有毒物质指标13项，微生物指标6项，硬度有关指标4项，共66项，该水质标准反应了20世纪80年代国际先进水平。

第四节 污水排放标准

天然水体是人类宝贵的资源，为了保障天然水体不受污染，必须严格限制污水排放，并在排放前要进行无害化处理，以保证对天然水体水质不造成污染，因此当污水需要排入水体时，应处理到允许排入水体的程度。

各国由于经济发展水平，自然条件及科技水平不同，污水排放标准也有差异。我国有关部门以科学地保护水资源为指导，结合我国国情，综合平衡，考虑到可持续发展，有步骤地控制污染源。为此而制定了污水的各种排放标准。

排放标准分为两类：

第一类：一般排放标准。其中包括《工业"三废"排放试行标准》（GBJ 4—73），《污水综合排放标准》（GB 8978—96），《农用污泥中污染物指标》（GB 4284—84）等。《污水综合排放标准》（GB 8978—96），按照污水排放去向，分年限规定了69种水污染物最高允许排放浓度和部分行业最高允许排水量。见附录9。

第二类：行业排放标准。其中包括《造纸工业水污染物排放标准》（GB 3544—92）；《船舶污染物排放标准》（GB 3552—83）；《纺织染整工业水污染物排放标准》（GB 4287—92）；《肉类加工工业水污染物排放标准》（GB 13457—92）等。这些行业标准可作为规划、设计、管理与监测的依据。

思考题与习题

1. 什么是水资源？我国水资源有何特点？
2. 天然地表水有何特征？
3. 生活污水与工业废水有何特征？
4. 污水的主要污染指标有哪些？其测定意义如何？
5. 测定污水的 BOD、COD 有何意义？怎样测定？对工程设计有何指导意义？
6. 污水中悬浮固体、耗氧有机物、有毒物质和营养物质对水体有哪些危害？
7. 什么叫水体自净？其原理是什么？水体自净过程有哪些？
8. 简述河流水体中 BOD 与 DO 的变化规律。
9. 什么氧垂曲线？氧垂曲线可以说明哪些问题？
10. 怎样理解环境容量的概念？水体的环境容量与什么因素有关？

第二章 水处理方法概论

第一节 给水处理工艺流程

一、给水处理的任务和目的

给水处理是将天然水源（包括地表水和地下水）的水质，处理成符合生活饮用或工业用水水质的过程。如前所述，天然水体中含有各种各样杂质，不能直接满足供水水质要求。由于原水水质的差异较大以及最后要求达到的水质标准各不相同，所以给水处理工艺也不相同。

二、给水处理方法

给水处理方法一般应根据源水水质和用水对象水质的要求而确定。目前在给水处理工艺中主要采用的单元工艺有：混凝、沉淀、过滤、离子交换、化学氧化、膜法、吸附、曝气及生物处理等。

混凝沉淀处理的对象主要是水中悬浮物质和胶体杂质。原水加入药剂后，能使悬浮物和胶体形成较大絮凝体颗粒，以便在后续的沉淀池内完成重力分离，如果某些相对较小的颗粒没有被沉淀去除，在过滤过程中也能被截留，降低出水浊度。由于原水中的细菌等微生物大多裹胁在悬浮物当中，经过混凝沉淀细菌等微生物可以有较大程度的降低。同时，混凝沉淀可以对源水中天然大分子有机物和某些合成有机物有一定的去除效果。

离子交换法主要是对水中的钙、镁离子的去除，多用在水的软化和脱盐等领域，也可用于有毒离子（钡、砷、氟）及放射性物质（铀、镭）等的去除。

化学氧化处理有多种目的，通过这种方法主要可以降低源水的色度，降低嗅和味，对清水池和管网中的生物生长起到遏制作用，同时对水中的铁锰起到氧化作用，有利于絮凝。目前常用的氧化剂有氯、氯胺、臭氧、二氧化氯等。

膜法主要包括电渗析、反渗透、微滤、超滤和纳滤。膜法在给水和污水处理领域都有应用，现在的膜分离技术在净水厂的应用比较广泛。这种方法对去除原水中的杂质，细菌和病毒效果较好。

吸附方法可以去除水中的色度和臭味等物质，常用的吸附剂为活性炭（PAC）和粉末炭（GAC）。

曝气及生物处理，这种单元工艺以往主要应用在污水处理领域，随着源水污染的加剧，生活饮用水水源中有机污染物的含量越来越高，采用曝气可以去除水中溶解气体如CO_2、H_2S等，以及能引起嗅和味的物质和挥发有机物（VOC）。曝气还对源水有预处理作用，如可以补充水中溶解氧，氧化水中的铁锰。生物处理工艺主要去除水中的有机物，采用的反应器多为微生物膜类型，生物处理对色度、铁锰的去除也有效果，可以减少后续工艺的混凝剂投加量。

三、给水工艺常规处理流程

目前给水工艺常用流程为：混凝、沉淀、过滤、消毒工艺，流程见图 2-1。

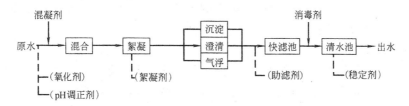

图 2-1　常规给水处理工艺流程

对不同水源的水质，流程中反应器可以增减。源水水质优良的地下水，可直接消毒即可饮用，省去了前面混凝、沉淀、过滤所有工艺。当源水浊度经常在 15NTU 的情况下，色度不超过 20 度时可采用直接过滤的方法，省去混凝、沉淀等工艺。因此，给水工艺流程的确定，要充分考虑源水水质情况，经论证后确定，以节约工程投资和运行管理费用。

四、几种特殊水源水质的处理工艺

（一）高浊度水源处理流程

我国地域辽阔，水源水质差异较大。黄河水的含沙量高，有的河段最大平均含沙量超过 $100kg/m^3$，对黄河为水源的给水厂处理工艺，要充分考虑泥沙的影响，应在混凝工艺前段设置预处理工艺，以去除高浊度水中的泥沙，流程详见第十七章。

（二）微污染处理工艺

随着工业的迅速发展，饮用水源的污染越来越严重，水中有害物质逐年增多。微污染水源是指水的性质达不到《地面水环境标准》，其中包括水的物理、化学和微生物指标。有些河流的水源氨氮（NH_3-N）浓度增加，有机物综合指标 BOD、COD、TOC 升高，水中溶解氧（DO）降低，嗅和味明显。这种源水，用传统的流程难以处理到饮用水水质标准。因此，必须选择适当的流程，才能使水质达标。微污染水源主要是有机物污染，用常规处理工艺，应在混凝工艺环节加以改进，如投加粉末活性炭（PAC）进行吸附，同时投加氧化剂氧化水中的有机物，其流程详见第十七章。

采用生物处理加强常规处理工艺，对微污染水源的预处理是目前可行的方案，尽管污染物成分复杂，但经过生物膜法如生物滤池、生物转盘及生物接触滤池和生物流化床等处理后，可以大大降低水中的有机污染物浓度，其工艺流程流程详见第十七章。

生物预处理的目的主要是降低原水中的有机物浓度，为后续处理创造条件。

（三）富营养化水处理工艺

地表水指江河、湖泊、水库等水，我国的湖泊及水库的蓄水量占全国淡水资源的 23%。所以，以湖泊水库作为水源的城市占全国城市供水量的 25% 左右。由于湖泊、水库的水文特征，加上含氮、磷污水大量排入，使水体富营养化现象严重，藻类大量繁殖。对此类水源的处理流程，常用气浮的方法去除藻类，流程详见第十七章。

第二节　污水处理工艺流程

一、污水处理的目的和方法及分类

污水处理的目的是将受污染的水在排放水体前处理到允许排入水体的程度。

污水处理技术，可分为物理处理法、化学处理法和生物处理法三类。

1. 物理处理法

物理处理法是利用物理作用分离污水中的悬浮固体物质，常用方法有：筛滤、沉淀、气浮、过滤及反渗透等方法。

2. 化学处理法

化学处理法是利用化学反应的作用，分离回收污水中的悬浮物、胶体及溶解物质，主要有混凝、中和、氧化还原、电解、汽提、离子交换、电渗析和吸附。

3. 生物处理法

生物处理法是利用微生物，氧化分解污水中呈胶体状和溶解状的有机污染物，转化成稳定的低分子的无害物质。根据微生物的特征，生物处理方法可分为好氧生物法和厌氧生物法两类。前者多用于城市污水处理，分为活性污泥法和生物膜法，厌氧处理现主要用于高浓度有机污水和污泥，但也可用于城市污水等低浓度有机污水。

二、城市污水处理的级别

城市污水根据其处理程度可划分为一级处理、二级处理和三级处理。

1. 城市污水一级处理

一级处理是对污水中的悬浮的无机颗粒和有机颗粒、油脂等污染物质的去除，一般由沉砂池、初沉池完成处理过程。经过一级处理后有机物（BOD）可以去除30%左右，达不到排放标准，一级处理主要有沉淀、筛滤等物理过程完成，通常亦称为物理处理法。一级处理属于二级处理的预处理。

2. 城市二级处理

二级处理主要去除污水中呈胶体状和溶解状态的有机污染物质。由于这些污染物颗粒较小或成真溶液状态，用一级处理法无法去除。二级处理采用生物处理法，利用微生物（好氧或厌氧微生物）去降解污染物质。通过二级处理BOD可去除90%以上，基本能达到排放标准。

3. 城市污水的三级处理

污水三级处理和深度处理既有相同之处，又不完全一致。三级处理是在一、二级处理后，进一步处理难于被微生物降解的有机物以及氮和磷等无机物。主要有生物脱氮除磷、砂滤法、吸附法、离子交换法、混凝沉淀法以及电渗析等方法。深度处理一般以污水的回收、再利用为目的，在一级或二级处理之后增加处理工艺。

污水处理过程中能产生大量的污泥，应有效处理。城市污水处理厂产生的污泥含有大量有机物、细菌、寄生虫卵等物质，如直接排放或填埋造成二次污染。污泥处理方法有浓缩、脱水、消化等。浓缩、脱水为了减容，消化法能使污泥稳定。

三、污水处理工艺流程

要想确定合理的处理流程，要根据污水的水质及水量，受纳水体的具体条件以及回收其中的有用物质的可能性和经济性等多方面考虑。一般通过实验确定污水性质，进行经济技术比较，最后确定工艺流程。

1. 城市污水处理流程

每个城市污水的性质，虽然不完全相同，但大都以有机物为主，处理方法如图2-2。

2. 工业废水处理流程

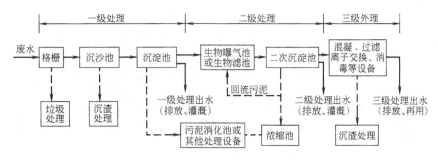

图 2-2 城市污水典型处理流程

各种工业废水的水质千差万别，水量也不恒定，并且处理的要求也不相同，因此，对工业废水处理一般采用的处理流程为：污水→澄清→回收有毒物质处理→再用或排放。

具体工艺流程，应考虑具体情况而定。

思考题与习题

1. 给水处理的任务和目的是什么？
2. 给水处理的方法应怎样确定？主要采用哪些单元处理工艺？
3. 污水处理有哪几个级别？
4. 简要说明城市污水典型处理流程。

第二篇　物理、物理化学、化学处理工艺原理

第三章　水质的预处理

第一节　格　栅

格栅是后续处理构筑物或水泵机组的保护性处理设备，是由一组平行的金属栅条制成的金属框架，斜置（与水平夹角一般为45°～75°）或直立在水渠、泵站集水井的进口处或水处理厂的端部，用以拦截较粗大的悬浮物或漂浮杂质，如木屑、碎皮、纤维、毛发、果皮、蔬菜、塑料制品等，以便减轻后续处理设施的处理负荷，并使之正常运行。被拦截的物质叫栅渣。栅渣的含水率约为70%～80%，容量约为750kg/m³。经过压榨，可将含水率降至40%以下，便于运输和处置。

一、格栅类型

按形状，可分为平面格栅与曲面格栅两种。平面格栅由框架与栅条组成，如图3-1所示。图中A型为栅条布置框架的外侧，适用于机械或人工清渣；B型为栅条布置在框架的内侧，在栅条的顶部设有起吊架，可将格栅吊起，进行人工清渣。

平面格栅的基本参数与尺寸包括宽度B、长度L、栅条间距e（指间隙净宽）、栅条至

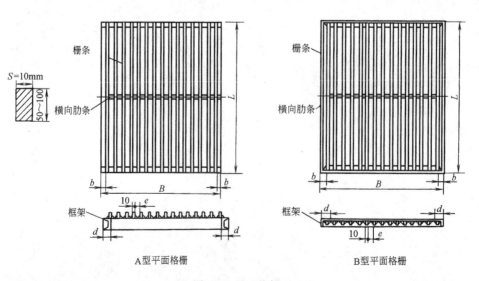

图3-1　平面格栅

外框的距离 b。可视污水处理厂（站）的具体条件选用。格栅的基本参数与尺寸见表 3-1。

平面格栅的基本参数及尺寸（mm） 表 3-1

名　　称	数　　值
格栅宽度 B	600，800，1000，1200，1400，1600，1800，2000，2200，2400，2600，2800，3000，3200，3400，3600，3800，4000，用移动除渣机时，$B>4000$
格栅长度 L	600，800，1000，1200，…，以 200 为一级增长，上限值决定于水深
栅条间距 e	10，15，20，25，30，40，50，60，80，100
栅条至外边框距离 b	b 值按下式计算：$b=\dfrac{B-10n-(n-1)e}{2}$；$b \leqslant d$　　　式中　B—格栅宽度 　　　　n—栅条根数 　　　　e—栅条间距 　　　　d—框架周边宽度

平面格栅的框架采用型钢焊接。当格栅的长度 $L>1000$mm 时，框架应增加横向肋条。栅条用 A3 钢制作。机械清除栅渣时，栅条的直线度偏差不应超过长度的 1/1000，且不大于 2mm。

平面格栅型号表示方法，例如：PGA-B×L-e

PGA——平面格栅 A 型

B——格栅宽度，mm；

L——格栅长度，mm；

e——栅条间距，mm。

平面格栅的安装方式见图 3-2，安装尺寸见表 3-2。

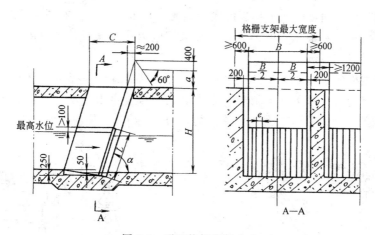

图 3-2 平面格栅安装方式

A 型平面格栅安装尺寸（mm） 表 3-2

池深 H	800，1000，1200，1400，1600，1800，2000，2400，2800，3200，3600，4000，4400，4800，5200，5600，6000		
格栅倾斜角 α	60° 75° 90°		
清除高度 a	0	800　1000	1200　1600　2000　2400
运输装置	水槽	容器、传送带、运输车	汽车
开口尺寸 c	$\geqslant 1600$		

曲面格栅可分为固定曲面格栅、旋转鼓筒式格栅，如图3-3所示。固定曲面格栅，利用渠道水流速度推动除渣桨板。旋转鼓筒式格栅，污水从鼓筒内向鼓筒外流动，被清除的栅渣，由冲洗水管2冲入渣槽（带网眼）内排出。

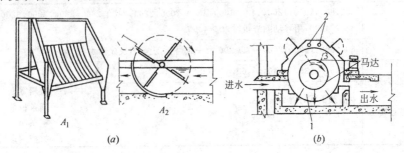

图3-3 曲面格栅
(a) 固定曲面格栅，A_1为格栅，A_2为清渣桨板；(b) 旋转鼓筒式格栅
1—鼓筒；2—冲洗水管；3—渣槽

按栅条的净间距，格栅可分为粗格栅（50～100mm）、中格栅（10～40mm）、细格栅（3～10mm）3种。上述平面格栅与曲面格栅，都可做成粗、中、细3种。由于格栅是物理处理主要构筑物，对新建污水处理厂一般采用粗、中两道格栅，甚至采用粗、中、细3道格栅。

二、栅渣的清除方法

栅渣清除可分为人工清渣和机械清渣两种。人工清渣一般适用于小型污水处理厂（站）。为便于工人清渣，避免栅渣重新掉落水中，格栅安装角度一般在30°～45°。

机械格栅的倾斜角度较人工格栅的大，通常采用60°～70°。有履带式和抓斗式格栅，传动系统有电力传动和液压传动两种，一般采用电力传动系统，齿耙用链条或钢丝绳拉动，移动速度一般2m/min左右。

履带式机械格栅如图3-4所示。格栅链带作回转循环转动，齿耙伸入栅隙间并固定在链条上。这种格栅设有水下导向滑轮，利用链条的自重自由下滑。该机械用于宽2.0m，深2.3m的格栅上，倾斜70°。最大清除污物量为750kg/h，传动功率1.6kW。

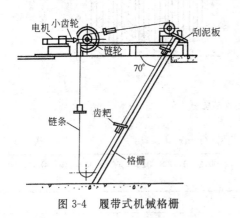

图3-4 履带式机械格栅

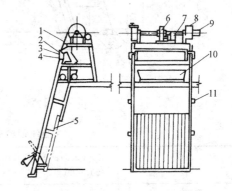

图3-5 抓斗式机械格栅
1—钢丝绳；2—刮泥机；3—刮泥接触器；4—齿耙；
5—格栅；6—减速箱；7—电动机；8—卷扬机构；
9—行车传动装置；10—垃圾车；11—支座

抓斗式机械格栅如图 3-5 所示。齿耙装置包括驱动和导向部分，所占空间较小，用钢丝绳传动。抓斗由一根横轴固定，沿着槽钢导轨作上下运动。齿耙上升到一定高度与触点继电器相碰则推动挡板，从斗中卸出栅渣，倒入污物车。

三、格栅的选择

格栅的选择包括栅条断面的选择、栅条间距的确定、栅渣清除方法的选择等。格栅栅条的断面形状有正方形、圆形、矩形和带半圆的矩形等，圆形断面栅条的水力条件好，水流阻力小，但刚度差，一般多采用矩形的栅条。格栅栅条的断面形状，可参照表 3-3 选用。

栅条的各种断面形状和尺寸 表 3-3

栅条断面形式	尺寸(mm)	栅条断面形式	尺寸(mm)
正方形	20 20 20 / 20	矩形	10 10 10 / 50
圆形	10 10 10	带半圆的矩形	10 10 10 / 50

格栅栅条间隙决定于所用水泵型号，当采用 PWA 型水泵时，可按表 3-4 选用。栅条间距也可以按污水种类选定，对城市污水，一般采用 16~25mm 的间距。

格栅栅条间距与栅渣数量 表 3-4

栅条间距(mm)	栅渣污物量(L/(d·人))	水泵型号
≤20	4~6	$2\frac{1}{2}$PWA
≤40	2.7	4PWA
≤70	0.8	6PWA
≤90	0.5	8PWA

栅渣的清除方法，视截留栅渣量多少而定。在大型污水处理厂或泵站前的大型格栅，栅渣量大于 0.2m³/d，为了减轻工人劳动强度一般采用机械清渣。

格栅截留的栅渣数量，因栅条间距、污水种类不同而异。生活污水处理用格栅的栅渣截留量，是按人口计算的。表 3-4 列举的是格栅栅条间距与生活污水栅渣污物量。

格栅上需要设置工作台，其高度应高出格栅前设计最高水位 0.5m，工作台上应有安全和冲洗设施，当格栅宽度较大时，要做成多块拼合，以减少单块重量，便于起吊安装和维修。

四、格栅的设计

图 3-6 为格栅计算图。格栅的设计包括尺寸计算、水力计算、栅渣量计算及清渣机械的选用等。

1. 栅槽宽度：

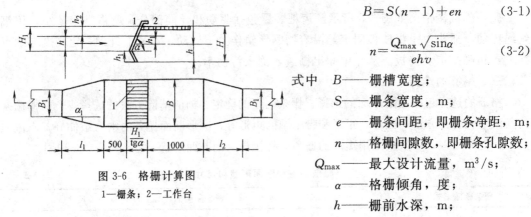

图 3-6 格栅计算图
1—栅条；2—工作台

$$B = S(n-1) + en \tag{3-1}$$

$$n = \frac{Q_{max}\sqrt{\sin\alpha}}{ehv} \tag{3-2}$$

式中　B——栅槽宽度；
　　　S——栅条宽度，m；
　　　e——栅条间距，即栅条净距，m；
　　　n——格栅间隙数，即栅条孔隙数；
　　　Q_{max}——最大设计流量，m^3/s；
　　　α——格栅倾角，度；
　　　h——栅前水深，m；
　　　v——过栅流速，m/s；一般情况为 0.6～1.0m/s，最小不宜小于 0.45m/s；
　　　$\sqrt{\sin\alpha}$——经验系数。

2. 过栅的水头损失：

$$h_1 = kh_0 \tag{3-3}$$

$$h_0 = \zeta \frac{v^2}{2g}\sin\alpha \tag{3-4}$$

式中　h_1——过栅水头损失，m；
　　　h_0——计算水头损失，m；
　　　g——重力加速度，m/s^2，$g = 9.81 m/s^2$；
　　　k——考虑污物堵塞，格栅阻力增大系数，一般取 3；
　　　ζ——阻力系数，与栅条断面形状有关，$\zeta = \beta \cdot \left(\frac{S}{e}\right)^{\frac{4}{3}}$，矩形断面时，$\beta = 2.42$。

为避免造成栅前涌水，将栅后槽底下降 h_1 作为补偿。

3. 栅槽总高度：

$$H = h + h_1 + h_2 \tag{3-5}$$

式中　H——栅槽总高度，m；
　　　h——栅前水深，m；
　　　h_2——栅前渠道超高，取 0.5m。

4. 栅槽总长度：

$$L = l_1 + l_2 + 1.0 + 0.5 + \frac{H_1}{tg\alpha} \tag{3-6}$$

$$l_1 = \frac{B - B_1}{2tg\alpha_1} \tag{3-7}$$

$$l_2 = \frac{l_1}{2} \tag{3-8}$$

$$H_1 = h + h_2 \tag{3-9}$$

式中 H_1——栅前槽高，即栅后总高，m；
l_1——进水渠道渐宽部分长度，m；
B_1——进水渠道宽度，m；
α_1——进水渠道展开角，一般 20°；
l_2——栅槽与出水渠连接渠的渐缩长度，m。

5. 栅渣量：

$$W = \frac{Q_{max} W_1 \times 86400}{K_{总} \times 1000} \tag{3-10}$$

式中 W——栅渣量，m^3/d；
W_1——单位栅渣量，$m^3/10^3 d$ 污水，与栅条间距有关，取 0.1~0.01，粗格栅用小值，细格栅用大值，中格栅用中值；
$K_{总}$——生活污水流量总变化系数，见表3-5。

生活污水流量总变化系数　　　　表3-5

平均日流量(L/s)	4	6	10	15	25	40	70	120	200	400	750	1600
$K_{总}$	2.3	2.2	2.1	2.0	1.89	1.80	1.69	1.59	1.51	1.40	1.30	1.20

第二节　均和调节

工业企业由于生产工艺与所用原料的不同，使其排出的废水水质和水量在24h内是不均衡的。对于城市污水，由于用水量和排入污水中杂质的不均匀性，使得其流量或浓度在一昼夜内有较大的变化。为使管道和处理构筑物工作正常，不受高峰流量或浓度变化的影响，为后续主体处理构筑物的正常运行创造必要的条件，各种废水在被送入主体处理构筑物之前，必须先进行水质水量的均和调节。

一、均和调节的作用

通常来说，工业废水的波动比城市污水大，中小型工厂的水质、水量的波动更为明显。工业企业一般在车间附近设置调节池，把不同时间排出的高峰流量或高浓度废水与低流量或低浓度废水混合均匀后再排入处理厂（站）或城市排水系统中。

调节池可以使酸性废水和碱性废水得到中和，使处理过程中的pH值保持稳定，减少或防止冲击负荷对处理设备的不利影响。当处理设备发生故障时，可起到临时的事故贮水池的作用，同时还可以调节水温。

二、调节池的类型

一般把均和调节操作作为预处理操作。调节池按主要调节功能分为水量调节池和水质调节池。

如果调节池主要用于调节水量，则只需设置简单的水池，保持必要的调节池容积并使出水均匀即可。

如果调节池作用是使废水水质能达到均衡，则应使调节池在构造上和功能上考虑达到水质均和的措施。

1. 水量调节池

常用的水量调节池，如图3-7所示，属合建式线内调节方式。进水为重力流，出水用水泵抽升，池中最高水位不高于进水管的设计水位，有效水深一般为2～3m，最低水位为死水位。废水流量变化往往无规律，所以调节池的容积应根据实际情况凭经验确定。

如图3-8所示为分建式线外调节方式。调节池设在旁线上，主泵按平均流量设计，多余的废水量用辅助泵送入调节池。当进水量低于平均流量时，再从调节池回流至集水井。这种方式适用于一班或两班生产的工厂，调节池一般为半地下式，不受进水管高程的限制，施工和排泥较方便，被调节的水量需两次提升，能耗大。

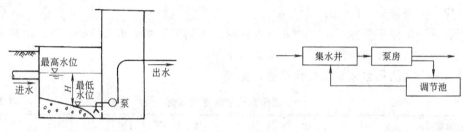

图3-7 水量调节池　　　　　　　　图3-8 分建式线外调节方式

当废水中含有较多的固体杂质时，为避免在池中形成沉淀，需在池中设搅拌设施。常用的搅拌设施有：鼓风曝气搅拌、水泵强制循环搅拌和机械搅拌等。设有空气搅拌的调节池，是在池底或池一侧装设空气曝气管，起混合作用以及防止悬浮物下沉，还有预除臭作用及一定程度上的生化作用。机械搅拌是在池内设搅拌机，这类设备混合效果较好，但需消耗动力。

2. 水质调节池

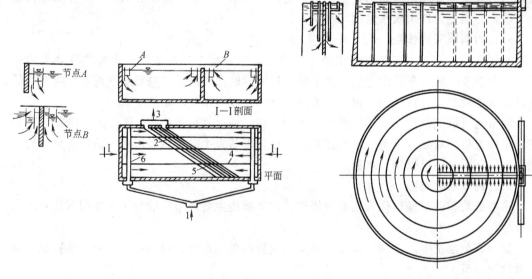

图3-9 穿孔导流槽式水质调节池　　　　图3-10 同心圆形水质调节池
1—进水；2—集水；3—出水；4—纵向隔墙；
5—斜向隔墙；6—配水槽

如图 3-9、图 3-10 所示为常用的水质调节池。同时进入调节池的废水，由于流程长短不同，使先后进入调节池的废水相混合，以此均和水质。

如图 3-9 为穿孔导流槽式调节池示意图，其特点是出水槽沿对角方向设置，废水由左右两侧进入池内，经不同的时间流到出水槽，从而使不同浓度的废水达到自动调节均和的目的。为了防止水流在池内短路，可在池内设置若干块纵向隔板。对于体积较小的调节池，一般在池底设置沉渣斗，定期排除沉淀物。如果调节容积很大，需设置的沉渣斗较多，会给管理带来不便，这时须把调节池做成平底，用压缩空气搅拌废水，以防止沉淀物在调节池中沉淀下来。空气用量为 $1.5 \sim 3 m^3/(m^2 \cdot h)$，调节池有效水深 $1.5 \sim 2m$，纵向隔板间距为 $1 \sim 1.5m$。

有些在池内设置折流隔墙的调节池，废水从池前端流入，池末端流出，这种池子可用于水质调节，但效果较差。也有的调节池是由两三个空池组成，池底装设空气管道，每池间歇独立运行，轮流倒用。第一池充满水，水流入第二池。第一池内的水用空气搅拌均匀后，用泵抽往后续构筑物，抽空后再循序抽第二池的水，这样可以调节水量与水质，但基建与运行费均较大。

调节池若采用堰顶溢流出水，只能调节水质的变化，而不能调节水量的波动。如果要求调节池可同时调节水量及水质的变化，一般把对角线出水槽放在靠近池底处开孔，在调节池外设水泵吸水井，通过水泵把调节池出水抽送到后续处理构筑物中，水泵出水量可认为是稳定的。

三、调节池的设计计算

调节池的容积一般按照废水浓度和流量变化的规律、要求的调节均和程度来进行计算。通常情况下，用于工业废水的调节池容积，可按 $6 \sim 8h$ 的废水水量计算；若水质水量变化大时，可取 $10 \sim 12h$ 的流量，甚至采取 $24h$ 的流量计算。采用的调节时间越长，废水水质越均匀。

1. 浓度计算

废水经过一定调节时间后的平均浓度计算公式为：

$$C = \frac{C_1 q_1 t_1 + C_2 q_2 t_2 + \cdots + C_n q_n t_n}{qT} \tag{3-11}$$

式中　　　　　C——T 小时内的废水平均浓度，mg/L；
　　　　　　　q——T 小时内的废水平均流量，m^3/h；
$C_1, C_2, \cdots, C_n$——废水在各时间段 $t_1, t_2, \cdots, t_n$ 内的平均浓度，mg/L；
$q_1, q_2, \cdots, q_n$——相应于 $t_1, t_2, \cdots, t_n$ 时段内的废水平均流量，m^3/h；
$t_1, t_2, \cdots, t_n$——时间间段（时）总和等于 T。

2. 容积计算

调节池的容积可按下式计算：

$$V = qT \tag{3-12}$$

若采用穿孔导流槽式调节池，容积公式为：

$$V = \frac{qT}{1.4} \tag{3-13}$$

上述计算公式中的基本数据，是通过实测取得的逐时废水流量与其对应的废水浓度变化图表而来的，其中 1.4 为经验系数。废水流量和水质变化的观测周期越长，调节池计算的准确性越高。

思考题与习题

1. 格栅的主要功能是什么？其按形状分为几种？
2. 按格栅栅条的净间隙大小不同，格栅分为几种？各适用于什么场合？
3. 格栅栅渣的清除方法有几种？各适用于什么情况？
4. 均和调节池有和作用？按其调节功能可分几种类型？
5. 何为线内调节？何为线外调节？

第四章 凝聚和絮凝

第一节 胶体稳定性

水污染最明显的部分是水中的各种固体物质。水中悬浮杂质大都可以通过自然沉淀的方法去除，如大颗粒悬浮物可在重力作用下沉降；而细微颗粒包括悬浮物和胶体颗粒的自然沉降是极其缓慢，在停留时间有限的水处理构筑物内不可能沉降下来。它们是造成水浊度的根本原因。这类颗粒的去除，有赖于破坏其胶体的稳定性，如加入混凝剂，使颗粒相互聚结形成容易去除的大絮凝体，则通过沉淀方可去除。

一、胶体的特性

（一）胶体的基本特性

分散体系是指由两种以上的物质混合在一起而组成的体系，其中被分散的物质称分散相，在分散相周围连续的物质称分散介质。水处理工程所研究的分散体系中，颗粒尺寸为 1nm 至 $0.1\mu m$ 的称为胶体溶液，颗粒大于 $0.1\mu m$ 的称悬浮液。分散相是指那些微小悬浮物和胶体颗粒，它们可以使光散射造成水的浑浊，分散介质就是水。

（1）光学性质。胶体颗粒尺寸微小，一般由一个大分子或多个分子组成，可以透过普通滤纸，在水中能引起光的散射。

（2）布朗运动。由于水分子的热运动撞击胶体颗粒，而发生的胶体颗粒的不规则运动，称为布朗运动，它是胶体颗粒不能自然沉降的原因之一。

（3）胶体的表面性能。胶体颗粒比较微小，其比表面积（即单位体积的表面积）较大，所以具有较大的表面自由能，产生特殊的吸附能力和溶解现象。

（4）电泳现象。胶体颗粒在外加电场的作用下能够发生运动，说明胶体带电。这种移动现象，称为电泳。我们可以在一个 U 形管中放入某种胶体溶液，两端插入电极并通电，就可以发现胶体颗粒向某一电极移动。当胶体颗粒为黏土、细菌、蛋白质时，运动方向朝向阳极，说明这类胶体颗粒带负电；当水中胶体颗粒为氢氧化铝时，运动方向朝向阴极，说明其带正电。

（5）电渗现象。液体在电场作用下，可以透过多孔性材料的现象，称为电渗。在电渗现象中，也可以认为有部分液体渗透过胶体颗粒之间的孔隙移向相反的电极，带有负电的胶体颗粒在阳极附近浓集时，在阴极处的液面同时会出现升高的现象。

电泳和电渗都是在外加电场作用下引起的，胶体溶液系统内固、液两相之间产生的相对移动现象，故统称为动电现象。

（二）胶体的结构

通过对胶体的结构研究，可以清楚地了解胶体的带电现象和使胶体脱稳的途径。

胶体分子聚合而成的胶体颗粒称为胶核，胶核表面吸附了某种离子而带电。由于静电引力的作用，溶液中的异号离子（反离子）就会被吸引互到胶体颗粒周围。这些异号离子会同时受到两种力的作用而形成双电层。双电层是指胶体颗粒表面所吸附的阴阳离子层。

（1）胶体颗粒表面离子的静电引力。它吸引异号离子靠近胶体颗粒的固体表面的电位形成离子，这部分反离子紧附在固体表面，随着颗粒一起移动，称为束缚反离子，与电位形成离子组成吸附层。

（2）颗粒的布朗运动、颗粒表面的水化作用力。异号离子本身热运动的扩散作用力及液体对这些异号离子的水化作用力可以使没有贴近固体表面的异号离子均匀分散到水中去。这部分离子受静电引力的作用相对较小，当胶体颗粒运动时，与固体表面脱开，而与液体一起运动，它们包围着吸附层形成扩散层，称为自由反离子。

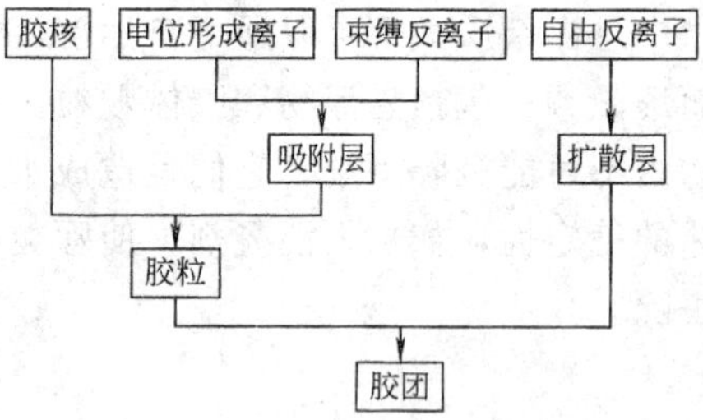

上述两种力的作用结果，使贴近固体表面处的这些异号离子浓度最大，随着与固体表面距离的增加，浓度逐渐变小，直到等于溶液中的离子平均浓度。

通常将胶核与吸附层合在一起称为胶粒，胶粒与扩散层组成胶团。胶团的结构式如图 4-1 所示。

图 4-1 胶团结构式

图 4-2 为一个想象中天然水的黏土胶团。天然水的浑浊大都由黏土颗粒形成。黏土的主要成分是 SiO_2，颗粒带有负电，其外围吸引了水中常见的许多带正电荷的离子。吸附层的厚度很薄，大约只有 2～3Å。扩散层比吸附层厚得多，有时可能是吸附层的几百倍。在扩散层中，不仅有正离子及其周围的水分子，而且还可能有比胶核小的带正电的胶粒，也夹杂着一些水中常见的 HCO_3^-、OH^-、Cl^- 等负离子和带负电荷的胶粒。

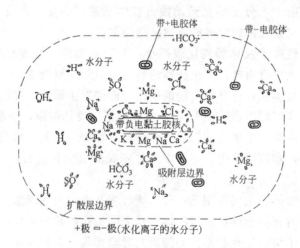

图 4-2 天然水中黏土胶团示意图

由于胶核表面所吸附的离子总比吸附层里的反离子多，所以胶粒带电。而胶团具有电中性，因为带电胶核表面与扩散于溶液中的反离子电性中和，构成双电层结构如图 4-3 所示。

扩散层中的反离子由于与胶体颗粒所吸附的离子间吸附力很弱，当胶体颗粒运动时，大部分离子脱离胶体颗粒，这个脱开的界面称滑动面。胶核表面（固、液界面）上的离子和反离子之间形成的电位称总电位，即 ψ 电位。胶核在滑动时所具有的电位称动电位，即 ξ 电位，它是在胶体运动中表现出来的，也就是在滑动面上的电位。在水处理研究中，ξ 电位具有重要意义，可以用激光多普勒电泳法或传统电泳法测得。天然水中胶体杂质通常带负电。地面水中的石英和黏土颗粒，根据组成成分的酸碱比例不同，其 ξ 电位大致在 $-15\sim-40\text{mV}$。一般在河流和湖泊水中，颗粒的 ξ 电位大致在 $-15\sim-25\text{mV}$ 左右，当含有机污染时，ξ 电位可达 $-50\sim-60\text{mV}$。

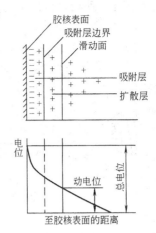

图 4-3 胶体双电层结构示意图

二、胶体的稳定性

（一）胶体稳定性的概念

胶体稳定性，是指胶体颗粒在水中长期保持分散悬浮状态的特性。致使胶体颗粒稳定性的主要原因是颗粒的布朗运动、胶体颗粒间同性电荷的静电斥力和颗粒表面的水化作用。胶体稳定性分为动力学稳定和聚集稳定两种。

（1）动力学稳定性。胶体颗粒的布朗运动，构成了动力学稳定性，反映为颗粒的布朗运动对抗重力影响的能力。水中粒度较微小的胶体颗粒，布朗运动足以抵抗重力的影响，因此能长期悬浮于水中而不发生沉降，称为动力学稳定性。

（2）聚集稳定性。胶体间的静电斥力和颗粒表面的水化作用，构成了聚集稳定性。反映了水中胶体颗粒之间因其表面同性电荷相斥或者由于水化膜的阻碍作用而不能相互凝聚的特性。

布朗运动一方面使胶体具有动力学稳定性，另一方面也为碰撞接触吸附絮凝创造了条件。但由于有静电斥力和水化作用，使之无法接触。

因此，胶体稳定性，关键在于聚集稳定性，如果聚集稳定性一旦破坏，则胶体颗粒就会结大而下沉。

（二）憎水胶体的聚集稳定性

憎水胶体指与水分子间缺乏亲和性的胶体。在憎水胶体的吸附层中离子直接与胶核接触，水分子不直接接触胶核，如无机物的胶体颗粒。憎水胶体的分散需借外力的作用，脱水后也不能重新自然地分散于水中，故又称为不可逆的胶体。通过双电层结构分析，可以说明憎水胶体稳定性。憎水胶体的聚集稳定性主要取决于胶体的 ξ 电位。ξ 电位越高，扩散层越厚，胶体颗粒越具有稳定性。

德加根（Derjaguin）、兰道（Landon）、伏维（Verwey）、奥贝克（Overbeek）各自从胶粒相互作用能的角度，阐明了胶粒相互作用理论，简称 DLVO 理论。

DLVO 理论认为，水中胶体颗粒能否相互接近，甚至结合，取决于布朗运动的动力、静电斥力和范德华引力三者的综合表现，也就是说取决于三种力产生的能量对比。

（1）布朗运动的动能，主要和水温有关。在一定温度下，布朗运动的动能基本不变。

（2）静电斥力产生的势能与微粒间距有关。当两胶体颗粒的扩散层未发生重叠，静电斥力不存在；当两胶体颗粒的扩散层发生重叠时，胶体之间产生静电斥力。

（3）范德华引力产生的势能与微粒间距有关。

如图 4-4 所示，可以从两胶粒之间相互作用力及其与两胶粒之间的距离关系进行分析。当两个胶粒相互接近至双电层发生重叠时，如图 4-4 (a)，就会产生静电斥力。相互接近的两胶粒能否凝聚，取决于由静电斥力产生的排斥势能量 E_R 和由范德华引力产生的吸引势能 E_A，二者相加即为总势能 E。E_R 与 E_A 均与两胶粒表面间距 x 有关，如图 4-4 (b)。

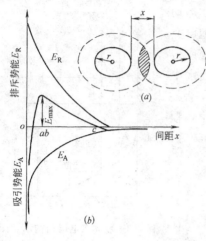

图 4-4　相互作用势能与颗粒间距离关系
(a) 双电层重叠；(b) 势能变化曲线

从图 4-4 可知，两胶粒表面间距 $x=oa \sim oc$ 时，排斥势能占优势。$x=ob$ 时，排斥势能最大，用 E_{max} 表示，称排斥能峰。

当 $x<oa$ 或 $x>oc$ 时，吸引势能均占优势。$x>oc$ 时，虽然两胶粒表现出相互吸引趋势，但存在着排斥能峰这一屏障，两胶粒仍无法靠近。只有当 $x<oa$ 时，吸引势能随间距急剧增大，凝聚才会发生。

要使两胶粒表面间距 $<oa$，布朗运动的动能首先要克服排斥能峰 E_{max} 才行。然而，胶粒布朗运动的动能远小于 E_{max}，两胶粒之间距离无法靠近到 oa 以内，故胶体处于分散稳定状态。

（三）亲水胶体的聚集稳定性

亲水胶体指与水分子能结合的胶体，胶体微粒直接吸附水分子、有机胶体或高分子物质，如蛋白质、淀粉及胶质等属于亲水胶体。

水化作用是亲水胶体聚集稳定性的主要原因。亲水胶体的水化作用，往往来源于粒子表面极性基团对水分子的强烈吸附，使粒子周围包裹一层较厚的水化膜，阻碍胶体微粒相互靠近，范德华引力不能发挥作用。水化膜越厚，胶体稳定性越好。

亲水胶体的一个最突出的性质是，它们能够在吸水自动分散形成胶体溶液后，又可脱水恢复成原来的物质，并再重新分散于水中产生胶体。因此，亲水胶体也称为可逆的胶体。

对于亲水胶体，虽然也具有一种双电层结构，但它的稳定主要由其所吸附的大量水分子所构成的水壳来说明，亲水胶体保持分散的能力，即它的稳定性比憎水胶体高。

第二节　混 凝 机 理

一、胶体的凝聚和絮凝机理

混凝是指水中胶体颗粒及微小悬浮物的聚集过程，它是凝聚和絮凝的总称。

凝聚（Coagulation），是指水中胶体被压缩双电层而失去稳定性的过程；

絮凝（Flocculation），是指脱稳胶体相互聚结成大颗粒絮体的过程。

凝聚是瞬时的，而絮凝则需要一定的时间才能完成，二者在一般情况下不好截然分开。因此，把能起凝聚和絮凝作用的药剂统称为混凝剂。

水处理工程中的混凝现象比较复杂。不同种类混凝剂以及不同的水质条件，混凝机理都有所不同。混凝的目的,是为了使胶体颗粒能够通过碰撞而彼此聚集。实现这一目的,就要消除或降低胶体颗粒的稳定因素,使其失去稳定性。

胶体颗粒的脱稳可分为两种情况:一种是通过混凝剂的作用,使胶体颗粒本身的双电层结构发生变化,致使ξ电位降低或消失,达到胶体稳定性破坏的目的;再一种就是胶体颗粒的双电层结构未有多大变化,而主要是通过混凝剂的媒介作用,使颗粒彼此聚集。

目前普遍用四种机理来定性描述水的混凝现象。

(一)压缩双电层作用机理

对于憎水胶体,要使胶粒通过布朗运动相互碰撞而结成大颗粒,必须降低或消除排斥能峰才能实现。降低排斥能峰的办法是降低或消除胶粒的ξ电位。在胶体系统中,加入电解质可降低ξ电位。

根据胶体双电层结构,决定了颗粒表面处反离子浓度最大。胶体颗粒所吸附的反离子浓度与距颗粒表面的距离成反比,随着与颗粒表面的距离增大,反离子浓度逐渐降低,直至与溶液中离子浓度相等,如图4-5所示。

当向溶液中投加电解质盐类时,溶液中反离子浓度增高,胶体颗粒能较多地吸引溶液中的反离子,使扩散层的厚度减小。如图4-5中扩散层的厚度将从图中的oa减小至ob。

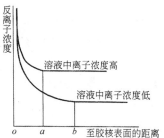

图4-5 溶液中离子浓度与扩散层厚度之间的关系

根据浓度扩散和异号电荷相吸的作用,这些离子可与颗粒吸附的反离子发生交换,挤入扩散层,使扩散层厚度缩小,进而更多地挤入滑动面与吸附层,使胶粒带电荷数减少,ξ电位降低。这种作用称为压缩双电层作用。此时两个颗粒相互间的排斥力减小,同时由于它们相撞时的距离减小,相互间的吸引力增大,胶粒得以迅速聚集。这个机理是借单纯静电现象来说明电解质对胶体颗粒脱稳的作用。

压缩双电层作用机理不能解释其他一些复杂的胶体脱稳现象。如混凝剂投量过多时,凝聚效果反而下降,甚至重新稳定;可能与胶粒带同号电荷的聚合物或高分子有机物有好的凝聚效果;等电状态应有最好的凝聚效果,但在生产实践中,ξ电位往往大于零时,混凝效果最好。

(二)吸附和电荷中和作用机理

吸附和电荷中和作用指胶粒表面对异号离子、异号胶粒或链状分子带异号电荷的部位有强烈的吸附作用而中和了它的部分电荷,减少了静电斥力,因而容易与其他颗粒接近而互相吸附。这种吸附力,除静电引力外,一般认为还存在范德华力、氢键及共价键等。

当采用铝盐或铁盐作为混凝剂时,随着溶液pH值的不同可以产生各种不同的水解产物。当pH较低时,水解产物带有正电荷。给水处理时原水中胶体颗粒一般带有负电荷,因此带正电荷的铝盐或铁盐水解产物可以对原水中的胶体颗粒起中和作用。二者所带电荷相反,在接近时,将导致相互吸引和聚集。如图4-6所示。

(三)吸附架桥作用机理

吸附架桥作用是指高分子物质与胶体颗粒的吸附与桥连。当高分子链的一端吸附了某

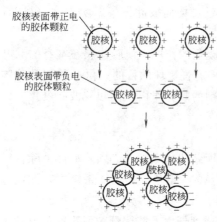

图 4-6 不同电荷之间的相互吸引聚集

一胶粒后，另一端又吸附另一胶粒，形成"胶粒-高分子-胶粒"的絮凝体，如图 4-7（a）所示。高分子物质在这里起了胶体颗粒之间相互结合的桥梁作用。

高分子物质过量投加时，胶粒的吸附面均被高分子覆盖，两胶粒接近时，就受到高分子之间的相互排斥而不能聚集。这种排斥力可能源于"胶粒-胶粒"之间高分子受到压缩变形而具有排斥势能，也可能由于高分子之间的电性斥力或水化膜。因此，高分子物质投量过少，不足以将胶粒架桥连接起来；投量过多，又会产生"胶体保护"作用，如图 4-7（b）所示，使凝聚效果下降，甚至重新稳定，即所谓的再稳。

除了长链状有机高分子物质外，无机高分子物质及其胶体颗粒，如铝盐、铁盐的水解产物等，也都可以产生吸附架桥作用。

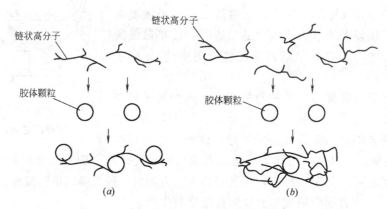

图 4-7 链状高分子与胶体颗粒的吸附桥连
(a) 最佳用量时的吸附；(b) 过量投加形成"胶体保护"

（四）沉淀物网捕作用机理

沉淀物网捕，又称为卷扫。是指向水中投加含金属离子的混凝剂（如硫酸铝、石灰、氯化铁等高价金属盐类），当药剂投加量和溶液介质的条件足以使金属离子迅速金属氢氧化物沉淀时，所生成的难溶分子就会以胶体颗粒或细微悬浮物作为晶核形成沉淀物，即所谓的网捕、卷扫水中胶粒，以致产生沉淀分离。这种作用基本上是一种机械作用，混凝剂需量与原水杂质含量成反比。

在水处理工程中，以上所述的四种机理有时可能会同时发挥作用，只是在特定情况下以某种机理为主。

二、影响混凝效果的主要因素

（一）水温

水温对混凝效果有明显影响。低温水絮凝体形成缓慢，絮凝颗粒细小、松散，沉淀效果差。水温低时，即使过量投加混凝剂也难以取得良好的混凝效果。其原因主要有以下3点：

1. 水温低会影响无机盐类水解。无机盐混凝剂水解是吸热反应，低温时水解困难，造成水解反应慢。如硫酸铝，水温降低10℃，水解速度常数降低约2～4倍。水温在5℃时，硫酸铝水解速度极其缓慢。

2. 低温水的黏度大，使水中杂质颗粒的布朗运动强度减弱，碰撞机会减少，不利于胶粒凝聚，混凝效果下降，同时，水流剪力增大，影响絮凝体的成长。这就是冬天混凝剂用量比夏天多的原因。

3. 低温水中胶体颗粒水化作用增强，妨碍胶体凝聚，而且水化膜内的水由于黏度和重度增大，影响了颗粒之间的粘附强度。

为提高低温水混凝效果，常用的办法是投加高分子助凝剂，如投加活化硅酸后，可对水中负电荷胶体起到桥连作用。如果与硫酸铝或三氯化铁同时使用，可降低混凝剂的用量，提高絮凝体的密度和强度。

（二）pH值

混凝过程中要求有一个最佳pH值，使混凝反应速度达到最快，絮凝体的溶解度最小。这个pH值可以通过试验测定。混凝剂种类不同，水的pH值对混凝效果的影响程度也不同。

对于铝盐与铁盐混凝剂，不同的pH值，其水解产物的形态不同，混凝效果也各不相同。

对硫酸铝来说，用于去除浊度时，最佳pH值在6.5～7.5之间，用于去除色度时，pH值一般在4.5～5.5之间。对于三氯化铝来说，适用的pH值范围较硫酸铝要宽。用于去除浊度时，最佳pH值在6.0～8.4之间，用于去除色度时，pH值一般在3.5～5.0之间。

高分子混凝剂的混凝效果受水的pH值影响较小，故对水的pH值变化适应性较强。

（三）碱度

水中碱度高低对混凝起着重要的作用和影响，有时会超过原水pH值的影响程度。由于水解过程中不断产生H^+，导致水的pH值下降。要使pH值保持在最佳范围以内，常需要加入碱使中和反应充分进行。

天然水中均含有一定碱度（通常是HCO_3^-），对pH值有缓冲作用：

$$HCO_3^- + H^+ \rightleftharpoons CO_2 + H_2O$$

当原水碱度不足或混凝剂投量很高时，天然水中的碱度不足以中和水解反应产生的H^+，水的pH值将大幅度下降，不仅超出了混凝剂的最佳范围，甚至会影响到混凝剂的继续水解，此时应投加碱剂（如石灰）以中和混凝剂水解过程中产生的H^+。

（四）悬浮物含量

浊度高低直接影响混凝效果，过高或过低都不利于混凝。浊度不同，混凝剂用量也不同。对于去除以浑浊度为主的地表水，主要的影响因素是水中的悬浮物含量。

水中悬浮物含量过高时，所需铝盐或铁盐混凝剂投加量将相应增加。为了减少混凝剂用量，通常投加高分子助凝剂，如聚丙烯酰胺及活化硅酸等。对于高浊度原水处理，采用聚合氯化铝具有较好的混凝效果。

水中悬浮物浓度很低时，颗粒碰撞速率大大减小，混凝效果差。为提高混凝效果，可以投加高分子助凝剂，如活化硅酸或聚丙烯酰胺等，通过吸附架桥作用，使絮凝体的尺寸和密度增大；投加黏土类矿物颗粒，可以增加混凝剂水解产物的凝结中心，提高颗粒碰撞速率并增加絮凝体密度；也可以在原水投加混凝剂后，经过混合直接进入滤池过滤。

（五）水力条件

要使杂质颗粒之间或杂质与混凝剂之间发生絮凝，一个必要条件是使颗粒相互碰撞。推动水中颗粒相互碰撞的动力来自两个方面，一是颗粒在水中的布朗运动，一是在水力或机械搅拌作用下所造成的流体运动。由布朗运动造成的颗粒碰撞聚集称"异向絮凝"，由流体运动造成的颗粒碰撞聚集称"同向絮凝"。

颗粒在水分子热运动的撞击下所做的布朗运动是无规则的，当颗粒完全脱稳后，一经碰撞就发生絮凝，从而使小颗粒聚集成大颗粒。由布朗运动造成的颗粒碰撞速率与水温成正比，与颗粒的数量浓度平方成正比，而与颗粒尺寸无关。实际上，只有小颗粒才具有布朗运动。随着颗粒粒径增大，布朗运动将逐渐减弱。当颗粒粒径大于 $1\mu m$ 时，布朗运动基本消失。因此，要使较大的颗粒进一步碰撞聚集，还要靠流体运动的推动来促使颗粒相互碰撞，即进行同向絮凝。

同向絮凝要求有良好的水力条件。适当的紊流程度，可为细小颗粒创造相互碰撞接触机会和吸附条件，并防止较大的颗粒下沉。紊流程度太强烈，虽然相碰接触机会更多，但相碰太猛，也不能相互吸附，并容易使逐渐长大的絮凝体破碎。因此，在絮凝体逐渐成长的过程中，应逐渐降低水的紊流程度。

控制混凝效果的水力条件，往往以速度梯度 G 值和 GT 值作为重要的控制参数。

速度梯度是指相邻两水层中两个颗粒的速度差与垂直于水流方向的两流层之间距离的比值，用来表示搅拌强度。流速增量越大，间距越小，颗粒越容易相互碰撞。可以认为速度梯度 G 值实质上反映了颗粒碰撞的机会或次数。

GT 值是速度梯度 G 与水流在混凝设备中的停留时间 T 之乘积，可间接地表示在整个停留时间内颗粒碰撞的总次数。

在混合阶段，异向絮凝占主导地位。药剂水解、聚合及颗粒脱稳进程很快，故要求混合快速剧烈，通常搅拌时间在 $10 \sim 30s$，一般 G 值为 $500 \sim 1000 s^{-1}$ 之内。在絮凝阶段，同向絮凝占主导地位。絮凝效果不仅与 G 值有关，还与絮凝时间 T 有关。在此阶段，既要创造足够的碰撞机会和良好的吸附条件，让絮体有足够的成长机会，又要防止生成的小絮体被打碎，因此搅拌强度要逐渐减小，反应时间相对加长，一般在 $15 \sim 30min$，平均 G 值为 $20 \sim 70 s^{-1}$，平均 GT 值为 $1 \times 10^4 \sim 1 \times 10^5$。

第三节 混 凝 剂

为了使胶体颗粒脱稳而聚集所投加的药剂，统称混凝剂，混凝剂具有破坏胶体稳定性和促进胶体絮凝的功能。习惯上把低分子电解质称为凝聚剂，这类药剂主要通过压缩双电层和电性中和机理起作用，把主要通过吸附架桥机理起作用的高分子药剂称为絮凝剂。在混凝过程中如果单独采用混凝剂不能取得较好的效果时，可以投加某某类辅助药剂用来提高混凝效果，这类辅助药剂统称为助凝剂。

混凝剂的基本要求是：混凝效果好，对人体健康无害，适应性强，使用方便，货源可靠，价格低廉。

混凝剂种类很多，按化学成分可分为无机和有机两大类，如表 4-1 所示。

混凝剂的类型及名称 表 4-1

类型			名称
无机型		无机盐类	硫酸铝,硫酸铝钾,硫酸铁,氯化铁,氯化铝,碳酸镁
		碱类	碳酸钠,氢氧化钠,石灰
		金属氢氧化物类	氢氧化铝,氢氧化铁
		固体细粉	高岭土,膨润土,酸性白土,炭黑,飘尘
	高分子类	阴离子型	活化硅酸(AS),聚合硅酸(PS)
		阳离子型	聚合氯化铝(PAC),聚合硫酸铝(PAS),聚合氯化铁(PFC),聚合硫酸铁(PFS),聚合磷酸铝(PAP),聚合磷酸铁(PFP)
		无机复合型	聚合氯化铝铁(PAFC),聚合硫酸铝铁(PAFS),聚合硅酸铝(PASI),聚合硅酸铁(PFSI),聚合硅酸铝铁(PAFSI),聚合磷酸铝(PAFP)
		无机有机复合型	聚合铝-聚丙烯酰胺,聚合铁-聚丙烯酰胺,聚合铝-甲壳素,聚合铁-甲壳素,聚合铝-阳离子有机高分子,聚合铁-阳离子有机高分子
有机型		天然类	淀粉,动物胶,纤维素的衍生物,腐殖酸钠
	人工合成类	阴离子型	聚丙烯酸,海藻酸钠(SA),羧酸乙烯共聚物,聚乙烯苯磺酸
		阳离子型	聚乙烯吡啶,胺与环氧氯丙烷缩聚物,聚丙烯酰胺阳离子化衍生物
		非离子型	聚丙烯酰胺(PAM),尿素甲醛聚合物,水溶性淀粉,聚氧化乙烯(PEO)
		两性型	明胶,蛋白素,干乳酪等蛋白质,改性聚丙烯酰胺

无机混凝剂应用历史悠久，广泛用于饮用水、工业水的净化处理以及地下水、废水淤泥的脱水处理等。无机混凝剂按金属盐种类可分为铝盐系和铁盐系两类；按阴离子成分又可分为盐酸系和硫酸系；按分子量可分为低分子体系和高分子体系两大类。

有机混凝剂虽然价格低廉，但效果较差，特别是在某些冶炼过程中，实质上是加入了杂质，故应用较少。近 20 年来有机混凝剂的使用发展迅速。这类混凝剂可分为天然高分子混凝剂（褐藻酸、淀粉、牛胶）和人工合成高分子混凝剂（聚丙烯酰胺、磺化聚乙烯苯、聚乙烯醚等）两大类。由于天然聚合物易受酶的作用而降解，已逐步被不断降低成本的合成聚合物所取代。

一、无机类混凝剂

（一）无机盐类

无机低分子混凝剂即普通无机盐，包括硫酸铝、氯化铝、硫酸铁、氯化铁等。在水处理混凝过程中，投加铝盐或铁盐后，发生金属离子水解和聚合反应过程，其产物兼有凝聚和絮凝作用的特性。无机电解质在水中发生电离水解生成带电离子，其电性与水中颗粒所带电性相反，水解离子的价态越高，凝聚作用越强。但用于水处理时，无机低分子混凝剂成本高，腐蚀性大，在某些场合净水效果还不理想。

1. 硫酸铝

硫酸铝使用方便，混凝效果较好，是使用历史最久、目前应用仍较广泛的一种无机盐混凝剂。净水用的明矾就是硫酸铝和硫酸钾的复盐 $Al_2(SO_4)_3 \cdot K_2SO_4 \cdot 24H_2O$，其作用与硫酸铝相同。硫酸铝的分子式是 $Al_2(SO_4)_3 \cdot 18H_2O$，其产品有精制和粗制两种。精制硫酸铝是白色结晶体。粗制硫酸铝质量不稳定，价格较低，其中 Al_2O_3 量为 10.5%～16.5%，不溶杂质含量约 20%～30%，增加了药液配制和排除废渣等方面的困难。硫酸铝易溶于水，pH 值在 5.5～6.5 范围，水溶液呈酸性反应，室温时溶解度约 50%。

固体硫酸铝 $Al_2(SO_4)_3 \cdot 18H_2O$ 溶于水后，立即离解出铝离子，且常以 $[Al(H_2O)_6]^{3+}$

的水合形态存在。在一定条件下，经水解、聚合或配合反应可形成多种形态的配合物或聚合物以及氢氧化铝 $Al(OH)_3$。各种物质组分的存在与否及含量多少，取决于铝离子水解时的条件，包括水温、水的硬度、pH 值和硫酸铝投加量等。

当 pH<3 时，水中的铝以 $[Al(H_2O)_6]^{3+}$ 形态存在，$[Al(H_2O)_6]^{3+}$ 可起压缩双电层作用；在 pH=4.5~6.0 范围内，水中产生较多的多核羟基配合物，如 $[Al(OH)_4]^{5+}$ 及 $[Al_{13}O_4(OH)_{24}]^{7+}$ 等，这些物质对负电荷胶体起电性中和作用，凝聚体比较密实；在 pH=7.0~7.5 范围内，水解产物以电中性氢氧化铝聚合物 $[Al(OH)_3]_n$ 为主，可起吸附架桥作用，同时也存在某些羟基配合物的电性中和作用。天然水的 pH 值一般在 6.5~7.8 之间，铝盐的混凝作用主要是吸附架桥和电性中和。当铝盐投加量超过一定限度时，会产生"胶体保护"作用，使脱稳胶粒电荷变号或使胶粒被包卷而重新稳定；当铝盐投加量继续增大，超过氢氧化铝溶解度而产生大量氢氧化铝沉淀物时，则起网捕和卷扫作用。实际上，在一定的 pH 值下，几种作用都可能同时存在，只是程度不同。

水温低时水解困难，形成的絮体较为松散。硫酸铝使用时水的有效 pH 值范围较窄，与原水硬度有关。对于软水，pH 在 5.7~6.6；中等硬度的水，pH 在 6.6~7.2；较高硬度的水，pH 在 7.2~7.8。

在投加硫酸铝时应充分考虑上述因素，避免加入过量硫酸铝后使水的 pH 值降至其适宜的 pH 值以下，不仅浪费药剂，而且处理后的水质发浑。

除了固体硫酸铝外，还有液体硫酸铝。液体硫酸铝制造工艺简单，含 Al_2O_3 量约为 6%，一般用坛装或灌装，通过车、船运输。液体硫酸铝使用范围与固体硫酸铝，但配制和使用均比固体硫酸铝方便得多，近年来在南方地区使用较为广泛。

2. 硫酸亚铁

硫酸亚铁分子式为 $FeSO_4 \cdot 7H_2O$，半透明绿色晶体，又称为绿矾。易溶于水，水温 20℃ 时溶解度为 21%，硫酸亚铁离解出的 Fe^{2+} 只能生成最简单的单核络合物，所以没有三价铁盐那样良好的混凝效果。残留在水中的 Fe^{2+} 会使处理后的水带色，Fe^{2+} 与水中的某些有色物质作用后，会生成颜色更深的溶解物。因此在使用硫酸亚铁时应将二价铁先氧化为三价铁，而后再混凝作用。

处理饮用水时，硫酸亚铁的重金属含量应极低，应考虑在最高投药量处理后，水中的重金属含量应在国家饮用水水质标准的限度内。

铁盐使用时，水的 pH 值的适用范围较宽，在 5.0~11 之间。

3. 三氯化铁

三氯化铁分子式为 $FeCl \cdot 6H_2O$，是黑褐色晶体，也是一种常用的混凝剂，有强烈吸水性，极易溶于水，其溶解度随着温度的上升而增加，形成的矾花沉淀性能好，絮体结得大，沉淀速度快。处理低温水或低浊水时效果要比铝盐好。我国供应的三氯化铁有无水物、结晶水物和液体。液体、晶体物或受潮的无水物具有强腐蚀性，尤其是对铁的腐蚀性最强。对混凝土也有腐蚀，对塑料管也会因发热而引起变形。因此在调制和加药设备必须考虑用耐腐蚀器材，例如采用不锈钢的泵轴运转几星期就腐蚀，一般采用钛制泵轴有较好的耐腐性能。三氯化铁 pH 值的适用范围较宽，但处理后的水的色度比用铝盐高。

（二）无机高分子类

无机高分子絮凝剂是 20 世纪 60 年代在传统的铝盐、铁盐的基础上发展起来的一类新型的水处理剂。药剂加入水中后,在一定时间内吸附在颗粒物表面,以其较高的电荷及较大的分子量发挥电中和及粘结架桥作用。它比原有低分子絮凝剂可成倍地提高效能,且价格相对较低,因而有逐步成为主流药剂的趋势。目前在日本、俄罗斯、西欧以及中国,无机高分子絮凝剂都已有相当规模的生产和应用,聚合类药剂的生产占絮凝剂总产量的30%~60%。近年来,研制和应用聚合铝、铁、硅及各种复合型絮凝剂成为热点。

1. 聚合氯化铝

聚合氯化铝(PAC),是目前生产和应用技术成熟、市场销量最大的无机高分子絮凝剂。在实际应用中,聚合氯化铝具有比传统絮凝剂用量省、净化效能高、适应性宽等优点,比传统低分子絮凝剂用量少 1/3~1/2,成本低 40% 以上,因此在国内外已得到迅速的发展。如日本聚合氯化铝产量在 20 世纪 80 年代为 400kt 以上,比 60 年代末增长了 30 倍,20 世纪 90 年代产量已达 600kt 以上,占日本絮凝剂生产总量的 80%,并有逐渐取代传统絮凝剂的趋势。

聚合氯化铝也称碱式氯化铝。聚合氯化铝化学式表示为 $[Al_2(OH)_n \cdot Cl_{6-n}]_m$,其中 n 为可取 1 到 5 之间的任何整数,m 为 $\leqslant 10$ 的整数。这个化学式实际指 m 个 $Al_2(OH)_n \cdot Cl_{6-n}$(称羟基氯化铝)单体的聚合物。

聚合氯化铝中 OH 与 Al 的比值对混凝效果有很大关系。一般用碱化度 B 来表示。

$$B = \frac{[OH]}{3[Al]} \times 100\% \tag{4-1}$$

例如 $n=4$ 时,碱化度 B 为:

$$B = \frac{4}{3 \times 2} \times 100\% = 66.7\%$$

一般来说,碱化度越高,其粘结架桥性能越好,但是因接近 $[Al(OH)_3]_n$ 而易生成沉淀,稳定性较差。目前聚合氯化铝产品的碱化度一般在 50%~80%。

聚合氯化铝的外观状态与盐基度、制造方法、原料、杂质成分及含量有关。盐基度<30% 时为晶状固体,在 30%~60% 为胶状固体,在 40%~60% 为淡黄色透明液体,盐基底>60% 时为无色透明液体,玻璃状或树脂状固体,盐基度>70% 时的固体状不易潮解,易保存。

作为混凝剂处理水时有以下特点:

(1) 对污染严重或低浊度、高浊度、高色度和受微污染的原水都可达到好的混凝效果。

(2) 水温低时,仍可保持稳定的混凝效果,因此在我国北方地区更为适用。

(3) 矾花的形成较快,颗粒大而重,沉淀性能好,投药量一般比硫酸铝低。

(4) pH 位范围较宽,在 5~9 之间,当过量投加时也不会像硫酸铝那样造成水浑浊的反效果。

(5) 碱化度比其他铝盐、铁盐高,因此药液对设备的侵蚀作用小,且处理后水的 pH 值和碱度下降较小。

聚合氯化铝的混凝机理与硫酸铝相同,而聚合氯化铝则可根据原水水质的特点来控制制造过程中的反应条件,从而制取所需要的最适宜的聚合物,当投入水中,水解后即可直接提供高价聚合离子，达到优异的混凝效果。

除了聚合氯化铝外，聚合硫酸铝在处理天然河水时，剩余浊度的质量分数低于 $4\mu g/g$，COD_{Cr} 低于 $6mg/L$，脱色效果明显；在处理含氟废水时，F^- 含量低于 $104\mu g/g$。聚合硫酸铝除浊效果显著，并且有较宽的温度和 pH 值适用范围。

2. 聚合硫酸铁

聚合硫酸铁（PFS），它是一种红褐色的黏性液体，是碱式硫酸铁的聚合物。其化学式为 $[Fe_2(OH)_n \cdot (SO_4)_{3-n/2}]_m$，其中 $n<2$，$m>10$ 的整数。聚合硫酸铁具有絮凝体形成速度快、絮团密实、沉降速度快、对低温高浊度原水处理效果好、适用水体的 pH 值范围广等特性，同时还能去除水中的有机物、悬浮物、重金属、硫化物及致癌物，无铁离子的水相转移，脱色、脱油、除臭、除菌功能显著，它的腐蚀性远比三氯化铁小。与其他混凝剂相比，有着很强的市场竞争力，其经济效益也十分明显，值得大力推广应用。

3. 活化硅酸

活化硅酸（AS），又称活化水玻璃、泡化碱，其分子式为 $Na_2O \cdot xSiO_2 \cdot yH_2O$。活化硅酸是粒状高分子物质，属阴离子型絮凝剂，其作用机理是靠分子链上的阴离子活性基团与胶体微粒表面间的范得华力、氢键作用而引起的吸附架桥作用，而不具有电中和作用。活化硅酸是在 20 世纪 30 年代后期作为混凝剂开始在水处理中得到应用的。活化硅酸呈真溶液状态，在通常的 pH 条件下其组分带有负电荷，对胶体的混凝是通过吸附架桥机理使胶体颗粒粘连，因此常常称之为絮凝剂或助凝剂。

活化硅酸一般在水处理现场制备，无商品出售。因为活化硅酸在储存时易析出硅胶而失去絮凝功能。实质上活化硅酸是硅酸钠在加酸条件下水解了聚合反应进行到一定程度的中间产物，其电荷、大小、结构等组分特征，主要取决于水解反应起始的硅浓度、反应时间和反应时的 pH 值。活化硅酸适用于硫酸亚铁与铝盐混凝剂，可缩短混凝沉淀时间，节省混凝剂用量。在使用时宜先投入活化硅酸。在原水浑浊度低，悬浮物含量少及水温较低（14℃以下）时使用，效果更为显著。在使用时要注意加注点，要有适宜的酸化度和活化时间。

二、有机类混凝剂

有机类混凝剂，指线型高分子有机聚合物，即我们通常所说的絮凝剂。其种类按来源可分为天然高分子絮凝剂和人工合成的高分子絮凝剂；按反应类型可分为缩合型和聚合型；按官能团的性质和所带电性可分为阴离子型、阳离子型、非离子型和两性型。凡基团离解后带正电荷者称阳离子型，带负电荷者称阴离子型，分子中既含有正电荷基团又含有负电荷基团者称两性型，若分子中不含可离解基团者称非离子型。常用的有机类混凝剂，主要是人工合成的有机高分子混凝剂，其最大的特点是可根据使用需要，来采用合成的方法对碳氢链的长度进行调节。同时，在碳氢链上可以引入不同性质的官能团。这些有效官能团可以强烈吸附细微颗粒，在微粒与微粒之间形成架桥作用。

根据电性吸附原理，如果颗粒表面带正电荷，则应采用阴离子型絮凝剂；颗粒表面带负电荷，则应采用阳离子或非离子型絮凝剂。一般阴离子絮凝剂适用于处理氧化物和含氧酸盐，阳离子絮凝剂适用于处理有机固体。对于长时间放置能沉降的悬浮液，使用阴离子型或非离子型的高分子絮凝剂可以促进其絮凝速度。对于不能自然沉降的胶体溶液，浊度较高的废水，单独使用阳离子型的高分子絮凝剂，就可取得较佳的絮凝效果。阴离子、阳离子和非离子高分子絮凝剂由于自身应用的范围限制,故都将逐渐被两性高分子絮凝剂取代。

两性高分子絮凝剂在同一高分子链节上兼具阴离子、阳离子两种基团。在不同介质中均可应用。对废水中由阴离子表面活性剂所稳定的分散液、乳浊液及各类污泥或由阴离子所稳定的各种胶体分散液,均有较好的絮凝及污泥脱水功效。

世界各国研制的两性高分子水处理剂按其原料来源可分为天然高分子改性和化学合成两大类。天然改性型两性高分子絮凝剂大体可分为两性淀粉、两性纤维素、两性植物胶等。化学合成药剂具有产品性能稳定、容易根据需要控制合成产物分子量等特点。目前研究较多的化学合成型两性高分子絮凝剂主要有聚丙烯酰胺类两性高分子。

有机混凝剂品种很多,以聚丙烯酰胺为代表。其优点是投加量少,存放设施小,净化效果好。但对其毒性,各国学者看法不一,有待深入研究。聚丙烯酰胺(PAM)是非离子型聚合物的主要品种,另外还有聚氧化乙烯(PEO)。

聚丙烯酰胺,又称三号絮凝剂,是使用最为广泛的人工合成有机高分子絮凝剂。聚丙烯酰胺是由丙烯酰胺聚合而成的有机高分子聚合物,无色、无味、无臭、易溶于水,没有腐蚀性。聚丙烯酰胺在常温下稳定,高温、冰冻时易降解,并降低絮凝效果。故在贮存和配制投加时,注意温度控制在 2~55℃之间。

聚丙烯酰胺的聚合度可高达 20000~90000,相应的分子量高达 150 万~600 万。它的混凝效果在于对胶体表面具有强烈的吸附作用,在胶粒之间形成桥联。聚丙烯酰胺每一链节中均含有一个酰胺基(—$CONH_2$)。由于酰胺基之间的氢键作用,线性分子往往不能充分伸展开来,致使桥联作用削弱。

通常将 PAM 在碱性条件下(pH>10)进行部分水解,生成阴离子型水解聚合物 HPAM。PAM 经部分水解后,部分酰胺基带负电荷,在静电斥力下,高分子得以充分伸展,吸附架桥得到充分发挥。由酰胺基转化为羧基的百分数称水解度。水解度过高负电性过强,对絮凝也产生阻碍作用。一般控制水解度在 30%~40%较好。通常以 HPAM 作助凝剂以配合铝盐或铁盐作用,效果较为显著。

三、复合类混凝剂

(一)复合型无机高分子混凝剂

复合型无机高分子混凝剂是在普通无机高分子絮凝剂中引入其他活性离子,以提高药剂的电中和能力,诸如聚铝、聚铁、聚活性硅胶及其改性产品。王德英等研制的聚硅酸硫酸铝,其活性较好,聚合度适宜,不易形成凝胶,絮凝效果显著。用于处理低浊度水时,其效果优于 PAC 和 PFS。此外,为了改善低温、低浊度水的净化效果,人们又研制开发出一种聚硅酸铁(PSF),这种药剂处理低温低浊水,比硫酸铁的絮凝效果有明显的优越性:用量少,投料范围宽,絮团形成时间短且颗粒大而密实,可缩短水样在处理系统中的停留时间,对处理水的 pH 值基本无影响。东北电力学院的袁斌等以 $AlCl_3$ 和 Na_2SiO_3 为原料,采用向聚合硅酸溶液直接加入 $AlCl_3$ 的共聚工艺,制备了聚硅氯化铝絮凝剂(PASC),PASC 比 PAC 具有更好的除浊、脱色,残留铝含量低。

(二)无机-有机高分子混凝剂复合使用

无机高分子混凝剂对含各种复杂成分的水处理适应性强,可有效除去细微悬浮颗粒。但生成的絮体不如有机高分子生成的絮体大。单独使用无机混凝剂投药量大,目前已很少这样使用。

与无机药剂相比，有机高分子絮凝剂用量小，絮凝速度快，受共存盐类、介质pH值及环境温度的影响小，生成污泥量也少。而且，有机高分子絮凝剂分子可带—COO—、—NH、—SO$_3$、—OH等亲水基团，可具链状、环状等多种结构，有利于污染物进入絮体，脱色性好。许多无机絮凝剂只能除去60%～70%的色度，而有些有机絮凝剂可除去90%的色度。

由于某些有机高分子絮凝剂因其水解、降解产物有毒，合成产物价格较高，现多以无机高分子絮凝剂与有机高分子絮凝剂复合使用，或以无机盐的存在与污染物电荷中和，促进有机高分子絮凝剂的作用。

四、助凝剂的作用与原理

当单独使用某种絮凝剂不能取得良好效果时，还需要投加助凝剂。助凝剂是指与混凝剂一起使用，以促进水的混凝过程的辅助药剂。助凝剂通常是高分子物质。其作用往往得为了改善絮凝体结构，促使细小而松软的絮粒变得粗而密实，调节和改善混凝条件。

助凝剂的作用机理主要是吸附架桥。例如对于低温、低浊水，采用铝盐或铁盐混凝剂时，形成的絮粒一般细小而松散，不易沉淀。当投入少量活化硅酸时，絮凝体的尺寸和密度就会增大，沉速加快。

水处理常用助凝剂有骨胶、聚丙烯酰胺及其水解产物、活化硅酸、海藻酸钠等。

骨胶是一种粒状或片状动物胶，是高分子物质，分子量在3000～80000之间，骨胶易溶于水，无毒、无腐蚀性，与铝盐或铁盐配合使用，效果显著。其价格比铝盐和铁盐高，使用较麻烦，不能预制保存，需要现场配制，即日使用，否则会变成冻胶。

在水处理过程中还会用到其他一些种类助凝剂，按助凝剂的功能不同，可以分为调整剂、絮体结构改良剂和氧化剂三种类型。

（一）调整剂

在污水pH值不符合工艺要求时，或在投加混凝剂后pH值变化较大时，需要投加pH调整剂。常用的pH调整剂包括石灰、硫酸和氢氧化钠等。

（二）絮体结构改良剂

当生成的絮体较小，且松散易碎时，可投加絮体结构改良剂以改善絮体的结构，增加其粒径、密度和强度，例如采用活化硅酸、黏土等。

（三）氧化剂

当污水中有机物含量高时易起泡沫，使絮凝体不易沉降。这时可以投加氯气、次氯酸钠、臭氧等氧化剂来破坏有机物，从而提高混凝效果。

五、微生物絮凝剂

随着全球性人口老龄化的出现和加剧，人们对使用安全性提出了质疑。有关研究表明，常饮用以铝盐为絮凝剂的水，能引起老年性痴呆症。目前广泛使用的聚丙烯酰胺，已被指出存在安全及环境方面的问题：完全聚合化的聚丙烯酰胺危险性不大，但聚合用的单体-丙烯酰胺对神经有强烈的毒性，是膀胱癌的致剂，且残留性极大。由于现有混凝剂存在的问题，使研究开发具有高絮凝活性、安全、无毒和不造成二次污染的絮凝剂成为迫切而有意义的课题，因此人们开始把研究目光转向微生物絮凝剂。

微生物絮凝剂是利用现代生物技术，经过微生物的发酵、提取、精制等工艺从微生物或其分泌物中制备具有凝聚性的代谢产物,例如 DNA、蛋白质、糖蛋白、多糖、纤维素等。这些物质能使悬浮物微粒连接在一起,并使胶体失稳,形成絮凝物。微生物絮凝剂广泛应用于医药、食品、化学和环保等领域。微生物絮凝剂克服了无机混凝剂和合成有机高分子混凝剂的缺点。不仅不易产生二次污染,降解安全可靠,而且能快速絮凝各种颗粒物质,在废水处理中有独特效果。

微生物絮凝剂(Microbial Flocculant,MBF),指由微生物的自身产生的、具有高效絮凝作用的天然高分子物质。具有分泌絮凝剂能力的微生物称为絮凝剂产生菌。微生物絮凝剂主要包括从微生物细胞壁提取物、利用微生物细胞代谢产物和直接利用微生物细胞等形式的絮凝剂。

最早的絮凝剂产生菌是 1935 年 Butterfield 从活性污泥中分离出来的,该菌的培养液具有一定的絮凝力。

在 20 世纪 80 年代,日本的仓根隆一郎等学者从日本的旱田土壤中分离筛选出了红平红球菌(*Rodococcus erythropolis*),并将菌株产生的微生物絮凝剂命名为 NOC-1。

人们发现,许多带电量较高的微生物,如浮游藻类等,都有可能选择性地吸附到矿物表面,改变矿物表面电性而使矿粒互相絮凝沉降。带电量较高、疏水性也较强的微生物如草分枝杆菌等,吸附于矿物表面不但使矿物絮凝沉降速度加快,得到的絮团也更紧密。由于微生物絮凝剂的非特异性的絮凝和沉淀性能,它在水处理方面的巨大潜能已引起人们的普遍重视。

(一)微生物絮凝剂的主要组成

到目前为止,已报道的微生物产生的絮凝物质为糖蛋白、粘多糖、蛋白质、纤维素等高分子化合物,其分子量一般在 10^5 以上。从化学组成上来看,微生物絮凝剂主要是微生物代谢产生的各种多聚糖类、蛋白质、或者是蛋白质和糖类参与形成的高分子化合物。多聚糖中有的是由一种糖单体聚合而成,而有的则是由多种糖单体聚合而成的杂多糖类。此外,有的絮凝剂中还有无机金属离子,如 Ca^+、Mg^+、Al^{3+}、Fe^{2+} 等。

(二)微生物絮凝剂的絮凝机理

关于微生物絮凝剂的絮凝机理,有许多假说,如 Grabtree 的 PHB 酯学说和 Friedman 的菌体外纤维素纤丝学说等。

Grabtree 的 PHB 酯学说是根据他的生枝动胶菌积累聚-β-羟基丁酸(PHB)提出的,适用范围窄,只能解释部分 PHB 菌引起的絮凝。

Friedman 发现部分引起絮凝的菌体外有纤丝,认为是由于胞外纤丝聚合形成絮凝物,因此提出了菌体外纤维素纤丝学说,但它不能解释大部分絮凝现象。

(三)微生物絮凝剂絮凝能力的影响因素

影响微生物絮凝剂絮凝能力的因素较多,主要包括絮凝剂的分子结构、分子量、投加剂量、温度、pH 和无机金属离子等。

1. 絮凝剂的分子结构和分子量

一般来说,有线性结构的大分子絮凝剂的絮凝效果较好,如果分子结构是交联或支链结构,其絮凝效果就较差。微生物絮凝剂的分子量大小对其絮凝活性非常重要,分子量越大,活性位点越多,絮凝效率越高。另外,絮凝剂产生菌处于培养后期,细胞表面疏水性增强,产生的絮凝剂活性也提高。

2. 絮凝剂的投加剂量

絮凝剂一般都有一个最佳投加剂量，过多或过少均会使絮凝效果下降。据分析，最佳投加量大约是固体颗粒表面吸附大分子化合物达到饱和时的一半吸附量，因为此时大分子在固体颗粒上架桥几率最大。

3. 温度

温度对某些微生物絮凝剂的活性有较大影响，主要是因为这些絮凝剂的蛋白质成分在高温下变性而丧失部分絮凝能力。由多聚糖构成的微生物絮凝剂则受温度的影响较小。例如，将 C-62 菌株产生的絮凝剂煮沸 10min 后其活性仍有 88%。

4. pH

酸碱度的变化会影响微生物絮凝剂及悬浮颗粒表面的性质、数量及电中和能力，从而影响絮凝剂的絮凝活性。不同的絮凝剂对于 pH 变化敏感程度不同，同一种絮凝剂对不同的微粒也有不同的初始 pH 要求。

5. 金属离子

有些微生物絮凝剂中含有金属离子如 Ca^{2+}、Mg^{2+} 等，能有效降低胶体的表面电荷，有利于架桥的形成。即使对不含金属离子的微生物絮凝剂，添加一些金属离子也能提高其絮凝活性。另外，高浓度的 Ca^{2+} 存在还能保护微生物絮凝剂不受降解酶的作用。

（四）微生物絮凝剂的特点

1. 高效。与现在常用的各类絮凝剂，如铁盐、铝盐和聚丙酰胺等相比，在同等用量下，微生物絮凝剂对活性污泥的絮凝速度最大，而且絮凝沉淀比较容易用滤布过滤。

2. 无毒。经小白鼠安全试验证明，微生物絮凝剂完全能用于食品、医药等行业。

3. 消除二次污染。微生物絮凝剂为微生物菌体或菌体外分泌的生物高分子物质，属于天然有机高分子絮凝剂，因此它不会危害微生物，也不会影响水处理效果，且絮凝后的残渣可被生物降解，对环境无害，不会造成二次污染。

4. 絮凝广泛。微生物絮凝剂能絮凝处理的对象较广，有活性污泥、粉煤灰、果汁、饮用水、河底沉积物、细菌、酵母菌和各种生产废水。其他絮凝剂则由于各自的特点而在某些应用领域受到限制。

5. 价格较低。主要从两方面考虑：微生物絮凝剂为生物菌体或有机高分子，较化学絮凝剂便宜，微生物絮凝剂是靠生物发酵产生的，化学絮凝剂是人工合成的，从生产所用原材料、生产工艺和能源消耗等方面考虑，微生物絮凝剂也是经济的，这一点已为国内外普遍认同；微生物絮凝剂处理技术总费用低于化学絮凝处理技术的处理费用，前者约为后者的 2/3。

与有机合成高分子絮凝剂和无机絮凝剂相比，微生物絮凝剂具有高效、安全、无毒和无二次污染等优点，但目前对其的研究还主要停留在高效微生物絮凝剂的产生菌种的分离、筛选和培养上，所以微生物絮凝剂还未能大规模应用于废水处理上。微生物絮凝剂是当今一种最具希望的絮凝剂，它有着广阔的研究和发展前景。

第四节 混凝过程

水处理过程中，向水中投加药剂，进行了水与药剂的混合，从而使水中的胶体物质产生凝聚或絮凝，这一综合过程称为混凝过程。

混合过程包括药剂的溶解、配制、计量、投加、混合和反应等几个部分。

一、混凝剂的配制与投加

混凝剂投加分干法投加和湿法投加两种方式。

干法投加是把药剂直接投放到被处理的水中。干法投加劳动强度大，投配量较难掌握和控制，对搅拌设备要求高。目前国内已很少使用。

湿法投加是目前普遍采用的投加方式。将混凝剂配成一定浓度的溶液，直接定量投加到原水中。用以投加混凝剂溶液的投药系统，包括溶解池、溶液池、计量设备、提升设备和投加设备等。药剂的溶解和投加过程如图4-8所示。

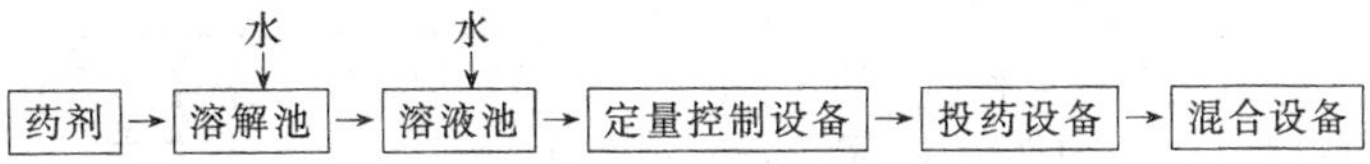

```
药剂 → 溶解池 → 溶液池 → 定量控制设备 → 投药设备 → 混合设备
         ↑水       ↑水
```

图 4-8 药剂的溶解和投加过程

（一）混凝剂溶解和溶液配制

溶解池是把块状或粒状的混凝剂溶解成浓溶液，对难溶的药剂或在冬季水温较低时，可用蒸汽或热水加热。一般情况下只要适当搅拌即可溶解。药剂溶解后流入溶液池，配成一定浓度。在溶液池中配制时同样要进行适当搅拌。搅拌时可采用水力、机械或压缩空气等方式。一般药量小时采用水力搅拌，药量大时采用机械搅拌。凡和混凝剂溶液接触的池壁、设备、管道等，应根据药剂的腐蚀性采取相应的防腐措施。

大中型水厂通常建造混凝土溶解池，一般设计两格，交替使用。溶解池通常设在加药间的底层，为地下式。溶解池池顶高出地面0.2m，底坡应大于2%，池底设排渣管，超高为0.2~0.3m。

溶解池容积可按溶液池容积的20%~30%计算。根据经验，中型水厂溶解池容积为$0.5\sim0.9\text{m}^3/(10^4\text{m}^3\cdot\text{d})$，小型水厂为$1\text{m}^3/(10^4\text{m}^3\cdot\text{d})$。

溶液池是配制一定浓度溶液的设施。溶解池内的浓药液送入溶液池后，用自来水稀释到所需浓度以备投加。溶液池容积按式4-2计算：

$$W=\frac{24\times100aQ}{1000\times1000bn}=\frac{aQ}{417bn} \qquad (4-2)$$

式中 W——处理的水量，m^3；

Q——处理水量，m^3/h；

a——混凝剂最大投加量，mg/L；

b——溶液浓度，一般取5%~20%（按商品固体重量计）；

n——每日配制次数，一般不超过3次。

（二）混凝剂投加

1. 计量设备

通过计量或定量设备将药液投入到原水中，并能够随时调节。一般中小水厂可采用孔口计量，常用的有苗嘴和孔板，如图4-9所示。在一定液位下，一定孔径的苗嘴出流量为定值。当需要调整投药量时，只要更换苗嘴即可。标准图中苗嘴共有18种规格，其孔径从0.6mm到6.5mm。为保持孔口上的水头恒定，还要设置恒位水箱，如图4-10。为实现

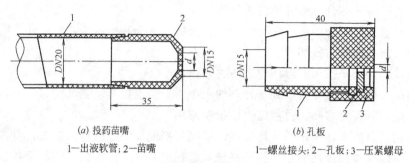

(a) 投药苗嘴
1—出液软管；2—苗嘴

(b) 孔板
1—螺丝接头；2—孔板；3—压紧螺母

图 4-9 苗嘴和孔板

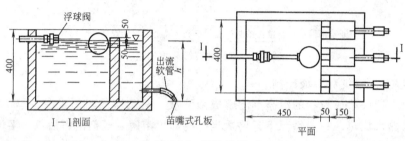

图 4-10 恒位水箱

自动控制，可采用计量泵、转子流量计或电磁流量仪等。

2. 投加方式

投加方式分为重力投加或压力投加，一般根据水厂高程布置和溶液池位置的高低来确定投加方式。

（1）重力投加。是利用重力将药剂投加在水泵吸水管内（图 4-11）或吸水井中的吸水喇叭口处（图 4-12），利用水泵叶轮混合。取水泵房离水厂加药间较近的中小型水厂采用这种办法较好。图中水封箱是为防止空气进入吸水管而设的。如果取水泵房离水厂较远，可建造高位溶液池，利用重力将药剂投入水泵压水管上，如图 4-13。

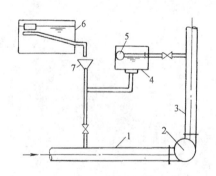

图 4-11 吸水管内重力投加

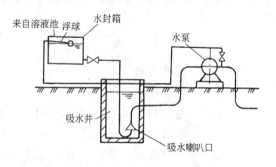

图 4-12 吸水喇叭口处重力投加

1—吸水管；2—水泵；3—压力管；4—水封箱；
5—浮球阀；6—溶液池；7—漏斗

（2）压力投加。是利用水泵或水射器将药剂投加到原水管中，适用于将药剂投加到压力水管中，或需要投加到标高较高、距离较远的净水构筑物内。

水泵投加是从溶液池抽提药液送到压力水管中，有直接采用计量泵和采用耐酸泵配以转子流量计两种方式，如图 4-14 所示。

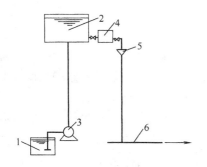
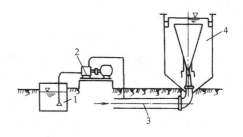

图 4-13　高位溶液池重力投加
1—溶解池；2—溶液池；3—提升泵；4—投药箱；
5—漏斗；6—高压水管

图 4-14　应用计量泵压力投加
1—溶液池；2—计量泵；3—原水进水管；
4—澄清池

水射器投加是利用高压水（压力＞0.25MPa）通过喷嘴和喉管时的负压抽吸作用，吸入药液到压力水管中，如图 4-15。水射器投加应设有计量设备。一般水厂内的给水管都有较高压力，故使用方便。

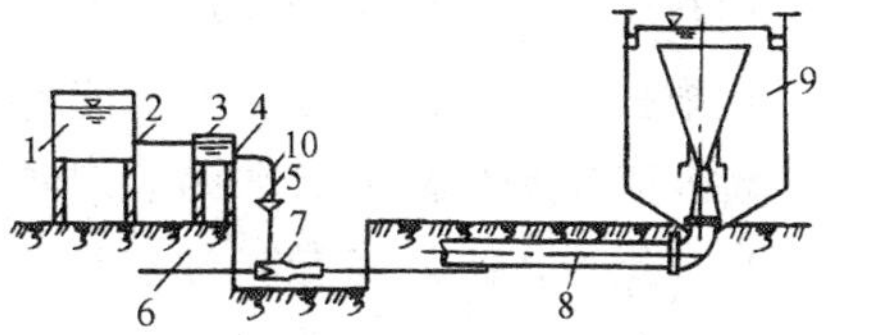

药剂注入管道的方式，应有利于水与药剂的混合，图 4-16 所示为几种投药管布置方式。投药管道与零件宜采用耐酸材料，并且便于清洗和疏通。

药剂仓库应设在加药间旁，尽可能靠近投药点，药剂的固定储量一般按 15～30d 最大投药量计算，其周转储量根据供药点的远近与当地运输条件决定。

图 4-15　水射器压力投加
1—溶液池；2、4—阀门；3—投药箱；5—漏斗；
6—高压水管；7—水射器；8—原水进水管；
9—澄清池；10—孔、嘴等计量装置

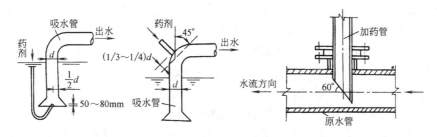

图 4-16　投药管布置

二、混凝试验

（一）混凝试验的目的

根据原水水质、水量变化和既定的出水水质目标，确定出混凝剂最佳投加量，是进行混凝试验的目的。

（二）混凝试验的方法

由于影响混凝效果的因素较复杂，且在水厂运行过程中水质、水量不断变化，故要达到最佳剂量且能即时调节、准确投加是相当困难的。目前，我国大多数水厂还是根据实验室混凝搅拌试验确定混凝剂最佳剂量，然后进行人工调节。为了提高混凝效果，节省耗药量，混凝工艺的自动控制和优化控制技术正逐步推广应用，如数学模型法、现场模拟试验法和单因子流动电流自动控制方法等。

1. 数学模拟法

数学模拟法，是指根据原水有关的水质参数，例如浊度、水温、pH值、碱度、溶解氧、氨氮和原水流量等影响混凝效果的主要参数作为前馈值，以沉淀后出水的浊度等参数作为后馈值，建立数学模型来自动调节加药量的多少。

早期仅采用原水的参数建立的数学模型称为前馈模型。目前一般采用前、后馈参数共同参与控制的数学模型，又称为闭环控制法。

根据原水水质和水量，用数理统计方法建立前馈数学模型，在此基础上，根据沉淀池与滤池出水水质，建立反馈数学模型。由前馈给出量和反馈调节量就可获得最佳剂量。此方法是国内外比较先进的控制方式，可以达到提高水质、降低药耗的目的。

采用数学模型的关键，是必须要有大量可靠的生产数据。针对各地各水源的条件不同和所采用的药剂种类不同，建立的数学模型也各不相同。

采用数学模拟法实现加药过程的自动控制，可以采用以下四种方法：

（1）根据原水水质参数和原水流量，共同建立数学模型；给出一个控制信号，控制加注泵的转速来实现加注泵自动调节加注量。

（2）根据原水水质参数，建立数学模型，给出一个信号；用原水流量给出另一个信号；分别控制加注泵的冲程和转速，来实现自动调节加注量。

（3）根据原水流量作为前馈，给出一个信号；用处理水水质（一般为沉淀池出水浊度）作为后馈给出另一个信号；分别控制加注泵的冲程和转速，实现自动调节加注泵。

（4）根据原水水质参数和流量，共同建立数学模型并给出一个参数；用处理水水质给出另一个信号；分别控制加注泵的冲程和转速，来实现自动调节加注量。

2. 现场模拟法

现场模拟试验法是目前应用较多的一种方法，确定和控制投药量较为简单，常用的模拟装置有斜管沉淀器、过滤器，或二者串联使用。

（1）当原水浊度较低时，常用模拟过滤器法。将水厂混合后的水引一定水样连续进入模拟过滤器（直径一般为0.1m左右），连续测定出水浊度，从而判断投药量是否合适，并反馈到投药量的自动控制系统。

（2）当原水浊度较高时，可将模拟沉淀池和模拟滤池串联使用。

现场模拟试验法是在现场连续检测，十几分钟的时间就可以检测完成，检测时间较短，相对接近生产实际。

3. 特性参数法

在影响混凝效果的多种复杂因素中，可以发现某种情况下总是有一些影响混凝效果的主要参数，我们称之为特性参数，这些特性参数的变化能够反映混凝程度的变化。目前应用的特性参数法有流动电流检测法和透光率脉动法。

（1）流动电流检测法

流动电流是指胶体扩散层中反离子在外力作用下随着流体流动而产生的电流。流动电流与胶体的移动电位（ξ电位）有正相关关系。混凝后胶体的ξ电位变化可以反映胶体脱稳程度，因此混凝后的流动电流变化同样可以反映胶体脱稳程度。

流动电流检测法的控制系统包括检测器、控制器和执行装置三部分。其核心部分为流动电流检测器（SCD），把影响投加量的多种因素，只用检测凝聚后水的流动电流值单一参数代替。通过控制其流动电流值最佳范围，实现单因子自动控制。

(2) 透光率脉动法

透光率脉动法是利用光电原理检测水中絮凝颗粒变化，从而达到混凝在线连续控制的一种方法。根据沉淀池出水浊度与投药混凝后水的相对脉动关系，选定一个给定值，其自控系统设计与流动电流法类似，通过控制器和执行装置完成投药的自动控制，使沉淀池出水浊度始终保持在预定要求范围内。

第五节　混 凝 设 施

一、混合设施

为了创造良好的混凝条件，要求混合设施能够将投入的药剂快速均匀地扩散于被处理水中。混合设施种类较多，归纳起来有水泵混合、管式混合、机械混合和水力混合等方式。

（一）混合的基本要求

混合是取得良好混凝效果的重要前提。药剂的品种、浓度、原水的温度、水中颗粒的性质、大小等，都会影响到混凝效果，而混合方式的选择是最主要的影响因素。

对混合设施的基本要求，在于通过对水体的强烈搅动后，能够在很短的时间内促使药剂均匀地扩散到整个水体，达到快速混合的目的。

铝盐和铁盐混凝剂的水解反应速度非常快，例如分子量为几百万的聚合物，形成聚合的时间约为1s，所以没有必要延长混合时间。采用水流断面上多点投加，或者采用强烈搅拌的方式，可以使药剂均匀地分布于水体中。

在设计时注意混合设施尽可能与后继处理构筑物拉近距离，最好采用直接连接方式。采用管道连接时，管内流速可以控制在 0.8～1.0m/s，管内停留时间不宜超过 2min。根据经验，反映混合指标的速度梯度 G 值一般控制在 500～1000s^{-1}。

混合方式与混凝剂的种类有关。例如使用高分子混凝剂时，因其作用机理主要是絮凝，所以只要求药剂能够均匀地分散到水体，而不要求采取快速和剧烈混合方式。

（二）各种混合方式的特点和适用条件

1. 管式混合

常用的管式混合有管道静态混合器、文氏管式、孔板式管道混合器、扩散混合器等。最常用的为管道静态混合器。

（1）管道静态混合器。是在管道内设置若干固定叶片，通过的水成对分流，并产生涡旋反向旋转和交叉流动，从而达到混合目的。如图 4-17。

静态混合器在管道上安装容易，实现快速混合，并且效果好，投资省，维修工程量少，但会产生一定的水头损失。为了减少能耗，管内流速一般采用1m/s。该种混合器内一般采用 1～4 个分流单

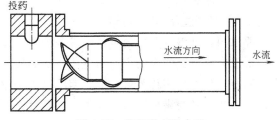

图 4-17　管道静态混合器

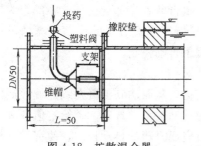

图 4-18 扩散混合器

元；适用于流量变化较小的水厂。

（2）扩散混合器。扩散混合器是在孔板混合器的前面加上锥形配药帽组成的。锥形帽为 90°夹角，顺水流方向投影面积是进水管面积的 1/4，孔板面积是进水管面积的 3/4，管内流速 1m/s 左右，混合时间取 2～3s，G 值一般在 $700\sim1000s^{-1}$。如图 4-18 所示。混合器的长度一般在 0.5m 以上，用法兰连接在原水管道上，安装位置低于絮凝池水面。扩散混合器的水头损失为 0.3～0.4m，多用于直径在 200～1200mm 的进水管上，适用于中小型水厂。

2. 水泵混合

水泵混合是利用水泵的叶轮产生涡流，从而达到混合目的。这种方式设备简单，无需专门的混合设备，没有额外的能量消耗，所以运行费用较省。但在使用三氯化铁等腐蚀性较强的药剂时会腐蚀水泵叶轮。

由于采用水泵混合可以省去专门的混合设备，故在过去的设计中较多采用。近年来的运行发现：水泵混合的 G 值较低，水泵出水管进入絮凝池的投药量无法精确计量而导致自动控制投加难以实现，一般水厂的原水泵房与絮凝池距离较远，容易在管道中形成絮凝体，进入池内破碎影响了絮凝效果。

因此要求混凝剂投加点一般控制在 100m 之内，混凝剂投加在原水泵房水泵吸水管或吸水喇叭口处，并注意设置水封箱，以防止空气进入水泵吸水管。

3. 机械混合

机械混合是通过机械在池内的搅拌达到混合目的。要求在规定的时间内达到需要的搅拌强度，满足速度快、混合均匀的要求。机械搅拌一般采用桨板式和推进式。桨板式结构简单，加工制造容易。推进式效能高，但制造较为复杂。混合池有方形和圆形之分，以方形较多。池深与池宽比约在 1∶1～3∶1，池子可以单格或多格串联，停留时间 10～60s。

机械搅拌一般采用立式安装，为了减少共同旋流，需要将搅拌机的轴心适当偏离混合池的中心。在池壁设置竖直挡板可以避免产生共同旋流，如图 4-19 所示。机械混合器水头损失小，并可适应水量、水温、水质的变化，混合效果较好，适用于各种规模的水厂。但机械混合需要消耗电能，机械设备管理和维护较为复杂。

二、絮凝设施

（一）絮凝过程的基本要求

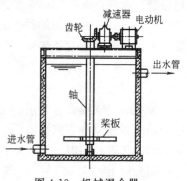

图 4-19 机械混合器

原水与药剂混合后，通过絮凝设备的外力作用，使具有絮凝性能的微絮凝颗粒接触碰撞，形成肉眼可见的大的密实絮凝体，从而实现沉淀分离的目的。在原水处理构筑物中，完成絮凝过程的设施称为絮凝池，絮凝过程是净水工艺中不可缺少的重要内容。

为了达到较为满意的絮凝效果，絮凝过程需要满足以下基本要求。

（1）颗粒具有充分的絮凝能力；

(2) 具备保证颗粒获得适当的碰撞接触而又不致破碎的水力条件；

(3) 具备足够的絮凝反应时间；

(4) 颗粒浓度增加，接触效果增加，即接触碰撞机会增多。

（二）絮凝设施的分类

絮凝设施的形式较多，一般分为水力搅拌式和机械搅拌式两大类。

水力搅拌式是利用水流自身能量，通过流动过程中的阻力给水流输入能量，反映为在絮凝过程中产生一定的水头损失。

机械搅拌式是利用电机或其他动力带动叶片进行搅动，使水流产生一定的速度梯度，这种形式的絮凝不消耗水流自身的能量，絮凝所需要的能量由外部提供。

常用的絮凝设施分类见表4-2。

常用的絮凝设施分类　　表 4-2

分类	形　　式	
水力搅拌	隔板絮凝	往复隔板
		回转隔板
	折板絮凝	同波折板
		异波折板
		波纹板
	网格絮凝（栅条絮凝）	
	穿孔旋流絮凝	
机械搅拌	水平轴搅拌	
	垂直轴搅拌	

除了表 4-2 所列主要形式以外，还可以将不同形式加以组合应用，例如穿孔旋流絮凝与隔板组合，隔板絮凝与机械搅拌组合等。

（三）几种常用的絮凝池形式

1. 隔板絮凝池

水流以一定流速在隔板之间通过从而完成絮凝过程的絮凝设施，称为隔板絮凝池。水流方向是水平运动的称为水平隔板絮凝池，水流方向为上下竖向运动的称为垂直隔板絮凝池。水平隔板絮凝池应用较早，隔板布置采用来回往复的形式，如图 4-20 所示。水流沿隔板间通道往复流动，流动速度逐渐减小，这种形式称为往复式隔板絮凝池。往复式隔板絮凝池可以提供较多的颗粒碰撞机会，但在转折处消耗能量较大，容易引起已形成的矾花破碎。为了减小能量的损失，出现了回转式隔板絮凝池，如图 4-21 所示。这种絮凝池将往复式隔板 180°的急剧转折改为 90°，水流由池中间进入，逐渐回转至外侧，其最高水位出现在池的中间，出口处的水位基本与沉淀池水位持平。回转式隔板絮凝池避免了絮凝体的破碎，同时也减少了颗粒碰撞机会，影响了絮凝速度。为保证絮凝初期颗粒的有效碰撞和后期的矾花顺利形成免遭破碎，出现了往复-回转组合式隔板絮凝池。

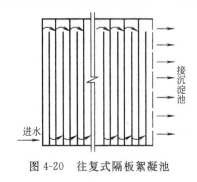

图 4-20　往复式隔板絮凝池　　　　　图 4-21　回转式隔板絮凝池

2. 折板絮凝池

折板絮凝池是 1976 年在我国镇江市首次试验研究并取得成功。它是在隔板絮凝池基础上发展起来的,是目前应用较为普遍的形式之一。在折板絮凝池内放置一定数量的平折板或波纹板,水流沿折板竖向上下流动,多次转折,以促进絮凝。

折板絮凝池的布置方式有以下几种分类。

(1) 按水流方向可以分为平流式和竖流式,以竖流应用较为普遍。

(2) 按折板安装相对位置不同,可以分为同波折板和异波折板,如图 4-22。同波折板是将折板的波峰与波谷对应平行布置,使水流不变,水在流过转角处产生紊动;异波折板将折板波峰相对、波谷相对,形成交错布置,使水的流速时而收缩成最小,时而扩张成最大,从而产生絮凝所需要的紊动。

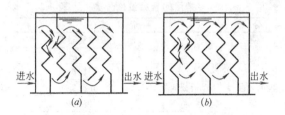

图 4-22 单通道同波折板和异波折板絮凝池
(a) 同波折板;(b) 异波折板

(3) 按水流通过折板间隙数,又可分为单通道和多通道,如图 4-22 和图 4-23。

单通道是指水流沿二折板间不断循序流动,多通道则是将絮凝池分隔成若干格,各格内设一定数量的折板,水流按各格逐格通过。

无论哪一种方式都可以组合使用。有时絮凝池末端还可采用平板。同波和异波折板絮凝效果差别不大,但平板效果较差,只能放置在池末起补充作用。

3. 机械搅拌絮凝池

机械絮凝池通过电动机经减速装置驱动搅拌器对水进行搅拌,使水中颗粒相互碰撞,发生絮凝。搅拌器可以旋转运动,也可以上下往复运动。国内目前都是采用旋转式,常见的搅拌器有桨板式和叶轮式,桨板式较为常用。根据搅拌轴的安装位置,又分为水平轴式和垂直轴式,见图 4-24。前者通常用于大型水厂,后

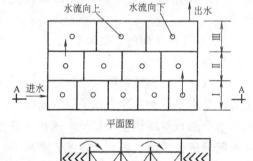

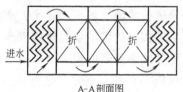

图 4-23 多通道折板絮凝池

者一般用于中小型水厂。机械絮凝池宜分格串联使用,以提高絮凝效果。

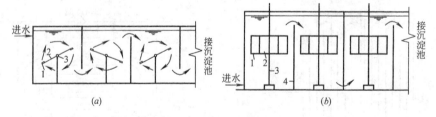

图 4-24 机械搅拌絮凝池
(a) 水平轴;(b) 垂直轴
1—桨板;2—叶轮;3—旋转轴;4—隔墙

4. 穿孔旋流絮凝池

穿孔旋流絮凝池是利用进口较高的流速,使水流产生旋流运动,从而完成絮凝过程,

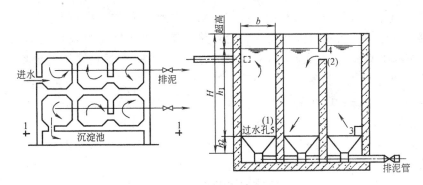

图 4-25 穿孔旋流絮凝池

见图 4-25。为了改善絮凝条件，常采用多级串联的形式，由若干方格（一般不少于 6 格）组成。各格之间的隔墙上沿池壁开孔，孔口上下交错布置。水流通过呈对角交错开孔的孔口沿池壁切线方向进入后形成旋流，所以又称为孔室絮凝池。为适应絮凝体的成长，逐格增大孔口尺寸，以降低流速。穿孔旋流絮凝池构造简单，但絮凝效果较差。

5. 网格（栅条）絮凝池

网格（栅条）絮凝池见图 4-26，是在沿流程一定距离的过水断面上设置网格或栅条，距离一般控制在 0.6～0.7m。通过网格或栅条的能量消耗完成絮凝过程。这种形式的絮凝池形成的能量消耗均匀，水体各部分的絮体可获得较为一致的碰撞机会，所以絮凝时间相对较少。其平面布置和穿孔旋流絮凝池相似，由多格竖井串联而成。进水水流顺序从一格流到下一格，上下对角交错流动，直到出口。在全池约 2/3 的竖井内安装若干层网格或栅条，网格或栅条孔隙由密渐疏，当水流通过时，相继收缩、扩大，形成涡旋，造成颗粒碰撞，形成良好絮凝条件。

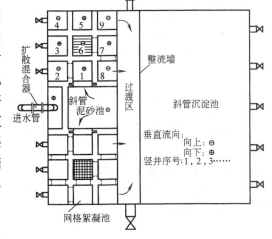

图 4-26 网格（栅条）絮凝池

（四）絮凝池的设计

1. 设计指标

絮凝池设计的目的在于创造一个最佳的水力条件，以较短的絮凝时间，达到最好的絮凝效果。理想的水力条件，不仅与原水的性质有关，而且随不同形式的絮凝池也有所不同。由于水质影响较为复杂，还不能作为工程设计的依据。

目前的设计方法仍然以经验为主，常用的设计指标有水流流速、絮凝时间、速度梯度和 GT 值。

（1）水流流速与絮凝时间

对于不同的絮凝池，选择某一水流速度作为控制指标，根据控制流速和水在絮凝池内的停留时间，作为设计的控制指标。

（2）速度梯度和 GT 值

速度梯度 G 值反映了絮凝过程中在单位体积水中絮体颗粒数减少的速率,同时以 GT 值作为絮凝最终效果的控制指标,较为符合理论要求。由于推荐的 G 值范围太大,在实际设计时缺乏控制意义。所以为了确定 G 值的合理分布,一般通过搅拌试验来完成。

2. 隔板絮凝池的设计计算

(1) 隔板絮凝池主要设计参数

1) 絮凝时间 20~30min,平均 G 值 30~60s^{-1}, GT 值 10^4~10^5。

2) 廊道流速,应沿程递减,从起端 0.5~0.6m/s,逐步递减到末端 0.2~0.3m/s,一般宜分成 4~6 段。

3) 隔板净距不小于 0.5m,转角处过水断面积应为相邻廊道过水断面积的 1.2~1.5 倍。尽量做成圆弧形,以减少水流在转弯处的水头损失。

4) 为便于排泥,底坡 2%~3%,排泥管直径大于 150mm。

5) 总水头损失,往复式 0.3~0.5m,回转式 0.2~0.35m 左右。

(2) 计算公式

1) 絮凝池容积

$$V=\frac{QT}{60} \tag{4-3}$$

式中　V——絮凝池容积,m^3;
　　　Q——设计流量,m^3/h;
　　　T——絮凝时间,min。

2) 池长

$$L=\frac{V}{BH} \tag{4-4}$$

式中　L——池长,m;
　　　B——池宽,应和沉淀池等宽,m;
　　　H——有效水深,m。

3) 隔板间距

$$b=\frac{Q}{3600vH} \tag{4-5}$$

式中　v——隔板间流速,m/s。

4) 水头损失

$$h=\sum h_i \tag{4-6}$$

$$h=\xi \cdot m_i \frac{v_{it}^2}{2g}+\frac{v_i^2}{C_i^2}l_i \tag{4-7}$$

式中　h_i——第 i 段廊道水头损失,m;
　　　m_i——第 i 段廊道内水流转弯次数;
　　　v_i、v_{it}——分别为第 i 段廊道内水流速度和转弯处水流速度,m/s;
　　　ξ——隔板转弯处局部阻力系数。往复式 $\xi=3$,回转式 $\xi=1$;

C_i——流速系数，通常按满宁公式 $C_i=\dfrac{1}{n}R_i^{\frac{1}{6}}$ 计算或直接查水力计算表；

l_i——第 i 段廊道总长度，m；

R_i——第 i 段廊道过水断面水力半径，m。

5）平均速度梯度 G

$$G=\sqrt{\dfrac{\gamma h}{60\mu T}} \tag{4-8}$$

式中　γ——水的容重，$9.81\times10^3\,\text{N/m}^3$；

　　　ρ——水的动力黏度，Pa·s。

3. 折板絮凝池主要设计参数

(1) 絮凝时间 6～15min，平均 G 值 30～50s^{-1}，GT 值大于 2×10^4。

(2) 分段数不宜小于3，前段流速 0.25～0.35m/s，中段 0.15～0.25m/s，末段 0.10～0.15 m/s。

(3) 平折板夹角有 90°和 120°两种。折板长 0.8～2.0m，宽 0.5～0.6m，峰高 0.3～0.4m，板间距（或峰距）0.3～0.6m 左右。折板上下转弯和过水孔洞流速，前段 0.3m/s，中段 0.2m/s，末段 0.1m/s。

折板絮凝池设计计算公式可参见有关设计手册。

4. 机械絮凝池主要设计参数

(1) 絮凝时间 15～20min，平均 G 值 20～70s^{-1}，GT 值 1×10^4～1×10^5。

(2) 池内一般设 3～4 挡搅拌机，每挡可用隔墙或穿孔墙分隔，以免短流。

(3) 搅拌机桨板中心处线速度从第一档的 0.5m/s 逐渐减少到末档的 0.2m/s。

(4) 每台搅拌器上桨板总面积宜为水流截面积的 10%～20%，不宜超过 25%。

(5) 桨板长度不大于叶轮直径 75%，宽度宜取 100～300mm。

思考题与习题

1. 胶体有何特征？什么是胶体的稳定性？试用胶粒之间相互作用势能曲线说明胶体稳定性的原因。
2. 目前普遍用几种机理来描述水的混凝过程？试分别叙述。
3. 影响混凝效果的主要因素是什么？
4. 混凝剂按化学成分可分为几类？各有什么特点？
5. 目前我国常用的混凝剂有几种？各有何优缺点？
6. 什么叫助凝剂？目前我国常用的助凝剂有几种？在什么情况下需要投加助凝剂？
7. 混凝剂有几种投加方式？目前我国常用的混凝设施有几种？各有什么特点？
8. 目前常用的絮凝池有几种？各有何优缺点？

第五章 沉　　淀

第一节　悬浮颗粒在静水中的沉淀

一、概述

水中悬浮颗粒依靠重力作用从水中分离出来的过程称为沉淀。原水投加混凝剂后，经过混合反应，水中胶体杂质凝聚成较大的矾花颗粒，进一步在沉淀池中去除。水中悬浮物的去除，可通过水和颗粒的密度差，在重力作用下进行分离。密度大于水的颗粒将下沉，小于水的则上浮。

（一）沉淀的四种基本类型

根据水中悬浮颗粒的密度、凝聚性能的强弱和浓度的高低，沉淀可分为四种基本的沉淀类型。

（1）自由沉淀。悬浮颗粒在沉淀过程中呈离散状态，其形状、尺寸、质量等物理性状均不改变，下沉速度不受干扰，单独沉降，互不聚合，各自完成独立的沉淀过程。在这个过程中只受到颗粒自身在水中的重力和水流阻力的作用。这种类型多表现在沉砂池、初沉池初期。

（2）絮凝沉淀。颗粒在沉淀过程中，其尺寸、质量及沉速均随深度的增加而增大。表现在初沉池后期、生物膜法二沉池、活性污泥法二沉池初期。

（3）拥挤沉淀。又称成层沉淀、拥挤沉淀。颗粒在水中的浓度较大，在下沉过程中彼此干扰，在清水与浑水之间形成明显的交界面，并逐渐向下移动。其沉降的实质就是界面下降的过程。表现在活性污泥法二沉池的后期、浓缩池上部。

（4）压缩沉淀。颗粒在水中的浓度很高，沉淀过程中，颗粒相互接触并部分地受到压缩物支撑，下部颗粒的间隙水被挤出，颗粒被浓缩。主要表现在活性污泥法二沉池污泥斗中、浓缩池中的浓缩。

（二）完成沉淀过程的主要构筑物

（1）沉淀池。通过悬浮颗粒下沉而实现去除目的的沉淀过程。

（2）气浮池。通过微气泡和悬浮颗粒的吸附，使其相对密度小于水而上浮去除的过程。

（3）澄清池。通过沉淀的泥渣与原水悬浮颗粒接触吸附而加速沉降去除的沉淀过程。

二、悬浮颗粒在静水中的自由沉淀

（一）三种假设

（1）水中沉降颗粒为球形，其大小、形状、质量在沉降过程中均不发生变化；

（2）颗粒之间距离无穷大，沉降过程互不干扰；

（3）水处于静止状态，且为稀悬浮液。

（二）理论推导

基于以上假设，静水中的悬浮颗粒仅受到重力和水的浮力这两种力的作用。由于悬浮颗粒的密度大于水的密度，重力对其的作用大于浮力的作用，因此开始时颗粒沿重力方向以某一加速度下沉，同时受到水对运动颗粒所产生的摩擦阻力作用，随着颗粒沉降速度的增加，水流阻力不断增大。颗粒在水中的净重为定值，当颗粒的沉降速度增加到一定值后，颗粒所受重力、浮力和水的阻力三者达到平衡，如图 5-1，颗粒的加速度为零，此时的颗粒开始以匀速下沉。并自此开始作匀速下沉运动。

图 5-1　自由沉淀受力分析

以 F_1、F_2、F_3 分别表示颗粒的重力、浮力和下沉过程中受到的水流阻力，则

$$F_1 = \frac{1}{6}\pi d^3 \rho_s g \tag{5-1}$$

$$F_2 = \frac{1}{6}\pi d^3 \rho_l g \tag{5-2}$$

$$F_3 = \lambda \rho_l A \frac{u^2}{2} \tag{5-3}$$

式中　d——球形颗粒直径；

ρ_s、ρ_l——分别为颗粒、水的密度；

u——颗粒沉降速度；

λ——阻力系数，是雷诺数 $Re = \rho u d/\mu$ 和颗粒形状的函数，其中 μ 为水的动力黏度。对于层流，$\lambda = 24/Re$；

A——颗粒的投影面积，$A = \frac{1}{4}\pi d^2$。

自由沉淀可用牛顿第二定律表述为

$$m\frac{du}{dt} = F_1 - F_2 - F_3 = \frac{1}{6}\pi d^3(\rho_s - \rho_l)g - \lambda \rho_l A \frac{u^2}{2} \tag{5-4}$$

自由沉降达到平衡状态时，$\frac{du}{dt} = 0$，由式（5-4）整理后得沉速公式

$$u = \sqrt{\frac{4gd(\rho_s - \rho_l)}{3\lambda\rho}} \tag{5-5}$$

在 $Re < 1$ 的范围内，呈层流状态，将相应的阻力系数代入式（5-5），得斯笃克斯（Stokes）公式

$$u = \frac{gd^2(\rho_s - \rho_l)}{18\mu} \tag{5-6}$$

斯笃克斯公式表明影响沉淀（上浮）速度的诸因素。

（1）颗粒沉速 u 的决定因素是 $\rho_s - \rho_l$。当 $\rho_s < \rho_l$ 时，u 呈负值，颗粒上浮；当 $\rho_s > \rho_l$ 时，u 呈正值，颗粒下沉；$\rho_s = \rho_l$ 时，$u = 0$，颗粒在水中呈相对静止状态，不沉不浮。

（2）沉速 u 与颗粒直径 d 的平方成正比，颗粒越大，沉速越快。所以增大颗粒直径

d,可大大地提高下沉(或上浮)效果。

(3) u 与 μ 成反比,μ 决定于水质与水温。在水质相同的条件下,水温高则 μ 值小,有利于颗粒下沉(上浮);水温低则 μ 值大,不利于颗粒下沉(上浮),所以低温水难处理。

水中悬浮物的组成比较复杂,颗粒形状多样,且粒径不均匀,密度也有差异,采用斯笃克斯公式计算颗粒的沉速十分困难。因此公式(5-6)并不直接用于工艺计算。

水中悬浮颗粒的自由沉降性能一般可以通过沉淀试验来获得。

(三)沉淀试验

取直径为 80～100mm 高度为 1500～2000mm 的沉淀柱 6～8 个。将已知悬浮物浓度 C_0 与水温的水样,注入各沉淀柱,搅拌均匀后,同时开始沉淀,取样点设于水深 $H=1200$mm 处。在沉淀时间 t_1,t_2……t_n,分别在 $1^\#$,$2^\#$……$n^\#$ 沉淀柱内取出 H 以上的全部水样,并分析各水样的悬浮物浓度 C_1,C_2……C_n,将结果记于表中。据此在直角坐标纸上,以悬浮物剩余量 $P_0 = C_i/C_0$ 为纵坐标,沉速为横坐标,作 $P_0 - u_t$ 关系图。若要求去除沉速为 $u_0 = H/t$ 的颗粒,则沉速 $u_t \geq u_0$ 的所有颗粒全部去除,去除率为 $1 - P_0$,而沉速 $u_t < u_0$ 的颗粒部分去除,去除率为 $\int_0^{P_0} \frac{u_t}{u_0} dP$。因此,总去除率 E 为

$$E = (1 - P_0) + \frac{1}{u_0} \int_0^{P_0} u_t dP \tag{5-7}$$

式中 E——某一时刻悬浮物的总去除率;
P_0——以比率表示的残余悬浮物百分率;
u_0——对应于 P_0 的颗粒沉降速度;
u_t——沉降速度,$u_t = f(P)$。

【例题 5-1】 某废水沉降试验数据如表 5-1 所示。初始悬浮物浓度 $C_0 = 400$mg/L,有效水深 $H = 1.2$m 试求 $u_0 = 3$cm/min 时颗粒的总去除率。

沉降试验记录数据　　　　　　　　　　　　　　表 5-1

取样时间(min)	悬浮物浓度(mg/L)	剩余量 $P_0 = C_i/C_0$	沉速 $u = H/t_i$
0	400	0	0
15	208	0.52	8
30	184	0.46	4
45	160	0.40	2.7
60	132	0.33	2.0
90	108	0.27	1.3
120	88	0.22	1.0

【解】

(1) 计算各沉淀时间相应的 P_0、u 值,并将计算结果列于表 5-1 中。例如当 $t = 30$min 时,$P_0 = 184/400 = 0.46$,$u = 120/30 = 4$(cm/min)。

(2) 以 P_0 为纵坐标,以 u 为横坐标,绘制沉降速度分布曲线图,如图 5-2 所示。

(3) 用图解法计算 $u_0 = 3$cm/min 时的总去除率 E。当 $u_0 = 3$ 时,由图查得 $P_0 = 0.42$,则 $\int_0^{P_0} u dP$ 等于图中各矩形面积之和。

$$\int_0^{P_0} u\mathrm{d}P = (0.3+0.7+1.2)\times 0.1 + (1.75+2.6)\times 0.06 = 0.48$$

则总去除率 $E = (1-P_0) + \dfrac{1}{u_0}\int_0^{P_0} u_t \mathrm{d}P =$
$(1-0.42) + 0.48 \div 3.0 = 0.74$

三、絮凝沉淀

絮凝性悬浮物在沉降过程中，颗粒之间互相碰撞凝聚，形成絮状体，使絮状体尺寸不断增大，沉降速度也随深度增加，因此悬浮物的去除率不仅取决于沉降速度，还与深度有关。水处理中经常遇到的悬浮颗粒的沉淀过程多属于絮凝性沉淀过程，其沉淀效果可根据沉淀试验预测。絮凝沉淀试验用沉淀

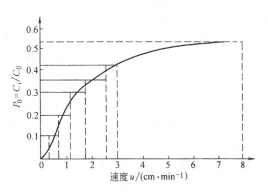

图 5-2 沉降速度分布曲线图

柱直径为 100～200mm，高度尽量接近实际沉淀池的深度，可采用 1500～3000mm，并设有 4～6 个取样口。测定水样中悬浮颗粒初始浓度，将水样装满沉淀柱并搅拌均匀后开始计时，每隔一定时间间隔，如 10、20……120min，同时在各取样口取样，以沉淀筒取样口高度 h 为纵坐标，以沉降时间 t 为横坐标，将各个深度处的颗粒去除率的数据点绘在坐标纸上，把去除率 P 相同的各点连成光滑曲线，称为等去除率曲线，见图 5-3。根据该曲线可求出不同沉降时间不同深度对应的总去除率。

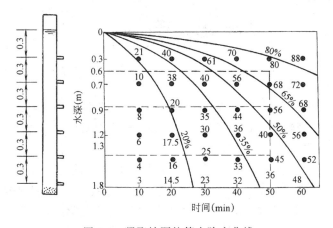

图 5-3 凝聚性颗粒等去除率曲线

【例题 5-2】 对某废水在深度 1.8m 的沉淀柱中进行絮凝沉淀试验，试验数据如表 5-2 所示。试求沉降时间为 50min、深度为 1.8m 处的悬浮物总去除率。

絮凝沉降试验记录数据　　　　　　表 5-2

取样口离水面高度(m)	不同沉淀时间的悬浮物去除率/%					
	10min	20min	30min	40min	50min	60min
0.3	21	40	61	70	80	88
0.6	10	28	40	56	68	78
0.9	8	20	35	44	56	68
1.2	6	7.5	30	36	48	56
1.5	4	16	25	33	45	48
1.8	3	14.5	23	32	36	22

【解】

(1) 以深度为纵坐标,时间为横坐标,点绘各点相应的去除百分数,绘出等去除率曲线,见图 5-3。

(2) 计算 $t=50$min 时的悬浮物总去除率。当沉降时间为 50min、深度为 1.8m 时,沉速 $u_0=1800/50\times 60=0.6$mm/s。由图 5-3(b) 可知,底部取样口处的悬浮物去除率为 36%,即有 36% 的沉速大于或等于 0.6mm/s 的颗粒被去除,而小于该沉速的颗粒只有部分沉到底部,其去除率可采用图解法求得。

1) 在等去除率为 50%～65% 之间的颗粒具有某一平均沉降速度,其值等于平均高度除以时间 t_0,平均高度为去除率为 50%～65% 曲线之间中点的高度,由图中可知高度为 0.86m,则其平均沉速成为 $860/(50\times 60)=0.29$mm/s。

2) 同理,在去除率为 65%～80% 之间的颗粒的平均沉速为 $450/(50\times 60)=0.15$mm/s,沉速更小的颗粒可忽略不计。

3) 总去除率为

$$E=E_0+\frac{u_1}{u_0}(P_1)+\frac{u_2 1}{u_0}(P_2)+\cdots+\frac{u_n}{u_0}(P_n) \tag{5-8}$$

式中 E ——沉淀高度为 H,沉淀时间为 t 时的悬浮物去除率;

P_1、P_2、P_n ——沉淀百分数间的数值差。

因为 $\frac{u_1}{u_0}=\frac{h_1}{H}$、$\frac{u_2}{u_0}=\frac{h_2}{H}$,而 h_1、h_2 是由水面向下测得的,所以

$$E=36+\frac{1.48}{1.8}(50-36)+\frac{0.86}{1.8}(65-50)+\frac{0.45}{1.8}(80-65)+\frac{0.29}{0.6}(65-50)+\frac{0.15}{0.6}(80-65)$$
$$=58.4\%$$

四、拥挤沉淀与压缩沉淀

当沉淀的颗粒是凝聚以后的絮凝体,或是生物处理出流的污泥,或是高浊度水中的泥沙时,水中悬浮物浓度较高,在沉淀过程中,会出现拥挤沉淀与压缩沉淀现象。

拥挤沉淀与压缩试验用沉淀柱直径为 100～150mm,高度为 1000～2000mm。将已测悬浮物浓度 C_0 的水样,装入高度为 H_0 的沉淀柱内,搅拌均匀后开始计时,水样会很快形成上清液与污泥层之间的清晰界面。污泥层内的颗粒之间相对位置稳定,沉淀表现为界面的下沉,而不是单颗粒下沉,沉速用界面沉速表达。界面下沉的初始阶段,由于浓度较稀,沉速是悬浮物浓度的函数 $u=f(c)$,呈等速沉淀。随着界面继续下沉,悬浮物浓度不断增加,界面沉速逐渐减慢,出现过渡段,此时,颗粒之间的水分被挤出并穿过颗粒上升,成为上清液。界面继续下沉,浓度更高,污泥层内的下层颗粒能够机械地承托上层颗粒,因而产生压缩区。界面高度与沉淀时间的关系见图 5-4。

通过图中曲线任一点作切线,其斜率即为该

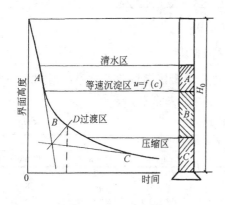

图 5-4 沉淀曲线及装置
A—阻滞区;B—过滤区;C—压缩区

点对应的界面沉速。分别作等速沉淀段及压缩段的切线,两切线交角的角平分线交沉淀曲线于 D 点,这就是等速沉淀区与压缩区的分点与之相对应的时间即压缩开始时间。这种静态试验方法可用来表述动态二沉池与浓缩池的工况,亦可作为它们的设计依据。

第二节 理想沉淀池的沉淀原理

一、理想沉淀池的沉淀过程分析

(一) 理想沉淀池的三个假定

(1) 颗粒处于自由沉淀状态。

(2) 水流沿着水平方向作等速流动,在过水断面上各点流速相等,颗粒的水平分速等于水流流速。

(3) 颗粒沉到池底即认为已被去除。

(二) 理想沉淀池的沉淀过程分析

理想沉淀池工作状况如图 5-5。理想沉淀池分流入区、流出区、沉淀区和污泥区。从池中的点 A 进入的颗粒运动轨迹是水平流速 v 和颗粒沉速 u 的矢量和。直线 I 表示从池顶 A 点开始下沉而能够在池底最远处 D 点之前沉到池底的颗粒的运动轨迹。直线 II 表示从池顶 A 点开始下沉而不能够沉到池底的颗粒的运动轨迹。直线 III 表示从池顶 A 点开始下沉而正好沉到池底最远处 D 点的颗粒的运动轨迹。

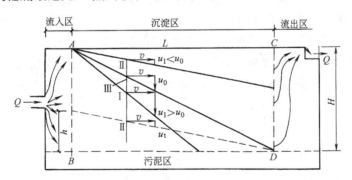

图 5-5 理想沉淀池工作状况

将直线 III 代表的颗粒具有的沉速定义为 u_0,故可得关系式

$$\frac{u_0}{v} = \frac{H}{L} \tag{5-9}$$

式中　u_0——颗粒沉速;

　　　v——水流速度,即颗粒的水平分速;

　　　H——沉淀区水深;

　　　L——沉淀区长度。

显然,沉速 $u_t \geqslant u_0$ 的颗粒,都可在 D 点前沉淀掉,见轨迹 I 所代表的颗粒。沉速 $u_t < u_0$ 的颗粒,视其在流入区所处位置而定。如果靠近水面则不能被去除,见轨迹 II 实线所代表的颗粒;如果靠近池底就能被去除,见轨迹 II 虚线所代表的颗粒。

轨迹 III 所代表的颗粒沉速 u_0 具有特殊意义,通常称为截留沉速。实际上,它反映了沉淀池所能全部去除的颗粒中的最小颗粒的沉速。

水平流速 v 和沉速 u_0 都与沉淀时间 t 有关：

$$t=\frac{V}{Q}=\frac{L}{v}=\frac{H}{u_0} \tag{5-10}$$

$$v=\frac{Q}{HB} \tag{5-11}$$

式中　Q——沉淀池设计流量；
　　　B——沉淀池宽度；
　　　V——沉淀池容积。

由此可以导出：

$$\frac{Q}{A}=u_0=q \tag{5-12}$$

式中　A——沉淀池表面积，$A=BL$；
　　　q——表面负荷率或溢流率。

表面负荷率表示在单位时间内通过沉淀池单位表面积的流量，单位为 $m^3/(m^2 \cdot s)$ 或 $m^3/(m^2 \cdot h)$，其数值等于截留沉速，但含义却不同。

理想沉淀池总的沉淀效率，在设定了截留沉速 u_0 以后，由两部分组成。一部分是 $u>u_0$ 的颗粒去除率，这类颗粒将全部沉掉。若所有沉速小于截留沉速 u_0 的颗粒重量占原水中全部颗粒重量的百分率为 P_0，则本部分去除率为 $(1-P_0)$。另一部分是 $u<u_0$ 的颗粒去除率，这类颗粒部分沉到池底被去除。设这类颗粒中某一沉速 u_i 的颗粒浓度为 C_i，沿着进水区高度 H 的截面进入的总量则为 $QC_i=HBvC_i$，只有位于池底以上 h_i 高度内的部分才能全部沉到池底，其重量为 h_iBvC_i，则沉速为 u_i 的颗粒去除率为：

$$E_i=\frac{h_iBvC_i}{HBvC_i} \cdot \frac{HBvC_i}{HBvC_0}=\frac{u_i}{u_0} \cdot dP_i=\frac{u_i}{Q/A} \cdot dP_i \tag{5-13}$$

式中　C_0——原水中悬浮物浓度；
　　　dP_i——具有沉速为 u_i 的颗粒重量占原水中全部颗粒重量的百分率。

因此所有 $u<u_0$ 的颗粒去除率为

$$E=\int_0^{P_0}\frac{u_i}{Q/A} \cdot dP_i = \frac{1}{Q/A}\int_0^{P_0} u_i dP_i \tag{5-14}$$

故理想沉淀池总的沉淀效率为

$$P=(1-P_0)+\frac{1}{Q/A}\int_0^{P_0} u_i dP_i \tag{5-15}$$

由公式（5-15）得知：

(1) 悬浮物在沉淀池中的去除率取决于沉淀池的表面负荷 q 和颗粒沉速 u_t，而与其他因素（如水深、池长、水平流速和沉淀时间）无关。这一理论由哈真在1904年提出。

(2) 当去除率一定时，颗粒沉速 u_t 越大，则表面负荷越高，产水量越大；当产水量和表面积不变时，u_t 越大，则去除率越高。颗粒沉速 u_t 的大小与凝聚效果有关，所以生产上一般重视混凝工艺，污水处理中预曝气的作用也是为了促进絮凝。

(3) 颗粒沉速 u_t 一定时，增加沉淀池表面积可以提高去除率。当沉淀池容积一定时，池深较浅则表面积大，去除率可以提高，这就是"浅池理论"，是斜板（管）沉淀池的发展理论基础。

二、影响沉淀池沉淀效果的因素分析

实际沉淀池由于受实际水流状况和凝聚作用等的影响，偏离了理想沉淀池的假设条件。

（一）沉淀池实际水流状况对沉淀效果的影响

在理想沉淀池中，假定流速均匀分布，水流稳定。但在实际沉淀池中，停留时间总是偏离理想沉淀池，实际沉淀池中水流在池子过水断面上流速分布是不均匀的，整个池子的有效容积没有得到充分利用，一部分水流通过沉淀区的时间小于理论停留时间，而另一部分水流则大于理论停留时间，这种现象称为短流。这主要是由于水流的流速和流程不同所导致。

短流产生的原因包括进水的惯性、出水堰产生的水流抽吸、较冷或较重的进水产生异重流、沉淀池内存在导流壁和刮泥设备影响、风浪影响等。由于产生短流现象，导致池内顺着某些流程的水流流速大于平均值，而在另一些区域则小于平均值，甚至形成死角。

水流的紊动性用雷诺数 Re 判别。雷诺数表示水流的惯性力与黏滞力之间的对比关系。

$$\mathrm{Re}=\frac{vR}{\upsilon} \tag{5-16}$$

式中　v——水平流速，m/s；
　　　R——水力半径，m；
　　　υ——水的运动黏度，m^2/s。

在沉淀池中，要求降低雷诺数以利于颗粒沉降。明渠流中的 Re＞500 时，水流呈紊流状态，平流式沉淀池中水流的 Re 一般在 4000～15000。此时水流除水平流速外，还有上下左右的脉动分速，并伴有小的涡流体，虽不利于颗粒的沉淀，但可使密度不同的水流较好混合，减弱分层流动。

异重流是进入较静而具有密度差异的水体的一股水流。例如悬浮固体很高的污水，密度较大，进入池子经过沉淀后，密度有显著的下降，这样进水与池水间出现密度上的差异，会出现进入池子的水流将沉潜在池水的下层，上层的水基本上不流动的状况。异重流如果重于池内水体，将下沉并以较高的流速沿着底部绕道前进；异重流轻于水体，则将沿水面径流至出水口。密度的差异主要由于水温、所含盐分或悬浮固体量的不同所导致。如果池内的水平流速相当高，异重流会和池中水流汇合，基本上不会影响流态，此时的沉淀池具有稳定的流态。如果异重流在整个池内保持，则会存在不稳定的流态。

水流的稳定性以弗劳德数 Fr 判别。弗劳德数反映水流的惯性力与重力两者之间的对比关系。

$$\mathrm{Fr}=\frac{v^2}{Rg} \tag{5-17}$$

式中　v——水平流速，m/s；
　　　R——水力半径，m；

g——重力加速度，$9.81 m/s^2$。

Fr 数增大，表明重力作用相对减小，惯性力作用相对增强，水流对温差、密度差异重流及风浪影响的抵抗能力强，从而保持沉淀池内的流态稳定。平流式沉淀池的 Fr 数一般认为大于 10^{-5} 为宜。

在平流式沉淀池中，提高 Fr 数和降低 Re 数的有效措施，是减小水力半径。在沉淀池中进行纵向分格，采用斜板、斜管沉淀池，均可以达到这一目的。在沉淀池中增大水平流速后可以提高 Re 数而不利于沉降，却提高了 Fr 数从而增加了水的稳定性，提高了沉淀效果。一般将水平流速控制在 $10 \sim 25 mm/s$。

（二）凝聚作用的影响

悬浮物的絮凝过程在沉淀池中仍继续进行。由于沉淀池内水流流速分布不均匀，水流中存在的速度梯度会引起颗粒相互碰撞而促进絮凝。

水中絮凝颗粒大小不均匀，故沉速也不同。在沉淀过程中沉速大的颗粒会追上沉速小的颗粒而引起絮凝。

水在池内的停留时间越长，由速度梯度引起的絮凝效果越明显；池深越大，因颗粒沉速不同引起的絮凝进行得就越彻底。故实际沉淀池的沉淀时间和水深都会影响到沉淀效果，从而偏离了理想沉淀池的假定条件。

第三节 沉 淀 池

一、沉淀池的类型与选用

作为依靠重力作用进行固液分离的装置，可以分为两类：一类是沉淀有机固体为主的装置，通称为沉淀池；另一类则以沉淀无机固体为主的装置，通称为沉砂池。

（一）沉淀池的分类

1. 按沉淀池的水流方向不同，可分为平流式沉淀池、竖流式沉淀池、辐流式沉淀池。见图 5-6。

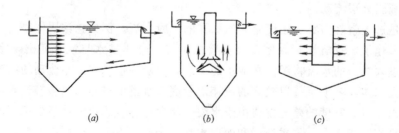

图 5-6 按水流方向不同划分的沉淀池
（a）平流式沉淀池；（b）竖流式沉淀池；（c）辐流式沉淀池

（1）平流式沉淀池。被处理水从池的一端流入，按水平方向在池内向前流动，从另一端溢出。池表面呈长方形，在进口处底部设有污泥斗。

（2）竖流式沉淀池。表面多为圆形，也有方形、多角形。水从池中央下部进入，由下向上流动，沉淀后上清液由池面和池边溢出。

（3）辐流式沉淀池。池表面呈圆形或方形，水从池中心进入，沉淀后从池子的四周溢出，池内水流呈水平方向流动，但流速是变化的。

2. 按工艺布置不同，可分为初次沉淀池、二次沉淀池。

(1) 初次沉淀池。设置在沉砂池之后，某些生物处理构筑物之前，主要去除有机固体颗粒，可降低生物处理构筑物的有机负荷。

(2) 二次沉淀池。设置在生物处理构筑物之后。用于沉淀生物处理构筑物出水中的微生物固体，与生物处理构筑物共同构成处理系统。

3. 按截流颗粒沉降距离不同，可分为一般沉淀池、浅层沉淀池。斜板或斜管沉淀池的沉降距离仅为 30～200mm 左右，是典型的浅层沉淀池。斜板沉淀池中的水流方向可以布置成同向流（水流与污泥方向相同）、上向流（水流与污泥方向相反）、侧向流（水流与污泥方向垂直）。见图 5-7。

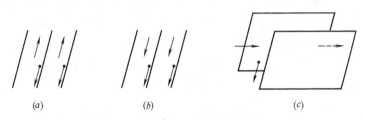

图 5-7 斜板斜管沉淀池
(a) 同向流；(b) 异向流；(c) 侧向流

(二) 沉淀池的选用

选用沉淀池时一般应考虑以下几个方面的因素。

(1) 地形、地质条件。不同类型沉淀池选用时会受到地形、地质条件限制，有的平面面积较大而池深较小，有的池深较大而平面面积较小。例如平流式沉淀池一般布置在场地平坦、地质条件较好的地方。沉淀池一般占生产构筑物总面积的 25%～40%。当占地面积受限时，平流式沉淀池的选用就会受到限制。

(2) 气候条件。寒冷地区冬季时，沉淀池的水面会形成冰盖，影响处理和排泥机械运行，将面积较大的沉淀池建于室内进行保温会提高造价，因此选用平面面积较小的沉淀池为宜。

(3) 水质、水量。原水的浊度、含砂量、砂粒组成、水质变化直接影响沉淀效果。例如斜管沉淀池积泥区相对较小，原水浊度高时会增加排泥困难。根据技术经济分析，不同的沉淀池常有其不同的适用范围。例如平流式沉淀池的长度仅取决于停留时间和水平流速，而与处理规模无关，水量增大时仅增加池宽即可。单位水量的造价指标随处理规模的增加而减小，所以平流式沉淀池适于水量较大的场合。

(4) 运行费用。不同的原水水质对不同类型沉淀池的混凝剂消耗也不同；排泥方式的不同会影响到排泥水浓度和厂内自用水的耗水率；斜板、斜管沉淀池板材需要定期更新等，会增加日常维护费用。

二、平流式沉淀池

(一) 基本构造

平流式沉淀池构造简单，为一长方形水池，由流入装置、流出装置、沉淀区、缓冲层、污泥区及排泥装置等组成，如图 5-8 所示。

(1) 流入装置。其作用是使水流均匀地分布在整个进水断面上，并尽量减少扰动。原

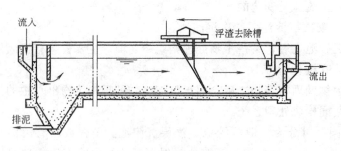

图 5-8 平流式沉淀池

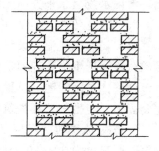

图 5-9 穿孔墙

水处理时一般与絮凝池合建,设置穿孔墙,水流通过穿孔墙,直接从絮凝池流入沉淀池,均布于整个断面上,保护形成的矾花,见图 5-9。沉淀池的水流一般采用直流式,避免产生水流的转折。一般孔口流速不宜大于 0.15~0.2m/s,孔洞断面沿水流方向渐次扩大,以减小进水口射流,防止絮凝体破碎。

污水处理中,沉淀池入口一般设置配水槽和挡流板,目的是消能,使污水能均匀地分布到整个池子的宽度上,如图 5-10。挡流板入水深小于 0.25m,高出水面 0.15~0.2m,距流入槽 0.5~1.0m。

(2) 流出装置。流出装置一般由流出槽与挡板组成,如图 5-11 所示。流出槽设自由溢流堰、锯齿形堰或孔口出流等,溢流堰要求严格水平,既可保证水流均匀,又可控制沉淀池水位。出流装置常采用自由堰形式,堰前设挡板,挡板入水深 0.3~0.4m,距溢流堰 0.25~0.5m。也可采用潜孔出流以阻止浮渣,或设浮渣收集排除装置。孔口出流流速为 0.6~0.7m/s,孔径 20~30mm,孔口在水面下 12~15cm,堰口最大负荷:初次沉淀池不宜大于 $10m^3/(h \cdot m)$、二次沉淀池不宜大于 $7m^3/(h \cdot m)$、混凝沉淀池不宜大于 $20m^3/(h \cdot m)$。

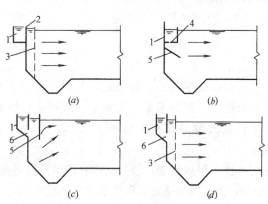

图 5-10 平流沉淀池入口的整流措施
(a) 穿孔板式;(b) 底孔入流与挡板组合式;(c) 淹没入流与挡板组合式;(d) 淹没孔与穿孔墙组合式;
1—进水槽;2—溢流堰;3—有孔整流墙壁;
4—底孔;5—挡流板;6—潜孔

为了减少负荷,改善出水水质,可以增加出水堰长。目前采用较多的方法是指形槽出水,即在池宽方向均匀设置若干条出水槽,以增加出水堰长度和减小单位堰宽的出水负荷。常用增加堰长的办法见图 5-12。

(3) 沉淀区。平流式沉淀池的沉淀区在进水挡板和出水挡板之间,长度一般为 30~50m。深度从水面到缓冲层上缘,一般不大于 3m。沉淀区宽度一般为 3~5m。

(4) 缓冲层。为避免已沉污泥被水流搅起以及缓冲冲击负荷,在沉淀区下面设有 0.5m 左右的缓冲层。平流式沉淀池的缓冲层高度与排泥形式有关。重力排泥时缓冲层的高度为 0.5m,机械排泥时缓冲层的上缘高出刮泥板 0.3m。

(5) 污泥区。污泥区的作用是贮存、浓缩和排除污泥。排泥方法一般有静水压力排和

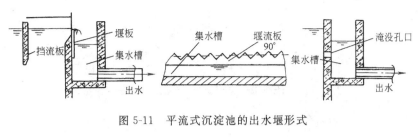

图 5-11 平流式沉淀池的出水堰形式

图 5-12 增加出水堰长度的措施

机械排泥。

沉淀池内的可沉固体多沉于池的前部，故污泥斗一般设在池的前部。池底的坡度必须保证污泥顺底坡流入污泥斗中，坡度的大小与排泥形式有关。污泥斗的上底可为正方形，边长同池宽；也可以设计成长条形，其一边条同池宽。下底通常为400mm×400mm的正方形，泥斗斜面与底面夹角不小于60°。污泥斗中的污泥可采用静力排泥方法。

静力排泥是依靠池内静水压力（初沉池为1.5～2.0m，二沉池为0.9～1.2m），将污泥通过污泥管排出池外。排泥装置由排泥管和泥斗组成，见图5-13。排泥管管径为200mm，池底坡度为0.01～0.02。为减少池深，可采用多斗排泥，每个斗都有独立的排泥管，如图5-14所示。也可采用穿孔管排泥。

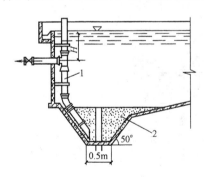

图 5-13 沉淀池静水压力排泥
1—排泥管；2—泥斗

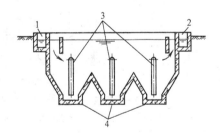

图 5-14 多斗式平流沉淀池
1—进水槽；2—出水槽；3—排泥管；4—污泥斗

目前平流沉淀池一般采用机械排泥。机械排泥是利用机械装置，通过排泥泵或虹吸将池底积泥排至池外。机械排泥装置有链带式刮泥机、行车式刮泥机、泵吸式排泥和虹吸式排泥装置等。图5-15为设有行车式刮泥机的平流式沉淀池。工作时，桥式行车刮泥机沿池壁的轨道移动，刮泥机将污泥推入贮泥斗中，不用时，将刮泥设备提出水外，以免腐蚀。图5-16为设有链带式刮泥机的平流式沉淀池。工作时，链带缓缓地沿与水流方向相反的方向滑动。刮泥板嵌于链带上，滑动时将污泥推入贮泥斗中。当刮泥板滑动到水面时，又将浮渣推到出口，从那儿集中清除。链带式刮泥机的各种机件都在水下，容易腐

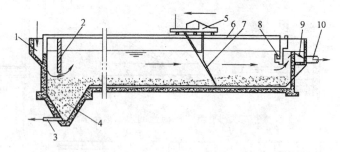

图 5-15 设有行车式刮泥机的平流式沉淀池
1—进水槽；2—挡流板；3—排泥管；4—泥斗；5—刮泥行车；6—刮渣板；
7—刮泥板；8—浮渣槽；9—出水槽；10—出水管

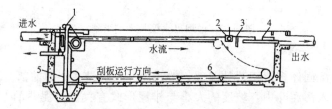

图 5-16 设有链带式刮泥机的平流式沉淀池
1—集渣器驱动；2—浮渣槽；3—挡板；4—可调节的出水槽；5—排泥管；6—刮板

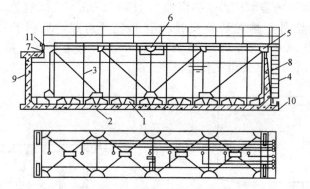

图 5-17 多口虹吸式吸泥装置
1—刮泥板；2—吸口；3—吸泥管；4—排泥管；5—桁架；6—电机和传动机构；7—轨道；8—梯子；9—沉淀池壁；10—排泥沟；11—滚轮

蚀，养护较为困难。

当不设存泥区时，可采用吸泥机，使集泥与排泥同时完成。常用的吸泥机有多口式和单口扫描式，且又分为虹吸和泵吸两种。图 5-17 为多口虹吸式吸泥装置。刮板 1、吸口 2、吸泥管 3、排泥管 4 成排地安装在桁架 5 上，整个桁架利用电机和传动机构通过滚轮架设在沉淀池壁的轨道上行走，在行进过程中，利用沉淀池水位所能形成的虹吸水头，将池底积泥吸出并排入排泥沟。

（二）设计计算

平流式沉淀池的设计内容包括流入装置、流出装置、沉淀区、污泥区、排泥和排浮渣设备选择等。

1. 沉淀区设计

沉淀区尺寸常按表面负荷或停留时间和水平流速计算。

(1) 沉淀区有效水深 h_2

$$h_2 = q \cdot t \tag{5-18}$$

式中 q——表面负荷，即要求去除的颗粒沉速，一般通过试验取得。如果没有资料时，初次沉淀池要采用 $1.5 \sim 3.0 \mathrm{m^3/(m^2 \cdot h)}$，二次沉淀池可采用 $1 \sim 2 \mathrm{m^3/(m^2 \cdot h)}$；

　　　t——停留时间，一般取 $1 \sim 3 \mathrm{h}$；

沉淀池有效水深一般为 $2.0 \sim 4.0 \mathrm{m}$。

(2) 沉淀区有效容积 v_1

$$v_1 = A \cdot h_2 \tag{5-19}$$

或

$$v_1 = Q_{\max} \cdot t \tag{5-20}$$

式中 A——沉淀区总面积，$\mathrm{m^2}$，$A = Q_{\max}/q$；

　　$Q_{\max}$——最大设计流量，$\mathrm{m^3/h}$。

(3) 沉淀区长度 L

$$L = 3.6 v t \tag{5-21}$$

式中 v——最大设计流量时的水平流速。混凝沉淀可采用 $10 \sim 25 \mathrm{mm/s}$；污水处理中，一般不大于 $5 \mathrm{mm/s}$。

(4) 沉淀区总宽 B

$$B = \frac{A}{L} \tag{5-22}$$

(5) 沉淀池座数或分格数 n

$$n = \frac{B}{b} \tag{5-23}$$

式中 b——每座或每格宽度，m，当采用机械刮泥时，与刮泥机标准跨度有关。沉淀区长度一般采用 $30 \sim 50 \mathrm{m}$，长宽比不小于 $4:1$，长深比为 $(8 \sim 12):1$。

2. 污泥区设计

污泥区容积应根据每日沉下的污泥量和污泥储存周期决定，每日沉淀下来的污泥与污水中悬浮固体含量、沉淀时间及污泥的含水率等参数有关。

(1) 当有原污水和出水悬浮固体含量（或沉淀率）资料时，初沉池的污泥量计算公式为

$$W = \frac{Q(C_0 - C_1)100}{\gamma(100 - P)} \cdot T \tag{5-24}$$

式中 Q——设计流量，$\mathrm{m^3/d}$；

　　P——污泥含水率，一般取 $95\% \sim 97\%$；

　C_0、C_1——进出水中的悬浮物浓度，$\mathrm{kg/m^3}$；

　　γ——污泥质量密度，污泥主要为有机物，且含水量水率大于 95% 时，取 $1000 \mathrm{kg/m^3}$。

(2) 当计算对象为生活污水，可以按每个设计人口产生的污泥量进行计算。计算公式为

$$W=\frac{SNT}{1000} \tag{5-25}$$

式中 S——每人每天产生的污泥量,城市污水的污泥量,见表 5-3;
　　　N——设计人口数;
　　　T——两次排泥的时间间隔,初次沉淀池按 2d 考虑。

城市污水沉淀池设计数据及产生的污泥量　　　　表 5-3

沉淀池类型		沉淀时间 (h)	表面水力负荷 [m³/(m²·h)]	污泥量 g/(人·d)	污泥量 L/(人·d)	污泥含水率 (%)
初次沉淀池		1.0~2.0	1.5~3.0	14~27	0.36~0.83	95~97
二次沉淀池	生物膜法后	1.5~2.5	1.0~2.0	7~19		96~98
	活性污泥法后	1.5~2.5	1.0~1.5	10~21		99.2~99.6

3. 沉淀池总高度计算

$$H=h_1+h_2+h_3+h_4 \tag{5-26}$$

式中 H——沉淀池总高度,m;
　　　h_1——超高,采用 0.3m;
　　　h_2——沉淀区高度,m;
　　　h_3——缓冲高度,当无刮泥机取 0.5m,有刮机时缓冲层上缘应高出刮板 0.3m,一般采用机械排泥,排泥机械的行进速度为 0.3~1.2m/min;
　　　h_4——污泥区高度,根据污泥量、池底坡度、污泥斗几何尺寸及是否采用刮泥机决定。池底纵坡不小于 0.01,机械刮泥时纵坡为 0;污泥斗倾角 α:方斗取 60°,圆斗取 55°。

4. 沉淀池出水堰

沉淀池出水堰最大负荷:初次沉淀池不大于 2.9L/(s·m),二沉池不大于 1.7L/(s·m)。

5. 沉淀池数量

沉淀池数目不少于 2 座,并应考虑一座发生故障时,另一座能负担全部流量的可能性。

三、斜板(管)沉淀池

(一)基本构造

根据哈真浅池理论,沉淀效果与沉淀面积和沉降高度有关,与沉降时间关系不大。为了增加沉淀面积,提高去除率,用降低沉降高度的办法来提高沉淀效果。在沉淀池中设置斜板或斜管,成为斜板(管)沉淀池,就是根据这个原理发展了平流式沉淀池。

在池内安装一组并排叠成,且有一定坡度的平板或管道,被处理水从管道或平板的一端流向另一端,相当于很多个浅而且小的沉淀池组合在一起。由于平板的间距和管道的管径较小,故水流在此处为层流状态,当水在各自的平板或管道间流动时,各层隔开互不干扰,为水中固体颗粒的沉降提供了十分有利的条件,大大提高了水处理效果和能力。

从改善沉淀池水力条件的角度来分析,由于斜板(管)沉淀池水力半径大大减小,从而使 Re 数降低，而 Fr 数大大提高。斜板沉淀池中的水流基本上属层流状态，而斜管沉淀池的 Re 数多在 200 以下，甚至低于 100；斜板沉淀池的 Fr 数一般为 $10^{-3} \sim 10^{-4}$，斜管的 Fr 数更大。因此，斜板（管）沉淀池能够满足水流的紊动性和稳定性的要求。

在异向流、同向流和侧向流三种形式中，以异向流应用的最广。异向流斜板（管）沉淀池，因水流向上流动，污泥下滑，方向各异而得名。图 5-18 为异向流斜管沉淀池。

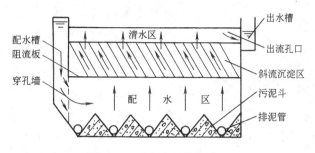

图 5-18 异向流斜管沉淀池

斜板沉淀池分为入流区、出流区、沉淀区和污泥区等四个区。其中沉淀区的构造对整个沉淀池的构造起着控制作用。

沉淀区由一系列平等的斜板或斜管组成，斜板的排列分竖向和横向两种情况。

竖向排列是将斜板重叠起来布置，每块斜板的同一端在同一垂直面上，如图 5-19（a）。沉淀区采用竖向排列大大提高了地面利用率。但从板上滑下的污泥会在同一垂直面上降落，降低了沉淀效率，所以竖向排列仅适用于小流量的沉淀池。

横向排列是将竖向排列的斜板端部错开，虽然这样使沉淀区的地面利用率降低，但入流区和出流区都不需要另占地面面积。一般旧池改造时都采用横向排列。

横向排列可以分为顺向横排和反向横排，如图 5-19（b）、（c）。在污水处理工艺中，使用反向横排的效果要比顺向好。斜板沉淀池的进水流向是水平的，水流在沉淀的流向是顺着斜板倾斜向上的。污水从入流区到沉淀区要改变方向。由于水流转弯时外侧流速大于内侧流速，如果斜板为顺向排列，沿斜板滑下的污泥正好与较高的上升流速的水流相遇，从而增加了污泥下滑的阻力。如果斜板为反向横排，污泥下滑时与流速成较小的水流相遇，污泥下滑的阻力较小，有利于排泥。

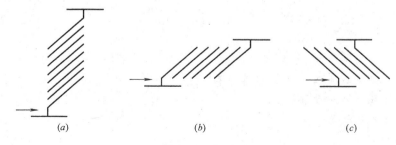

图 5-19 斜板的排列方式和水流方向
（a）竖向排列；（b）顺向排列；（c）反向排列

当斜板换成斜管后，就成为斜管沉淀池。

斜板（管）倾角一般为 60°，长度 1～1.2m，板间垂直间距 80～120mm，斜管内切圆直径为 25～35mm。板（管）材要求轻质、坚固、无毒、价廉。目前较多采用聚丙烯塑料或聚氯乙烯塑料。图 5-20 所示为塑料片正六角形斜管粘合示意。塑料薄板厚 0.4～0.5mm，块体平面尺寸通常不大于 1m×1m，热轧成半六角形，然后粘合。

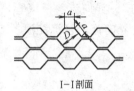

横向排列的斜板沉淀池入流区位于沉淀区的下面，高度约 1.0～1.5m。出流区位于沉淀区的上面，高度一般采用 0.7～1.0m。缓冲区位于斜板上面，深度≥0.05m。出水槽一般采用淹没孔出流，或者采用三角形锯齿堰。

（二）设计计算

斜板沉淀池的设计仍可采用表面负荷来计算。根据水中的悬浮物沉降性能资料，由确定的沉淀效率找到相应的最小沉速和沉淀时间，从而计算出沉淀区的面积。沉淀区的面积不是平面面积，而是所有的澄清单元的投影面积之和，要比沉淀池实际平面面积大得多。

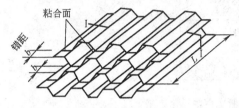

图 5-20 塑料片正六角形斜管粘合示意

异向流斜管沉淀池的设计计算。

1. 清水区面积 A

$$A = \frac{Q}{q} \tag{5-27}$$

式中 Q——设计流量，m^3/h；

q——表面负荷，规范规定斜管沉淀池的表面负荷为 $9 \sim 11 m^3/(m^2 \cdot h)$。

2. 斜管的净出口面积 A'

$$A' = \frac{Q}{v \sin\theta} \tag{5-28}$$

式中 v——斜管内水流上升流速，一般采用 3.0～4.0mm/s；

θ——斜管水平倾角，一般为 60°。

3. 沉淀池高度 H

$$H = h_1 + h_2 + h_3 + h_4 \tag{5-29}$$

式中 h_1——积泥高度，m；

h_2——配水区高度，不小于 1.0～1.5m，机械排泥时，应大于 1.6m；

h_3——清水区高度，为 1.0～1.5；

h_4——超高，一般取 0.3m。

四、辐流式沉淀池

（一）基本构造

按进、出水的布置方式，辐流式沉淀池可分为中心进水周边出水、周边进水中心出水、周边进水周边出水三种方式，见图 5-21、图 5-22、图 5-23。

辐流式沉淀池适用于大水量的沉淀处理，池型为圆形，直径在 20m 以上，一般在 30～50m，最大可达 100m，周边水深 2.5～3.5m。池径与水深比宜采用 6～12，底坡

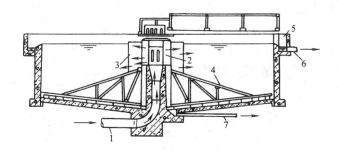

图 5-21　中心进水的辐流式沉淀池

1—进水管；2—中心管；3—穿孔挡板；4—刮泥机；5—出槽；6—出水管；7—排泥管

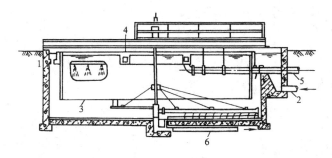

图 5-22　周边进水中心出水的辐流式沉淀池

1—进水槽；2—进水管；3—挡板；4—出水槽；5—出水管；6—排泥管

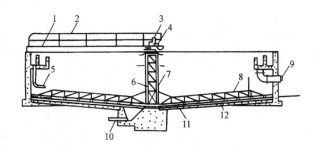

图 5-23　周边进水周边出水的辐流式沉淀池

1—过桥；2—栏杆；3—传动装置；4—转盘；5—进水下降管；6—中心支架；7—传动器罩；
8—桁架式耙架；9—出水管；10—排泥管；11—刮泥板；12—可调节的橡皮刮板

0.05～0.10，在进水口周围应设置整流板，其开孔面积为过水断面积的 6%～20%。排泥方法有静水压力排泥和机械排泥。一般用周边传动的刮泥机，其驱动装置设在桁架的外缘。刮泥机桁架的一侧装有刮渣板，可将浮渣刮入设于池边的浮渣箱。池径或边长小于 20m 时，采用多斗静水压力排泥。采用机械排泥，池径小于 20m 时，一般用中心传动的刮泥机，其驱动装置设在池子中心走道板上。

（二）设计计算

包括各部分尺寸的确定、进出水方式以及排泥装置的选择。

1. 沉淀池表面积 A 和池径 D

$$A = \frac{Q}{nq} \tag{5-30}$$

式中　A——沉淀池表面积，m^2；
　　　Q——设计流量，m^3/h；
　　　n——池数；
　　　q——表面负荷，规范规定斜管沉淀池的表面负荷为 $9 \sim 11 m^3/(m^2 \cdot h)$。

$$D=\sqrt{\frac{4A}{\pi}} \tag{5-31}$$

式中　D——沉淀池直径，m。

2. 有效水深 h_2

$$h_2 = q \cdot t \tag{5-32}$$

式中　t——沉淀时间，$1 \sim 2/h$；

3. 沉淀池高度 H

$$H = h_1 + h_2 + h_3 + h_4 + h_5 \tag{5-33}$$

式中　h_1——保护高度，取 0.3m；
　　　h_2——有效水深，m；
　　　h_3——缓冲层高，m；
　　　h_4——沉淀池底坡落差，m；
　　　h_5——污泥斗高度，m。

五、竖流式沉淀池

（一）基本构造

竖流式沉淀池平面有圆形或方形，从中心进水，周边出水。为了达到池内水流均匀分布的目的，直径或边长不能太大，一般为 $4 \sim 7m$，不大于 10m。池径或边长与有效水深之比不大于 3。

图 5-24 为圆形竖流式沉淀池示意图。水由中心管自上而下，在下端经反射板拦阻折向上流，向四周均布于池中整个水平断面上。中心管内的流速不宜大于 100mm/s，末端喇叭口及反射板起消能及折水流向上的作用。沉速超过上升流速的颗粒则向下沉降到污泥斗中，澄清后的水由池四周的堰口溢出池外。如果池子直径大于 7m，为了使池内水流分布均匀，可增设辐射方向的流出槽，流出槽前设挡板以隔除浮渣。污泥斗倾角为 55°～

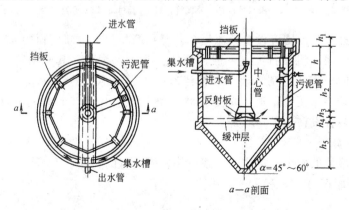

图 5-24　圆形竖流式沉淀池

60°，污泥依靠静水压力将污泥从排泥管中排出，排泥管直径200mm，排泥静水压力为1.5～2.0m。用于初次沉淀池时，静水压力不应小于1.5m；用于二次沉淀池时，生物滤池后的不应小于1.2，曝气池后的不应小于0.9m。

（二）设计计算

1. 中心管面积与直径

$$f_1 = \frac{q_{max}}{v_0} \tag{5-34}$$

$$d_0 = \sqrt{\frac{4f_1}{\pi}} \tag{5-35}$$

式中　f_1——中心管截面积，m^2；
　　　d_0——中心管直径，m；
　　　q_{max}——每个池的最大设计流量，m^3/s；
　　　v_0——中心管内流速，m/s。

2. 有效沉淀高度

$$h_2 = vt \cdot 3600 \tag{5-36}$$

式中　h_2——有效沉淀高度，即中心管高度 m；
　　　v——水在沉淀区的上升流速，如有沉淀试验资料，等于拟去除的最小颗粒的沉速 u，否则 v 取 0.5～1.0mm/s；
　　　t——沉淀时间，初次沉淀池一般采用 1.0～2.0h，二次沉淀池采用 1.5～2.5h。

3. 中心管喇叭口到反射板之间的间隙高度

$$h_3 = \frac{q_{max}}{v_1 d_1 \pi} \tag{5-37}$$

式中　h_3——间隙高度，m；
　　　v_1——间隙流出速度，一般不大于 40mm/s；
　　　d_1——喇叭口直径，m。

4. 沉淀区面积

$$f_2 = \frac{q_{max}}{v} \tag{5-38}$$

式中　f_2——沉淀区面积，m^2。

5. 沉淀池总面积和池径

$$A = f_1 + f_2 \tag{5-39}$$

$$D = \sqrt{\frac{4A}{\pi}} \tag{5-40}$$

式中　A——沉淀区面积，m^2；
　　　D——沉淀池直径，m。

6. 污泥斗及污泥斗高度（h_5）

污泥斗的高度与污泥量有关，用截头圆锥公式计算，参见平流式沉淀池。

7. 沉淀池总高度

$$H=h_1+h_2+h_3+h_4+h_5 \tag{5-41}$$

式中 H——沉淀池总高度，m；

h_1——超高，采用 0.3m；

h_4——缓冲层高度，采用 0.3m。

第四节 沉 砂 池

沉砂池的功能是去除比重较大的无机颗粒，如泥砂、煤渣等，以免这些杂质影响后续处理构筑物的正常运行。沉砂池去除砂粒比重 2.65g/cm³，粒径 0.2mm 以上。沉砂池一般设于泵站、倒虹管或初次沉淀池前，用来减轻机械、管道的磨损，以及减轻沉淀池负荷，改善污泥处理条件。

根据室外排水设计规范规定，城市污水处理厂应设置沉砂池。池数或分格数应不少于2格，按并联设计。沉砂池的设计流量应按分期建设考虑，如果污水自流进入，按每期的最大日最大时设计流量计算；如果是提升进入，按每期工作水泵的最大组合流量计算；合流制处理系统，按合流设计流量计算。

城市污水的沉砂量按 0.03L/m³ 计算，沉砂的含水率约 60%，密度为 1500kg/m³。沉砂池的贮砂斗容积不应大于 2d 的沉砂量，采用重力排砂时，砂斗的斗壁与水平面的夹角不应小于 55°。沉砂池一般采用机械排砂的方法，同时设置贮砂池或晒砂场。人工排砂时，排砂管直径不小于 200mm。沉砂池的超高不小于 0.3m。

常用的沉砂池有平流沉砂池和曝气沉砂池。另外还有多尔沉砂池、钟式沉砂池等。

一、平流沉砂池

(一) 基本构造

平流沉砂池由入流渠、出流渠、闸板、水流部分、沉砂斗和排砂管组成，见图 5-25。

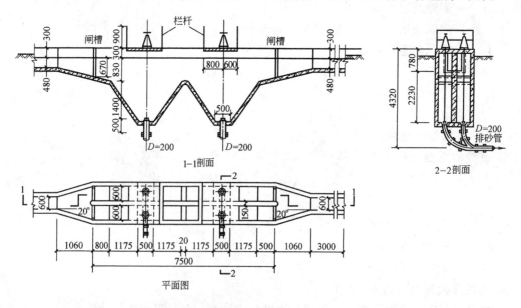

图 5-25 平流式沉砂池工艺布置图

沉砂池的水流部分实际上是一个加宽了的明渠，两端设有闸板，以控制水流。池的底部设有两个贮砂斗，下接排砂管，开启贮砂斗的闸阀将砂排出。平流沉砂池工作稳定，构造简单，截留无机颗粒效果较好，排砂方便。但平流沉砂池沉砂中约夹杂有15%的有机物，使沉砂的后续处理增加难度。若采用曝气沉砂池，则可以克服这个缺点。

（二）排砂方式

平流沉砂池常用的排砂方式有重力排砂与机械排砂两种。

图5-26为重力排砂方式，在砂斗下部加底阀，排砂管直径200mm。图5-26也是重力排砂，在砂斗下部加装贮砂罐和底阀，旁通管将贮砂罐的上清液挤回到沉砂池，所以排砂的含水率低，排砂量容易计算，但沉砂池需要高架或挖小车通道才能满足要求。

图5-27为机械排砂法的一种单口泵吸式排砂机。沉砂池为平底，在行走桁架上安装砂泵、真空泵、吸砂管、旋流分离器等。桁架沿池长方向往返行走排砂，经旋流分离器分离的水又回流到沉砂池。沉砂可用小车、皮带输送器等运送。这种方式自动化程度高，排砂含水率低，工作条件好。

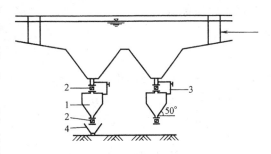

图5-26 平流式沉砂池重力排砂法
1—钢制贮砂罐；2—蝶阀；3—旁通水管；4—运砂小车

中、大型污水处理厂应采用机械排砂池法。机械排砂法还有链板刮砂法、抓斗排砂法等。

（三）设计计算

1. 设计参数

平流沉砂池的设计参数，按照去除砂粒粒径大于0.2mm、比重为2.65确定。

（1）设计流量。当污水自流入池时，按最大设计流量计算；当污水用泵抽升入池时，按工作水泵的最大组合流量计算；合流制系统，按降雨时的设计流量计算。

（2）水平流速。应基本保证无机颗粒沉淀去除，而有机物不能下沉。最大流速为0.3m/s，最小流速为0.15m/s。

（3）停留时间。最大设计流量时，污水在池停留时间一般不少于30s，一般为30~60s。

（4）有效水深。设计有效水深不大于1.2m，一般采用0.25~1.0m，每格池宽不宜小于0.6m。

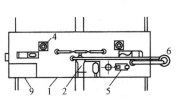

图5-27 单口泵吸式排砂机
1—桁架；2—砂泵；3—桁架行走装置；4—回转装置；5—真空泵；6—旋流分离器；7—吸砂管；8—齿轮；9—操作台

（5）沉砂量。生活污水按0.01~0.02L/(人·d)计；城市污水按1.5~3.0m³/(10^5m³污水)计，沉砂含水率约为60%，容重1.5t/m³，贮砂斗的容积按2d的沉砂量计，斗壁倾角为55°~60°。

（6）沉砂池超高不宜小于0.3m。

2. 计算公式

（1）沉砂池水流部分的长度

沉砂池两闸板之间的长度为水流部分长度。

$$L = vt \tag{5-42}$$

式中　L——水流部分长度，m；

　　　v——最大流速，m/s；

　　　t——最大设计流量的停留时间，s。

（2）水流断面积

$$A = \frac{Q_{max}}{v} \tag{5-43}$$

式中　A——水流断面面积，m²；

　　　Q_{max}——最大设计流量，m³/s。

（3）池总宽度

$$B = \frac{A}{h_2} \tag{5-44}$$

式中　B——池总宽度，m；

　　　h_2——设计有效水深，m。

（4）沉砂斗容积

$$V = \frac{Q_{max} x_1 T \times 86400}{K_z \times 10^5} \tag{5-45}$$

或

$$V = N x_2 T \tag{5-46}$$

式中　V——沉砂斗容积，m³；

　　　x_1——城市污水沉砂量，一般取 3m³/(10⁵m³ 污水)；

　　　x_2——生活污水沉砂量，L/(人·d)；

　　　T——清除沉砂的时间间隔，d；

　　　k_z——流量总变化系数；

　　　N——沉砂池服务人口数。

（5）沉砂池总高度

$$H = h_1 + h_2 + h_3 \tag{5-47}$$

式中　H——沉砂池总高度，m；

　　　h_1——超高，m；

　　　h_3——贮砂斗高度，m。

（6）验算

按最小流量时，池内的最小流速为：

$$v_{min} = \frac{Q_{min}}{n\omega} \tag{5-48}$$

式中　v_{min}——最小流速，若 $v_{min} \geq 0.15$m/s，则设计合格；

　　　n——最小流量时工作的沉砂池数；

ω ——工作沉砂池的水流断面面积，m^2。

二、曝气沉砂池

(一) 基本构造

图 5-28 为曝气沉砂池的断面图。池表面呈矩形，曝气装置设在集砂槽侧池壁的整个长度上，距池底 0.6～0.9m，池底一侧有 0.1～0.5 的坡度坡向另一侧的集砂槽。压缩空气经空气管和空气扩散装置释放到水中，上升的气流使池内水流作旋流运动，无机颗粒之间的互相碰撞与磨擦机会增加，把表面附着的有机物淘洗下来。由于旋流产生的离心力，把密度较大的无机物颗粒甩向外层而下沉，相对密度较轻的有机物始终处于悬浮状态，当旋至水流的中心部位时随水带走。沉砂中的有机物含量低于 10%。

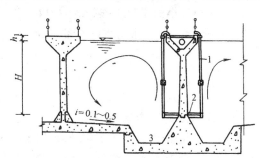

图 5-28 曝气沉砂池断面图
1—压缩空气管；2—空气扩散板；3—集砂槽

(二) 设计计算

1. 设计参数：

(1) 最大旋流速度为 0.25～0.30m/s，水平前进流速为 0.06～0.12m/s。

(2) 最大设计流量时的停留时间为 1～3min。

(3) 有效水深 2～3m，宽深比 1.0～1.5，长宽比 5。

(4) 曝气装置，采用压缩空气竖管连接穿孔管，孔径 2.5～6.0mm，曝气量 0.1～0.2m^3/m^3 污水。

2. 计算公式

(1) 沉砂池总有效容积

$$V = Q_{max} T \times 60 \tag{5-49}$$

式中 V ——沉砂池总有效容积，m^3；

Q_{max} ——最大设计流量，m^3/s；

T ——最大设计流量的停留时间，s。

(2) 池断面积

$$A = \frac{Q_{max}}{v} \tag{5-50}$$

式中 A ——池断面面积，m^2；

v ——最大设计流量时水平前进流速，m/s。

(3) 池总宽度

$$B = \frac{A}{H} \tag{5-51}$$

式中 B ——池总宽度，m；

H ——设计有效水深，m。

(4) 池的长度

$$L=\frac{V}{A} \tag{5-52}$$

式中 L——池的长度，m。

(5) 曝气量

$$q=DQ_{max}\times 3600 \tag{5-53}$$

式中 q——所需曝气量，m^3/h；
n——最小流量时工作的沉砂池数；
D——每 m^3 污水所需曝气量，m^3/m^3。

第五节 澄 清 池

一、澄清池的工作原理

澄清池集混凝和沉淀两个水处理过程于一体，在一个处理构筑物内完成。如前所述，原水通过加药混凝，水中脱稳杂质通过碰撞结成大的絮凝体；而后在沉淀池内下沉去除。澄清池利用池中活性泥渣层与混凝剂以及原水中的杂质颗粒相互接触、吸附，把脱稳杂质阻留下来，使水达到澄清目的。活性泥渣层接触介质的过程，就是絮凝过程，常称为接触絮凝。在絮凝的同时，杂质从水中分离出来，清水在澄清池的上部被收集。

泥渣层的形成，主要是在澄清池开始运转时，原水中加入较多的混凝剂，并适当降低负荷，经过一定时间运转后，逐步形成泥渣层。当原水浊度较低时，为加速形成泥渣层，可人工投加黏土。为了保持稳定的泥渣层，必须控制池内活性泥渣量，不断排除多余的泥渣，使泥渣层处于新陈代谢状态，保持接触絮凝的活性。

二、常见澄清池的类型及特点

根据池中泥渣运动的情况，澄清池可分为泥渣悬浮型和泥渣循环型两大类。前者有脉冲澄清池和悬浮澄清池，后者有机械搅拌澄清池和水力循环澄清池。

(一) 泥渣悬浮型澄清池

泥渣悬浮型澄清池，又称为泥渣过滤型澄清池。如图 5-29 所示，加药后的原水由下而上通过悬浮状态的泥渣层，水中脱稳杂质与高浓度的泥渣颗粒碰撞发生凝聚，同时被泥渣层拦截。这种状态类似于过滤作用。通过悬浮层的浑水即达到澄清目的。

常用的泥渣悬浮型澄清池有悬浮澄清池和脉冲澄清池两种。

1. 悬浮澄清池

图 5-29 为悬浮澄清池的剖面图。

其工艺流程是：加药后的原水经过气水分离器 6 从穿孔配水管 1 流入到澄清室，水流自下而上通过泥渣悬浮层 2，水中杂质则被泥渣层截留，清水从穿孔集水槽 3 流出。悬浮层中不断增加的泥渣，在自行扩散和强制出水管 4 的作用下，由排泥窗口 5 进入泥渣浓缩室，经浓缩后定期排除。强制出水管

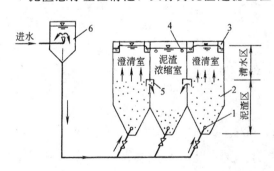

图 5-29 悬浮澄清池流程
1—穿孔配水管；2—泥渣悬浮层；3—穿孔集水槽；
4—强制出水管；5—排泥窗口；6—气水分离器

收集泥渣浓缩室内的上清液，并在排泥窗口两侧造成水位差，从而使澄清室内的泥渣流入浓缩室。气水分离器使水中空气在其中分离出来，以免进入澄清室后扰动悬浮层。

悬浮澄清池一般用于小型水厂。

2. 脉冲澄清池

脉冲澄清池剖面和工艺流程如图 5-30 所示。其特点是通过脉冲发生器，使澄清池的上升流速发生周期性的变化。当上升流速小时，泥渣悬浮层收缩、浓度增大而使颗粒排列紧密；当上升流速大时，泥渣悬浮层膨胀。悬浮层不断产生周期性的收缩和膨胀，不仅有利于微絮凝颗粒与活性泥渣进行接触絮凝，还可以使悬浮层的浓度分布在全池内趋于均匀，并防止颗粒在池底沉积。

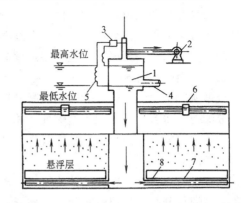

图 5-30 采用真空泵脉冲发生器的澄清池剖面图
1—进水室；2—真空泵；3—进气阀；4—进水管；
5—水位电极；6—集水槽；7—稳流板；8—配水管

脉冲发生器有多种形式。真空泵脉冲发生器的工作原理是：原水通过进水管 4 进入进水室 1，由于真空泵 2 造成的真空而使进水室内水位上升，此为充水过程。当水面达到进水室的最高水位时，进气阀 3 自动开启，使进水室与大气相通。这时进水室内水位迅速下降，向澄清池放水，此为放水过程。当水位下降到最低水位时，进气阀 3 又自动关闭，真空泵则自动启动，再次使进水室造成真空，进水室内水位又上升，如此反复进行脉冲工作，从而使悬浮层产生周期性的膨胀和收缩。

泥渣悬浮型澄清池由于受原水水量、水质、水温等因素的变化影响比较明显，因此目前设计中应用较少。

（二）泥渣循环型澄清池

如果促使泥渣在池内进行循环流动，可以充分发挥泥渣接触絮凝作用。泥渣循环可以借机械抽升或水力抽升的作用造成。

1. 机械搅拌澄清池

如图 5-31 所示，机械搅拌澄清池由第一絮凝室、第二絮凝室、导流室及分离室组成。

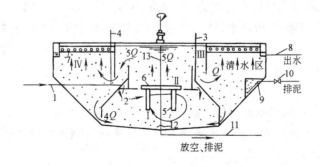

图 5-31 机械搅拌澄清池剖面图
1—进水管；2—三角配水槽；3—透气管；4—投药管；5—搅拌桨；6—提升叶轮；7—集水槽；
8—出水管；9—泥渣浓缩室；10—排泥阀；11—放空管；12—排泥罩；13—搅拌轴；
Ⅰ—第一絮凝室；Ⅱ—第二絮凝室；Ⅲ—导流室；Ⅳ—分离室

整个池体上部是圆筒形，下部是截头圆锥形。加过药剂的原水由进水管1通过环形三角配水槽2的缝隙均匀流入第一絮凝室Ⅰ，由提升叶轮6提升至第二絮凝室Ⅱ。在第一、二絮凝室内与高浓度的回流泥渣相接触，达到较好的絮凝效果，结成大而重的絮凝体，经导流室Ⅲ流入分离室Ⅳ沉淀分离。清水向上经集水槽7流至出水管8，向下沉降的泥渣沿锥底的回流缝再进入第一絮凝室，重新参加絮凝，一部分泥渣则排入泥渣浓缩室9进行浓缩至适当浓度后经排泥管排除。

根据实际情况和运转经验确定混凝剂加注点，可加在水泵吸水管内，亦可由投药管4加入澄清池进水管、三角配水槽等处，并可数处同时加注。透气管3的作用是排除三角配水槽中原水可能含有的气体，放空管进口处的排泥罩口，可使池底积泥沿罩的四周排除，使排泥彻底。

搅拌设备由提升叶轮和搅拌桨组成，提升叶轮装在第一和第二絮凝室的分隔处。搅拌设备一方面提升叶轮将回流水从第一絮凝室提升至第二絮凝室，使回流水中的泥渣不断地在池内循环；另外，搅拌桨使第一絮凝室内的水和进水迅速混合，泥渣随水流处于悬浮和环流状态。因此，搅拌设备使接触絮凝过程在第一、二絮凝室内得到充分发挥。

第二絮凝室设有导流板，用以清除因叶轮提升时所引起的水的旋转，使水流平稳地经导流室流入分离室。分离室下部为泥渣层，上部为清水层，清水向上经集水槽流至出水槽。清水层一般应有1.5~2.0m的深度，以便在排泥不当而导致泥渣层厚度发生变化时，仍然可以保证出水水质。

机械搅拌澄清池的设计计算参数：

（1）水在澄清池内总的停留时间为1.2~1.5h。

（2）原水进水管流速一般在1m/s左右。由于进水管进入环形配水槽后向两侧环流配水，所以三角配水槽断面按设计流量的一半计算，配水槽和缝隙流速约为0.5~1.0m/s。

（3）清水区上升流速一般为0.8~1.1mm/s，低温低浊水可采用0.7~0.9mm/s，清水区高度为1.5~2.0m。

（4）叶轮提升流量一般为进水流量的3~5倍。叶轮直径为第二絮凝室内径的70%~80%。

（5）第一絮凝室、第二絮凝室（包括导流室）和分离室的容积比，一般控制在2：1：7左右。第二絮凝室和导流室流速为40~60mm/s。

（6）小池可用环形集水槽，池径较大时应增设辐射式水槽。池径小于6m时可用4~6条辐射槽，直径大于6m时可用6~8条。环形槽和辐射槽壁开孔，孔眼直径为20~30mm，流速为0.5~0.6m/s。集水槽计算流量应考虑1.2~1.5的超载系数，以适应今后流量的增大。

（7）当池径较小，且进水悬浮物量经常性小于1000mg/L时，可采用人工排泥。池底锥角在45°左右。当池径较大，或进水悬浮物含量较高时，须有机械刮泥装置。安装刮泥装置部分的池底可做成平底或球壳形。

（8）污泥浓缩斗容积为澄清池容积的1‰~4‰，根据池的大小设1~4个污泥斗。

计算公式参见有关设计手册。

机械搅拌澄清池处理效率较高，对原水水质、水量的变化适应性强，操作运行较为方便，适用于大中型水厂，进水悬浮物浓度应小于1000mg/L，短时允许3000~5000mg/L。

但能耗大,设备维修工作量大。

2. 水力循环澄清池

图 5-32 为水力循环澄清池剖面图。

水力循环澄清池的工作原理是:原水从池底进水管 1 经过喷嘴 2 高速喷入喉管 3,在喉管下部喇叭口 4 附近形成真空而吸入回流泥渣。原水与回流泥渣在喉管 3 中剧烈混合后,被送入第一絮凝室 5 和第二絮凝室 6,从第二絮凝室流出的泥水混合液,在分离室中进行泥水分离,清水上升由集水渠收集经出水管排出,泥渣则一部分进入泥渣浓缩室 7,一部分被吸入到喉管重新循环,如此周而复始工作。

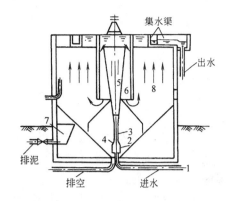

图 5-32 水力循环澄清池示意图
1—进水管;2—喷嘴;3—喉管;4—喇叭口;5—第一絮凝室;6—第二絮凝室;7—泥渣浓缩室;8—分离室

水力循环澄清池结构简单,不需要机械设备,但泥渣回流量难以控制,由于絮凝室容积较小,絮凝时间较短,回流泥渣接触絮凝作用发挥不好。其处理效果较机械加速澄清池差,耗药量大,对原水水量、水质、水温的适应性差。并且池体直径和高度要有一定的比例,直径大,高度就大,故水力循环澄清池一般适用于中小型水厂。由于水力循环澄清池的局限性,目前已较少设计。

思考题与习题

1. 试述沉淀的四种基本类型。
2. 完成沉淀过程的主要构筑物有哪些?
3. 推导斯笃克斯公式。
4. 理想沉淀池的有哪三个假定?
5. 影响沉淀池沉淀效果的因素有哪些?
6. 选用沉淀池时一般应考虑的因素有哪些?
7. 平流式沉淀池的流入装置有什么作用?具体做法有哪些?
8. 斜板(管)沉淀池基础理论是什么?并叙述其工作原理。
9. 常见澄清池的有几种类型?各自的特点有哪些?
10. 试述水力循环澄清池的工作原理。

第六章 过 滤

在常规水处理工艺中，原水经混凝沉淀后，沉淀（澄清）池的出水浊度通常在 10 度以下，为了进一步降低沉淀（澄清）池出水的浊度，还必须进行过滤处理。过滤一般是指以粒状材料（如石英砂等）组成具有一定孔隙率的滤料层来截留水中悬浮杂质，从而使水获得澄清的工艺过程。过滤工艺采用的处理构筑物称为滤池。

滤池通常设在沉淀池或澄清池之后。过滤的作用是：一方面进一步降低了水的浊度，使滤后水浊度达到生活饮用水标准；另一方面为滤后消毒创造良好条件，这是因为水中附着于悬浮物上的有机物、细菌乃至病毒等在过滤的同时随着水的浊度降低被部分去除，而残存于滤后水中的细菌、病毒等也因失去悬浮物的保护或吸附，将在滤后消毒过程中容易被消毒剂杀灭。因此，在生活饮用水净化工艺中，过滤是极为重要的净化工序，有时沉淀池或澄清池可以省略，但过滤是不可缺少的，它是保证生活饮用水卫生安全的重要措施。

第一节 过 滤 原 理

一、过滤机理

以单层石英砂滤池为例，简要介绍其过滤机理。石英砂滤料粒径通常为 $0.5\sim1.2$mm，滤料层厚度一般为 700mm 左右。石英砂滤料新装入滤池后，经高速水流反洗，向上流动的水流使砂粒处于悬浮状态，从而使滤料粒径自上而下大致按由细到粗的顺序排列，称为滤料的水力分级。这种水力分级作用，使滤层中孔隙尺寸也因此由上而下逐渐增大。设表层滤料粒径为 0.5mm，并假定以球体计，则表层细滤料颗粒之间的孔隙尺寸约为 $80\mu m$。而经过混凝沉淀后的悬浮物颗粒尺寸大部分小于 $30\mu m$，这些悬浮颗粒进入滤池后却仍然能被滤层截留下来，且在孔隙尺寸大于 $80\mu m$ 的滤层深处也会被截留。这个事实说明，过滤显然不是机械筛滤作用的结果。经过众多研究者的研究，认为过滤主要是悬浮颗粒与滤料颗粒之间粘附作用的结果。

悬浮颗粒与滤料颗粒之间粘附包括颗粒迁移和颗粒附着两个过程。过滤时，水在滤层孔隙中曲折流动，被水流夹带的悬浮颗粒，依靠颗粒尺寸较大时产生的拦截作用、颗粒沉速较大时产生的沉淀作用、颗粒惯性较大时产生的惯性作用、较小颗粒的布朗运动产生的扩散作用及非球体颗粒由于速度梯度产生的水动力作用，脱离水流流线而向滤料颗粒表面靠近接触，此种过程称为颗粒迁移。当水中悬浮颗粒迁移到滤料表面上时，则在范德华引力、静电力、某些化学键和某些特殊的化学吸附力、絮凝颗粒的架桥作用下，附着在滤料颗粒表面上，或者附着在滤料颗粒表面原先粘附的杂质颗粒上，此种过程称为颗粒附着。

事实证明，当水中的悬浮物颗粒未经脱稳时，其过滤效果很差。因此，过滤效果主要取决于滤料颗粒和水中悬浮颗粒的表面物理化学性质，而无需增大水中悬浮颗粒的尺寸。

相反，若水中悬浮颗粒尺寸过大时，会形成机械筛滤而造成表层滤料很快堵塞。在过滤过程中，特别是过滤后期，当滤层中孔隙尺寸逐渐减小时，表层滤料的筛滤作用也不能完全排除，快滤池运行中应尽量避免这种现象出现。

根据上述过滤机理，在水处理技术中出现了"直接过滤"工艺。所谓直接过滤是指原水不经沉淀而直接进入滤池过滤。在生产中，直接过滤工艺的应用方式有两种：1）原水加药后不经任何絮凝设备直接进入滤池过滤的方式称"接触过滤"。2）原水加药混合后先经过简易微絮凝池（絮凝时间通常在几分钟），待形成粒径大约在 $40\sim60\mu m$ 左右的微絮粒后即刻进入滤池过滤的方式称"微絮凝过滤"。采用直接过滤工艺时要求：1）原水浊度较低（一般要求常年原水浊度低于50度）、色度不高、水质较为稳定。2）滤料应选用双层、三层或均质滤料，且滤料粒径和厚度要适当增大，以提高滤层含污能力。3）需投加高分子助凝剂（如活化硅酸等）以提高微絮粒的强度和粘附力。4）滤速应根据原水水质决定，一般在5m/h左右。

二、滤层内杂质分布规律

过滤过程中，水中悬浮颗粒在与滤料颗粒粘附同时，还存在着因孔隙中水流剪力作用不断增大而导致颗粒从滤料表面上脱落趋势。在过滤的初期阶段，滤料层比较干净，孔隙率较大，孔隙流速较小，水流剪力也较小，因而粘附作用占优势。由于滤料在反洗以后形成粒径上小下大的自然排列，滤层中孔隙尺寸由上而下逐渐增大，所以，大量杂质将首先被表层的细滤料所截留。随着过滤时间的延长，滤层中杂质逐渐增多，孔隙率逐渐减小，表层的细滤料中的水流剪力亦随之增大，脱落作用占优，最后被粘附上的颗粒将首先脱落下来，或者被水流夹带的后续颗粒不再有粘附现象，于是，悬浮颗粒便向下层移动并被下层滤料截留，下层滤料的截留作用才逐渐得到发挥。但是下层滤料的截留作用还没有得到完全发挥时，过滤就被迫停止。这是由于表层滤料粒径最小，粘附比表面积最大，截留悬浮颗粒量最多，而滤料颗粒间孔隙尺寸又最小，因而，过滤到一定阶段后，表层滤料颗粒间的孔隙将逐渐被堵塞，严重时，会产生筛滤作用而形成"泥膜"，见图6-1（a）。其结果是：在一定过滤水头下，滤速急剧减小；

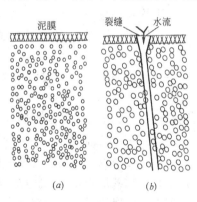

图6-1 滤池"泥膜"示意图

或者在一定滤速下，水头损失达到极限值；或者因滤层表面受力不均匀而使泥膜产生裂缝，水流自裂缝中流出，造成短流而使出水水质恶化，见图6-1（b）。当上述情况其中一种出现时，过滤就将被迫停止，从而造成整个滤层的截留悬浮固体能力未能发挥出来，使滤池工作周期大大缩短。

过滤时，杂质在滤料层中的分布如图6-2所示，其分布不均匀的程度与进水水质、水温、滤料粒径、形状和级配、滤速、凝聚微粒强度等多种因素有关。衡量滤料层截留杂质能力的指标通常有滤层截污量和滤

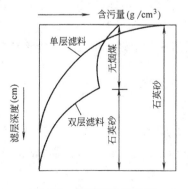

图6-2 滤料层杂质分布

层含污能力等。单位体积滤层中所截留的杂质量称为滤层截污量。在一个过滤周期内，整个滤层单位体积滤料中的平均含污量称为"滤层含污能力"，单位为 g/cm³ 或 kg/m³。图 6-2 中曲线与坐标轴所包围的面积除以滤层总厚度即为滤层含污能力。在滤层厚度一定下，此面积愈大，滤层含污能力愈大。

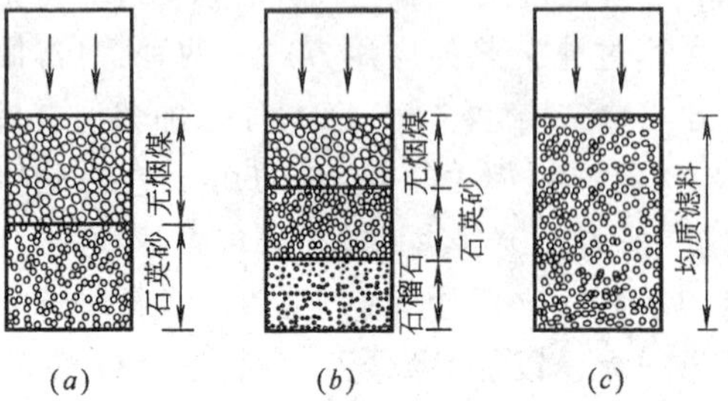

三、快滤池滤层的发展和利用

提高滤层含污能力的根本途径是尽量使杂质在滤层中均匀分布。为此，出现了"反粒度"过滤，即沿过滤水流方向滤料粒径逐渐由大到小。具有代表性的有双层滤料、三层滤料及均质滤料等，见图 6-3。

双层滤料的组成：上层采用密度较小、粒径较大的轻质滤料（如无烟煤，密度约为 1.5g/cm³，粒径为 0.8～1.8mm），下层采用密度较大、粒径较小的重质滤料（如石英砂，密度约为 2.65g/cm³，粒径为 0.5～1.2mm），见图 6-3 (a)。由于两种滤料的密度差，在一定反冲洗强度下，经反冲洗水力分级后，粒径较大的轻质滤料（无烟煤）仍分布在滤层的上层，粒径较小的重质滤料（石英砂）则位于下层。虽然每层滤料粒径自上而下仍是由小到大，但对整个滤层来讲，上层滤料的平均粒径总是大于下层滤料的平均粒径。实践证明，双层滤料含污能力较单层滤料约高一倍以上。因此，在相同滤速下，可增长过滤周期；在相同过滤周期下，可提高滤速。

图 6-3 滤料组成示意
(a) 双层滤料；(b) 三层滤料；(c) 均质滤料

三层滤料的组成：上层采用小密度、大粒径的轻质滤料（如无烟煤，粒径为 0.8～1.6mm），中层采用中等密度、中等粒径的滤料（如石英砂，粒径为 0.5～0.8mm），下层采用小粒径、大密度的重质滤料（如石榴石、磁铁矿等，粒径为 0.25～0.5mm），见图 6-3 (b)。就整个滤层而言，各层滤料平均粒径由上而下递减。如果三种滤料经反冲洗后在整个滤层中适当混杂，则称"混合滤料"。尽管称之为混合滤料，每层仍以其原有滤料为主，掺有少量其他滤料。这种滤料组合不仅可以提高滤层的含污能力，且因下层重质滤料粒径很小，对保证滤后水质有很大作用。

均质滤料的组成：所谓"均质滤料"，是指沿整个滤层深度方向的任一横断面上，滤料组成和平均粒径均匀一致，见图 6-3 (c)。它并非指整个滤层的粒径完全相同，滤料粒径仍存在一定程度的差别。采用均质滤料，反冲洗时要求滤料层不能膨胀，为此应采用气、水反冲洗。

无论采用双层滤料、三层滤料或均质滤料都是对滤层组成的变动，但其滤池构造和工作过程和单层滤料滤池基本相同。

四、过滤的水头损失

（一）清洁滤层水头损失

过滤刚开始时，滤层经过反洗比较干净，此时产生的过滤水头损失较小，称为"清洁滤层水头损失"或"起始水头损失"，以 h_0 表示。滤速为 8～10m/h 时，单层砂滤池的起始水损失约为 30～40cm。

清洁滤层水头损失计算可采用卡曼一康采尼（Carman-Kozony）公式：

$$h_0 = 180 \frac{\nu}{g} \frac{(1-m_0)^2}{m_0^3} \left(\frac{1}{\varphi \cdot d_0}\right)^2 l_0 v \tag{6-1}$$

式中　h_0——清洁滤层水头损失，cm；

　　　ν——水的运动黏度，cm²/s；

　　　g——重力加速度，9.81m/s²；

　　　m_0——滤料孔隙率；

　　　d_0——与滤料体积相同的球体直径，cm；

　　　l_0——滤层厚度，cm；

　　　v——滤速，cm/s；

　　　φ——滤料颗粒球度系数。

对于非均匀滤料，应分为若干层，分别按公式（6-1）计算出各层的水头损失以后求和。

（二）等速过滤与变速过滤

过滤开始以后，随着过滤时间的延续，滤层中截留的杂质越来越多，滤层的空隙率逐渐减少。根据公式（6-1），当滤料形状、粒径、级配、厚度以及水温一定时，随着滤料孔隙率的减小，若水头损失保持不变，将引起滤速的逐渐减小。反之，在滤速保持不变时，将引起水头损失的增加。这样就产生了快滤池的两种基本过滤方式：等速过滤和变速过滤。

1. 等速过滤

过滤过程中，滤池过滤速度保持不变，亦即滤池流量保持不变的过滤方式，称"等速过滤"。在等速过滤状态下，滤层水头损失增加值与过滤时间一般呈直线关系。随着过滤水头损失逐渐增加，滤池内水位随之升高，当水位升高至最高允许水位时，过滤停止以待冲洗，故"等速过滤"又称为"变水头等速过滤"。虹吸滤池和无阀滤池即属于等速过滤的滤池。

2. 变速过滤

过滤过程中，滤池过滤速度随过滤时间的延续而逐渐减小的过滤方式称"变速过滤"或"减速过滤"。在变速过滤状态下，过滤水头损失始终保持不变，由于滤层的孔隙率逐渐减小，必然使滤速也逐渐减小，故"变速过滤"又称为"等水头变速过滤"。移动罩滤池即属于变速过滤的滤池，普通快滤池可以设计成变速过滤，也可设计成等速过滤。

（三）滤层中的负水头

过滤过程中，当滤层截留了大量杂质，以致砂面以下某一深度处的水头损失超过该处水深时，便出现负水头现象。滤层出现负水头后，由于压力减小，原来溶解在水中的气体会不断释放出来。释放出来的气体对过滤有两个破坏作用：一是增加滤层局部阻力，减少有效过滤面积，增加过滤时的水头损失，严重时会影响滤后水质；二是气体会穿过滤层，上升到滤池表面，有可能把部分细滤料或轻质滤料带上来，从而破坏滤层结构。在反洗时，气体更容易将滤料带出滤池，造成滤料流失。

过滤时，滤层中的压力变化如图6-4所示，由于大量杂质被上层细滤料所截留，故在上层滤料中往往出现负水头现象。由图6-4可知，在 a 处和 c 处之间（如砂面以下 b 处），

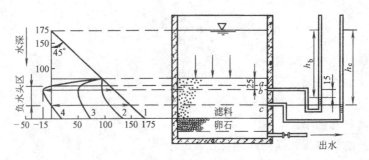

图 6-4 过滤时滤层压力变化

1—静水压强线;2—清洁滤料过滤时水压线;3—过滤时间为 t_1 时的水压线;4—过滤时间为 t_2($t_2>t_1$)时的水压线

水头损失大于其相应位置的水深,于是在 $a\sim c$ 范围内出现负水头现象。要避免出现负水头现象,一般有两种解决方法,一是增加滤层上的水深,二是使滤池出水水位等于或高于滤层表面。虹吸滤池和无阀滤池滤池由于其出水水位高于滤层表面,所以不会出现负水头现象。

第二节 快滤池的构造和工作过程

一、快滤池的类型

人类早期使用的滤池称为慢滤池,见图 6-5。其主要是依靠滤层表面因藻类、原生动物和细菌等微生物生长而生成的滤膜去除水中的杂质。慢滤池能较为有效地去除水中的色度、嗅和味,但由于滤速太慢(滤速仅为 0.1~0.3m/h)、占地面积太大而被淘汰。快滤池就是针对这一缺点而发展起来的,其中以石英砂作为滤料的普通快滤池使用历史最久。在此基础上,为了增加滤层的含污能力以提高滤速和延长工作周期、减少滤池阀门以方便操作和实现自动化,人们从不同的工艺角度进行了改进和革新,出现了其他形式的快滤池,大致分类如下:

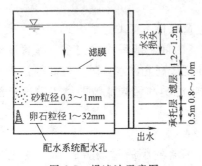

图 6-5 慢滤池示意图

1. 按滤料层的组成可分为:单层石英砂滤料、双层滤料、三层滤料、均质滤料、新型轻质滤料滤池等;
2. 按阀门的设置可分为:普通快滤池、双阀滤池、单阀滤池、无阀滤池、虹吸滤池、移动冲洗罩滤池等;
3. 按过滤的水流方向可分为:下向流、上向流、双向流滤池等;
4. 按工作的方式可分为:重力式滤池,压力式滤池。
5. 按滤池的冲洗方式可分为:高速水流反冲洗滤池、气、水反冲洗滤池、表面助冲加高速水流反冲洗滤池。

二、快滤池的工作过程

滤池形式各异,但过滤原理基本一样,基本工作过程也相同,即过滤和冲洗交替进行。以普通快滤池为例,简要介绍快滤池的基本构造和工作过程。

普通快滤池又称四阀滤池，其构造见图 6-6。图 6-6 是小型水厂滤池的格数较少时，采用的单行排列的布置形式。而大中型水厂由于滤池的格数较多，则宜采用双行对称排列，两排滤池中间布置管渠和阀门，称为管廊。普通快滤池本身包括浑水渠（进水渠）、冲洗排水槽、滤料层、承托层和配水系统五个部分。管廊内主要是进水、清水、冲洗水、冲洗排水（或废水渠）等五种管渠及其相应的控制阀门。

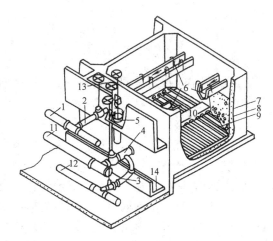

图 6-6 普通快滤池构造剖视图
1—进水总管；2—进水支管；3—清水支管；4—冲洗水支管；5—排水阀；6—冲洗排水槽；7—滤料层；8—承托层；9—配水支管；10—配水干管；11—冲洗水总管；12—清水总管；13—浑水渠；14—废水渠

过滤时，关闭冲洗水支管 4 上的阀门与排水阀 5，开启进水支管 2 与清水支管 3 上的阀门，原水经进水总管 1、进水支管 2 由浑水渠 13 流入冲洗排水槽 6 后从槽的两侧溢流进入滤池，经过滤料层 7、承托层 8 后，由底部配水系统的配水支管 9 汇集，再经配水系统干管 10、清水支管 3、进入清水总管 12 流往清水池。原水流经滤料层时，水中杂质即被截留在滤料层中。随着过滤的进行，滤料层中截留的杂质越来越多，滤料颗粒间孔隙逐渐减少，滤料层中的水头损失也相应增加。当滤层中的水头损失增加到设计允许值（一般小于 2.0～2.5m）以致滤池产水量减少，或水头损失不大但滤后水质不符合要求时，滤池须停止过滤进行反冲洗，从过滤开始到过滤结束所经历的时间称为过滤周期。

反冲洗时，关闭进水支管 2 与清水支管 3 上的阀门，开启排水阀 5 与冲洗水支管 4 上的阀门，冲洗水（即滤后水）由冲洗水总管 11、冲洗水支管 4、经底部配水系统的配水干管 10、配水支管 9 及支管上均匀分布的孔眼中流出，均匀地分布在整个滤池平面上，自下而上穿过承托层 7 及滤料层 8。滤层在均匀分布的上升水流中处于悬浮状态，滤层中截留的杂质在水流剪力和滤料颗粒间的碰撞摩擦作用下从滤料颗粒表面剥离下来，随反冲洗废水进入冲洗排水槽 6，再汇集入浑水渠 13，最后经排水管和废水渠 14 排入下水道或回收水池。冲洗一直进行到滤料基本洗干净为止。冲洗结束后，即可关闭冲洗水支管 4 上的阀门与排水阀 5，开启进水支管 2 与清水支管 3 上的阀门，过滤重新开始。

从过滤开始到冲洗结束所经历的时间称为快滤池工作周期。工作周期的长短涉及到滤池的实际工作时间和反冲洗耗水量，因而直接影响到滤池的产水量。工作周期过短，滤池日产水量减少。快滤池工作周期一般为 12～24h。

快滤池的产水量受诸多因素影响，其中最主要的是滤速。滤速相当于滤池负荷，是指单位时间、单位表面积滤池的过滤水量，单位为 $m^3/(m^2·h)$，通常化简为 m/h。根据《室外给水设计规范》规定：当滤池的进水浊度在 10 度以下时，单层石英砂滤料滤池的正常滤速可采用 8～10m/h，双层滤料滤池的正常滤速宜采用 10～14m/h，三层滤料滤池的正常滤速宜采用 18～20m/h。

第三节 滤 料

在水处理中，过滤是利用具有一定孔隙率的滤料层截留水中悬浮杂质的。给水处理中所用的滤料，必须符合以下要求：

(1) 具有足够的机械强度，以免在冲洗过程中滤料出现磨损和破碎现象；

(2) 具有足够的化学稳定性，以免滤料与水产生化学反应而恶化水质，尤其不能含有对人体健康和生产有害物质；

(3) 具有合适的粒径、良好的级配和适当的孔隙率；

(4) 货源充足，价格低廉，应尽量就地取材。

迄今为止，生产中使用最为广泛的滤料仍然是石英砂。此外，随着双层和多层滤料的出现，常用的滤料还有无烟煤、磁铁矿、金钢砂、石榴石、钛铁矿、天然锰砂等。另外，还有聚苯乙烯及陶粒等轻质滤料。

一、滤料粒径级配

滤料颗粒都具有不规则的形状，其粒径是指正好可通过某一筛孔的孔径，见图6-7。滤料粒径级配是指滤料中各种粒径颗粒所占的重量比例。

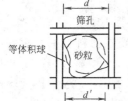

图 6-7 校准孔径示意

生产中，滤料的粒径级配通常以最大粒径 d_{max}、最小粒径 d_{min} 和不均匀系数 K_{80} 来表示。这也是我国室外给水设计规范 (GBJ 13—86) 中所采用的滤料粒径级配法，见表6-1。

$$K_{80} = \frac{d_{80}}{d_{10}} \tag{6-2}$$

式中 d_{10}——通过滤料重量10%的筛孔孔径，mm；
d_{80}——通过滤料重量80%的筛孔孔径，mm。

其中 d_{10} 又称为有效粒径，它反映滤料中细颗粒尺寸；d_{80} 反映滤料中粗颗粒尺寸。由此可见，K_{80} 的大小反映了滤料颗粒粗细不均匀程度，K_{80} 越大，则粗细颗粒的尺寸相差越大，颗粒越不均匀，对过滤和反冲洗都会产生非常不利的影响。因为 K_{80} 较大时，滤层的孔隙率小、含污能力低，从而导致过滤时滤池工作周期缩短；反冲洗时，若满足细颗粒膨胀要求，粗颗粒将得不到很好清洗，反之，若为满足粗颗粒膨胀要求，细颗粒可能被冲出滤池。K_{80} 越接近于1，滤料越均匀，过滤和反冲洗效果愈好，但滤料价格很高。为了保证过滤和反洗效果，通常要求 $K_{80} < 2.0$。

滤料粒径级配除采用最大粒径、最小粒径和不均匀系数表示以外，还可采用有效粒径 d_{10} 和不均匀系数 K_{80} 来表示。

另外，在生产中也有用 K_{60} ($K_{60} = d_{60}/d_{10}$) 代替 K_{80} 来表示滤料不均匀系数。d_{60} 的涵义与 d_{10} 或 d_{80} 相同。

二、双层及多层滤料级配

双层滤料经反冲洗以后，有可能出现部分混杂（在煤-砂交界面上），这主要取决于煤、砂的密度差、粒径差及煤和砂的粒径级配、滤料形状、水温及反冲洗强度等因素。生产经验表明，煤-砂交界面混杂厚度在5cm左右，对过滤有益无害。我国常用的双层滤料粒径级配见表6-1。

滤料级配及滤速 表 6-1

类别	滤料组成			滤速(m/h)	强制滤速(m/h)
	粒径(mm)	不均匀系数 K_{80}	厚度(mm)		
单层石英砂滤料	$d_{min}=0.5$ $d_{max}=1.2$	<2.0	700	8～10	10～14
双层滤料	无烟煤 $d_{min}=0.8$ $d_{max}=1.8$	<2.0	300～400	10～14	14～18
	石英砂 $d_{min}=0.5$ $d_{max}=1.2$	<2.0	400		
三层滤料	无烟煤 $d_{min}=0.8$ $d_{max}=1.6$	<1.7	450	18～20	20～25
	石英砂 $d_{min}=0.5$ $d_{max}=0.8$	<1.5	230		
	重质矿石 $d_{min}=0.25$ $d_{max}=0.5$	<1.7	70		

注：滤料密度一般为：石英砂 2.60～2.65g/cm³；无烟煤 1.40～1.60g/cm³；重质矿石 4.70～5.00g/cm³。

三层滤料反冲洗后，滤层中也存在适当混杂，但上层仍然以煤粒为主，中层以石英砂为主，下层以重质矿石为主。就整个滤层而言，滤层孔隙尺寸由上而下递减。三层滤料粒径级配见表6-1。

三、滤料筛分

工程中，要求滤料必须在一定粒径范围内，并满足级配指标要求，故应对滤料进行筛选。以石英砂滤料为例，取某砂样300g，洗净后于105℃恒温箱中烘干，待冷却后称取100g，放于一组筛子过筛，筛毕称出留在各个筛子上的砂量，并计算出通过相应筛子的砂量，填入表6-2，然后据此表绘出筛分曲线，见图6-8。

筛分试验记录 表 6-2

筛孔(mm)	留在筛上的砂量		通过该号筛的砂量	
	质量(g)	%	质量(g)	%
2.362	0.1	0.1	99.9	99.9
1.651	9.3	9.3	90.6	90.6
0.991	21.7	21.7	68.9	68.9
0.589	46.6	46.6	22.3	22.3
0.246	20.6	20.6	1.7	1.7
0.208	1.5	1.5	0.2	0.2
筛底盘	0.2	0.2	—	—
合计	100.0	100.0		

根据图6-8筛分曲线，可求得 $d_{10}=0.4$mm，$d_{80}=1.34$mm，因此 $K_{80}=\dfrac{1.34}{0.4}=3.37$。由于 $K_{80}>2.0$，故该滤料不符合级配要求，必须进行筛选。假定设计要求：$d_{10}=0.55$mm，$K_{80}=2.0$，则 $d_{80}=2.0\times0.55=1.10$mm。按此要求筛选滤料，步骤如下：

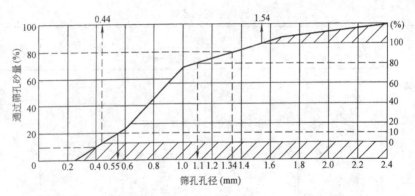

图 6-8 滤料筛分曲线

首先,自横坐标 0.55mm 和 1.10mm 两点分别作垂线与筛分曲线相交,自两交点作平行线与右边纵坐标轴相交。然后,以两交点分别作为 10% 和 80%,并在 10% 和 80% 之间分成 7 等分,以此向上下两端延伸,即得 0 和 100% 之点重新建立新坐标,如图 6-8 右侧纵坐标所示。最后,再自新坐标原点和 100% 作平行线与筛分曲线相交,此两点以内即为所选滤料,其余部分应全部筛除(图中阴影部分)。由图可知,粗颗粒($d>1.54\mathrm{mm}$)约筛除 13%,细颗粒($d<0.44\mathrm{mm}$)约筛除 13%,共计 26% 左右。

四、滤料层孔隙率的测定

滤料层孔隙率是指滤料层中的孔隙所占的体积与滤料层总体积之比,用 m 表示。滤料层孔隙率测定方法与步骤如下:

1)取一定量的滤料,在 105℃ 下烘干、称重;
2)用比重瓶测出其密度;
3)将滤料放入过滤筒中,用清水过滤一段时间,待其压实后,量出滤层体积;
4)按下式求出滤料孔隙率:

$$m = 1 - \frac{G}{\rho \cdot V} \tag{6-3}$$

式中 G——滤料质量,kg;
ρ——滤料颗粒密度,kg/m³;
V——滤料层体积,m³。

滤料层孔隙率的大小影响快滤池的过滤效率,一般来讲,孔隙率越大,滤层的含污能力越高,滤池的工作周期就越长。滤料层孔隙率与滤料颗粒的形状、粒径、均匀程度以及滤料层的压实程度等因素有关。形状不规则和粒径均匀的滤料,孔隙率较大。一般石英砂滤料层的孔隙率在 0.42 左右。

在过滤和反冲洗过程中,滤料由于碰撞、摩擦会出现破碎和磨蚀而变细,从而造成滤料层孔隙率减小,对过滤产生不利影响。因此,在生产中应根据具体情况更换滤料。

第四节 配水系统和承托层

一、配水系统

配水系统位于滤池底部,其作用:一是反冲洗时,使反冲洗水在整个滤池平面上均匀分布；二是过滤时，能均匀地收集滤后水。配水均匀性对反冲洗效果至关重要。若配水不均匀，水量小处，反冲洗强度低，滤层膨胀不足，滤料得不到足够的清洗；水量大处，因滤层膨胀过甚，造成滤料流失，反冲流速很大时，还会使局部承托层发生移动，过滤时造成漏砂现象。

根据配水系统反冲洗时产生的阻力大小，配水系统可分为大阻力、中阻力和小阻力三种配水系统。

（一）大阻力配水系统

常用的大阻力配水系统是"穿孔管大阻力配水系统"，见图 6-9。它是由居中的配水干管（或渠）和干管两侧接出的若干根间距相等且彼此平行的支管构成。在支管下部开有两排与管中心铅垂线成 45°角且交错排列的配水孔。反冲洗时，水流从干管起端进入后流入各支管，由各支管孔口流出，再经承托层自下而上对滤料层进行冲洗，最后流入排水槽。

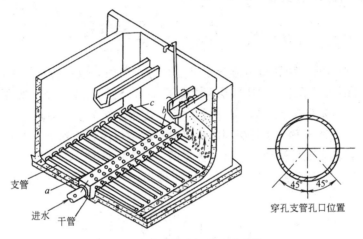

图 6-9 穿孔管大阻力配水系统

图 6-9 所示的大阻力配水系统中，a 孔和 c 孔分别是距进口最近和最远的两孔，因此也是孔口内压力水头相差最大的两孔。在配水系统中，如果 a 孔和 c 孔的出流量近似相等，则其余各孔口的出流量更相近，即可认为在整个滤池平面上冲洗水是均匀分布的。大阻力配水系统的干管和支管均可近似看作沿程均匀泄流管路，若假定干管及支管的沿程水头损失忽略不计且各支管进口局部水头损失又基本相等，则由水力分析可得 a 孔与 c 孔内的压力水头关系：

$$H_c = H_a + \frac{1}{2g}(v_1^2 + v_2^2) \tag{6-4}$$

式中　H_a——a 孔内的压力水头，m；

　　　H_c——c 孔内的压力水头，m；

　　　v_1——干管起端流速，m/s；

　　　v_2——支管起端流速，m/s。

a 孔和 c 孔内的压力水头与孔口流出后的终点水头之差，即为水流经孔口、承托层和滤料层的总水头损失，分别以 H_a' 和 H_c' 表示。由于反冲洗排水槽上缘水平，可以认为冲洗时自各孔口流出后的终点水头相同。式（6-4）中 H_a 和 H_c 均减去同一终点水头，可得：

$$H'_c = H'_a + \frac{1}{2g}(v_1^2 + v_2^2) \tag{6-5}$$

由于水头损失与流量的平方成反比，则有：

$$H'_a = (S_1 + S'_2)Q_a^2 \tag{6-6}$$

$$H'_c = (S_1 + S''_2)Q_c^2 \tag{6-7}$$

式中 Q_a——a 孔的出流量；

Q_c——c 孔的出流量；

S_1——孔口阻力系数，各孔口尺寸和加工精度相同时，其阻力系数均相同；

S'_2、S''_2——分别为 a 孔和 c 孔处承托层及滤料层阻力系数之和。

将式 (6-6)、(6-7) 代入式 (6-5)，可得：

$$Q_c = \sqrt{\frac{S_1 + S'_2}{S_1 + S''_2}Q_a^2 + \frac{1}{S_1 + S''_2} \cdot \frac{v_1^2 + v_2^2}{2g}} \tag{6-8}$$

分析式 (6-8) 可知，两孔口出流量不可能相等。但如果减小孔口面积以增大孔口阻力系数 S_1，就可以削弱承托层和滤料层阻力系数 S'_2、S''_2 及配水系统压力不均匀的影响，从而使 Q_a 接近 Q_c，实现配水均匀。这就是大阻力配水系统的基本原理。

一般来讲，滤池冲洗时，承托层和滤料层对布水均匀性影响较小，当配水系统配水均匀性符合要求时，基本上可达到均匀反冲洗目的。通常要求 $Q_a/Q_c \geq 0.95$，以保证配水系统中任意两孔口出流量之差不大于 5%，由此得出，大阻力配水系统构造尺寸应满足下式：

$$\left(\frac{f}{\omega_1}\right)^2 + \left(\frac{f}{n\omega_2}\right)^2 \leq 0.29 \tag{6-9}$$

式中 f——配水系统孔口总面积，m^2；

ω_1——干管截面积，m^2；

ω_2——支管截面积，m^2；

n——支管根数。

式 (6-9) 表明，反冲洗配水的均匀性只与配水系统构造尺寸有关，而与反冲洗强度和滤池面积无关。但实际上，当单池面积过大时，影响配水均匀性的其他因素也将对冲洗效果产生影响，故单池面积一般不宜大于 100m²。

穿孔管大阻力配水系统的构造尺寸可根据设计参数来确定，见表 6-3。

穿孔管大阻力配水系统设计参数　　　　　　表 6-3

类　别	设计参数	类　别	设计参数
干管起端流速	1.0～1.5m/s	配水孔口直径	9～12mm
支管起端流速	1.5～2.0m/s	配水孔间距	75～300mm
孔口流速	5.0～6.0m/s	支管中心间距	0.2～0.3m
开孔比	0.2%～0.25%	支管长度与直径	<60

注：1. 开孔比 (α) 是指配水孔口总面积与滤池面积之比；
　2. 当干管（渠）直径大于 300mm 时，干管（渠）顶部也应开孔布水，并在孔口上方设置挡板；
　3. 干管（渠）的末端应设直径为 40～100mm 排气管，管上安装阀门。

大阻力配水系统的优点是配水均匀性较好，但系统结构较复杂，检修困难，而且水头损失很大（通常在 3.0m 以上），冲洗时需要专用设备（如冲洗水泵），动力耗能多，故不能用于反冲洗水头有限的虹吸滤池和无阀滤池。此时，应采用中、小阻力配水系统。

（二）中、小阻力配水系统

由式（6-8）可知，如果将干管起端流速 v_1 和支管起端流速 v_2 减小至一定程度，配水系统压力不均匀的影响就会大大削弱，此时即使不增大孔口阻力系数 S_1，同样可以实现均匀配水，这就是小阻力配水系统的基本原理。

生产中，小阻力配水系统不再采用穿孔管系统而通常采用较大的底部配水空间，其上铺设钢筋混凝土穿孔滤板，见图 6-10（a）、（c）。由于水流进口断面积大、流速较小，底部配水室内压力将趋于均匀，从而达到均匀配水的目的。

另外，滤池采用气、水反冲洗时，还可以采用长柄滤头，见图 6-10（b）。

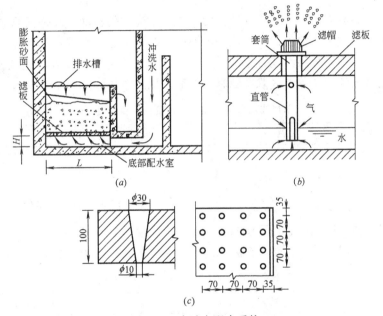

图 6-10 小阻力配水系统
（a）小阻力配水系统底部配水空间；（b）长柄滤头；（c）钢筋混凝土穿孔滤板

小阻力配水系统的配水均匀性取决于开孔比的大小，开孔比越大，则孔口阻力越小，配水均匀性越差。小阻力配水系统的开孔比通常都大于 1.0%，水头损失一般小于 0.5m。由于其配水均匀性较大阻力配水系统差，故使用有一定的局限性，一般多用于单格面积不大于 20m² 的无阀滤池、虹吸滤池等。

由于孔口阻力与孔口总面积或开孔比成反比，故开孔比愈大，孔口阻力愈小。大阻力配水系统如果增大开孔比到 0.60%～0.80%，就可以减小孔眼中的流速，从而减少配水系统的阻力。所谓"中阻力配水系统"，就是指其开孔比介于大、小阻力配水系统之间，水头损失一般为 0.5～3.0m。中阻力配水系统的配水均匀性优于小阻力配水系统。常见的中阻力配水系统有穿孔滤砖等，见图 6-11。

二、承托层

承托层设于滤料层和底部配水系统之间。其作用：一是支承滤料，防止过滤时滤料通

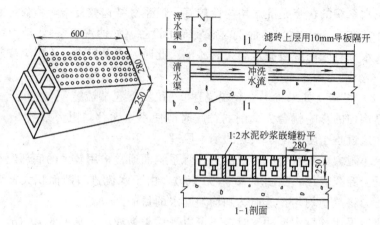

图 6-11 穿孔滤砖

过配水系统的孔眼流失,为此要求反冲洗时承托层不能发生移动。二是反冲洗水时均匀地向滤料层分配反冲洗水。滤池的承托层一般由一定级配天然卵石或砾石组成,铺装承托层时应严格控制好高程,分层清楚,厚薄均匀,且在铺装前应将粘土及其他杂质清除干净。采用大阻力配水系统时,单层或双层滤料滤池的承托层粒径和厚度见表 6-4。

单层或双层滤料滤池承托层粒径和厚度　　　　　　表 6-4

层次(自上而下)	粒径(mm)	厚度(mm)
1	2～4	100
2	4～8	100
3	8～16	100
4	16～32	本层顶面高度至少应高出配水系统孔眼 100

对于三层滤料滤池,考虑到下层滤料粒径小、重度大,承托层上层应采用重质矿石,以免反冲洗时承托层移动。三层滤料滤池的承托层材料、粒径和厚度见表 6-5。

三层滤料滤池承托层材料、粒径与厚度　　　　　　表 6-5

层次(自上而下)	材料	粒径(mm)	厚度(mm)
1	重质矿石(如石榴石、磁铁矿等)	0.5～1.0	50
2	重质矿石(如石榴石、磁铁矿等)	1～2	50
3	重质矿石(如石榴石、磁铁矿等)	2～4	50
4	重质矿石(如石榴石、磁铁矿等)	4～8	50
5	砾石	8～16	100
6	砾石	16～32	本层顶面高度应至少高出配水系统孔眼 100

注:配水系统如用滤砖且孔径为 4mm 时,第 6 层可不设。

如果采用中、小阻力配水系统,承托层可以不设,或者适当铺设一些粗砂或细砾石,视配水系统具体情况而定。

第五节　滤池的冲洗

滤池过滤一段时间后,当水头损失增加到设计允许值或滤后水质不符合要求时,滤池须停止过滤进行反冲洗。反冲洗的目的是清除截留在滤料层中的杂质,使滤池在短时间内恢复过滤能力。

一、滤池冲洗方法

快滤池的反冲洗方法有三种：高速水流反冲洗；气、水反冲洗；表面辅助冲洗加高速水流反冲洗。

高速水流反冲洗是当前我国广泛采用的一种冲洗方法，其操作简便，滤池结构和设备简单，故本节作为重点介绍。

（一）高速水流反冲洗

高速水流反冲洗是利用高速水流反向通过滤料层时，产生的水流剪力和流态化滤层造成滤料颗粒间碰撞摩擦的双重作用，把截留在滤料层中的杂质从滤料表面剥落下来，然后被冲洗水带出滤池。为了保证反冲洗达到良好效果，要求必须有一定的冲洗强度、适宜的滤层膨胀度和足够的冲洗时间，称之为冲洗三要素。生产中，冲洗强度、滤层膨胀度和冲洗时间应根据滤料层的类别来确定，见表6-6。

冲洗强度、膨胀度和冲洗时间　　　　表6-6

序号	滤层	冲洗强度(L/s·m²)	膨胀度(%)	冲洗时间(min)
1	石英砂滤料	12~15	45	7~5
2	双层滤料	13~16	50	8~6
3	三层滤料	16~17	55	7~5

注：1. 设计水温按20℃计，水温每增减1℃，冲洗强度相应增减1%；
　　2. 由于全年水温、水质有变化，应考虑有适当调整冲洗强度的可能；
　　3. 选择冲洗强度应考虑所用混凝剂品种；
　　4. 膨胀度数值仅作设计计算用。

1. 滤层膨胀度

滤层膨胀度是指反冲洗时滤层膨胀后所增加的厚度与滤层膨胀前厚度之比，用 e 表示：

$$e = \frac{L - L_0}{L_0} \times 100\% \tag{6-10}$$

式中　L_0——滤层膨胀前厚度，cm；
　　　L——滤层膨胀后厚度，cm。

2. 反冲洗强度

反冲洗强度是指单位面积滤层上所通过的冲洗流量，以 $L/(s·m^2)$ 计。也可换算成反冲洗流速，以 cm/s 计。$1 cm/s = 10 L/(s·m^2)$。

冲洗效果决定于反冲洗强度（即冲洗流速）。反冲洗强度过小时，滤层膨胀度不够，滤层孔隙中水流剪力小，截留在滤层中的杂质难以被剥落掉，滤层冲洗不净；反冲洗强度过大时，滤层膨胀度过大，由于滤料颗粒过于离散，滤层孔隙中水流剪力降低、滤料颗粒间相互碰撞摩擦的几率减小，滤层冲洗效果差，严重时还会造成滤料流失。故反冲洗强度过大或过小，冲洗效果均会降低。

生产中，反冲洗强度的确定还应考虑水温的影响，夏季水温较高，水的黏度较小，所需反冲洗强度较大；冬季水温低，水的黏度大，所需的反冲洗强度较小。一般来说，水温增减1℃，反冲洗强度相应增减1%。

3. 冲洗时间

冲洗时间长短也影响到滤池的冲洗效果。当冲洗强度和滤层膨胀度都满足要求但反冲洗时间不足时,滤料颗粒表面的杂质因碰撞摩擦时间不够而不能得到充分清除;同时,反冲洗废水也因排除不彻底导致污物重返滤层,覆盖在滤层表面而形成"泥膜"、或进入滤层形成"泥球"。因此,足够的冲洗时间也是保证冲洗效果的关键。冲洗时间可按表 6-6 选用,也可根据冲洗废水的允许浊度决定。

对于非均匀滤料,在一定冲洗强度下,粒径小的滤料膨胀度大,粒径大的滤料膨胀度小。因此,要同时兼顾粗、细滤料膨胀度要求是不可能的。理想的膨胀率应该是截留杂质较多上层滤料恰好完全膨胀起来而下层最大颗粒滤料刚刚开始膨胀,才能获得较好的冲洗效果。因此,设计或操作中,可以最粗滤料刚开始膨胀作为确定冲洗强度的依据。如果由此而导致上层细滤料膨胀度过大甚至引起滤料流失,滤料级配应加以调整。

(二) 气、水反冲洗

高速水流反冲洗虽然操作方便,池子和设备较简单,但冲洗耗水量大,水力分级现象明显,而且,未被反冲洗水流带走的大块絮体沉积于滤层表面后,极易形成"泥膜",妨碍滤池正常过滤。因此,为了改善反冲洗效果,需要采取一些辅助冲洗措施,如气、水反冲洗等。

气、水反冲洗的原理是:利用压缩空气进入滤池后,上升空气气泡产生的振动和擦洗作用,将附着于滤料表面杂质清除下来并使之悬浮于水中,然后再用水反冲把杂质排出池外。空气由鼓风机或空气压缩机和储气罐组成的供气系统供给,冲洗水由冲洗水泵或冲洗水箱供应,配气、配水系统多采用长柄滤头。气、水反冲操作方式有以下几种:

(1) 先进入压缩空气擦洗,再进入水反冲。
(2) 先进入气-水同时反冲,再进入水反冲。
(3) 先进入压缩空气擦洗,再进入气-水同时反冲,最后进入水反冲。

确定冲洗程序、冲洗时间和冲洗强度时,应考虑滤池构造、滤料种类、密度、粒径级配及水质水温等因素。目前,我国还没有气、水反冲洗控制参数和要求的统一规定。生产中,多根据经验选用。

采用气、水反冲洗有以下优点:空气气泡的擦洗能有效地使滤料表面污物破碎、脱落,故冲洗效果好,节省冲洗水量;冲洗时滤层不膨胀或微膨胀,不产生或不明显产生水力分级现象,从而提高滤层含污能力。但气、水反冲洗需增加气冲设备(鼓风机或空气压缩机和储气罐),池子结构及冲洗操作也较复杂。国外采用气、水反冲比较普遍,我国近年来气、水反冲也日益增多。

二、冲洗水的供给

普通快滤池反冲洗水供给方式有两种:冲洗水泵和冲洗水塔(箱)。水泵冲洗建设费用低,冲洗过程中冲洗水头变化较小,但由于冲洗水泵是间隙工作且设备功率大,在冲洗的短时间内耗电量大,使电网负荷极不均匀;水塔(箱)冲洗操作简单,补充冲洗水的水泵较小,并允许在较长的时间内完成,耗电较均匀,但水塔造价较高。若有地形时,采用水塔(箱)冲洗较好。

(一) 冲洗水塔(箱)

水塔(箱)冲洗如图 6-12 所示,为避免冲洗过程中冲洗水头相差太大,水塔(箱)内水深不宜超过 3m。水塔(箱)容积按单格滤池所需冲洗水量的 1.5 倍计算:

$$W = \frac{1.5qFt \times 60}{1000} = 0.09Fqt \text{ (m}^3\text{)} \quad (6\text{-}11)$$

式中 W ——水塔（箱）容积，m^3；
　　F ——单格滤池面积，m^2；
　　t ——冲洗历时，min；
　　q ——反冲洗强度，L/(s·m^2)。

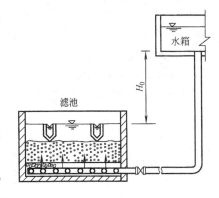

图 6-12　水塔冲洗

水塔（箱）底高出滤池冲洗排水槽顶高度 H_0，可按下式计算：

$$H_0 = h_1 + h_2 + h_3 + h_4 + h_5 \text{ (m)} \quad (6\text{-}12)$$

式中 h_1 ——从水塔（箱）至滤池的管道中总水头损失，m；
　　h_2 ——滤池配水系统水头损失，m。大阻力配水系统按孔口平均水头损失计算：

$$h_2 = \frac{1}{2g}\left(\frac{q}{10a\mu}\right)^2 \text{ (m)} \quad (6\text{-}13)$$

　　a ——配水系统开孔比；
　　μ ——孔口流量系数；
　　h_3 ——承托层水头损失，m；

$$h_3 = 0.022qZ \text{ (m)} \quad (6\text{-}14)$$

　　q ——反冲洗强度，L/(s·m^2)；
　　Z ——承托层厚度，m；
　　h_4 ——滤料层水头损失，m；
　　h_5 ——备用水头，一般取 1.5～2.0m。

（二）水泵冲洗

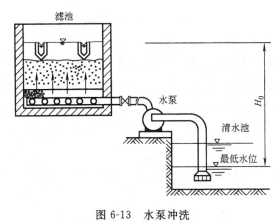

图 6-13　水泵冲洗

水泵冲洗如图 6-13 所示，冲洗水泵要考虑备用，可单独设置冲洗泵房，也可设于二级泵站内。水泵流量按冲洗强度和滤池面积计算：

$$Q = qF \text{ (L/s)} \quad (6\text{-}15)$$

式中 q ——反冲洗强度，L/(s·m^2)；
　　F ——单格滤池面积，m^2。

水泵扬程为：

$$H = H_0 + h_1 + h_2 + h_3 + h_4 + h_5 \text{ (m)} \quad (6\text{-}16)$$

式中 H_0 ——排水槽顶与清水池最低水位高差，m；
　　h_1 ——清水池至滤池的管道中总水头损失，m。

其余符号同式（6-12）。

快滤池冲洗水的供给除采用上述冲洗水泵和冲洗水塔（箱）两种方式外，虹吸滤池、移动罩滤池、无阀滤池等则是利用同组其他格滤池的出水及其水头进行反冲洗,而无需设置冲洗水塔(箱)或冲洗水泵(该内容见本章第七节)。

三、冲洗废水的排除

滤池冲洗废水的排除设施包括反冲洗排水槽和废水渠。反冲洗时,冲洗废水先溢流入反冲洗排水槽再汇集到废水渠后排入下水道(或回收水池),见图6-14。

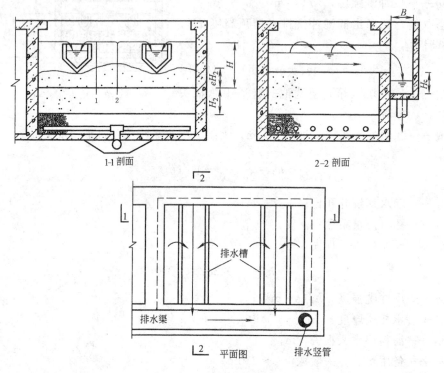

图6-14 反冲洗废水排除示意图

(一)反冲洗排水槽

为了及时均匀地排除冲洗废水,反冲洗排水槽设计应符合以下要求:

(1)冲洗废水应自由跌落进入反冲洗排水槽,再由反冲洗排水槽自由跌落进入废水渠,以避免形成壅水,使排水不畅而影响冲洗均匀。为此,要求反冲洗排水槽内水面以上保持7cm左右的超高,废水渠起端水面低于反冲洗排水槽底20cm。

(2)反冲洗排水槽口应力求水平一致,以保证单位槽长的溢入流量相等。故施工时其误差应限制在2mm以内。

(3)反冲洗排水槽总平面面积一般应小于25%的滤池面积,以免影响上升水流的均匀性。

(4)相邻两槽中心距一般为1.5~2.0m,间距过大会影响排水的均匀性。

(5)反冲洗排水槽高度要适当。槽口太高,废水排除不净;槽口太低,会使滤料流失。为避免冲走滤料,滤层膨胀面应控制在槽底以下。生产中常用的反冲洗排水槽断面如图6-15所示,反冲洗排水槽顶距未膨胀滤料表面的高度 H 为:

$$H=eH_2+2.5x+\delta+0.07 \text{ (m)} \tag{6-17}$$

式中 e——冲洗时滤层膨胀度，%；

H_2——未膨胀滤料层厚度，m；

x——反冲洗排水槽断面模数，m；

$$x = 0.45 Q_1^{0.4} \text{ (m)} \tag{6-18}$$

$$Q_1 = \frac{1}{1000n} qF \text{ (m}^3/\text{s)} \tag{6-19}$$

Q_1——每条反冲洗排水槽流量，m³/s；

q——反冲洗强度，L/(s·m²)；

F——单个滤池面积，m²；

n——单个滤池的反冲洗排水槽条数；

δ——反冲洗排水槽底厚度，m；

式中 0.07m 为反冲洗排水槽超高。

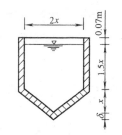

图 6-15 反冲洗排水槽断面

反冲洗排水槽底可以水平设置，也可以设置一定坡度。

（二）废水渠

如图 6-14 所示，废水渠为矩形断面，沿滤池池壁一侧布置。当滤池面积很大时，为使排水均匀，废水渠也可布置在滤池中间。

废水渠底距反冲洗排水槽底高度可按下式计算：

$$H_c = 1.73 \sqrt[3]{\frac{Q^2}{gB^2}} + 0.2 \text{ (m)} \tag{6-20}$$

式中 Q——滤池总冲洗流量，m³/s；

B——废水渠宽度，m；

g——重力加速度，9.81m/s²；

式中 0.2m 是废水渠起端水面低于反冲洗排水槽底高度。

第六节 普通快滤池的设计

普通快滤池设有四个阀门，即进水阀、排水阀、反冲洗阀、清水阀，故又称之为"四阀滤池"，见图 6-16（a）、(b)、(c)。如果用虹吸管代替进水阀门和排水阀门，则又称为"双阀滤池"，见图 6-16（d）。双阀滤池与普通快滤池构造和工艺过程完全相同，仅以排水虹吸管和进水虹吸管分别代替排水阀门和进水阀门而已。

一、滤池总面积及单池面积

如前所述，滤速相当于滤池负荷，是指单位时间，单位表面积滤池的过滤水量。由此可得出滤池总面积 F 为：

$$F = \frac{Q}{v} \text{ (m}^2) \tag{6-21}$$

式中 Q——设计流量（水厂供水量与水厂自用水量之和），m³/h；

v——设计滤速，m/h。

在设计流量一定时，设计滤速愈高，滤池面积愈小，滤池造价愈低，反之亦然。设计滤速的确定应以保证滤后水质为前提，同时考虑经济影响和运行管理。一般情况下，当水源水质较差、滤前处理效果难以保证及从总体规划考虑，需要适当保留滤池生产潜力时，设计滤速宜选用低一些。设计滤速范围见表 6-1。

单池面积可根据滤池总面积与滤池个数确定：

$$F' = \frac{F}{n} \quad (m^2) \tag{6-22}$$

式中　F'——单池面积，m^2；

　　　n——滤池个数。

滤池个数直接涉及到滤池造价、冲洗效果和运行管理。滤池个数多时，单池面积小，冲洗效果好，运转灵活，强制滤速低（强制滤速是指 1 个或 2 个滤池停产检修时，其余滤池在超过正常负荷下的滤速，用 v_n 表示），但滤池总造价高，操作管理较麻烦。若滤池个数过少，一方面因单池面积过大，布水均匀性差，冲洗效果欠佳；另一方面当某个滤地反冲洗或停产检修时，对水厂生产影响较大，且强制滤速高，安全性差。设计中，滤池个数应通过技术经济比较确定，但不得少于两个。单池面积与滤池总面积的关系参考表 6-7。

单池面积与滤池总面积　　　　　　　　　　　　　表 6-7

滤池总面积(m^2)	单池面积(m^2)	滤池总面积(m^2)	单池面积(m^2)
60	15～20	250	40～50
120	20～30	400	50～70
180	30～40	600	60～80

二、滤池长宽比

单个滤池平面可为正方形也可为矩形。滤池长宽比决定于处理构筑物总体布置，同时与造价也有关系，应通过技术经济比较确定。单个滤池的长宽比可参考表 6-8。

单个滤池长宽比　　　　　　　　　　　　　　表 6-8

单个滤池面积(m^2)	长：宽
≤30	1：1
>30	1.25：1～1.5：1
选用旋转式表面冲洗时	1：1、2：1、3：1

三、滤池总深度

滤池总深度包括：

（1）滤池保护高度：0.20～0.30m；

（2）滤层表面以上水深：1.5～2.0m；

（3）滤层厚度：单层砂滤料一般为 0.70m，双层及多层滤料一般为 0.70～0.80m；

（4）承托层厚度：见表 6-4 和表 6-5。

考虑配水系统的高度，滤池总深度一般为 3.0～3.5m。

四、管（渠）设计流速

快滤池管（渠）断面应根据设计流速来确定，见表 6-9。

快滤池管（渠）设计流速　　　　　　　　　　表 6-9

管渠	设计流速(m/s)	管渠	设计流速(m/s)
进水	0.8～1.2	冲洗水	2.0～2.5
清水	1.0～1.5	排水	1.0～1.5

注：考虑到处理水量有可能增大，流速不宜取上限值。

五、管廊布置

集中布置滤池的管（渠）、配件及闸阀的场所称为管廊。管廊中的管道一般采用金属材料，也可用钢筋混凝土渠道。

管廊布置应力求紧凑、简捷；要有良好的防水、排水、通风及照明设备；要留有设备及管配件安装、维修的必要空间；要便于与滤池操作室联系。设计中，往往根据具体情况提出几种布置方案进行比较后决定。当滤池个数少于 5 个时，宜采用单行排列，管廊设置于滤池一侧；超过 5 个时，宜采用双行排列，管廊设置于两排滤池中间。常见的管廊布置形式有以下几种：

（1）进水、清水、反冲洗水及排水四个总渠，全部布置于管廊内，见图 6-16（a）。

（2）反冲洗水和清水两个总渠布置于管廊内，进水渠和排水渠则布置于滤池的一侧，见图 6-16（b）。

（3）进水、反冲洗水及清水管均采用金属管道，排水总渠单独设置，见图 6-16（c））。

（4）用排水虹吸管和进水虹吸管分别代替排水和进水支管，反冲洗水和清水两个总渠布置于管廊内，反冲洗水支管和清水支管仍用阀门控制，称为虹吸式双阀滤池，简称双阀滤池，见图 6-16（d）。

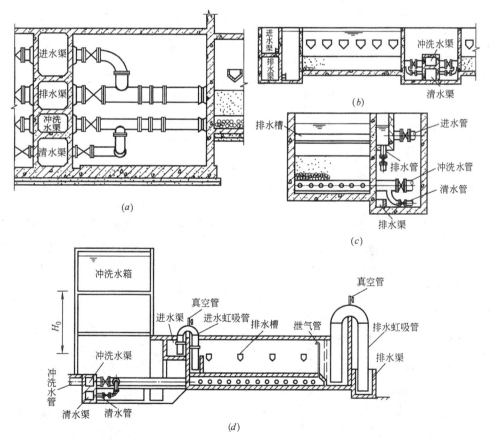

图 6-16 快滤池管廊布置

六、设计中注意的问题

（1）滤池底部应设排空管，其入口处设栅罩，池底应有一定的坡度，坡向排空管。

(2) 每个滤池宜装设水头损失计及取样管。

(3) 各种密封渠道上应设人孔，以便检修。

(4) 滤池壁与砂层接触处应拉毛成锯齿状，以免过滤水在该处形成"短路"而影响水质。

(5) 滤池清水管上应设置短管，管径一般采用75~200mm，以便排放初滤水。

第七节 其他形式滤池

一、虹吸滤池

（一）虹吸滤池构造和工作过程

虹吸滤池是由6~8格单元滤池所组成的一个过滤整体，称为"一组（座）滤池"，其构造如图6-17所示。由于每格单元滤池的底部配水空间通过清水渠相互连通，故单元滤池之间存在着一种连锁的运行关系。一组（座）虹吸滤池的平面形状多为矩形，呈双排布置，两排中间为清水渠，在清水渠的一端设有清水出水堰以控制清水渠内水位。每格单元滤池都设有排水虹吸管和进水虹吸管分别用来代替排水阀门和进水阀门，依靠这两个虹吸可控制虹吸滤池的过滤和反冲洗。排水虹吸管和进水虹吸管的虹吸形成与破坏均借助真空系统的作用。

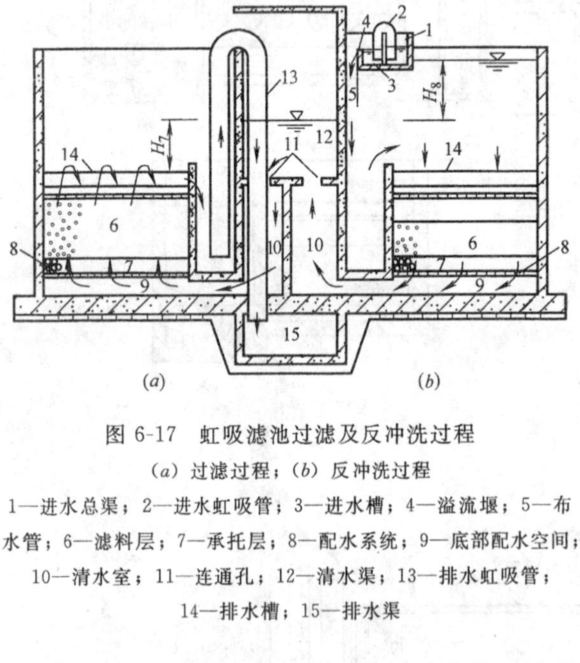

过滤过程：

图6-17为虹吸滤池的过滤过程，待滤水由进水总渠1经进水虹吸管2流入单元滤池进水槽3，再经溢流堰4溢流入布水管5后进入滤池。溢流堰4起调节进水槽3中水位的作用。进入滤池的水自上而下通过滤层6进行过滤，滤后水经承托层7、小阻力配水系统8、底部配水空间9进入清水室10，由连通孔11进入清水渠12，汇集后经清水出水堰溢流进入清水池。

图6-17 虹吸滤池过滤及反冲洗过程
(a) 过滤过程；(b) 反冲洗过程
1—进水总渠；2—进水虹吸管；3—进水槽；4—溢流堰；5—布水管；6—滤料层；7—承托层；8—配水系统；9—底部配水空间；10—清水室；11—连通孔；12—清水渠；13—排水虹吸管；14—排水槽；15—排水渠

在过滤过程中，随着滤料层中截留悬浮杂质的不断增加，过滤水头损失不断增大，由于清水出水堰上的水位不变，因此滤池内水位不断地上升。当某一格单元滤池的水位上升到最高设计水位（或滤后水浊度不符合要求）时，该格单元滤池便需停止过滤，进行反冲洗。此时，滤池内最高水位与清水出水堰堰顶高差，即为最大过滤水头（H_8），亦即期终允许水头损失值，一般采用1.5~2.0m。

反冲洗过程：

图6-17 (b) 为虹吸滤池的反冲洗过程，反冲洗时，应先破坏该格单元滤池的进水虹吸使该格单元滤池停止进水，但过滤仍在进行，故滤池水位逐渐下降。当滤池内水位下降

速度显著变慢时，利用真空系统抽出排水虹吸管 13 中的空气使之形成虹吸，滤池内剩余待滤水被排水虹吸管 13 迅速排入滤池底部排水渠 15，滤池内水位迅速下降。待池内水位低于清水渠 12 中的水位时，反冲洗正式开始，滤池内水位继续下降。当滤池内水面降至冲洗排水槽 14 顶端时，反冲洗水头达到最大值。在反冲洗水头的作用下，其他 5（或 7）格单元滤池的滤后水源源不断的从清水渠 12 经连通孔 11、清水室 10 进入该格单元滤池的底部配水空间 9，清水经小阻力配水系统 8、承托层 7 沿着与过滤时相反的方向自下而上通过滤料层 6，对滤料层进行反冲洗。冲洗废水经排水槽 14 收集后由排水虹吸管 13 排入滤池底部排水渠 15，经排水水封井溢流进入下水道。待反冲洗废水变清（废水浊度 20 度左右）后，破坏排水虹吸管 13 的真空，冲洗停止。然后再用真空系统使进水虹吸管 2 恢复工作，过滤重新开始。运行中，6（或 8）格单元滤池将轮流进行反冲洗，应避免 2 格以上单元滤池同时冲洗。

反冲洗时，清水出水堰堰顶与反冲洗排水槽顶高差，即为最大冲洗水头（H_7），冲洗水头一般采用 1.0～1.2m。由于冲洗水头的限制，虹吸滤池只能采用小阻力配水系统。冲洗强度和冲洗历时与普通快滤池相同。

为了适应滤前水水质的变化和调节冲洗水头，通常在清水渠出水堰上设置可调节堰板，以便根据运转的实际情况进行调节。

（二）虹吸滤池的水力自控系统

图 6-18 是一种常见的虹吸滤池水力自控系统。

1. 水力自控运行

工作过程如下：

虹吸滤池的过滤后期，由于滤池内水位上升至最高水位，排水虹吸辅

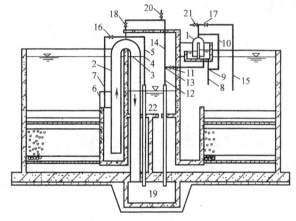

图 6-18 虹吸滤池水力自控示意
1—进水虹吸管；2—排水虹吸管；3—排水虹吸辅助管；4—水射器；5—抽气管；6—计时水槽；7—排水虹吸破坏管；8—进水虹吸辅助管；9—水射器；10—抽气管；11—强制虹吸辅助管阀门；12—强制虹吸辅助管；13—水射器；14—抽水管；15—进水虹吸破坏管；16—计时调节阀门；17—破坏管封闭阀门；18—强制操作阀门；19—排水渠；20—强制破坏阀门；21—强制破坏阀门；22—清水渠

助管 3 的管口被淹没，水开始由排水虹吸辅助管 3 溢流进排水渠 19。此时，在水射器 4 处产生负压抽气作用，通过抽气管 5 使排水虹吸管 2 形成虹吸，滤池内水位快速下降，当降至滤池清水渠 22 的水位以下时，冲洗自动开始。由于进水虹吸破坏管 15 的管口与大气相通，空气进入进水虹吸管 1 后，进水虹吸被破坏，进水停止。池中水位继续下降，当水位下降到计时水槽 6 缘口以下时，排水虹吸管 2 在排水同时，通过排水虹吸破坏管 7 抽吸计时水槽 6 中的水，直至将水吸完（吸空时间可通过计时调节阀 16 控制），使排水虹吸破坏管 7 管口露出，空气进入排水虹吸管，虹吸即被破坏，冲洗结束。由于各格单元滤池底部相通，池内水位回升，封住进水虹吸破坏管 15 的管口，并借进水虹吸辅助管 8、水射器 9 和抽气管 10 抽出进水虹吸管 1 内的空气，形成虹吸，进水重新开始。此时，滤池内水位继续上升，当超过清水渠内的水位时，过滤又自动重新开始，最终实现了虹吸滤池的过滤与反洗自动交替进行。

2. 强制操作

(1) 强制冲洗：打开强制虹吸辅助管 12 上的阀门 11 及抽气管 14 上的阀门 18，就可以依靠水力作用使排水虹吸管形成虹吸，进行反洗。冲洗结束后，应关闭阀门 11 和 18。

(2) 强制破坏：打开阀门 21 以破坏进水虹吸；关闭阀门 11，打开阀门 18 和 20 可以破坏排水虹吸。

(三) 虹吸滤池的设计要点

1. 单元滤池的格数

由于虹吸滤池的冲洗水是由同组其他格单元滤池的滤后水通过清水渠直接供给的，因此当一格单元滤池反冲洗时，其所需的反冲洗水量不能大于同组其他格单元滤池的过滤水量之和，即：

$$3.6qF \leqslant (n-1)v_n F \tag{6-23}$$

式中 n——单元滤池的格数；
F——单元滤池的面积，m^2；
q——反冲洗强度，$L/(s \cdot m^2)$；
v_n——强制滤速，m/h。

强制滤速是指在进水量不变的条件下，一格单元滤池反冲洗时同组其他格单元滤池的滤速。由于 1 格单元滤池冲洗时，滤池总进水流量（$Q=nvF$）仍保持不变，即：

$$Q = nvF = (n-1)v_n F \tag{6-24}$$

故

$$v_n = \frac{n}{n-1}v \tag{6-25}$$

式中 v——设计滤速，m/h。

将式 (6-25) 代入式 (6-23) 式得：

$$n \geqslant \frac{3.6q}{v} \tag{6-26}$$

以单层石英砂滤料虹吸滤池为例，按设计规范，若选用的反洗强度 $q=15L/(s \cdot m^2)$，$v=9m/h$，则 $n \geqslant 6$ 格。分格数少时，一方面冲洗强度不能保证；另一方面在滤池总面积一定时则单元滤池面积大，因虹吸滤池采用的是小阻力配水系统，冲洗均匀性就差。分格数多，则滤池的造价增加。因此，在我国规范规定的滤速和反冲洗强度下，虹吸滤池分格数一般为 6~8 格。

2. 虹吸滤池的总深度

$$H = H_1 + H_2 + H_3 + H_4 + H_5 + H_6 + H_7 + H_8 + H_9 \text{ (m)} \tag{6-27}$$

式中 H_1——滤池底部配水空间高度，一般取 0.3m；
H_2——小阻力配水系统的高度，0.1~0.2m；
H_3——承托层厚度；一般取 0.2m；
H_4——滤料层厚度，0.7~0.8m；
H_5——冲洗时滤层的膨胀高度，$H_5 = H_4 \times e$(m)；
H_6——反冲洗排水槽高度，$H_6 = 2.5x + \delta + 0.07$ (m)；

H_7——清水出水堰堰顶与反冲洗排水槽顶高差,即为最大冲洗水头,采用 1.0~1.2m;

H_8——滤池内最高水位与清水出水堰堰顶高差,即为最大过滤水头,采用 1.5~2.0m;

H_9——滤池保护高度,一般取 0.15~0.3m。

虹吸滤池的总深度一般为 4.5~5.5m。

3. 虹吸管

通常,排水虹吸管流速宜采用 1.4~1.6m/s,进水虹吸管流速宜采用 0.6~1.0m/s,为了防止排水虹吸管进口端形成涡旋夹带空气,影响排水虹吸管工作,可在该管进口端设置防涡栅。

虹吸滤池的主要优点是:无需大型阀门及相应的开闭控制设备,不设管廊,操作管理方便,易于实现自动化;它利用同组其他单元滤池的出水及其水头进行反冲洗,不需要设置冲洗水塔(箱)或冲洗水泵;出水水位高于滤料层,过滤时不会出现负水头现象。主要存在的问题是:由于虹吸滤池的构造特点,池深比普通快滤池大且池体构造复杂;反冲洗水头低,只能采用小阻力配水系统,冲洗均匀性较差;冲洗强度受其余几格滤池的过滤水量影响,故冲洗效果不像普通快滤池那样稳定。

二、重力式无阀滤池

(一)构造及工作过程

重力式无阀滤池的构造如图 6-19 所示。过滤时,待滤水经进水分配槽 1,由 U 形进水管 2 进入虹吸上升管 3,再经伞形顶盖 4 下面的配水挡板 5 整流和消能后,均匀地分布在滤料层 6 的上部,水流自上而下通过滤层 6、承托层 7、小阻力配水系统 8 进入底部集水空间 9,然后清水从底部集水空间经连通渠(管)10 上升到冲洗水箱 11,冲洗水箱水位开始逐渐上升,当水箱水位上升到出水渠 12 的溢流

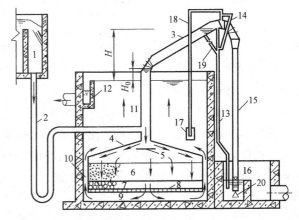

图 6-19 无阀滤池过滤过程

1—进水分配槽;2—进水管;3—虹吸上升管;4—顶盖;5—挡板;6—滤料层;7—承托层;8—配水系统;9—底部配水空间;10—连通渠;11—冲洗水箱;12—出水渠;13—虹吸辅助管;14—抽气管;15—虹吸下降管;16—水封井;17—虹吸破坏斗;18—虹吸破坏管;19—压力水管;20—锥形挡板

堰顶后,溢流入渠内,最后经滤池出水管进入清水池。冲洗水箱内贮存的滤后水即为无阀滤池的冲洗水。

过滤开始时,虹吸上升管内水位与冲洗水箱中水位的高差 H_0 称为过滤起始水头损失,如图 6-19 所示,一般为 0.2m 左右。

在过滤的过程中,随着滤料层内截留杂质量的逐渐增多,过滤水头损失也逐渐增加,从而使虹吸上升管 3 内的水位逐渐升高。如图 6-19 所示,当水位上升到虹吸辅助管 13 的管口时(这时的虹吸上升管内水位与冲洗水箱中水位的高差 H 称为终期允许水头损失,一般采用 1.5~2.0m),水便从虹吸辅助管 13 中不断向下流入水封井 16 内,依靠下降水流在抽气管 14 中形成的负压和水流的夹气作用,抽气管 14 不断将虹吸管中空气抽出,使虹吸管中真空度逐渐增大。其结果是虹吸上升管 3 中水位和虹吸下降管 15 中水位都同时

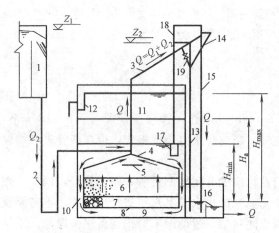

图 6-20 无阀滤池冲洗过程
1—进水分配槽；2—进水管；3—虹吸上升管；4—顶盖；5—挡板；6—滤料层；7—承托层；8—配水系统；9—底部配水空间；10—连通渠；11—冲洗水箱；12—出水渠；13—虹吸辅助管；14—抽气管；15—虹吸下降管；16—水封井；17—虹吸破坏斗；18—虹吸破坏管；19—压力水管

上升，当上升管中的水越过虹吸管顶端下落时，下落水流与下降管中上升水柱汇成一股冲出管口，把管中残留空气全部带走，形成虹吸。此时，由于伞形盖内的水被虹吸管排出池外，造成滤层上部压力骤降，从而使冲洗水箱内的清水沿着与过滤时相反的方向自下而上通过滤层，对滤料层进行反冲洗。冲洗后的废水经虹吸管进入排水水封井 16 排出。冲洗时水流方向见图 6-20。

在冲洗过程中，冲洗水箱内水位逐渐下降。当水位下降到虹吸破坏斗 17 缘口以下时，虹吸管在排水同时，通过虹吸破坏管 18 抽吸虹吸破坏斗中的水，直至将水吸完，使管口与大气相通，空气由虹吸破坏管进入虹吸管，虹吸即被破坏，冲洗结束，过滤自动重新开始。

在正常情况下，无阀滤池冲洗是自动进行的。但是，当滤层水头损失还未达到最大允许值而因某种原因（如周期过长、出水水质恶化等）需要提前冲洗时，可进行人工强制冲洗。强制冲洗设备是在虹吸辅助管与抽气管相连接的三通上部，接一根压力水管，夹角为 15°，并用阀门控制，见图 6-21。当需要人工强制冲洗时，打开阀门，高速水流便在抽气管与虹吸辅助管连接三通处产生强烈的抽气作用，使虹吸很快形成，进行强制反洗。

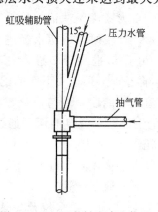

图 6-21 人工强制反冲洗装置

（二）重力式无阀滤池的设计要点

1. 冲洗水箱

重力式无阀滤池冲洗水箱与滤池整体浇制，位于滤池上部。水箱容积按冲洗一次所需水量确定：

$$V = 0.06qFt \text{ (m}^3\text{)} \tag{6-28}$$

式中 q——冲洗强度，L/(s·m²)；

F——滤池面积，m²；

t——冲洗时间，min，一般取 4~6min。

考虑到反冲洗时冲洗水箱内水位是变化的，为减小反冲洗强度的不均匀程度，应采用两格以上滤池合用一个冲洗水箱，以减小冲洗水箱水深。

设 n 格滤池合用一个冲洗水箱，则水箱平面面积应等于单格滤池面积的 n 倍。水箱有效水深 ΔH 为：

$$\Delta H = \frac{V}{nF} = \frac{0.06qFt}{nF} = \frac{0.06}{n}qt \text{ (m)} \tag{6-29}$$

由此可见，合用一个冲洗水箱的滤池格数越多，所需冲洗水箱深度便越小，滤池总高度可以降低。这样，不仅可以降低造价，也有利于与滤前处理构筑物在高程上的衔接，同时冲洗强度的不均匀程度也可降低。一般情况下，多以 2 格滤池合用一个冲洗水箱。实践证明，若合用水箱的滤池过多，当其中一格滤池的冲洗即将结束时，虹吸破坏管刚露出水面，由于其余数格滤池不断向冲洗水箱大量供水，管口很快又被水封，致使虹吸破坏不彻底，造成该格滤池时断时续地不停冲洗。

考虑到一格滤池检修时不影响其他格滤池生产，通常在冲洗水箱内根据滤池分格情况设置隔墙，其间用连通管相连，管上设闸板，平时开启，以便反冲洗时水经连通管冲洗另一格滤池。检修时关闭，以便将滤池放空。

2. 虹吸管计算

如图 6-20 所示，无阀滤池在冲洗过程中，因冲洗水箱内水位不断下降，反冲洗水头（水箱内水位与排水水封井堰口水位差）由大到小，从而使冲洗强度也由高到低，一般初始冲洗强度为 12L/(s·m^2)，终期冲洗强度用 8L/(s·m^2)。因此，在设计中通常以平均冲洗水头 H_a（即最大冲洗水头 H_{max} 与最小冲洗水头 H_{min} 的平均值）作为计算依据，来选定冲洗强度，称之为平均冲洗强度 q_a。由 q_a 计算所得的冲洗流量称为平均冲洗流量，以 Q_1 表示。冲洗时，若滤池继续进水（进水流量以 Q_2 表示），则虹吸管中的计算流量应为平均冲洗流量与进水流量之和（即 $Q=Q_1+Q_2$）。其余部分（包括连通渠、配水系统、承托层、滤料层）所通过的计算流量仍为冲洗流量 Q_1。冲洗水头即为水流在整个流程中（包括连通渠、配水系统、承托层、滤料层、挡水板及虹吸管等）的水头损失之和，总水头损失为：

$$\sum h = h_1 + h_2 + h_3 + h_4 + h_5 + h_6 \text{（m）} \tag{6-30}$$

式中 h_1——连通渠水头损失，m；

h_2——小阻力配水系统水头损失，m。视所选配水系统类型而定；

h_3——承托层水头损失，m；

h_4——滤料层水头损失，m；

h_5——挡板水头损失，一般取 0.05m；

h_6——虹吸管沿程和局部水头损失之和，m。

按平均冲洗水头和计算流量即可求得虹吸管管径。管径一般采用试算法确定：即初步选定管径，算出总水头损失 $\sum h$，当 $\sum h$ 接近 H_a 时，所选管径适合，否则重新计算。

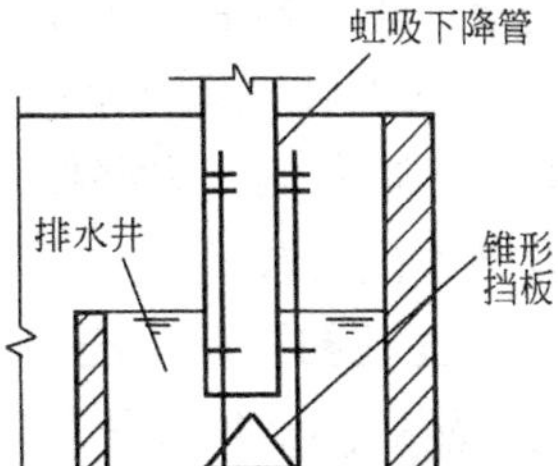

在有地形可利用的情况下（如丘陵、山地），降低排水水封井堰口标高以增加可利用的冲洗水头，可以减小虹吸管管径以节省建设费用。无阀滤池在运行过程中，由于实际运行条件的改变或季节的变化，往往需要调整反冲洗强度。为此，应在虹吸下降管管口处设置反冲洗强度调节器，见图 6-22。反冲洗强度调节器由锥形挡板和螺杆组成。后者可使锥形挡板上、下移动以控制出口开启度。当需要增大反冲洗强度时，可降低锥形挡板高度，增大出口面积，减少出口阻力；当需要减小冲洗强度时，可升高锥形挡板高度，从而减小出口面积，增大出口阻力。

图 6-22 反冲洗强度调节器

3. 进水分配槽

进水分配槽的作用，是通过槽内堰顶溢流使各格滤池独立进水，并保持进水流量相等。分配槽堰顶标高应等于虹吸辅助管和虹吸上升管连接处的管口标高再加进水管水头损失，再加 10~15cm 富余高度，以保证堰顶自由跌水。槽底标高应考虑气、水分离效果，若槽底标高较高，大量空气会随水流进入滤池，无法正常进行过滤或反洗。通常，将槽底标高降至滤池出水渠堰顶以下约 0.5m。

4. 反冲洗时自动停止进水装置

无阀滤池因不设置进水阀门，而往往造成反冲洗时不能停止进水。这样不仅浪费水量，而且使虹吸管管径增大。为此，应考虑设置冲洗时自动停止进水装置，见图 6-23。

其工作原理是：过滤开始前，进水总渠 1 中的水由连通管 6 流出，借虹吸抽气管 4 抽吸进水虹吸管 2 中的空气，使进水虹吸产生，滤池进水过滤。反冲洗时，由于排水虹吸管的抽吸作用，U 形存水弯水面将迅速下降至冲洗水箱水面以下，故虹吸破坏管 5 的管口很快露出水面，空气进入，破坏虹吸，进水很快停止。反冲洗完毕后，由于其他滤池的过滤没有停止，

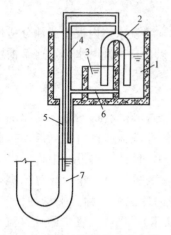

图 6-23 虹吸式自动停止进水装置
1—进水总渠；2—进水虹吸管；3—进水虹吸水封；4—虹吸抽气管；5—虹吸破坏管；6—连通管；7—进水 U 型管

滤后水充满冲洗水箱，U 形存水弯中水面上升使虹吸破坏管口重新被水封，进水虹吸管又形成虹吸，滤池进水恢复，过滤重新开始。

5. U 形进水管

为防止滤池冲洗时空气经进水管进入虹吸管，造成虹吸被破坏，应在进水管上设置 U 形存水弯。为安装方便，同时也为了水封更加安全，常将存水弯底部置于水封井的水面以下。

（三）重力式无阀滤池的运行管理

1. 滤池初次运行应排除滤料层中的空气。

2. 滤池刚投入试运行时，应待冲洗水箱充满后连续进行多次的人工强制冲洗，到滤料洗净为止，然后再用漂白粉溶液或液氯进行消毒处理。

3. 滤池在试运行期间，应对冲洗历时、虹吸形成时间、滤池冲洗周期、滤池工作周期等指标进行测定，并校核到正常状态。平时正常运转时，只需对进、出水浊度及各种特殊情况进行记录。

4. 滤池初次反冲洗前，应将冲洗强度调节器调整到相当于虹吸下降管管径 1/4 的开启度，然后逐渐加大开启度到额定冲洗强度为止。

5. 滤池运行后，每隔半年左右应打开人孔进行检查。

重力式无阀滤池的优点是：运行全部自动，操作管理方便；节省大型阀门，造价较低；出水面高出滤层，在过滤过程中滤料层内不会出现负水头。其主要缺点是：冲洗水箱建于滤池上部，滤池的总高度较大；出水水位较高，相应抬高了滤前处理构筑物（如沉淀或澄清池）的标高，从而给水厂总体高程布置带来困难；滤料处于封闭结构中，装、卸困

难；池体结构较复杂。

重力式无阀滤池多适用于适用于 $1\times10^4\mathrm{m}^3/\mathrm{d}$ 以下的小型水厂。单池平面积一般不大于 $16\mathrm{m}^2$，少数也有达 $25\mathrm{m}^2$ 以上的。

三、移动罩滤池

移动罩滤池因设有可以移动的冲洗罩而命名，故又称为移动冲洗罩滤池。它是由若干滤格（$n>8$）为一组构成的滤池，滤料层上部相互连通，滤池底部配水区也相互连通，故一座滤池仅有一个公用的进水和出水系统。运行中，移动罩滤池利用机电装置驱动和控制移动冲洗罩顺序对各滤格进行冲洗。考虑到检修，滤池座数不得少于2座。

移动罩滤池的构造见图6-24。过滤时，待滤水由进水管1经中央配水渠2及两侧渠壁上配水孔3进入滤池，水流自上而下通过滤层4进行过滤，滤后水由底部配水室5流入钟罩式虹吸管6的中心管7。当虹吸中心管7内水位上升到管顶且溢流时，带走钟罩式虹吸

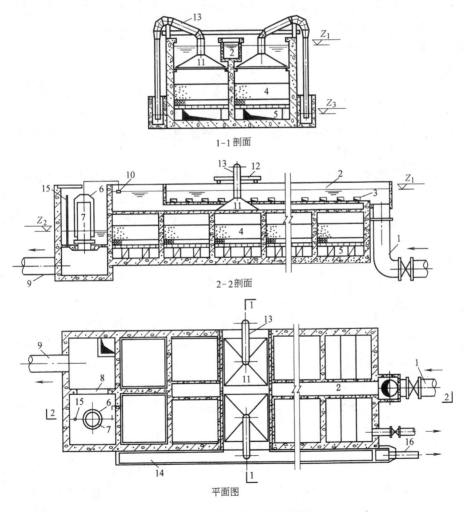

图 6-24 虹吸式移动冲洗罩滤池

1—进水管；2—中央配水渠；3—配水孔；4—滤层；5—底部配水室；6—钟罩式虹吸管；
7—虹吸中心管；8—出水堰；9—出水管；10—水位恒定器；11—冲洗罩；12—桁车；
13—排水虹吸管；14—排水渠；15—排气管；16—排水管

管和中心管间的空气,达到一定真空度时,虹吸形成,滤后水便从钟罩式虹吸管与中心管间的环形空间流出,经出水堰 8、出水管 9 进入清水池。滤池内水面标高 Z_1 和出水堰上水位标高 Z_2 之差即为过滤水头,一般取 1.2～1.5m。

钟罩式虹吸管 6 上装有水位恒定器 10,它由浮筒和针形阀组成。当滤池出水流量低于进水流量时,滤池内水位升高,水位恒定器的浮筒随之上升并促使针形阀封闭进气口,使钟罩式虹吸管 6 中真空度增加,出水量随之增大,滤池水位随之下降。当滤池出水流量超过进水流量时(例如滤池刚冲洗完毕投入运行时),滤池内水位下降,水位恒定器的浮筒随之下降使针形阀打开,空气进入钟罩式虹吸管,真空度减小,出水流量随之减小,滤池水位复又上升,防止清洁滤池内滤速过高而引起出水水质恶化。因此,浮筒总是在一定幅度内升降,使滤池水面基本保持一定。当滤格数多时,移动罩滤池的过滤过程就接近等水头减速过滤。

反冲洗时,冲洗罩 11 由桁车 12 带动移动到需要冲洗的滤格上面定位,并封住滤格顶部,同时用抽气设备抽出排水虹吸管 13 中的空气。当排水虹吸管真空度达到一定值时,虹吸形成,冲洗开始。冲洗水为同座滤池的其余滤格滤后水,经小阻力配水系统的底部配水室 5 进入滤池,自下而上通过滤料层 4,对滤料层进行反冲洗。冲洗废水经排水虹吸管 13 排入排水渠 14。出水堰上水位标高 Z_2 和排水渠中水封井的水位标高 Z_3 之差即为冲洗水头,一般取 1.0～1.2m。当滤格数较多时,在一格滤池冲洗期间,滤池仍可继续向清水池供水。冲洗完毕,破坏冲洗罩 11 的密封,该格滤池恢复过滤。冲洗罩移至下一滤格,再准备对下一滤格进行冲洗。

移动罩滤池冲洗时,冲洗水来自同座其他滤格的滤后水,因而具有虹吸滤池的优点;移动冲洗罩的作用是使滤格处于封闭状态,这和无阀滤池伞形顶盖相同,又有无阀滤池的某些特点。冲洗罩的移动、定位和密封是滤池正常运行的关键。移动速度、停车定位和定位后密封时间等,均根据设计要求用程序控制或机电控制。设计中务求罩体定位准确、密封良好、控制设备安全可靠。

移动罩滤池的反冲洗排水装置除采用上述虹吸式外,还可以采用泵吸式,称作泵吸式移动罩滤池,见图 6-25。泵吸式移动冲洗罩滤池是靠水泵的抽吸作用克服滤料层及沿程各部分的水头损失进行反冲洗,不仅可以进一步降低池高,还可以利用冲洗泵的扬程,直接将冲洗废水送往絮凝沉淀池回收利用。冲洗泵多采用低扬程、吸水性能良好的水泵。

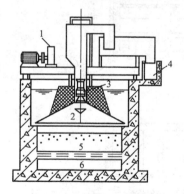

图 6-25　泵吸式移动罩滤池
1—传动装置;2—冲洗罩;3—冲洗水泵;
4—排水槽;5—滤层;6—底部空间

移动罩滤池的优点是:无大型阀门,管件;能自动连续运行;无需冲洗水泵或水塔;采用泵吸式冲洗罩时,池深较浅,造价低;滤池分格多,单格面积小,配水均匀性好;一格滤池冲洗水量小,对整个滤池出水量无明显影响。缺点是:移动罩滤池增加了机电及控制设备;自动控制和维修较复杂;与虹吸滤池一样无法排除初滤水。移动罩滤池一般较适用于大、中型水厂,以便充分发挥冲洗罩使用效率。

四、V 型滤池

V 型滤池是由法国德格雷蒙(DEGREMONT)公司设计的一种快滤池,其命名是因滤池两侧（或一侧也可）进水槽设计成V字形。

V型滤池的构造见图6-26。通常一组滤池由数只滤池组成。每只滤池中间设置双层中央渠道，将滤池分成左、右两格。渠道的上层为排水渠7，作用是排除反冲洗废水；下层为气、水分配渠8，其作用：一是过滤时收集滤后清水，二是反冲洗时均匀分配气和水。在气、水分配渠8上部均匀布置一排配气小孔10，下部均匀布置一排配水方孔9。滤板上均匀布置长柄滤头19，每 m^2 约布置50~60个，滤板下部是底部空间11。在V型进水槽底设有一排小孔6，既可作为过滤时进水用，又可冲洗时供横向扫洗布水用，这是V型滤池的一个特点。

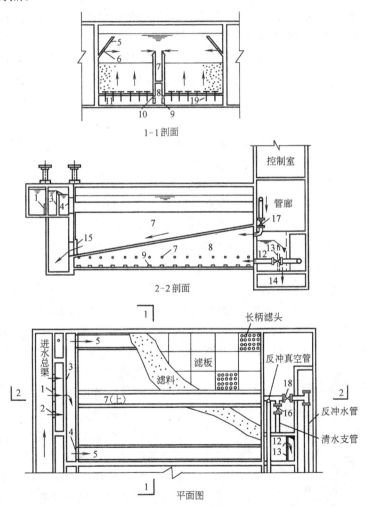

图6-26 V型滤池构造简图

1—进水气动隔膜阀；2—方孔；3—堰口；4—侧孔；5—V型槽；6—小孔；7—排水渠；8—气、水分配渠；9—配水方孔；10—配气小孔；11—底部空间；12—水封井；13—出水堰；14—清水渠；15—排水阀；16—清水阀；17—进气阀；18—冲洗水阀；19—长柄滤头

过滤时，打开进水气动隔膜阀1和清水阀16，待滤水由进水总渠经进水气动隔膜阀1和方孔2后，溢过堰口3再经侧孔4进入V型进水槽5，然后待滤水通过V型进水槽底的小孔6和槽顶溢流均匀进入滤池。自上而下通过砂滤层进行过滤，滤后水经长柄滤头19

流入底部空间11,再经方孔9汇入中央气水分配渠8内,由清水支管流入管廊中的水封井12,最后经出水堰13、清水渠14流入清水池。

冲洗时,关闭气动隔膜阀1和清水阀16,但两侧方孔2常开,故仍有一部分水继续进入V型进水槽并经槽底小孔6进入滤池。而后开启排水阀15,滤池内浑水从中央渠道的上层排水渠7中排出,待滤池内浑水面与V型槽顶相平,开始反冲洗操作。

冲洗操作过程:

(1) 进气:启动鼓风机,打开进气阀17,空气经中央渠道下层的气水分配渠8的上部配气小孔10均匀进入滤池底部,由长柄滤头19喷出,将滤料表面杂质擦洗下来并悬浮于水中。此时V型进水槽底小孔6继续进水,在滤池中产生横向水流的表面扫洗作用下,将杂质推向中央渠道上层的排水渠7。

(2) 进气-水:启动冲洗水泵,打开冲洗水阀门18,此时空气和水同时进入气、水分配渠8,再经方孔9(进水)、小孔10(进气)和长柄滤头19均匀进入滤池。使滤料得到进一步冲洗,同时,表面扫洗仍继续进行。

(3) 单独进水漂洗:关闭进气阀17停止气冲,单独用水再反冲洗,加上表面扫洗,最后将悬浮于水中杂质全部冲入排水渠7,冲洗结束。停泵,关闭冲洗水阀18,打开气动隔膜阀1和清水阀16,过滤重新开始。

气冲强度一般在14~17L/(s·m²)内,水冲强度约4L/(s·m²)左右,表面扫洗强度约1.4~2.0L/(s·m²)。因水流反冲强度小,故滤料不会膨胀,总的反冲洗时间约10~12min左右。V型滤池冲洗过程全部由程序自动控制。

V型滤池的主要特点是:1) 采用较粗滤料、较厚滤料层以增加过滤周期或提高滤速。一般采用砂滤料,有效粒径$d_{10}=0.95~1.50$mm,不均匀系数$K_{60}=1.2~1.6$,滤层厚约0.95~1.35m。根据原水水质、滤料组成等,滤速可在7~20m/h范围内选用。2) 反冲时滤层不膨胀,不发生水力分级现象,粒径在整个滤层的深度方向分布基本均匀,即所谓"均质滤料",从而提高了滤层的含污能力。3) 采用气、水反冲再加始终存在的表面扫洗,冲洗效果好,冲洗耗水量大大减少。4) 可根据滤池水位变化自动调节出水蝶阀开启度来实现等速过滤。5) 滤池冲洗过程可按程序自动控制。

五、压力滤池

压力滤池是用钢制压力容器为外壳制成的快滤池,其构造见图6-27。压力滤池外形呈圆柱状,直径一般不超过3m。容器内装有滤料、进水和反冲洗配水系统,容器外设置各种管道和阀门等。配水系统大多采用小阻力系统中的缝隙式滤头。滤层粒径、厚度都较大,粒径一般采用0.6~1.0mm,滤料层厚度一般约1.0~1.2m,滤速为8~10m/h。压力滤池的进水管和出水管上都安装有压力表,两表的压力差值即为过滤时的水头损失,其期终允许水头

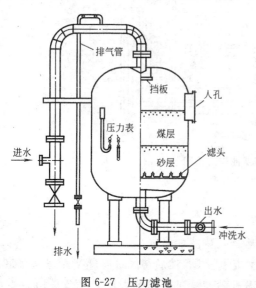

图6-27 压力滤池

损失值一般可达5~6m。运行中，为提高冲洗效果和节省冲洗水量，可考虑用压缩空气辅助冲洗。

压力滤池的优点是：运转管理方便；由于它是在压力的作用下进行过滤，因此有较高余压的滤后水被直接送到用水点，可省去清水泵站。常在工业给水处理中与离子交换器串联使用，也可作为临时性给水处理设备使用。其缺点是耗用钢材多，滤料进出不方便。

思考题与习题

1. 试分析过滤在水处理过程中的作用与地位。
2. 试述快滤池的过滤机理。
3. 双层滤料与三层滤料的滤层组成各是什么？"均质滤料"的涵义是什么？
4. 什么是直接过滤？直接过滤工艺有哪两种方式？采用直接过滤工艺应注意哪些问题？
5. 什么是"等速过滤"和"变速过滤"？两者分别在什么情况下形成？属于"等速过滤"和"变速过滤"的滤池分别有哪几种？
6. 什么是"负水头"现象？负水头对过滤和反冲洗造成的危害是什么？避免滤层中出现"负水头"的措施是什么？
7. 什么是滤料"有效粒径"和"不均匀系数"？不均匀系数过大对过滤和反冲洗有何影响？
8. 什么是滤料孔隙率？影响滤料层孔隙率的因素有哪些？
9. 快滤池反冲洗配水系统的作用是什么？试分析配水不均匀时的不利影响。
10. 大阻力配水系统和小阻力配水系统的基本原理各是什么？两者各有何优缺点？
11. 高速水流反冲洗的原理是什么？反冲洗强度和滤层膨胀度之间关系如何？试分析反冲洗强度对反冲洗效果的影响。
12. 气、水反冲洗的原理是什么？气、水反冲洗操作方式有哪几种？
13. 滤池的冲洗排水槽设计应符合哪些要求，并说明理由。
14. 指出普通快滤池与双阀滤池的区别。
15. 试分析滤池在运行过程中，水头损失增加很快、运行周期大大缩短的原因是什么？应采取什么措施？
16. 虹吸滤池的分格数一般采用几格？为什么？
17. 虹吸滤池的总深度包括哪几部分？
18. 虹吸滤池和无阀滤池的反冲洗强度是如何调节的？
19. 何谓移动罩滤池？其主要特点是什么？为什么小型水厂不宜采用移动罩滤池？
20. 试述移动罩滤池是如何实现等水头减速过滤的？
21. 何谓V型滤池？其主要特点是什么？
22. 简要地综合评述普通快滤池、虹吸滤池、无阀滤池、移动罩滤池及V型滤池的主要优缺点和适用条件。
23. 取某天然河砂砂样200g，筛分试验结果见下表，根据设计要求：$d_{10}=0.54$mm，$K_{80}=2.0$。试问筛选这批滤料时，共需筛除百分之几天然砂粒？
24. 现有一座无阀滤池，两格合用一个冲洗水箱，单格面积 $F=15m^2$，冲洗强度 $q=15L/(s·m^2)$，冲洗时间 $t=5$min。求：
    (1) 冲洗水箱容积；
    (2) 冲洗水箱的有效水深。
25. 设计一组虹吸滤池，初选设计滤速 $v=6$m/h，格数 $n=6$格。根据室外给水设计规范规定，若要

筛孔(mm)	留在筛上的砂量		通过该号筛的砂量	
	质量(g)	%	质量(g)	%
2.362	0.8			
1.651	18.4			
0.991	40.6			
0.589	85.0			
0.246	43.4			
0.208	9.2			
筛底盘	2.6			
合计	200.0			

求冲洗强度应达到 15L/s·m²。求：

(1) 该设计是否符合要求？（通过计算说明）

(2) 若不符合要求，应如何调整设计？

26. 现有一组虹吸滤池，分格数 $n=6$ 格，滤速 $v=10$m/h。求：当一格滤池冲洗时，其余各格滤池的滤速（即强制滤速）是多少（滤池总进水量不变）？

第七章 吸 附

第一节 吸附原理

吸附是一种物质附着在另一种物质表面上的过程，它可发生在气液、气固、液固两相之间。在相界面上，物质的浓度自动发生累积或浓集。在水处理中，主要利用固体物质表面对水中物质的吸附作用。

吸附法就是利用多孔性的固体物质，使水中一种或多种物质被吸附在固体表面而去除的方法。吸附法可有效完成对水的多种净化功能，例如脱色、脱嗅，脱除重金属离子、放射性元素，脱除多种难于用一般方法处理的剧毒或难生物降解的有机物等。

具有吸附能力的多孔性固体物质称为吸附剂，例如活性炭、活化煤、焦炭、煤渣、吸附树脂、木屑等，其中以活性炭的使用最为普遍。而废水中被吸附的物质则称为吸附质。包容吸附剂和吸附质并以分散形式存在的介质被称为分散相。

吸附处理可作为离子交换、膜分离技术处理系统的预处理单元，用以分离去除对后续处理单元有毒害作用的有机物、胶体和离子型物质，还可以作为三级处理后出水的深度处理单元，以获取高质量的处理出水，进而实现废水的资源化应用。吸附过程可有效捕集浓度很低的物质，且出水水质稳定、效果较好，吸附剂可以重复使用，结合吸附剂的再生，可以回收有用物质。所以在水处理技术领域得到了广泛的应用。但是，吸附法对进水的预处理要求较为严格，运行费用较高。

一、吸附类型

吸附剂表面的吸附力可分为三种，即分子间引力（范德华力），化学键力和静电引力，因此吸附可分为三种类型：物理吸附，化学吸附和离子交换吸附。

1. 物理吸附

物理吸附是一种常见的吸附现象。吸附质与吸附剂之间的分子间引力产生的吸附过程，称为物理吸附。物理吸附的特征表现在以下几个方面：

（1）是放热反应。

（2）没有特定的选择性。由于物质间普遍存在着分子引力，同一种吸附剂可以吸附多种吸附质，只是因为吸附质间性质的差异而导致同一种吸附剂对不同吸附质的吸附能力有所不同。物理吸附可以是单分子层吸附，也可以是多分子层吸附。

（3）物理吸附的动力来自分子间引力，吸附力较小，因而在较低温度下就可以进行。不发生化学反应，所以不需要活化能。

（4）被吸附的物质由于分子的热运动会脱离吸附剂表面而自由转移，该现象称为脱附或解吸。吸附质在吸附剂表面可以较易解吸。

（5）影响物理吸附的主要因素是吸附剂的比表面积。

2. 化学吸附

化学吸附是吸附质与吸附剂之间由于化学键力发生了作用而使得化学性质改变引起的吸附过程。化学吸附的特征为：

(1) 吸附热大，相当于化学反应热。

(2) 有选择性。一种吸附剂只能对一种或几种吸附质发生吸附作用，且只能形成单分子层吸附。

(3) 化学吸附比较稳定，当吸附的化学键力较大时，吸附反应为不可逆。

(4) 吸附剂表面的化学性能、吸附质的化学性质以及温度条件等，对化学吸附有较大的影响。

3. 离子交换吸附

离子交换吸附是指吸附质的离子由于静电引力聚集到吸附剂表面的带电点上，同时吸附剂表面原先固定在这些带电点上的其他离子被置换出来，等于吸附剂表面放出一个等当量离子。离子所带电荷越多，吸附越强。电荷相同的离子，其水化半径越小，越易被吸附。

水处理中大多数的吸附现象往往是上述三种吸附作用的综合结果，即几种造成吸附作用的力常常相互起作用。只是由于吸附质、吸附剂以及吸附温度等具体吸附条件的不同，使得某种吸附占主要地位而已。例如同一吸附体系在中高温下可能主要发生化学吸附，而在低温条件下可能主要发生物理吸附。

二、吸附容量

如果是可逆的吸附过程，当废水与吸附剂充分接触后，在溶液中的吸附质被吸附剂吸附，另一方面，由于热运动的结果使一部分已被吸附的吸附质，脱离吸附剂的表面，又回到液相中去。这种吸附质被吸附剂吸附的过程称为吸附过程；已被吸附的吸附质脱离吸附剂的表面又回到液相中去的过程称为解吸过程。当吸附速度和解吸速度相等时，即单位时间内吸附的数量等于解吸的数量时，则吸附质在溶液中的浓度和吸附剂表面上的浓度都不再改变而达到平衡，达到动态的吸附平衡。此时吸附质在溶液中的浓度称为平衡浓度。

吸附剂吸附能力的大小以吸附容量 q_e(g/g) 表示。所谓吸附容量是指单位重量的吸附剂（g）所吸附的吸附质的重量（g）。吸附量可用下式计算：

$$q_e = \frac{V(C_0 - C_e)}{W} \tag{7-1}$$

式中　q_e——吸附剂的平衡吸附容量，g/g；

　　　V——溶液体积，L；

　　　C_0——溶液的初始吸附质浓度，g/L；

　　　C_e——吸附平衡时的吸附质浓度，g/L；

　　　W——吸附剂投加量，g。

在温度一定的条件下，吸附容量随吸附质平衡浓度的提高而增加。把吸附容量随平衡浓度而变化的曲线称为吸附等温线。

吸附容量是选择吸附剂和设计吸附设备的重要数据。这些指标虽然表示吸附剂对该吸附质的吸附能力，但这些指标与对水中吸附质的吸附能力不一定相符，因此还应通过试验确定吸附容量,进行设备的设计。

三、吸附速度

吸附剂对吸附质的吸附效果,一般用吸附容量和吸附速度来衡量。所谓吸附速度是指单位重量的吸附剂在单位时间内所吸附的物质量。吸附速度属于吸附动力学范畴,对于吸附处理工艺具有实际意义。吸附速度决定了水和吸附剂的接触时间。吸附速度决定于吸附剂对吸附质的吸附过程。水中多孔的吸附剂对吸附质的吸附过程可分为三个阶段:

第一阶段称为颗粒外部扩散(又称膜扩散)阶段。吸附质首先通过吸附剂颗粒周围存在的液膜,到达吸附剂的外表面。

第二阶段称为颗粒内部扩散阶段。吸附质由吸附剂外表面向细孔深处扩散。

第三阶段称为吸附反应阶段。吸附质被吸附在细孔内表面上。

在一般情况下,由于第三阶段进行的吸附反应速度很快,因此,吸附速度主要由液膜扩散速度和颗粒内部扩散速度来控制。

根据试验得知,颗粒外部扩散速度与溶液浓度、吸附剂的外表面积成正比,溶液浓度越高、颗粒直径越小、搅动程度越大吸附速度越快,扩散速度就越大。颗粒内部扩散速度与吸附剂细孔的大小、构造、吸附剂颗粒大小、构造等因素有关。

四、吸附过程的影响因素

在吸附的实际应用中,若要达到预期的吸附净化效果,除了需要针对所处理的废水性质选择合适的吸附剂外,还必须将处理系统控制在最佳的工艺操作条件下。影响吸附的因素主要有吸附剂的性质、吸附质的性质和吸附过程的操作条件等。

1. 吸附剂的性质

吸附剂的性质主要有比表面积、种类、极性、颗粒大小、细孔的构造和分布情况及表面化学性质等。吸附是一种表面现象,比表面积越大、颗粒越小,吸附容量就越大,吸附能力就越强。吸附剂表面化学结构和表面电荷性质,对吸附过程也有较大影响。一般是极性分子(或离子)型的吸附剂易吸附极性分子(或离子)型的吸附质,反之亦然。

2. 吸附质的性质

吸附质的性质主要有溶解度、表面自由能、极性、吸附质分子大小和不饱和度、吸附质的浓度等。吸附质的溶解性能对平衡吸附有重大影响。溶解度越小的吸附质越容易被吸附,也就越不容易被解吸。对于有机物在活性炭上的吸附,随同系物含碳原子数的增加,有机物疏水性增强,溶解度减小,因而活性炭对其的吸附容量越大。吸附质分子体积越大,其扩散系数越大,吸附效率就越大。吸附过程由颗粒内部扩散控制时,受吸附质分子大小的影响较为明显。一定浓度范围内的吸附质浓度增加,吸附量也随之增大。

3. 吸附过程的操作条件

吸附过程的操作条件主要包括水的pH值、共存物质、温度、接触时间等。

(1) pH值

pH值会影响吸附质在水中的离解度、溶解度及其存在状态,同样会影响吸附剂表面的荷电性和其他化学特性,从而会影响吸附的效果。例如用活性炭去除水中有机污染物时其在酸性溶液中的吸附量一般要大于在碱性溶液中的吸附量。

(2) 共存物质

物理吸附过程中,吸附剂可对多种吸附质产生吸附作用,所以多种吸附质共存时,吸附剂对其中任一种吸附质的吸附能力,都要低于组分浓度相同但只含有该吸附质时的吸附能力,即每种溶质都会以某种方式与其他溶质竞争吸附活性中心点。另外废水中有油类或悬浮物质存在时,油类物质会在吸附剂表面形成油膜,对膜扩散产生影响;悬浮物质会堵塞吸附剂孔隙,对孔隙扩散产生干扰和阻碍作用,故应采取预处理措施。

(3) 温度

吸附过程一般是放热过程,所以低温有利于吸附,特别是以物理吸附为主的场合。吸附过程的热效应较低,在通常情况下温度变化并不明显,因而温度对吸附过程的影响不大。而在活性炭再生时,需要通过大幅度加温以促使吸附质解吸。

(4) 接触时间

只有足够的时间使吸附剂和吸附质接触,才能达到吸附平衡,吸附剂的吸附能力才能得到充分利用。达到吸附平衡所需要的时间长短取决于吸附操作,吸附速度快,达到平衡所需要的接触时间就越短。

第二节 吸 附 剂

一、吸附剂的表面特性

这里主要指固体吸附剂,如:活性炭、硅藻土、沸石、离子交换树脂等。一般固体表面都有吸附作用,由于吸附可看成是一种表面现象,所以与吸附剂的表面特性有密切的关系。采用吸附的方法进行水处理,实质上是利用吸附剂的吸附特性实现对污染物的分离。吸附剂性能的好坏,选用的吸附剂是否适用于处理对象,对于吸附效率影响较大。

1. 比表面积。单位重量的吸附剂所具有的表面积称为比表面积(m^2/g),随着物质孔隙的多少而变化。比表面积越大,吸附能力越强,一般比表面积随物质多孔性的增大而增大。由于孔性活性炭的比表面积可达 $1000mm^2/g$ 以上,所以活性炭在水处理中是一种良好的吸附剂。

2. 表面能。液体或固体物质内部的分子受它周围分子的引力在各个方向上都是均衡的,一般内层分子之间引力大于外层分子引力,故一种物质的表面分子比内部分子具有多余的能量,称为表面能。固体表面由于具有表面能,因此可以引起表面吸附作用。

3. 表面化学性质。在固体表面上的吸附除与其比表面积有关外,还与固体所具有的晶体结构中的化学键有关。固体对溶液中电解质离子的选择性吸附就与这种特性有关。

固体比表面积的大小只提供了被吸附物与吸附剂之间的接触机会,表面能从能量的角度研究吸附表面过程自动发生的原因,而吸附剂表面的化学状态在各种特性吸附中起着重要的作用。

二、对吸附剂的要求及吸附剂的种类

除了吸附剂的表面特性外,还需要满足以下技术经济性能的要求:

1. 吸附选择性好;2. 吸附容量大;3. 吸附平衡浓度低;4. 机械强度高;5. 化学性质稳定;6. 容易再生和再利用;7. 制作原料来源广泛,价格低廉。

可用于水处理的吸附剂种类很多,包括活性炭、磺化煤、焦炭、煤灰、炉渣、硅藻土、白土、沸石、麦饭石、木屑、腐殖酸、氧化硅、活性氧化铝、树脂吸附剂等。其中应用较为广泛的是活性炭、吸附树脂和腐殖酸类吸附剂。

铝-硅系吸附剂是亲水性的吸附剂，对极性的物质有选择吸附，因此作为吸潮剂、脱水剂和精制非极性溶液的吸附剂，活性炭是疏水性吸附剂，对水溶液小的有机物具有较强的吸附作用，因此作为城市污水与工业废水处理用的吸附剂。

三、活性炭

1. 活性炭的分类

活性炭根据形状和制造方法进行分类，如表7-1所示。还可根据用途分为液相吸附炭和气相吸附炭。

活性炭的分类　　　　　　　　　　　　表7-1

按形状分类	粉末活性炭 粒状活性炭（包括无定形炭、柱状炭、球形炭等）
按制造方法分类	药剂活性炭（大部分为 $ZnCl_2$ 活化的粉状炭） 气体活性炭（水蒸气活化的粉状炭和粒状炭）

活性炭是用含炭为主的物质，如煤、木屑、果壳以及含碳的有机废渣等作原料，经高温炭化和活化制得的疏水性吸附剂。在制造过程中以活化过程最为重要，根据活化方法可分为药剂活化法及气体活化法。

2. 活性炭的一般性质

活性炭外观为暗黑色，具有良好的吸附性能，化学稳定性好，可耐强酸及强碱，能经受水浸、高温。比重比水轻，是多孔性的疏水性吸附剂。

3. 细孔构造和细孔分布

活性炭在制造过程中，挥发性有机物去除后，晶格间生成的空隙形成许多形状和大小不同的细孔。这些细孔壁的总表面积（即比表面积）一般高达 $500\sim1700m^2/g$，这就是活性炭吸附能力强、吸附容量大的主要原因。表面积相同的炭，对同一种物质的吸附容量有时也不同，这与活性炭的细孔结构和细孔分布有关。细孔构造随原料、活化方法、活化条件不同而异，一般可以根据细孔半径的大小分为三种：大微孔，半径 $100\sim10000nm$；过渡孔，半径 $2\sim100nm$；小微孔，半径小于 $2nm$。一般活性炭的小微孔容积约 $0.15\sim0.90mL/g$，其表面积占总面积的 95% 以上，对吸附量的影响最大，与其他吸附剂相比，具有小微孔特别发达的特征；过渡孔的容积约 $0.02\sim0.10mL/g$，其表面积通常不超过总表面积的 5%；大微孔容积约 $0.2\sim0.5mL/g$，其表面积仅有 $0.5\sim5m^2/g$，对于液相物理吸附，大微孔的作用不大，但作为触媒载体时，大微孔的作用甚为显著。

活性炭的性质受多种因素的影响，不同的原料、不同的活化方法和条件，制得的活性炭的细孔半径也不同，表面积所占比例也不同。

活性炭的细孔分布如图7-1所示。

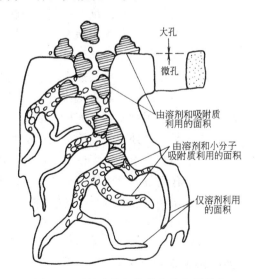

图7-1　活性炭的细孔分布及作用模式

4. 活性炭表面化学性质

（1）活性炭的元素组成

活性炭的吸附特性，不仅受细孔结构而且受活性炭表面化学性质的影响。在组成活性炭的成分中，炭占 70%～95%，此外还含有两种混合物，一是由于原料中本来就存在炭化过程中不完全炭化而残留在活性炭结构中，或在活化时以化学键结合的氧和氢。另一种是灰分，构成活性炭的无机部分。灰分的含量及组成与活性炭的种类有关，椰壳炭的灰分在 3%左右，煤质炭的灰分高达 20%～30%。活性炭的灰分对活性炭吸附水溶液中有些电解质和非电解质有催化作用。活性炭含硫较低，活化质量好的炭不应检出硫化物，氮的含量极微。

（2）表面氧化物

活性炭中氢和氧的存在对活性炭的吸附及其特性有很大的影响。在炭化及活化的过程中，由于氢和氧与碳以化学键结合使活性炭的表面上有各种有机官能团形式的氧化物及碳氢化物，这些氧化物使活性炭与吸附质分子发生化学作用，显示出活性炭的选择吸附性，这些有机官能团有羧基、醌型碳基、醚、酯、萤光黄型的内酯、碳酸无水物、环状过氧化物等。

活性炭在活化和后处理（酸洗或碱洗）的过程中，使活性炭表面带有在水溶液中呈酸性或碱性的化合物。在液相吸附时，可以改变溶液的 pH 值。活性炭在后处理时对酸、碱的吸附量，与活化温度有密切的关系。

5. 活性炭水处理的特点

（1）活性炭对水中有机物有较强的吸附特性。由于活性炭具有发达的细孔结构和巨大的比表面积，所以对水中溶解的有机污染物，如苯类化合物、酚类化合物、石油及石油产品等具有较强的吸附能力，而且对用生物法和其他化学法难以去除的有机污染物，如色度、异臭、亚甲蓝表面活性物质、除草剂、杀虫剂、农药、合成洗涤剂、合成染料、胺类化合物，及许多人工合成的有机化合物等都有较好的去除效果。

（2）活性炭对水质、水温及水量的变化有较强的适应能力。对同一种有机污染物的污水，活性炭在高浓度或低浓度时都有较好的去除效果。

（3）活性炭水处理装置占地面积小，易于自动控制，运转管理简单。

（4）活性炭对某些重金属化合物也有较强的吸附能力，如汞、铅、铁、镍、铬、锌、钴等，所以，活性炭用于电镀废水、冶炼废水处理上也有很好的效果。

（5）饱和炭可经再生后重复使用，不产生二次污染。

（6）可回收有用物质，如处理高浓度含酚废水，用碱再生后可回收酚钠盐。

活性炭是目前水处理中应用最为广泛的吸附剂。粉状活性炭吸附能力强，易制备，成本低，但再生困难，不易重复使用；粒状活性炭吸附能力低于粉状活性炭，生产成本也较高，但工艺操作简便，再生后可重复使用，故在实际中使用量较大。

纤维活性炭是一种新型高效的吸附材料，它将有机碳纤维经过活化处理后制成，具有发达的微孔结构和巨大的表面积，并拥有众多的官能团，其吸附性能远远超过目前的普通活性炭，但对制造的原料要求较高，工艺过程也较为严格。

四、其他吸附剂

1. 树脂吸附剂

树脂吸附剂又称吸附树脂，是一种人工合成的有机材料制造的新型有机吸附剂。它具有立体网状结构，微观上呈多孔海绵状，具有良好的物理化学性能，在150℃下使用不熔化、不变形，耐酸耐碱，不溶于一般溶剂，比表面积达 $800m^2/g$。

按吸附树脂的特性，可以将其划分为非极性、弱极性、极性和强极性四种类型。吸附树脂的制造过程中，其结构特性可以较容易地进行人为控制，例如可以根据吸附质的特性要求，设计特殊的专用树脂，但价格较高。

吸附树脂是在水处理中有发展前途的一种新型吸附剂，具有选择性好、稳定性高、应用范围广泛等特点，吸附能力接近活性炭，比活性炭更易再生。在应用上，其性能介于活性炭与离子交换树脂之间，适用于微溶于水、极易溶于有机溶剂、分子量略大且带有极性的有机物的吸附处理，例如脱色、脱酚和除油等。

2. 腐殖酸类吸附剂

腐殖酸是一组具有芳香结构、性质相似的酸性物质的复合混合物。腐殖酸的结构单元中含有大量的活性基团，包括酚基、羧基、醇基、甲氧基、羰基、醌基、胺基和磺酸基等。腐殖酸对阳离子的吸附性能，由上述活性基团决定。

作为吸附剂使用的腐殖酸类物质有两类。一类是直接或经简单处理后用做吸附剂的天然富含腐殖酸的物质，如泥煤、风化煤、褐煤等；另一类是将富含腐殖酸的物质用适当的黏合剂制备腐殖酸系树脂，造粒成型后应用。

腐殖酸类物质能吸附污水中的多种金属离子，尤其是重金属和放射性离子，吸附率达90%～99%。腐殖酸对阳离子的吸附净化过程包括离子交换、螯合、表面吸附、凝聚等作用，既有化学吸附，也有物理吸附。金属离子的存在形态不同，吸附净化的效果也不同。当金属离子浓度高时，离子交换占主导地位；当金属离子浓度低时，以螯合作用为主。

腐殖酸物质吸附饱和后，再生较为容易。但应用中存在吸附容量不高、机械强度低、pH值范围窄等问题，还需要进一步的研究处理。

第三节　吸附工艺和设备

一、吸附操作的方式

在水处理中，根据水的状态，可以将吸附操作分为静态吸附和动态吸附两种。

1. 静态吸附

静态吸附，又称静态间歇式吸附。是指在水不流动的条件下，进行的吸附操作，其操作的工艺过程是，把一定数量的吸附剂投加入待处理的水中，不断进行搅拌，经过一定时间达到吸附平衡时，以静置沉淀或过滤方法实现固液分离。若一次吸附的出水不符合要求时，可增加吸附剂用量，延长吸附时间或进行二次吸附，直到符合要求。

静态间歇式吸附常用于小水量处理或试验研究。

2. 动态吸附

动态吸附，又称动态连续式吸附。是在水流动条件下进行的吸附操作。其操作的工艺过程是，污水不断地流过装填有吸附剂的吸附床（柱、罐、塔），污水中的污染物和吸附剂接触并被吸附，在流出吸附床之前，污染物浓度降至处理要求值以下，直接获得净化出水。

实际中的吸附处理系统一般都采用动态连续式吸附工艺。

二、吸附设备

水处理常用的动态吸附设备有固定床、移动床和流化床。

1. 固定床

固定床是指在操作过程中吸附剂固定填放在吸附设备中，是水处理吸附工艺中最常用的一种方式。

固定床吸附工艺过程是，当污水连续流经吸附床（吸附塔或吸附池）时，待去除的污染物（吸附质）不断地被吸附剂吸附，吸附剂的数量足够多时，出水中的污染物浓度可降低到零。在实际运行过程中，随吸附过程的进行，吸附床上部饱和层厚度不断增加，下部新鲜吸附层则不断减少，出水中污染物浓度会逐渐增加，其浓度达到出水要求的限定值时，必须停止进水，转入吸附剂的再生程序。吸附和再生可在同一设备内交替进行，也可将失效的吸附剂卸出，送到再生设备进行再生。在这项工艺中，由于再生时尚有部分吸附剂未达到饱和，所以吸附剂的利用不充分。

根据水流方向不同，固定床又分为升流式和降流式两种形式。

降流式固定床如图 7-2 所示。降流式固定床的出水水质较好，但经过吸附层的水头损失较大，特别是处理含悬浮物较高的废水时，悬浮物易堵塞吸附层，所以要定期进行反冲洗。有时需要在吸附层上部设反冲洗设备。

在升流式固定床中，水头损失增大，可适当提高水流流速，使填充层稍有膨胀（上下层不能互相混合）就可以达到自清的目的。这种方式由于层内水头损失增加较慢，所以运行时间较长，但对废水入口处（底层）吸附层的冲洗不如降流式。由于流量变动或操作一时失误就会使吸附剂流失。

根据处理水量、原水的水质和处理要求不同，固定床又可分为单床式、多床串联式和多床并联式三种。如图 7-3。

废水处理采用的固定床吸附设备的大小和操作条件，根据实际设备的运行资料建议采用下列数据：

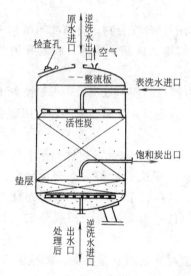

图 7-2 降流式固定床型吸附塔构造示意图

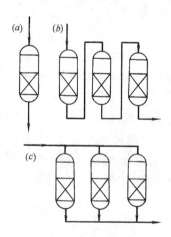

图 7-3 固定床吸附操作示意图
(a) 单床式；(b) 多床串联式；
(c) 多床并联式

塔径	1～3.5m	容积速度	2m³/h·m³ 以下（固定床）
吸附塔高度	3～10m		5m³/h·m³ 以下（移动床）
填充层与塔径比	1:1～4:1	线速度	2～10m/h（固定床）
吸附剂粒径	0.5～2mm（活性炭）		10～30m³/h（移动床）
接触时间	10～50min		

2. 移动床

移动床是指在操作过程中定期将接近饱和的吸附剂从吸附设备中排出，并同时加入等量的吸附剂，见图7-4。

移动床的工艺过程是，原水从吸附塔底部流入和吸附剂进行逆流接触，处理后的水从塔顶流出，再生后的吸附剂从塔顶加入，接近吸附饱和的吸附剂从塔底间歇地排出。这种方式较固定床能充分利用吸附剂的吸附容量，并且水头损失小。由于采用升流式，废水从塔底流入，从塔顶流出，被截留的悬浮物随饱和的吸附剂间歇地从塔底排出，故不需要反冲洗设备。但这种操作方式要求塔内吸附剂上下层不能互相混合。操作管理要求高。

移动床一次卸出的炭量一般为总填充量的5%～20%，卸炭和投炭的频率与处理的水量和水质有关，从数小时到一周。在卸料的同时投加等量的再生炭或新炭。移动床高度可达5～10m。移动床进水的悬浮物浓度不大于30mg/L。移动床设备简单，出水水质好，占地面积小，操作管理方便，较大规模的废水处理多采用这种形式。

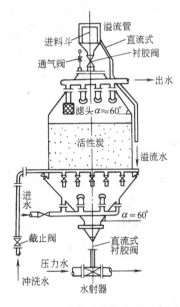

图 7-4 移动床吸附塔构造示意图

3. 流化床

流化床是指在操作过程中吸附剂悬浮于由下至上的水流中，处于膨胀状态或流化状态。被处理的废水与活性炭基本上也是逆流接触。流化床一般连续卸炭和投炭，空塔速度要求上下不混层，保持炭层成层状向下移动，所以运行操作要求严格。由于活性炭在水中处于膨胀状态，与水的接触面积大，因此用少量的炭就可以处理较多的废水，基建费用低、这种操作适于处理含悬浮物较多的废水，不需要进行反冲。

由于移动床、流化床操作较麻烦，在水处理中应用较少。

三、穿透曲线和吸附容量的利用

当设计资料缺乏时，可通过静态吸附等温线试验，确定吸附剂类型及估算处理每 m³ 废水所需要吸附剂数量。再通过动态吸附穿透曲线试验确定设计参数。

动态吸附试验的工作过程如图7-5所示，通过检测不同吸附时间出水中吸附质的浓度，以出水中的吸附质浓度 C 为纵坐标，接触时间 t 为横坐标，把检测结果绘制成穿透曲线。当沿吸附柱不同高度，定时检测处理水中吸附质浓度或吸附剂中的吸附量时，可以发现吸附层分为3个区域：失去吸附能力的饱和区；正在吸附的吸附区；未吸附区。吸附过程的实质也就是吸附区沿水流方向向下移动的过程，当吸附区移

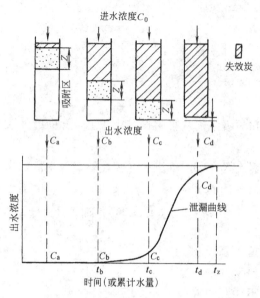

图 7-5 动态吸附试验的工作过程

动到柱低部时,出水吸附质浓度开始泄漏(C_b 点),至此停止,进行再生,若继续进行吸附,则出水吸附质浓度(C_d 点)很快上升至接近于进水浓度,吸附剂则完全饱和,失去其吸附能力。

如果以处理水的要求作为泄漏点(C_c 点),则吸附区厚度 Z 可以通过下式计算出:

$$Z=L\left(1-\frac{t_c}{t_d}\right)=v(t_d-t_c) \quad (7-2)$$

式中 Z——吸附区厚度,m;
t_c——从进水开始到吸附层泄漏的时间,h;
t_d——从进水开始到吸附层耗竭的时间,h;
v——滤速,即水流通过吸附层的速度,m/h。

吸附区厚度的影响因素有多种,如进水水质、滤速、吸附剂粒径、处理要求等。进水水质浓度越大,滤速和吸附剂粒径越大,处理要求越高,吸附区厚度就越大。吸附区内吸附剂的吸附能力只是部分被利用,其厚度是保证处理要求的最小厚度,厚度越大,吸附剂的利用率越低。在生产上需要通过试验确定合理的设计和运行参数。

第四节 活性炭的再生

吸附剂失效经再生可重复使用。吸附剂的再生,就是在吸附剂本身结构不发生或极少发生变化的情况下,用某种方法将被吸附的物质,从吸附剂的细孔中除去,以达到能够重复使用的目的。

活性炭的再生方法有加热法、蒸汽法、溶剂法、臭氧氧化法、生物法等。

一、加热再生法

加热再生法分低温和高温两种方法。

1. 低温法

适于吸附浓度较高的简单低分子量的碳氢化合物和芳香族有机物的活性炭的再生。由于沸点较低,一般加热到 200℃ 即可脱附。一般采用水蒸气再生,可直接在塔内进行再生。被吸附有机物脱附后可利用。

2. 高温法

适于水处理粒状炭的再生;高温加热再生过程一般分 5 步进行:

首先,进行脱水,使活性炭和输送液体进行分离;其次,进行干燥处理,加温到 100~150℃,将吸附在活性炭细孔中的水分蒸发出来,同时部分低沸点的有机构也能够挥发出来;第三步进行炭化,继续加热到 300~700℃,高沸点的有机物由于热分解,一部分成为低沸点的有机物进行挥发,另一部分被炭化,留在活性炭的细孔中;第四步进行活化处理,将炭化留在活性炭细孔中的残留炭,用活化气体(如水蒸气、二氧化碳及氧)进行气化,达到重新造孔的目的。活化温度一般为700~1000℃。最后一步,进行冷却处理,活化后的活性炭用水急剧冷却,防止氧化。

活性炭高温加热再生系统由再生炉、活性炭贮罐、活性炭输送及脱水装置等组成。如图7-6所示。

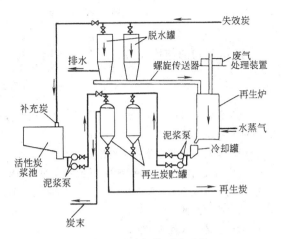

图7-6 干式加热再生系统

几乎所有有机物都可以采用高温加热再生法再生,再生炭质量均匀,性能恢复率高,一般在95%以上,再生时间短,粉状炭需几秒钟,粒状炭在30~60min,不产生有机再生废液。但再生设备造价高,再生损失率高,再生一次活性炭损失率达3%~10%,由于高温下进行工作,再生炉内衬材料的耗量大,且需要严格控制温度和气体条件。

二、药剂再生法

药剂再生法分无机药剂再生法和有机溶剂再生法两类。

1. 无机药剂再生法

采用碱(NaOH)或无机酸(H_2SO_4、HCl)等无机药剂,使吸附在活性炭上的污染物脱附。如吸附高浓度酚的饱和炭,可以采用NaOH再生,脱附下来的酚为酚钠盐。

2. 有机溶剂再生法

用苯、丙酮及甲醇等有机溶剂萃取,吸附在活性炭上的有机物。例如吸附含二硝基氯苯的染料废水饱和活性炭,用有机溶剂氯苯脱附后,再用热蒸汽吹扫氯苯。脱附率可达93%。

药剂再生设备和操作管理简单,可在吸附塔内进行。但药剂再生,一般随再生次数的增加,吸附性能明显降低,需要补充新炭,废弃一部分饱和炭。

三、氧化再生法

1. 湿式氧化法

吸附饱和的粉状炭可采用湿式氧化法进行再生。其工艺流程如图7-7所示。饱和炭用高压泵经换热器和水蒸气加热器送入氧化反应塔。在塔内被活性炭吸附的有机物与空气中的氧反应,进行氧化分解,使活性炭得到再生。再生后的炭经热交换器冷却后,再送入再生贮槽。

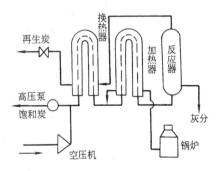

图7-7 湿式氧化法再生流程

2. 电解氧化法

将炭作阳极,进行水的电解,在活性炭表面产生的氧气把吸附质氧化分解。

3. 臭氧氧化法

利用强氧化剂臭氧,将被活性炭吸附的有机物加以氧化分解。

4. 生物氧化法

利用微生物的作用,将吸附在活性炭上的有机物氧化分解。

思考题与习题

1. 名词解释:吸附、吸附法、吸附剂、吸附质、分散相、吸附过程、解吸过程、吸附平衡、平衡浓度、吸附容量、吸附速度。
2. 吸附类型有哪些?分别描述各自的特征。
3. 水中多孔的吸附剂对吸附质的吸附过程哪几个阶段?
4. 影响吸附的因素主要有哪些?
5. 试述吸附剂的表面特性。
6. 活性炭的一般性质有哪些?
7. 简述活性炭水处理的特点。
8. 吸附操作分为哪几种形式,并分别加以阐述。
9. 水处理常用的动态吸附设备有哪些?
10. 什么是吸附剂的再生?活性炭的再生方法有哪几种?

第八章 氧化还原与水的消毒

在氧化反应中，失去电子的过程叫氧化，把失去电子的物质叫还原剂，得到电子的过程叫还原，把得到电子的物质叫做氧化剂。向水中投加某种物质，使溶解于水中的有毒有害物质因产生氧化还原反应而转化为无毒无害物质的方法，称为水的氧化还原处理法。在水的氧化还原处理中，若水中有毒有害物质失去电子，投加的物质得到电子，则又称氧化法，投加的物质称为氧化剂；相反，水中有毒有害物质得到电子，投加的物质失去电子，则又称还原法，投加的物质称为还原剂。这里所讲的主要是指药剂氧化和药剂还原反应，电解过程中所发生的反应也属于氧化还原反应，将在后续的章节中予以介绍。

第一节 氧化还原工艺

水处理中常用的氧化剂有：空气中的氧、纯氧、臭氧、氯气、漂白粉、次氯酸钠、三氯化铁等；常用的还原剂有：硫酸亚铁、亚硫酸盐、氯化亚铁、铁屑等。

一、氧化法

氧化法主要用于水中铁、锰、氰化物、硫化物、酚、醇、醛、油类等有毒有害物质的去除及脱色、脱臭、杀菌处理等。本节介绍氯氧化法和臭氧氧化法在废水处理中的应用。

（一）氯氧化法

氯氧化法常用的药剂有液氯、漂白粉、次氯酸钠等。这些药剂在水中都能产生氧化能力极强的 OCl^-，再将有毒有害物质氧化为无毒无害的物质。

例如：含氰废水处理，OCl^- 对氰化物的氧化反应为：

$$CN^- + OCl^- + H_2O \longrightarrow CNCl + 2OH^- \tag{8-1}$$

$$CNCl + 2OH^- \longrightarrow CNO^- + Cl^- + H_2O \tag{8-2}$$

$$CNO^- + 3OCl^- \longrightarrow CO_2\uparrow + N_2\uparrow + 3Cl^- + H_2O \tag{8-3}$$

$$2CNCl + 2OCl^- \longrightarrow CO_2\uparrow + N_2\uparrow + 3Cl^- \tag{8-4}$$

式（8-1）中反应不受 pH 值的限制，反应速度很快，其反应产物 CNCl 为剧毒物质，式（8-2）反应受 pH 值的限制，pH 值越高，反应速度越快，其反应产物 CNO^- 为微毒物质。经这两个反应对含氰废水处理，称为局部氧化处理法。为防止处理水中含有剧毒物质 CNCl，其处理工艺条件控制如下：

（1）废水的 pH 值宜大于 11。当 CN^- 浓度高于 100mg/L 时，最好控制在 pH 值为 12~13。在此情况下，反应可在 10~15min 内完成，实际采用 20~30min。

（2）废水中除含游离氰外还常常含有络合氰，氧化剂的理论用量：游离氰按（8-1）、（8-2）反应式计算，络合氰根据其不同的分子式按相应反应式计算。考虑到废水中同时还含有其他还原性物质的存在，实际氧化剂的用量，以 NOCl 计为含氰量的 5～8 倍。

(3) 温度对反应影响不大，如温度过低可适当提高水的 pH 值或延长反应时间；温度不要超过 50℃。

(4) 废水进行搅拌可加速反应。经过上述局部氧化处理后，废水仍有毒性，且 CNO^- 易水解生成氨，若在局部氧化处理后继续按式（8-3）、(8-4) 反应进行，即将 OCl^-、CNCl 进一步氧化成 CO_2、N_2 则称为完全氧化处理法。完全氧化处理法工艺条件：必须在局部氧化处理基础上，一般 pH 值为 7.5～8.5，氧化剂的用量为局部氧化法的 1.1～1.2 倍，药剂应分两次投加。图 8-1 为局部氧化处理含氰废水工艺流程，图 8-2 为完全氧化处理含氰废水工艺流程。

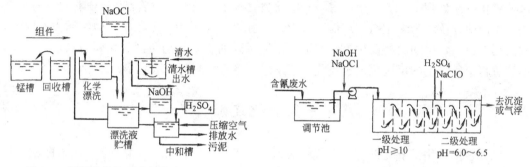

图 8-1　局部氧化处理含氰废水工艺流程　　　图 8-2　完全氧化处理含氰废水工艺流程

（二）臭氧氧化法

臭氧（O_3）是一种强氧化剂。其氧化能力仅次于氟，比氧、氯及高锰酸盐等常用的氧化剂都高。臭氧在空气中会自动分解为氧气，分解速度随温度升高而加快。浓度为 1% 的臭氧，在常温常压下，其半衰期为 16h，所以臭氧不易贮存，需边生产边使用。臭氧在纯水中的分解速度比在空气中快的多，水中臭氧 3mg/L 在常温常压下，半衰期为 5～30min。臭氧还有一定的毒性和腐蚀性，一般从事臭氧处理工作人员所在的环境中，臭氧的浓度允许值定为 0.1mg/L。臭氧氧化法在水处理中主要是使污染物氧化分解，用于降低 BOD、COD，脱色、除臭、除味、杀菌、杀藻、除铁、锰、氰、酚等。目前已成功的用于印染、含氰、含酚、炼油废水的处理。现举例如下：

1. 臭氧氧化法处理印染废水，主要用来脱色。一般认为，染料的颜色是由于染料分子中有不饱和原子团存在，能吸收一部分可见光的缘故。这些不饱和的原子团称为发色基团。重要的发色基团有：乙烯基、偶氮基、氧化偶氮基、羰基、硫羰基、硝基和亚硝基等。它们有不饱和键，臭氧能将不饱和键打开，最后生成有机酸和醛类等分子较小的物质，使之失去显色能力。采用臭氧氧化法脱色，能将含活性染料、阳离子染料、酸性染料、直接染料等水溶性染料的废水几乎完全脱色，对不溶于水的分散染料也能获得良好的脱色效果，但对硫化、还原等不溶于水的染料，脱色效果差。某印染厂废水处理工艺流程如图 8-3 所示。

该厂使用的染料主要是活性、分散、还原、可溶性还原和涂料。其中，活性染料占 40%，分散染料占 15%。废水主要来源于退浆、煮炼、染色、印花和整理工段。废水经生物处理后进行臭氧氧化法脱色处理。脱色处理水量为 600m³/d，臭氧发生器选三台，臭氧总产量 2kg/h，电压 15kV，变压器容量 50kVA。反应塔两座，填聚丙烯波纹板，填料

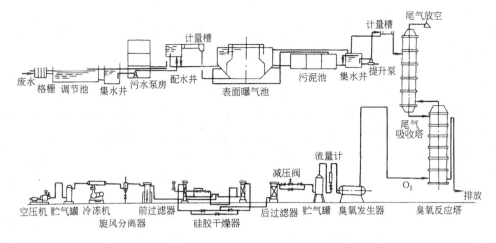

图 8-3 某印染厂废水处理工艺流程

层高 5m,底部进气,顶部进水,水力停留时间 20min,臭氧投加量 50g/m³ 水,塔径 ϕ1.5m,高 6.2m,采用硬聚氯乙烯板制成。尾气吸收塔两座,ϕ1.0m,高 6.8m,硬聚氯乙烯板制,内装聚丙烯波纹板填料,层高 4m,活性炭层高 1m。进水 pH=6.9,COD=201.5mg/L,色度 66.2(倍),悬浮物=157.9mg/L。经臭氧氧化处理后 COD、色度、悬浮物的去除率分别为 13.6%、80.9% 和 33.9%。印染废水的色度,特别是水溶性染料,用一般方法难于脱色,采用臭氧氧化法可以得到较高的脱色率,设备虽复杂,但废水处理后没有二次有害物质产生。

2. 含氰废水处理

在电镀铜、锌、镉过程中会排出含氰废水。氰与臭氧的反应为

$$2KCN + 3O_3 \longrightarrow 2KCNO + 2O_2 \uparrow$$

$$2KCNO + H_2O + 3O_3 \longrightarrow 2KHCO_3 + N_2 + 3O_2$$

按上述反应,处理到第一阶段,每去除 1mg CN⁻ 需臭氧 1.84mg,生成的 CNO⁻ 的毒性为 CN⁻ 的 1%。氧化到第二阶段的无害状态时,每去除 1mgCN 需臭氧 4.6mg。应用臭氧、活性炭同时处理含氰废水,活性炭能催化臭氧的氧化,可降低臭氧消耗量。向废水中投加微量的铜离子,也能促进氰的分解。臭氧处理含氰废水工艺流程如图 8-4 所示。在前处理装置内把废水中的六价铬还原成二价铬而除去,第一氧化塔用过的臭氧化空气继续送入第二氧化塔进行反应。

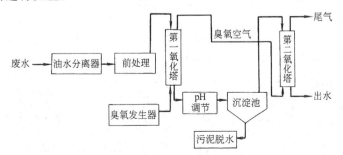

图 8-4 臭氧处理含氰废水工艺流程

臭氧用于含氰废水处理，不加入其他化学物质，所以处理后的水质好，操作简单，但由于臭氧发生器电耗较高，设备投资较大等原因，目前应用很少、但有人认为，从总体的综合经济效益上讲，臭氧氧化法优于碱性氯化法。

3. 含酚废水的处理

臭氧对酚的氧化作用与氯和二氧化氯相同，但臭氧的氧化能力为氯的两倍，而且不产生氯酚。例如苯酚被臭氧氧化首先生成邻位二酚，继续氧化生成邻苯醌，强烈氧化条件下，邻苯醌的苯环断裂，成为己二酸。己二酸的双键经臭氧氧化而断裂，分解成丁烯二酸和乙二酸，丁烯二酸进一步分解为乙二酸，并最终氧化成为二氧化碳。将酚完全氧化为二氧化碳是不经济的，通常只氧化到邻苯醌为止。将水中的酚和邻苯二酚氧化到邻苯酚时，氧化1mol酚理论需臭氧为2mol，即酚与臭氧的重量比为 94：96＝1：1。实际上，处理含酚废水所需的臭氧量随工厂种类不同而有很大差别，一般为 1：1.5～2.0。在化工和石油炼制工厂，一般为 1：1～1.4。臭氧处理含酚废水 pH 值为 12 最适宜，pH 值越高，臭氧消耗量越少。

4. 臭氧对水中有机微污染物的氧化

臭氧能有效地去除原水中的臭味物质 2-甲基异莰醇（2-MIB），还可以起到一定微絮凝作用，起到了提高了混凝的效果的作用，臭氧氧化能力强，与水中的大多数有机污染物质和微生物迅速地反应，并完全氧化分解，不产生任何副产物。但有研究表明，臭氧可与天然有机物（NOM）产生包括醛类、醛（酮）类和小分子有机酸类在内的氧化副产物，如果水中含溴离子，还可以产生包括 BrO_3^-、溴仿、溴代乙酸类、三溴硝基甲烷和溴代乙腈类等在内的溴化副产物。大量的研究和工程实践证明，单独的臭氧化对原水中的有机微污染物质的去除率比较低，只有与其他方法联合作用如活性炭吸附等才能广泛地用于工程实践，有效地去除水中的有机污染物。臭氧-生物活性炭（O_3/Biological Activated Cabon, O_3/BAC）工艺采取先氧化后活性炭吸附，可以增加有机物的可吸附性和可生物降解性，作为饮用水深度净化的核心工艺，是水源污染严重的城市饮用水处理设施的中心。以臭氧化和生物活性炭工艺为主的深度净化技术已经广泛地推广应用于欧洲国家如法、德、意、荷等上千座水厂中；O_3/BAC 工艺在我国也正在逐步推广应用，该工艺不仅仅是将臭氧氧化、活性炭吸附、微生物降解合为一体，而且适量的臭氧氧化所产生的中间产物有利于活性炭的吸附去除，实践证明，臭氧氧化和生物活性炭联用工艺可以使水中的 TOC、高锰酸盐指数、A_{254}、THMFP、NH_4^+-N、NO_2^--N 等都有显著的降低，出水水质良好。

臭氧氧化法的优缺点

(1) 优点

1) 氧化能力强，对除臭、脱色、杀菌、去除无机物和有机物都有显著的效果；

2) 处理后废水中的臭氧易分解，不产生二次污染；

3) 制备臭氧用的空气和电不必贮存和运输；

4) 处理过程中，一般不产生污泥。

(2) 缺点

1) 造价高；

2) 处理成本高。

二、还原法

还原法目前主要用于冶炼工业产生的含铜、铅、锌、铬、汞等重金属离子废水的处理。用的方法有铁屑过滤法、亚硫酸盐还原法、硫酸亚铁还原法、水合肼还原法等。

铁屑过滤法是让废水流经装有铁屑的滤柱，废水中的铜、铬、汞等离子相应的与铁发生如下反应：

$$Cu^{2+} + Fe = Cu + Fe^{2+}$$

$$Hg^{2+} + Fe = Hg + Fe^{2+}$$

$$Cr_2O_7^{2-} + 14H^+ + 2Fe = 2Cr^{3+} + 7H_2O + 2Fe^{3+}$$

其反应产物 Fe^{2+} 可通过空气中的氧，氧化成 Fe^{3+}，然后通过沉淀法去除；Cr^{3+} 也能通过沉淀法去除。

亚硫酸盐还原法和硫酸亚铁还原法则是向水中投加亚硫酸盐和硫酸亚铁还原剂，在反应设备中进行还原反应，其反应产物与铁屑过滤法一样，通过沉淀法去除。水合肼 $N_2H_4 \cdot H_2O$ 在中性或微碱性条件下，能迅速地还原六价铬并生成氢氧化铬沉淀，反应为：

$$4CrO_3 + 3N_2H_4 \longrightarrow 4Cr(OH)_3 \downarrow + 3N_2 \uparrow$$

这种方法可处理镀铬生产线第二回收槽带出的含铬废水，也可处理铬酸盐钝化工艺中产生的含铬漂洗水。

三、其他氧化还原法

1. 空气氧化法

空气氧化法是以空气中的氧做氧化剂来氧化分解废水中有毒有害物质的一种方法。目前在石油化工行业的废水处理中，常采用空气氧化法处理低含硫（硫化物<800～1000mg/L）废水。本节介绍空气氧化法在含硫废水处理中的应用。

(1) 氧化反应过程

石油炼厂含硫废水中的硫化物，一般以钠盐（NaHS 或 Na_2S）或铵盐（NH_4HS 或 $(NH_4)_2S$）的形式存在。废水中的硫化物与空气中的氧发生的氧化反应如下：

$$2HS^- + 2O_2 \longrightarrow S_2O_3^{2-} + H_2O$$

$$2S^{2-} + 2O_2 + H_2O \longrightarrow S_2O_3^{2-} + 2OH^-$$

$$S_2O_3^{2-} + 2O_2 + 2OH^- \longrightarrow 2SO_4^{2-} + H_2O$$

从上述反应可知，在处理过程中，废水中有毒的硫化物和硫氢化物被氧化为无毒的硫代硫酸盐和硫酸盐。上述第三个反应进行的比较缓慢。当反应温度为80～90℃，接触时间为1.5h时，废水中的 HS^- 和 S^{2-} 约有90%被氧化为 $S_2O_3^{2-}$，其中约有10%的 $S_2O_3^{2-}$ 能进一步被氧化为 SO_4^{2-}。如果向废水中投加少量的氯化铜或氯化钴作催化剂，则几乎全部的 $S_2O_3^{2-}$ 被氧化为 SO_4^{2-}。氧化1kg负二价硫理论上需3kg氧，约需 $4m^3$ 空气，实际上空气用量为理论值的2～3倍。

(2) 工艺流程

空气氧化法处理含硫废水工艺流程如图8-5所示。含硫废水与脱硫塔出水换热后，用蒸汽直接加热至80～90℃进入脱硫塔，从塔底通入空气，使废水中的硫化物与空气中的氧接触，进行氧化还原反应，从塔顶排出的水与塔进水换热后，进入气液分离器，废气排入大气，废水排入含油废水管网。

(3) 操作条件及处理效果

蒸汽压力　　　0.35~0.4MPa
空气压力　　　0.3~0.4MPa
塔温　　　　　80~90℃
反应时间　　　2h
空气流量与废水流量之比　　8~15
蒸汽单耗　有换热流程　80kg/t 废水
　　　　　无换热流程　350kg/t 废水
硫化物去除率　　70%~90%

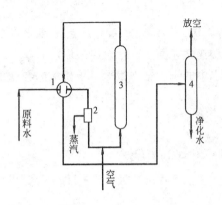

图 8-5　空气氧化法处理含硫废水工艺流程
1—换热器；2—混合器；3—脱硫塔；4—气液分离罐

2. 光氧化法

(1) 光氧化法原理

光氧化法是利用光和氧化剂产生很强的氧化作用来氧化分解废水中有机物或无机物的方法。氧化剂有臭氧、氯、次氯酸盐、过氧化氢及空气加催化剂等，其中常用的为氧气。在一般情况下，光源多为紫外光，但它对不同的污染物有一定的差异，有时某些特定波长的光对某些物质比较有效；光对污染物的氧化分解起催化剂的作用。下边介绍以氯为氧化剂的光氧化法处理有机废水。

氯和水作用生成的次氯酸吸收紫外光后，被分解产生初生态氧[O]，这种初生态氧很不稳定且具有很强的氧化能力。初生态氧在光的照射下，能把含碳有机物氧化成二氧化碳和水；简化后反应过程如下：

$$Cl_2 + H_2O \Longleftrightarrow HOCl + HCl$$

$$HOCl \xrightarrow{光} HCl + [O]$$

$$[H \cdot C] + [O] \xrightarrow{光} H_2O + CO_2$$

式中 [H·C] 代表含碳有机物。

(2) 处理工艺流程

光氧化法工艺处理流程如图 8-6 所示。废水经过滤器去除悬浮物后进入光氧化池。废水在反应池内的停留时间与水质有关，一般为 0.5~2.0h。光氧化的氧化能力比只用氯氧化高 10 倍以上，处理过程一般不产生沉淀物，不仅可处理有机废水，也可处理能被氧化的无机物。此法作为废水深度处理时，COD、BOD 可接近于零。光氧化法除对分散染料

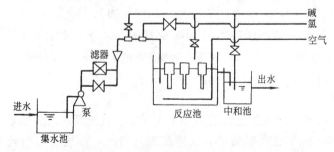

图 8-6　光氧化法工艺处理流程

的一小部分外，其脱色率可达90%以上。

3. 高级氧化工艺

高级氧化工艺（Advanced Oxidation Processes，AOPs）泛指反应过程中有大量羟自由基（·OH）参与的化学氧化过程，AOPs工艺可以分为两大类，第一类为O_3/H_2O_2、Fe^{2+}/H_2O_2、UV/O_3、UV/H_2O_2和$UV/O_3/H_2O_2$等氧化剂直接参加反应的均相反应过程，其中有紫外光参加的氧化反应通常称为光激发氧化；第二类为有固体催化剂（n型半导体材料如TiO_2、ZnO和CdS等）存在，紫外光或可见光与O_2或H_2O_2作用下的非均相氧化反应过程，称为光催化氧化。这里我们以Fenton试剂氧化降解有机物为例来阐述高级氧化的机理。

$$Fe^{2+} + H_2O_2 \longrightarrow Fe^{3+} + OH^- + HO\cdot$$

$$RH + HO\cdot \longrightarrow RH + R\cdot$$

$$R\cdot \longrightarrow CO_2 + H_2O$$

Fenton试剂氧化降解有机物，例如染料废水，受pH值影响较大，一般控制在3~4左右，温度常温，时间1h反应即可结束，反应完成后以碱液调整pH值，生成$Fe(OH)_3$的微细沉淀，具有一定的絮凝效果，色度和COD去除率可达95%以上。

第二节　氯化与消毒

天然水由于受到生活污水和工业废水的污染而含有各种微生物，其中包括能致病的细菌性病原微生物和病毒性病原微生物，它们大多粘附在悬浮颗粒上，水经混凝沉淀过滤处理后，可以去除绝大多数病原微生物，但还难以达到生活饮用水的细菌学指标。消毒的目的就是杀死各种病原微生物，防止水致疾病的传播，保障人们身体健康。消毒是生活饮用水处理中必不可少的一个步骤，它对饮用水细菌学起保证作用。我国饮用水标准规定：细菌总数不超过100个/mL，大肠菌群不超过3个/L。

给水处理中易常用的是氯消毒法。氯消毒具有经济、有效、使用方便等优点，应用历史最久。但自从70年代发现受污染水源经氯化消毒会产生三氯甲烷等小分子的卤代烃类和卤代酸类致癌物以后，对氯消毒的副作用便引起了广泛重视，可对其危害程度也存在争议。目前，氯消毒仍是最广泛使用的一种消毒方法。而其他消毒方法也日益受到重视。消毒不仅应用于饮用水，在污（废）水处理过程中同样也需要消毒。城市污（废）水经一级或二级处理后，水质大大改善，细菌含量也大幅度减少，但细菌的绝对值仍很可观，并存在有病原菌的可能。因此，在排放水体前或中水回用、农田灌溉时，应进行消毒处理。污水消毒应连续进行，特别是在城市水源地的上游、旅游区、夏季流行病流行季节，应严格连续消毒。非上述地区或季节，在经过卫生防疫部门的同意后，也可考虑采用间歇消毒或酌减消毒剂的投加量。污（废）水的消毒方法及原理同饮用水。

一、氯消毒原理

氯在水中的消毒作用根据水质不同可分为两种情况

（一）原水中不含氨氮

易溶于水的氯溶解在水中，几乎瞬时发生下列反应：

$$Cl_2 + H_2O \longrightarrow HOCl + HCl \tag{8-5}$$

$$HOCl \longrightarrow H^+ + OCl^- \tag{8-6}$$

HOCl（次氯酸）和 OCl^-（次氯酸根）都具有氧化能力，统称为有效氯，亦称为自由氯。近代消毒作用观点认为：次氯酸 HOCl 由于是很小的中性分子，可以扩散到带负电的细菌表面。并渗入到细菌内部，氧化破坏细菌体内的酶，而使细菌死亡。而次氯酸根 OCl^- 虽具有氧化作用，但因其带负电，难于靠近带负电的细菌，故较难起到消毒作用。

HOCl 和 OCl^- 的相对比例取决于温度和 pH 值。从图 8-7 可以看出：在相同水温下，水的 pH 值越低，所含 HOCl 越多，当 pH<6 时，HOCl 接近 100%；当 pH>9 时，OCl^- 接近 100%；当 pH=7.54 时，HOCl 和 OCl^- 大致相等。生产实践表明，pH 值越低，相同条件下，消毒效果越好，也证明 HOCl 是消毒的主要因素。

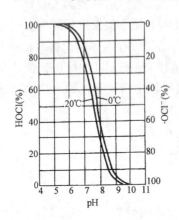

图 8-7 不同 pH 和水温时，水中 HOCl 和 OCl^- 的比例

（二）原水中含有氨氮

原水中，由于受到有机污染而含有一定的氨氮。氯加入含有氨氮成分的水中，产生如下反应：

$$H_2ClNH_3 + HOCl \longrightarrow N + H_2O \tag{8-7}$$

$$NH_2Cl + HOCl \longrightarrow NHCl_2 + H_2O \tag{8-8}$$

$$NHCl_2 + HOCl \longrightarrow NCl_3 + H_2O \tag{8-9}$$

NH_2Cl、$NHCl_2$ 和 NCl_3 分别叫做一氯胺、二氯胺和三氯胺，它们统称为化合性氯或结合氯。它们在平衡状态下的含量比例决定于氯、氨的相对浓度、pH 值和温度。一般当 pH 值大于 9 时，一氯胺占优势；当 pH 值为 7.0 时，一氯胺和二氯胺同时存在，近似等量；当 pH 值小于 6.5 时，主要是二氯胺；当 pH 值小于 4.5 时，三氯胺才存在，自来水中一般不可能形成。

从消毒效果而言，水中有氯胺时，起消毒作用的仍然是 HClO，这些 HOCl 由氯胺与水反应生成（见式（8-7）～（8-9）），因此氯胺消毒比较缓慢。根据实验表明，用氯消毒 5min 内可杀灭细菌达 99% 以上；在相同条件下，氯胺消毒 5min 内仅达 60%；要达到 99% 以上的灭菌效果，需要将水与氯胺的接触时间延长到十几个小时。比较三种氯胺消毒效果，$NHCl_2$ 要胜过 NH_2Cl，但前者具有臭味。NCl_3 消毒效果最差，且具有恶臭味，因其在水中溶解度很低，不稳定且易气化，所以三氯胺的恶臭味并不引起严重问题。一般情况下，水的 pH 值较低时，NHCl 所占比例大，消毒效果较好。

二、投氯量与余氯量

水中的投氯量，可以分为两部分：需氯量和余氯量。需氯量指用于杀死细菌、氧化有机物和还原性物质所消耗的部分。余氯是为了抑制水中残存细菌的再度繁殖而在消毒处理后水中维持的剩余氯量。我国饮用水卫生标准（GB 5749—85）规定，投氯接触 30min 后，游离性余氯不应低于 0.3mg/L，集中式给水出厂水除应符合上述要求外，管网末梢水不应低于 0.05mg/L。后者余氯量仍具有杀菌能力，但对再次污染的消毒尚嫌不够，而可作为预示再次受到污染的信号，这对于管网较长而死水端及设备陈旧，且间隙运行的水厂尤为重要。余氯量及余氯种类与投氯量、水中杂质种类及含量等有密切关系。

1. 水中无细菌、有机物和还原性物质等，则需氯量为零，投氯量等于余氯量。如图 8-8 所示的虚线①，该虚线与坐标轴成 45°。

2. 事实上，天然水特别是地表水源多少已受到有机物和细菌污染，虽然经澄清过滤处理，但仍然有少量细菌和有机物残留水中，氧化有机物和杀死细菌要消耗一定的氯量，即需氯量。投氯量必须超过需氯量，才能保证一定的剩余氯。如果水中有机物较少，而且主要不是游离氨和含氮化合物时，需氯量 OM 满足以后就会出现余氯，如图 8-8 中的实线②所示。此曲线与横坐标交角小于 45°，其原因有：一是水中有机物与氯作用的速度有快慢，在测定余氯时，有一部分有机物尚在继续与氯作用中；二是水中有一部分氯在水中某些杂质或光线的作用下会自行分解。

3. 当水中的有机物主要是氨和氮化合物时，情况比较复杂。投氯量与余氯量之间的关系曲线如图 8-9 所示。当起始的需氯量 OA 满足以后，投氯量增加，剩余氯也增加（曲线 AH 段），但余氯增加得慢一些。超过 H 点投氯量后，虽然投氯量增加，余氯量反而下降（HB 段），H 点称为峰点。此后随着投氯量的增加，剩余氯又上升（BC 段），B 点称为折点。

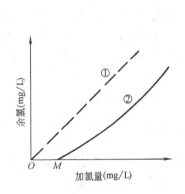

图 8-8　加氯量和与余氯量的关系

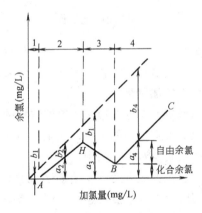

图 8-9　折点加氯

图 8-9 中，曲线 $AHBC$ 与斜虚线间的纵坐标值 b 表示需氯量；曲线 $AHBC$ 的纵坐标 a 表示余氯量。曲线可分为 4 区：在 1 区即 OA 段，余氯量为零，需氯量 b_1，1 区消毒效果不可靠；在 2 区 AH 段，投氯后，氯与氨反应，有化合性余氯产生（主要为一氯胺），具有一定消毒效果；在 3 区 HB 段，仍然产生化合性余氯，随着投氯量增加，产生下列不具有消毒作用的化合物；余氯反而减少，直至折点 B 为止，折点余氯量最少。

$$2NH_2Cl + HOCl \longrightarrow N_2\uparrow + 3HCl + H_2O \tag{8-10}$$

在 4 区 BC 段，水中已没有消耗氯的物质，故随着投氯量增加，水中余氯也随着增加，而且是自由性余氯，此区消毒效果最好。

生产实践表明，当原水中游离氨在 0.3mg/L 以下时，通常投氯量控制在折点后，称为折点加氯；原水游离氨在 0.5mg/L 以上时，峰点以前的化合性余氯量已够消毒，控制在峰点前以节约加氯量；原水游离氨在0.3～0.5mg/L的范围内，投氯量难以掌握。缺乏资料时，一般的地面水经混凝、沉淀和过滤后或清洁的地下水，投氯量可采用1.0～1.5mg/L；一般的地面水经混凝沉淀未经过滤时可采用1.0～1.5mg/L。对于污（废）水，投氯量可参考下列数值：一级处理排放时，投氯量为20～30mg/L；不完全二级处理水排放时，投氯量为10～15mg/L；二级处理水排放时，投氯量为5～10mg/L。

三、投氯点

一般采用滤后投氯，即把氯投在滤池出水口或清水池进口处，或滤池至清水池的连接管（渠）上，称为滤后投氯消毒。滤后消毒为饮用水处理的最后一步。这种方法一般适用于原水水质较好，经过滤处理后水中有机物和细菌已被大部分除去，投加少量氯即能满足余氯要求。如果以地下水作水源，无混凝沉淀过滤等净化设施，则需在泵前或泵后投加。图8-10为自来水消毒的一般工艺流程。

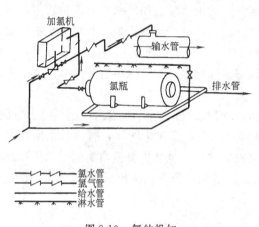

图8-10　氯的投加

当处理含腐殖质的高色度原水时，在投加混凝剂的同时投氯，以氧化水中有机物。可提高混凝效果。这种氯化法称为滤前氯化或预氯化。预氯化也可用于硫酸亚铁作为混凝剂时（将亚铁氯化为三价铁，促进硫酸亚铁的混凝效果）。预氯化还能防止水厂内各类构筑物中滋长青苔和延长氯胺消毒的接触时间，使投氯量维持在图8-9中的AH段，以节省加氯量。

当城市管网延伸很长，管网末梢的余氯难以保证时，需要在管网中途补充投氯。这样既能保证管网末梢的余氯，又不致使水厂附近的余氯过高。管网中途投氯的位置一般都设在加压泵站及水库泵站中。

一般在投氯点后可安装静态混合器，使氯与水均匀混合，提高杀菌效果，并节省氯量。同时应加强余氯的连续监测；有条件时，投氯地点宜设置余氯连续测定仪。

四、投氯设备、加氯间和氯库

人工操作的加氯设备主要包括加氯机（手动）、氯瓶和校核氯瓶重量（也即校核氯重）的磅秤等。近年来，自来水厂的加氯自动化发展很快，特别是新建的大、中型水厂，大多采用自动检测相自动加氯技术，因此，加氯设备除了加氯机（自动）和氯瓶外，还相应设置了自动检测（如余氯自动连续检测）和自动控制装置。加氯机是安全、准确地将来自氯瓶的氯输送到加氯点的设备。手动加氯机往往存在加氯量调节滞后、余氯不稳定等缺点，影响制水质量。自动加氯机配以相应的自动检测和自动控制设备，能随着流量、氯压等变化自动调节加氯量，保证了制水质量。加氯机形式很多，可根据加氯量大小、操作要求等选用。氯瓶是一种储氯的钢制压力容器。干燥氯气或液态氯对钢瓶无腐蚀作用，但遇水或受潮则会严重腐蚀金属，故必须严格防止水或潮湿空气进入氯瓶。氯瓶内保持一定的余压也是为了防止潮气进入氯瓶。

加氯间是安置加氯设备的操作间。氯库是储备氯瓶的仓库。加氯间和氯库可以合建，也可分建。由于氯气是有毒气体。故加氯间和氯库位置除了靠近加氯点外,还应位于主导风向下方,且需与经常有人值班的工作间隔开。加氯间和氯库在建筑上的通风、照明、防火、保温等应特别注意,还应设置一系列安全报警、事故处理设施等。有关加氯间和氯库设计要求请参阅设计规范和有关手册。

第三节 其他消毒法

一、二氧化氯消毒

二氧化氯(ClO_2)用于受污染水源消毒时,可减少氯化有机物的产生,故二氧化氯作为消毒剂日益受到重视。

二氧化氯气体与氯有相似的刺激性气味,易溶于水。它的溶解度是氯气的 5 倍。ClO_2 水溶液的颜色随浓度增加由黄绿色转成橙色。ClO_2 在水中是纯粹的溶解状态,不与水发生化学反应,故它的消毒作用受水的 pH 值影响极小,这是与氯消毒的区别之一。在较高 pH 值下,ClO_2 消毒能力比氯强。ClO_2 易挥发,稍一曝气即可从溶液中逸出。气态和液态 ClO_2 均易爆炸,温度升高、曝光、与有机物接触时也会发生爆炸,所以 ClO_2 通常在现场制备。

ClO_2 的制取方法主要是:

$$2NaClO_2 + Cl_2 \longrightarrow 2ClO_2 + 2NaCl \tag{8-11}$$

由于亚氯酸钠较贵,且 ClO_2 生产出来即必须使用,不能贮存,所以,只有水源污染严重(尤其是氨或酚的含量达几个 mg/L),而一般氯消毒有困难时,才采用 ClO_2 消毒。

ClO_2 对细胞壁的穿透能力和吸附能力都较强,从而有效地破坏细菌内含硫基的酶,它可控制微生物蛋白质的合成,因此,ClO_2 对细菌、病毒等有很强的灭活能力;ClO_2 消毒如制备过程中不产生自由氯,则对有机物污染的水也不会产生 THMs。ClO_2 仍可保持其全部杀菌能力。此外,ClO_2 还有很强的除酚能力,且消毒时不产生氯酚臭味。

ClO_2 消毒虽具有一系列优点,但生产成本高,且生产出来后即必须使用,不能贮存,故目前我国很少应用在生产上。但由于 ClO_2 在处理受污染水时具有独特优点,目前已受到专家们的重视。

二、漂白粉和漂白粉消毒

漂白粉由氯气和石灰加工而成,其组成复杂,可简单表示为 $CaOCl_2$,有效氯约为 30%。漂白粉分子式为 $Ca(OCl)_2$,有效氯约为 60%。二者均为白色粉末,有氯的气味,易受光、热和潮气作用而分解使有效氯降低,故必须放在阴凉干燥和通风良好的地方。漂白粉加入水中反应如下:

$$2CaOCl_2 + 2H_2O \longrightarrow 2HOCl + Ca(OH)_2 + CaCl_2$$

反应后生成 HOCl,因此,消毒原理与氯气相同。

漂白粉需配制成溶液加注,溶解时先调成糊状物,然后再加水配成 1.0%~2.0%(以有效氯计)浓度的溶液。当投加在滤后水中时,溶液必须经过 4~24h 澄清,以免杂质带进清水中;若加入浑水中,则配制后可立即使用。

三、次氯酸钠消毒

电解食盐水可得到次氯酸钠（NaOCl）：

$$NaCl + H_2O \longrightarrow NaOCl \tag{8-12}$$

$$NaOCl + H_2O \longrightarrow HOCl + N \tag{8-13}$$

次氯酸钠的消毒作用依然靠 HOCl，但其消毒作用不及氯强。

因次氯酸钠易分解，故通常采用次氯酸钠发生器现场制取，就地投加，不宜贮运船边用于小型水厂。

四、氯胺消毒

采用氯胺消毒，由于作用时间长，杀菌能力比自由氯弱，目前我国应用较少，但氯胺消毒具有以下优点：当水中含有有机物和酚时，氯胺消毒不会产生氯臭和氯酚臭，同时大大减少 THMs 产生的可能；能保持水中余氯较久，适用于供水管网较长的情况。

人工投加的氨可以是液氨、硫酸氨或氯化铵。液氨投加方法与液氯相似。化学反应式见式（8-7）~（8-9）。硫酸铵和氯化铵应先配成溶液，然后投加到水中。氯和氨的投加量视水质不同而采用不同比例，一般采用氯：氨＝3：1~6：1。当以防止氯臭为主要目的时，氯和氨之比小些；当以杀菌和维持余氯为主要目的时，氯和氨之比应大些；采用氯胺消毒时，一般先投氨，待其与水充分混合后再投氯，这样可减少氯臭，特别当水中含酚时，这种投加顺序可避免产生氯酚恶臭。但主要为了维持余氯持久时（当管网较长时），则对采用进厂水投氯消毒，出厂水投氨减臭并稳定余氯。

五、臭氧消毒

臭氧分子由三个氧原子组成，在常温常压下为无色气体，它是淡蓝色的具有强烈刺激性的气体；臭氧极不稳定，分解时放出新生态氧：

$$O_3 = O_3 + [O] \tag{8-14}$$

新生态氧 [O] 具有强氧化能力，对具有顽强抵抗力的微生物如病毒、芽子孢等有强大的杀伤力；臭氧杀菌能力强，其原因除 [O] 氧化能力强以外，还可能由于渗入细胞壁能力强，亦可能由于臭氧破坏细菌有机体链状结构而导致细菌死亡。臭氧能氧化有机物，去除水中的色、臭、味，还可去除水中溶解性的铁、锰盐类及酚等。

臭氧是空气中的氧通过高压放电产生的。制造臭氧的空气必须先行净化和干燥，以提高臭氧发生器效率并减少腐蚀。臭氧发生系统的前部为空气净化和干燥装置，以后为臭氧发生器。其系统布置如下：空压机将空气送至冷却器，然后再经过滤加以净化，再经过 1~2 级硅胶或分子筛干燥器，将空气干燥至露点（-50℃）以下，最后经臭氧发生器，通过 15000~17500V 高压电，在空气中放电后产生臭氧。如图 8-11 臭氧消毒流程。

臭氧消毒欧洲国家用的较多，目前我国用的较少。臭氧在水中不稳定，容易消失，不能在管网中继续保持杀菌能力，故在臭氧消毒后，往往需要投加少量氯，以维持水中一定的余氯量。

近年来，通过大量研究表明：含有机物污染的水经臭氧处理后，有可能将致突变物或 THMs 的前驱物如腐殖酸等大分子有机物分解成分子较小的有可能致突变物；水中含有氨氮时，在臭氧投量有限的情况下，臭氧不可能去除氨氮，有可能把有机氨氮氧化为氨氮，致使水中氨氮含量增高。因此，在使用臭氧时，应注意解决可能产生的问题。

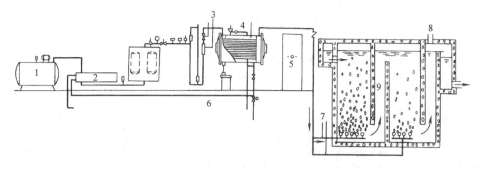

图 8-11 臭氧消毒流程

1—压缩机组；2—换热器；3—空气流量计；4—臭氧发生器；5—电气柜；6—变压器；
7—臭氧化空气进口；8—尾气管；9—接触池

六、紫外线消毒

一般认为：紫外线杀菌机理是细菌受紫外光照射后，紫外光谱能量为细菌核酸所吸收，使核酸结构破坏。根据试验，波长在 200～295nm 的紫外线具有杀菌能力，而波长为 260nm 左右的杀菌能力最强。同时，紫外线能破坏有机物。

紫外线光源由紫外灯管提供。不同型号、规格的紫外灯管所提供的紫外光主波长不同，应根据需要选用。消毒设备主要有两种形式：浸入式和水平式。浸入式将灯管置于水中，其特点是辐射能利用率高，杀菌效果好，但构造复杂。水平式构造简单，但杀菌效果不如前者。紫外线消毒的主要优点是：不存在 THMs 之虑；处理后的水无味无色。主要缺点是：消毒效力受水中悬浮物含量影响；消毒后不能保持持续杀菌能力，同时，消毒费用高。紫外线消毒只用于少量水消毒处理。常用的的消毒剂性能及选择可参见表 8-1。

常用消毒剂性能　　　　　表 8-1

性　　能	氯、漂白粉	氯　胺	二氧化氯	臭　氧	紫外线辐射
消毒灭细菌	优良（HOCl）	适中，较氯差	优良	优良	良好
灭病毒	优良（HOCl）	差（接触时间长时效果好）	优良	优良	良好
灭活微生物效果	第三位	第四位	第二位	第一位	
pH 值的影响	消毒效果随 pH 增大而下降，在 pH=7 左右时加氯较好	受 pH 值的影响小，pH≤7 时主要为二氯胺，pH≥7 时为一氯胺	pH 值的影响比较小，pH 值>7 时，效果稍好	pH 值的影响小，pH 值小时，剩余 O_3 残留较久	对 pH 值变化不敏感
在配水管网中的剩余消毒作用	有	可保持较长时间的余氯量	比氯有更长的剩余消毒时间	无补加氯	无补加氯
副产物生成 THMs	可生成	不大可能	不大可能	不大可能	不大可能
其他中间产物	产生氯化和氧化中间产物，如氯胺、氯酚、氯化有机物等，某些会产生臭味	产生的中间产物不详，不会产生氯臭味	产生的中间产物为氯化芳香族化合物，氯酸盐、亚氯酸盐等	中间产物为醛，芳族羧酸，酞酸盐等	产生何种中间产物不详

续表

性能	氯、漂白粉	氯胺	二氧化氯	臭氧	紫外线辐射
国内应用情况	应用广泛	应用较少	尚未在城市水厂中应用	应用较少	应用不多,且只限于小水量处理
一般投加量(mg/L)	2~20	0.5~3.0	0.1~1.5	1~3	
接触时间	30min	2h		数秒至10min	
适用条件	绝大多数水厂用氯消毒,漂白粉只用于小水厂	原水中有机物较多和供水管线较长时,用氯胺消毒较宜	适用于有机物如酚污染严重时,需现场制备	制水成本高,适用于有机物污染严重时。因无持续消毒作用,在进入管网的水中还应加少量氯消毒	管网中没有持续消毒作用。适用于工矿企业等集中用户用水处理

思考题与习题

1. 目前水的消毒方法主要有哪几种?简要评述各种消毒方法的优缺点。
2. 简述氯消毒和氯胺消毒的原理。两者消毒效果有何不同?
3. 水的 pH 值对氯消毒作用有何影响?为什么?
4. 什么叫自由性氯?什么叫化合性氯?两者消毒效果有何区别?简述两者消毒原理。
5. 废水消毒的加氯量应如何考虑?
6. 某原水 20℃的需氯量试验结果如下:

加氯量(mg/L)	余氯量(mg/L),接触时间 15min	加氯量(mg/L)	余氯量(mg/L),接触时间 15min
0.20	0.19	1.00	0.20
0.40	0.37	1.20	0.40
0.60	0.51	1.40	0.60
0.80	0.50	1.60	0.80

(1) 绘制需氯量曲线。

(2) 什么叫折点加氯?出现折点的原因是什么?折点加氯有何利弊?指出达到折点时的加氯量。

(3) 指出在加氯量为 1.2hmg/L 时的需氯量及余氯量。余氯的作用是什么?在此点余氯以什么形态存在?

7. 水的氧化、还原处理法有哪些?各有何特点?适用于何种场合?

第九章 水的循环冷却

工业生产过程中，往往会产生大量热量，通常使用水来冷却设备或产品。冷却用水水量很大，如一座年产 3500t 聚丙烯的化工设备，冷却用水量就达 300t/h 左右。为了重复利用吸热后的水以节约水资源，同时从经济及环境保护方面考虑，冷却水都应实现循环利用。

循环利用的冷却水称为循环水。循环水在长期使用过程中，由于盐类浓缩或散失、尘土积累、微生物滋长等原因，造成设备内垢物沉积或者对金属设备产生腐蚀作用。因此，为了保证循环冷却水系统的可靠运行，必须解决两个问题：第一，要使已经升高了的水温降低（即循环水的冷却），以保持较好的冷却效果；第二，进行水质处理以控制结垢、污垢、腐蚀和淤塞（即循环水的处理）。本章主要阐述上述两个内容。

第一节 水的冷却原理

一、水冷却的基础知识

湿空气的性质

循环水的冷却一般用空气作介质。含水蒸气的空气称湿空气，它是干空气与水蒸气组成的混合气体。自然界中空气都含有水蒸气，均可称湿空气。

1. 湿空气的压力

湿空气的压力一般都为当地的大气压，按照气体分压定律，其总压力 P 等于干空气分压力 P_g 和水蒸气分压力 P_q 之和。

$$P = P_g + P_q \quad (\text{kPa}) \tag{9-1}$$

按理想气体状态方程：

$$P_g = \rho_g R_g T \quad (\text{kPa}) \tag{9-2}$$

$$P_q = \rho_q R_q T \quad (\text{kPa}) \tag{9-3}$$

式中　ρ_g、ρ_q——干空气和水蒸气在其本身分压下的密度；

　　　R_g——干空气的气体常数；

　　　R_q——水蒸气的气体常数；

　　　T——气体绝对温度。

当空气在某一温度下，吸湿能力达到最大值时空气中的水蒸气都处于饱和状态，称为饱和空气，水蒸气的分压称为饱和蒸汽压力（P''_q）。湿空气中所含水蒸气达不到该温度下的饱和蒸汽含量，因此水蒸气分压 P_q 也都小于该温度下的饱和蒸汽压 P''_q。在温度 $\theta = 0 \sim 100℃$ 及通常的气压范围内，P''_q 只与空气温度 θ 有关，而与大气压无关。空气 θ 越高，水分蒸发的速度越快，P_q 值越大。因此，在一定温度下已达到饱和的空气，当温度升高时成为不饱和；反之，不饱和的空气，当温度降低到某一值时，空气又趋于饱和。

2. 湿度

湿度是空气中所含水分子的浓度。它有三种表示方式：绝对湿度、相对湿度、含湿量。

(1) 绝对湿度 指每立方米湿空气所含水蒸气的质量称为空气的绝对湿度。其数值等于水蒸气在分压 P_q 和湿空气温度 T 时的密度 ρ_q。

(2) 相对湿度 指空气的绝对湿度与同温度下饱和空气的绝对湿度之比，用 ϕ 表示。

$$\phi = \frac{\rho_g}{\rho_q} = \frac{p_q}{p_q''} \tag{9-4}$$

(3) 含湿量 在含有 1kg 干空气的湿空气混合气体中，其所含水蒸气质量为 χ（kg）称为湿空气的含湿量，也称为比湿，单位为 kg/kg（干空气）

$$\chi = \frac{\rho_g}{\rho_q} = \frac{R_g P_q}{R_q P_g} \tag{9-5}$$

由式（9-5）可知，当 P 一定时，空气中含湿量 χ 随水蒸气分压力的增加而增大。

不饱和空气在气压及温度保持不变的情况下，由于冷却而达到饱和状态（即将凝结出露水时的状态）时之温度，称为该空气的露点。

3. 湿空气的密度

湿空气的密度 ρ 等于 1m³ 湿空气中所含的干空气和水蒸气在各自分压下的密度之和。

4. 湿空气的比热

使总质量为 1kg 的湿空气（包括干空气和 χ 公斤水蒸气）温度升高 1℃ 所需的热量，称为湿空气的比热，用 C_{sh} 表示。

$$C_{sh} = C_g + C_q \chi \quad (kJ/kg \cdot ℃)$$

式中 C_g——干空气比热 (kg/kg·℃)，在压力一定，湿度变化小于 100℃ 时，约为 1.00kJ/(kg·℃)

C_q——水蒸气比热 (kg/kg·℃)，约为 1.84 kg/(kg·℃)

所以

$$C_{sh} = 1.0 + 1.84\chi \quad (kJ/kg \cdot ℃) \tag{9-6}$$

在冷却塔中，C_{sh} 一般采用 1.05kJ/(kg·℃)

5. 湿空气的焓

表示气体含热量大小的数值叫焓，用 i 来表示。其值等以 1kg 干空气和含湿量 χkg 水蒸气热量之和。

$$i = i_g + \chi i_q \quad (kJ/kg) \tag{9-7}$$

式中 i_g——干空气的焓，kJ/kg；

i_q——湿空气的焓，kJ/kg。

计算含热量时规定：以水温为 0℃ 水的热量为零。水蒸气的焓由两部分组成：一是 1kg 0℃ 的水变为 0℃ 水蒸气所吸收的热量称为汽化热 γ_0；二是 1kg 水蒸气由 0℃ 升高到 θ℃ 时所需的热量。

$$i = i_g + Xi_q = C_g\theta + \chi \cdot C_g\theta \text{ (kJ/kg)}$$
$$= 1.00\theta + (2500 + 1.84\theta)X = C_{sh}\theta + \gamma_0 X \text{ (kJ/kg)} \tag{9-8}$$

式（9-8）中，前项与温度 θ 有关，称为显热；后项与湿度无关，称为潜热。

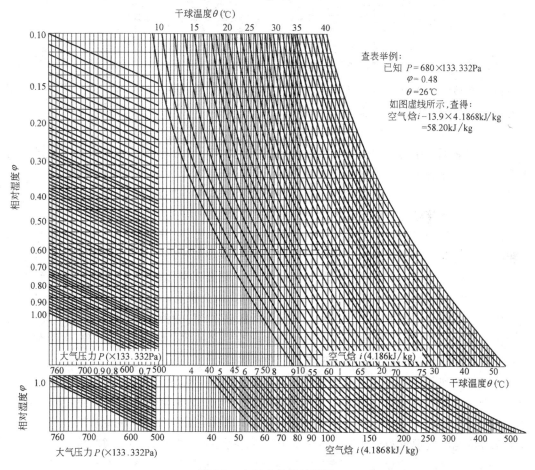

图 9-1　空气含热量计算图

6. 湿空气焓湿图

为了简化计算，根据试验测得的湿空气的四项主要热力学参数（φ、P、i、θ）之间相应关系绘制成图表，称为焓湿图，通过焓湿图（图 9-1），即可由已知参数求焓 i。

7. 湿球温度和水的冷却极限

图 9-2 是放在被测空气中的两支相同的水银温度计，其中一支水银球上包有纱布，纱布下端浸入水中。在纱布的毛细管作用下，使纱布吸收了水。在空气饱和时，纱布上的水不断蒸发，蒸发所需的热量由水中取得，因而水温逐渐降低。当降至气温以下时，由于温差关系，空气热量将通过接触传给纱布上的水层。

当蒸发散热量等于空气传回给水的热量时，即处于平衡状态，纱布上的水温将不再下降。稳定在一定温度上，此温度称为湿球温度 τ。

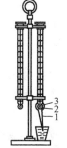

图 9-2　湿球温度计
1—布；2—水层；
3—空气层

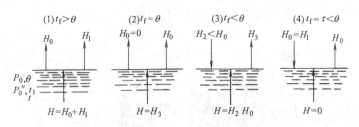

图 9-3 不同温度下的蒸发散热和传导散热

就是说,在该气温条件下,水被冷却所能达到的最低温度,即冷却极限。一般生产上冷却后的水温要比 τ 大 3~5℃(图 9-3)。

二、水的冷却原理

当热水表面直接与未被水蒸气所饱和的空气接触时、热水表面的水分子将不断汽化为水蒸气,在此过程中,将从热水中吸收热量,达到冷却效果。水的蒸发可在沸点时进行,也可在小于沸点时发生。水的表面蒸发,在自然界中通常是在水温低于沸点时发生的。一般认为空气和水接触的界面上有一层极薄的饱和空气层,称为水面饱和气层。水首先蒸发到水面饱和气层中,再扩散到空气中。通常将水面饱和气层的温度 t' 看作与水面温度 t_f 基本相等,水温越小或水膜越薄,则 t' 与 t_f 愈接近;设水面饱和水蒸气分压为 P_q'',而远离水面的空气中,温度为 0℃时的水蒸气分压为 P_q,则分压差 $\Delta P_q = P_q'' - P_q$,是水分子向空气中蒸发扩散的推动力,只要 $P_q'' > P_q$,水体表面就会蒸发,而与水面温度 t_f 高于还是低于水面上方的空气温度 θ 无关。因此,蒸发所耗热量 H_β 总是由水流向空气。如欲加快水的蒸发速度,可采用下列措施:①增加热水与空气之间的接触面积;②提高水面空气流动的速度,使逸出的水蒸气分子迅速向空气中扩散。

除蒸发传热外,水、气接触过程中,如水的温度与空气的温度不一致,将会产生传热过程。例如,水温高于空气温度,水将热量传给空气。空气接受了热量,温度就逐渐上升,从而使水面以上空气的温度不均衡,产生对流作用,最终使空气的温度达到均衡,并且水面温度与空气温度趋于一致,这就是传导散热过程。温度差 $(t_f - \theta)$ 是水、气之间传导散热的推动力;传导散热所产生的热量 H_α 可以从水流向空气,也可以从空气流向水,取决于两者温度的高低。在冷却过程中,虽然蒸发散热和传导散热一般同时存在,但随季节不同,冬季气温很低,水温 t 高出 θ 很多,传导散热量可占 50%~70%;夏季气温较高,$(t_f - \theta)$ 值很小,甚至为负值,传导散热量甚小,蒸发散热量约占 80%~90%。

第二节 冷却构筑物类型、工艺构造及特点

一、冷却构筑物类型及构造组成

冷却构筑物大体分为以下三类:水面冷却池、喷水冷却池和冷却塔。

水面冷却池利用天然池塘或水库,冷却过程在水面上进行,效率低。喷水冷却池是在天然或人工池塘上加装喷水设备,以增大水和空气间的接触面。冷却塔是人工建造的,水通过塔内的淋水装置时,可形成小水滴或水膜,以增大水和空气的接触面积,提高冷却效果。

冷却塔形式较多,构造也较复杂。按循环水供水系统中的循环水与空气是否直接接

触，冷却塔又分为敞开式（湿式）、密闭式（干式）和混合式（干湿式）三种。湿式冷却塔是指热水和空气直接接触、传热和传质同时进行的敞开式循环供水系统，图9-4为敞开式循环冷却系统流程图。

干式冷却塔是指水和空气不直接接触，冷却介质为空气，空气冷却是在空气器中实现的，所以只单纯传热如图9-5（a）；干湿式冷却塔是指热水和空气进行干式冷却后再进行湿式冷却的构筑物如图9-5（b）。湿式冷却塔是最常用的冷却塔。

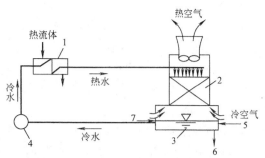

图9-4 为敞开式循环冷却系统流程图
1—换热器；2—冷却塔；3—集水池；4—循环水泵；
5—补充水；6—排污水；7—投加处理药剂

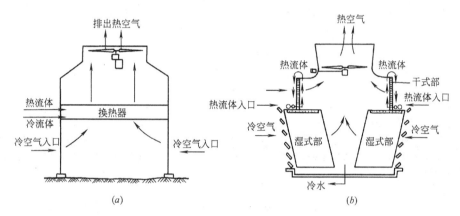

图9-5 干式和干湿式冷却塔
(a) 干式冷却塔；(b) 干湿式冷却塔

（一）水面冷却池

水面冷却是利用水体的自然水面，水体水面一般有两种：一是水面面积有限的水体，包括水深小于3m的浅水冷却池和水深大于4m的深水冷却池；二是水面面积很大的水体或水面面积相对于冷却水量是很大的水体，如河道、海湾等。

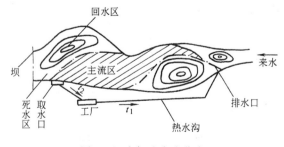

图9-6 冷却池水流分布

在图9-6的冷却池中，高温水由排水口排入湖内，在缓慢流向下游取水口的过程中，由于水面和空气接触，借自然对流蒸发作用使水冷却。湖中水流可分为主流区、回流区和死水区。为提高冷却效果，应扩大主流区，减小回水区，消灭死水区。

冷却池一般最小水深为1.5m。水越深，冷热水分层越好（形成完好的温差异重流），有利于热水在表面散热，同时也便于取到底层冷水回用。取水口排水口在平面、断面的布置、形式和尺寸以及水流行程历时，应根据原地实测地形进行模型试验确定，在近似估算冷却池表面积时，水力负荷为0.01～0.1$m^3/(m^2 \cdot h)$。冷却池的设计计算可参考有关书籍。

(二) 喷水冷却池

喷水冷却池（图9-7）是利用喷嘴喷水进行冷却的敞开式冷却池，在池上布置配水管系统，管上装有喷嘴。压力水经喷嘴（喷嘴前压力为49～69kPa）向上喷出，形成均匀散开的小水滴，然后降落池中。在水滴向上喷射又降落的过程中，有足够的时间与周围空气接触，改善蒸发与传导的散热条件。影响喷水池冷却效果的因素是：喷嘴形式和布置方式、水压、风速、风向、气象条件等。

喷水池配水管间距为3～3.5m，同一支管上喷嘴间距为1.5～2.2m；池水水深1.0～1.5m，保护高度0.3～0.5m，估算面积时水力负荷为$0.7～1.2m^3/(m^2·h)$。

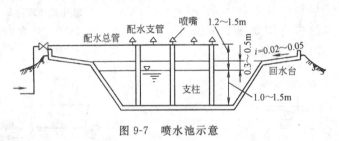

图9-7 喷水池示意

(三) 湿式冷却塔

1. 湿式冷却塔的类型

在冷却塔内，热水从上向下喷散成水滴或水膜，空气由下而上（逆流式）或水平方向（横流式）在塔内流动，在流动过程中，水与空气间进行传热和传质，水温随之下降。湿式冷却塔类型见表9-1与图9-8。

湿式冷却塔分类　　　　表9-1

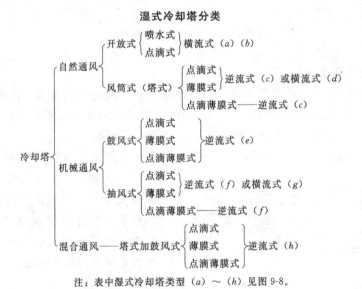

注：表中湿式冷却塔类型（a）～（h）见图9-8。

2. 湿式冷却塔的构造组成

冷却塔一般由配水系统、淋水填料、通风及空气分配装置、除水器、集水池、塔体等组成图9-9（a）为抽风式逆流冷却塔的工艺构造图。热水经进水管10流入塔内，先流进配水管系1，再经支管上的喷嘴均匀地喷到下部的淋水填料2上，水在这里以水滴或膜的形式向下运动。冷空气从下部经进风口5进入塔内，热水与冷空气在淋水填料中逆流条件

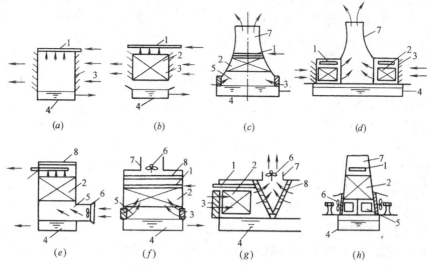

图 9-8 各种类型湿式冷却塔示意

1—配水系统；2—淋水填料；3—百叶窗；4—集水池；5—空气分配区；6—风机；7—风筒；8—除水器

下进行传热和传质过程以降低水温，吸收了热量的湿热空气则是由风机 6 经风筒 7 抽出塔外，随气流挟带的一些小水滴经除水器 8 分离后回到塔内，冷水便流入下部集水池 4 中。

抽风式横流冷却塔（图 9-9（b））。热水从上部经配水系统 1 洒下，冷空气由侧面经

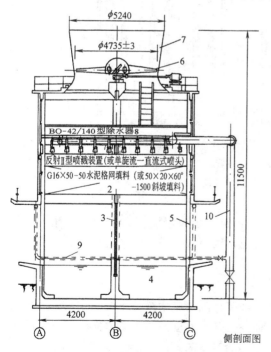

图 9-9（a） 抽风式逆流冷却塔工艺构造

1—配水系统；2—淋水填料；3—挡风墙；4—集水池；5—进风口；6—风筒；7—风筒；8—除水器；9—化冰管；10—进水管

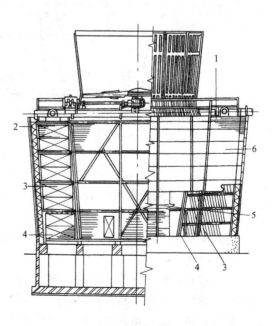

图 9-9（b） 抽风式横流冷却塔工艺构造

1—配水系统；2—进风百叶窗；3—淋水填料；4—除水器；5—支架；6—围护结构

进风百叶窗 2 水平流入塔内，水和空气的流动方向互相垂直，由淋水填料 3 中进行传热和传质过程，冷水则流到下部集水池中。而湿热空气经除水器 4 流到中部空间，再由顶部风机抽出塔外。冷却塔的设计计算参考有关书籍。

（1）配水系统

配水系统的作用是将热水均匀分配到冷却塔的整个淋水面积上。如分配不均，会使淋水装置内部水流分布不均，从而在水流密集部分通过阻力增大，空气流量减少。热负荷集中，冷效则降低；而在水量过少的部位，大量空气未充分利用而逸出塔外，降低了冷却塔的运行经济指标。配水系统应在一定水量变化范围内（80%～110%）配水均匀，对塔内气流阻力较小，并且便于维修管理。

配水系统有管式、槽式和池式三种。

管式配水系统又分为固定式配水系统（如图 9-10）和由旋转布水器（如图 9-12）组成的旋转管配水系统两种。水通过配水管上的小孔或喷嘴（图 9-11）均匀喷出分布在整个淋水面积上、旋转布水器是由旋转轴和若干条配水管组成的配水装置，它利用从配水管孔口喷出的水流反作用力，推动配水管绕旋转轴旋转，达到配水均匀的目的。槽式配水系统由配水总槽、配水槽 1 和溅水喷嘴 2 组成（图 9-13）。热水经总、支槽，再经反射型喷嘴溅散成分散小水滴，均匀洒在填料上。该系统维护管理方便，但槽断面大，通风阻力大，槽内易沉积污物；它多用于大型塔或水质较差或供水余压较低的系统。

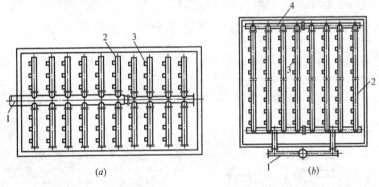

图 9-10　配水管系布置
(a) 树枝状布置；(b) 环状布置
1—配水干管；2—配水支管；3—喷嘴；4—环形管

图 9-14 为池式配水系统，热水经流量控制阀由进水管经消能箱分布于配水池中，池底开小孔或装管嘴。该系统配水均匀，供水压力低，维护方便，但因受太阳辐射，易生藻类。它适用于横流塔。

（2）淋水填料

淋水填料的作用是将配水系统溅落的水滴，经多次溅散成为微细小水滴或水膜。增大水和空气的接触面积，延长接触时间，从而保证空气和水的良好热、质交换作用。水的冷却过程主要是在淋水填料中进行的，所以是冷却塔的关键部位。

淋水填料应有较大的接触表面积和较小的通风阻力，表面亲水性能良好，质轻耐久，价廉易得，安装维护方便。按照其中水被淋洒成的冷却表面形式，可分为点滴式、薄膜式、点滴薄膜式三种类型。

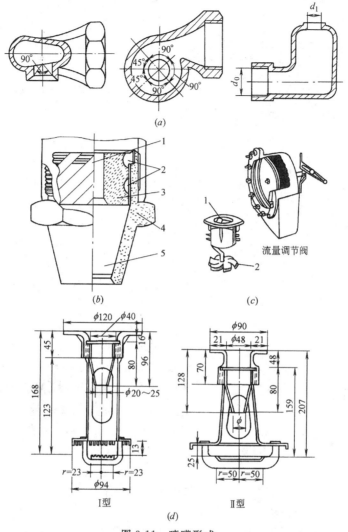

图 9-11 喷嘴形式

(b)：1—中心孔；2—螺旋槽；3—芯片；4—壳体；5—导锥

(c)：1—螺旋喷嘴；2—喷嘴孔直下的靶子

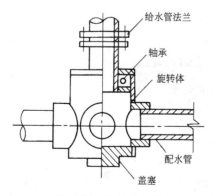

图 9-12 旋转布水器

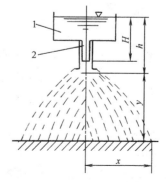

图 9-13 槽式配秕水系统的组成

1—配水槽；2—喷嘴

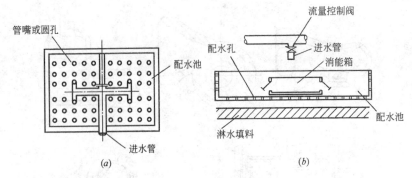

图 9-14 池式配水系统
(a) 平面；(b) 纵向

点滴式淋水填料由水平式倾斜布置的板条组成，如图 9-15 所示。

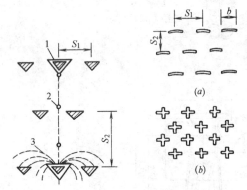

薄膜式淋水填料常用的有：斜交错斜坡形、梯形、波形和塑料折波形等几种，如图 9-16 所示。点滴薄膜式淋水填料常用的有水泥格网和蜂窝淋水填料，如图 9-17 所示。

在选择淋水填料时，应根据热力、阻力特性、塔型、负荷、材料性能、水质、造价、施工检修等因素来综合考虑。60°大中斜波、折波、梯形波填料在大、中型逆流式自然或机械通风塔中应用较广，但要防止堵塞和污垢。水泥格网填料自重大，施工较复杂，但价廉，强度高，耐久，不易堵塞，适应较差水质，在大、中型逆流钢筋混凝土塔中应用较多。大、中型横流塔多采

图 9-15 点滴式淋水装置
1—水膜；2—大水滴；3—小水滴
(a) 弧形板条；(b) 十字形板条

用 30°斜波、弧波或折波等填料。小型冷却塔则采用中波斜交错或折波填料。

(3) 通风及空气分配装置

在风筒式自然通风冷却塔中，稳定的空气流量由高大的风筒所产生的抽力形式。机械通风冷却塔则由轴流式风机供给空气。在逆流塔中，空气分配装置包括进风和导风装置；在横流塔中仅指进风门。

(4) 其他装置

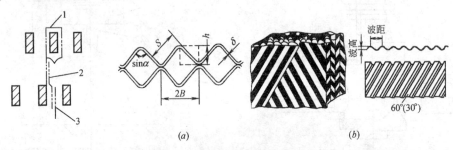

图 9-16 薄膜式淋水填料（一）
(a) 薄膜式淋水装置散热的情况；(b) 斜交错（斜波）淋水填料
1—水膜；2—上层落到下层水滴；3—板隙水滴

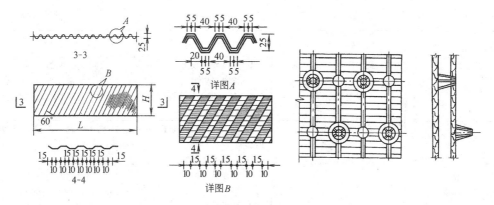

图 9-16　薄膜式淋水填料（二）

（c）梯形波填料；（d）折波填料

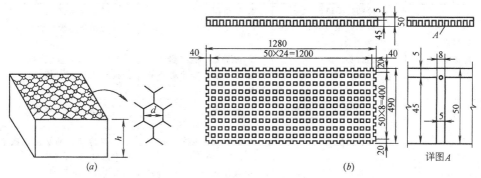

图 9-17　点滴薄膜式淋水填料

（a）蜂窝淋水填料；（b）水泥格网淋水填料

除水器（或收水器）的任务，是分离回收经过淋水填料层热、质交换后的湿热空气中的一部分水分，以减少水量损失，同时改善塔周围环境。图 9-18 为一弧形除水器。塔体主要起封闭和围护作用。冷却塔的设计计算可参考有关书籍。

二、冷却构筑物的选择

冷却构筑物的类型很多，应考虑工厂对冷却水温的要求，当地气象条件、地形特点、补充水的水质及价格、建筑材料等因素，通过技术经济比较选择。各种构筑物的优缺点及适用条件见表 9-2。

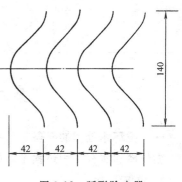

图 9-18　弧形除水器

各种构筑物的优缺点及适用条件　　　　表 9-2

名　称	优　点	缺　点	适用条件
冷却池	1. 取水方便，运行简单 2. 利用已有的河、湖、水库或洼地	1. 受太阳辐射热影响，夏季水温高 2. 易淤积，清理较困难 3. 会对环境带来热污染影响	1. 冷却水量大 2. 所在地 B 有可利用的河、湖、水库 3. 夏季对冷却水的水温要求不甚严格

续表

名　称	优　点	缺　点	适用条件
喷水池	1. 结构简单、取材方便 2. 造价较冷却塔低 3. 可就地取材	1. 占地面积较大 2. 风吹损失大 3. 有水雾,冬季在附近建筑物上结冰霜	1. 要有足够大的开阔场地 2. 冷却水量较小 3. 有可利用的洼地或水池
开放式冷却塔	1. 设备简单,维护方便 2. 造价较低,用材易得	1. 冷却效果受风速、风向影响 2. 冬季形成水雾 3. 宽度受限制 4. 风吹损失较大 5. 占地面积比较大	1. 气候干燥,具有稳定较大风速的地区 2. 建筑场地开阔 3. 冷却水量较小　喷水式＜100m³/h　点滴式＜500m³/h 4. 对冷却后水温要求不太严格
风筒式冷却塔	1. 冷却效果稳定 2. 冷却效果受风的影响小,风吹损失小 3. 运行费用低	1. 造价高 2. 冬季维护复杂 3. 在高温、高湿、低气压地区及冷幅高较小时不宜采用	1. 冷却水量大 2. 建造场地较开阔 3. 空气湿球温度偏高地区应经技术经济比较决定
机械通风冷却塔	1. 冷却效果高,也比较稳定 2. 布置紧凑 3. 风吹损失小 4. 可设在厂区建筑物和泵站附近 5. 造价较风筒式冷却塔低	1. 耗电多 2. 机械设备维护较复杂 3. 鼓风式冷却塔的冷却效果易受塔顶抽出湿热空气回流的影响 4. 噪声较大	1. 气温、湿度较高地区 2. 对冷却后的水温及稳定性要求严格 3. 建筑场地狭窄

第三节　循环冷却水基础

一、循环水处理的任务

循环冷却水在使用过程中,由于水质变化会产生不利的影响,主要包括以下三方面

1. 结垢

水中碳酸盐等溶解盐类在热交换器及管道的表面形成沉积物,叫做结垢。

2. 污垢

由补充水带来的或在循环使用过程小中产生的各种微生物、其他有机物及无机杂质,在热交换器及管道沉积而形成污垢。在污垢中,由生物繁殖所形成的污垢具有黏性,故又把微生物形成的垢称为黏垢。结垢和污垢统称为沉积物或积垢。积垢在管道中积累,会造成堵塞,增加水的阻力,降低传热效率。

3. 腐蚀

循环水可能使热交换器等设备及管道系统腐蚀,其中包括CO_2腐蚀、电化学腐蚀和

微生物腐蚀。腐蚀使设备的使用寿命减少，维修费用增加，甚至造成事故，影响生产。

循环水处理的任务是：防止或减轻结垢或污垢的产生或沉积；防止或减轻水对设备及系统的腐蚀。应当指出，积垢和腐蚀之间是相互影响且可以相互转化的。沉积物可以引起腐蚀，腐蚀又必然产生沉积物。因此，在循环水处理中，应综合考虑。

二、循环水基本水质要求

循环水水质标难通常将循环冷却水水质按腐蚀和沉积物控制要求，作为基本水质指标。它是一种反映水质要求的间接指标。表9-3为敞开式系统冷却水的主要水质标准、表中腐蚀率和污垢热阻分别表达了对水的腐蚀性和污垢的控制指标。

敞开式循环冷却系统冷却水主要水质指标　　　　表9-3

项　目		要　求　条　件	允　许　值
浊度(度)	Ⅰ	1. 年污垢热阻<9.5×10^{-5} m²·h·℃/kJ 2. 有油类黏性污染物时，年污垢热阻<1.4×10^{-5} m²·h·℃/kJ 3. 腐蚀率<0.125mm/a	<20
	Ⅱ	1. 年污垢热阻<1.4×10^{-5} m²·h·℃/kJ 2. 腐蚀率<0.2mm/a	<50 <100
	Ⅲ	1. 年污垢热阻<1.4×10^{-5} m²·h·℃/kJ 2. 腐蚀率<0.2mm/a	
电导率(μs/cm)		采用缓蚀剂处理	<3000
总碱度(mmol/L)		采用阻垢剂处理	<7
pH 值			6.5～9.0

1. 腐蚀率

腐蚀率一般以金属每年的平均腐蚀深度表示，单位为 mm/a。腐蚀率一般可用失重法测定，即将金属材料试件挂于热交换器冷却水中一定部位，经过一段时间，由试验前、后试片重量差计算出每年平均腐蚀深度，即腐蚀率 C_L：

$$C_L = 8.76 \frac{P_0 - P}{\rho g F t} \tag{9-9}$$

P_0、P——分别为腐蚀前、后的金属重，g；

$\quad\rho$——金属密度，g/cm³；

$\quad g$——重力加速度，m/s²；

$\quad F$——金属与水接触面积，m²；

$\quad t$——腐蚀作用时间，h。

对于局部腐蚀，如点蚀（或坑蚀），通常以"点蚀系数"反映点蚀危害程度。点蚀系数是金属最大腐蚀深度与平均腐蚀程度之比。点蚀系数愈大，对金属危害愈大。

经水质处理后腐蚀率降低的效果称缓蚀率，以 η 表示：

$$\eta = \frac{C_0 - C_L}{C_0} \times 100\% \tag{9-10}$$

式中　C_0、C_L——分别表示冷却水未处理时及水处理后的腐蚀率。

2. 污垢热阻

热阻为传热系数的倒数。热交换器传热面由于结垢及污垢沉积使传热系数下降,从而使热阻增加的量称为污垢热阻。此处"污垢"热阻指由结垢和污垢沉积而引起的热阻。

热交换器的热阻在不同时刻由于垢层不同而有不同污垢热阻值。在某一时刻测得的称为即时污垢热阻,为经 t 小时后的传热系数的倒数和开始时(热交换器表面未积垢时)的传热系数的倒数之差:

$$R_t = \frac{1}{K_t} - \frac{1}{K_0} = \frac{1}{K_0}(\psi_t - 1) \tag{9-11}$$

式中 R_t——即时污垢热阻,$m^2 \cdot h \cdot ℃/kJ$;

K_0——开始时,传热表面未结垢时测得的总传热系数 $kJ/(m^2 \cdot h \cdot ℃)$;

K_t——循环水在传热面积垢经 t 时间后测得的总传热系数 $kJ/(m^2 \cdot h \cdot ℃)$;

ψ_t——积垢后传热效率降低的百分数。

即时污垢热阻 R_t 在不同时间 t 有不同的 R_t 值,应作出 R_t 对时间 t 的变化曲线,推算出年污垢热阻作为控制指标。

三、影响循环水水质的因素

循环水之所以产生结垢、腐蚀和污垢,其主要原因有以下几个方面:

1. 循环冷却水水质污染

首先是由补充水中的溶解盐、溶解气体、微生物及有机物等引起的;其次是在生产过程和冷却过程中由外界进入冷却构筑物的污染物,如尘土、泥砂、杂草、设备油、人工加入稳定剂、塔体腐蚀及剥落产物等,都会污染冷却水。另外是在系统内部产生的污染,主要是微生物的生长及腐蚀产物。藻类生长在冷却构筑物与水接触的露光部位。由于藻类群体的生长,影响了水和空气的流动,而且藻类脱落后便成为污垢沉淀;此外,它们的群体体积很大,妨碍了热的传递。同时有机污垢造成强烈的腐蚀,还会妨碍加入水中的腐蚀抑制剂到达金属表面,使药剂的防腐功能不能充分发挥。

2. 循环水的脱 CO_2 的作用

天然水中,重碳酸盐类和游离 CO_2 存在平衡关系,即:

$$Ca(HCO_3)_2 \rightleftharpoons CaCO_3 \downarrow + CO_2 \uparrow + H_2O \tag{9-12}$$

当它们的浓度符合上述平衡条件时,水质呈稳定状态。大气中游离 CO_2 含量很少,其分压力低。循环水在冷却时,造成 CO_2 大量丢失,破坏了上述平衡,使反应向右移动,产生了 $CaCO_3$。

3. 循环水的浓缩

循环水系统中,有四种水量损失:

$$P = P_1 + P_2 + P_3 + P_4 \tag{9-13}$$

式中 P_1,P_2,P_3,P_4 及 P 分别是蒸发损失、风吹损失、渗漏损失、排污损失及总损失,均以循环水流量的百分数计。

循环水在蒸发时,水分损失了,但盐分仍留在水中。

风吹、渗漏与排污所带走的盐量为:

$$S(P_2+P_3+P_4) \tag{9-14}$$

补充水带进的盐量为：　　　$S_B P = S_B(P_1+P_2+P_3+P_4)$　　　　　(9-15)

式中　S——循环水含盐量；

　　　S_B——补充水含盐量。

当系统投入运行时，系统中的水质为新鲜补充水水质，即 $S=S_1=S_B$，因此可写成：

$$S_B(P_1+P_2+P_3+P_4) > S_1(P_2+P_3+P_4) \tag{9-16}$$

式中　S_1——投入运行时，循环水的含盐量；其余符号同前。

初期进入系统的盐量大于从系统排出的盐量，随着系统的运行，循环冷却水中盐量逐步提高，引起浓缩作用。如果系统中既不沉淀，又不腐蚀，也不加入引起盐量变化的药剂，则由于水量损失和补充新鲜水的结果，在系统中引起盐量的积累，使循环冷却水中含盐浓度不断增大，即 S 不断增大，也使排出的盐量相应增加。这样，式的右端在运行的最初一段时间里是不断增大，而运行了一定时间以后，当 S 由初期的 S_1 增加到某一数值 S_2 时，从系统排出的盐量即接近于进入系统的盐量，此时达到浓缩平衡，即：

$$S_B(P_1+P_2+P_3+P_4) \approx S_2(P_2+P_3+P_4)$$

这时，由于进、出盐量为一稳定值，如以 S_p 表示，则继续运行不再升高。

$$S_B(P_1+P_2+P_3+P_4) = S_p(P_2+P_3+P_4) \tag{9-17}$$

令 $K=S_p/S_B$，则：

$$K = \frac{S_p}{S_B} = \frac{P}{P-P_1} = 1 + \frac{P_1}{P_2+P_3+P_4} = 1 + \frac{P_1}{P-P_1} \tag{9-18}$$

式中 K 为浓缩倍数，其值 >1，即循环冷却水中的含盐量 S 总是大于补充新鲜水的含盐量 S_B。它是循环水的重要指标。提高 K 值，可节约排污水量，K 值的选用需看水质是否稳定。K 值在实际应用中，有时用氯离子浓度表示：

$$K = \frac{[Cl^-]_Z}{[Cl^-]_B} \tag{9-19}$$

式中　$[Cl^-]_Z$——循环水中氯离子的含量；

　　　$[Cl^-]_B$——补充水中氯离子的含量。

4. 水温变化的影响

水在生产过程中，水温升高，钙、镁盐类的溶解度反而降低，水中 CO_2 又部分逸出，用于平衡 $CaCO_3$ 所需的 CO_2 减少，提高了 CO_2 的需要量。水温升高，会使水失去稳定性而产生结垢；反之，冷却过程中，水温降低，水中平衡需要量降低，如果低于水中 CO_2 含量，则此时水具有侵蚀性，使水失去稳定性而产生腐蚀。因此，在循环水系统中，高温区产生结垢，低温区产生腐蚀。

5. 电化学腐蚀

在敞开式冷却水系统中，水与空气充分接触，因此水中溶解氧接近饱和。当碳钢与有溶解氧的水接触时，由于金属表面的不均匀性和冷却水的导电性，在碳钢表面形成许多微电池，在阴、阳极上分别发生氧化还原的共轭反应。

阳极上： $$Fe \longrightarrow Fe^{2+} + 2e \quad (9\text{-}20)$$
阴极上： $$O_2 + 2H_2O + 4e \longrightarrow 4OH^- \quad (9\text{-}21)$$
在水中： $$2Fe(OH)_2 + O_2 + H_2O \longrightarrow 2Fe(OH)_3 \quad (9\text{-}22)$$
$$Fe^{2+} + 2OH^- \longrightarrow Fe(OH)_2 \quad (9\text{-}23)$$

因此，在金属设备上，阳极上不断溶解造成腐蚀，阴极上堆积腐蚀的产物，即铁锈，如图 9-19 所示。

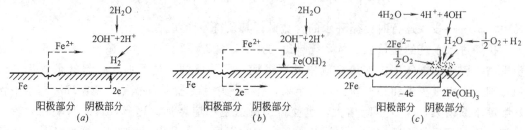

图 9-19 铁的电化学腐蚀过程
(a) H_2 的极化作用；(b) $Fe(OH)_2$ 的极化作用；(c) O_2 的极化作用

6. 微生物腐蚀

微生物腐蚀可分为厌氧和好氧腐蚀。

厌氧腐蚀，硫酸盐还原可把水中的硫酸根离子转换为腐蚀性硫化物 FeS。

$$8H^+ + SO_4^{2-} + 8e \xrightarrow{\text{还原菌}} S^{2-} + 4H_2O + \text{能量} \quad (9\text{-}24)$$
$$S^{2-} + Fe^{2+} \longrightarrow FeS \quad (9\text{-}25)$$

好氧腐蚀，铁细菌吸收水中的铁离子，分泌出 $Fe(OH)_3$，形成铁锈。代谢过程中，往往产生有机酸，也会引起腐蚀。

四、循环水结垢和腐蚀的判别方法

造成循环水冷却系统结垢、污垢和腐蚀的因素很多，目前仍无一种很好的方法或指数能定量地判别结垢、污垢和腐蚀。这里，只介绍几种常用的水质稳定指数作为水质腐蚀和结垢的判别方法。

1. 极限碳酸盐法

为了维持水的稳定性，水中的二氧化碳含量与碳酸盐硬度之间应保持平衡关系，循环水在一定水质水温条件下，保持不结垢的碳酸盐硬度应有一定限度。根据这一概念引进的指标，叫做极限碳酸盐硬度，这是循环水不致产生水垢的最高碳酸硬度的值，其值可根据相似条件下的实际运行数据确定，或根据小型试验决定。用极限碳酸盐法可判断加阻垢剂时水温差较小时的循环冷却水的结垢性，判断结垢与否，而不能判断腐蚀性。

2. 水质稳定性指标

水质稳定性指标在循环冷却水系统中，国内外目前比较广泛采用的是饱和指数 I_L 和稳定指数 I_R：

饱和指数用以判断水是否有结垢或腐蚀的倾向：

$$I_L = pH_0 - pH_s \quad (9\text{-}26)$$

式中 pH_0——水的 pH 值；

pH_s——水为 $CaCO_3$ 所平衡饱和时的 pH 值，其值随水质而定。

pH_s 的值有多种计算方法，比较简便的是根据水的总碱度、钙硬度、总溶解固体的分析值和水温的关系，在表 9-4 中查得相应常数，按下式计算：

$$pH_s = (9.3 + N_s + N_t) - (N_h + N_s) \tag{9-27}$$

式中　N_s——溶解固体常数；

N_t——温度常数；

N_h——钙硬度常数（以 $CaCO_3$ 计），mg/L；

N_a——总碱度常数（以 $CaCO_3$ 计），mg/L。

计算 pHs 值的常数　　　　　　　　　　　表 9-4

总溶解固体 (mg/L)	N_s	水温(℃)	N_t	钙硬度 (以 $CaCO_3$ 计) (mg/L)	N_h	总碱度 (以 $CaCO_3$ 计) (mg/L)	N_a
50	0.07	0~2	2.6	10~11	0.6	10~11	1.0
75	0.08	2~6	2.5	12~13	0.7	12~13	1.1
100	0.10	6~9	2.4	14~17	0.8	14~17	1.2
200	0.13	9~14	2.3	18~22	0.9	18~22	1.3
300	0.14	14~17	2.2	23~27	1.0	23~27	1.4
400	0.16	17~22	2.1	28~34	1.1	28~34	1.5
600	0.18	22~27	2.0	35~43	1.2	35~43	1.6
800	0.19	27~32	1.9	44~55	1.3	44~55	1.7
1000	0.20	32~37	1.8	56~69	1.4	56~69	1.8
		37~44	1.7	70~87	1.5	70~87	1.9
		44~51	1.6	88~110	1.6	88~110	2.0
		51~55	1.5	111~138	1.7	111~138	2.1
		56~64	1.4	139~174	1.8	139~174	2.2
		64~72	1.3	175~220	1.9	175~220	2.3
		72~82	1.2	230~270	2.0	230~270	2.4
				280~340	2.1	280~340	2.5
				350~430	2.2	350~430	2.6
				440~550	2.3	440~550	2.7
				560~690	2.4	560~690	2.8
				700~870	2.5	700~870	2.9
				880~1000	2.6	880~1000	3.0

当 $I_L = 0$ 时，则水质稳定；

$I_L > 0$ 时，则 $CaCO_3$ 处于过饱和，有析出水垢的倾向；

$I_L < 0$ 时，则 $CaCO_3$ 未饱和，而 CO_2 过量，因 CO_2 有侵蚀性，水有腐蚀倾向。

一般在使用上，如 I_L 在 （0.25~0.30） 范围内，可以认为是稳定的，如超出此范围则须处理。

稳定指数 I_R 为：

$$I_R = 2pHs - pH_0 \tag{9-28}$$

根据在生产过程中的统计资料，水的特性鉴别可参考表 9-5

表 9-5

稳定指数	水的倾向	稳定指数	水的倾向
4.0~5.0	严重结垢	7.0~7.5	轻微腐蚀
5.0~6.0	轻度结垢	7.5~9.0	严重腐蚀
6.0~7.0	水质基本稳定	9.0 以上	急严重腐蚀

I_L 和 I_R 都只能判断一种倾向,而不能在水质稳定处理中提供量的计算数据。其中 I_R 是利用 I_L 改变而成的,是一个经验性指数,用 I_R 判别水的稳定性比用 I_L 更接近实际,而 I_L 只考虑水的碳酸盐系统平稳关系,未能反映其他因素,误差较大。一般情况下,同时使用 I_L 和 I_R 两个指数来判别水质稳定性,可使判断更接近实际。

3. 循环水结垢控制指数

上述判别指数是按水的碳酸盐平衡关系提出的。在循环水中,结垢成分除碳酸钙外,由于盐分浓缩,会引起别的结垢,当利用碳酸盐处理时,还会引起 $CaSO_4$ 和 $MgSiO_3$ 的结垢;当采用磷酸盐处理时,还会引起 $Ca_3(PO_4)_2$ 结垢。此外,循环水中的固体及溶解的有机物浓度高,对结垢过程有影响,换热器提高了水温影响,处理过程中要控制结垢药剂的影响;

由于各种因素存在,因此不可能按溶度积理论来求得符合实际情况的通用控制参数。但是,为了对循环水结垢趋势有一个初步预测和进行运行中的结垢情况分析,仍可采用理论参数,再考虑一下运行经验,得出相应的经验控制指标,见表 9-6。

循环水控制结垢指标　　　表 9-6

结　垢	控制参数	控制指标
$CaCO_3$	pH_s	$pH_0 < pH_s + (0.5 \sim 2.5)$
$CaSO_4$	溶解度	$[Ca^{2+}] \times [SO_4^{2-}] < 500000$
$Ca_3(PO_4)_2$	pH_p	$pH_0 < pH_p + 1.5$
$MgSiO_3$	溶解度	$[Mg^{2+}] \times [SiO_3^{2-}] < 3500$

表 9-6 中,pH_0 和 pH_s 分别为循环水的实际 pH 值和循环水为 $CaCO_3$ 所平衡时的 pH 值;pH_p 为 $Ca_3(PO_4)_2$ 溶解饱和时的 pH 值。按平稳理论 $pH_0 > pH_s$(即 $I_L > 0$)时即有结垢倾向,但对循环冷却水而言,却按 $pH_0 > pH_s + (0.5 \sim 2.5)$ 才定为有结垢倾向。其中 $(0.5 \sim 2.5)$ 反应了上述各种影响因素对结垢过程的干扰和控制影响。$Ca_3(PO_4)_2$ 是投加磷酸盐产生的。在理论上 $pH_0 > pH_p$,即有结垢倾向。但同样理由,指标定为 $pH_0 > pH_p + 1.5$ 才有结垢倾向。参照溶解度定的 $CaSO_4$ 和 $MgSiO_3$ 指数也是按上述原因制定。

第四节　冷却水系统的综合处理

循环水处理包括对结垢、污垢(含黏垢)和腐蚀的控制。由于三者之间相互影响,故应采用综合处理方法。

一、防垢处理

(一) 防结垢处理

1. 用排污法减小浓缩倍数

在循环水系统中,由式 (9-18) 知,提高排污率 P_4 可减小 K。即排除部分盐浓度高的循环水,补充含盐量少的新鲜水,可降低循环水中盐的浓度,使其不超过允许值。

由式 (9-18) 可推出排污量为:

$$P_4 = \frac{S_B P_1}{S - S_B} - (P_2 + P_3) \qquad (9\text{-}29)$$

由上式可知，补充水含盐量 S_B 越大，排放量 P_4 越大。如果 P_4 太大则不经济，一般 $P_4 \leqslant 3\% \sim 5\%$。排污法适用于 S_B 远小于 S 且新鲜补充水水源充足的条件下。

2. 降低补充水碳酸盐硬度

通过水的软化法可使水的硬度降低，从而降低 S_B。此法只适用于补充水质很差或必须提高浓缩倍数的情况。

酸化法是在水中加入硫酸或盐酸，使碳酸盐硬度转化为非碳酸盐硬度：

$$Ca(HCO_3)_2 + H_2SO_4 \longrightarrow CaSO_4 + 2CO_2\uparrow + 2H_2O$$

$$Ca(HCO_3)_2 + 2HCl \longrightarrow CaCl_2 + 2CO_2\uparrow + 2H_2O$$

$CaSO_4$ 和 $CaCl_2$ 的溶解度远大于 $CaCO_3$，故加酸处理有助防垢。经加酸处理后应满足下列条件：

$$KH'_B \leqslant H' \tag{9-30}$$

式中　H'_B、H'——分别为酸化后的补充水碳酸盐硬度及循环水碳酸盐硬度；

酸化法适用于补充水的碳酸盐硬度较大时。采用酸化法时，应注意设备及管道的防腐。

3. 提高循环水中允许的极限碳酸盐硬度

提高循环水的极限碳酸盐硬度的常用方法是向水中投加阻垢剂。常用的阻垢剂有聚磷酸盐、聚丙烯酸盐等。

聚磷酸盐常用的有六偏磷酸钠和三聚磷酸钠，它们既有阻垢作用也有缓蚀作用。它们可以与 Ca^{2+}、Mg^{2+} 络合，将之掩蔽起来，阻止它们生成碳酸盐或非碳酸盐垢，从而提高了水中允许的极限碳酸盐硬度。另外，磷酸盐还是一种分散剂，具有表面活性，可以吸附在碳酸钙微小晶坯的表面上，使碳酸盐以微小的晶坯形式存在于水中，从而防止产生结垢。

聚丙烯酸钠是阳离子型分散剂，它可增大 $Ca_3(PO_4)_2$ 的溶解度，并且使 $CaCO_3$ 形成微小结晶核形式絮状物，容易被冷却水带走。

有机磷酸盐具有良好的热稳定性，有抗氧化性；在较高 pH 值时（pH 等于 $7 \sim 8.5$），仍有阻垢作用，而且还有缓蚀作用。

4. 加 CO_2

通入 CO_2 气体，使循环水中含量达到平衡的需要量。CO_2 的来源可利用废烟道气。

（二）防污垢处理及微生物控制

微生物产生黏垢，它是污垢的一种。最近研究认为：生物膜往往是腐蚀、污垢和结垢出现的原因之一，所以，对微生物必须控制。循环水中的微生物与污垢的处理及防止方法是多方面的，如对补充水进行处理；冷却构筑物及其周围环境的保护；循环系统工艺及管道的完善以及循环水的处理。此处主要了解去除水中悬浮杂质和防止循环冷却水中生物滋长的方法。

1. 旁滤

设旁滤池是防止**悬浮物**在循环水中积累的有效方法。循环水的一部分连续经过旁滤池过滤后返回循环系统。一般，旁滤池过滤流量占循环水量的 $1\% \sim 5\%$。旁滤池的构造与常用的滤池相同。为了**简化流程**，可采用压力滤池。

2. 化学药剂处理

常用的化学药剂有氧化型杀菌剂、非氧化型杀菌剂及表面活性剂杀菌剂等，其作用主要防止水中微生物的滋长。氧化型杀菌剂主要采用液氯、次氯酸钠、次氯酸钙等。由于氯在冷却塔中易于流失，不能持续杀菌，故可与非氧化型杀菌剂联合使用。注意：氧化型杀菌剂不能与有机及其他还原性水处理剂同时使用。非氧化型杀菌剂，常用的有硫酸铜和氯酚。硫酸铜一般不单独使用。使用时常需同时投加铜的螯合剂。以防止铜质沉淀在铁质表面形成腐蚀电池；另外，需同时投加表面活性剂，以使铜离子能渗进附着在塔体上的藻类内部、氯酚杀菌剂，特别是五氯酚钠 C_6Cl_5ONa 广泛地应用于工业冷却水处理。氯酚投量约为每升几十毫克。利用不同药剂对不同菌种杀菌效率不同的特点，可以把数种氯酚化合物组成复方杀菌剂，发挥增效作用，从而降低杀菌剂的用量。通常用氯酚和铜盐混合控制藻类，间歇投药；表面活性剂杀菌剂主要以季铵盐类为代表。带正电的季铵盐与带负电的细菌、真菌和藻类产生选择性吸附，并聚积在微生物的体表上，改变原形质膜的物理化学性质，使细胞活动异常；它的疏水基能溶解微生物体表的脂肪壁，从而杀死微生物；一部分季胺化合物透过细胞壁，进入菌体内，与构成菌体的蛋白质反应，使微生物代谢异常，导致微生物死亡。杀菌剂可以连续使用也可间歇或瞬时投加。在可能条件下，为增加药效，可以两种或两种以上药剂配合使用。另外，杀菌剂应选几种，轮换使用防止微生物逐渐适应杀菌剂而产生抗药性。

二、防腐蚀处理

利用缓蚀剂，使它在金属表面形成一层薄膜，将金属表面覆盖起来，与腐蚀介质隔绝，防止金属腐蚀。它是防止循环水系统腐蚀的主要方法。根据缓蚀剂成膜的类型可以将其分为：氯化膜、沉淀物膜和吸附膜型三种。根据缓蚀剂对电化学腐蚀的控制部位不同，可分为阳极缓蚀剂和阴极缓蚀剂。

（一）氧化膜型缓蚀剂

氧化膜型缓蚀剂形成的防蚀膜薄面致密，与基体金属粘附性强，能阻碍溶解氧的扩散，使腐蚀反应速度降低，而且当保护膜到达一定厚度时，膜的厚度几乎不再增长，因此防腐效果较好。此类缓蚀剂都是重金属含氧酸盐，污染环境。亚硝酸盐类借助水中的溶解氧在金属表面形成氧化膜，成为阳极型缓蚀剂。此类缓蚀剂在长期使用后，系统内硝化细菌繁殖，氧化亚硝酸盐为硝酸盐，防腐效果降低。

（二）水中离子沉淀膜型缓蚀剂

此类缓蚀剂与溶解于水中的离子生成难溶盐或溶合物，在金属表面上析出沉淀，形成防腐蚀膜。所形成的膜多孔、较厚、较松散，且基体密合件差。同时，药剂投量过多，垢层加厚，影响传热。

此类缓蚀剂有聚磷酸盐和锌盐。聚磷酸盐是生物的营养物质必须采取措施控制微生物；锌盐由于对环境污染严重，使用上应加以限制。

（三）金属离子沉淀膜型缓蚀剂

这种缓蚀剂是使金属活化溶解，并在金属离子浓度高的部位与缓蚀剂形成沉积，产生致密的薄膜，缓蚀效果良好，在防蚀膜形成之后，即使在缓蚀剂过剩时，薄膜也停止增厚。这种缓蚀剂如巯基苯并噻唑（简称 MBT）是铜的很好的阳极缓蚀剂，剂量仅为 $1\sim 2mg/L$。因为它在铜的表面进行整合反应，形成一层沉淀薄膜，抑制腐蚀。这类缓蚀剂还有其他杂环硫醇。巯基苯并噻唑与磷酸盐共向使用,对防止金属的点蚀有良好的效果。

(四) 吸附膜型缓蚀剂

这种有机缓蚀剂的分子具有亲水性基和疏水性基。亲水基即极性基能有效地吸附在洁净的金属表面上,而将疏水基团朝向水侧,阻碍水和溶解氧向金属扩散,以抑制腐蚀。防蚀效果与金属表面的洁净程度有关。这种缓蚀剂主要有胺类化合物及其他表向活性剂类有机化合物。这种缓蚀剂的缺点在于分析方法复杂,因而难于控制浓度。价格较贵,在大量用水的冷却系统中使用还有困难,但有发展前途。

缓蚀膜种类及其性质、应用于各种冷却水系统的代表性缓蚀剂,参见表 9-7、表 9-8。

缓蚀剂的种类及其性质 表 9-7

缓蚀剂类型		缓蚀剂	膜的特性
钝化膜型		铬酸盐 钼酸盐 钨酸盐 亚硝酸盐	致密,膜薄(30~300)埃与金属结合紧密
沉淀膜型	水中离子型	聚磷酸盐 锌盐	多孔、膜厚,与金属接合不太紧密
	金属离子型	苯并三氮唑 巯基苯并噻唑	较致密,膜较薄
吸附膜型		有机胺 硫醇类 表面活性剂 木质素 葡萄糖酸盐	在非清洁表面上吸附性差

应用于各种冷却水系统的代表性缓蚀剂 表 9-8

冷却水系统分类	代表性缓蚀剂
敞开式循环水系统	铬酸盐—聚磷酸盐系 铬酸盐—金属盐系(锌盐) 铬酸盐—有机物系(有机磷) 聚磷酸盐—金属盐系(锌盐) 聚磷酸盐—有机物系(有机磷) 有机物系—金属盐系(钼、钨)
密闭式循环水系统	铬酸盐系 亚硝酸盐—有机物系 可溶性油

三、循环冷却水的综合处理

(一) 循环水系统的预处理—清洁和预膜

循环水在运行之初,根据缓蚀原理要在金属表面形成一层保护膜,起抑制腐蚀作用。保护膜的形成过程叫预膜。为了有效地预膜,必须对金属表面进行清洁处理。

循环水系统的预处理包括:化学清洗剂清洗→冲洗干净→预膜。然后转入正常运行。

常用的化学清洗剂有很多,根据所清除的污垢成分选用:以黏垢为主的污垢应选用以杀菌剂为主的清垢剂;以泥垢为主的选用混凝剂或分散剂为主的清垢剂;以结垢为主的应选用螯合剂、渗透剂、分散剂为主的清垢剂；以腐蚀产物为主的，应采用渗透剂、分散剂等表面活性剂。

预膜的好坏往往决定缓蚀效果的好坏。预膜在循环水系统运行之前，每次大修、小修之后，设备酸洗之后，系统发生特低 pH 值之后等情况必须进行。预膜可以采用缓蚀剂配方，也可以用专门的预膜剂配方，参考有关资料。

（二）综合处理与复方稳定剂

在循环冷却水处理中，一般都不采用单一的方法或单一的药剂。即不仅是对某种处理提出多种方法或复方药剂的要求，而且要对腐蚀、水垢及污垢各方面同时进行综合处理，以保证高质量的循环冷却水，使系统运行高效可靠。

近年来，我国采用复合缓蚀剂的配方主要有以下成分：

1. 聚磷酸盐：主要有六偏磷酸钠、聚磷酸钠；
2. 有机磷酸盐：主要有 EDTMP 或 HEDP；
3. 聚羧酸盐：如聚丙烯酸钠。

此外，有的还添加巯基苯并噻唑。

根据近年来的实践表明，这种配方具有较好的效果，其腐蚀率一般小于 0.05mm/a，连续运行三个月未发现点蚀，污垢系数小于 $0.2 \times 10^{-4} m^2 \cdot h \cdot K/J$，最大垢层厚度小于 $500\mu m$。

循环冷却水系统的监测运行可参考《给水排水设计手册》有关工业水处理的部分章节。

思考题与习题

1. 在循环冷却水系统中，结垢、污垢和黏垢的涵义有何区别？
2. 何谓污垢热阻，何谓腐蚀率？
3. 简要叙述循环冷却水结垢与腐蚀的机理。如何判别循环冷却水结垢和腐蚀倾向，试述各种方法的优缺点。
4. 什么叫缓蚀剂？常用的有哪几类缓蚀剂？简要叙述各类缓蚀别的防蚀原理和特点。
5. 什么叫循环冷却水碳酸盐的浓缩倍数？若循环冷却水在密闭系统中循环，浓缩倍数应为多少？
6. 哪几种药剂既可作阻垢剂，又可作缓蚀剂，并简述其阻垢和缓蚀机理。
7. 在循环冷却水系统中，控制微生物有何作用？常用的有哪几种微生物控制方法并简要叙述其优缺点。
8. 循环冷却水系统中所用化学清洗剂有哪几类，并简述其适用条件。
9. 什么叫湿球湿度？为什么湿球温度是水冷却的理论极限？
10. 怎样提高冷却塔的散热速度？
11. 某市平均每年最高 5 天的平均干、湿球温度为 33.4℃与 27.6℃，若气压为 93.3kPa。求空气的含湿量、相对湿度。
12. 循环水的补充水水质为：Ca^{2+} 34mg/L，[总碱度] 2mmol/L（以 $CaCO_3$ 计），溶解固体为 380mg/L，pH=7.64，在循环水 $T=40℃$，浓缩倍数 $K=3$ 时，预计 pH=8，试判断补充水及循环水是否稳定？应采取什么措施？
13. 水温 20℃，Ca^{2+} 72mg/L，碱度 150mg/L（以 $CaCO_3$ 计），总溶解固体为 240mg/L，水中实测 pH 值为 7.60、试计算 pH_S，并判断水质的稳定性。

第十章　几种特殊处理方法

第一节　化　学　沉　淀

一、概述

向水中投加化学药剂，使之与水中某些溶解物质发生反应，生成难溶解盐沉淀下来，从而降低水中溶解物质的含量，这种方法称为化学沉淀法。它一般用于给水处理中去除钙、镁硬度，废水处理中去除重金属离子。

二、氢氧化物沉淀法

大多数金属的氢氧化物在水中的溶度积很小，因此可以利用向水中投加某种化学药剂使水中的金属阳离子生成氢氧化物沉淀而被去除。如以 M^{n+} 表示金属离子，则有：

$$Mn^{n+} + nOH^- = M(OH)_n$$

根据金属化合物溶度积和水的离子积规则，可得：

$$[Mn^{n+}] = \frac{L_{M(OH)_n}}{[OH^-]^n} = \frac{L_{M(OH)_n}}{\left(\frac{K_{H_2O}}{[H^+]}\right)^n}$$

$L_{M(OH)_n}$ 和 K_{H_2O} 分别为金属氢氧化物的溶度积和水的离子积，在一定的温度下，它们均为常数。由此可知，水中 Mn^{2+} 的离子浓度只与 pH 有关，pH 值越高，Mn^{2+} 的离子浓度越小。但是由于废水水质复杂，干扰因素多，实际 Mn^{2+} 的离子浓度的计算值可能有出入，因此控制条件最好通过试验来确定。此外，有些金属（如锌、铅、铬、铝等）的氢氧化物为两性化合物，如 pH 值过高，其沉淀的氢氧化物会重新溶解。因此用氢氧化物法处理废水中的金属阳离子时，pH 值是操作的一个重要条件，既不能低，也不能高。

某矿山废水含铜 83.4mg/L，总铁 1260mg/L，二价铁 10mg/L，pH 值为 2.23，沉淀采用石灰乳，其工艺流程如图 10-1 所示。一级化学沉淀控制 pH 值 3.47，使铁先沉淀。第二级化学沉淀控制 pH 值在 7.5～8.5 范围，使铜沉淀。废水经二级化学沉淀后，出水可达到排放标准，沉淀过程中产生的铁渣和铜渣可回收利用。

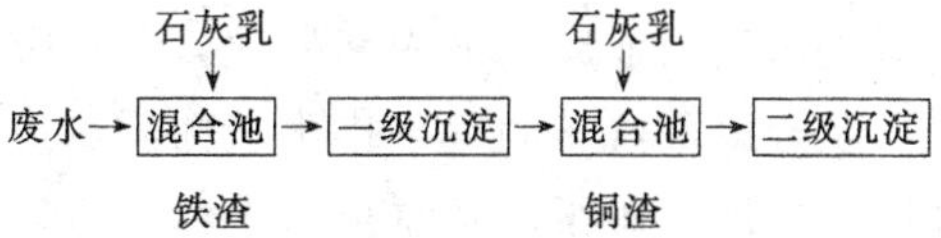

图 10-1　某矿山废水处理工艺沉程

三、硫化物沉淀法

大多数金属的硫化物比其氢氧化物的溶度积更小，其在饱和溶液中的溶解平衡以二价金属离子为例：

$$MS = M^{2+} + S^{2-}$$

$$[M^{2+}] = \frac{L_{MS}}{[S^{2-}]} \tag{10-1}$$

以硫化氢为沉淀剂时，硫化氢在水中的离解

$$H_2S = 2H^+ + S^{2-}$$

$$K = \frac{[H^+]^2[S^{2-}]}{[H_2S]} = 1.1 \times 10^{22}$$

$$[S^{2-}] = \frac{1.1 \times 10^{22}[H_2S]}{[H^+]^2}$$

将上式带入（10-1）式，得

$$[M^{2+}] = \frac{[H^+]^2 L_{MS}}{1.1 \times 10^{22}[H_2S]} \tag{10-2}$$

在 0.1MPa 的压力和 25℃ 条件下，硫化氢在水中的饱和浓度为 0.1mol/L（pH≤6）。

$$[M^{2+}] = \frac{[H^+]^2 L_{MS}}{1.1 \times 10^{23}} \tag{10-3}$$

从上式可知，处理后金属离子的剩余浓度随 pH 值升高而降低，因此可根据处理要求调整 pH 值来控制出水金属离子浓度。

四、其他沉淀处理法

除上述介绍的两种沉淀法外，还有碳酸盐沉淀法、钡盐沉淀法、铁氧体沉淀法等。碳酸盐沉淀法主要用于高浓度的金属废水处理，并可进行回收；钡盐沉淀法主要用于含六价铬的废水处理；铁氧体沉淀法用于金属废水的处理与回收利用，其原理是向废水中投加适量的硫酸亚铁，加碱中和后，通入热空气使废水中各种金属离子形成具有磁性的复合金属的气化物，即铁氧体，其特点是易沉淀分离。

第二节 中 和

一、概述

天然水源水的酸碱度一般符合用水要求，需采用中和处理的大多是工业废水，因此在这里仅讨论工业废水的中和处理。酸、碱废水来源很广，化工厂、化纤厂、电镀厂、煤加工厂及金属酸洗车间等都排出酸性废水。印染厂、金属加工厂、炼油厂、造纸厂等排出碱性废水。酸、碱废水随意排放不仅会造成污染、腐蚀管道、毁坏农作物、危害水体、影响渔业生产，破坏生物处理系统的正常运行，而且使重要工业原料流失造成浪费。因此，对酸或碱废水首先应考虑回收和利用。当考虑回收和综合利用。当废水中酸或碱的浓度很高时，如在 3%～5% 以上，应当首先考虑回收和综合利用，当浓度不高，回收或综合利用经济意义不大时，才考虑中和处理。用化学法去除废水中的酸或碱，使其 pH 值达到中性左右的过程称为中和。处理酸、碱废水的碱、酸称为中和剂。酸性废水的中和方法有利用碱性废水或碱性废渣进行中和、投加碱性药剂及通过有中和性能的滤料过滤 3 种方法。碱性废水的中和方法有利用酸性废水或酸性废渣进行中和、投加酸性药剂等。

二、酸碱废水（或废料）互相中和法

在处理酸性废水时，如果工厂或附近有碱性废水或碱性废渣，应优先考虑采用碱性废水或碱性废水来中和酸性废水。同样在处理碱性废水时，也应优先考虑采用酸性废水或废气来中和碱性废水，达到以废治废、降低处理费用的目的。

当酸碱废料互相中和法处理酸碱废水时，应进行中和能力的计算，使两种废水（或废料）的当量数相等或处理水的pH值符合处理要求。其处理设备应依据废水的排放规律及水质变化情况确定，当水质水量变化较小或时处理水要求较低时，可采用集水井、管道、混合槽等简单形式进行连续中和处理；当水质水量变化不大或对处理水要求高时，应采用连续流中和池进行处理；当水质水量变化较大，且水量较小时连续流处理无法保证处理水要求时，应采用间歇中和池处理。

三、药剂中和法

药剂中和法是酸碱废水中和处理使用最广泛的一种方法，碱性药剂有石灰、石灰石、苏打、苛性钠等，酸性废水中和处理常用的药剂是石灰。酸性药剂有硫酸、盐酸等。中和剂的耗量，应根据试验确定，当无试验资料时，应根据中和反应方程式计算的理论耗量、药剂中杂质含量、实际反应的不完全性等因素确定。药剂中和法处理工艺包括投药、混合反应、沉淀、沉渣脱水等单元。

四、过滤中和法

过滤中和法仅用于酸性废水的中和处理，酸性废水流过碱性滤料时与滤料进行中和反应的方法称为过滤中和法。碱性滤料主要有石灰石、大理石、白云石等。中和滤池有普通中和滤池、升流式膨胀中和滤池和滚筒中和滤池3种。

第三节 吹 脱

曝气一般是向水内吹溶入气体，这种形式称为气体吸收，例如在水中吹入氧气除铁除锰和向污水中鼓入空气进行的好氧生物处理等是常用的曝气方法。空气吹脱是曝气的一种利用形式，一般指在向下喷洒的水流下面，向上吹入空气，把水中溶解的气体或其他挥发性组分吹出来，是与以上所指曝气相反的曝气利用形式。

1. 水中挥发性有机物的吹脱

水中的挥发性有机污染物如氯仿、苯等可用空气吹脱塔去除。逆流式空气吹脱塔的工作过程如图10-2所示。一定流量含挥发性有机物的水向下喷淋，通过一定高度的填料层流到塔外，塔底则由鼓风机吹入空气。由于填料层的作用，将水流分散成薄膜流动增加了气体向空气传递的速率。

2. 氨的吹脱去除

(1) 原理

水中的氨氮，多以氨离子（NH_4^+）和游离氨（NH_3）的状态存在，两者并保持平衡，平衡关系为：

$$NH_3 + H_2O \rightleftharpoons NH_4^+ + OH^- \tag{10-4}$$

这一关系受pH值的影响，当pH值升高，平衡向左移动，游离氨的所占比例增大。当pH值为7时，氨氮多以NH_4^+的状态存在，而当pH值为11左右时，NH_3大致在

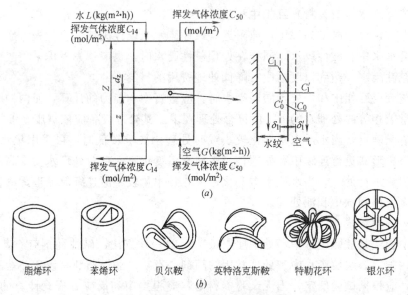

图 10-2 逆流式空气吹脱塔的工作过程
(a) 逆流填充塔；(b) 几种常见填料

90%以上。游离氨易于从水中逸出，如加以曝气吹脱的物理作用，并使水的pH值升高，氨则从水中逸出。这只要采用一般的空气吹脱技术就可以做到。

（2）氨气脱除塔

图 10-3 所示为氨气脱除塔的外形与内部构造。

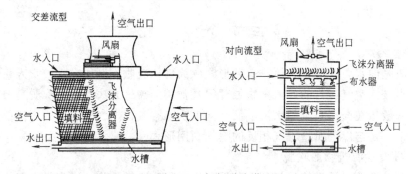

图 10-3 氨气脱除塔

在塔内安设木制或塑料制的格子填料，用以促进空气与水的充分接触。一般以石灰作为碱剂对污水进行预处理，使pH值上升到11左右。污水从塔的上部淋洒到填料上而形成水滴，在填料间隙次第下滴，用风机或空气压缩机从塔底向上吹送空气，使水气对流，在填料的作用下，水、气能够充分接触，水滴不断地形成、破碎，使游离氨呈气态而从水中逸出。

这种处理技术的优点是：

（1）除氨效果稳定；

（2）操作简便，容易控制。

存在的问题是：

（1）逸出的游离氨造成二次污染；

（2）使用石灰易生成水垢；

(3) 水温降低，脱氨效果也将降低。

对这些存在的问题采取的措施有：

(1) 改用氢氧化剂作为预处理碱剂，以防形成水垢；

(2) 采取技术措施回收逸出的游离氨；

(3) 氨气脱除塔工作的影响因素与设计参数。

影响氨气脱除塔工作效果的因素主要有：

(1) pH 值：氨气脱除效果随 pH 值上升而提高，但提高到 10.5 以上，去除率提高即将缓慢。

(2) 水温：水温升高，氨气脱除率也随之提高。

(3) 布水负荷率：水必须以滴状下落，如以膜状下落，脱氨效果将大减。当填料高 6.0m 以上时，布水负荷率不宜超过 $180m^3/(m^2 \cdot d)$。在国外设计布水负荷本取值 $60m^3/(m^2 \cdot d)$ 左右。

(4) 气液比：当填料高在 6.0m 以上时，气液比以 2200~2300 以下为宜，空气流速的上限为 1600m/min。

本工艺的脱氨效果，当二级处理水氨氮含量为 25~35mg/L 时，氨气脱除塔出口处水中将为 5~9mg/L，去除率为 75%~85%。对 BOD、COD、SS 及浊度等指标都有一定的去除效果；COD 去除率为 25%~50%；BOD 为 65% 左右；SS 为 50%；浊度为 90%。

第四节 电 解

电解法就是利用电解原理处理废水的方法。在废水的电解处理过程中，因阴极与电源负极相连，放出电子，废水中的阳离子则在阴极上得到电子而被还原；阳极与电源正极相连得到电子，废水中的阴离子则在阳极上失去电子而被氧化。因此，废水中的有害物质在电极上发生了氧化还原反应，生成了新的物质，新的物质则通过沉积在电极表面或沉淀于水中或转化为气体而被去除。

利用废水中物质通过电解后能沉积在电极表面的特点，处理贵重金属废水，同时又能回收纯度较高的贵重金属，如含银、含汞废水的电解处理。利用废水中物质通过电解后能沉淀于水中的特点，处理重金属有毒废水，此时，一般以铁、铅为电极，极板溶解下来的铁、铝离子兼有混凝作用，有助于沉淀分离，如含铬废水的电解处理。利用废水中物质通过电解后生成气体的特点，处理非金属有毒废水，如含氰、含酚废水。下面，仅以合格废水、含氰废水为例，对其原理做简单介绍。

电解法在处理含铬废水时，一般以钢板为电极，在电极上发生如下反应：

阳极：
$$Fe - 2e = Fe^{2+}$$
$$CrO_4^{2-} + 3Fe^{2+} + 8H^+ = Cr^{3+} + 3Fe^{3+} + 4H_2O$$

阴极：
$$2H^+ + 2e = H_2 \uparrow$$
$$CrO_4^{2-} + 3e + 8H^+ = Cr^{3+} + 4H_2O$$

从以上反应可以看出，在阳极上铁由于失去电子而被氧化为亚铁离子，亚铁离子是强还原剂，与废水中的铬酸根发生反应，将 6 价铬还原为 3 价铬，3 价铬的毒性远远小于 6 价铬。在阴极上水中的氢离子因得到电子而在极板上析出，使水中氢离子减少，碱性增强,因此电解需在酸性条件下进行为好。同时也有少量的铬酸根直接从极板上获得电子而被还原为3价铬离子。通过电解及电解液中的反应产物铁离子和3价铬离子,其氢氧化物的溶度积都很小,可通过化学沉淀法去除。

电解法在处理含氰废水时,一般采用石墨做电极,当废水中不加食盐电解质时,在阳极及废水中发生如下反应:

$$CN^- + 2OH^- + 2e = CNO^- + H_2O$$

$$CNO^- + 2H_2O = NH_4^+ + CO_3^{2-}$$

$$2CNO^- + 4OH^- - 6e = 2CO_2 + N_2 + H_2O$$

当电解废水中投加食盐时,在阳极及废水中发生如下反应:

$$2Cl^- - 2e = 2[Cl]$$

$$CN^- + 2[Cl] + 2OH^- = CNO^- + 2Cl^- + H_2O$$

$$2CNO^- + 6[Cl] + 4OH^- = 2CO_2 + N_2 + 6Cl^- + 2H_2O$$

从上述反应可以看出,在电解处理过程中,不加食盐电解质时,CN^-首先在阳极被氧化为CNO^-,然后CNO^-再被氧化为无毒的CO_2和N_2,同时CNO也有部分转化为NH^{4+};投加食盐后,不但增加了废水的导电性,降低电解电压,电解反应也发生了变化,首先水中的氯离子被氧化为具有强氧化性的游离性氯,然后游离性氯再将CN^-和CNO^-氧化为无毒的CO_2和N_2,从而加速了电解反应。

第五节 膜 法

一、概述

利用膜将水中的物质(微粒或分子或离子)分离出去的方法称为水的膜析处理法(或称膜分离法、膜处理法)。在膜处理中,以水中的物质透过膜来达到处理目的时称为渗析,以水透过膜来达到处理目的时称为渗透。膜处理法有渗析、电渗析、反渗透、扩散渗析、纳滤、超滤、微孔过滤等。由于膜分离法具有在分离过程中不发生相变化,能量的转化效率高;一般不需要投加其他物质,可节省原材料和化学药品;在常温下可进行;适应性强,操作及维护方便,易于实现自动化控制等优点,因此在工业用水处理中被广泛应用,尤其是纯水生产方面。同时膜分离法还具有分离和浓缩同时进行,可回收有价值的物质;根据膜的选择透过性和膜孔径的大小,可将不同粒径的物质分开而使物质得到纯化而又不改变其原有的属性的优点,因此在工业废水处理中也被广泛应用。近年来膜制造技术发展较快,已开始在生活供水领域应用,表10-1所示为水处理中常用的膜分离法的技术特征。

二、电渗析

1. 离子交换膜

离子交换膜实质上是膜状的离子交换树脂,与离子交换树脂的化学组成和化学结构一致,其区别在于离子交换膜外形为薄膜片状,其作用机理为选择透过性,因此又称选择透过性膜。离子交换树脂外形是圆形粒状,其作用机理选择吸附性。

离子交换膜按其选择透过性能,主要分为阳膜与阴膜,按其膜体结构,可区分为异相膜、均相膜、半均相膜3种。异相膜的优点是机械强度好、价格低。缺点是膜电阻大、耐热差、透水件大。均相膜则相反。国产部分离子交换膜主要性能见表10-2。

主要膜分离法的技术特征　　　　　　　　　　　　　　　表 10-1

	微滤(MF)	超滤(UF)	纳滤(NF)	反渗透(RO)	电渗析(ED)
推动力	压力差	压力差	压力差	压力差	电位差
膜孔径(μm)	0.02～10	0.001～0.02	0.0005～0.01	0.0001～0.01	
透过膜的物质	水、分子	水、小分子	水、部分离子	水	离子
去除对象	微粒	微粒、大分子	部分离子、小分子	离子、小分子	离子
膜类型	多孔膜	非对称性膜	非对称性膜或复合膜	非对称性膜或复合膜	离子交换
膜材料	醋酸纤维素、复合膜、醋酸、硝酸纤维素混合膜、聚碳酸脂膜	醋酸纤维素、聚砜、聚酰胺、聚丙烯腈	氯甲基化/季胺化聚砜膜(荷电膜)、醋酸纤维素、磺化聚砜、磺化聚醚砜、芳香族聚酰胺复合材料	醋酸纤维素、聚酰胺复合膜	
膜组件常用形式	板式、折叠筒式	卷式、中空纤维	卷式	卷式、中空纤维	
进水水质指标 浊度(NTU)				卷式<0.5 中空纤维<0.3	1～3
进水水质指标 污染指数(FI)				卷式<3～5 中空纤维<3	
进水水质指标 化学耗氧量(mg/L)				<1.5	<3
进水水质指标 游离氯(mg/L)				卷式<0.2～1.0 中空纤维<0	<0.1
进水水质指标 水温(℃)	5～35	10～35	15～35	15～35	5～40
进水水质指标 总 Fe(mg/L)				<0.05	<0.3
进水水质指标 Mn(mg/L)					<0.1
进水水质指标 操作压力(MPa)	0.01～0.2	0.1～0.5	0.5～1,一般为0.7,最低0.3	卷式:5.5 中空纤维2.8	<0.3

国产部分离子交换膜主要性能　　　　　　　　　　　　　　表 10-2

膜的种类	厚度(mm)	交换容量(mmol/g)	含水率(%)	膜电阻(Ω)	选择透过率(%)
聚乙烯异相阳膜	0.38～0.5	≥2.8	≥40	8～12	≥90
聚乙烯异相阴膜	0.38～0.5	≥1.8	≥35	8～15	≥90
聚乙烯半均相阳膜	0.25～0.45	2.4	38～40	5～6	>95
聚乙烯半均相阴膜	0.25～0.45	2.5	32～35	8～10	95
聚乙烯均相阳膜	0.3	2.0	35	<5	≥95
氯醇橡胶均相阴膜	0.28～0.32	0.8～1.2	25～45	<6	≥85

2. 原理

电渗析是在外加直流电场作用下,利用离子交换膜的选择透过性(即阳膜只允许阳离子透过,阴膜只允许阴离子透过),使水中阴、阳离子作定向迁移,从而达到离子从水中分离的一种物理化学过程。

电渗析原理如图10-4所示。在阴极与阳极之间,放置着若干交替排列的阳膜与阴膜,让水通过两膜及网膜与两极之间所形成的隔室,在两端电极接通直流电源后,水中阴、阳离子分别向阳极、阴极方向迁移，由于阳膜、阴膜的选择透过性，就形成了交替排列的离子浓度减少的淡室和离子浓度增加的浓室。与此同时，在两电极上也发生着氧化还原反应，即电极反应，其结果是使阴极室因溶液呈碱性而结垢，阳极室因溶液呈酸性而腐蚀。因此，在电渗析过程中，电能的消耗主要用来克服电流通过溶液、膜时所受到的阻力以及电极反应。

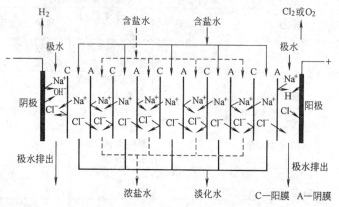

图 10-4　电渗析原理示意图

3. 电渗析器

电渗析器的构造包括压板、电极托板、电极、极框、阴膜、阳膜、浓水隔板、淡水隔板等部件。将这些部件按一定顺序组装并压紧，组成一定形式的电渗析器。其中隔板是用于隔开阴、阳膜的，并与阴、阳膜一起形成浓、淡室的水流通道，其材料有聚乙烯、聚丙烯、合成橡胶等。常用有鱼鳞网、编织网、冲膜式网等。隔板按水流形式可分有回路式和无回路式两种，有回路式隔板流程长、流速高、电流效率高、一次处理效果好，适用于流量较小且处理要求较高的场合。无回路隔板流程短、流速低，要求隔板搅动作用强，水流分布均匀，适用于流量较大而处理要求不高的场合。常用电极材料有石墨、钛涂钌、铅、不锈钢等。另外，电渗析器的配套设备还包括控制箱、水泵、转子流量计等。

4. 电渗析器组装

一对阴、阳膜和一对浓、淡水隔板交替排列，组成最基本的脱盐单元，称为膜对，电极（包括中间电极）之间由若干组膜对叠一起即为膜堆。一对电极之间的膜堆称为一级，具有同向水流的并联膜堆称为一段。电渗析器的组装方式有一级一段、多级一段、一级多段和多级多段等（见图 10-5）。

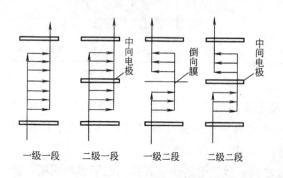

图 10-5　电渗析器的组装方式

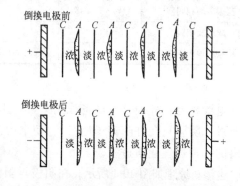

图 10-6　极化现象示意图

5. 极化现象

电渗析工作中电流的传导是靠水中的阴、阳离子的迁移来完成的,当电流增大到一定数值时,如若再提高电流,由于离子扩散不及,在膜界面处将引起水的离解,使氢离子透过阳膜、氢氧根离子透过阴膜,这种现象称为极化。此时的电流密度称为极限电流密度。极化发生后阳膜淡室的一侧富集着过量的氢氧根离子,阳膜浓室的一侧富集着过量的氢离子;而在阴膜淡室的一侧富集着过量的氢离子,阴膜浓室的一侧富集着过量的氢氧根离子。由于浓室中离子浓度高,则在浓室阴膜的一侧发生碳酸钙、氢氧化镁沉淀(见图10-6)。从而增加膜电阻,加大电能消耗,减小膜的有效面积,降低出水水质,影响正常运行。

6. 电渗析器工艺设计

目前,电渗析器有系列产品规格,可根据淡水产量与处理要求确定合理设计参数,选用所需电渗析器的台数以及并联或串联的组装方式。

(1) 脱盐率。脱盐率主要取决于隔板厚度、流程长度、流速以及实际操作电流密度。对于常用的无回路网式聚丙烯隔板(流速6cm/s,进水含盐2000mg/L NaCl,温度25℃),其单段脱盐率可按下表进行初步计算。

网格主要规格(mm)	单段脱盐率(%)	网格主要规格(mm)	单段脱盐率(%)
400×800×0.9	30	400×800×0.5	50
400×1600×0.9	50	400×1600×0.5	75
800×1600×0.9	50	800×1600×0.5	70

(2) 操作压力。根据当前制造水平,无回路网式电渗析器的操作压力一般选用0.2MPa为宜,超过0.3MPa难以保证安全运行。

(3) 流速。对于无回路网式隔板,流速取4~10cm为佳。

(4) 每段膜对数。每段膜对数应不超过200对,每台电渗析器的膜总对数在400对以下较为合适。

在隔板主要规格为400mm×1600mm×0.9mm,膜对数为200对的情况下,单段电渗析器有关设计参数见表10-3。该数值可供初步计算时参考。

单段电渗析器设计参数参考值　　　　　表10-3

流速(cm/s)	4	5	6	7	8	9	10
单段脱盐率(%)	56	53	50	46	43	41	38
操作压力(MPa)	0.04	0.05	0.06	0.065	0.075	0.08	0.09
产水量(m³/h)	9.1	11.3	13.6	15.9	18.1	20.4	22.6

由表可知,在隔板主要规格给定的情况下,单段脱盐率与操作压力主要取决于流速,而产水量则与流速以及每段膜对数成正比关系。另外,实际脱盐率相当于表中极限电流工况下脱盐率的90%左右。

【例10-1】 原水含盐量2000mg/L。要求产水量16m³/h,实际脱盐率75%,选用隔板400mm×1600mm×0.9mm,试初步计算无回路网式电渗析器的组装形式。

【解】 总脱盐率应等于1.1×75%=83%

参考表 10-3，流速取 7，单段脱盐率 ε 为 46%，并选用二段组装形式，则有总脱盐率 $=0.46+(1-0.46)\times 0.46+[1-0.46-(1-0.46)\times 0.46]\times 0.46=0.843>0.83$

单台操作压力 $=0.065\times 3=0.195\approx 0.2\text{MPa}$

单台 3 级 3 段组装，每段 110 对膜，共 330 对膜：

每台产水量 $=15.9\times\dfrac{110}{200}=8.7\text{m}^3/\text{h}$，需两台并联，另选一台备用，共三台。

三、反渗透

1. 反渗透原理

用一种只能让水分子透过而不允许溶质透过的半透膜将纯水与咸水分开，则水分子将从纯水一侧通过膜向咸水一侧透过，结果使咸水一侧的液面上升，直到到达某一高度，此即所谓渗透过程，如图 10-7a 所示。当渗透达到动平衡状态时，半透膜两侧存在一定的水位差或压力差，如图 10-7b 所示，此即为指定温度下的溶液（咸水）渗透压。如果如图 10-7c 所示，在咸水一侧施加的压力大于该溶液的渗透压，可迫使渗透反向，即水分子从咸水一侧反向地通过膜透过到纯水一侧，实现反渗透过程。

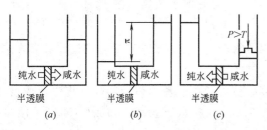

图 10-7 渗透和反渗透现象

2. 反渗透膜

目前用于水处理的反渗透膜主要有醋酸纤维素（CA）膜和芳香族聚酰胺膜两大类。一般是表面与内部具有不对称的结构，图 10-8 所示为 CA 膜的结构示意图，其表皮层结构致密，孔径 0.8~1.0nm，厚约 0.25μm，起脱盐的关键作用。表皮层下面为结构疏松、孔径 100~400nm 的多孔支撑层。在其间还夹有一层孔径约 20μm 的过渡层。膜总厚度 100μm，含水率占 60% 左右。

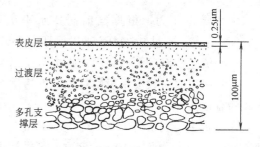

图 10-8 CA 膜结构示意图

3. 反渗透装置

目前反渗透装置有板框式、管式、卷式和中空纤维式 4 种类型。

板框式装置由一定数量的多孔隔板组合而成，每块隔板两面装有反渗透膜，在压力作用下，透过膜的淡化水在隔板内汇集并引出。管式装置分为内压管式和外压管式两种；前者将膜镶在管的内壁，如图 10-9a 所示，含盐水在压力作用下的管内流动，透过膜的淡化水通过管壁上的小孔流出；后者将膜铸在管的外壁，透过膜的淡化水通过管壁上的小孔由管内流出。卷式装置如图 10-9b 所示，把导流隔网、膜和多孔支撑材料依次迭合，用粘合剂沿三边把两层膜粘结密封，另一开放边与中间淡水集水管联接，再卷绕一起；含盐水由一端流入导流隔网，从另一端流出，透过膜的淡化水沿多孔支撑材料流动，由中间集水管引出。中空纤维装置如图 10-9c 所示，把一束外径 50~100μm、壁厚 12~25μm 的中空纤维，装于耐压管内，纤维开口端固定在环氧树脂管板中，并露出管板。通过纤维管壁的淡化沿空心通道从开口端引出。各种型式反渗透器的主要性能见表 10-4，优缺点见表 10-5。

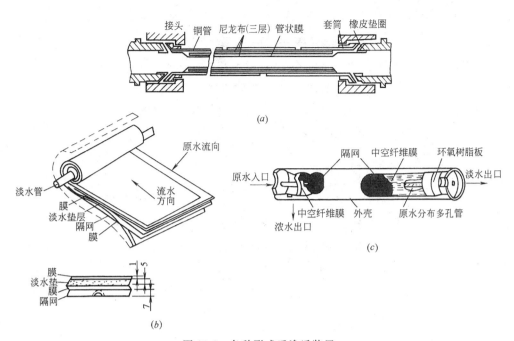

图 10-9 各种形式反渗透装置
(a) 管式；(b) 卷式；(c) 中空纤维

各种类型反渗透装置的主要性能　　　　　　　　　　表 10-4

类型 性能指标	板框式	管式	中空纤维	卷式
膜装填密度(m^2/m^3)	492	328	656	9180
操作压力(MPa)	5.5	5.5	5.5	2.8
透水率($m^3/(m^2 \cdot d)$)	1.02	1.02	1.02	0.073
单位体积透水量($m^3/(m^2 \cdot d)$)	501	334	668	668

各种类型反渗透装置的优缺点　　　　　　　　　　表 10-5

类型	优　点	缺　点
板框式	结构紧凑牢固，能承受高压，性能稳定，工艺成熟，换膜方便	液流状态较差，容易造成浓差极化，成本高
管式	液流流速可调范围大，浓差极化较易控制，流道通畅，压力损失小，易安装、清洗、拆换，工艺成熟，可用于处理含悬浮固体水	单位体积膜面积小，设备体积大，装置成本高
卷式	结构紧凑，单位体积膜体积大，工艺较成熟，设备费用低	浓差极化不易控制，易堵塞，不易清洗，换膜困难
中空纤维	单位体积膜面积大，不需外加支撑材料，设备结构紧凑，设备费用低	膜易堵塞，不易清洗，预处理要求高，换膜费用高

4. 反渗透法处理工艺

反渗透法处理工艺根据原水水质和处理要求的不同，主要有单程式、循环式和多段式 3 种工艺（见图 10-10），单程式工艺只是原水一次经过反渗透器装置处理，水的回收率（淡化水流量与进水流量的比值）较低；循环式工艺是以部分浓水回流来提高水的回收率，但淡水

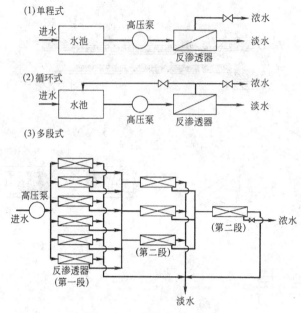

图 10-10 反渗透处理工艺

水质有所降低;多段式工艺是以浓水多次处理来提高水的回收率,用于产水量大的场合。

四、纳滤

纳滤(NF)是介于反渗透和超滤之间,又一种新型分子级的膜分离技术。它是适宜于分离分子量在 200g/mol 以上,分子大小 1nm 的溶解组分的膜工艺,故被命名为"纳滤"。纳滤操作压力通常为 0.5~1.0MPa,一般为 0.7MPa 左右,最低为 0.3MPa。由于这种特件,有时将纳滤称为"低压反渗透"或"疏松反渗透"。根据操作压力和分离界限定性地将纳滤置于 RO 和 UF 之间,它们之间的关系如图 10-11。压力驱动膜孔径分布与操作压力见图 10-12。

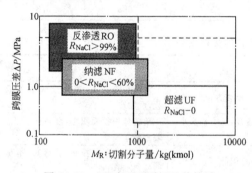

图 10-11 NF 与 RO 及 UF 的关系

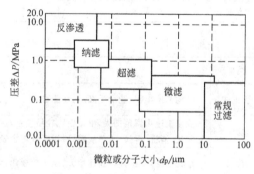

图 10-12 压力驱动膜工艺分类

纳滤膜的一个特点是具有离子选择性:具有一价阴离子可以大量地渗过膜(但并非无阻挡的),然而膜对具有多价阴离子的盐(例如硫酸盐、碳酸盐)的截留率则高的多。因此盐的渗透性主要由阴离子的价态决定。

对阴离子来说,截留率按以下顺序上升:NO_3^-,Cl^-,OH^-,SO_4^{2-},CO_3^{2-}。

对阳离子来说,截留率按以下顺序上升:H^+,Na^+,K^+,Ca^{2+},Mg^{2+},Cu^{2+}。

纳滤过程之所以具有离子选择性,是由于在膜上或者膜中有负的带电基团,它们通过静电作用,阻碍多价阴离子的渗透。荷电性的不同如有的荷正电有的荷负电,及荷点密度的不同等,都会产生明显的影响。

纳滤膜的传质机理与 RO 膜相似,属于溶解—扩散模型,但是由于大部分 NF 膜为荷电型,其对无机盐的分离行为不仅受化学势控制,同时也受到电势梯度的影响,其传质机理还在研究,至今尚难定论。

由于无机盐能透过纳滤膜,使其渗透压比 RO 低,因此,在通量一定时,NF 过程所需的外界压力比 RO 低得多;此外,NF 能使浓缩和脱盐同步进行。所与 NF 代替 RO 时,浓缩过程可有效、快速地进行,并达到较大的浓缩倍数。

五、超滤

超滤又称超过滤,用于截留水中胶体大小的颗粒,而水和低分子量溶质则允许透过膜。其机理是筛孔分离,因此可根据去除对象选择超滤膜的孔径。

超滤与反渗透的工作方式相同,装置相似。由于孔径较大,无脱盐性能,操作压力低,设备简单,因此在纯水终处理中用于部分去除水中的细菌、病毒、胶体、大分子等微粒相,尤其是对产生浊度物质的去除非常有效,其出水浊度甚至可达 0.1NTU 以下。工业废水处理中用于去除或回收高分子物质和胶体大小的微粒。在中水处理中亦可部分去除细菌、病毒、有机物和悬浮物等。

在超滤过程中,水在膜的两侧流动,则在膜附近的两侧分别形成水流边界层,在高压侧由于水和小分子的透过,大分子被截留并不断累积在膜表面边界层内,使其浓度高于主体水流中的浓度,从而形成浓度差,当浓度差增加到一定程度时,大分子物质在膜表面生成凝胶,影响水的透过通量,这种现象称浓差极化。此时,增大压力,透水通量并不增大,因此,在超滤操作中应合理地控制操作压力、浓液流速、水温、操作时间(及时进行清洗),对原水进行预处理。各种处理方法的适用范围见图 10-13。

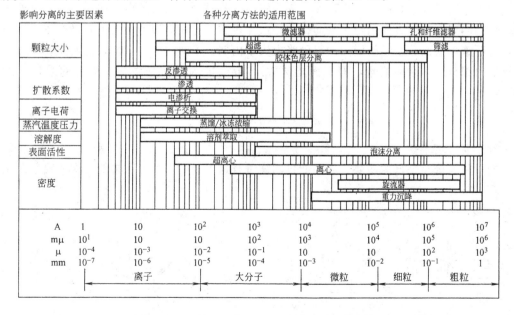

图 10-13 各种分离方法的适用范围

六、微孔过滤

前面介绍的膜处理法均是水在膜的两侧流动中得到净化,一侧是浓水,一侧是处理水,而微孔过滤是将全部进水挤压滤过,小于膜孔的粒子通过膜,大于膜孔的粒子被截流在膜表面,其作用相当于"过滤",因此又称膜过滤或精密过滤。微孔过滤在水处理中用于去除水中细小悬浮物、微生物、微粒、细菌、胶体等杂质。其优点是设备简单、操作方便、效率高、工作压力低等,缺点是由于截留杂质不能及时被冲走,因而膜孔容易堵塞,需更换。

第六节 气 浮

一、概述

气浮法是通过某种技术在水中产生大量的微小气泡,使之与废水中悬浮微粒絮凝粘附,因密度下降至小于水而上浮到水面形成浮渣,从而达到去除水中的悬浮微粒。气浮法主要用于处理含有悬浮微粒密度近于1及沉淀法难以去除的水,如造纸废水、石油化工废水、洗毛废水、含藻类较多的低温低浊水源水。

二、气浮的理论基础

1. 界面张力和界面自由能 液气两相接触时(以液体为例,如图 10-14),由于液体的表面分子与内部分子所受的分子引力不同,而液体分子之间的相互吸引力,即内聚力又远比液体分子与气体分子间的粘着力大,因此液体的表面分子与内部分子受力是不均衡的,即液体的内部分子所受合力为零,液体的表面分子所受的合力大于零,其合力大小相等,方向垂直于接触面并指向液体和气体的内部,这种力图缩小液体的表面积,在空气中体积很小的水以水珠(即球形,因为球形的表面积最小)形式存在就是这个道理。对于气相也是同样。

水中空气以气泡(即球形)存在、界面张力(σ)则是表面分子间的引力,与分子间的内聚力同时存在,方向则与接触面相切。液体表面分子在内聚力作用下而仍然在液体表面,说明液体表面分子间的引力即界面张力大于内部分子间的引力,所以说液体表面分子具有比内部分子多余的能量,即界面能(W):界面能为界面张力与表面积的乘积(式10-5)。

$$W = \sigma \times S \tag{10-5}$$

2. 吸附的条件

能量具有降至最低的趋势,界面能也同样符合这个规则。气、粒未能吸附而独立存在

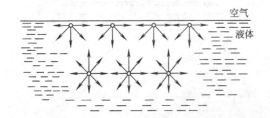

图 10-14 液体表面分子和内部分子的受力情况

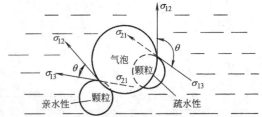

图 10-15 亲水性物质和疏水性物质接触角

时，其体系的界面能为：

$$W_1 = \sigma_{12} \cdot S_{12} + \sigma_{13} \cdot S_{13} \tag{10-6}$$

如果气泡与颗粒接触，便形成以三相间的吸附界面构成的交界线，此线称为润湿周边，如图 10-15（图中 1、2、3 分别代表水、气、颗粒；水、粒界面张力 σ_{13}、水气界面张力 σ_{12}）所示。σ_{12}、σ_{13} 之间的夹角则称为润湿接触角（θ），若 $\theta > 90°$ 称颗粒为疏水性物质，若 $\theta < 90°$ 称颗粒为亲水性物质。其体现界面能为（气粒吸附的表面积为 S）：

$$W_2 = \sigma_{12}(S_{12} - S) + \sigma_{13}(S_{13} - S) + \sigma_{23} S \tag{10-7}$$

其中：

$$\sigma_{13} = \sigma_{12} \cos(180 - \theta) + \sigma_{23} \tag{10-8}$$

颗粒与气泡粘附后，界面能的变化值为：

$$\Delta W = W_1 - W_2 = \sigma_{12}[1 + \cos(180 - \theta)]S = \sigma_{12}(1 - \cos\theta)S \tag{10-9}$$

从上式可以看出，$\Delta W \geq 0$，气泡与微粒能否粘附及粘附的情况取决于 θ 角。$\theta \to 0°$，$\Delta W \to 0$，吸附难于发生，不能用气浮处理。当 $\theta \to 180°$，$\Delta W \to$ 最大值，吸附易于发生，可用气浮处理。

由式（10-8）可得：

$$\cos\theta = \frac{\sigma_{23} - \sigma_{13}}{\sigma_{12}} \tag{10-10}$$

由式（10-10）可明显看出 θ 角取决于三相的界面张力的大小，即气泡与微粒能否粘附及粘附的情况取决于三相的界面张力的大小。增大水的表面张力（σ_{12}），可以是接触角增加，有利于气粒结合。反之，则有碍于气粒结合，不能形成牢固结合的气粒气浮体。

3. 气泡与泡沫的稳定性

同样体积的空气形成分散细小的气泡，其表面积大于形成大气泡的表面积，会增加气泡与颗粒的碰撞粘附的机会；另外，大气泡因上升过程中的剧烈水力搅动，也不利于气泡与颗粒的粘附，同时还会把吸附的气泡撞开，因此形成的小气泡有利于气浮。实践证明，气泡直径在 $100\mu m$ 以下才能很好的与颗粒粘附。

气泡本身有相互粘附而使界面能降低的趋势，即气泡合并作用，同样会使碰撞粘附的机会减少。如果形成的气泡和颗粒的结合体，即泡沫上升到水面以后很快破灭，就会使已吸附的颗粒来不及被刮渣设备去除，再次沉入水中。因此水中要有一定的表面活性物质，以防止气泡合并和泡沫很快破灭。表面活性物质亦称起泡剂，大多数是由极性－非极性分子组成，圆头表示极性基，易溶于水，伸向水中（因为水是强极性分子）；尾端表示非极性基，为疏水基，伸入气泡。由于同号电荷的相斥作用可防止气泡的合并与破灭，因而增强了泡沫稳定性（见图 10-16）。水中表面活性物质不足时，为保证气浮效果，应进行投加，投加量应根据试验确定。

如果水中表面活性物质过多，使气泡或颗粒（如油粒）由于同号而过于稳定，也难于形成泡沫。废水中含有的亲水性固体粉末，如粉砂、黏土等，其如润湿角在 $0° \sim 90°$ 之间，因此它表面的一小部分为油所粘附，大部分为水润湿（见图 10-17）。油珠为这些固体粉

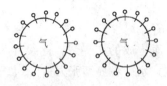 

图 10-16　表面活性物质与气泡粘附电荷相斥作用　　图 10-17　固体粉末在水中与油珠粘附

末所包围覆盖,也难于形成泡沫。因此,有效的方法是投加混凝剂、使水中增加相反电荷胶体,以压缩双电层,消除电荷的相斥作用,使颗粒能够与气泡粘附。

三、溶气气浮法

根据气泡析出时所处压力的不同,溶气气浮又可分为真空溶气气浮和加压溶气气浮两种类型。

真空溶气气浮是空气在常压或加压条件下溶入水中,而在负压条件下析出。其主要特点是:空气溶解所需压力比压力溶气低,动力设备和电能消耗较少;气浮在负压条件下运行,气浮池需密闭,使气浮池的构造复杂、维护运行、设备维修困难,溶气量小。这种方法只适用于处理污染物浓度不高的废水,生产中使用较少。

加压溶气气浮是空气在加压条件下溶入水中,而在常压下析出。其特点是:溶气量大,能提供足够的微气泡,可满足不同要求的固液分离,确保去除效果;经减压释放后产生的气泡粒径小（20～100μm）、粒径均匀,微气泡在气浮池中上升速度很慢、对池扰动较小,特别适用于絮凝体松散、细小的固体分离;设备和流程都比较简单,维护管理方便。加压溶气气浮是生产上应用最广泛的一种气浮法。其工艺是由空气饱和设备、空气释放设备和气浮池、除渣设备等组成。基本工艺流程有全溶气流程、部分溶气流程和回流加压溶气流程3种。

全溶气流程（如图 10-18 所示）是将全部废水进行加压溶气,再经减压释放装置进入气浮池进行固液分离。与其他两流程相比,其电耗高,但因不另加溶气水,所以气浮池容积小。

部分溶气流程（如图 10-19 所示）是将部分废水进行加压溶气,其余废水直接送入气浮池。该流程比全溶气流程省电,因部分废水经溶气罐,所以溶气罐的容积比较小。但因部分废水加压溶气所能提供的空气量较少,因此如若想提供同样的空气量,必须加大溶气罐的压力。

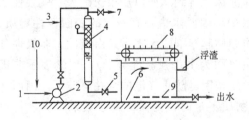 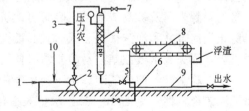

图 10-18　全加压容气气浮工艺流程　　　　　图 10-19　部分加压容气气浮工艺流程

1—原水进入；2—加压泵；3—空气加入；4—压力溶气罐（含填料层）；5—减压阀；6—气浮池；7—放气阀；8—刮渣机；9—集水系统；10—化学药剂　　　1—原水进入；2—加压泵；3—空气加入；4—压力溶气罐（含填料层）；5—减压阀；6—气浮池；7—放气阀；8—刮渣机；9—集水系统；10—化学药剂

回流加压溶气流程（如图10-20所示）是将部分出水进行回流加压，废水直接送入气浮池。该法适用于含悬浮物浓度高的废水的固液分离，但气浮池的容积较前两者大。

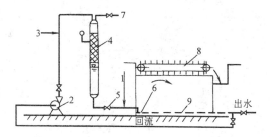

图 10-20　回流加压溶气气浮工艺流程
1—原水进入；2—加压泵；3—空气加入；4—压力溶气罐（含填料层）；5—减压阀；6—气浮池；7—放气阀；8—刮渣机；9—集水管及回流清水管

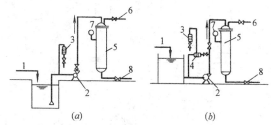

图 10-21　水泵吸水管吸气供气
1—回流水；2—加压泵；3—气量计；
4—射流器；5—溶气罐；6—放气管；
7—压力表；8—减压释放设备

下面，介绍一下空气饱和设备。

空气饱和设备由加压水泵及供气、溶气等设备组成，其作用是在一定压力下将空气溶解于水中以提供废水处理所要求的溶气水。

1. 加压泵

加压泵是用来供给一定压力的水量。如加压泵压力过高，则单位体积溶解的空气量增加，经减压后能析出大量的空气，会促进微气泡的并聚，对气浮分离不利。另外，由于高压下所需的溶气水量减少，不利于溶气水与原废水的充分混合。反之，加压泵压力过低，势必需增加溶气水量，从而增加了气浮池的容积。

2. 供气

供气可分为水泵吸水管吸气供气、水泵压水管射流供气和水泵—空压机供气3种方式。水泵吸水管吸气供气可分为两种形式：一种是利用水泵吸水管内的负压作用，在吸水管上开一小孔，空气经气量调节和计量设备被吸入后送入溶气罐，如图10-21（a）所示。另一种是在水泵压水管上接一支管，支管上安装一射流器，利用射流器将空气吸入并送入吸水管，再经水泵送入溶气罐，如图10-21（b）所示。其优点是设备简单，不需空压机；缺点是溶气量小，一般不超过水泵流量的10%（体积比），否则会使水泵产生不正常振动及发生气蚀。

水泵压水管射流供气（如图10-22所示）是利用在水泵压水管上安装的射流器抽吸空气。其优点是设备简单，不需空压机，无水泵不正常振动及气蚀危险；缺点是射流器本身能量损失大，一般约30%，水泵出口处压力大于所需溶气水压力。

水泵-空变压机供气（如图10-23所示）是目前常用的一种供气方法。该方法溶解的空气由空压机供给，压力水可单独进入溶气罐，也可与压缩空气合并进入溶气罐。为防止因操作不当，使压缩空气或压力水倒流入水泵或空压机，目前常采用自上而下的同向流进入溶气罐。

其优点是由于在一定压力下需空气量较少，因此空压机的功率较小。能耗较前两种方式少；缺点是产生噪声与油污染，操作也比较复杂，特别是要控制好水泵与空压机压力，并使其达到平衡状态。

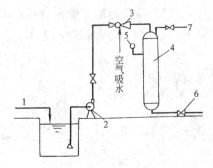
图 10-22 水泵压水管射流供气
1—回流水；2—加压泵；3—射流器；4—溶气罐；
5—压力表；6—减压释放设备；7—放气阀

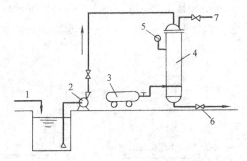
图 10-23 水泵-空压机供气
1—回流水；2—加压泵；3—空压机；4—溶气罐；
5—压力表；6—减压释放设备；7—放气阀

供气量应根据气浮试验确定，一般为处理水量的 1%～5%（体积比），或气泡浮出固体物质量的 0.5%～1%（重量比）。

3. 溶气罐

溶气罐的作用是实施水和空气的充分接触，加速空气的溶解。目前常用有图 10-24 所示的几种形式。溶气罐有空罐和填充罐两种，填充罐由于装有的填料可加剧紊动程度，提高液相的分散程度，不断更新液相与气相的界面，因此溶气效率高，其构造如图 10-25 所示。填充式溶气罐，填料有各种形式，研究表明，阶梯环的溶气效率最高，可达 90% 以上，拉西环次之，波纹片卷最低，波纹片卷的溶气效率比空罐高 25% 左右。填料层的厚度超过 0.8m 时，可达到饱和状态。溶气罐的表面负荷一般为 $300\sim2500 m^3/(m^2 \cdot d)$，故一般都采用。

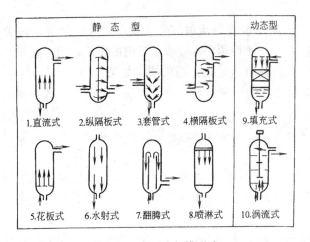
图 10-24 常用溶气罐形式

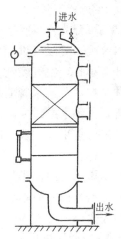
图 10-25 填充罐示意图

操作时应注意由于布水不均匀可能发生的堵塞问题，特别是当废水的悬浮物浓度含量高时。同时也要考虑空气和水在填料内的流向问题，空气从罐顶进入，可防止因操作不慎使压力水倒流入空压机，以及排出的溶气水中夹带较大气泡的可能性。为防止从溶气水中夹带出不溶的气泡进入气浮池，其供气部分的最低位置应在溶气罐中有效水深 1.0m 以上。

4. 空气释放设备

空气释放设备的作用是将压力溶气水中的空气经减压后迅速以微气泡形式释放出来,要求微气泡的直径在 20~100μm,微气泡的直径大小和数量对气浮效果有很大影响。目前,生产中采用的减压释放设备分两类:一种是减压阀,一种是释放器。

减压阀利用现成的截止阀,其缺点是:多个阀门相互间的开启度不一致,其最佳开启度难于调节控制,因而从每个阀门的出流量各异,且释放出的气泡尺寸大小不一致;阀门安装在气浮池外,减压后经过一段管道才送入气浮他,如果此段管道较长,则气泡合并现象严重,从而影响气浮效果;另外,在压力溶气水昼夜冲击下,阀芯与阀杆螺栓易松动,造成流量改变,使运行不稳定。

专用释放器根据溶气释放规律制造。在国外,有英国水研究中心的 WRC 喷嘴、针形阀等。在国内有 TS 型、TJ 和 TV 型等。TS 型溶气释放器如图 10-26 所示,当压力溶气水通过孔盒时,溶气水反复经过收缩、扩散、撞击、返流、挤压、辐射、旋涡等流态,在 0.1s 内,就使压力损失 95% 左右,溶解的空气迅速释放出来。TS 型释放器的优点是减压消能彻

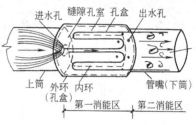

图 10-26　TS 释放器构造示意图

底。一次性释气效率可高达 99% 以上,几乎将溶于水的气体全部释放出来;消能释气瞬时完成。0.3MPa 的溶气水经释放器后,气泡平均直径为 20~30μm,将无用的气泡控制在最低限度内;能较好地控制释放器出口的流速,消除水流冲碎絮凝体的危害;防止出现气泡沿途合并的可能性,提高气浮效果。其缺点是释放器中水流量小,有时因压力溶气水中含有悬浮物而堵塞,TV、TJ 型专用释放器利用气动或抽真空装置可将释放器中的狭缝拉开,不必拆卸释放器便可冲走其中杂物。

5. 溶气水与原废水相混合的设备

对于部分溶气流程和回流加压溶气流程来说,如何使微气泡能与原水中的悬浮颗粒进行充分混合,是影响气浮分离效果的关键,因此,可考虑减压释放后的溶气水与原水(如需加药时,应与加药后的水)在某一固定的混合设备(或在一段管道中立即进行充分混合,然后均匀地分配在整个气浮池中,从而达到提高气浮分离效果与降低溶气水量的目的。

6. 气浮池

目前常用的气浮池均为敞开式水池,池子的形状有圆形和矩形两种。平流式矩形气浮池(如图 10-27 所示)应用比较广。其优点是可以按比例扩大,构造简单易于设计与施工,经加药反应后的原水容易进入,排泥也较方便,占地也较少。平流式气浮池的有效水深一般为 2.0~2.5m,长宽比一般为 1:1~1:1.5,气浮池的表面负荷率为 5~10m³/(m²·h),水力停留时间一般为 10~20min。

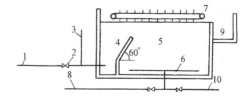

图 10-27　平流式矩形气浮池

1—溶气水管;2—减压释放及混合设备;3—原水管;
4—接触区;5—分离区;6—集水管;7—刮渣设备;
8—回流管;9—集渣槽;10—出水管

7. 除渣设备

浮渣一般都用机械方法刮除，刮渣机的行车速度宜控制在 5m/min 以内，为防止刮渣时浮渣再次下落，刮渣方向应与水流流向相反。

四、散气气浮法

散气气浮法是利用机械剪力的作用，将空气破碎为微小气泡分散于水中，以进行气浮过程的方法。目前应用较多的有扩散板曝气气浮法和叶轮气浮法两种。前面介绍的加压溶气气浮中的水泵吸水管吸气供气、水泵压水管射流供气和空压机供气，如不经溶气罐溶解于水中，而直接进入气浮池均属散气气浮。

其中扩散极限气气浮法就是依靠空压机供气，压缩空气通过具有微细孔隙的扩散装置或微孔管，使空气以微小气泡的形式进入水中，进行气浮。优点是简单易行，缺点是气泡较大，气浮效果不高，空气扩散装置的微孔易于堵塞等。

叶轮气浮是利用叶轮高速旋转时盖板下形成负压，从空气管吸入空气，废水由盖板上的小孔进入，在叶轮的搅动下，空气被破碎成细小的气泡，并与水充分混合后甩出导向叶片外面，经整流板稳流后，气泡垂直上升，进行气浮。

五、电解气浮法

电解气浮法是在直流电的作用下，用不溶性阳极和阴极直接电解废水，正负两极产生的氢和氧的微气泡，将水中呈颗粒状的污染物带至水面以进行固液分离的一种技术，与前两种方法相比，产生的气泡尺寸最小。其优点是去除污染物范围广、泥渣量少、工艺简单、设备小等；缺点是耗能大。

思考题与习题

1. 化学沉淀法处理含金属离子废水有何优缺点？
2. 气浮处理中常需投加哪些药剂，它们有什么作用？
3. 电解法处理含金属离子废水有何优缺点？
4. 什么是电渗析器的极化现象？它对电渗析器的正常运行有何影响？如何防止？
5. 反渗透、超滤和微孔过滤在原理、设备构造、运行上有何区别？有何联系？
6. 用氢氧化物沉淀法处理含镉废水，若欲将 Cd^{2+} 浓度降到 0.1mol/L，问需将溶液的 pH 值提高到多少？

第三篇 生物处理理论与应用

第十一章 污水的生物处理法（一）
——活性污泥法

第一节 概　　述

污水中所含的污染物质复杂多样，往往用一种处理方法很难将污水中的污染物质去除殆尽，一般需要用几种方法组合成一个处理系统，才能完成处理功能。生物处理是利用微生物的特征在溶解氧充足和温度适宜的情况下，对污水中的易于被微生物降解的有机污染物质进行转化，达到无害化处理的目的。

微生物根据生化反应中对氧气的需求与否，可分为好氧微生物、厌氧微生物和兼性微生物三类。

一、好氧生物处理

污水的好氧生物处理，是利用好氧微生物，在有氧的条件下，将污水中的污染物质，一部分分解后被微生物吸收并氧化分解成简单且稳定的无机物（如有机物中的碳被氧化成二氧化碳、氢与氧化合成水，氮被氧化成氨、亚硝酸盐和硝酸盐，磷被氧化成磷酸盐，硫被氧化成硫酸盐等），同时释放出能量，用来作为微生物自身生命活动的能源，这一过程称为分解代谢。另一部分有机物被微生物所利用，作为本身的营养物质，通过一系列生化反应合成新的细胞物质，这一过程称之合成代谢。生物体合成所需的能量来自于分解代谢。在微生物的生命活动过程中，分解代谢与合成代谢同时存在，二者相互依赖；分解代谢为合成代谢提供物质基础和能量来源，而通过合成代谢又使微生物本身不断增加，两者存在使得生命活动得以延续。

微生物对有机物的分解代谢可用下列化学方程式表示。

$$C_xH_yO_z + \left(x + \frac{y}{4} - \frac{z}{2}\right)O_2 \longrightarrow xCO_2 + \frac{y}{2}H_2O + 能量$$

式中　$C_xH_yO_z$——有机污染物

微生物对有机物的合成代谢可用下列化学方程式表示。

$$nC_xH_yO_z + nNH_3 + n\left(x + \frac{y}{4} - \frac{z}{2} - 5\right)O_2 \xrightarrow{酶}$$

$$(C_5H_7NO_2)_n + n(x-5)CO_2 + \frac{n}{2}(y-4)H_2O - 能量$$

式中　$C_5H_7NO_2$——微生物细胞组织的化学方程式。

因此，当污水中微生物的营养物质充足时，在一定的条件下（氧气和温度），微生物可以大量合成新的原生物质，微生物增长迅速；反之，当污水中的营养物质缺乏时，微生物只能依靠分解细胞内贮存的物质，甚至把原生质也作为营养物质利用，以获得保证生命活动最低限度的能量。这时，微生物的重量和数量均在减少。

二、厌氧生物处理

污水中有机污染物质的厌氧生物分解可分为三个阶段。第一阶段是在厌氧细菌（水解细菌与发酵细菌）作用下，是碳水化合物、蛋白质、脂肪水解并发酵转化成单糖、氨基酸、甘油、脂肪酸以及低分子无机物（二氧化碳和氢）等；第二阶段是在厌氧细菌（产氢、产乙酸菌）的作用下，把第一阶段的产物转化成氢、二氧化碳和乙酸。

第三阶段是通过两组生理上完全不同的产甲烷菌的作用，一组能把氢和二氧化碳转化成甲烷，另一组厌氧菌能对乙酸进行脱去羧基产生甲烷。

由于产甲烷阶段产生的能量，大部分用于维持细菌生命活动，只有很少部分能量用于细菌繁殖，所以，细菌的增殖量很少；再则，由于在厌氧分解过程中，溶解氧缺乏，且氧作为氢的受体，因而对有机物分解不彻底，代谢产物中含有许多的简单有机物。

三、污水生物处理法的分类

迄今为止，生物处理法仍然是去除污水中有机污染物质的有效和常用方法。目前较常用的生物处理方法归纳如下：

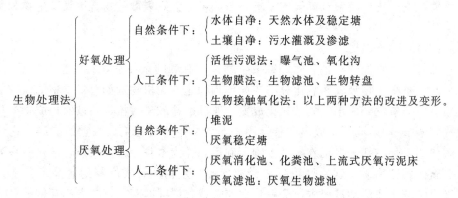

第二节　活性污泥法基本概念和工艺流程

活性污泥法（Activated Sludge Process）是污水处理技术领域中最有效的生物处理方法。它于1914年由安登（Ardern）和洛克特（Lockett）开创，并在英国曼彻斯特市建成试验厂以来，已有90年的历史。随着在实际生产上广泛运用和技术上的不断改进，特别是近几十年来，由于水体污染的日趋加剧，各国对污水排放都有明确的要求，逐渐颁布了相应的污水水质排放标准。为了使水体免受污染，污水排放标准日趋严格化。因此，在水处理领域要求有更为合理的处理工艺，从提高净化机能和运行管理的适用性出发，对活性污泥法的生化反应和净化机理进行了广泛深入地研究；从生物学、反应动力学理论方面，以及在工艺方面都得到了迅速发展，相继出现了能够适应各种条件的工艺流程。迄今为止，活性污泥法已被广泛地应用在城市污水处理和有机工业废水处理领域。

生活污水经过一段时间曝气（向水中通入空气）后，水中会产生一种呈黄褐色的絮凝体。起初产生的量很少，如果每天保留沉淀物、更换新鲜污水，反复几次后，即可得到较多的絮凝体。这种絮凝体中含有大量的活性微生物，即活性污泥。活性污泥是由细菌、真菌、原生动物、后生动物等异种群体组成，此外，活性污泥中还含有一些无机物、未被生物降解的有机物和微生物自身代谢残留物。活性污泥结构疏松、表面积大，对有机污染物有着较强的吸附凝聚和氧化分解能力，并易于沉淀分离，并能使污水得到净化、澄清。

一、活性污泥法基本流程

活性污泥法的形式有多种，但是，其基本流程相同。图 11-1 所示为活性污泥法处理系统的基本流程。活性污泥法处理系统是以活性污泥反应器——曝气池为核心的处理单元，此外还有二次沉淀池、污泥回流设备和曝气系统所组成。

污水经过初次沉淀池去除大量漂浮物和悬浮物后，进入曝气池内。与此同时，从二沉池沉淀回流的活性污泥连续回流到曝气池，作为接种污泥，二者均在曝气池首端同时进入池体。曝气系统的空压机将压缩空气，通过管道和铺放在曝气池底部的空气扩散装置以较小气泡的形式进入污水中，向曝气池混合液供氧，保证活性污泥中微生物的正常代谢反应。另一方面，通入的空气还能使曝气池内的污水和活性

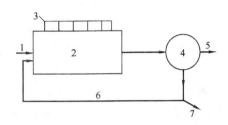

图 11-1 活性污泥法的基本流程（传统活性污泥法）
1—进水；2—活性污泥反应器—曝气池；3—空气；4—二次沉淀池；5—出水；6—回流污泥；7—剩余污泥

污泥处于混合状态。活性污泥与污水互相混合、充分接触，使得生化反应得以正常进行。曝气池内的污水、回流污泥和空气互相混合形成的液体称为曝气池混合液。

在曝气池内，活性污泥和污水进行生化反应，反应结果是污水中的有机物得到降解、去除，污水得到净化，同时，微生物得以繁殖增长，活性污泥量也在增加。

活性污泥净化作用经过一段时间后，曝气池混合液由曝气池末端流出，进入二次沉淀池进行泥水分离，澄清后的污水作为处理水排出。二次沉淀池是活性污泥法处理污水的重要组成部分，它的主要作用是使曝气池混合液固液分离。但在二沉池底部的泥斗可以将活性污泥浓缩，经浓缩后活性污泥一部分作为接种污泥回流到曝气池，剩余部分则作为剩余污泥排出系统。剩余污泥与在曝气池内增长的污泥，在数量上保持平衡，使曝气池内污泥浓度相对保持恒定的范围内。

活性污泥法处理系统实质上是水体自净的人工强化过程。

二、活性污泥的组成

活性污泥主要是由细菌、真菌、原生动物、后生动物等微生物组成。此外活性污泥内还夹杂着一些微生物自身氧化残留物、惰性有机物及一定数量的无机物。这些具有活性的微生物群体在温度适宜，且溶解氧充足的条件下，其新陈代谢功能可使污水中易于被微生物降解的有机污染物转化为稳定的无机物。活性污泥颗粒尺寸一般为 0.02~0.2mm 之间，其表面积为 20~100cm^2/mL 之间。活性污泥的含水率为 99%，其相对密度介于

1.002~1.006之间,含水率小则相对密度偏高,反之偏低。活性污泥中的固体物质占1‰,这些固体物质由有机污染物和无机污染物组成,其比例因原水的性质而异,城市污水中有机物成分约占75%~85%,其余为无机成分。

活性污泥中固体物质的有机成分主要是栖息在活性污泥上的微生物群体所构成。此外,微生物自身氧化残留物,难于被微生物降解的有机物也存在于活性污泥的固体物质中。另外,还含有一部分无机成分,主要由原污水带入。

因此,能准确反映活性污泥的成分,应从下列四个方面考虑:

1. 具有代谢功能活动的微生物群体(M_a);
2. 微生物内源代谢、自身氧化残留物(M_e);
3. 难于被微生物降解的惰性有机物(M_i);
4. 吸附在活性污泥表面上的无机物(M_{ii})。

三、活性污泥的评价指标

活性污泥的性能决定污水处理的效果。活性污泥法处理系统的生物反应器(曝气池)中混合液的浓度、微生物活性、污泥密度、降解性能直接影响活性污泥降解有机物的速度和处理效果。因此,对活性污泥的性能评价应从反应器中混合液中活性污泥微生物量和活性污泥的沉降性能考虑。

1. 混合液悬浮固体浓度(Mixed liquor suspended solids)简写 MLSS。

表示在曝气池单位容积混合液内所含有的活性污泥固体物的总重量,即

$$MLSS = M_a + M_e + M_i + M_{ii} \tag{11-1}$$

表示单位:mg/L。

2. 混合液挥发性悬浮固体浓度(Mixed Liquor Volatile Suspended Solids)简写 MLVSS。

表示在曝气池混合液活性污泥中有机性固体物质的浓度,即

$$MLVSS = M_a + M_e + M_i \tag{11-2}$$

表示单位:mg/L。

此项指标在表示活性污泥活性部分数量上,又更准确一步。排除了污泥中夹杂的无机物成分。在表示活性污泥活性部分数量上,本项指标在精确度方面是进了一步,但只是相对于 MLSS 而言,在本项指标中还包含 M_e、M_i 等自身氧化残留物和惰性有机物质。因此,也不能精确地表示活性污泥微生物量,仍然是活性污泥量的相对值。

一般 MLVSS 与 MLSS 的关系可由下式表示:

$$f = \frac{MLVSS}{MLSS} \tag{11-3}$$

f 值比较固定,对生活污水 $f=0.75$,当生活污水占主体的城市污水亦取此值。

以上两项指标虽然不能准确反应生物量值,但其测量方法简便,所以在活性污泥处理系统应用广泛,对设计和运行有重要的指导作用。

3. 污泥沉降比(Settling Velocity)简写 SV

污泥沉降比是指混合液在量筒中静止沉淀 30min 后所形成沉淀污泥的容积占原混合

液容积的百分率，以%表示。

活性沉降比反应污泥的沉淀性能，能及时发现污泥膨胀现象，防止污泥流失，是评定污泥数量和质量的指标。

4. 污泥容积指数（Sludge Volume Index）简写 SVI

简称污泥指数。本项指标的物理意义是从曝气池出口处取出的混合液，经过 30min 静沉后，每克干污泥形成的沉淀污泥所占有的容积，以 mL 计。

污泥容积指数与污泥沉降比两项指标均表示污泥的沉降性能。从定义上可知，二者的关系式如下：

$$\mathrm{SVI}=\frac{混合液(1L)30min\ 静沉形成的活性污泥容积(mL)}{混合液(1L)中悬浮固体干重(g)}=\frac{SV(mL/L)}{MLSS(g/L)} \quad (11\text{-}4)$$

SVI 的单位为 mL/g，习惯上，只称数字，而把单位略去。

对于生活污水和城市污水，SVI 值介于 70～100 之间为宜。当 SVI 值过低，说明泥粒细小，无机物质含量较高，活性差；当 SVI 值过高，说明污泥的沉降性能较差，可能产生污泥膨胀现象。活性污泥微生物群体处在内源呼吸期，其含能水平较低，其 SVI 值较低，沉淀性能好。

一般认为 SVI<100～200 时，污泥沉降性能良好。SVI>200 时，污泥沉降性差，污泥膨胀。

SVI 与 BOD——污泥负荷之间存在图 11-2 所示的关系。从图可见，当 BOD 污泥负荷介于 0.5～1.5kg/(kgMLSS·d) 之间时，SVI 出现峰值，沉淀效果不好，工程设计中应避开这一区段的污水污泥负荷。

5. 污泥龄

在工程上习称污泥龄（Sludge Age），又称固体平均停留时间（SRT）、生物固体平均停留时间（BSRT）、细胞平均停留时间（MSRT）。它指在曝气池内，微生物从其生成到排出的平均停留时间，也就是曝气池内的微生物全部更新一次所需要的时间。从工程上来说，在稳定条件下，就是曝气池内活性污泥总量与每日排放的剩余污泥量之比。即：

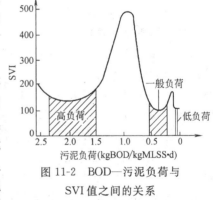

图 11-2 BOD—污泥负荷与 SVI 值之间的关系

$$\theta_c=\frac{VX}{\Delta X} \quad (11\text{-}5)$$

式中　θ_c——污泥龄（生物固体平均停留时间），一般用 d 表示；

ΔX——曝气池内每日增长的活性污泥量，即应排出系统外的活性污泥量，一般用 kg/d 表示；

VX——曝气池内活性污泥总量，kg。

在活性污泥反应器内，微生物在连续增殖，不断有新的微生物细胞生成，又不断有一部分微生物老化，活性衰退。为了使反应器内经常保持具有高度活性的活性污泥和保持恒定的生物量，每天都应从系统中排出相当于增长量的活性污泥量。

这样，每日排出系统外的活性污泥量，包括作为剩余污泥排出的和随处理水流出的，其表示式为：

$$\Delta X = Q_w X_r + (Q - Q_w) X_e \tag{11-6}$$

式中　Q_w——作为剩余污泥排放的污泥量，一般用 m^3/d 表示；

　　　X_r——剩余污泥浓度，一般用 kg/m^3 表示；

　　　X_e——排放的处理水中悬浮固体浓度，一般用 kg/m^3 表示。

于是 θ_c 值为：

$$\theta_c = \frac{VX}{Q_w X_r + (Q - Q_w) X_e} \tag{11-7}$$

在一般条件下，X_e 值极低，可忽略不计，上式可简化为：

$$\theta_c = \frac{VX}{Q_w X_r} \tag{11-8}$$

此外，除上述五个评价指标，对活性污泥的生物相观察也是反映活性污泥性能的重要方法，通常用光学显微镜及电子显微镜观察活性污泥中的细菌、真菌、原生动物及后生动物等。微生物的种类、数量、活性及代谢情况，在一定程度上可反映曝气系统的运行状况。

第三节　活性污泥对有机物的净化过程与机理

一、初期吸附作用

在生物反应器——曝气池中，污水与活性污泥从池首共同流入，充分混合接触。当二者接触后，在较短的时间内，通常为 5~10min，污水中呈悬浮和胶体状态的有机物被大量去除。产生这种现象的主要原因是活性污泥具有很强的吸附性。上述在很短的时间内 BOD 被大量去除，是由物理吸附和生物吸附作用所致。

活性污泥具有较大的表面积，据实验测试，每 m^3 曝气池混合液的活性污泥表面积为 $2000 \sim 10000 m^2/m^3$ 混合液，在其表面上并且富集着大量的微生物。这些微生物表面覆盖着一种多糖类的黏质层。当活性污泥与污水接触时，污水中的有机污染物即被活性污泥所吸附和凝聚而被去除。吸附过程能够在 30min 内完成。污水中的 BOD 的去除率可达 70％。吸附速度的快慢取决于微生物的活性和反应器内水力扩散程度。

被吸附在活性污泥表面的有机物并没有从实际上被去除，而是要经过数小时降解后，才能够被摄入微生物体内，被转化成稳定的无机物。应当指出，有机物被初期吸附后，经一段时间被降解成无机物，要求反应器中应有充足的溶解氧，且温度适宜。

二、微生物的代谢作用

污水中的有机污染物，被活性污泥吸附，而活性污泥中含有大量的微生物，有机物与微生物的细胞表面接触，在微生物透膜酶的催化作用下，一些小分子有机物能够穿过细胞壁进入微生物细胞体内，完成生物降解过程；而大分子的有机物，则应在细胞水解酶的作用下，被水解为小分子后，再被微生物摄入体内，才能得以降解。

微生物降解有机物分为合成代谢和分解代谢两个过程，无论是分解代谢还是合成代谢，都能去除污水中的有机污染物，但产物不同。分解代谢的产物是无机小分子的 CO_2 和 H_2O，可直接排入受纳水体；合成代谢的产物是新生的微生物细胞，应以剩余污泥的方式排出处理系统，并加以处置。

三、微生物的生长规律

1. 活性污泥中的微生物相

活性污泥微生物主要由细胞、真菌、原生动物和后生动物组成。其中细菌是降解有机物的主要微生物。经实验检测，可在活性污泥上形成优势的细菌有产碱杆菌属、芽孢杆菌属、黄杆菌属、动胶杆菌属、假单胞菌属等。这些细菌都具有较高的增殖速率，在环境适宜的条件下，其世代时间一般为 20~30min，并且都有较强的分解有机物并将其转化为无机物的功能。

活性污泥中存活的原生动物有肉足类、鞭毛类和纤毛类。原生动物摄食对象是细菌，因此，原生动物能够起到进一步净化水质的作用。

后生动物在活性污泥系统中不经常出现，一般出现在完全氧化型的活性污泥系统，轮虫和线虫是后生动物的代表。后生动物的出现，标志着处理水质非常稳定。

2. 微生物的生长规律

微生物的生长增殖规律一般是用增殖曲线来表示，如图 11-3。在微生物学中，对纯菌种的增殖规律已取得较成熟的结果。而活性污泥法处理系统中细菌为多种微生物群体，其增殖规律较复杂，但增殖的总趋势基本与纯种微生物相同。

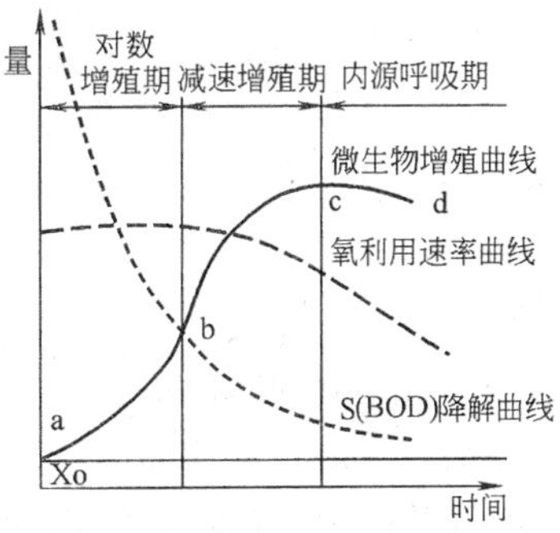

微生物的增殖曲线可分为四个阶段，即适应期、对数增殖期、减速增殖期和内源呼吸期。在温度适宜、溶解氧充足，而且不存在抑制物质的条件下，活性污泥微生物的增殖速率主要取决于有机物量 F 与微生物量 M 的比值 F/M。它也是有机物降解速率、氧利用速率和活性污泥的凝聚、吸附性能的重要影响因素。

图 11-3 活性污泥微生物增殖曲线及其和有机底物降解、氧利用速率的关系
（间歇培养、底物一次性投加）

（1）适应期，也称延迟期、调整期

这是微生物培养的最初始阶段。在这个时期，微生物刚接入新鲜培养液中时，对新环境有一个适应过程。因此，在此阶段微生物不繁殖，微生物的数量不增加，生长速度接近于零。这一过程一般出现在活性污泥培养和驯化阶段，能够适应污水水质的微生物就能生存下来，不能适应的微生物则被淘汰。

（2）对数增殖期

经过适应期的调整，生存下来的微生物适应了新的培养环境。污水中含有大量的适应微生物生存的营养物质，此时，F/M 比值很高，有机物非常充分，微生物生长、繁殖不受到有机物浓度的限制，其生长速度最大。菌体数量以几何级数的速度（$2^0 \rightarrow 2^1 \rightarrow 2^2 \rightarrow 2^3 \rightarrow \cdots \rightarrow 2^n$）增加，菌体数量的对数是与反应时间成直线关系，故本期也称为等速增长期。增长的速度大小取决于微生物自身的生理机能。

在对数增殖期，微生物的营养丰富，活性强，降解有机物速度快，污泥增长不受营养条件的限制，但此时的污泥含能水平高、凝聚性能差、难于重力分离，因而处理效果不

好。对数增长期出现在反应器推流式曝气池的首端。

（3）减速增殖期又称减衰增殖期、稳定期和平衡期

由于微生物的大量繁殖，污水中的有机物逐渐被降解，混合液中的有机物与微生物的数量比 F/M 逐渐降低，即培养液中的底物逐渐被消耗，从而改变了微生物的环境条件，致使微生物的增长速度逐渐减慢。

（4）内源呼吸期

内源呼吸期，又称衰亡期。污水中有机物持续下降，达到近乎耗尽的程度，F/M 比值随之降至很低的程度。微生物由于得不到充足的营养物质，而开始大量地利用自身体内储存的物质或衰亡菌体，进行内源代谢以维持生命活动。

在此期间，微生物的增殖速率低于自身氧化的速率，致使微生物总量逐渐减少，并走向衰亡，增殖曲线呈显著下降趋势。实际上由于内源呼吸的残留物多是难于降解的细胞壁和细胞膜等物质，因此活性污泥不可能完全消失。在本期初始阶段，絮凝体形成速率提高，吸附、沉淀性能提高，易于重力分离，出水水质好，但污泥活性降低。

四、活性污泥净化过程的影响因素

1. 溶解氧（DO）含量

活性污泥法处理污水的微生物是好氧菌为主的微生物群体。因此，在曝气池中必须有足够的溶解氧，一般控制曝气池出口不低于 2mg/L。溶解氧来自于生物反应器的曝气装置。在曝气池的首端，有机物含量高，耗氧速度快，溶解氧量可能会低于 2mg/L，但不能低于 1mg/L；溶解氧过高，能使降解有机物速度加快，使微生物营养不良，活性污泥易老化，密度变小，结构松散。另外，溶解氧过高，电耗高，运行管理造价高，不经济。

2. 水温

好氧生物处理的污水温度应维持在 15～25℃ 范围最佳。温度适宜，能促进微生物的生理活动；反之，破坏微生物的生理活动。温度过高或过低，可能导致微生物生理形态和生理特性的改变，甚至导致微生物死亡。因此，在寒冷地区应考虑曝气池建在室内，如果建在室外应考虑适当的保温和加热措施。

3. pH 值

在活性污泥法处理系统的曝气池内，pH 值的范围为 6.5～8.5 之间为最佳，pH 值过高或过低，都会影响微生物的活性，甚至导致微生物死亡。因此，要想取得良好的处理效果，应控制生物反应器的 pH 值。如果污水的 pH 值变化较大时，应设调节池，使污水的 pH 值调节到最佳范围，再进入曝气池。

4. 营养物质平衡

参与活性污泥处理污水的各种微生物，其体内的元素和需要的营养元素基本相同。碳是构成微生物细胞的重要物质。生活污水或城市污水的碳源非常充足，某些工业废水可能含碳量较低，应补充碳源，一般投加生活污水。氮是微生物细胞内蛋白质和核酸的重要元素，一般来自 N_2、NH_3、NO_3^- 等化合物，生活污水中的氮元素丰富，勿需投加，某些工业废水氮量如果不足，可投加尿素、硫酸铵等。磷是合成核蛋白、卵磷脂的重要元素，在微生物的代谢和物质转化过程中作用重大；所以，微生物降解有机物过程中，应保证 $BOD_5：N：P=100：5：1$，如果处理污水的 BOD_5 与氮、磷不能形成上述比例，应投加

所缺元素，以便调整微生物的营养平衡。

5. 有毒物质

有毒物质是指对微生物生理活动具有抑制作用的某些物质。主要毒物有重金属离子（如锌、铜、镍、铅、镉、铬等）和一些非金属化合物（如酚、醛、氰化物、硫化物等）。重金属离子可以和微生物细胞的蛋白质结合，使其变性或沉淀；酚类能促进微生物体内蛋白质凝固；醛类能与蛋白质的氨基相结合，使蛋白质变性。所以被处理污水中含有有毒物质，应逐渐增加在反应器内的有毒物质浓度，以便使微生物得到变异和驯化。

6. 有机物负荷

有机物负荷也称 BOD 负荷，通常有两种不同的表示方法：

(1) BOD—污泥负荷 N_S：指单位重量活性污泥在单位时间内所能承受的有机物污染物量，单位是 $kgBOD_5/kgMLSS \cdot d$。从 BOD—污泥负荷的定义不难看出，BOD—污泥负荷实质是混合液中有机物与微生物 F/M 的比值。其中 F 为营养量、M 为微生物量。公式如下：

$$F/M = N_S = \frac{Q \cdot S_a}{X \cdot V} [kgBOD/kg \cdot MLSS \cdot d] \tag{11-9}$$

式中 Q——污水流量，m^3/d；

S_a——原污水中有机污染物（BOD）的浓度，mg/L；

V——曝气池容积，m^3；

X——混合液悬浮固体（MLSS）浓度，mg/L。

(2) BOD—容积负荷 N_V：指单位曝气池有效容积在单位时间内所承受的有机污染物量，单位是 $kgBOD/m^3$ 曝气池 $\cdot d$。其表达式为：

$$N_V = \frac{Q \cdot S_a}{V} [kgBOD/m^3 曝气池 \cdot d] \tag{11-10}$$

式中：N_V 为 BOD—容积负荷；

其余项同上式。

N_S 值与 N_V 值之间的关系为：

$$N_V = N_S \cdot X \tag{11-11}$$

F/M 比值是影响活性污泥增长速率，有机物降解速率、氧的利用率以及污泥吸附凝聚性能的重要因素。当 $F/M \geqslant 2.2$ 时，活性污泥微生物处于对数增殖期，有机污染物去除较快，活性污泥的含能水平高，呈分散状态，污泥不宜沉降；随着有机物被降解，微生物的增长，F/M 值逐渐降低，污泥增长进入减速增殖期。在这期间，微生物增长受营养的控制，增长速度减慢，这时，微生物含能水平较低、活力差，容易形成絮凝物。当曝气池中营养物质几乎耗尽，F/M 值很低，并维持一个常数时，即进入内源呼吸期。在此期，微生物由于得不到充足的营养物质，从而开始利用自身内储存的物质或死亡菌体，进行内源代谢以维持生命活动。进入内源呼吸期，活性污泥含能水平极低，沉降性能好。在此期间，曝气池内溶解氧含量较高、原生动物大量吞食细菌，因此，可以得到澄清的处理水。

因此，污泥负荷率对活性污泥法处理污水的处理效果影响极大。

第四节 活性污泥法的运行方式

最早的活性污泥处理系统采用的是传统活性污泥法。此法自开创以来，经过近 90 年的研究和实践，现已拥有以传统活性污泥处理系统为基础的多种运行方式；改进主要表现在以下几个方面：1. 曝气池的混合反应形式；2. 进水点的位置；3. 污泥负荷率；4. 曝气技术。由于这些改进，活性污泥法出现了很多新的运行方式，本节就常见的几种运行方式加以阐述。

一、传统活性污泥法

传统活性污泥法是活性污泥处理系统最早的运行方式，又称普通活性污泥法。其流程见图 11-4 所示。

传统活性污泥法生物反应器——曝气池的平面尺寸一般为矩形，且池长远远大于池宽。原污水从曝气池首端进入池内，与二次沉淀池回流的回流污泥同步进入曝气池。污水与回流污泥混合后呈推流形式流动至池末端，流出池外进入二次沉淀池，进行混合液泥水分离；二次沉淀池沉淀的污泥一部分回流到曝气池、另一部分作为剩余污泥排出系统。有机污染物在曝气池内经历了净化过程的吸附阶段和代谢阶段的完全过程，活性污泥经历了从池首端的对数增殖期，减速增殖期到池末端的内源呼吸期的全部生长周期。流出曝气池的混合液中的微生物活性减弱，凝聚和沉降性能好，有利于二沉池的泥水分离。

传统活性污泥法的有机物去除率很高，可达 90% 以上，但传统活性污泥法也存在下列问题：

1. 由于混合液从池首端推流至池末端微生物经历了对数、减速和内源呼吸阶段，其耗氧速度沿池首至池末是变化的。见图 11-5 所示。由于供氧往往是均匀的，所以在池内出现首端氧不足、末端氧过剩现象。对此，在对曝气池空气管路设计时可采用渐减供氧方式，能够在一定程度上解决供氧不均问题（见图 11-5）。

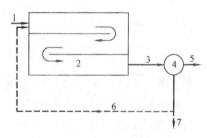

图 11-4 传统活性污泥法系统
1—预处理后的污水；2—活性污泥反应器—曝气池；
3—从曝气池流出的混合液；4—二次沉淀池；
5—处理水；6—回流污泥系统；7—剩余污泥

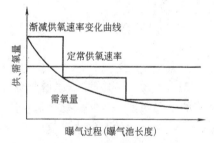

图 11-5 传统法和渐减曝气工艺的供氧速率与需氧量的变化

2. 曝气池首端耗氧速度高，为避免出现缺氧或厌氧状态，进水有机物不宜过高，即 BOD 负荷率较低，因此曝气池容积大，占用土地较多，基地费用高。

3. 有毒有害物质浓度不宜过高，不能抗冲击负荷。

二、阶段曝气法

阶段曝气法亦称分段进水活性污泥法、多段进水活性污泥法。其工艺流程见图 11-6 所示。此种方法不同于活性污泥法在于：污水沿曝气池长度分散、均匀地进入曝气池内。

阶段曝气法是为了克服传统活性污泥法的供氧不合理、体积负荷率低等缺点，而改进的一种运行方式。由于分段多点进水，使有机物负荷分布较均匀，从而均化了需氧量，避免了前段供氧不足，后端供氧过剩的问题。

与此同时，混合液中的活性污泥浓度沿池长逐渐降低，在池末端流出的混合液的浓度较低，减轻二次沉淀池的负荷，有利于二沉池固液分离。

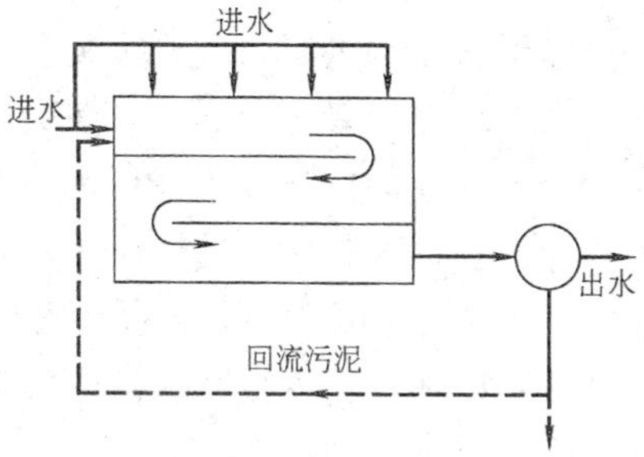

图 11-6 阶段曝气法工艺流程

三、吸附——再生活性污泥法

又称生物吸附法。此方法也是传统活性污泥法的一种改良形式，它最早出现在上世纪 40 年代的美国。这种运行方式的主要特点是将活性污泥对有机污染物降解分为两个过程，即吸附与代谢过程。

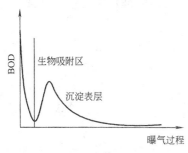

图 11-7 污水与活性污泥混合
曝气后 BOD 值的变化情况

这种运行方式的基本原理，来自于史密斯（Smith）试验结果。史密斯将含有有机污染物的污水与活性污泥充分混合，并在反应器内进行曝气，发现污水中的 BOD_5 值沿曝气时间的变化呈图 11-7 的曲线下降。他观察 BOD_5 值是在 5～15min 内急剧下降的，然后又略有回升，随后再缓慢下降。经过研究分析，史密斯对此现象作如下解释：

第一次 BOD 急剧下降是活性污泥与污水开始接触的初期吸附阶段，性能良好的活性污泥将污水中的有机物大量而又迅速地吸附到微生物细胞表面，污水中 BOD 便大幅度下降。这以后有机物进入氧化分解阶段，开始时，悬浮的、胶体的有机物被微生物水解成溶解性有机物，使污水中 BOD 浓度又一次提高，此外由于营养过剩，很多细菌游离分散在污水中，也是 BOD 再次上升的原因。随着进一步曝气，污泥逐渐进入减速增殖期和内源呼吸期，曲线上出现第二次缓慢下降。

吸附再生法就是根据上述现象为基础而开创的，其工艺流程如图 11-8 所示，在吸附池（吸附段）内，活性污泥与污水同时进入，充分接触 30～60min，污泥吸附大部分呈悬

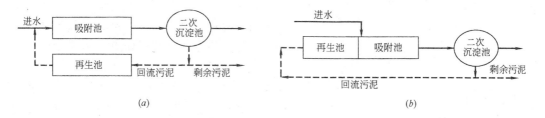

图 11-8 吸附—再生活性污泥法系统
(a) 分建式吸附—再生活性污泥处理系统；(b) 合建式吸附—再生活性污泥处理系统

浮、胶体状的和一部分溶解性有机物,然后混合液流入二沉池,由于初期吸附作用,污水中的 BOD 浓度大大降低,沉下的污泥剩余部分排出池外,回流部分至再生池继续曝气,此时微生物对吸附在活性污泥上的有机物进行充分的氧化分解,待活性污泥再生后,重新恢复活性,再引至吸附池重新工作。吸附池和再生池在结构上可分建,也可合建。

吸附再生法的吸附和再生过程,可分别在两个池子里或在一个池子的两部分进行,二次沉淀池设在二者之间。由于在吸附池内污水与活性污泥的接触时间较短（30~60min）,因此,吸附池的容积较小。再生池只接纳回流污泥,因此,再生池的容积也较小。二者容积之和,仍低于传统活性污泥法的曝气池容积。所以吸附再生法节省了生物反应器的基建投资。吸附再生法对水质水量变化较大的冲击负荷具有一定的承受能力。吸附池内的污泥一旦遭到破坏,可由再生池内的污泥补救。

吸附再生法的缺点在于:由于污水与活性污泥接触时间较短,处理效果不如传统活性污泥法。再有,由于此方法是以生物吸附为主体,对处理有机溶解性较高的污水不适宜。

四、延时曝气法

延时曝气法又称完全氧化活性污泥法,最早出现在上个世纪 50 年代。

延时曝气池的主要特征是:污泥负荷率很低,曝气时间长,一般多在 24h 以上,其微生物长时间处于内源呼吸期阶段,剩余污泥量少且稳定,不需要进行厌氧消化过程。因此,它是污水处理和污泥好氧处理的综合处理设备。

由于污泥氧化较彻底,故其脱水性能增强,而且无臭味,出水的稳定性也较高。由于延时曝气细胞物质氧化时释放出氮、磷,这有利于缺少氮磷的生产污水处理。但是,延时曝气法池容量大,污泥龄长,基建费和动力费都较高,占地面积也较大,所以它只适用于要求较高而又不便于污泥处理的小型城镇污水和生产污水的处理,一般处理水量不超过 1000m³/d。

延时曝气活性污泥法一般都采用完全混合式的曝气池。延时曝气法剩余污泥量理论上接近于零,但仍有一部分细胞物质不能被氧化,或随水排走,或需另行处理。

五、完全混合活性污泥法

完全混合法主要特征是应用完全混合式曝气池,是目前较常用的一种方法。它与传统活性污泥法主要区别在于混合液的流型及曝气方法上。完全混合曝气池可分为合建式和分建式。合建式曝气池一般采用圆形,分建式曝气池一般为矩形。

在运行过程中,污水与回流污泥进入曝气池后,二者与池内混合液充分混合,在机械曝气的作用下,混合液在整个池内充分混合循环流动,进行生物代谢活动。污水在曝气池内分布均匀,各部位的水质相同,F/M 值相等,微生物群体的组成和数量几乎相同,各部位有机物降解工况相同。与推流式曝气池工作相比,推流式曝气池的工作点在污泥增殖曲线上的某一区段,如图 11-9（a）所示,从 a 到 b,池首到池尾的 F/M 值和微生物都是不断变化的,而完全混合式的工作状态在污泥增长曲线上只是一个点,这个点的位置取决于 F/M 值的大小,可以通过控制 F/M 值,使其工作点处于污泥增长曲线上所期望的某一点,从而可

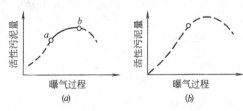

图 11-9　推流式和完全混合式的工作特点
(a) 推流式；(b) 完全混合式

以得到需要的某种出水水质。

由于进入曝气池的污水与池体内的混合液立即混合、污水污染物得到稀释，对进水水质的变化具有较强的缓冲能力，因此，完全混合式曝气池能较好地承受冲击负荷，尤其适用于工业废水的处理。

完全混合曝气池内的混合液均匀，所以池内需氧均匀、动力消耗低于推流式曝气池，节省动力费用。

完全混合活性污泥液存在问题如下：处理水水质低于推流式曝气池活性污泥法；活性污泥较推流式曝气池产生的污泥易于膨胀；另外曝气池形状、曝气方法受到限制。

六、深井曝气活性污泥法

深井曝气活性污泥法也称超水深曝气活性污泥法。本工艺是英国（ICT）公司于20世纪70年代开发的一种活性污泥法。它的深度为40～150m的深井作为曝气池，是一种高效率、低能耗的活性污泥法。

深井曝气工作原理为：深井被分隔为下降管和上升管两部分如图11-10。混合液沿下降管和上升管反复循环流动，使得有机污染物被降解，污水得到处理。

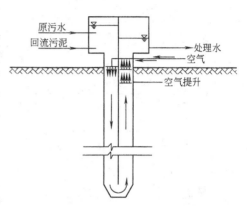

图11-10 深井曝气活性污泥法系统

深井曝气池直径介于1～6m之间，深度可达40～150m，由于井深，氧转移推动力是常规的6～14倍，充氧能力强，充氧能力为0.25～3.0$kgO_2/(m^3 \cdot h)$，充氧动力效率为3～6$kgO_2/(kW \cdot h)$，氧的利用率高达50%～90%（普通活性污泥法一般为10%）。

由于深井曝气氧转移的速度快，所以其污泥负荷较高，池容积大大减小，占地面积也小，反应器容积约为普通法的$\frac{1}{4}$～$\frac{1}{7}$，面积约为$\frac{1}{20}$。深井曝气法的设备结构简单，可减轻维修作业，不需要特殊的空气扩散装置，空气管不发生堵塞，维护管理方便。再则，混合液溶解度高，可抑制丝状细菌繁殖，不易产生污泥膨胀，且耐冲击负荷。由于充氧充足，池内各点都保持好氧状态，减少恶臭，环境好。

七、纯氧曝气活性污泥法

又名富氧曝气活性污泥法。在一般的活性污泥法中，由于供氧能力受到限制，生物反应器内能保持的MLSS浓度是有限的。由于MLSS浓度直接影响污水的净化能力，若要提高反应器内的MLSS浓度，就必须提高供氧能力，纯氧曝气法能满足这一要求。

空气中氧的含量为21%，纯氧中氧的含量为90%～95%，纯氧的氧分压比空气的氧分压高5倍左右。因此，生物反应器内的溶解氧浓度可维持在6～10mg/L，MLSS在反应器内可达6000～8000mg/L。尽管该方法单位MLSS的BOD去除量与空气曝气池差别不大，但因为其MLSS值高，远大于空气曝气法，因此，即使在BOD负荷相同的情况下，BOD容积负荷远远大于空气曝气法。所以，应用该方法可以缩短曝气时间，减小生物反应器容积，减小占地面积，减小反应器基本建设投资。

纯氧曝气系统氧利用率高达80%～90%，鼓风曝气仅为10%左右，曝气混合液的污泥容积指数 SVI 较低，一般均低于 100，污泥密实，很少发生污泥膨胀现象。纯氧是由纯氧发生器制造的，其设备复杂，维持管理水平要求高，与空气法相比，易于发生故障。

纯氧曝气池较空气曝气池不同的是：纯氧曝气池多为有盖密闭式；一方面防止氧气外泄；另一方面可以防止可燃气体进入池内。曝气池内用隔墙分为 2～4 隔间，污水与回流污泥自第一隔间进入曝气池。高浓度氧气送入液面上部的气室，通过设置在各隔间的表面曝气设备曝气后，混合液流入二次沉淀池。池内气压略高于池外，以防止空气的渗入，及时排出池体内产生的 CO_2 等气体。

我国《室外排水设计规范》(GBJ 14—87) 对处理城市污水的传统活性污泥法曝气池所规定的设计数据及某些建议数据见表 11-1。

几种活性污泥系统设计与运行参数（对城市污水） 表 11-1

	活性污泥法运行方式	BOD-污泥负荷率 N_s ($kgBOD_5$ / $kgMLVSS \cdot d$)	BOD-容积负荷率 N_v ($kgBOD_5$ / $m^3 \cdot d$)	生物固体停留时间 θ_c（污泥龄）(d)	混合液悬浮固体浓度 (mg/L)		污泥回流比 $R(\%)$	曝气时间 t(h)
					MLSS	MLVSS		
1	传统活性污泥法	0.2～0.4※	0.4～0.9※	5～15	1500～3000	1500～2500※	25～75※	4～8
2	阶段曝气活性污泥法	0.2～0.4※	0.4～1.2	5～15	2000～3500	1500～2500	25～95	3～5
3	吸附-再生活性污泥法	0.2～0.4※	0.9～1.8※	5～15	吸附池 1000～3000 再生池 4000～10000	吸附池 800～2400 再生池 3200～8000	50～100※	吸附池 0.5～1.0 再生池 3～6.0
4	延时曝气活性污泥法	0.05～0.1※	0.15～0.3※	20～30	3000～6000	2500～5000※	60～200※	20～36～48
5	深井曝气活性污泥法	1.0～1.2	5.0～10.0※	5	5000～10000	——	50～150※	>0.5
6	合建式完全混合活性污泥法	0.25～0.5※	0.5～1.8※	5～15	3000～6000	2000～4000※	100～400※	——
7	纯氧曝气活性污泥法	0.4～0.8	2.0～3.0	5～15	——	——		

带※号者为我国国标《室外排水设计规范》所规定的数据。

第五节 曝气原理与曝气池构造

活性污泥法是一种好氧生物处理法，是水体自净过程的人工强化过程。在活性污泥法正常运行过程中，生物反应器——曝气池内除了有一定数量和性能良好的活性污泥外，还必须有足够的溶解氧。曝气池内的溶解氧由曝气设备提供。曝气的作用除了向混合液供给氧气以外，还能使混合液中的活性污泥与污水充分接触，起到搅拌混合作用，使活性污泥在曝气池内处于悬浮状态，污水和活性污泥充分接触，为好氧微生物降解有机物创造了良好的条件。

目前采用的曝气方法有鼓风曝气、机械曝气和两者联合的鼓风——机械曝气。鼓风曝气是将鼓风机提供的压缩空气通过一系列的管道系统送到曝气池中的空气扩散装置，空气以气泡的形式扩散到混合液中，使气泡中的氧转移到混合液中去。机械曝气是通过安装在曝气池水面上、下的叶轮高速转动，剧烈地搅动水面，使液体循环流动，不断更新液面，产生强烈的水跃现象，从而使空气中的氧与水滴充分接触，转入液相中去。

一、氧的传递原理

氧由气相转移到液相的理论目前常用刘易斯（Lewis）和怀特曼（Whitman）的双膜理论来解释。双膜理论的基础要点是：1. 在气液面相接触的界面两侧存在处于层流状态的气膜和液膜，在其外侧的气相主体和液相主体属于紊流状态；2. 气体分子从气相主体传递到液相主体，阻力集中在双膜上，由于氧难溶于水，所以，氧转移的阻力主要在液膜上。

液相主体中溶解氧浓度变化速度，即氧转移速度的数学表达式为：

$$\frac{dc}{dt}=K_{La} \cdot (C_S-C) \tag{11-12}$$

式中 $\frac{dc}{dt}$——氧转移速度，$kgO_2/(kW \cdot h)$；

K_{La}——氧转移系数，当传递过程中阻力大，则 K_{La} 值低，反之则 K_{La} 值高；

C_S——液相中氧的饱和浓度，mg/L；

C——液相中氧的实际浓度，mg/L。

从式（11-12）可以看出，要想提高 $\frac{dc}{dt}$，必须提高 K_{La} 和 C_S 两相。提高 K_{La} 的方法为：加强液相的紊流强度，降低液膜厚度，加速气、液界面的更新，增大气液接触面积，液相紊动越剧烈，气体传递速率越大。C_S 为液相中饱和溶解氧浓度，提高 C_S 的方法有：提高气相中氧的动力（氧分压），采用的运行方式如纯氧曝气和深井曝气可以达到目的。K_{La} 与曝气设备和水的特性有关，应通过试验求得。

K_{La} 和 C_S 通常在清水中试验确定。由于曝气池内的污水的物理化学性质不同于清水，污水中的污染物质对 K_{La} 和 C_S 均有影响。因此，必须对 K_{La} 和 C_S 加以修正。

1. 污水水质对 K_{La} 和 C_S 的影响

污水中含有各种污染物质，如短链脂肪酸和乙醇等，其极性端亲水，非极性端疏水，它们在双膜上聚集，阻碍氧分子的扩散转移，影响总转移系数 K_{La}，因此需要修正如下：

$$\alpha = \frac{污水中的 K'_{La}}{清水中的 K_{La}} \tag{11-13}$$

式中 α——修正系数，为小于1的系数，一般为 0.8～0.85；

K'_{La}——实际污水中的氧总转移系数；

K_{La}——清水中的氧总转移系数。

污水中含有一些无机污染物，以无机盐为主要成分。所以氧在水中的饱和溶解度受到污水水质的影响。因此，对 C_S 修正如下：

$$\beta = \frac{污水中的 C'_S}{清水中的 C_S} \tag{11-14}$$

式中　β——修正系数，为小于 1 的系数，一般为 $0.9 \sim 0.97$；

　　　C'_S——污水的饱和溶解度，mg/L；

　　　C_S——清水的饱和溶解度，mg/L。

修正系数 α、β 值，可通过对污水和清水的曝气充氧试验测定。因此，在曝气池中污水的氧转移速度数学表达式为：

$$\frac{\mathrm{d}c}{\mathrm{d}t} = \alpha \cdot K_{La} \cdot (\beta C_S - C) \tag{11-15}$$

2. 水温对 K_{La} 和 C_S 的影响

当水温过高，水的黏滞性降低，扩散系数增大，液膜变薄，K_{La} 增高，如果水温过低，K_{La} 降低，其关系式为：

$$K_{La(T)} = K_{La(20)} \cdot 1.024^{(T-20)} \tag{11-16}$$

式中　$K_{La(T)}$——水温为 T℃时的氧总转移系数；

　　　$K_{La(20)}$——水温为 20℃时的氧总转移系数；

　　　T——设计温度；

　　　1.024——温度系数。

水温对 C_S 也有影响，当温度升高，C_S 值降低，而此时 K_{La} 却增高，但此时液相中氧的传质动力（浓度梯度）却减小。因此，水温对氧的转移有正反两方面的影响，但并不能相互抵消。水温低有利于氧的转移。

3. 气压或氧分压对 K_{La} 和 C_S 的影响

水中饱和溶解度 C_S 值与氧分压或气压有关。当气压降低时，C_S 值也降低，相反则提高。因此 C_S 值应修正如下：

$$\rho = \frac{\text{所在地区实际气压（Pa）}}{1.013 \times 10^5} = \frac{\text{实际 } C_S \text{ 值}}{\text{标准大气压下的 } C_S \text{ 值}} \tag{11-17}$$

对于鼓风曝气池，空气扩散装置一般设在接近池底的水下，此时空气扩散装置出口处的氧分压最大，C_S 值也最大；随着气泡逐渐上升至水面，气压逐渐减小，降低到一个大气压。在气泡上浮过程中，一部分氧已转移到液相中。因此，鼓风曝气中的 C_S 值应以扩散装置出口和曝气池混合液表面处的溶解氧饱和浓度的平均值按下式计算：

$$C_{Sm} = \frac{C_S}{2} \left(\frac{P_b}{1.013 \times 10^5} + \frac{Q_t}{21} \right) \tag{11-18}$$

式中　　　　　　　C_{Sm}——鼓风曝气池中溶解氧饱和度的平均值，mg/L；

　　　　　　　　　C_S——大气压力下氧的饱和度，mg/L；

　　　$P_b = P + 9.8 \times 10^3 H$——扩散装置出口处的绝对压力，Pa；

　　　$P = 1.013 \times 10^5$——大气压力，Pa；

　　　　　　　　　H——扩散装置的安装深度，m；

$Q_t = \dfrac{21(1-E_A)}{79 + 21(1-E_A)} \times 100\%$——气泡离开池面时氧的百分比，%；

　　　　　　　　　E_A——扩散装置的氧的转移效率；

　　　　　　　　　21——空气中氧的百分比含量。

二、供气量的计算

1. 鼓风曝气空气量计算

由于空气扩散装置的氧转移参数是在水温为 20℃，气压为 1.013×10^5 Pa 状态（即标准状态）下测定的，并且是在脱氧清水中测定的数值，所以，在实际条件下，对厂商提供的氧转移速度应加以修正。

在标准状态条件下，转移到曝气池混合液中的总氧量为：

$$R_0 = K_{La(20)} \cdot C_{S(20)} \cdot V \quad (\text{kg/h}) \tag{11-19}$$

式中 R_0——标准条件下，转移到曝气池中的总氧量；

$K_{La(20)}$——标准条件下，氧的总转移速度；

$C_{S(20)}$——标准条件下，脱氧清水的饱和溶解度，mg/L；

V——曝气池有效容积；

在实际条件下，转移到曝气池的总氧量为：

$$R = \alpha \cdot K_{La(20)} [\beta \cdot \rho \cdot C_{Sm(T)} - C] \cdot 1.024^{(T-20)} \cdot V \tag{11-20}$$

式中 $C_{S(Tm)}$——实际条件下，T℃时的饱和溶解氧浓度，mg/L；

C——实际条件下混合液 T℃时的溶解氧浓度，mg/L；

其余符号同前。

解上二式得：

$$R_0 = \frac{R \cdot C_{sm(20)}}{\alpha[\beta \cdot \rho \cdot C_{sm(T)} - C] \cdot 1.024^{(T-20)}} \times 100\% \tag{11-21}$$

一般情况下，$\dfrac{R_0}{R}=1.33\sim1.61$，说明实际状态下的需氧量较标准状态下多 33%～61%。

鼓风曝气中各种曝气设备的转移效率 E_A 为：

$$E_A = \frac{R_0}{S \cdot 100\%} \tag{11-22}$$

式中 S——供氧量，kg/h；

$$S = G_S \times 0.21 \times 1.43 = 0.3 G_S \tag{11-23}$$

式中 G_S——供气量，m³/h；

0.21——氧在空气中所占百分比；

1.43——氧的密度，kg/m³；

因此，采用空气曝气时，鼓风机的供气量为：

$$G_S = \frac{S}{0.3} = \frac{R_0}{0.3 E_A} \quad \text{m}^3/\text{h} \tag{11-24}$$

2. 机械曝气空气量计算

对于机械曝气，各种叶轮在标准状态下的充氧量与叶轮直径以及线速度的关系，也是事先通过脱氧清水的曝气试验测定的，如泵型叶轮的关系式为：

$$Q_S = 0.379 \times V^{0.28} D^{1.88} K \tag{11-25}$$

式中 Q_S——泵型叶轮在标准状态下的脱氧清水中之充氧量，kg/h；

V——叶轮线速度，m/s；

D——叶轮直径，m；

K——池型结构修正系数，对于合建式圆池可取 0.85～0.98，对于分建式圆池可取 1.0；

由于 $Q_S = R_0$，而 R_0 值可以按公式（11-21）求出，因此所需之叶轮直径即可通过公式（11-25）或其他类型叶轮的充氧量公式或图表求出。

三、鼓风曝气系统

鼓风曝气系统由加压设备（鼓风机），管道及阀门系统及空气扩散装置等部分组成。鼓风机将空气通过管道输送到安装在曝气池底部的空气扩散装置。鼓风机安装在专用的鼓风机房中，为了减少管道系统的长度，减少空气压力损失，一般鼓风机房设置在曝气池附近。空气管路系统是用来连接鼓风机和空气扩散装置的，由于扩散装置易堵塞，一般在空气管路上设置空气过滤器，阀门是调节空气量的设备，亦可为检修管路系统提供方便。

鼓风曝气系统的空气扩散装置，亦称曝气装置，是曝气系统的重要设备，其性能好坏，直接影响曝气效果以及运行管理费用，衡量空气扩散装置技术性能的主要指标有下列三项：1. 动力效率 E_p 是指消耗一度电所能转移到液体中的氧量（$kgO_2/kW \cdot h$）；2. 氧的利用效率 E_A：是指鼓风曝气时转移到液体中的氧占供给氧的百分数（％）；3. 氧的转移效率 E_L：是指机械曝气时单位时间内转移到液体中的氧量（kgO_2/h）。良好的曝气设备应具有较高的动力效率、氧的转移效率和氧的利用效率。

鼓风曝气系统的空气扩散装置分为：微气泡、中气泡、大气泡和水力剪切等类型。对于空气扩散装置要求：构造简单，运行稳定，效率高，便于维护管理，不易堵塞，空气阻力小。

（一）微孔空气扩散装置

一般是用多孔材料（陶粒，粗瓷），通过胶粘剂粘合后，经高温烧结而成，其外形多为板状，方状和钟罩状。这类扩散装置产生的气泡小，使得气、液接触面大，氧利用率 E_A 较高，一般都可达 10％以上，其缺点是气压损失较大，易堵塞，送入的空气应预先通过过滤处理。

1. 扩散板

一般尺寸是正方形，安装见图 11-11 所示，每个板匣有独立的进气管，便于维护管理，清洗和更换。

扩散板的氧利用率 E_A 为 7％～14％之间，动力效率 E_p 为 1.8～2.5$kgO_2/kW \cdot h$。

2. 扩散管

一般采用的管径为 60～100mm，长度多为 500～600mm。常以组装形式安装，以 8～12 根管组成一个管组，见图 11-12，便于安装、维修。其布置形式同扩散板。

扩散管的氧利用率约介于 10％～13％之间，动力效率约为 $2kgO_2/(kW \cdot h)$。

3. 钟罩型微孔空气扩散器

目前为止，我国生产的这种扩散装置有 HWB-3 型和 BGW-Q 型等，如图 11-13。其

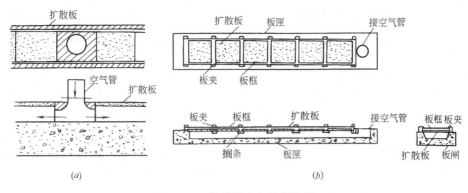

图 11-11 扩散板空气扩散装置

图 11-12 扩散管组装图

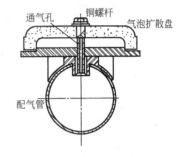

图 11-13 固定式钟罩型微孔空气扩散器

平均孔径为 $100\sim200\mu m$；服务面积 $0.3\sim0.75m^2$/个；动力效率 E_p 为 $4\sim6kgO_2/kW\cdot h$；氧利用率 E_A 为 $20\%\sim25\%$，但这种扩散装置易堵塞，空气管路系统应设净化装置。

（二）中气泡空气扩散装置

1. 穿孔管

穿孔管是穿有孔眼的钢管或塑料管。孔眼的直径一般采用 $3\sim5mm$，孔眼开于管的下侧与垂直面成 $45°$ 的夹角处，孔距为 $50\sim100mm$，如图 11-14 所示。

这种扩散装置构造简单，不易堵塞，阻力小，但氧的利用率较低，只有 $4\%\sim6\%$ 左右，动力效率亦低，约 $1kgO_2/(kW\cdot h)$。

穿孔管扩散器多组装成栅格型，一般多用于浅层曝气曝气池。

2. W_M-180 型网状膜空气扩散装置

W_M-180 型网状膜空气扩散装置属中气泡空气扩散装置，是由主体、螺盖、网状膜、分配器和密封圈所组成。如图 11-15 所示。该装置由底部进气，经分配器第一次切割并均匀分配到气室，然后通过网状膜进行二次分割，形成微小气泡扩散到混合液中。其特点是不易堵塞、布气均匀，构造简单，便于维护管理，氧的利用率较高；动力效率为 $2.7\sim3.7kgO_2/kW\cdot h$，服务面积为 $0.5m^2$，氧的利用率为 $12\%\sim15\%$。

（三）水力剪切式空气扩散装置

目前用于工程实际的水力剪切式空气扩散装置有固定螺旋式和倒盆式空气扩散装置。

这类空气扩散装置是利用其本身的构造特征，产生水力剪切作用，将大气泡切割成小气泡。

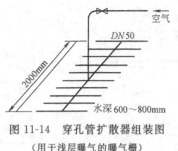

图 11-14　穿孔管扩散器组装图
（用于浅层曝气的曝气栅）

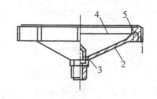

图 11-15　网状膜空气扩散装置
1—螺盖；2—扩散装置本体；3—分配器；
4—网状膜；5—密封垫

1. 固定螺旋空气扩散装置

固定螺旋空气扩散装置由于其内部的螺旋叶片的数量不同，可分为固定单螺旋、固定双螺旋和固定三螺旋 3 种空气扩散装置，如图 11-16 为固定双螺旋空气扩散装置。

其构造是由圆型外壳和固定在壳内的螺旋叶片组成，双螺旋空气扩散装置每节有两个圆柱形通道，三螺旋空气扩散装置则有 3 个圆柱形通道。每个通道内均有 180°扭曲的固定螺旋叶片。在同一节中螺旋叶片的旋转方向相同，相邻两节中的螺旋叶片旋转方向相反。

空气从扩散装置底部进入，气泡经碰撞、径向混合、多次被切割，气泡直径不断变小，气液不断激烈掺混，接触面积不断增加，有利于氧的转移。因气水混合液密度较小，可形成较大的上升流速和提升作用，使空气扩散装置周围的水向池底扩散装置入口处流动，形成循环水流。

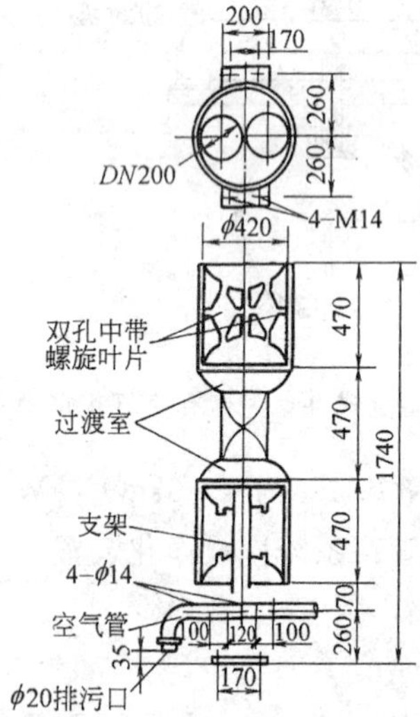

图 11-16　固定双螺旋空气扩散装置

固定双螺旋空气扩散装置氧转移效率 E_A 为 9.5%～11%，动力效率 E_p 为 1.5～2.5kgO_2/kW·h。三螺旋比双螺旋氧转移效率 E_A 提高 10%～15%。螺旋空气扩散装置的优点是设备简单，水中无转动部件，安装使用方便可避免腐蚀和堵塞，维护较简便，氧转移效率较高。阻力小，提升和搅拌作用好，曝气均匀，不易产生沉淀。

2. 倒盆式空气扩散装置

倒盆式空气扩散装置由盆形塑料壳体、橡胶板、塑料螺杆及压盖等组成。其构造如图 11-17，空气由上部进气管进入，由盆形壳体和橡胶板间的缝隙向周边喷出，在水力剪切的作用下，空气泡被剪切成小气泡。停止供气，借助橡胶板的回弹力，使缝隙自行封口，防止混合液倒灌。

该式扩散器的各项技术参数：服务面积 6×2m^2；氧利用率 6.5%～8.8%；动力效率 1.75～2.88kgO_2/kW·h，总氧转移系数 K_{La} 4.7～15.7。

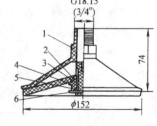

图 11-17　倒盆式空气扩散装置
1—倒盆式塑料壳体；2—橡胶板；
3—密封圈；4—塑料螺杆；
5—塑料螺母；6—不锈钢开口销

（四）射流式空气扩散装置

该装置由喷嘴、吸入室、吸入管、混合室、扩散管等部分组成，如图11-18。

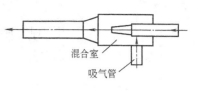

图11-18 射流空气扩散装置

射流式空气扩散装置是利用水泵将泥水混合液打入射流器内，通过喷嘴射出时，产生高速的水流，使曝气设备的吸入室产生负压，吸入管即吸入大量的空气，混合液和空气在混合室内剧烈混合搅动，气泡被粉碎成雾状，微细气泡进一步压缩，氧气迅速转移到混合液中，射流空气扩散装置中氧的转移效率（E_A）可提高到20%以上，生化反应速率也有所提高，但动力效率E_p不高。

四、机械曝气系统

曝气机械可分为：曝气叶轮、曝气转刷和盘式曝气器。机械曝气装置安装在曝气池的水面上下，在动力驱动下转动。由于叶轮或转刷的转动作用，水面上的污水不断地以水幕状由曝气器周边抛向四周，形成水跃，液面呈剧烈的搅动状，使空气卷入，其后侧形成负压区，也能吸入部分空气。

再则，机械曝气装置具有提升液体的作用，使混合液连续地上、下循环流动，气、液接触界面不断更新，不断地使空气中的氧向液体内转移。

1. 叶轮曝气装置

叶轮曝气装置亦称叶轮曝气机。常用的有泵型、K型、倒伞型和平板型四种，如图11-19。

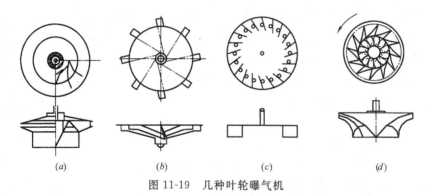

图11-19 几种叶轮曝气机
（a）泵型；（b）倒伞型；（c）平板型；（d）K型叶轮

叶轮曝气机的轴与水面垂直安装，所以又称为竖轴式曝气机。

叶轮的充氧能力与叶轮的直径、线速度、池型和浸没深度有关。提高叶轮直径和线速度，充氧能力也将提高。叶轮线速度一般控制在3.5～5.0m/s。线速度过大，将打碎活性污泥，影响处理效果；线速度过小，则影响充氧能力。叶轮的浸没深度也要适当，如叶轮在临界浸没水深以下，不能形成负压区，甚至不能形成水跃，只起搅拌作用。反之叶轮浸没过浅，提升能力将大为减弱，也会使充氧能力下降。一般叶轮浸没深度在10～100mm，视叶轮形式而异。表面曝气叶轮的动力效率E_p一般在$3kgO_2/kW·h$左右。

叶轮曝气机具有结构简单，运行管理方便，充氧效率较高等特点。

2. 曝气转刷

曝气转刷由水平转轴和固定在轴上的叶片所组成，如图11-20，一般转速常在20～120r/min左右，动力效率E_p在$1.7～2.4kgO_2/(kW·h)$之间。安装时，转轴贴近液面，

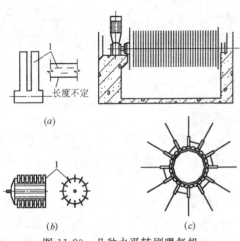

转刷部分浸在液体中，转动时，叶片把大量液滴抛向空中，并使液面剧烈波动，溅成水花，促使氧气的溶解；同时推动混合液在池内的流动，加速溶解氧的扩散。由于曝气转刷的轴水平安装，所以又称为卧轴式表面曝气机。

3. 盘式曝气器

盘式曝气器简称曝气转盘或曝气碟，构造见图 11-21。曝气转盘表面有大量的规则排列的三角突出物和不穿透小孔（曝气孔），用于增加推进混合和充氧效率。

转刷曝气器和盘式曝气器主要用于氧化沟，它具有负荷调节方便、维护管理容易、动力率高等优点。

图 11-20 几种水平转刷曝气机
(a) Kessener 转刷；(b) TNO Cage 转刷；
(c) Mamnoth 转刷
1—齿条

五、曝气池构造

曝气池是活性污泥处理系统的主要设备。根据曝气池中污水与活性污泥的混合流动形态，曝气池可分为推流式、完全混合式和循环混合式三种类型。

（一）推流式曝气池

推流式曝气池的平面尺寸通常为长方形，混合液的流型为推流式。推流是指污水（混合液）从池的一端流入，经过一定的时间和流程从池的另一端流出；污水与回流污泥在曝气池内，在理论上只有横向混合，无纵向混合。推流式曝气池，通常采用鼓风曝气，因此，推流式曝气池亦称鼓风曝气池。

推流式曝气池的结构一般为钢筋混凝土浇筑而成，一般与二次沉淀池分建。由于曝气池长度较大，可达 100m，因此，当污水厂的场地受限时，曝气池

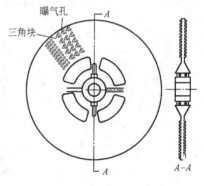

图 11-21 曝气转盘

可以拆成多组廊道，如图 11-22 所示，用单数廊道时，入口和出口分设在池的两端；用双数廊道时，入口和出口则设在池的同一端。设计时，采用何种形式，取决于污水处理厂总平面和运行方式，如生物吸附法常采用双廊道。

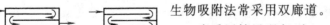

图 11-22 曝气池廊道

当采用鼓风曝气时，一般将空气扩散装置安装在曝气池廊道底部的一侧，这样布置时，扩散装置一侧因曝气使得混合液夹带较多气泡而相对密度减小，所以，在廊道断面上看，池中混合液就有一侧上升，另一侧下降的现象，同时加上混合液原有的前进运动，混合液在池中呈螺旋状前进，增加了气泡和污水的接触时间，使得曝气效果良好。

因此，曝气池廊道的宽深比一般要在 2 以下，一般为 1.0～1.5 之间。若曝气池的宽度过大，应考虑在曝气池廊道两侧安装空气扩散装置。如图 11-23 所示。如果选用小气泡

空气扩散装置如固定螺旋曝气装置,应将扩散装置布满整个池底部,根据空气扩散器的面积通过计算确定每个曝气设备的间距。

由于曝气池长度较大,为防止水流出现短流现象,廊道长度 L 与宽度 B 之比应大于10,池宽常在4~6m,廊道转弯折流处过水断面宽应等于池宽。池深与造价、动力费用有密切关系。池越深,氧的转移效率就越高,可降低供气量,但压缩空气的压力将提高;反之,池浅时空气压力降低,氧转移效率也降低。因此,在设计中,常根据土建结构和池子的功能要求以及允许占用的土地面积等因素,一般选择池深在3.0~5.0m之间。

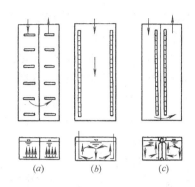

图11-23 鼓风曝气池扩散设备布置形式
(a) 全池布满;(b) 位于两侧;(c) 布置在中间

曝气池进水口最好淹没在水面以下,以免污水进入曝气池后沿水面扩散,造成短流,影响处理效果。

曝气池出水设备可用溢流堰或出水孔。通过出水孔的水流流速要小些(介于0.1~0.2m/s之间),以免污泥受到破坏。

在曝气池半深处或距池底1/3处以及池底处,应设置放水管,前者备间歇运行(如培养活性污泥)时用,后者备池子清洗时放空用。

(二) 完全混合曝气池

完全混合式曝气池多采用表面机械曝气装置。曝气叶轮安置在池表面中央。曝气池形状多为圆形,偶见多边形和方形。为了使池和叶轮所能作用的范围相适应,便于池中混合液都能得到充足的氧。改变叶轮的直径和转速,可以适应不同直径、深度或宽度的池子的需要。这种曝气池,污水和回流污泥一进入池中,即与池内原有混合液充分混合,参加池中混合液的大循环,故称之为完全混合曝气池。

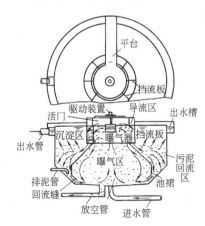

图11-24 曝气沉淀池示意图

完全混合式曝气池与二次沉淀池有合建式与分建式两种。合建式又称为曝气沉淀池。图11-24所示一种采用表面曝气叶轮的圆形曝气沉淀池,它是由曝气区、导流区、沉淀区、回流区4部分组成。污水从池底中心进入,在曝气区内,污水与回流污泥同混合液得到充分而迅速的混合,然后经导流区流入沉淀区,澄清水经周边出流堰排出,沉淀下来的污泥沿曝气区底部四周的回流缝回流入曝气区,剩余污泥从设于沉淀区底部的排泥管排出池外。导流区是在曝气区和沉淀区之间设置的缓冲区,其作用是使气液分离并使污泥产生凝聚,为沉淀创造条件。采用表面曝气时,从窗口流入导流区的混合液,进入沉淀区后,受惯性力的作用,仍有绕叶轮轴线旋转的倾向,这对气液分离和泥水分离不利,故在导流区中,常设径向挡流板,以清除不利影响。这种合建式的曝气沉淀池,布置紧凑,流程短,有利于新鲜污泥及时回流,并省去一套污泥回流设备,因此,近年来在小型城市污水处理厂和生产污水处理站得到广泛应用。但由于曝气和沉淀两部分合建在一起，池体构造复杂，需要较高的运行管理水平。

图 11-25 是另种合建式完全混合曝气沉淀池，它的平面表状为长方形，曝气区和沉淀区分两侧设置，两区之间设导流区。为达到完全混合的目的，污水和活性污泥沿曝气池长度均匀收入，并均匀排出混合液。

完全混合式曝气沉淀池具有结构紧凑、流程短、占地少等优点，广泛应用于工业废水和生活污水处理。

虽然曝气沉淀池有上述优点，但其沉淀区在构造上有局限性，泥水分离，污泥浓缩等问题有待解决。因此，在工程实际中，完全混合式曝气池的曝气区与沉淀区分建，分建式完全混合曝气池如图 11-26 所示，采用表面曝气设备。这种曝气池与推流式曝气池不同之处除了曝气设备外，其进水和回流污泥沿曝气池长均匀引入，由于是表面曝气设备，应将狭长的曝气池分成若干个方形单元，相互衔接，每个单元设一台机械曝气装置。分建式空气混合曝气池需设置污泥回流系统。

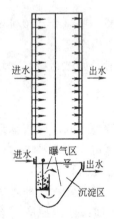

图 11-25 长方形曝气沉淀池

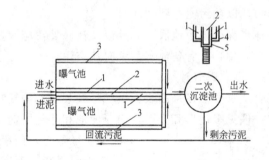

图 11-26 分建式完全混合曝气池
1—进水槽；2—进泥槽；3—出水槽；4—进水孔口；5—进泥孔口

（三）循环混合式曝气池

循环混合式曝气池，亦称氧化沟、氧化渠。此种曝气池的结构和工艺流程，以及工作特征将在本章第八节《活性污泥法的发展与新工艺》中阐述。

第六节 活性污泥法的工艺设计

活性污泥法处理系统，主要生物反应器是曝气池，同时还有二沉池、曝气设备、污泥回流设备等单元组成。其工艺设计包括下列内容：

1. 处理工艺流程的选定；
2. 曝气池（区）容积计算、曝气池工艺设计；
3. 需氧量、供氧量及曝气设备的设计与计算；
4. 二次沉淀池的选定及工艺设计计算；
5. 回流污泥量、剩余污泥量、污泥回流设备的选择与设计计算。

一、收集原始资料、确定设计参数

收集原始资料、确定设计参数是活性污泥处理系统设计与计算的重要环节。资料的准确程度与设计参数选择的合理性，将直接影响系统的处理效果、工程造价及运行管理的效果。因此，在计算与设计之前，应充分掌握污水、污泥的原始资料。需要确定的资料或数据有：

1. 原污水日平均流量（m^3/d），最大时流量（m^3/h），最小时流量（m^3/h）。流量的大小决定反应器的规模，如果曝气池的设计水力停留时间超过 6h，为减小反应器的容积，可以考虑以日平均流量作为曝气池的设计流量；如果设计水力停留时间较短，则应考虑用最大时流量作为设计流量。

2. 进入生化反应器处理污水的各项指标主要是 BOD、COD、TOC、悬浮固体 SS、总氮 TN、总磷 TP 等指标。要求掌握污水中有机污染物的溶解性物质、悬浮性污染物质在污水中所占的比例，掌握总氮 TN 中有机氮和无机氮所占的比例，及总磷 TP 的有机磷和无机磷的含量。确定受纳水体的环境容量，计算出 BOD 和 COD 的去除率。

3. 主要设计参数的确定

对活性污泥法处理系统的工艺设计，目前是以经验方法与理论方法相结合的方式。由于污水水质复杂多变，往往要通过试验来确定设计参数，虽然活性污泥处理系统设计过程已有部分理论指导，但曝气池的设计计算仍是处于理论和经验相结合的状态。活性污泥法系统的工艺设计，应确定设计参数如下：

(1) BOD-污泥负荷率 N_S

(2) 混合液污泥浓度 MLSS

(3) 污泥回流比 R

4. 工艺流程的确定

在进行系统工艺设计时，首先应选择并确定工艺流程。选择合理的工艺流程，应综合考虑现场的地理位置、地区条件、气候条件以及施工技术等客观因素，综合分析工艺的可行性和先进性以及经济上的合理性。

在确定工艺流程时，需进行方案比较，一般城市污水处理工程的工程量及投资均较高，应慎重考虑仔细研究，以保证确定的工艺系统是最优化的。

二、曝气池容积的计算

计算曝气池容积，目前普遍采用的是按有机物负荷率计算法。有机物负荷率可分为 BOD 负荷和容积负荷两种。

1. BOD 负荷率

$$N_S = \frac{Q \cdot S_a}{X \cdot V} [\text{kgBOD}_5/(\text{kgMLSS} \cdot \text{d})]$$

由此可计算曝气池（区）的容积

$$V = \frac{Q \cdot S_a}{X \cdot N_S} \quad (m^3) \tag{11-26}$$

2. BOD 容积负荷率：

$$N_V = \frac{Q \cdot S_a}{V} = N_S \cdot X [\text{kgBOD}_5/(\text{m}^3 \cdot \text{d})]$$

由此可计算曝气池（区）容积

$$V = \frac{Q \cdot S_a}{N_V} \quad (\text{m}^3) \tag{11-27}$$

BOD-污泥负荷率在微生物降解有机物方面，有一定的理论意义，而容积负荷率为经验数据。

（1）BOD-污泥负荷率的确定

① 按有机物降解动力学理论计算：

$$N_S = \frac{QS_a}{VX} = \frac{(S_a - S_e)f}{X_v t \eta} = \frac{K_2 L_e f}{\eta} \tag{11-28}$$

式中　X_V——曝气池混合液 MLVSS 浓度，mg/L；可参考表 11-1 选择；

t——曝气时间，h；对于不同的活性污泥运行方式，t 值选择不同，一般可参照表 11-1 确定；

$f = \frac{\text{MLVSS}}{\text{MLSS}}$；对于生活污水 $f = 0.75$；对于工业废水则需通过试验确定；

η——有机物去除率；

K_2——系数，在完全混合曝气池中，对于城市污水，其值介于 0.0168～0.028 之间；工业废水则需要通过实验确定。

其余符号同前。

② 经验数据法

根据统计资料，在处理生活污水的推流式曝气池内，BOD 污泥负荷率（N_S）与处理水 S_e 之间存在下列关系：

$$N_S = 0.01295 S_e^{1.1918} \tag{11-29}$$

式（11-29）由日本学者桥本奖经过调查研究总结归纳所得，故亦称桥本奖公式。

N_S 亦可参照表 11-1 确定。

一般对城市污水，BOD-污泥负荷率多取 0.3～0.5kgBOD$_5$/(kgMLSS·d)，BOD$_5$ 去除率可达 90% 以上，污泥沉淀性能较好，SVI 在 80～150 之间。

（2）混合液浓度（MLSS）的确定

混合液浓度 MLSS 高与低，直接影响曝气池容积及回流污泥设备的大小。当混合液浓度过高，曝气池体积可以减小；而混合液浓度高与低，由回流污泥量决定。如果回流量大，则污泥回流设备庞大，因此，在确定 MLSS 时应考虑下列因素。

① 活性污泥的凝聚沉淀性能

混合液中的活性污泥来自于回流污泥，显然回流污泥浓度 X_R 高于混合液浓度 X；回流污泥是从二次沉淀池底部泥斗回流至曝气池的，所以回流污泥的初始浓度由二次沉淀池沉淀的性能及沉淀的时间决定。可按式（11-30）计算。

$$X_r = \frac{10^6}{\text{SVI}} \cdot r \quad (\text{mg/L}) \tag{11-30}$$

式中 r 是考虑污泥在二次沉淀池中停留时间、深度、污泥厚度等因素的有关系数，一般取 1.2 左右。从式（11-30）可以看出 SVI 与 X_r 是反比，当 SVI=100 左右时，X_r 值在 8000~12000mg/L 之间。

② 供氧的经济与可能

污泥浓度提高，微生物需氧量也要提高。同时污泥浓度过高会改变混合液的黏滞性，增加扩散阻力，降低氧的利用率，动力费用高，所以要考虑曝气设备能否与高污泥浓度相匹配。一般曝气设备在高 MLSS 下，供氧困难。

③ 沉淀池与回流设备的造价

混合液污泥浓度高，会增加二次沉淀池的负荷和造价。分建式曝气池中，混合液浓度越高，维持平衡的回流污泥量也越大，从而使污泥回流设备的造价和动力费增加。按照物料平衡关系可得 X、回流比 R 和回流污泥浓度 X_r 间的关系：

$$R \cdot Q \cdot X_r = (Q+RQ) \cdot X$$

$$X = \frac{R}{1+R} X_r \tag{11-31}$$

式中　X——曝气池混合液浓度，mg/L；
　　　R——污泥回流比；
　　　X_r——回流污泥浓度，mg/L。

将公式（11-30）代入公式（11-31），可得估算混合液浓度的公式：

$$X = \frac{R}{1+R} \cdot \frac{10^6}{\text{SVI}} \cdot r \tag{11-32}$$

三、曝气系统的设计计算

曝气系统设计包括：曝气方法的选择；需氧量与供气量的计算；曝气设备的选择与计算。

1. 需氧量与供气量的计算

(1) 需氧量的计算

需氧量是指活性污泥微生物在曝气池中进行新陈代谢所需要的氧量。在微生物的代谢过程中，需要将污水中有机物氧化分解成 H_2O、CO_2 等，同时微生物本身也氧化一部分细胞物质，为新细胞的合成以及维持其生命活动提供能源。这两部分氧化所需要的氧量，可用下式表示：

$$O_2 = a'QS_r + b'VX_V \tag{11-33}$$

式中　O_2——曝气池混合所需氧量，kgO_2/d；
　　　a'——代谢每公斤 BOD 所需氧的公斤数；
　　　QS_r——被微生物降解的有机物数量，kg/d，$S_r = S_a - S_e$，Q 为污水流量，m^3/d；
　　　b'——污泥自身氧化需氧率，d^{-1}，即每公斤污泥 MLVSS 每天所需氧的公斤数；
　　　$V \cdot X_V$——曝气池中混合液挥发性悬浮固体总量，kg，V 为曝气池容积，m^3，X_V 为 MLVSS，mg/L。

生活污水和几种工业废水的 a'、b' 值，可参照表 11-2 选用。

生活污水和几种工业废水的 a'、b' 值　　　　　表 11-2

废水名称	a'	b'	废水名称	a'	b'
生活污水	0.42~0.53	0.188~0.11	炼油废水	0.5	0.12
石油化工废水	0.75	0.16	酿造废水	0.44	—
含酚废水	0.56	—	制药废水	0.35	0.354
合成纤维废水	0.55	0.142	亚硫酸浆粕废水	0.40	0.185
漂染废水	0.5~0.6	0.065	制浆造纸废水	0.38	0.092

（2）供气量的计算

供气量可按式（11-24）计算。由于进入曝气池的污水流量和 BOD 在一天内时都在变化，所以 BOD 污泥负荷率在一天内也在变化。但是，由于曝气池体积较大，超高较其他构筑物为多，所以曝气池对污水的冲击负荷有缓冲能力，不会对处理效果产生很大影响。需气量可分日平均需气量和最大时需气量。

2. 鼓风曝气系统的设计与计算

鼓风曝气系统设计的内容为：曝气装置的选择和布置；空气管道系统的布置与计算；鼓风机规格和数量的确定。

（1）空气管道的布置与计算

空气管道长度和管径要根据鼓风机房和鼓风曝气池间的距离、管道走向和管道的流速、风量来决定。

当污水处理厂的平面布置方案选定后，空气管道的走向及长度基本上确定了。空气管道的经济流速为：干管空气流速为 10~15m/s，通向扩散设备的支管取 4~5m/s。流速和该空气管道的空气流量确定后，可根据附录 3（a）查表选定空气管径，然后再核算压力损失，调整管径。

空气管道的压力损失 h 为沿程阻力损失 h_1 与局部阻力损失 h_2 之和。

空气管道中引起局部压力损失的各种配件按公式（11-20）换算成管道的当量长度 l_0，与管段长度 l 相加得出管道的计算长度 $l+l_0$。

$$l_0 = 55.5 K D^{1.2} \tag{11-34}$$

式中　l_0——管道的当量长度，m；

　　　D——管径，mm；

　　　K——长度换算系数，见表 11-3。

查附录 3（b），按照空气量、管径、温度、空气压力的顺序最后查得单位长度摩擦损失 i，用 i 乘以（$l+l_0$）即得沿程和局部的压力损失。

查附录 3（b）时，温度可用 30℃，空气压力按下式估算：

$$P = (1.5 + H) \times 9.8 \tag{11-35}$$

式中　P——空气压力，kPa；

　　　H——扩散设备距水面的深度，m。

长度换算系数 表11-3

配件	三通:气流转弯	直流异口径	直流等口径	弯头	大小头	球阀	角阀	闸阀
长度换算系数	1.33	0.42~0.67	0.33	0.4~0.7	0.1~0.2	2.0	0.9	0.25

(2) 风机的确定

目前用于鼓风曝气系统的鼓风机有多种形式。常用的有叶式鼓风机、罗茨鼓风机和离心式鼓风机等，各种鼓风机的性能、规格和特点详见《给水排水设计手册》11册或本书附录1，列出了部分鼓风机产品规格及特性。

确定鼓风机的主要参数为设计风量和风压。一般在同一供气系统中，尽量选用同一型号的鼓风机。鼓风机的备用台数为：工作鼓风机≤3台时，备用一台；工作鼓风机≥4台，备用两台。鼓风机设在专用的鼓风机房用，电源选用双电源，电容量以全部机组同时启动时的负荷设计。鼓风机房内、外采用防止噪声的措施，使其符合我国现行的《工业企业噪声卫生标准》和《城市环境噪声标准》。

(3) 机械曝气装置的设计

机械曝气装置的设计内容主要是选择叶轮的型式和确定叶轮的直径。叶轮的形式是根据叶轮的充氧功能和动力效率以及加工条件来选择。叶轮直径的确定，取决于曝气池的需氧量，使所选择的叶轮的充氧量满足混合液需氧量的要求。此外，还需考虑叶轮直径与圆形曝气筒直径之比例关系，对于方形或长方形曝气池，则应考虑轮径与池宽之比。因为叶轮太大，会损坏污泥，太小则充氧不够。一般认为平板叶轮或倒伞型叶轮直径与曝气池直径之比宜在1/3~1/5左右，泵型叶轮以1/4~1/7为宜。叶轮直径与水深之比可采用2/5~1/4，池子过深，池底部的水不容易上翻到池面上来，影响充氧和泥水混合。泵型叶轮和平板叶轮的直径与充氧能力、叶轮功率等关系曲线见附录4、附录5，供设计参考。

四、污泥回流系统的设计

对于分建式曝气池、污泥从二次沉淀池回流需设污泥回流设备，主要包括提升装置和污泥输送的管渠系统。

在设计污泥回流设备之前，应确定污泥回流量 Q_R。$Q_R = RQ$，其中 R 可按设计的运行方式参照表11-1确定。若曝气池设计成可采用多种运行方式时，污泥回流设备应按最大回流比设计，并具有按较小的几级回流比工作的可能性。此外，若剩余污泥也需提升后再排入污泥处理系统，其剩余污泥量可在污泥回流设备设计中一并考虑。

污泥提升设备常采用叶片泵，最好选用螺旋泵和泥流泵。对于鼓风曝气池，也可选用空气提升器。空气提升器结构简单、管理方便，且所消耗的空气可向活性污泥补充溶解氧，但空气提升器的效率不如叶片泵。

目前国内大型污水处理厂回流系统使用较多的是螺旋泵。

螺旋泵是由泵轴、螺旋叶片、上、下支座、导槽、挡水板和驱动装置所组成。图11-27所示为螺旋泵的基本构造形式。

采用螺旋泵的污泥回流系统，具有以下各项特征：

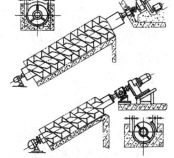

图11-27 螺旋提升泵的基本构造图

(1) 效率高,而且稳定,即使进泥量有所变化,仍能够保持较高的效率;
(2) 能够直接安装在曝气池与二次沉淀池之间,不必另设污泥井及其他附属设备。
(3) 不因污泥而堵塞,维护方便,节省能源。
(4) 转速较慢,不会打碎活性污泥絮凝体颗粒。

五、二次沉淀池的计算与设计

二次沉淀池设计的主要内容:池型选择;沉淀池面积;有效水深和污泥区容积的计算。

二次沉淀池是活性污泥系统的重要组成部分。它的主要作用是分离混合液中的活性污泥与处理水,使混合液澄清,同时,二次沉淀池污泥斗中可以完成污泥浓缩作用,并使高浓度的活性污泥回流到曝气池内。

二沉池与曝气池有分建和合建两类。分建的二沉池仍然是平流式、竖流式和辐流式三种。有时也采用斜板(管)沉淀池的,但斜板(管)上易产生污泥淤积,使用时应加强管理。

二次沉淀池与初次沉淀池在结构上无太大区别,但在作用上与初沉池相比有以下特点:

(1) 除了进行泥水分离外,还要进行污泥的浓缩,由于沉淀的活性污泥质轻颗粒细,所以采用的表面负荷要比初沉池小。

(2) 活性污泥质轻易被水流带走,并容易产生异重流现象,使实际的过水断面远远小于出水堰设在离池末端一定距离处,堰的长度要相对增加,使单位堰长的出水量小于5~8m³/(m·h)。

(3) 由于进入二沉池的混合液是泥、水、气三相混合体,因此,竖流式沉淀池的中心管下降流速和曝气沉淀池导流区的下降流速都要小些,以利于气、水分离,提高澄清区的分离效果。

二次沉淀池的计算方法有表面负荷法和固体通量法,本节着重介绍表面负荷法。

1. 设计流量 Q

二沉池沉淀区的设计流量为污水最大时流量,但不包括回流污泥量。这是因为沉淀池分两路流动:一路相当于污水流量,通过沉淀池上部溢流堰流出,另一路相当于回流污泥量和剩余污泥量,通过污泥区从下部的排泥管排出,故采用污水最大时流量作为设计流量是合理的。但中心管(包括合建式导流区)设计时应加上污泥回流量作为设计流量,否则将会增大中心管的流速,不利于气水分离。

2. 二沉池的表面积 A

由于沉淀区中的水力表面负荷 q 对沉淀效果的影响比沉淀时间更为重要,故二沉池设计常以表面负荷为主要参数,并同沉淀时间配合使用。

$$A=\frac{Q}{q}=\frac{Q}{3.6u}(\text{m}^2) \tag{11-36}$$

式中 Q——污水的设计流量,m³/h;
q——表面负荷,m³/(m²·h);
u——正常活性污泥成层沉淀之沉速,mm/s。

二沉池的水力表面负荷 q 可取 $1\sim2\text{m}^3/(\text{m}^2\cdot\text{h})$，相应的 u 为 $0.15\sim0.5\text{mm/s}$。

3. 二沉池的有效水深 H

沉淀区（澄清区）要保持一定的水深，以维持水流的稳定。一般可按沉淀时间（t）计算：

$$H=\frac{Qt}{A}=qt \tag{11-37}$$

式中　t——二沉池水力停留时间，通常采用 $1.5\sim2.5\text{h}$。

4. 二次沉淀池污泥区容积

由于二次沉淀池的污泥区有污泥浓缩作用，以提高回流污泥浓度，减少回流量，所以二次沉淀池应保持一定容积。但是，污泥区容积过大，污泥在污泥区中停留时间过长，容易使污泥失去活性。因此对于分建式沉淀池，一般规定污泥区的贮泥时间为 2h。

对于合建式曝气沉淀池，由于污泥区容积决定于池体的构造，当池深和沉淀面积确定后，污泥区容积就确定了，一般无需进行计算。

六、剩余污泥及其处置

为了使活性污泥处理系统的净化功能保持稳定，就必须保证曝气池内的污泥浓度不变。因此，每日应从系统中排除一定数量的剩余污泥。剩余污泥量按（11-6）式计算。

由于剩余污泥量 ΔX 是挥发性悬浮固体 MLVSS，并以干重的形式表示，因此剩余污泥量应换算成湿污泥量（m^3/d），并以挥发性悬浮固体换算成总悬浮固体。即

$$\Delta X=Q_w\cdot f\cdot X_r$$

因此
$$Q_w=\frac{\Delta X}{f\cdot X_r} \tag{11-38}$$

式中　Q_w——每日排出的剩余污泥量，m^3/d；

　　　ΔX——挥发性剩余污泥量（干重），kg/d；

　　　X_r——回流污泥浓度，g/L；

$f=\dfrac{\text{MLVSS}}{\text{MLSS}}$——挥发分，生活污水约为 0.75，城市污水也可同此。

剩余污泥含水率高达 99% 左右，数量多，体积大，脱水性能差，因此剩余污泥的处置比较麻烦。

对剩余污泥传统的处置方法，是首先将其引入浓缩池进行浓缩，使其含水率由 99% 降至 96%～97% 左右，然后与由初次沉淀池排出的污泥共同进行厌氧消化处理。这种方式只适用于大、中型的污水处理厂。

目前，在国内、外对剩余污泥的处置方式，出现了另一种趋势。这种处置方式是将剩余污泥经浓缩后（或不经浓缩），与由初次沉淀池排出的污泥相结合，然后向混合污泥中投加一定量的混凝剂，之后用污泥脱水机械进行脱水，混合污泥的含水率能够降至 70%～80%。污泥形成泥饼，这样的污泥便于运输和利用的。

七、设计例题

【例题】 某城市日排污水量 20000m^3，时变化系数 1.35，进入曝气池 BOD_5 值 170mg/L，要求处理水 BOD_5 值为 20mg/L，拟采用活性污泥系统处理。

1. 计算、确定曝气池主要部位尺寸
2. 计算、设计鼓风曝气系统

【解】 1. 曝气池的计算与各部位尺寸的确定

曝气池按 BOD-污泥负荷法计算

(1) BOD-污泥负荷率的确定

拟定采用的 BOD-污泥负荷率为 $0.3 \text{kgBOD}_5/(\text{kgMLSS} \cdot \text{d})$。但为稳妥计,需加以校核,校核公式为式(11-28),即:

$$N_S = \frac{K_2 L_e f}{\eta}$$

K_2 值取 0.0185　　$L_e = 20 \text{mg/L}$

$$\eta = \frac{170-20}{170} = 0.882 \qquad f = \frac{\text{MLVSS}}{\text{MLSS}} = 0.75$$

代入各值

$$N_S = \frac{0.0185 \cdot 20 \cdot 0.75}{0.882} = 0.31 \text{kgBOD}_5/(\text{kgMLSS} \cdot \text{d})$$

$$\approx 0.30 \text{kgBOD}_5/(\text{kgMLSS} \cdot \text{d})$$

计算结果确证,N_S 值取 0.3 是适宜的。

(2) 确定混合液污泥浓度 X

根据已确定的 N_S 值,查图(11-2)得相应的 SVI 值为 100~120,取值 110。

按式(11-32)计算确定混合液污泥浓度值 X。对此 $r = 1.2$,$R = 50\%$,代入各值,得:

$$X = \frac{R \cdot r \cdot 10^6}{(1+R)\text{SVI}} = \frac{0.5 \cdot 1.2}{1+0.5} \cdot \frac{10^6}{110} = 3636 \text{mg/L} \approx 3600 \text{mg/L}$$

(3) 确定曝气池容积,按式(11-9)计算,即:

$$V = \frac{QS_a}{N_S X}$$

$$S_a = 170 \text{mg/L}$$

代入各值:
$$V = \frac{20000 \times 170}{0.3 \times 3600} = 3148 \text{m}^3$$

(4) 确定曝气池各部位尺寸

设 2 组曝气池,每组容积为 $\frac{3148}{2} = 1574 \text{m}^3$

池深取 4.2m,则每组曝气池的面积为

$$F = \frac{1574}{4.2} = 374.8 \text{m}^2$$

池宽取 4.5m,$\frac{B}{H} = \frac{4.5}{4.2} = 1.07$ 介于 1~2 之间,符合规定。

池长：

$$\frac{F}{B} = \frac{374.8}{4.5} = 83.3 \text{m}$$

$$\frac{L}{B} = \frac{83.3}{4.5} = 18.5 > 10, \text{符合规定。}$$

设三廊道式曝气池，廊道长：

$$L_1 = \frac{L}{3} = \frac{83.3}{3} = 27.8 \text{m} \approx 28 \text{m}$$

取超高 0.8m，则池总高度为

$$4.2 + 0.8 = 5.0 \text{m}$$

2. 曝气系统的计算与设计

本设计采用鼓风曝气系统。

(1) 平均时需氧量的计算

按式（11-33）计算，即：

$$O_2 = a'QS_r + b'VX_V$$

查表 11-2，得 $a' = 0.5$；$b' = 0.15$

代入各值

$$O_2 = 0.5 \times 20000 \left(\frac{170-20}{1000}\right) + 0.15 \times 3148 \frac{3600 \times 0.75}{1000} = 2774.9 \text{kg/d} = 115.6 \text{kg/h}$$

(2) 最大时需氧量的计算

根据原始数据 $K = 1.35$

代入各值：

$$O_2 = 0.5 \times 20000 \times 1.35 \left(\frac{170-20}{1000}\right) + 0.15 \times 3148 \frac{3600 \times 0.75}{1000}$$

$$= 3299.9 \text{kg/d} \div 24 = 137.5 \text{kg/h}$$

(3) 每日去除 BOD_5 值

$$BOD_5 = \frac{20000 \times (170-20)}{1000} = 3000 \text{kg/d}$$

(4) 去除每 kgBOD 的需氧量

$$\Delta O_2 = \frac{2774.9}{3000} = 0.925 \approx 0.93 \text{kgO}_2/\text{kgBOD}$$

(5) 最大时需氧量与平均时需氧量之比

$$\frac{O_{2(\max)}}{O_2} = \frac{137.5}{115.6} = 1.19$$

3. 供气量的计算

采用网状膜型中微孔空气扩散器，敷设于距池底 0.2m 处，淹没水深 4.0m，计算温度定为 30℃。

查附录 2，得：水中溶解氧饱和度：

$$C_{S(20)}=9.17\text{mg/L}; C_{S(30)}=7.63\text{mg/L}$$

(1) 空气扩散器出口处的绝对压力 P_b 按式 (11-18) 计算，即：

$$P_b = 1.013 \times 10^5 + 9.8 \times 10^3 H \quad \text{Pa}$$

代入各值，得

$$P_b = 1.013 \times 10^5 + 9.8 \times 4.0 \times 10^3 = 1.405 \times 10^5 \text{Pa}$$

(2) 空气离开曝气池面时，氧气的百分比，按式 (11-18) 计算，即：

$$O_t = \frac{21(1-E_A)}{79+21(1-E_A)} \times 100\%$$

E_A——空气扩散器的氧转移效率，对网状膜型中微孔扩散器，取值 12%。

代入 E_A 值得： $O_t = \frac{21(1-0.12)}{79+21(1-0.12)} \times 100\% = 18.43\%$

(3) 曝气池混合液中平均氧饱和度（按最不利的温度条件考虑）按式 (11-18) 计算，即：

$$C_{sm(T)} = C_S \left(\frac{P_b}{2.026 \times 10^5} + \frac{O_t}{42} \right)$$

最不利温度条件，按 30℃ 考虑，代入各值，得：

$$C_{sm(30)} = 7.63 \left(\frac{1.405 \times 10^5}{2.026 \times 10^5} + \frac{18.43}{42} \right)$$

$$= 8.54 \text{mg/L}$$

(4) 换算为在 20℃ 条件下，脱氧清水的充氧量，按式 (11-21) 计算，即：

$$R_0 = \frac{RC_{S(20)}}{\alpha[\beta \cdot \rho \cdot C_{sm(T)} - C] \cdot 1.024^{T-20}}$$

取其值 $\alpha=0.82$；$\beta=0.95$；$C=2.0$；$\rho=1.0$。

代入各值，得：

$$R_0 = \frac{115.6 \times 9.17}{0.82[0.95 \times 1.0 \times 8.54 - 2.0] \times 1.024^{(30-20)}} = 170 \text{kg/h}$$

相应的最大时需氧量为：

$$R_{0(\max)} = \frac{137.5 \times 9.17}{0.82[0.95 \times 1.0 \times 8.54 - 2.0] \times 1.024^{(30-20)}} = 203.2 \text{kg/h}$$

(5) 曝气池平均时供气量，按式 (11-24) 计算，即：

$$G_S = \frac{R_0}{0.3 E_A} \times 100$$

代入各值，得

$$G_S = \frac{170}{0.3 \times 12} \times 100 = 4723.3 \mathrm{m^3/h}$$

（6）曝气池最大时供气量

$$G_{S(max)} = \frac{203.2}{0.3 \times 12} \times 100 = 5648.1 \mathrm{m^3/h}$$

（7）去除每 kgBOD$_5$ 的供气量：

$$\frac{4723.3}{3000} \times 24 = 37.79 \mathrm{m^3}空气/\mathrm{kgBOD_5}$$

（8）每 m^3 污水的供气量：

$$\frac{4723.3}{20000} \times 24 = 5.67 \mathrm{m^3}空气/\mathrm{m^3}污水$$

4. 空气管系统计算

按图 11-28 所示的曝气池平面图，布置空气管道，在相邻的两个廊道的隔墙上设一根干管，共 3 根干管。在每根干管上设 5 对配气竖管，共 10 条配气竖管。全曝气池共设 30 条配气竖管。每根竖管的供气量为：

$$\frac{5648.1}{30} = 188.3 \mathrm{m^3/h}$$

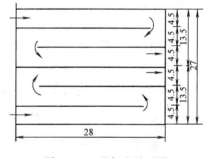

图 11-28 曝气池平面图

曝气池平面面积为：

$$27 \times 28 = 756 \mathrm{m^2}$$

每个空气扩散器的服务面积按 0.50m^2 计，则所需空气扩散器的总数为

$$\frac{756}{0.5} = 1512 个$$

本设计采用 1500 个空气扩散器，每个竖管上安设的空气扩散器的数目为：

$$\frac{1500}{30} = 50 个$$

每个空气扩散器的配气量为

$$\frac{5648.1}{1500} = 3.76 \mathrm{m^3/h}$$

将已布置的空气管路及布设的空气扩散器绘制成空气管路计算图（参见图 11-29），用以进行计算。

选择一条从鼓风机房开始的最远最长的管路作为计算管路。在空气流量变化处设计算节点，统一编号后列表进行空气管道计算。

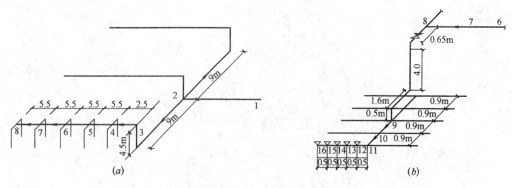

图 11-29 空气管路计算图
(a) 空气管路计算图 (一); (b) 空气管路计算图 (二)

空气干管和支管以及配气竖管的管径,根据通过的空气量和相应的流速按附录7加以确定。计算结果列入计算表中的第6项。

空气管路的局部阻力损失,根据配件的类型按式(11-34)折算成当量长度损失 l_0,并计算出管道的计算长度 $l+l_0$ (m),(l 为管段长度) 计算结果列入计算表中的第8、9两项。

空气管道的沿程阻力损失,根据空气管的管径 Dmm、空气量 m^3/min、计算温度℃和曝气池水深,查附录3求得,结果列入计算表的第10项。

9项于10项相乘,得压力损失 h_1+h_2,结果列入计算表第11项。

将表 11-4 中 11 项各值累加,得空气管道系统的总压力损失为:

$$\sum(h_1+h_2)=168.34\times9.8=1.649\text{kPa}$$

网状膜空气扩散器的压力损失为 5.88kPa,则总压力损失为

$$5.88+1.649=7.53\text{kPa}$$

为安全计,设计取值 9.8kPa。

5. 空压机的选定

空气扩散装置安装在距曝气池池底 0.2m 处,因此,空压机所需压力为:

$$P=(4.2-0.2+1.0)\times9.8=49\text{kPa}$$

空压机供气量:

最大时:

$$5648.1\text{m}^3/\text{h}=94.135\text{m}^3/\text{min}$$

平均时:

$$4723.3\text{m}^3/\text{h}=78.72\text{m}^3/\text{min}$$

根据所需压力及空气量,决定采用 LG40 型空压机 4 台。该型空压机风压 50kPa,风量 40m³/min。正常条件下,2 台工作,2 台备用,高负荷时 3 台工作,1 台备用。

【例题】 某工厂废水经预处理后,拟采用曝气沉淀池进行生物处理,废水的设计流量为 150m³/h(包括厂区生活污水),BOD_5 为 300mg/L,预处理已去除 30%,小型试验所得设计数据为:$N_S=0.4\text{kgBOD}_5/\text{kgMLSS}\cdot d$,$S_e\leqslant 20$mg/L,$X=4000$mg/L,去除每公

空气管路计算表　　　　　　　　　　　表 11-4

管段编号	管段长度 L(m)	空气流量 (m^2/h)	空气流量 (m^3/min)	空气流速 v (m/s)	管径 D (mm)	配件	管段当量长度 l_0(m)	管段计算长度 l_0+l(m)	压力水头 9.8 (Pa/m)	压力水头 9.8 (Pa)
1	2	3	4	5	6	7	8	9	10	11
16～15	0.5	3.76	0.063	—	32	弯头1个	0.62	1.12	0.18	0.2
15～14	0.5	7.52	0.125	—	32	三通1个	1.18	1.68	0.32	0.54
14～13	0.5	11.28	0.188	—	32	三通1个	1.18	1.68	0.65	1.09
13～12	0.5	15.04	0.251	—	32	三通1个	1.18	1.68	0.90	1.51
12～11	0.25	18.80	0.313		32	三通1个　异形管1个	1.27	1.52	1.25 0.38	1.90
11～10	0.6	37.6	0.627	4.5	50	三通1个　异形管1个	2.18	2.06	0.50	1.54
10～9	0.9	75.2	1.253	3.2	80	四通1个　异形管1个	3.83	4.73	0.38	1.80
9～8	6.75	188.0	3.133	5.0	100	闸门1个　弯头3个　三通1个	11.30	18.05	0.70	12.33
8～7	5.5	376.0	6.266	12.5	100	四通1个　异形管1个	6.41	11.91	2.50	29.78
7～6	5.5	752.0	12.533	11.5	150	四通1个　异形管1个	10.25	15.75	0.90	14.18
6～5	5.5	1128.0	18.80	9.5	200	四通1个　异形管1个	14.48	20.00	0.45	9.00
5～4	5.5	1504	25.667	12.0	200	四通1个　异形管1个	14.48	19.98	0.80	16.00
4～3	7.0	1880	31.333	13.0	200	四通1个　弯头2个	20.92	27.92	1.25	37.40
3～2	9.0	1880	31.33	11.0	400	三通1个　异形管1个	33.27	42.27	0.28	11.28
2～1	9.0	5640	94.00	14.0	400	三通1个　异形管1个	33.27	42.27	0.70	29.59
合　计										168.34

斤BOD_5的需氧量$R'=1.0 kgO_2/kgBOD_5$，回流比$R=600\%$。试计算曝气沉淀池的主要尺寸和选择曝气叶轮。

【解】　1. 曝气区容积的确定

曝气区进水的BOD_5值：

$$S_a=300(1-30\%)=210 mg/L$$

污水日流量

$$Q=150 m^3/h=3600 m^3/d$$

计算用式（11-9），代入各值，得

$$V=\frac{QS_a}{N_S X}=\frac{3600\times 210}{0.4\times 4000}=472.5 m^3$$

取二座曝气沉淀池，则每座池的曝气区容积为：

$$\frac{472.5}{2}=236.25\approx 237 m^3$$

2. 沉淀区面积与容积的确定

X值已定为$4000 mg/L$，取混合液上升流速u值为$0.28 mm/s$，则沉淀区的面积为：

$$F=\frac{Q}{3.6u\cdot n}=\frac{150}{3.6\times0.28\times2}=74.4\approx75\text{m}^2$$

取沉淀时间为1.5h，则沉淀区的容积为：

$$V_2=\frac{Qt}{2}=\frac{150\times1.5}{2}=112.5\approx113\text{m}^3$$

沉淀区高度为

$$h_1=\frac{V_2}{F}=\frac{113}{75}=1.5\text{m}$$

3. 需氧量与充氧量的计算

需氧量为：

$$R=R'\frac{QS_r}{1000n}=\frac{150(210-20)}{1000\times2}=14.5\text{kgO}_2/\text{h}$$

充氧量 R_0 按式（11-21）计算，即：

$$R_0=\frac{RC_{S(20)}}{\alpha[\beta C_{sm(T)}-C]1.024^{(T-20)}}$$

取计算温度 $T=30℃$、$\alpha=0.8$，$\beta=0.9$，$C=1.5$mg/L，代入各值，得：

$$R_0=\frac{14.5\times9.2}{0.8[0.9\times8.54-1.5]\times1.219}=25.7\text{kgO}_2/\text{h}$$

4. 选定曝气叶轮形式与曝气区直径与面积的确定

选用泵型叶轮，查附录4得：当 $R_0=26\text{kgO}_2/\text{h}$，线速度为4.5m/s时，叶轮直径为1000mm，所需功率为7kW。

选用直径为1.0m的泵型叶轮。

采用 $\dfrac{d}{D_1}=\dfrac{1}{6}$，因此，曝气区的直径为：

$$D_1=6d=6\times1.0=6\text{m}$$

曝气区的面积

$$F_1=\frac{3.14}{4}\times6^2=28.3\text{m}^2$$

5. 导流室直径与宽度的确定

污水在导流室下降速度取值 $V_2=15$mm/s，则导流室的面积为：

$$F_2=\frac{Q(1+R)}{3.6V_2n}=\frac{150(1+6)}{3.6\times15\times2}=9.73\text{m}^2$$

导流室外直径

$$D_2=\sqrt{\frac{4(F_1+F_2)}{\pi}}=\sqrt{\frac{4(28.3+9.73)}{3.14}}=7.0\text{m}$$

导流室的宽度
$$B=\frac{D_2-D_1}{2}=\frac{7-6}{2}=0.5\text{m}$$

6. 曝气沉淀池直径
$$D=\sqrt{\frac{4(F_1+F_2+F_3)}{\pi}}=\sqrt{\frac{4(28.3+9.73+75)}{3.14}}=12\text{m}$$

7. 曝气沉淀池其他各主要部位的尺寸的确定
(1) 曝气区直壁高：
$$h_2=h_1+0.414B=1.5+0.414\times0.5=1.7\text{m}$$
曝气沉淀池直壁高取 1.7m。
(2) 曝气沉淀池斜壁与曝气区直壁呈 45°角。
(3) 曝气沉淀池池深取值 $H=4.2$m。
(4) 曝气沉淀池斜壁高
$$h_4=H-h_3=4.2-1.7=2.5\text{m}$$
(5) 曝气沉淀池池底直径
$$D_3=D-2h_4=12-2\times2.5=7\text{m}$$

8. 回流窗孔尺寸的确定
污水通过回流窗孔的流速取值 $v_1=100$mm/s，于是，回流窗孔总面积为：
$$f=\frac{Q(1+R)}{3.6v_1n}=\frac{150(1+6)}{3.6\times100\times2}=1.46\text{m}^2$$

每池开 20 个回流窗孔，则每个窗孔面积为
$$f_1=\frac{f}{n_1}=\frac{1.46}{20}=0.073\text{m}^2$$

采用 200mm×300mm 的孔口，在孔口上安设挡板以调节过水面积。

9. 回流缝尺寸的确定
取曝气区底直径大于池底直径 0.2m，则
$$D_4=7+0.2=7.2\text{m}$$

回流缝宽 b 取值 0.2m，顺流圈长 0.5m。则回流缝过水面积为：
$$f_2=\pi b\left(D_4+\frac{L+b}{1.41}\right)$$
$$=3.14\times0.2\left(7.2+\frac{0.5+0.2}{1.41}\right)=4.84\text{m}^2$$

回流缝内污水的流速
$$v_4=\frac{QR}{3.6f_2n}=\frac{150\times6}{3.6\times4.84\times2}=26\text{mm/s 符合要求}$$

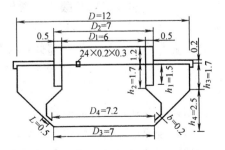

图 11-30 圆形曝气沉淀池基本部位尺寸图

图 11-30 所示为经计算、设计所得圆形曝气沉淀池各基本部位的尺寸。

10. 曝气沉淀池实际容积核算

曝气沉淀池的总容积为：

$$V' = \pi \left(\frac{D}{2}\right)^2 h_3 + \frac{\pi}{3} h_4 \left[\left(\frac{D}{2}\right)^2 + \left(\frac{D}{2}\right)\left(\frac{D_3}{2}\right) + \left(\frac{D_3}{2}\right)^2\right]$$

$$= \pi \left(\frac{12}{2}\right)^2 \times 1.7 + \frac{\pi}{3} \times 2.5 \left[\left(\frac{12}{2}\right)^2 + \left(\frac{12}{2}\right)\left(\frac{7}{2}\right) + \left(\frac{7}{2}\right)^2\right] = 372 \text{m}^3$$

曝气沉淀池结构容积系数取 5%，则其实际有效容积为：

$$V = V'(1-5\%) = 372(1-5\%) = 353 \text{m}^3$$

沉淀区实际有效容积为：

$$V_2 = \frac{\pi}{4}(D^2 - D_2^2)h_1 = \frac{\pi}{4}(12^2 - 7^2) \times 1.5 = 113 \text{m}^3$$

曝气区（包括导流室和回流区）的实际有效容积为：

$$V_1 = V - V_2 = 353 - 113 = 240 \text{m}^3$$

各部位实际有效容积与计算所需容积列于表 11-5 中。两者基本相符，所定尺寸勿需调整。

曝气沉淀池各部分容积比较表 表 11-5

容 积 （m³）	计算所需	实际有效
总容积	237+113=350	353
曝气区	237	240
沉淀区	113	113

经计算、设计，采用两座圆形曝气沉淀池，每座直径 12m，深 5.4m，水深 4.2m（参见图 11-30）。

第七节 活性污泥法的脱氮除磷原理及应用

在自然界中，氮以有机氮（Organic-N）和无机氮（Inorganic-N）两种形态存在。前者有蛋白质、多肽、氨基酸和尿素等，主要来源于生活污水、农业废弃物和某些工业废水。无机氮包括氨氮（NH_4^+-N）、亚硝酸氮（NO_2^--N）和硝酸氮（NO_3^--N），这三者又称之为氮化合物。无机氮一部分是由有机氮经微生物的分解转化后形成的，还有一部分是来自施用氮肥的农田排水和地表径流，以及某些工业废水。有机氮和无机氮统称为总氮（TN）。

水体中存在过量氨氮的危害有：

(1) 缓流水体的富营养化。表现在氮化合物会使藻类过度繁殖，使水具有色和气味，影响感官。这种水如果排放到水源水体中会增加制水成本，一些氮化合物还对人和生物具有毒害作用。

(2) 农业灌溉用水中，TN 含量如超过 1mg/L，某些作物因过量吸收氮，会产生贪青倒伏现象。

一、脱氮原理

污水脱氮技术可以分为物理化学脱氮和生物脱氮两种技术。本书以生物脱氮为主，对物化脱氮法只简要介绍。

（一）氮的吹脱处理

水中氨氮以氨离子（NH_4^+）和游离氨（NH_3）两种形式保持平衡关系为：

$$NH_3 + H_2O \Longleftrightarrow NH_4^+ + OH^- \tag{11-39}$$

这一关系受 pH 影响，当 pH 升高，平衡向左移动，游离氨所占比例增加。25℃，当 pH 为 7 时，氨离子所占比例为 99.4%；当 pH 上升至 11 左右时，游离氨增高至 90%以上。此时如果让污水流过吹脱塔，便可以使氨从污水中逸出，这就是吹脱法的基本原理。吹脱法的优点是最为经济且操作简便，除氮效果稳定。缺点是逸出的氨氮会造成空气二次污染。

物理化学脱氮还有折点加氯法、选择离子交换法、电渗析法、反渗透法、电解法等。

（二）污水生物脱氮原理

传统活性污泥法对氮、磷去除，只能是去除细菌细胞由于生理上的需要而摄取的数量，氮的去除率为 20%～40%，而磷的去除率仅为 10%～30%。

污水生物处理中氮的转化包括同化、氨化、硝化和反硝化作用。

1. 同化作用

污水生物处理过程中，一部分氮（氨氮或有机氮）被同化成微生物细胞的组分。按细胞干重计算，微生物细胞中氮的含量约为 12.5%。

2. 氨化作用

有机氮化合物在氨化菌的作用下，分解、转化为氨氮，这一过程称为氨化反应。以氨基酸为例，其反应如下：

$$RCHNH_2COOH + O_2 \longrightarrow NH_3 + CO_2 + RCOOH \tag{11-40}$$

氨化菌为异养菌，一般氨化过程与微生物去除有机物同时进行，有机物去除结束时，已经完成氨化过程。

3. 硝化作用

硝化作用是由硝化细菌经过两个过程，将氨氮转化成亚硝酸氮和硝酸氮。

氨氮的细菌氧化过程为：

$$NH_4^+ + 1.5O_2 \longrightarrow NO_2^- + H_2O + 2H^+ \tag{11-41}$$

亚硝酸氮的细菌氧化过程为：

$$NO_2^- + 0.5O_2 \longrightarrow NO_3^- \tag{11-42}$$

总反应为： $NH_4^+ + 2O_2 \longrightarrow NO_3^- + H_2O + 2H^+$ （11-43）

硝化反应受下列因素影响：

(1) 温度

生物硝化可以在 4~45℃ 的范围内进行，最佳温度大约是 30℃。

(2) 溶解氧

硝化细菌的好氧性强，硝化反应必须在好氧条件下才能进行。一般硝化反应中的 DO 浓度大于 2mg/L。

(3) 碱度和 pH

硝化细菌对 pH 非常敏感，亚硝酸细菌和硝酸细菌分别在 7.7~8.1 和 7.0~7.8 时活性最强，超出这个范围，其活性就会急剧下降。

(4) C/N 比

污水中的碳源来自于有机污染物，由于其浓度较高，处理系统只能在较低的 BOD 负荷下（0.15kgBOD/(kg MLSS·d)），硝化反应才能正常进行。

(5) 有毒物质

某些重金属、络合离子和有毒有机物对硝化细菌有毒害作用。

4. 反硝化作用

反硝化作用是在缺氧（不存在分子态游离溶解氧）条件下，将亚硝酸氮和硝酸氮还原成气态氮（N_2）或 N_2O、NO。参与这一生化反应的是反硝化细菌，这类细菌在无分子氧条件下，将硝酸根和亚硝酸根作为电子受体。

反硝化的简化生物化学反应式如下：

$$NO_3^- \nearrow NO_2^- \longrightarrow NH_2OH \longrightarrow 有机物（同化反硝化）$$
$$\searrow NO_2^- \longrightarrow N_2O \longrightarrow N_2（异化反硝化）$$

反硝化过程与硝化过程一样，也受温度、溶解氧、酸碱度、C/N 比、有毒物质影响。需要说明的是反硝化菌是异养兼性厌氧菌，只有 DO 在 0~0.3mg/L 才能实现。

二、生物脱氮工艺技术

生物脱氮工艺中，由于硝化和反硝化过程微生物对氧的需求不同，可以将处理构筑物分成好氧处理构筑物和缺氧处理构筑物。根据微生物在构筑物中的生长条件，可以分为悬浮生长型（活性污泥法、氧化沟）和附着生长型（生物滤池、生物转盘、生物流动床）两大类。

1. 传统活性污泥法脱氮工艺

传统活性污泥法脱氮是指污水连续经过三套生物处理装置，依次完成碳氧化、硝化、反硝化三个过程，分别在第一级的曝气池、第二级的硝化池、第三级的反硝化反应器内完成，其中每套系统都有各自的反应池、二沉池和污泥回流系统。

该工艺的优点是好氧菌、硝化菌和反硝化菌分别生长在不同的构筑物中，反应速度较快；并且不同性质的污泥分别在不同的沉淀池中沉淀分离和回流，故运行管理较为方便，易于掌握，灵活性和适应性较大，运行效果较好。但是该工艺处理构筑物较多，设备较多，管理复杂，目前已经很少应用了。

2. 二级生物脱氮系统

这种系统是在第一级中同时完成碳氧化和硝化等过程，经沉淀后在第二级中进行反硝化脱氮，然后混合液进入最终沉淀池，进行泥水分离。它具有与传统活性污泥法生物脱氮系统类似的优点，但是减少了一个中间沉淀池。

3. 单级生物脱氮系统

此种系统的特点是没有中间沉淀池（见图 11-31），仅有一个最终沉淀池。有机污染物的去除和氨化过程、硝化反应在同一反应器中进行，从该反应器流出

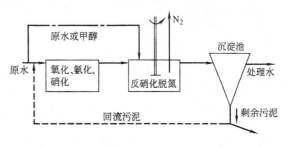

图 11-31　单级生物脱氮系统

的混合液不经沉淀，直接进入缺氧池，进行反硝化。所以该工艺流程简单，处理构筑物和设备较少，克服了上述多级生物脱氮系统的缺点。但是，存在着反硝化的有机碳源不足，难于控制，以及出水水质难于保证等缺点。

4. 前置反硝化脱氮（A/O）工艺

以上系统都是遵循污水碳氧化、硝化、反硝化顺序进行的。这三种系统都需要在硝化阶段投加碱度，在反硝化阶段投加有机物。

为了解决这个问题，在 20 世纪 80 年代后期产生了前置反硝化工艺，即将反硝化反应器放置在系统之首（如图 11-32）。

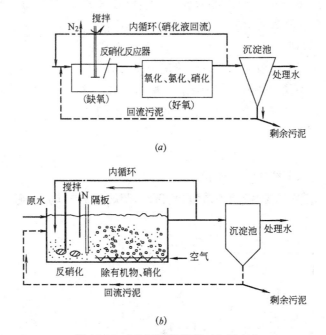

图 11-32　MLE 脱氮流程（A/O 法）
(a) 分建式 MLE 脱氮流程（A/O 法）；(b) 合建式 MLE 脱氮流程（A/O 法）

A/O 工艺的工作过程为：原污水、回流污泥同时进入系统之首反硝化的缺氧池，与此同时，后续反应器内已进行充分反应的硝化液的一部分回流至缺氧池，在缺氧池内将硝态氮还原为气态氮，完成生物脱氮。之后，混合液进入好氧池，完成有机物氧化、氨化、硝化反应。

由于原污水直接进入缺氧池，为缺氧池的硝态氮反硝化提供了足够的碳源有机物，不需外加。缺氧池在好氧池之前，由于反硝化消耗了一部分碳源有机物，有利于减轻好氧池的有机负荷，减少好氧池的需氧量。

再则，反硝化反应所产生的碱度可以补偿硝化反应消耗的部分碱度，因此，一般情况下可不必另行投碱以调节pH值。

该流程简单，省去了中间沉淀池，构筑物少，节省基建费用，同时运行费用低，电耗低，占地面积小。

A/O脱氮系统的好氧池和缺氧池可以合建在同一构筑物内，用隔墙将两池分开，也可以建成两个独立的构筑物。

三、除磷原理与工艺

除磷技术分为化学除磷和生物除磷。

（一）化学除磷

磷在污水中基本上都是以不同形式的磷酸盐存在。按化学特性（酸性水解和酸化）可分成正磷酸盐、聚合磷酸盐和有机磷酸盐，分别简称为正磷、聚磷和有机磷。

化学除磷的基本原理是通过投加化学药剂形成不溶性磷酸盐沉淀物，然后通过固液分离将磷从污水中除去。可用于化学除磷的金属盐有3种，钙盐、铁盐和铝盐。最常用的是石灰（$Ca(OH)_2$）、硫酸铝（$Al_2(SO_4)_3 \cdot 18H_2O$）、铝酸钠（$NaAlO_2$）、三氯化铁、硫酸铁、硫酸亚铁和氯化亚铁等。

（二）生物除磷原理

目前生物除磷的机理还没有彻底研究清楚，一般认为，生物除磷过程中，在好氧条件下细菌吸收大量的磷酸盐，磷酸盐作为能量的贮备；在厌氧状态下用于吸收有机底物并释放磷。这是一个循环的过程，细菌交替释放和吸收磷酸盐。

（三）生物除磷工艺流程

弗斯特利普（Phostrip）除磷工艺于1972年开发，是将生物除磷和化学除磷相结合的一种工艺。其流程如下图11-33所示。

将含磷污水和由除磷池回流的脱磷但含有聚磷菌的污泥同步进入曝气池。在好氧条件

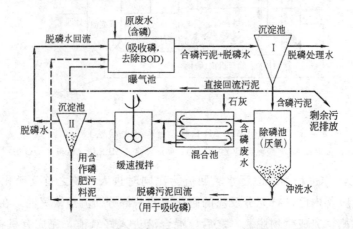

图11-33 Phostrip除磷工艺

下，聚磷菌过量摄取磷，有机物得到降解，同时还可能出现硝化反应。之后，从曝气池流出的混合液进入沉淀池Ⅰ，在这里进行泥水分离，含磷污泥沉淀至池底，已除磷的上清液作为处理水而排放，及时排放剩余污泥。

回流污泥的一部分（约为进水流量的10%～20%）旁流入一个除磷池，除磷池处于厌氧状态，含磷污泥（聚磷菌）在这里释放磷。投加冲洗水，使磷充分释放，已释放磷的污泥沉于池底，然后回流至曝气池。含磷上清液从上部流出进入混合池。

含磷上清液进入混合池，同步向混合池投加石灰乳，经混合后再进行搅拌反应，磷与石灰反应，使溶解性磷转化为不溶性的磷酸钙（$Ca_3(PO_4)_2$）固体物质。沉淀池（Ⅱ）为混凝沉淀池，经过混凝反应形成的磷酸钙固体物质在这里与上清液分离，已除磷的上清液回流曝气池，而含有大量$Ca_3(PO_4)_2$的污泥排出。

Phostrip除磷工艺是生物除磷与化学除磷相结合的工艺，除磷效果良好，处理水中含磷量一般都低于1mg/L。该工艺只适于单纯除磷，不脱氮的废水处理工艺。

本工艺流程复杂，运行管理比较复杂，投加石灰乳，运行费用也有所提高，修建费用高。

四、同步脱氮除磷工艺

同步脱氮除磷工艺目前有巴颠普（Bardenpho）法和A-A-O法，本节只介绍A-A-O工艺。

A-A-O法同步脱氮除磷工艺亦称A^2/O工艺，是英文（Anaerobic-Anoxic-Oxic）第一个字母的简称。按实质意义来说，本工艺应称为厌氧—缺氧—好氧法，如图11-34所示。

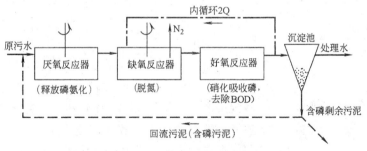

图11-34　A-A-O法同步脱氮除磷工艺流程

原废水与含磷回流污泥一起进入厌氧池。除磷菌在这里完成释放磷和摄取有机物。混合液从厌氧池进入缺氧池，本段的首要功能是脱氮，硝态氮是通过内循环由好氧池送来的，循环的混合液量较大，一般为2倍的进水量。

然后，混合液从缺氧池进入好氧池——曝气池，这一反应池单元是多功能的，去除BOD，硝化和吸收磷等项反应都在本反应器内进行。

最后，混合液进入沉淀池，进行泥水分离，上清液作为处理水排放，沉淀污泥的一部分回流厌氧池，另一部分作为剩余污泥排放。

本工艺在系统上可以称为最简单的同步脱氮除磷工艺，总的水力停留时间少于其他同类工艺。而且在厌氧（缺氧）、好氧交替运行条件下，不易发生污泥膨胀。

运行中勿需投药，厌氧池和缺氧池只用轻缓搅拌，运行费用低。

本法也存在如下各项待解决问题：除磷效果难于进一步提高，特别是当 P/BOD 值高时更是如此；脱氮效果也难于进一步提高，内循环量一般以 2Q 为限，不宜太高；沉淀池要保持一定浓度的溶解氧，减少停留时间，防止产生厌氧状态和污泥释放磷的现象出现，但溶解氧浓度也不宜过高，以防止循环混合液对缺氧反应器的干扰。

第八节 活性污泥法的发展与新工艺

活性污泥处理系统在污水生物处理进程中发挥着巨大的作用。它广泛地应用于生活污水、城市污水和有机工业废水的处理。但是，当前活性污泥法处理系统还存在着某些有待解决的问题，如反应器——曝气池的池体比较庞大，占地面积大、电耗高、管理复杂等。近几十年来，有关专家为了解决上述问题，就活性污泥的反应机理、降解功能、运行方式、工艺系统等方面进行了大量的研究工作，使活性污泥处理系统在净化功能和工艺系统方面取得了显著的进展。

在净化功能方面，改变过去以去除有机污染物为主要功能的传统模式。在生物脱氮、除磷方面取得成果。在工艺系统方面，开发出提高充氧能力、增加混合液污泥浓度、强化活性污泥微生物的代谢功能的高效活性污泥法处理系统。在本节内，将对近年来在构造和工艺方面有较大发展、并在实际运行中已证实效果显著的氧化沟、AB 法、SBR 法等活性污泥法新工艺组作简要介绍。

一、氧化沟

氧化沟又称连续循环反应器、循环混合式曝气池，是 20 世纪 50 年代由荷兰开发出来的、属活性污泥法的一种改型和发展。第一座氧化沟于 1954 年开始服务，由巴斯维尔（Pasvear）博士设计的，因此氧化沟又称为巴斯维尔氧化沟，见图 11-35。

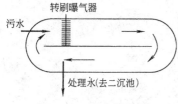

图 11-35 氧化沟平面

氧化沟是延时曝气法的一种特殊形式，其曝气设备多采用转刷曝气器和曝气转盘。反应器一般呈封闭的环状沟渠形，池体狭长，池深较浅。通过曝气装置的转动，使混合液在池内循环流动，完成了曝气和搅拌作用。氧化沟水力停留时间较长，一般为 10~40h。

（一）氧化沟的工艺流程

氧化沟工艺流程较简单，运行管理方便。整个流程的处理构筑物少，有时可以考虑不设初次沉淀池，二次沉淀池也可不单设，使氧化沟与二次沉淀池合建，可省去污泥回流装置，如图 11-36。

氧化沟是延时曝气池的一种改良，其 BOD 负荷较低，一般为 $0.05 \sim 0.11 \mathrm{gBOD}_5 /$（$\mathrm{kgMLSS \cdot d}$)，对污水的水温、水量、水质的变化有较强的适应性。污水在氧化沟内的流速为 0.3~0.5m/s，当氧化沟总长为 100~500m 时，污水流动完成一次循环需 4~20min，

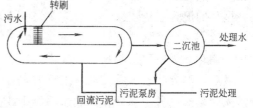

图 11-36 以氧化沟为生物处理单元的污水处理流程

由于其水力停留时间长，水流在沟渠内的循环

次数多，因此，氧化沟内的混合液的水质基本相同，氧化沟内的流态接近完全混合式，但是混合液在沟渠内循序定向流动，又具有某些推流的特征；如在曝气装置的下游，溶解氧浓度从高变低，有时可能出现缺氧段。氧化沟的这种独特的水流状态，有利于活性污泥的生物凝聚作用，而且可以将其区分为富氧区、缺氧区，用以进行硝化和反硝化，取得脱氮的效果。

在氧化沟内可以生长污泥龄较长的细菌，有时污泥龄可达 15～30d，因此在氧化沟内可以繁殖世代时间长、增殖速度慢的微生物，有利于硝化反应，有益于污水中氨氮的去除。

（二）氧化沟的构造

氧化沟一般是环形沟渠状，平面形状多为椭圆形、圆形或马蹄形，沟渠长度可达几十米，甚至百米以上。沟深一般 2～6m，一般取决于曝气装置。氧化沟的构造形式多样，运行较灵活。氧化沟可采用单沟，也可采用多沟系统。单池的进水装置简单，只配置一个进水管；多沟系统可以是一组同心的相互连通的渠道，也可以是相互平行、尺寸相同的一组沟渠。如采用双池以上平行工作时，则应考虑均匀配水。出水一般采用溢流堰式，宜于采用可升降式的，以调节池内水深。采用交替工作系统时，溢流堰应能自动启闭，并与进水装置相呼应以控制沟内水流方向。

通过调节出水溢流堰的高度可以改变氧化沟的水深，进而改变曝气装置的淹没深度，使其充氧量适应运行的需要，并可对水的流速起一定的调节作用。

由于氧化沟内微生物的污泥龄长，污泥负荷率低，排出的剩余污泥已得到高度稳定，剩余污泥量较少，因此，不需要进行厌氧硝化，只需进行浓缩脱水处理。

虽然氧化沟工艺具有构造简单、处理效果好、剩余污泥量少、有生物脱氮功能等优点，但是，氧化沟工艺也存在下列缺点：1. 占地面积大于活性污泥法；2. 机械曝气动力效率低；3. 能耗较高。

氧化沟采用的曝气装置有曝气转刷（转刷曝气器）和曝气转盘。上述两种曝气装置安装在氧化沟的水面上，转动轴平行于水面，故亦称横轴曝气装置。

氧化装置是氧化沟中最主要的机械设备，它对处理效率、能耗及运行稳定性有很大影响。其主要功能是：1. 供氧；2. 保证其活性污泥呈悬浮状态，使污水、空气和污泥三者充分混合与接触；3. 推动水流以一定的流速（不低于 0.25m/s）沿池长循环流动，这对保持氧化沟的净化功能具有重要的意义。

（三）常用的氧化沟系统

1. 卡罗塞（Carrousel）氧化沟

20 世纪 60 年代末由荷兰 DHV 公司所开发，开发这种氧化沟的目的是寻求一种渠道更深，以及效率更高和机械性能更好的系统设备。卡罗塞氧化沟系统是由多沟串联氧化沟及二次沉淀池、污泥回流系统所组成，见图 11-37。

图 11-38 所示为六廊道并采用纵轴低速表面曝气器的卡罗塞氧化沟。在每组沟渠的转弯处安装一台表面曝气器，该表面曝气器单机功率大，其水深可达 5m 以上。靠近曝气器的下游为富氧区，上游为低氧区，外环还可能成为缺氧区，这样的氧化沟能够形成生物脱氮的环境条件。

卡罗塞氧化沟系统在国外得到了广泛应用。处理规模从 200m^3/d 到 650000m^3/d 之间，BOD 去除率达 95%～99%，脱氮效果可达 90% 以上。卡罗塞氧化沟在我国昆明和桂

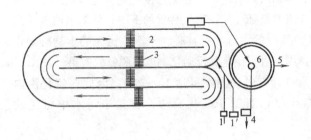
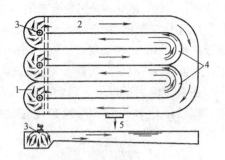

图 11-37　卡罗塞氧化沟（一）
1—污水泵站；1′—回流污泥泵站；2—氧化沟；
3—转刷曝气器；4—剩余污泥排放；
5—处理水排放；6—二次沉淀池

图 11-38　卡罗塞氧化沟系统（二）
1—进水；2—氧化沟；3—表面机械曝气器；
4—导向隔墙；5—处理水

林等城市得到了应用，处理对象为城市污水，但也可适用于某些有机工业废水。

2. 交替工作氧化沟系统

交替工作氧化沟系统由丹麦 Kruger 公司所开发，有二沟和三沟两种交替工作氧化沟系统。

二沟氧化沟如图 11-39 由容积相同的 A、B 两池组成，串联运行，交替作为曝气池和沉淀池，勿需设污泥回流系统。该系统处理水质较好，污泥也比较稳定。缺点是设备闲置率高，一般大于 50%，曝气转刷的利用率低。

三沟交替工作氧化沟，如图 11-40，应用较广，提高了设备利用率。两侧 A、C 两池交替地作为曝气池和沉淀池。中间池 B 则一直为曝气池，原污水交替地进入 A 池或 C 池，处理水则相应地从作为沉淀池的 C 池和 A 池流出。经过适当运行，三池交替氧化沟不但能够去除 BOD，还能完成脱氮和除磷的目的。这种系统勿需污泥回流系统。

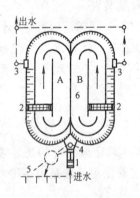
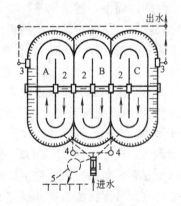

图 11-39　两沟交替工作氧化沟
1—沉砂池；2—曝气转刷；3—出水堰；
4—排泥管；5—污泥井；6—氧化沟

图 11-40　三沟交替工作氧化沟
1—沉砂池；2—曝气转刷；3—出水溢流堰；
4—排泥井；5—污泥井

交替工作的氧化沟系统的自动控制需求较高，以控制进、出水的方向，溢流堰的启闭以及曝气转刷的开动与停止。

3. 奥贝尔（Orbal）型氧化沟系统

奥贝尔氧化沟技术最初由南非开发，于20世纪70年代引入美国，并得到迅速发展。它由若干圆形或椭圆形同心沟渠组成的多沟串联系统。见图11-41。污水和回流污泥首先进入最外环的沟渠，后依次进入下一层沟渠，最后由位于中心的沟渠流出进入二次沉淀池。

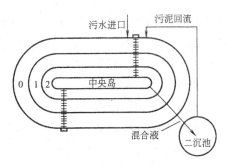

图11-41 奥贝尔型氧化沟

这种氧化沟系统多采用三层沟渠。外沟的容积最大，约为总容积的50%～60%，主要的生物氧化和脱氮过程在此完成；中沟为30%～35%，内沟则仅占15%～20%，多采用50%、33%、17%。

在运行时，外、中、内、三层沟渠内混合液的溶解氧保持较大的梯度，分别为0、1及2mg/L，这样既有利于提高充氧效果，也可使沟渠具有脱氮除磷功能。

奥贝尔（Orbal）氧化沟的曝气设备采用曝气转盘。由于曝气转盘上有大量的楔形突出物，增加了推进混合和充氧效率，水深可达3.5～4.5m。圆形或椭圆形的平面形状，比长渠道的氧化沟更能利用水流惯性，可节省推动水流的能耗。

二、A、B法污水处理工艺

吸附—生物降解（Adsorption-Biodegradation）工艺，简称AB法。这项污水生物处理技术是由德国的布·伯恩凯（Botho Bohnke）教授于20世纪70年代解决传统的二级生物处理系统存在的去除难降解有机物和脱氮除磷效率低及投资运行费用高等问题，开发的新型污水生物处理工艺。

AB法的基本流程如图11-42。AB法为两段活性污泥法，即分为A段（吸附段）和B段（生物氧化段）。A段由曝气池和中间沉淀池组成，B段则由曝气池及二次沉淀池所组成。AB两段各自设污泥回流系统，污水经过沉砂池进入A段系统，A段的污泥负荷率高，一般大于2.0kgBOD$_5$/(kgMLSS·d)，有时可高达3～5kgBOD$_5$/(kgMLSS·d)。对不同水质可选择以好氧或缺氧方式运行。在A段曝气池中，水力停留时间较短（30～60min），对有机物的去除率可达50%～70%，便进入中间沉淀池进行泥水分离。

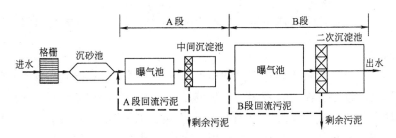

图11-42 AB法污水处理工艺流程

B段接受A段的处理水，以低负荷运行［污泥负荷一般为0.1～0.3kgBOD$_5$/(kgMLSS·d)］水力停留时间一般为2～4h，去除有机物是B段的主要净化功能。B段还具有产生硝化反应的条件，有时也可将B段设计成A/O工艺。B段曝气池较传统活性污泥法处理系统的曝气池容积可减少40%左右。

A段与B段各自能够培育出适于本段污水水质的微生物种群。A段为增殖速度快的微生物种群提供了良好的环境条件,能够成活的微生物种群是抗冲击负荷能力强的原核细菌,而原生动物和后生动物则不能存活。

AB 处理工艺在国内外得到较广泛的应用。我国的青岛海泊河污水处理厂、广州猎德污水处理厂,均采用了该技术,处理水水质完全符合国家规定的排放标准。

三、间歇式活性污泥法 (SBR)

间歇式活性污泥法(SequencingBatchReactor),简称 SBR 工艺,又称序批式(间歇)活性污泥法处理系统,是近年来在国内外被广泛应用的一种污水生物处理技术。

SBR 工艺是活性污泥法初创时期充排式反应器的一种改进工艺。由于当时的曝气器易堵塞,自动控制技术水平低,工程运行操作管理较为复杂等原因,这种原始的序批式污水处理法逐渐演变成了现今的连续式传统活性污泥法。到了 20 世纪 70 年代,随着计算机和自动控制技术的飞速发展,以及各种新型不堵塞曝气器、新型浮动式出水堰和自动监测控制设备和软件技术的发展,解决了活性污泥法开发初期间歇操作复杂的问题,使该工艺的优势得到逐步充分的发挥。

1. 间歇式活性污泥法工作原理

SBR 工艺的运行工况是以间歇操作为主要特征。所谓序批间歇式有两种含义:一是运行操作在空间上是按序列、间歇的方式进行的,由于污水大多是连续排放且流量的波动很大,间歇反应器至少为两个或三个池以上,污水连续按序列进入每个反应池,它们运行时的相对关系是有次序的,也是间歇的;二是每个 SBR 反应器的运行操作在时间上也是按次序排列的、间歇运行的。按运行次序,一个运行周期可分为五个阶段(如图 11-43),即①进水;②反应;③沉淀;④排水;⑤闲置。

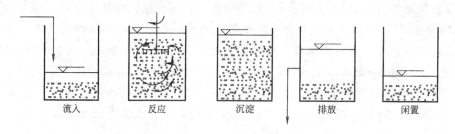

图 11-43　间歇式活性污泥曝气池运行操作 5 个工序示意图

(1) 进水阶段

污水注入之前,反应器内残存着高浓度的活性污泥混合液,来自于前个周期的待机阶段,这些高浓度的活性污泥混合液相当于传统活性污泥法中的回流污泥。污水注满后再进行反应,从这个意义来说,反应器起到水质调节池的作用。如果一边进水一边曝气,则对有毒物质或高浓度有机物污水具有缓冲作用,表现出耐冲击负荷的特性。

(2) 反应阶段

反应阶段包括曝气与搅拌混合。由于 SBR 法在时间上的灵活控制,它很容易实现好氧、缺氧与厌氧状态交替的环境条件,为其实现脱氮除磷提供了有利的条件。为保证沉淀工序效果,在反应工序后期,需进行短时微量曝气,一边吹脱产生的氮气,防止在沉淀工序出现污泥上浮。

(3) 沉淀阶段

防止曝气或搅拌，使混合液处于静止状态。活性污泥与水分离。本工序相当于传统活性污泥法中的二次沉淀池。由于本工序是静止沉淀，沉淀效率高，沉淀时间为1h就足够了。

（4）排水阶段

经过沉淀后产生的上清液，作为处理水出水，一直排放到最低水位。反应池底部沉降的活性污泥大部分为下个处理周期使用，排水后还可根据需要排放剩余污泥。

（5）闲置阶段

也称待机阶段，即在处理水排放后，反应器处于停滞状态，等待下一个操作运行周期开始的阶段。此阶段根据污水水量的变化情况，其时间可长可短。

SBR工艺是一种结构形式简单，运行方式灵活多变、空间上混合液呈理想的完全混合，时间上有机物降解呈理想推流的活性污泥法。

2. 间歇式活性污泥法处理系统的工艺特征

间歇式活性污泥法处理系统最主要特征是采用集有机物降解与混合液沉淀于一体的反应器——间歇曝气池。与连续流式活性污泥法系统相比，不需要污泥回流及其设备和动力消耗，不设二次沉淀池。

此外，还具有如下优点：工艺流程简单，基建与运行费用低；生化反应推动力大，速率高、效率高、出水水质好；通过对运行方式的调节，在单一的曝气池内能够进行脱氮和除磷；耐冲击负荷能力较强，处理有毒或高浓度有机废水的能力强；不易产生污泥膨胀现象；应用电动阀、液位计、自动计时器及可编程序控制器等自控仪表，能使本工序过程实现全部自动化的操作与管理。

第九节　活性污泥法污水处理系统的运行控制与管理

一、活性污泥的培养驯化

在处理系统工程验收后准备投产运行时，运行管理人员要熟悉处理设备的构造和功能，深入掌握设计内容与设计意图。还要对运行中的活性污泥进行培养和驯化。

活性污泥的培养和驯化可归纳为异步培驯法、同步培驯法和接种培驯法。

异步法即先培养后驯化，工业废水或以工业废水为主的城市污水常用该法。由于该类废水缺乏专性菌种和足够的营养，因此在投产时可先用含有多菌种及充足营养物质的粪便水或生活污水培养出足量的活性污泥，然后对所培养的活性污泥进行驯化。

同步培训法是把培养和驯化这两个阶段同时进行，即在培养开始就加入少量工业废水，并在培养过程中逐渐增加比重，使活性污泥在增长的过程中，逐渐适应工业废水并具有处理它的能力，这种方法可以减少培养和驯化时间。生活污水或以生活污水为主的城市污水一般都采用同步培驯法。这种做法的缺点是，在缺乏经验的情况下不够稳妥可靠，出现问题时不易确定是培养上的问题还是驯化上的问题。

接种培训法是在有条件的地方，直接从附近污水处理厂引入剩余污泥，作为种泥进行曝气培养。该法能提高驯化效果，缩短时间。

二、几种常用的污泥培养方法

1. 间歇培养。将曝气池注满污水，然后停止进水，开始曝气。只曝气而不进水称为

"闷曝"。闷曝2~3d后，停止曝气，静沉1h，排走部分上清液；然后进入部分新鲜污水，这部分污水约占池容的1/5即可。以后循环进行闷曝、静沉和进水三个过程，但每次进水量应比上次有所增加，每次闷曝时间应比上次缩短，即进水次数增加。当污水的温度为15~20℃时，采用该种方法，经过15d左右即可使曝气池中的MLSS超过1000mg/L。此时可停止闷曝，连续进水连续曝气，并开始污泥回流。最初的回流比不要太大，可取25%，随着MLSS的升高，逐渐将回流比增至设计值。

2. 负荷连续培养。将曝气池注满污水，停止进水，闷曝1d。然后连续进水连续曝气，进水量控制在设计水量的1/5以下，同时开始回流，取回流比25%左右，逐步增加进水量。至MLSS超过1000mg/L时，开始按设计流量进水，MLSS至设计值时，开始以设计回流比回流，并开始排放剩余污泥。

3. 菌种培养。将曝气池注满污水，然后大量投入其他处理厂的正常污泥，开始满负荷连续培养，该种方法能大大缩短污泥培养时间，但受实际情况的制约。

当混合液30min沉降比达到15%~20%，污泥具有良好的凝聚沉淀性能，污泥内含有大量的菌胶团和纤毛虫原生动物，如钟虫、等枝虫、盖纤虫等，并可使BOD的去除率达90%左右，即可认为活性污泥已培养正常。

三、活性污泥法系统的运行控制方法

1. 试运行

活性污泥培驯成熟后，就开始试运行。试运行的目的是确定最佳的运行条件。在活性污泥系统的运行中，作为变数考虑的因素有混合液污泥浓度（MLSS）、空气量、污水注入的方式等；如采用生物吸附法，则还有污泥再生时间和吸附时间之比值；如工业废水养料不足，还应确定氮、磷的投量等。将这些变数组合成几种运行条件分阶段进行试验，观察各种条件的处理效果，并确定最佳的运行条件。

2. 正常运行

试运行确定最佳条件后，即可转入正常运行。在正常运行过程中需要对活性污泥系统采取控制措施，使系统内的活性污泥保持较高的活性及稳定合理的数量，从而达到所需的处理水水质。常用的工艺控制措施主要从三方面来实施：曝气系统的控制、污泥回流系统的控制、剩余污泥排放系统的控制。

（1）对供气量（曝气量）的调节

供气电耗占整个污水处理厂电耗的50%~60%。对供气量的控制可分为定供气量控制、与流入污水量成比例控制、DO控制、最优供气量控制。

曝气池出口处的溶解氧浓度即使在夏季也应当控制在1.5~2mg/L左右；其次要满足混合液混合搅拌的要求，搅拌程度应通过测定曝气池表面、中间和池底各点的污泥浓度是否均匀而定。

当采用定供气量控制时，一般情况下，每天早晚各调节一次供气量。对大型废水处理厂（水质、水量相对稳定）应当根据曝气池中的DO浓度每周调节一次。

（2）回流污泥量的调节

调节回流污泥量的目的是使曝气池内的悬浮固体（MLSS）浓度保持相对稳定。

污泥回流量的控制方法有：定回流污泥量控制、与进水量成比例控制（即保持回流比R恒定）、定MLSS浓度控制、定F/M控制等。

(3) 剩余污泥排放量的调节

曝气池内的活性污泥不断增长，MLSS 值在增高，SV 值也上升。因此，为了保证在曝气池内保持比较稳定的 MLSS 值，应当将增长的污泥量作为剩余污泥量而排出，排放的剩余污泥应大致等于污泥增长量，过大或过小，都能使曝气池内的 MLSS 值变动。

3. 污泥法处理系统运行效果的检测

为了经常保持良好的处理效果，积累经验，需要对曝气池和二次沉淀池处理情况定期进行检测。检测项目有：

(1) 反映处理效果的项目：进出水总的和溶解性的 BOD、COD，进出水总的和挥发性的 SS，进出水的有毒物质（对应工业废水）；

(2) 反映污泥情况的项目：污泥沉降比（SV%）、MLSS、MLVSS、SVI、微生物镜检观察等；

(3) 反映微生物的营养和环境条件的项目：氮、磷、pH、溶解氧、水温等。

一般 SV% 和溶解氧最好 2～4h 测定一次，至少每班一次，以便及时调节回流污泥量和空气量。微生物观察最好每班一次，以预示污泥异常现象。除氮、磷、MLSS、MLVSS、SVI 可定期测定外，其他各项应每天测一次。水样均取混合水样，溶解氧的检测应采用仪器进行在线检测。

此外，每天要记录进水量、回流污泥量和剩余污泥量，还要记录剩余污泥的排放规律、曝气设备的工作情况以及空气量和电耗等。剩余污泥（或回流污泥）浓度也要定期测定。如有条件，上述检测项目应尽可能进行自动检测和自动控制。

四、活性污泥法处理系统运行中的异常情况

活性污泥法处理系统在运行过程中，有时会出现种种异常情况，处理效果降低，污泥膨胀，污泥流失。下面将在运行中可能出现的几种主要的异常现象和采取的相应措施加以简要阐述。

1. 污泥膨胀

活性污泥膨胀是活性污泥工艺运行中的主要问题。正常的活性污泥沉降性能良好，含水率为 99% 左右。随着污泥膨胀的发生，污泥的结构松散，污泥的沉降性能发生恶化，不能在二沉池内进行正常的泥水分离，澄清液稀少（但较清澈），污泥容易随出水流失。

污泥膨胀总体上分为两大类：丝状菌膨胀和非丝状菌膨胀。前者系活性污泥絮体中的丝状菌过度繁殖导致的膨胀；后者系菌胶团细菌本身生理活动异常，致使细菌大量积累高黏性多糖类物质，污泥中结合水异常增多，相对密度减轻，压缩性能恶化而引起的膨胀。在实际运行中，污水处理厂发生的污泥膨胀绝大部分为丝状菌污泥膨胀。

运行经验表明：以下情况容易发生污泥膨胀：(1) 碳水化合物含量高或可溶性有机物含量多的污水；(2) 腐化或早期消化的废水，硫化氢含量高的废水；(3) 氮、磷含量不平衡的废水；(4) 含有有毒物质的废水；(5) 高 pH 值或低 pH 值废水；(6) 混合液中溶解氧浓度太低；(7) 缺乏一些微量元素的废水；(8) 曝气池混合液受到冲击负荷；(9) 污泥龄过长及有机负荷过低，营养物不足；(10) 高有机负荷，且缺氧的情况下；(11) 水温过高或过低。

控制污泥膨胀可分成三种措施：一是临时控制措施；二是工艺运行调节控制措施，三是环境调控控制法。

临时控制措施包括污泥助沉法和灭菌法二类。污泥助沉法系指向发生膨胀的污泥中加入有机或无机混凝剂或助凝剂,增大活性污泥的相对密度,使之在二沉池内易于分离。常用的药剂有聚合氯化铁、硫酸铁、硫酸铝和聚丙烯酰胺等有机高分子絮凝剂。助凝剂投加量不可太多,否则易破坏细菌的生物活性,降低处理效果。

灭菌法系指向发生膨胀的污泥中投加化学药剂,杀灭或抑制丝状菌,从而达到控制丝状菌污泥膨胀的目的。常用的灭菌剂有 $NaClO$,ClO_2,Cl_2,H_2O_2 和漂白粉等种类。加氯控制丝状菌污泥膨胀成为普遍的方法。但是,目前的灭菌剂对微生物是无选择性的杀伤剂,既能杀灭丝状菌,也能杀伤菌胶团细菌。因此,应严格控制投加点氯的浓度。另外,灭菌法只适用于控制丝状菌污泥膨胀,控制非丝状菌污泥膨胀一般用助沉法。

工艺运行调节控制措施用于运行控制不当产生的污泥膨胀。由于 DO 低时,丝状菌和真菌大量繁殖,导致的污泥膨胀,这种膨胀可以增加供氧来解决;pH 过低导致的污泥膨胀可以调节进水水质或加强上游工业废水排放的管理;另外,由于污水"腐化"产生的污泥膨胀,可以通过增加预曝气来解决;由于氮磷等营养物质的缺乏导致的污泥膨胀,可以投加营养物质;由于低负荷导致的污泥膨胀,可以在不降低处理功能的前提下,适当提高 F/M。

2. 污泥解体

当活性污泥处理系统的处理水质浑浊,污泥絮凝体微细化,处理效果变坏等则为污泥解体现象。

活性污泥处理系统运行不当或污水中混入有毒物质,可能引发污泥解体。如曝气过量,致使活性污泥微生物的营养平衡遭到破坏,微生物量减少并失去活性,吸附能力降低,絮凝体缩小致密,一部分则成为不易沉淀的羽毛状污泥,处理水质浑浊,SVI 值降低等。当污水中存在有毒物质时,微生物会受到抑制或伤害,使污泥失去活性而解体,其净化功能下降或完全停止。

发生污泥解体后,应对污水量、回流污泥量、空气量和排泥状态以及 SV、MLSS、DO、污泥负荷等多项指标进行检查,确定发生的原因,加以调整;当确定是污水中混入有毒物质时,应考虑这是新的工业废水混入的结果,需查明来源进行局部处理。

3. 污泥上浮

污泥上浮现象有以下两种

(1) 腐化上浮

污泥是二沉池污泥长期滞留而厌氧发酵产生 H_2S、CH_4 等气体,致使大块污泥上浮。污泥腐化上浮与污泥脱氮上浮不同,腐化的污泥颜色变黑,并伴有恶臭。

造成污泥上浮的原因有:曝气量过小;二沉池中污泥停留时间过长,排泥不及时;局部区域可能产生污泥死角堵塞,沉淀池内出现污泥死角等。解决污泥腐化的主要措施是:加大曝气量以提高曝气池出水溶解氧含量;及时排泥,疏通堵塞;消除沉淀池死角地区。

此外,构筑物结构不合理也会引起污泥上浮。对于合建式曝气沉淀池,其污泥上浮和上翻的主要原因有:污泥回流缝太大,沉淀区液体受曝气区叶轮搅拌的影响,产生波动,同时大量微小气泡从缝中传出,携带污泥上浮。导流区截面太小,气水分离较差,影响污泥沉淀。

(2) 污泥脱氮上浮

当曝气池内污泥龄过长时,会使污水中的氨氮被硝化菌转化为硝酸盐。

当这种混合液在二沉淀池中经历较长时间的缺氧状态（0.5mg/L以下），则反硝化菌会将硝酸盐还原为氨和氮气，即产生硝化过程。硝酸盐中的氧被利用，氮呈气体脱出附于污泥上，从而使污泥密度降低，整块上浮。

为防止污泥脱氮上浮的现象发生，应增加污泥回流量或及时排除剩余污泥，在脱氮之前即将污泥排除；或降低混合液污泥浓度，缩短污泥龄和降低溶解氧等，使之不进行到硝化阶段。

另外，由于过量曝气，使混合液搅拌过于激烈，产生小气泡附聚于絮凝体上，或流入大量脂肪和油类时，也可能引起污泥上浮。

4. 泡沫问题

泡沫是活性污泥法处理厂运行中常见的现象。泡沫可分为两种，一种是化学泡沫，呈乳白色；另一种是由丝状菌中的诺卡氏菌引起的生物泡沫，多呈褐色。泡沫可在曝气池上堆积很高，给生产管理带来困难，并进入二沉池随水流走，影响处理效果。泡沫现象在冬天能结冰，清理起来异常困难。夏天生物泡沫会随风飘荡，产生不良气味。预防医学还认为产生生物泡沫的诺卡氏菌极有可能为人类的病原菌。如果采用表曝设备，泡沫还能阻止正常的曝气充氧，使曝气池混合液中的溶解氧浓度降低。化学泡沫由污水中的洗涤剂以及一些工业用表面活性物质在曝气的搅拌和吹脱作用下形成。生物泡沫由诺卡氏菌等一类的丝状菌形成。

化学泡沫处理较容易，可以喷水消泡或投加除沫剂（如机油、煤油等，投量约为0.5～1.5mg/L）等。此外，用风机机械消泡，也是有效措施。生物泡沫处理比较困难，有的处理厂曾尝试用加氯、增大排泥等方法，但均不能从根本上解决问题。因此，对生物泡沫要以防为主。

5. 异常生物相

在工艺控制不当或入流水质水量突变时，会造成生物相异常。在正常运行的传统活性污泥工艺系统中，存在的微型动物绝大部分为钟虫。认真观察钟虫数量及生物特征的变化，可以有效地预测活性污泥的状态及发展趋势。

在DO为1～3mg/L时，钟虫能正常发育。如果DO过高或过低，钟虫头部端会突出一个空泡，此时应立即检测DO值并予以调整。当DO太低时，钟虫将大量死亡，数量锐减。

当进水中含有大量难降解物质或有毒物质时，钟虫体内将积累一些未消化的颗粒，此时应立即测量SOUR值，检查微生物活性是否正常，并检测进水中是否存在有毒物质，并采取必要措施。

当观察到钟虫呈不活跃状态，纤毛停止摆动。此时应立即检测进水的pH，并采取必要措施。

在正常运行的活性污泥中，还存在一定量的轮虫。其生理特征及数量的变化也具有一定的指示作用。例如，当轮虫缩入甲被内时，则指示进水pH发生突变；当轮虫数量剧增时，则指示污泥老化，结构松散并解体。生物相观察只是一种定性方法，缺乏严密性，不能作为惟一的工艺监测方式。

思考题与习题

1. 试述污水好氧生物处理的基本原理，并指出它的优缺点和适用条件。
2. 什么是活性污泥？简述活性污泥的组成及作用？
3. 简述活性污泥法系统的构成及基本流程？
4. 常用评价活性污泥性能指标有哪些？为什么污泥沉降比和污泥体积指数在活性运行中有着重要意义？
5. 试述活性污泥法的净化过程与机理？良好的活性污泥应具有哪些性能？
6. 试简述影响污水好氧生物处理的因素。
7. 污泥负荷 N_S 的公式、物理意义及在活性污泥法处理污水系统中的作用？
8. 曝气方法和曝气设备的改进对于活性污泥法的运行有什么意义？有哪几种曝气设备？各有什么特点？
9. 简述氧转移的基本原理和影响氧转移的主要因素。
10. 普通活性污泥法、吸附再生法和完全混合曝气法各有什么特点？对于有机污水 BOD_5 的去除率如何？
11. 试就曝气池中微生物生长情况来说明，为什么普通活性污泥法和延时曝气法的处理效率一般高于其他活性污泥法的运行方式？
12. 活性污泥法为什么需要污泥回流？如何确定回流比？回流比的大小对处理系统有何影响？
13. 活性污泥法系统中二次沉淀池起什么作用？在设计上有些什么要求？
14. 活性污泥法在运行过程中，常发生什么问题？什么叫污泥膨胀？
15. 活性污泥法近年来有哪些发展？

第十二章 污水生物处理（二）——生物膜法

生物膜法属于好氧生物处理方法。它是依靠固着于固体介质表面的微生物来降解有机污染物质。当含有大量有机污染物的污水连续不断地通过某种固体介质表面时，在介质的表面上会逐渐生长出各种微生物，当微生物的质（活性）与量（数量）积累到一定程度，便形成了生物膜。生物膜内部主要是由细菌、真菌、原生动物、后生动物和一些藻类组成。当污水与生物膜接触时，污水中的有机物，作为微生物的营养物质，被微生物所摄取，污水得到净化，微生物本身也在繁殖、生长。

生物膜法实质是污水土壤自净的人工强化过程，这种方法既古老，又是发展中的生物处理技术。早在 1893 年英国在实验室中成功地应用了生物膜技术，并于 1900 年应用于污水处理领域。利用生物膜净化污水的装置称为生物膜反应器。迄今为止，属于生物膜处理法的反应器有生物滤池（包括普通生物滤池、高负荷生物滤池、塔式生物滤池）、生物转盘、生物流化床及生物接触氧化等。

第一节 生物膜的构造及净化机理

一、生物膜的构造及其净化原理

生物膜法净化污水的原理可用图 12-1 来说明。

污水流过固体介质（滤料）表面经过一段时间后，固体介质表面形成了生物膜，生物膜覆盖了滤料表面。这个过程是生物膜法处理污水的初始阶段，亦称挂膜。对于不同的生物膜法污水处理工艺以及性质不同的污水，挂膜阶段需 15~30d；一般城市污水，在 20℃ 左右的条件下，需 30d 左右完成挂膜。

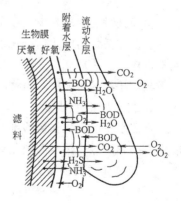

图 12-1 生物滤池滤料上生物膜的构造（剖面图）

从图 12-1 中可以看出，固体介质（滤料）表面外，依次由厌氧层、好氧层、附着水层、流动水层组成了生物膜降解有机物的构造。降解有机物的过程实质就是生物膜与水层之间多种物质的迁移与微生物生化反应过程。由于生物膜的吸附作用，其表面附着着一层很薄的水层，称之为附着水层。它相对于外侧运动的水流——流动水层，是静止的。这层水膜中的有机物首先被吸附在生物膜上，被生物膜氧化。由于附着水层中有机物浓度比流动层中的低，根据传质理论，流动水层的有机物可通过水流的紊动和浓度差扩散作用进入附着水层，并进一步扩散到生物膜中，被生物膜吸附、分解、氧化。同时，空气中的氧气不断溶入水中，穿过流动水层、附着水层进入好氧层中，为好氧微生物降解有机物创造条件。微生物在分解有机物的过程中，本身的量不断增加，死的生物膜不断变厚，传递进来的氧很快被表层微生物耗尽，内层的生物膜得不到氧的供应，厌氧微生物在生物膜内大量滋长，厌氧层便形成。好氧层的厚度一般在 2mm 左右，有机物降解主要在好氧层内进行，好氧微生物的代谢产物（如水、二氧化碳）通过附着水层进入流动水层，并随其排走。当厌氧层的厚度逐渐增加，并达到一定程度后，厌氧微生物的代谢产物也逐渐增加，这些产物必须要通过好氧层向外侧传递，由于气态产物的不断增加，大大减弱了生物膜在固体介质上的固着力，此时，生物膜已老化，容易从固体介质表面脱落下来，并随水流流向固液分离设施。生物膜脱落后再重新形成新的生物膜，此过程交替进行。

生物膜法处理系统中的生物相较多，主要是各种细菌、真菌、原生动物、后生动物、藻类、昆虫等。藻类可以产生在生物滤池、生物转盘等生物膜法处理工艺设备能被阳光照射到的部位，但仅限于表面。藻类具有光合作用，具备净化污水的功能，但作用不大，而且藻类增殖能够生成新的有机物，从生物膜的净化机理来看，藻类的产生是不利的。

二、生物膜处理法的特征

（一）微生物相方面的特征

生物膜中的微生物主要是细菌组成的菌胶团为主，相对于活性污泥法而言，在生物膜中丝状菌很多，因为它净化能力很强，有时还起着主要作用，而且为生物膜形成了立体结构、使其密度疏松、增大了表面积。由于生物膜固着在固体介质表面上，所以不产生污泥膨胀现象。在生物滤池中真菌生长较普遍，常见的真菌种类有酵母菌、链刀霉菌、白地霉菌等。另外，生物膜上能够生长世代时间较长、比增殖速度小的硝化菌。后生动物如线虫、轮虫及寡毛虫的微型动物也经常出现，有时在生物滤池上能产生滤池蝇等昆虫类生物。

（二）处理工艺方面的特征

1. 运行管理方便、耗能较低

生物处理法中丝状菌起一定的净化作用，但丝状菌的大量繁殖，会降低污泥或生物膜的密度。在活性污泥法运行管理中，丝状菌增加能导致污泥膨胀，而丝状菌在生物膜法中无不良作用。

相对于活性污泥法，生物膜法处理污水的能耗低。

2. 具有硝化作用

在污水中起硝化作用的细菌属自养型细菌，容易生长在固体介质表面上被固定下来，故用生物膜法进行污水的硝化处理，能取得好的效果，且较为经济。

3. 抗冲击负荷能力强

污水的水质、水量时刻在变化。当短时间内变化较大时，即产生了冲击负荷，生物膜法处理污水对冲击负荷的适应能力较强，处理效果较为稳定。有毒物质对微生物有伤害作用，一旦进水水质恢复正常后，生物膜净化污水的功能即可得到恢复。

4. 污泥沉降与脱水性能好

生物膜法产生的污泥主要是从介质表面上脱落下来的老化生物膜，为腐殖污泥、其含水率较低、且呈块状、沉降及脱水性能良好，在二沉池内易分离，得到较好的出水水质。

第二节 生物滤池

生物滤池可分为普通生物滤池、高负荷生物滤池、塔式生物滤池。

生物膜法处理污水最初使用的装置为普通生物滤池,亦称滴滤池,为第一代生物滤池。这种装置是将污水喷洒在由粒状介质(石子等)堆积起来的滤料上,污水从上部喷淋下来,经过堆积的滤料层,滤料表面的生物膜将污水净化,供氧由自然通风完成的,氧气通过滤料的空隙,传递到流动水层、附着水层、好氧层。此种方法处理污水的负荷较低,但出水水质很好,故亦成为低负荷生物滤池。20世纪初,英国最先得到实际应用,之后欧洲和北美得到了应用。

普通生物滤池的特点为:1.出水水质好,运行管理方便;2.运行费用低;3.有机物负荷极低,处理设备占地面积大;但卫生条件差,滤池可孳生滤池蝇,影响环境。

为了提高生物滤池的处理效率,20世纪中期,人工制造的滤料的出现,由于其比表面积大,滤料之间的空隙大,质轻等优点,提高了生物滤池的负荷,减小了占地面积,高负荷生物滤池和塔式生物滤池工艺得到了发展。

一、普通生物滤池的构造

普通生物滤池由池体、滤床、布水装置和排水系统、通风口等组成,其构造见图12-2所示。

1. 池体:普通生物滤池的平面形状一般为方形、矩形和圆形。池壁采用砖砌或混凝土浇筑。池体的作用是维护滤料。一般在池壁上设有孔洞,以便可通风。池壁一般高出滤料表面0.5~0.9m,以防风力对表面均匀布水的影响。

2. 滤床:生物滤池的滤床由滤料组成。滤料的性质影响生物滤池的处理能力。滤料应具有下列要求:(1)强度高,材质要轻;(2)单位体积滤料的表面积要大;(3)空隙率大;(4)物理化学性质稳定,对微生物的增殖无毒害作用;(5)就地取料,价廉;(6)表面粗糙,便于挂膜。

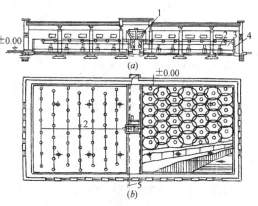

图12-2 普通生物滤池平(剖)面图
1—投配池;2—喷嘴及系统;3—滤料;4—生物滤池池壁;5—向生物滤池投配污水

一般滤料按形状可分为块状、板状和纤维状。滤料可选天然滤料如碎石、矿渣、碎砖、焦炭等,也可选人工滤料如塑料球、小塑料管等。普通生物滤池的滤料粒径为25~40mm;此外,滤池底部集水孔板以上应设厚度为20~30mm,粒径为70~100mm的承托层,起承托作用,滤料总厚度为1.5~2.0m。

3. 布水装置:布水装置的作用是在规定的表面负荷的情况下,将污水均匀分配到整个滤池表面上,布水均匀与否,影响生物滤池的净化作用。布水装置应具有适应水量变化、不易堵塞和易于清通等特点。普通生物滤池可采用固定布水装置,亦可采用活动布水装置。

4. 排水系统:滤池的排水装置设于池体的底部。主要包括渗水装置、集水渠和排出

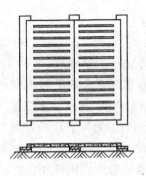

图 12-3 混凝土板式渗水装置

管道等。渗水装置形式多样，常用的有混凝土板式渗水装置，图 12-3，其作用是支撑滤料和排出滤后水，空气也是通过渗水装置的孔隙进入池体的。为保证滤池滤料的通风状态，渗水装置上的孔隙率不得小于滤池总表面积的 20%，底部空间高不小于 0.6m，以保证通风良好；池底以 1%～2% 的坡度坡向集水沟，集水沟以 0.5%～2% 的坡度坡向排水渠。为防止老化生物膜淤积在池底部，排水渠的流速不应小于 0.7m/s。

5.通风装置：普通生物滤池的通风为自然通风，一般在池底部设通风孔，其总面积不应小于滤池表面积的 1%。

普通生物滤池虽然处理程度高，运行管理方便、节能，但由于其负荷极低、且易堵塞、卫生条件差，所以目前很少采用。

二、普通生物滤池的设计与计算

普通生物滤池的计算内容为：求出所需滤料的容积；设计渗水装置及排水系统；设计与计算配水系统。滤料容积计算是本工艺流程主要内容，本节详细阐述。布水装置的计算与设计参阅《给水排水设计手册》城市排水分册的有关章节。

（一）滤料容积的计算

普通生物滤池的滤料容积可按负荷率法和系数法计算。

1. 负荷率法

目前常用的负荷率法由 BOD_5 容积负荷率法和水利负荷率法两种。BOD_5 容积负荷率是指在保证处理水达到要求水质的前提下，每立方米滤料在一天内能接受的 BOD_5 量，其单位为 $gBOD_5/(m^3 滤料·d)$。

水力负荷率是指在保证处理水达到要求质量的前提下，每立方米滤料或每平方米滤池表面在一天内所能够接受的污水水量，其单位为 $m^3/(cm^3 滤料·d)$ 或 $m^3/(cm^2 滤池表面·d)$。

当处理生活污水或以生活污水为主体的城市污水时，BOD_5 容积负荷率可按表 12-1 数据选用。

普通生物滤池容积负荷一般为 0.15～0.30 $kg/(m^3·d)$，水力负荷可取（1～3 $m^3/(m^2·d)$）。

普通生物滤池 BOD_5—容积负荷　　　表 12-1

年平均气温（℃）	BOD 容积负荷（$gBOD_5/(m^3·d)$）	年平均气温（℃）	BOD 容积负荷（$gBOD_5/(m^3·d)$）
3～6	100	>10	200
6.1～10	170		

注：1. 本表所列负荷率适用于处理生活污水或以生活污水为主体的城市污水的普通生物滤池。
　　2. 当处理工业废水含量较多的城市污水时，应考虑工业废水所造成的影响，适当降低上表所列举的负荷率值。
　　3. 若冬季污水温度不低于 6℃，则上表所列负荷率应乘以 $T/10$（T 为污水在冬季的平均温度）。

2. 系数法

1）确定系数 K

$$K = S_0/S_e \tag{12-1}$$

式中　S_0——进入生物滤池进行处理污水的 BOD_n 值，一般不超过 220mg/L；

S_e——处理水的 BOD_n 值,按当时环保或回用要求确定。

2) 根据当地冬季平均污水温度 T 及 K 值,确定滤层高度及平面水力负荷,见表 12-2。

普通生物滤池的计算参数　　　　表 12-2

平面水力负荷 $q(m^3/(m^2 \cdot d))$	不同冬季污水水温条件下的 K 值			
	8℃	10℃	12℃	14℃
1.0	8.0~11.6	9.8~12.6	10.7~13.8	11.4~15.1
1.5	5.9~10.2	7.0~10.9	8.2~11.7	10.0~12.8
2.0	4.9~8.2	5.7~10.0	6.6~10.7	8.0~11.5
2.5	4.3~6.9	4.9~8.3	5.6~10.1	6.7~10.7
3.0	3.8~6.0	4.4~7.1	5.0~8.6	5.9~10.2

如果计算 K 值超出表 12-2 所列数据,应采用回流措施。

3) 根据污水量 Q(m^3/d)及平面水力负荷 q($m^3/(m^2 \cdot d)$)求定滤池的总面积

$$F=\frac{Q}{q} \tag{12-2}$$

F——生物滤池总面积,m^2。

三、高负荷生物滤池

高负荷生物滤池是生物滤池的第二代工艺。它解决了普通生物滤池在运行中负荷极低、易堵塞及滤池蝇的产生等一系列问题。高负荷生物滤池的有机容积为普通生物滤池的 6~8 倍。水力负荷率高达 10 倍,因此池体的占地面积小;由于水力负荷增大,能及时地冲刷掉老化的生物膜,促进其更新,使其保持较高的活性,提高了生物降解能力。但高负荷生物滤池要求进水 BOD_5 值必须低于 200mg/L,采用回流水稀释。高负荷生物滤池有机物去除率一般为 75%~90%,低于普通生物滤池。

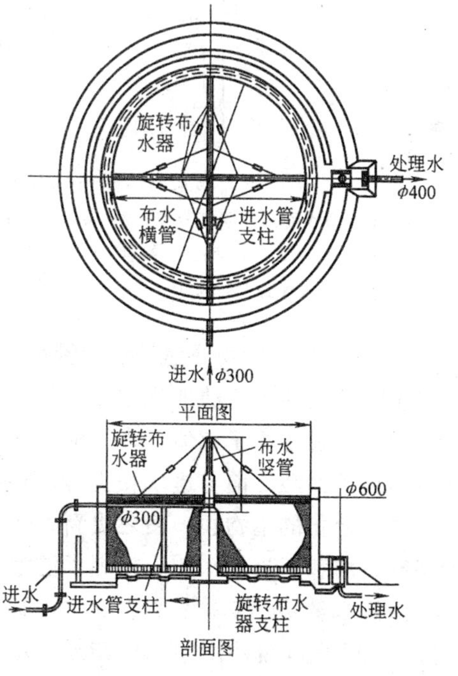

(一)高负荷生物滤池的构造

高负荷生物滤池的构造与普通生物滤池基本相同,由于其布水系统系采用旋转布水器,故其平面尺寸多为圆形。高负荷生物滤池结构,见图 12-4 所示。

高负荷生物滤池的滤料与普通生物滤池不同。其滤料粒径一般为 40~100mm,大于普通生物滤池,滤料的空隙率较高,滤料层高一般为 2.0m。

图 12-4 高负荷生物滤池平面与剖面图

(二)布水装置

高负荷生物滤池多采用旋转布水器(见图 12-5)。它是由固定不动的进水管和可旋转

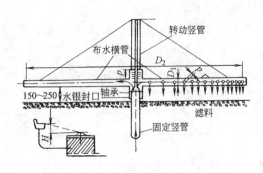

图 12-5 旋转布水器示意图

的布水横管组成，布水横管有 2 根或 4 根，横管中心轴距滤池地面 0.15～0.25m，横管绕竖管旋转，旋转的动力可以用电机，也可用水力反冲产生。从图 12-5 可以看出，在横管的统一侧开一系列间距不等的孔口，周边较密，中心较疏，当污水从孔口喷出后，产生反作用力，使布水横管按喷水反方向旋转，将污水均匀洒布在池面上。横管与固定进水竖管连接处要封闭良好，并减小转时的摩擦力，布水器的旋转部分与固定竖管的连接处采用轴承连接，常用图 12-6（a）所示构造，是一种构造简单的设备，应用广泛，但采用水银密封的，考虑到由于水银流失而引起严重污染，现已限制使用。目前使用的是用水做水封的旋转布水器，国外多采用氯丁橡胶密封装置的旋转布水器，如图 12-6（b）所示。

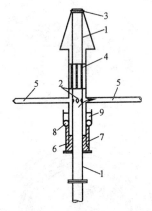

图 12-6（a） 旋转布水器的水银封构造
1—带有溢水孔口的固定竖管；2—溢水孔口；3—轴承；4—旋转套管；5—横管；6—固定嵌槽；7—水银封；8—球体；9—封闭油脂

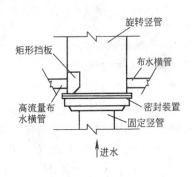

图 12-6（b） 具有氯丁橡胶密封和矩形挡板的旋转布水器

（三）高负荷生物滤池的运行特征

由于高负荷生物滤池进水的 BOD_5 浓度不能高于 200mg/L，而实际处理的污水污染物物质浓度往往高于此值，为了解决这一问题，应采用处理水回流的办法，即将处理后的污水回流到滤池之前与进水相混合，降低 BOD_5 的浓度。通过回流水，还可以增大水力负荷，冲刷老化的生物膜，使之更新，保证其较高活性，抑制厌氧层产生。同时也防止了滤池堵塞，均和了进水水质，抑制了滤池蝇的过度滋长、减轻散发臭气，改善了处理环境。

回流水量 Q_R 与原污水量 Q 之比称为回流比（R）。显然喷洒在滤池表面上的总水量（Q_T）=$Q+Q_R$；总用水量 Q_T 与原污水量 Q 之比：

$$F=\frac{Q_T}{Q}=1+R \qquad (12-3)$$

F 称为循环比。

回流比 R 常采用 0.5~3.0，但有时也可高达 5~6。采用处理水回流工艺后，进入高负荷生物滤池的总污水量 Q_T 和经回流水稀释后的污水有机物浓度 S_a 可用下式计算：

$$S_a = \frac{S_0 + RS_e}{1+R} \tag{12-4}$$

式中　S_0——原污水的有机物浓度，mg/L；
　　　S_e——滤池处理后出水的有机物浓度，mg/L；
　　　S_a——滤池进水的有机物浓度，一般 BOD_5 不超过 200mg/L。

高负荷生物滤池典型工艺流程。

高负荷生物滤池采用回流水措施，由于所采用的回流水经过沉淀澄清及回流之后与原污水可在多处混合稀释，使得高负荷生物滤池具有多种多样的流程系统。图（12-7）所示为一级高负荷滤池的典型工艺流程。

图 12-7 中流程（1）滤池出水直接向滤池回流，并由二沉池向初沉池回流生物污泥，有助于生物膜的接种，促进生物膜的更新。由于回流了生物污泥，初沉可以出现生物絮凝现象，提高了初沉池的沉淀效果；流程（2）中处理后水回流至滤池前，可避免加大初沉池的容积，生物污泥回流至初沉池前，提高沉淀效果；流程（3）中处理水回流至初次沉淀池，加大了滤池的水力负荷，但同时也提高了初沉池的负荷；流程（4）中不设二沉池，滤池出水（含生物污泥）直接回流至初沉池，从而提高了初沉池的效果，同时使其兼得二沉池的功能；流程（5）中处理水直接由滤池出水回流，生物污泥则从二沉池回流，然后两者同步回流至初沉池。

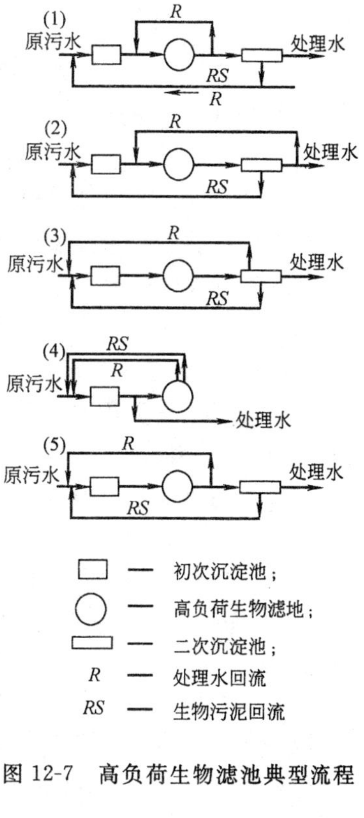

当原水有机物浓度较高，为了避免单级生物滤池的滤料深度过大，或者处理后的水质要求较高时，可将两个高负荷生物滤池串联，形成两级生物滤池系统。两级生物滤池的流程系统更具有多样性。图 12-8 所示为几种典型的工艺流程，在流程（4）中设置中间沉淀池，其目的在于减轻二段滤池的负荷，避免堵塞，有时可以不设。

二级生物滤池系统的主要弊端是负荷率不均，前段滤池负荷率高、生物膜生长快、活性强，脱落的生物膜易积存于滤料空隙中产生堵塞现象，后级滤池的负荷率往往偏低，生物膜生长不好，滤池容积未能得到充分的利用。考虑到上述问题，可以通过调节进水方式，使得前级和后级交替运行。如图 12-9 所示。

在此系统中，两级串联的两个滤池交替地用作一级滤池或二级滤池，因此，两个滤池中的滤料粒径应完全相同，在构筑物的高程布置上应考虑水流方向互换的可能性。故需增设污水泵站、增加了建设和运行成本；该流程占地面积较大是其弊端。有时由于条件所限，也可考虑采用二级生物滤池。

图 12-7　高负荷生物滤池典型流程

□ — 初次沉淀池；
○ — 高负荷生物滤地；
▭ — 二次沉淀池；
R — 处理水回流
RS — 生物污泥回流

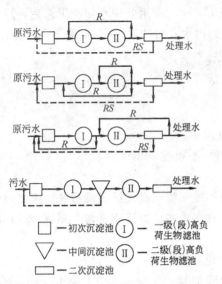

图 12-8 二段（级）高负荷生物滤池系统　　图 12-9 交替配水二段生物滤池系统

工艺设计与计算

高负荷生物滤池的设计与计算内容包括：确定滤料容积和旋转布水器的设计与计算

1. 滤池池体的工艺设计与计算：

内容包括：(1) 确定滤料容积；(2) 确定滤池深度；(3) 计算滤池表面面积。

滤池池体工艺计算方法有多种，本章仅以负荷率法加以阐述。常用的负荷率有：

(1) BOD——容积负荷，即每 m^3 滤料在每日内所接受的 BOD_5 值，以 $gBOD_5/(m^3$ 滤料·d$)$ 计，此值不宜超过 $1200gBOD_5/(m^3$ 滤料·d$)$；

(2) BOD——面积负荷率，即每 m^2 滤池表面积在每日所能够接受的 BOD_5 值，以 $gBOD_5/(m^2$ 滤料表面·d$)$ 计，此值介于 $1100\sim 2000gBOD_5/(m^2$ 滤料表面·d$)$。

(3) 水力负荷率：即每平方米滤料表面每日所能接受的污水流量，一般为 $10\sim 30m^3/(m^2\cdot d)$。

高负荷生物滤池进入污水的 BOD_5 应低于 $200mg/L$，如进水 BOD_5 浓度高于 $200mg/L$，应采用处理水回流措施，回流比通过计算确定。用负荷率计算，流量按日平均污水量计算。

对于城市污水，其进水 BOD_5 往往大于 $200mg/L$，因此应首先确定污水经回流水稀释后的 BOD_5 值和回流稀释倍数。

经处理水稀释后进入滤池污水的 BOD_5 值为：

$$S_a = a \cdot S_e \tag{12-5}$$

式中　S_a——向滤池喷洒污水的 BOD 值，mg/L；

　　　S_e——滤池处理水的 BOD 值，mg/L；

　　　a——系数，按表 12-3 所列数据选用。

回流稀释倍数（n）：

$$n = \frac{S_0 - S_a}{S_a - S_e} \tag{12-6}$$

式中 S_0——原污水的 BOD_5 值，mg/L。

系数 a　　　　　　　　　　　　　　　表 12-3

污水冬季平均温度(℃)	年平均气温(℃)	滤料层高度 D(m)				
		2.0	2.5	3.0	3.5	4.0
8~10	<3	2.5	3.3	4.4	5.7	7.5
10~14	3~6	3.3	4.4	5.7	7.5	9.6
>14	>6	4.4	5.7	7.5	9.6	12.0

① 按 BOD—容积负荷率 N_V 计算滤料容积 V：

$$V=\frac{Q(n+1)S_a}{N_V} \tag{12-7}$$

式中 n——回流稀释倍数；
　　Q——原污水日平均流量，m^3/d。
其他各项同前。
滤池表面积 A：

$$A=\frac{V}{H} \tag{12-8}$$

式中 H——滤料层高度，m。

② 按 BOD—面积负荷率 N_A 计算
滤池面积：

$$A=\frac{Q(n+1)S_a}{N_A} \tag{12-9}$$

式中 N_A——BOD—面积负荷，$gBOD_5/(m^2\ 滤料表面·d)$。

滤料容积：

$$V=H·A \tag{12-10}$$

③ 按水力负荷率 N_q 计算
滤池面积：

$$A=\frac{Q(1+n)}{N_q} \tag{12-11}$$

式中 N_q——滤池表面水力负荷，m^3 污水$/(m^2\ 滤料表面·d)$。

【例 12-1】 某城镇设计人口 $N=60000$ 人，污水量标准 250L/(人·d)，排放的 BOD_5 量为 30g/(人·d)。镇内有一座工厂，污水量 2000m^3/d，BOD_5 值为 1000mg/L。混合污水冬季平均温度为 15℃，年平均气温 10℃。滤料层厚度为 $H=2.0$m，采用旋转布水器布水，要求处理后出水 $BOD_5 \leqslant 30$mg/L。

【解】 高负荷生物滤池计算。
(1) 污水平均日流量 Q

$$Q = \frac{60000 \times 250}{1000} + 2000 = 17000 \text{m}^3/\text{d}$$

(2) 污水的 BOD_5 浓度 S_0

$$S_0 = (60000 \times 30 + 2000 \times 1000) \times \frac{1}{17000} \approx 223.51 \text{mg/L}$$

(3) 因为 $S_0 > 200 \text{mg/L}$，原污水必须用回流水稀释，回流稀释后混合污水浓度 (S_a) 为：

根据所给条件查表 12-3 得 $a = 4.4$

故 $$S_a = 4.4 \times 30 = 132 \text{mg/L}$$

(4) 回流稀释比 n

$$n = \frac{S_0 - S_a}{S_a - S_e} = \frac{223.51 - 132}{132 - 30} \approx 0.897$$

(5) 滤池总面积 A

取 $N_A = 1800 \text{gBOD}_5/(\text{m}^2 \cdot \text{d})$

$$A = \frac{Q(R+1)L_a}{N_A} = \frac{17000(0.897+1) \times 132}{1800} \approx 2365 \text{m}^2$$

(6) 滤池滤料总体积 V

$$V = H \cdot A = 2 \times 2365 = 4730 \text{m}^3$$

(7) 单个滤池面积 A_1

采用 4 个滤池，每个滤池面积：

$$A_1 = \frac{1}{4} A = \frac{1}{4} \times 2365 \approx 591.25 \text{m}^2$$

(8) 滤池直径 D

$$D = \sqrt{\frac{4A_1}{\pi}} = \sqrt{\frac{4 \times 591.25}{\pi}} = 27.44 \text{m}$$

(9) 校核表面水力面积负荷 N_q

$$N_q = \frac{Q(n+1)}{A} = \frac{17000 \times (1+0.897)}{2365} = 13.64 \text{m}^3/\text{d} (10 \sim 30 \text{m}^3/\text{d})$$

(10) 校核容积负荷率 N_V

$$N_V = \frac{Q(n+1)S_a}{V} = \frac{17000 \times (1+0.897) \times 132}{4730} = 899.97 [\text{gBOD}_5/(\text{m}^3 滤料 \cdot \text{d})]$$

$$< 1200 \text{gBOD}_5/(\text{m}^3 滤料 \cdot \text{d})$$

经计算，采用 4 座直径 27.5m 高 2.0m 的高负荷生物滤池。旋转布水器计算详见《给水排水设计手册》有关章节。

四、塔式滤池

塔式生物滤池简称滤塔，属第三代生物滤池。塔式生物滤池在污水净化工艺方面与高负荷生物滤池相同，但塔式生物滤池有本身独特的特征。

（一）塔式生物滤池的特征

（1）构造特征

塔式生物滤池的外形如塔，一般高8～24m，直径1～3.5m；高度与直径比为（6～8）：1。由于构造特殊，因此在池内形成强大的拔风状态，通风良好，增加了氧的转移效果。再有，由于池体较高，再加上有机负荷与水力负荷的提高，塔内水流紊动剧烈，污水、空气和生物膜三相充分接触，传质效果良好，使得生物膜的生长和脱落速度加快，加快了生物膜的更新，增强了生物膜的活性。由于塔式生物滤池可认为是高负荷生物滤池在结构上为同池体串联运行，所以在不同的高度滤料层上存活着种群不同的微生物，这种情况有利于有机污染物的降解。

塔式生物滤池由于其负荷高、占地少、不用设置专用的供氧设备等优点，自20世纪50年代开发后，很快在东欧各国得到应用，尤其是20世纪60年代以后，由于新型滤料的出现，这些质轻、强度高、空隙大、比表面积大的塑料滤料的应用，更促进了塔式生物滤池的应用。我国从20世纪70年代引入塔式生物滤池，广泛开展实验研究工作，得到了广泛的应用。

（2）塔式生物滤池的构造

1）池体

塔式生物滤池平面多呈圆形或方形，外观呈塔状。池体主要起围挡滤料的作用，可采用砖砌，也可以现场浇筑混凝土或采用预制板构件现场组装，也可以采用钢框架结构，四周用塑料板或金属板围嵌，这种结构对池体重量可以大大减轻。如图12-10所示为塔式生物滤池的构造示意图。

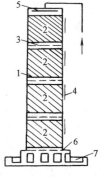

图12-10 塔式生物滤池构造

1—塔身；2—滤料；3—格栅；4—检修口；5—布水器；6—通风口；7—集水槽

塔身沿高度分层建设，分层设格栅，格栅承托在塔身上，起承托滤料的作用。每层高度不大于2.5m为宜，以免强度较低的下层滤料被压碎，每层设检修器，以便检修和更换滤料。

2）滤料

对于塔式生物滤池填充的滤料的各项要求，大致与高负荷生物滤池相同。由于其构造上的特征，最好对塔滤池采用质轻、高强、比表面积大、空隙率高的人工塑料滤料。国内常用滤料为环氧树脂固化的玻璃布蜂窝滤料，其特点为：比表面积大、质轻、构造均匀、有利于空气流通和污水均匀分布，不易堵塞。

3）布水装置

塔式生物滤池常使用的布水装置有两种：一是旋转布水器；二是固定布水器。旋转布水器可用水力反冲转动，也可电机驱动，转速一般为10r/min以内；固定式布水器多采用喷嘴，由于塔滤表面积较小，安装数量不多，布水均匀。

4）通风孔

塔式生物滤池一般采用自然通风，塔底有高度为0.4～0.6m的空间，周围留有通风孔，有效面积不小于池面积的 7.5%～10%。

当塔式生物滤池处理特殊工业废水时，为吹脱有害气体，可考虑机械通风，即在滤池的下部和上部设鼓、引风机加强空气流通。

(二) 塔式生物滤池的工艺特征

塔式生物滤池主要特征是池体高，通风情况好，并且污水从池顶流下，水流紊动强，固、液、气传质好，降解污水中有机物速度快。

(1) 负荷率高

塔式生物滤池是通过加大滤层厚度来提高处理能力的。其水力负荷可达 80～200m³/(m²·d)，为高负荷生物滤池的 2～10 倍。BOD—容积负荷率可达 1000～2000gBOD$_5$/(m³·d)，较高负荷生物滤池高 2～3 倍。BOD—容积负荷率高可促进生物膜快速生长；水力负荷高，可冲刷生物膜，加速生物膜的更新，保持生物膜的活性。但是生物膜生长速度过快，易产生滤料的堵塞现象。因此应控制进水的 BOD$_5$ 在 500mg/L 以下为宜。

(2) 滤层内生物相分层

塔滤池滤层每层的生物相明显，在各层上生长繁殖着种属不同、但又适应于该层污水特征的微生物群体，这有助于生物的增殖、代谢等生理活动，更有助于有机物的降解，并且能承受较大的有机物和毒物的冲击负荷。因此，塔式生物滤池常用于处理有机污染物浓度较高的污水和各种工业废水。

(三) 塔式生物滤池的计算与设计

塔式生物滤池虽然已经在国内外得到了一定的应用，但到目前为止，还没有建立用于塔滤池的成熟计算方法。

目前，塔式生物滤池的工艺设计与计算主要按 BOD—容积负荷率 N_V 进行计算，方法如下所述。

(1) 确定容积负荷率

对于城市污水可参考国内外运行数据选定，也可参照图 12-11 选定。对于工业废水，

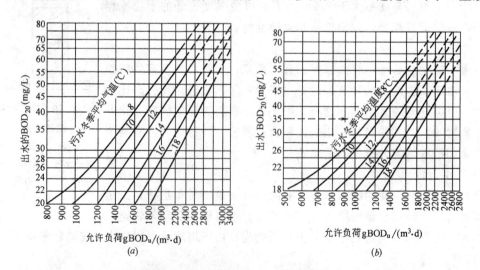

图 12-11 塔式生物滤池 BOD$_u$ 允许负荷与处理水 BOD$_u$ 及水温之间的关系曲线
(a) $Q=400～5000m³/d$ 的生物滤塔；(b) $Q=200～400m³/d$ 的生物滤塔

当无实例资料时，应通过实验确定。BOD—容积负荷取决于处理水 BOD 值的要求和污水在冬季的平均温度。图 12-11 所示三者关系，可作处理城市污水的参数。图 12-11（a）适用于污水量大于 400m³/d 的生物滤塔的工艺设计，而图 12-11（b）则是用于污水量小于 400m³/d 的生物滤塔的工艺设计。

(2) 滤料容积

$$V = S_a Q / N_a \tag{12-12}$$

式中　V——滤料容积，m³；
　　　S_a——进水 BOD_5，也可按 BOD_u 考虑，g/m³；
　　　Q——污水流量，取平均日污水量，m³/d；
　　　N_a——BOD 容积负荷或 BOD_u 容积允许负荷，$gBOD_5/(m^3 \cdot d)$。

(3) 滤塔的表面积

$$A = \frac{V}{H} \tag{12-13}$$

式中　A——滤塔的表面积，m²；
　　　H——滤塔的工作高度，m，其值根据表 12-4 所列数据确定进水 BOD_u 与滤塔高度的关系。

进水 BOD_u 与滤池高度的关系　　　　表 12-4

进水 BOD(mg/L)	250	300	350	450	500
滤塔高度(m)	8	10	12	14	>16

【例 12-2】　某城镇居民 6000 人，排水量标准 110L/(人·d)，冬季水温 10℃，每人每日产生的 BOD_u 值为 45g 计，生活污水拟用滤塔处理，处理水的 BOD_u 按 35mg/L 考虑。

【解】　1. 计算各项设计参数

(1) 每日产生的平均污水量　$6000 \times 0.11 = 660 m^3/d$

(2) 每日产生的 BOD_u 值　$6000 \times 45 = 270000g$

折算成污染浓度　$\frac{270000}{660} = 409.1 mg/L$

(3) 选定 BOD_u 允许负荷率：按处理水 BOD_u 为 35mg/L 的要求，冬季水温为 10℃ 的条件，按图 12-11 查到 BOD_u 允许容积负荷率为 $1600g/(m^3 \cdot d)$

2. 确定塔滤池的各部尺寸

(1) 滤料总容积

$$V = \frac{S_a Q}{N_a} = \frac{6000 \times 0.11 \times 45}{1600} = 168.75 m^3$$

(2) 滤池高度

按表 12-4，进水 BOD_u 值为 400mg/L，将滤池高度近似的确定为 14m。

(3) 塔式生物滤池表面积

决定采用 4 座塔滤池，每座塔滤的表面积为

$$A=\frac{168.75}{4\times14}=3.01\text{m}^2$$

(4) 塔式滤池直径

$$D=\sqrt{\frac{4\times3.01}{3.14}}=1.96\text{m}$$

(5) 校核塔高：直径（$H:D$）为：
14：196＝7.14：1，符合要求，计算成立。

第三节 生物曝气滤池

生物曝气滤池（Biological Aerated Filter）简称 BAF，是一种高负荷淹没式固定膜三相反应器。生物曝气滤池是采用粒径较小的粒状材料为滤料，并将滤料浸没在水中，供氧采用鼓风曝气供氧。滤料层有两方面作用：一是作为固体介质，作为微生物的载体；二是作为过滤介质。由于生物曝气滤池的滤料粒径较小，因此与一般生物滤池相比，其滤料的比表面积大，污水与生物膜的接触面积长，生化反应更为彻底，再则滤料之间由于有空隙，可直接截留进水中的悬浮固体和老化脱落的生物膜等生物固体，这一截留过程与普通快滤池相似，从而省去了其他生物处理法中的二沉池，出水水质好。

一、生物曝气滤池的构造

生物曝气滤池是 20 世纪 80 年代新开发的一种污水生物处理技术。它是集生物降解、固液分离于一体的处理设备。生物曝气滤池主要由池体、滤料层、工艺用气布气系统，低布气布水装置；反冲洗排水装置及出水口等部分组成。见图 12-12 所示。

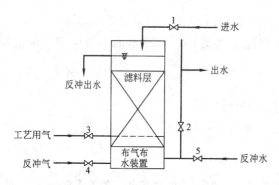

图 12-12 生物曝气滤池构造示意图

（一）池体

池体的主要作用为维护滤料，一般可采用钢筋混凝土结构，也可用钢板焊制。生物曝气滤池的基本构造与矩形重力过滤池相似。

（二）滤料层

滤料的作用有二方面，一方面在其表面产生生物膜，另一方面起过滤作用。曝气生物滤池选用的滤料一般选用密度小的为好，主要考虑反冲洗方便，密度较小的滤料在反冲洗时容易松动、反冲洗效果好，同时可节省反冲洗用水。滤料应满足如下要求（1）有足够的强度；（2）耐磨，表面粗糙；（3）耐水；（4）耐腐蚀；（5）要有一定的空隙率。常用滤料有陶粒、无烟煤、石英砂、膨胀页岩等。陶料孔隙较多，吸水后相对密度约 1.1，无烟煤相对密度约 1.5，石英砂相对密度为 2.6，三者比较，陶粒比较理想，无烟煤次之。

与普通滤池相似，滤料的粒径关系到处理效果的好坏，以及运行过滤周期的长短。粒

径越小，比表面积大、生物量多、处理效果好，但孔隙小，运行中易堵塞，过滤周期短，反冲洗用水量高，给运行管理带来不便。滤料粒径的选择取决于进水水质和设计的反冲洗周期。一般反冲洗周期为24h为宜。对于城市污水二级生物处理采用粒径一般为4~6mm，对于城市污水三级处理采用粒径为3~5mm。

滤料层的高度一般为1.8~3.0m，常选用2.0m为宜。

（三）工艺用气布气设备

工艺用气布气系统用来向滤池供氧。水流自上而下，通过滤料层，由于工艺用鼓风机，从底部鼓入空气，向微生物化学反应提供所需的氧。

工艺用气布气系统一般采用穿孔管布气系统。穿孔管应采用塑料或不锈钢材质，以防腐蚀，穿孔管布置在距滤料层底面以上约0.3m处，使在滤料层的底部有一小段距离不进行曝气，不受空气泡的扰动，保证有良好的过滤效果，以便使出水清澈。供气设备常选用风机，应有备用设备。

（四）底部的布气布水系统

底部布气布水的主要作用是产生反冲洗水或气。目前反冲洗有三种方式：(1) 单独采用压缩空气反冲；(2) 气水联合反冲洗；(3) 单独用水冲洗。采用压缩空气反冲，能使粘附在滤料表面上的生物膜大量剥落；气水联合反冲洗，可以将剥落的生物膜带出池外，滤料层略有膨胀，产生松动，使生物膜被水冲走，并可以减少反冲洗强度和冲洗水量；用水反冲洗可将滤料冲洗干净，但反冲洗水量较大。

生物曝气滤池底部反冲洗系统要求布气、布水均匀，常用以下三种结构，如图12-13所示。

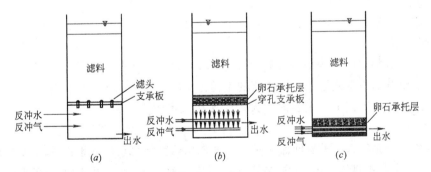

图12-13 生物曝气滤池底部布气布水装置

(a) 滤头布气布水系统；(b) 穿孔板布气布水系统；(c) 大阻力布气布水系统

图12-13 (a) 是采用滤头进行布气、布水的装置。滤头固定在水平支承板上，每平方米板上设置约50个滤头。气和水通过滤头混合，从滤头的缝隙中均匀喷出。这种装置施工要求严格，造价高。

图12-13 (b) 是一种穿孔板布气布水装置。在水平支承板上均匀地开设许多小孔，板上铺设一层卵石作为承托层，承托层作用同给水滤池。在穿孔板下设反冲气管和反冲水管。这种装置能起到良好的布气布水作用。

图12-13 (c) 是大阻力配水系统，其构造同给水滤池，反冲洗气管和反冲洗水管（可兼作出水管）埋在卵石承托层中。这种装置的水头损失大，施工方便，造价低。

（五）反冲洗排水装置和出水口

反冲洗水自下向上穿过过滤层，上层设排水槽，连续排出反冲水。为防止滤料损失，可采用翼形排水槽，也可采用虹吸管排水。出水口的最高标高应与滤料层的顶面持平或稍高，保证反冲洗完毕开始运行时、滤料层上有 0.15m 以上水深，避免滤料外露。

二、工艺流程

生物曝气池的工艺流程有初沉池、生物曝气滤池、反冲洗水泵和反冲洗储水池以及风机等组成，见图 12-14 经初沉池沉淀的污水进入生物滤池。水流从下通过滤料层，有工艺用气从底部鼓入空气，气水进入反冲水池后再排放，反冲出水贮存池，一次反冲一格滤池所需的反冲水池，可兼作接触消毒。生物曝气滤池经过一段时间运行后，滤池中固体物质逐渐增多，引起水头损失增加，当达到一定程度时，需要对滤层进行反冲洗，以清除多余的固体物质。反冲洗强度由反冲洗形式而定，对于气的反冲洗强度一般采用 18L/(m²·s)；水的反冲洗强度一般采用 8L/(m²·s)。

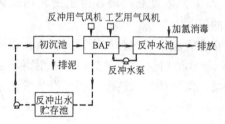

图 12-14　生物曝气滤池工艺流程图

反冲洗操作是生物曝气滤池管理工作的主要内容，控制较复杂，要求工人的技能水平较高。当生物曝气滤池反冲洗时，应频繁开关水泵、鼓风机和工艺阀门，尤其当滤池的分格数较多时，整个操作过程应采用自动化，工艺管道的阀门尽量选用水力阀门或电动阀门，用程序控制反冲洗操作过程，提高效率，达到生产运行自动化。

三、生物曝气滤池的特征

由于生物曝气滤池是集生物降解和固液分离于一体的设备。从其构造及运行管理方面，主要特征如下：

1. 气液在滤料层中充分接触，氧的转移率高，动力费用低。
2. 由于设备本身有截留悬浮和脱落的生物污泥的功能，工艺流程所需占地小。
3. 池内滤料粒径较小、比表面积大，能保持大量的生物量，微生物附着力强，污水处理效果好。
4. 不产生污泥膨胀，不需回流设备，反冲如果是空气自动化，维护管理也方便。
5. 可作不同目的的污水和生物处理。即作二级生物处理可去除污水中的 BOD_5、COD、SS，还有一定的硝化功能；若作三级生物处理，主要是硝化去除氨氮，并能进一步深度去除污水中的有机物和悬浮固体，若同时在厌氧和好氧条件下运行，还可用作污水的脱氮和除磷功能。
6. 生物相分层。在距进水端较近的滤层，污水中的有机物浓度高，各种一样菌占优势，主要去除 BOD；距出水口较近的滤料层中，污水中的有机物浓度较低，自养型的硝化菌将占优势，可进行氨氮的硝化反应。

四、生物曝气滤池的工艺设计与计算

（一）容积负荷率

目前生物曝气滤池的计算方法主要采用 BOD_5 容积负荷率法和氨氮容积负荷率法。对于城市污水，要求处理后 $BOD_5 < 20mg/L$ 时，BOD_5 容积负荷一般选用 2.5～

$4.0 kgBOD_5/(m^3 \cdot d)$，若污水中溶解性 BOD_5 的比例高，要求出水 BOD_5 浓度低，应选较低值，否则应选高值。

氨氮容积负荷率是单位体积滤料单位时间内去除氨氮 kg 数，对于城市污水一般为 $0.6\sim1.5 kgNH_4\text{-}N/(m^3 \cdot d)$。当出水要求氨氮小于 5mg/L 以下，容积负荷选低值；若出水要求氨氮值小于 15mg/L 时，容积负荷取大值，即 $1.5 kgNH_4\text{-}N/(m^3 \cdot d)$。

（二）滤池计算

1. 滤料层体积

$$V=\frac{QS_0}{1000N} \tag{12-14}$$

式中　V——滤料体积，m^3；
　　　Q——进水流量，m^3/d；
　　　S_0——进水 BOD_5 或氨氮浓度，mg/L；
　　　N——相应于 S_0 的 BOD_5 或氨氮容积负荷，$kgBOD_5/(m^3 \cdot d)$ 或 $kgNH_4\text{-}N/(m^3 \cdot d)$。

2. 单格滤池的面积

生物曝气滤池的分格一般不小于 3 格。每格的最大平面尺寸一般不大于 $100m^2$

$$A=\frac{V}{n \cdot H_1} \tag{12-15}$$

式中　A——每格滤池的平面面积，m^2；
　　　n——分格数；
　　　H_1——滤料层高度，m。

3. 滤池的总高度 H

$$H=H_1+H_2+H_3+H_4+H_5 \tag{12-16}$$

式中　H_2——底部布气水区高度，m；
　　　H_3——滤层上部最低水位，约 0.15m；
　　　H_4——最大水头损失，一般取 0.6m；
　　　H_5——超高，取 0.5m。

第四节　生物转盘

生物转盘是生物膜法处理污水的反应器之一。它于 20 世纪 60 年代问世，并有效地用于城市污水和各种有机工业废水的处理，在欧美和日本应用广泛，在我国也取得一定的应用。生物转盘具有结构简单、运转安全、抗冲击负荷能力强、不产生堵塞、运行费用低等特点。

一、生物转盘的构造及净化原理

生物转盘数生物膜反应器，降解有机物的机理与生物滤池相同，但其构造形式与生物滤池完全不同。如前所述，生物滤池技术是使微生物固着在不动的滤料上，而废水是流动滴落与生物膜接触，从而完成传质及净化过程。生物转盘则是使微生物（生物膜）固着在能够转动的圆板上，即生物转盘上，而污水则处于半静止状态。在动力驱动下，转盘缓慢转动，由于转盘表面积的40%淹没在反应槽内，使得附着在盘片上的生物膜交替与污水和空气接触。当盘片淹没在反应槽时，生物转盘的生物膜吸收污水中的有机污染物；当转到空气中则吸收为微生物所必需的氧气，以进行好氧生物分解。由于转盘的缓慢转动，使得反应槽内的污水得到充分的搅拌，在生物膜上附着水层中的过饱和溶解氧使得反应槽内溶解氧量增加。

生物转盘主要由盘片、接触反应槽、转轴及驱动装置所组成。如图12-15所示。

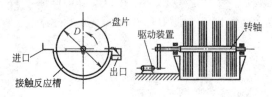

图 12-15 生物转盘构造图

它是将盘片等距离串联并固定在转轴上，转轴两端安装在接触反应槽两端的支座上，转轴高出反应槽水面10~25cm。转盘旋转动力来自于驱动装置。驱动装置由电机、减速器和传动装置等部件组成，带动转盘以较慢速度旋转，反应槽内由进水管（渠）道充满污水，转盘交替地和污水与空气接触。

生物转盘在低速转动过程中，附着在盘片上的生物膜与污水和空气交替接触，完成了生物降解有机污染物。在生物膜构造中，除含有有机污染物及氧气以外，还有生物降解产物如CO_2、NH_3等物质的传递。如图12-16传递示意图。

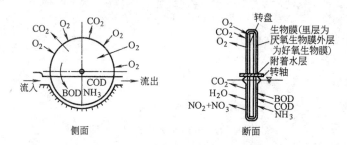

图 12-16 生物转盘净化反应过程与物质传递示意图

由于生物降解有机物，生物膜逐渐增厚，靠近盘片内形成厌氧层，生物膜开始老化。在反应槽内的污水产生的剪切力的作用下，老化的生物膜剥落，随处理水流入二次沉淀池被重力分离。

二、生物转盘各部分构造特点

1. 盘片

盘片是生物转盘反应器的主要部件，其表面形状有：平面、凹凸面、波纹（二重波纹、同心圆波纹、放射形波纹）。盘片的材质应具有质轻高强，耐腐蚀，耐老化，易于挂膜，不变形，比表面积大，安装加工方便，就地取材等性质。目前盘片所用材质有：聚苯乙烯、聚乙烯、硬质聚氯乙烯、纤维增强塑料等；盘片的外周形状有：圆形、多角形等，多见于圆形。盘片的直径以2.0~3.6m居多，过大不便于运输和安装，国外已有直径为4.0~5.0m的生物转盘投入运行。

由于在运转过程中，盘片上的生物膜逐渐增厚，并为了保证通风的效果，盘片的间距一般为30mm。如果采用多级转盘，前级盘片的间距一般为30mm，后级为10~20mm。当生物转盘用于脱氮时，其盘片的间距应取大些。

所形成的生物膜的厚度与进水的BOD值有关，进水BOD浓度高，生物膜就越厚，但硝化过程的生物膜则较薄。

2. 转轴及驱动装置

转轴是支承盘片并带动其旋转的部件。一般采用实心钢轴或无缝钢管做材料，转轴的长度一般应控制在 0.5～7.0m 之间；过长易于挠曲变形，加工同心度也较难，更换盘片工作量大；要求转轴的强度和刚度必须经过计算，否则盲目选材，易发生扭断或磨断。一般情况直径介于 50～80mm 之间。转轴中心与槽内水面距离 b 与转盘直径 D 的比值 b/D 在 0.05～0.15 之间，一般取 0.06～0.1。

驱动装置主要设备有电动机和减速器，以及齿轮和链条传动装置。动力设备有电力机械传动，空气传动和水力传动。多轴多级生物转盘可分别由各自的驱动装置带动，也可以通过传动装置带动 3～4 级转盘转动。

转盘的转速直接影响处理效果，必须选定适度。转速过高对设备有磨损，并要保证足够的机械强度，耗电高，又因为转速过高，盘面产生的剪切力大，生物膜易剥落。因此，转盘转速以 0.8～3.0r/min 为宜，外边缘线速度以 15～18m/min 为宜。

3. 接触反应槽

接触反应槽外形应与转盘材料外形相一致，一般为半圆形，以避免水流短流和污泥沉积。接触反应槽壁与盘体边缘净距取值 100mm，其底部可做成矩形或梯形。接触反应槽一般建于地面上，也可建于地下；当场地狭小时，为减小占地面积，反应槽可架空或修建在楼上，这种情况只适合小型设备。反应槽可用钢板焊制，做好防腐处理；也可以用塑料板制成，也可以用钢筋混凝土浇筑，或者选用预制混凝土构件现场安装。反应槽的容积按水位位于盘片直径的 40% 处及轴长考虑。

接触反应槽底部应设排泥管和放空管及相应的阀门。出水形式多采用锯齿形溢流堰。堰宽通过计算确定，堰口高度以可调为宜。多级生物转盘，接触反应槽分为若干格，格与格之间设导流槽。

三、生物转盘系统特征

生物转盘作为污水处理反应器，具有结构简单、运转安全、处理效果好、维护管理方便、运行费用低等优点，是因为其运行工艺和维护方面具有下面特征：

1. 处理污水成本较低。由于转盘上的生物膜从水中进入空气中时充分吸收了有机污染物，生物膜外侧的附着水层可以从空气中吸氧，接触反应槽不需要曝气，因此，生物转盘运转较为节能。有关文献记载，以流入污水的 BOD 浓度为 200mg/L 计，每去除 1kg BOD 约耗电 0.71kW·h，为活性污泥反应系统的 1/3～1/4。

2. 接触反应时间短。对于处理城市污水的生物转盘，其第一段的生物膜可达 194g/m^2，如果以氧化槽容积折算此值，相当于 40000～60000mg/L 的 MLVSS。F/M 值为 0.05～0.1，只是活性污泥法 F/M 值的几分之一。因此，生物转盘能以较短的接触时间取得较高的净化率。

3. 生物相分级。在每段转盘上生长着适应于流入该级污水性质的生物相，在后段可以出现原生动物、藻类和后生动物；同时在转盘上可以生长污泥龄长、增殖世代时间长的微生物、消化菌即属此类微生物。因此，生物转盘具有硝化和反硝化的功能。

4. 产生的污泥量少。在生物膜上存在较长的食物链，微生物逐级捕食，因此，污泥产量少，大致是活性污泥系统的 1/2 左右。产生的污泥量与原水的 SS 浓度、水温、转盘转数以及 BOD 去除率有关。在水温为 5～20℃，转数为 2～5r/min 的条件下，BOD_5 去除率为 90% 时，去除 1kgBOD 的污泥产率为 0.25kg 左右。

5. 能够处理高浓度及低浓度的污水

能够处理从 40000～10mg/L 范围的污水，并能取得较好的处理效果。多段生物转盘最适合处理高浓度污水。当 BOD 浓度低于 30mg/L 时，就能产生硝化反应。

6. 具有除磷功能。直接向接触反应槽投加混凝剂，能够去除 80% 以上的磷，再则生物转盘勿需回流污泥，可直接向二沉池投加混凝剂去除磷和胶体性污染物质。

7. 易于维护管理。生物转盘反应器设备简单，复杂设备少，不产生污泥膨胀现象，日常对设备定期保养即可。

8. 噪声低，无不良气味。设计运行合理的生物转盘也不生长滤池蝇，不产生恶臭和泡沫；由于没有曝气装置，噪声极低。

四、生物转盘反应器处理污水的流程

生物转盘的流程要根据污水的水质和处理后水质的要求确定。城市污水常规处理流程如图 12-17 所示。

根据转轴和盘片的布置形式，生物转盘可分为单轴单级，单轴多级图 12-18 和多轴多级图 12-19。级数的多少主要根据污水性质、出水要求而确定。

一般城市污水多采用四级转盘进行处理。应当注意，首级负荷高、供氧不足，应采取

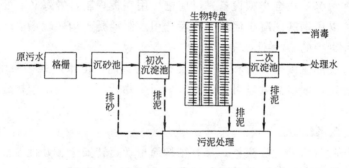

图 12-17 生物转盘处理系统基本工艺图

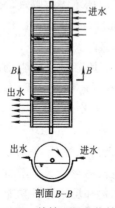

图 12-18 单轴四级生物转盘
平面与剖面示意图

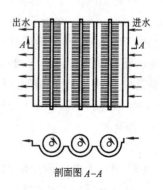

图 12-19 多轴多级（三级）
生物转盘平面与剖面示意图

加大盘片面积、增加转速来解决供氧不足问题。

五、生物转盘反应器的计算与设计

要想设计合理，达到预期的处理效果，首先应对原水的水质进行充分地分析，掌握污水水质、水量方面的资料，作为设计的原始数据。其次，应该合理地确定转盘构造以及运行方面的参数和技术条件，如盘片形状、直径、盘片间距、浸没深度、盘片材质、转数等参数。如果一级转盘达不到出水要求，还应考虑增加转盘的级数、转速等因素。

目前，计算转盘面积的方法有：负荷率法、经验公式法和经验图表法。

1. 负荷率计算法

（1）各参数的物理意义及计算公式

1）液量面积比（G 值）

液量面积比亦称容积面积比，通称 G 值。其是指接触反应槽实际容积 V（m^3）与能够为微生物固着的转盘的面积 A（m^2）之比，即：

$$G = \frac{V}{A} \cdot 10^3 \quad (L/m^2) \tag{12-17}$$

G 值与转盘本体的厚度，间距，以及转盘本体与接触反应槽侧壁及槽底的距离等参数有关。如果盘片较薄，其厚可忽略不计；相反，如采用较厚的材料，应将盘片浸没部分的容积减除。BOD 去除率与 G 值的关系如图 12-20 所示，由图可见，当 G 值小于 5 时，BOD 去除率下降；而高于 5 时，BOD 去除率变化不大。因此，在同一单位容积内，无限增加转盘面积，并不能提高 BOD 的去除率，一般生物转盘的液量比取 5~9 之间为宜。

2）BOD 面积负荷率 N_A

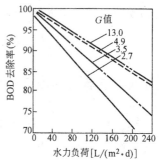

单位盘片表面积（m^2）在 1d 内能够接受并使转盘处理达到预期效果的 BOD 值，即：

$$N_A = \frac{QS_0}{A} \text{gBOD}_5/(m^2 \cdot d) \tag{12-18}$$

图 12-20 BOD 去除率与容积面积比（G 值）之间的关系（对城市污水）

式中　S_0——原污水的 BOD_5 值，g/m^3 或 mg/L；

A——盘片总面积，m^2。

BOD 面积负荷的具体数值，应通过试验来确定。由于实验量大，数据较复杂，通常采用图表可作为确定 BOD 面积负荷值的参考。对于城市污水，国外在生物转盘方面已有很成熟的经验，绘制出了相应的各种图表。我国《室外排水设计规范》GBT 14—87 对此规定：按城市污水浓度 $BOD_5 = 200mg/L$、去除率 80%~90% 计，一般采用 BOD 表面负荷 10~20g/($m^2 \cdot d$)。表 12-5 所列举的是国外采用生物转盘处理城市污水（或生活污水）

国外生物转盘处理生活污水（城市污水）所采用的 BOD—面积负荷率值　　表 12-5

处理水水质	BOD—面积负荷率值
$BOD_5 \leqslant 60mg/L$	20~40g/($m^2 \cdot d$)
$BOD_5 \leqslant 30mg/L$	10~20g/($m^2 \cdot d$)

时，根据处理水质的要求所采用的 BOD——面积负荷法值。

在国外还采用按每一位居民根据污水去除率的不同，应当承担的盘面面积已确定转盘面积的计算法。其值列举于表 12-6。

按居民确定转盘面积计算值　　　　　　　表 12-6

BOD 去除率(%)	转盘级数	每位居民承担的盘面
80	三级	1m²
90	四级	2m²
95	四级	3m²

图 12-21 所示为原联邦德国斯梯尔公司在归纳、分析大量运行数据的基础上，按进水 BOD 值、处理水 BOD 值和 BOD——面积负荷率三者关系所绘制的曲线。可作为设计参考。

公式（12-18）对其他各种指标，如 COD、TOC、TOD、SS 以及 NH_3-N，NO_3^--N 等也是适用的。

3）水量负荷率 N_q

水量负荷率亦称水力负荷率。我国《室外排水设计规范》规定的水力负荷值为 50~100L/(m²·d)。水量负荷率 N_q 是指单位盘片表面积 m² 在 1d 内能够接受并使转盘处理达到预期效果的污水量，即：

$$N_q = \frac{Q}{A} \cdot 10^3 \quad (L/(m^2 \cdot d)) \tag{12-19}$$

此值决定于原污水的 BOD 值，原污水 BOD 值不同，此值有较大的差异，这一点是应当考虑到的。

在国外，水量负荷法采用得较普遍，并累积了大量数据，可作为生物转盘设计的参考数据。图 12-22 所示在不同的原污水 BOD_5 浓度的条件下，水量负荷率与去除率之间的关系。

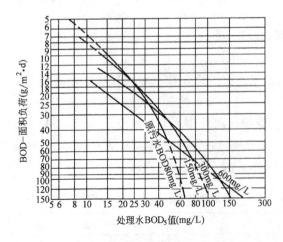

图 12-21　处理水 BOD 值与 BOD-面积负荷率之间的关系

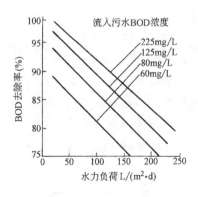

图 12-22　城市污水水力负荷与 BOD_5 去除率关系

图 12-23 所示是用美国大量实际运行数据所整理出的计算图表。该图所示是在原污水中不同的溶解性 BOD_5 值的条件下，水力负荷率与处理水溶解性 BOD_5 值及全 BOD_5 值的关系。在一般情况下，溶解性 BOD_5 值为全 BOD_5 值的 50％左右。

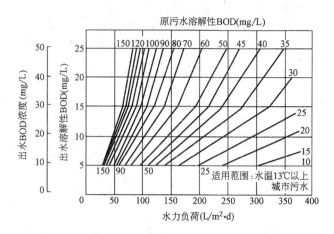

图 12-23　水力负荷率与处理水 BOD_5 值关系

本图表适用于年平均水温为 13℃ 以上的城市污水，低于此值的城市污水则应按图 12-24 所示的曲线进行修正，即以 13℃ 为 1.0，水温低于 13℃ 的城市污水，用其实际水温除以相应的系数，即可得出应采用的水力负荷率值。

4）平均接触时间 t_a

污水在接触氧化槽内与转盘接触，并进行净化反应的时间，即：

$$t_a = \frac{V}{Q} \cdot 24 \ (d) \tag{12-20}$$

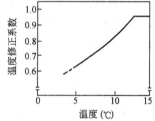

图 12-24　水温修正系数

接触时间对污水的净化效果有着直接影响，增加接触时间，能够提高净化效果。

5）G 值、N_A、N_q 与 t_a 之间的关系

N_q 与 t_a 及 G 之间关系如下：

$$t_a = \frac{G}{N_q} \times 24 \ (h) \tag{12-21}$$

$$N_A = \frac{Q}{A} \cdot 10^3 = G \cdot N_q \tag{12-22}$$

$$N_q = \frac{Q}{A} \cdot 10^3 = \frac{G}{t_a} \cdot 24 \tag{12-23}$$

当 G 为一定值，N_q 值主要取决于 t_a 值。由上列各式

$$N_A = \left(\frac{G \times S_0^2 \times N_q \times 24}{t_a \times 10^6} \right)^{\frac{1}{2}} \tag{12-24}$$

(2) 生物转盘计算公式

在设计与计算之前，首先确定 BOD_5 面积负荷率或水力负荷率之后，再通过下列步骤计算生物转盘各项设计参数。

1) 转盘总面积

在确定了负荷率值后，转盘总面积可用下式计算：

$$A = \frac{QS_0}{N_A} \tag{12-25}$$

式中 A——转盘总面积，m^2；
Q——平均日污水量，m^3/d；
S_0——原污水 BOD 值，g/m^3；
N_A——BOD—面积负荷，$g/(m^2 \cdot d)$。

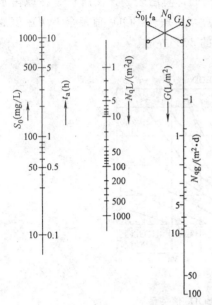

图 12-25 各参数值计算表

或按水力负荷率计算：$A = \dfrac{Q}{N_q} \tag{12-26}$

式中 N_q——水力负荷率值，$m^3/(m^2 \cdot d)$。

2) 转盘总片数

当所采用的转盘为圆形时，转盘的总片数可由转盘总面积 A 来进一步求得。直径为 D 的圆形转盘或单片转盘面积为 a 的多边转盘的总片数按下列公式计算：

$$M = \frac{4A}{2\pi D^2} = 0.637 \frac{A}{D^2} \tag{12-27}$$

式中 M——转盘总片数；
D——圆形转盘直径。

或

$$M = \frac{A}{2a} \tag{12-28}$$

式中 a——每片多边形转盘或波纹板转盘的面积。

上两式分母中的 2 是考虑盘片双面均为有效面积。

对其他形式的转盘则根据具体情况决定。

3) 每台转盘的转轴长度

若采用 n 级（台）转盘，则每级（台）转盘的盘片数为 $m = M/n$。由 m 可进一步求得每（台）转盘的转轴长度。

$$L = m(d+b)K \tag{12-29}$$

式中 L——每台（级）转盘的转轴长度，m；
m——每台（级）转盘盘数；
d——盘片间距，m；
b——盘片厚度，与所采用的盘材有关，根据具体情况确定，一般取值为

0.001～0.013m；

K——考虑污水流动的循环沟道的系数，取值1.2。

4）接触反应槽容积

此值与槽的形式有关，当采用半圆形接触反应槽时，其总有效容积 V 为：

$$V=(0.294\sim 0.335)(D+2\sigma)^2 \cdot l \quad （m^3） \tag{12-30}$$

而净有效容积 V' 为

$$V'=V=(0.294\sim 0.335)(D+2\sigma)^2(l-mb) \quad （m^3） \tag{12-31}$$

式中　σ——盘片边缘与接触反应槽内壁之间的净距，m；

当 $\dfrac{r}{D}=0.1$ 时，系数取 0.294；

当 $\dfrac{r}{D}=0.06$ 时，系数取 0.335；

r——转轴中心距水面的高度；一般为 150～300mm。

5）转盘的旋转速度

转盘的转数以不超过 20m/min 为宜，但也不能过小，否则若水力负荷较大，接触氧化槽内的污水得不到完全混合。达到混合目的的最小转数的计算公式为：

$$n'_{min}=\frac{6.37}{D}\times \left(0.9-\frac{1}{N_q}\right) \quad (r/min) \tag{12-32}$$

6）电动功率

$$N_P=\frac{3.85R^4 n'_{min}}{d\times 10} \cdot m\alpha\beta \tag{12-33}$$

式中　R——转盘半径，cm；

m——一根转轴上盘片数；

α——同一电动机带动的转轴数；

β——生物膜厚度系数。当膜厚 0～1mm 时，取 2；当膜厚 1～2mm 时，取 3；当膜厚 2～3mm 时，取 4。

7）污水在接触氧化槽内的停留时间 t_a

$$t_a=\frac{V'}{Q} \tag{12-34}$$

式中　t_a——平均接触氧化时间，h；

V'——氧化槽有效容积，m^3；

Q——污水流量，m^3/d。

【例 12-3】　某生活小区人口 10000 人，排水量标准 120L/(人·d)，原污水 BOD_5 值为 180mg/L，经沉淀处理后 BOD_5 值为 135mg/L，处理水的 BOD 值不得大于 15mg/L。拟用生物转盘处理，试进行生物转盘设计。

【解】

(1) 确定设计参数

① 平均日污水量　　　　$10000 \times 0.1 = 1000 \text{ m}^3/\text{d}$

② 对处理要求达到的 BOD_5 去除率　　$\eta = \dfrac{135-15}{150} = 88.8\%$

③ 确定 BOD—面积负荷率

查图（12-20）得 $N_A = 11 \text{gBOD}_5/(\text{m}^2 \cdot \text{d})$

④ 确定水力负荷率

查图（12-21）得 $N_q = 110 \text{L}/(\text{m}^2 \cdot \text{d}) = 0.11 \text{m}^3/(\text{m}^2 \cdot \text{d})$

(2) 转盘计算

① 盘片总面积

Ⅰ 按 BOD—面积负荷率计算　　$A = \dfrac{1000 \times 135}{11} = 12272 \text{m}^2$

Ⅱ 按水力负荷率计算　　$A = \dfrac{1000}{0.11} = 9091.0 \text{m}^2$

为稳妥计，决定采用按面积 BOD_5 负荷率计算所得的数据，即 12272m^2。

② 求定盘片总片数，决定采用直径为 3.2m 的盘片，按式（12-27）计算。

$$M = \dfrac{0.636 \times 6250}{3.2^2} = \dfrac{3975}{10.24} = 762 \text{（片）}$$

③ 按 5 台转盘考虑，每台盘片数为 153，即 m 值按 155 片考虑。

每台转盘按单轴 4 级考虑，首级转盘按 45 片，第二级 40 片，第三、四级则各按 35 片考虑。

④ 接触氧化槽的有效长度，按式（12-29）计算。盘片间距 d 值取 25mm。采用硬聚氯乙烯盘片，b 值为 4mm，代入各值，得 $L = 155(25+4) \times 1.2 = 5394\text{mm} \approx 5.4\text{mm}$ 即，接触氧化全长取 5.4m。

⑤ 接触氧化槽的有效容积，按式（12-31）计算。采用半圆形接触氧化槽。r 值取 200mm，$\dfrac{r}{D}$ 为 0.0625，系数取 0.33，σ 值取 200mm。

$$V' = 0.33(3.2 + 2 \times 0.2)^2 (5.4 - 4.5 \times 0.004) = 0.314 \times 8.14 \times 5 = 22.32 \text{m}^3$$

⑥ 确定转盘的最低旋转速度，按式（12-32）计算。

$$n'_{\min} = \dfrac{6.37}{3.2} \times \left(0.9 - \dfrac{1}{110}\right) = 1.77 \text{r/min}$$

折算成旋转速度 $v = n'_{\min} \cdot 2\pi \left(\dfrac{D}{2}\right) = 17.78 \text{m/min} < 20 \text{m/min}$ 合乎要求。

⑦ 污水在接触氧化槽内的停留时间　　$t = \dfrac{22.32 \times 4}{1000} \cdot 24 = 2.14 \text{ (h)}$

第五节　生物接触氧化法

生物接触氧化法的反应器为接触氧化池，也称为淹没式生物滤池。最早于 20 世纪 70

年代日本首创,近20年来,该技术在国内外都取得了长足广泛的发展和应用。生物接触氧化法就是在反应器中充填惰性填料,已经充氧的污水浸没并流经全部惰性填料,污水中的有机物与在填料上的生物膜充分接触,在生物膜上的微生物新陈代谢作用下,有机污染物质被去除。生物接触氧化法处理技术除了上述的生物膜降解有机物机理外,还存在与曝气池相同的活性污泥降解机理,即向微生物提供所需氧气,并搅拌污水和污泥使之混合,因此,这种技术相当于在曝气池内填充供微生物生长繁殖的栖息地——惰性填料,所以,此方法又称接触曝气法。

生物接触氧化是一种介于活性污泥法与生物滤池两者结合的生物处理技术。因此,此方法兼具备活性污泥法与生物膜法的特点。

一、生物接触氧化法反应器的构造

生物接触氧化池主要由池体曝气装置、填料床及进出水系统组成,如图12-26。

池体的平面形状多采用圆形,方形或矩形,其结构由钢筋混凝土浇筑或用钢板焊制。池体的高度一般为4.5~5.0m,其中填料床高度为3.0~3.5m,底部布气高度为0.6~0.7m,顶部稳定水层为0.5~0.6m。填料是生物接触氧化池的重要组成部分,它直接影响污水的处理效果。由于填料是产生生物膜的固体介质,所以,对填料的性能有如下要求。1. 要求比表面积大、空隙率高、水流阻力小、流速均匀;2. 表面粗糙、增加生物膜的附着性,并要外观形状、尺寸均一;3. 化学与生物稳定性较强,经久耐用,有一定的强度;4. 要就近取材,降低造价,便于运输。

目前,生物接触氧化池中常用的填料有蜂窝状填料,波纹板状填料及软性与半软性填料等(图12-27,表12-7)。

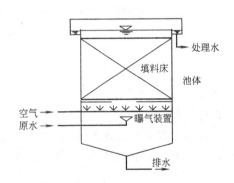

图12-26 生物接触氧化池的构造

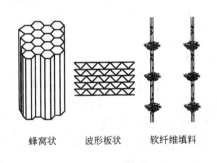

图12-27 生物接触氧化池内常用的填料

曝气系统由鼓风机、空气管路、阀门及空气扩散装置组成。目前常用的曝气装置为穿孔管,孔眼直径为5mm,孔眼中心距为10cm左右。布气管一般设在填料床下部,也可设在一侧。要求曝气装置布气均匀,并考虑到填料发生堵塞时能适当加大气量及提高冲洗能

填料的有关性能指标   表12-7

填料种类	材 质	比表面积(m^2/m^3)	孔隙率(%)
蜂窝状填料	玻璃钢、塑料	133~360	97~98
波纹状填料	硬聚氯乙烯	150	95
半软性填料软性填料	变性聚乙烯塑料	87~93	97
	化学纤维	~2000	~99

力。生物接触氧化池的曝气装置亦可采用表面曝气供氧，表面曝气设备详见第十一章曝气设备的内容。

进水装置一般采用穿孔管进水，孔眼直径为5mm，间距20cm左右，水流出孔流速为2m/s。布水穿孔管可设在填料床的下部，也可设在填料床的上部，要求布水均匀。在填料床内，使得污水、空气、微生物三者充分接触，以便生物降解。要考虑填料床发生填塞时，为冲洗填料加大进水量的可能。

二、生物接触氧化池的形式

根据接触氧化池的进水与布气的形式，可将接触氧化池的形式分为以下几种：

1. 表面曝气充氧式

如图12-28所示，此种接触氧化池与活性污泥法完全混合曝气池相类似。其池中心为曝气区，池上面安装表面机械曝气设备，污水从池底中心配入，中心曝气区的周围充满填料，称之为接触区。处理水自下向上呈上向流，处理水从池顶部出水堰流出，排出池外。

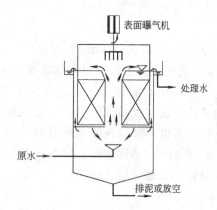

图12-28 生物接触氧化池的构造

2. 采用鼓风曝气，底部进水，底部进空气式

如图12-29所示，处理水和空气均从池底部均匀布入填料床上，填料、污水在填料中产生上向流，填料表面的生物膜直接受水流和气流的冲击、搅拌、加速了生物膜的脱落与更新，使生物膜保持良好的活性，有利于水中有机污染物质的降解，同时上升流可以避免填料堵塞现象。此外，上升的气泡经填料床时被切割为更小的气泡，使得气泡与水的接触面积增加、氧的转移率提高。

3. 用鼓风曝气、空气管侧部进气、上部进水式

如图12-30所示，填料设在池的一侧，另一侧通入空气为曝气区，原水先进入曝气区，经过曝气充氧后，缓缓流经填料区与填料表面的生物膜充分接触，污水反复在填料区和曝气区循环，处理水在曝气区排出池体。由于空气和污水没有直接冲击填料，填料表面的生物膜脱落和更新较慢，但经曝气区充氧的污水，以相对静态的形式流过填料区，有利于污水中有机污染物的氧化分解。

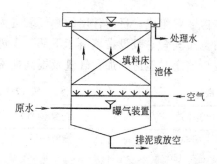

图12-29 底部进水、进气式生物接触氧化池

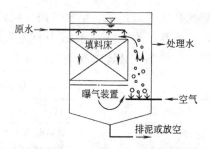

图12-30 侧部进气、上部进水式生物接触氧化池

三、生物接触氧化池的工艺流程

对生物接触氧化池的工艺流程，可分为一级处理流程图 12-31 和二级处理流程图 12-32 和多级处理流程。

1. 一级处理流程

从图 12-31 可以看出，原污水先经初次沉淀池处理后进入生物接触氧化池，经接触氧化后，水中的有机物被氧化分解，脱落或老化的生物膜与处理水进入二次沉淀池进行泥水分离，经沉淀后，沉泥排出处理系统，二沉池沉淀后的水作为处理水排放。

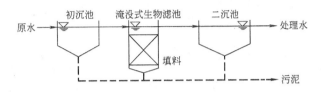

图 12-31　生物接触氧化技术一段处理流程

2. 二级处理流程

图 12-32 所示，在二级处理流程中，两段接触氧化池串联运行，两个氧化反应池中间的沉淀池可以设也可以不设。在一段接触氧化池内有机污染物与微生物比值较高，即 $F/M > 2.2$，微生物处于对数增殖期，BOD 负荷率高，有机物去除较快，同时生物膜增长亦较快。在后级接触氧化池内 F/M 一般为 0.5 左右，微生物增殖处于减速增殖期或内源呼吸期，BOD 负荷低，处理水水质提高。

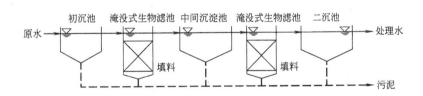

图 12-32　生物接触氧化技术二段处理流程

3. 多级处理流程

多级处理流程是连续串联 3 座或多个接触氧化池组成的系统。多级生物接触氧化池，在各池内的有机污染物的浓度差异较大，前级池内的 BOD 浓度高，后级则很低，因此在每个池内的微生物相有很大不同，前级以细菌为主，后级可出现原生动物或后生动物。这对处理效果有利，处理水水质非常稳定。另外，多级接触氧化池具有硝化和生物脱氮功能。

思考题与习题

1. 试简述生物膜法净化污水的基本原理。
2. 普通生物滤池、高负荷生物滤池和塔式生物滤池各适用于什么条件？
3. 高负荷生物滤池在什么条件下需要采用出水回流？回流的方式有哪两种？采用回流水后各有什么特点？水力负荷、有机物容积负荷及有机物去除率应如何计算？
4. 为什么高负荷生物滤池应该采用连续布水的旋转布水器？

5. 试分析水力负荷、有机物容积负荷及有机物去除百分数三项指标对生物滤池的设计、运转的实际意义？

6. 与生物滤池相比较，生物转盘具有哪些特点？

7. 生物滤池在运行中应注意哪些问题？

8. 生物曝气滤池工作原理？在运行中应注意哪些问题？

9. 试比较生物膜法与活性污泥法的主要区别？

10. 生物接触氧化法有哪些特点？其容积负荷率高的主要原因在哪里？

第十三章　厌氧生物处理

活性污泥法与生物膜法是在有氧条件下，由好氧微生物降解污水中的有机物，最终产物是水和二氧化碳，作为无害化和高效化的方法被推广应用。但当污水中有机物含量很高时，特别是对于有机物含量大大超过生活污水的工业废水，采用好氧法就显得耗能太多，很不经济了。因此，对于高浓度有机废水一般采用厌氧消化法。即在无氧的条件下，由兼性菌及专性厌氧细菌降解有机物，最终产物是二氧化碳和甲烷气体。厌氧生物处理具有高效、低耗的特点，因此在处理高浓度有机废水时，比好氧生物处理技术更具优越性。

第一节　概　　述

一、厌氧生物处理中的厌氧微生物

厌氧生物处理是以厌氧细菌为主而构成的微生物生态系统。厌氧细菌有两种，一种是只要有氧存在就不能生长繁殖的细菌，称为绝对厌氧菌；另一种是不论有氧存在与否都能增长的细菌，称为兼性厌氧细菌（也称兼性细菌）。当流入废水的BOD浓度较高，细菌在好氧状态下增长以后，由于缺氧会使各种厌氧细菌繁殖起来。一般污水散发出恶臭是由于厌氧细菌增长产生了硫化氢、胺等气体所造成的。厌氧生物处理中的厌氧微生物主要有产甲烷细菌和产酸发酵细菌，常见的甲烷菌有四类：甲烷杆菌、甲烷球菌、甲烷八叠球菌、甲烷螺旋菌；产酸发酵细菌主要有气杆菌属、产碱杆菌属、芽孢杆菌属、梭状芽孢杆菌属、小球菌属、变形杆菌属、链球菌属等。

二、厌氧生物处理技术

厌氧生物处理技术于19世纪末首先在英国得到应用，到1914年美国已建立14座厌氧消化池。

厌氧生物处理利用厌氧微生物的代谢过程，在无需提供氧气的情况下把有机物转化为无机物和少量的细胞物质，这些无机物主要包括大量的生物气和水。此生物气俗称沼气，沼气的主要成分是约2/3的甲烷和1/3的二氧化碳，是一种可回收的能源。

厌氧水处理是一种低成本的水处理技术，它又是把水的处理和能源的回收利用相结合的一种技术。

发展中国家面临严重的环境污染问题、能源短缺以及经济发展与环境治理所面临的资金不足等问题，这些国家需要有效、简单又费用低廉的技术；厌氧水处理技术可以作为能源生产和环境保护体系的一个核心部分，其产物可以被燃烧利用而产生经济价值。如处理过的洁净水可用于鱼塘养鱼和农田灌溉；产生的沼气可作为能源；剩余污泥可以作为肥料用于土壤改良。

1. 厌氧处理具有下列优点：

（1）处理成本低。在废水处理成本上比好氧处理要便宜得多，特别是对中等以上浓度

（COD>1500mg/L）的废水更是如此。厌氧法成本的降低主要由于动力的大量节省、营养物添加费用和污泥脱水费用的减少，即使不计沼气作为能源所带来的收益，厌氧法也仅约为好氧法成本的 1/3；如所产沼气能被利用，则费用更会大大降低，甚至带来相当的利润。

（2）低能耗。厌氧处理不但能源需求很少而且还能产生大量的能源。厌氧法处理污水可回收沼气。回收的沼气可用于锅炉燃料或家用燃气。当处理水 COD 在 4000～5000mg/L 之间，回收沼气的经济效益较好。

（3）应用范围广。厌氧生物处理技术比好氧生物处理技术对有机物浓度适应性广。好氧生物处理只能处理中、低浓度有机污水，而厌氧生物处理则对高、中、低浓度有机污水均能处理。

（4）污泥负荷高。厌氧反应器容积负荷比好氧法要高得多，单位反应器容积的有机物去除量也因此要高得多，特别是使用新一代的高速厌氧反应器更是如此。因此其反应器负荷高、体积小、占地少。厌氧法可直接处理高浓度有机废水和剩余污泥。

（5）剩余污泥量少。好氧法处理污水，因为微生物繁殖速度快，剩余污泥生成率很高。而厌氧法处理污水，由于厌氧世代时间很长、微生物增殖缓慢，因而处理同样数量的废水仅产生相当于好氧法 1/10～1/6 的剩余污泥；剩余污泥脱水性能好，脱水时可不使用或少使用絮凝剂，因此剩余污泥处理要容易得多；可减轻后续污泥处理的负担和运行费用；污泥高度无机化，可用作农田肥料或作为新运行的废水处理厂的种泥出售。

（6）厌氧方法对营养物的需求量较低。一般认为，若以可以生物降解的 BOD 为计算依据，好氧方法氮和磷的需求量为 BOD∶N∶P=100∶5∶1，而厌氧方法为（350～500）∶5∶1。有机废水一般已含有一定量的氮和磷及多种微量元素，可满足厌氧微生物的营养要求，因此厌氧方法可以不添加或少添加营养盐。而好氧法处理单一有机物的废水，往往还需投加其他营养物，如 N、P 等，这就增加了运行费用。

（7）易管理。厌氧方法的菌种（例如厌氧颗粒污泥）可以在停止供给废水与营养的情况下保留其生物活性与良好的沉淀性能至少 1 年以上。它的这一特性为其间断地或季节性地运行提供了有利条件，厌氧颗粒污泥因此可作为新建厌氧处理厂的种泥出售。

（8）灵活性强。厌氧系统规模灵活，可大可小，设备简单，易于建设，无需昂贵的设备。目前处理工业废水的上流式厌氧污泥床反应器（UASB），从几十立方米到上万立方米的规模都运行良好。

厌氧方法用于大规模的工业废水和生活污水的处理只是近几十年的事，厌氧技术的发展尚不充分，也有不足之处。

（1）采用厌氧生物法不能去除废水中的氮和磷。采用厌氧生物处理废水，一般不能去除废水中氮和磷等营养物质。含氮和磷的有机物通过厌氧消化，其所含的氮和磷被转化为氨氮和磷酸盐，由于只有很少的氮和磷被细胞合成利用，所以绝大部分的氮和磷以氨氮和磷酸盐的形式在出水排出。因为氮和磷是营养物质，排入水体可引起湖泊发生富营养化，虽然厌氧法在去除 COD 和 BOD 方面具有高效低耗的优点，但因不能去除氮和磷，使该法的应用存在局限性，当被处理的废水含有过量的氮和磷时，不能单独采用厌氧法，而应采用厌氧与好氧工艺相结合的处理工艺。

（2）厌氧法启动过程较长。因为厌氧微生物的世代期长，增长速率低，污泥增长缓慢，所以厌氧反应器的启动过程很长，一般启动期长达3～6个月，甚至更长，如要达到快速启动，必须增加接种污泥量，这就会增加启动费用。

（3）运行管理较为复杂。由于厌氧菌的种群较多，如产酸菌与产甲烷菌性质各不相同，而互相又密切相关，要保持这两大类种群的平衡，对运行管理较为严格，稍有不慎，可能使两种群失去平衡，使反应器不能正常工作，如进水负荷突然提高，反应器的pH值会下降，如不及时发现控制，反应器就会出现"酸化"现象，使产甲烷菌受到严重抑制、甚至使反应都不能再恢复正常运行，必须重新启动。

（4）卫生条件较差。一般废水中均含有硫酸盐，厌氧条件下会产生硫酸盐还原作用而放出硫化氢等气体，其中硫化氢是一种有毒和具有恶臭的气体，如果反应器不能做到完全密闭，就会散发出臭气，引起二次污染，因此，厌氧处理系统的各处理构筑物应尽可能密封，以防臭气散发。

（5）厌氧处理去除有机物不彻底。厌氧处理废水中有机物时往往不够彻底，一般单独采用厌氧生物处理不能达到排放标准，所以厌氧处理必须要与好氧处理相配合。

（6）厌氧微生物对有毒物质较为敏感。厌氧微生物对有毒物质较为敏感，因此，对于有毒废水性质了解的不足或操作不当可能导致反应器运行条件的恶化。但是随着人们对有毒物质的种类、毒性物质的允许浓度和可驯化性的了解以及工艺上的改进，这一问题正在得到克服。近年来人们发现，厌氧细菌经驯化后可以极大地提高其对毒性物质的耐受力。

三、厌氧生物处理技术的发展

厌氧处理法最早用于处理城市污水处理厂的沉淀污泥，即污泥消化，后来用于处理高浓度有机废水，采用的是普通厌氧生物处理法。普通厌氧处理法的主要缺点是水力停留时间长，污泥中温消化时，一般需20～30d。因为水力停留时间长，所以消化池的容积大，基本建设费用和运行管理费用都较高，这个缺点长期限制了厌氧生物处理法在各种有机废水处理中的应用。

20世纪60年代以后，由于能源危机导致能源价格猛涨，厌氧发酵技术日益受到人们的重视，对这一技术在废水领域的应用开展了广泛、深入的科学研究工作，开发了一系列高效率的厌氧生物处理工艺，这些新型高效厌氧反应器工艺与传统消化池比较有一共同的特点：提高了厌氧反应负荷和处理效率，延长了污泥停留时间，提高了污泥浓度，改善了反应器内的流态。污泥停留时间的延长与污泥浓度的提高使厌氧系统更具有稳定性，有效增强了对不良因素（例如有毒物质）的适应性，因此近十几年来，厌氧废水处理技术得以很快推广，成为水处理领域里一项有效的新技术。如：厌氧接触法、升流式厌氧污泥床（UASB）、厌氧流化床（AFB）、厌氧膨胀床（EGSB）、厌氧滤池（AF）、厌氧生物转盘等。

第二节 厌氧生物处理机理

污水厌氧生物处理是指在无分子氧条件下通过厌氧微生物（包括兼性厌氧微生物）的作用，将废水中的各种复杂有机物分解转化成甲烷和二氧化碳等物质的过程，也称为厌氧消化。与好氧过程的根本区别在于不以分子态氧作为受氢体，而以化合态氧、碳、硫、氮等为受氢体。

厌氧生物处理是一个复杂的微生物化学过程，依靠三大主要类群的细菌，即水解产酸细菌，产氢产乙酸细菌和产甲烷细菌的联合作用完成，因而可将厌氧消化过程划分为三个连续阶段，即水解酸化阶段、产氢产乙酸阶段和产甲烷阶段。

1. 第一阶段为水解酸化阶段。

复杂的大分子、不溶性有机物先在细胞外酶的作用下水解为小分子、溶解性有机物，然后转入细胞体内，分解产生挥发性有机酸、醇类、醛类等。这个阶段主要产生较高级脂肪酸。

碳水化合物、脂肪和蛋白质的水解酸化过程分别为：

$$\begin{matrix}\text{多糖（如纤维素）}\\ \text{低聚糖}\end{matrix} \xrightarrow[\text{细胞外酶}]{\text{水解}} \text{单糖} \xrightarrow[\text{产酸细菌}]{\text{酸化}} \begin{matrix}\text{脂肪酸、醇类}\\ CO_2 \text{、} H_2\end{matrix} \tag{13-1}$$

$$\text{脂肪} \xrightarrow[\text{细胞外酶}]{\text{水解}} \text{长链脂肪酸、甘油} \xrightarrow[\text{产酸细菌}]{\text{酸化}} \begin{matrix}\text{脂肪酸、醇类}\\ H_2O \text{、} CO_2\end{matrix} \tag{13-2}$$

$$\text{蛋白质} \xrightarrow[\text{细胞外酶}]{\text{水解}} \text{氨基酸} \xrightarrow[\text{产酸细菌}]{\text{酸化}} \begin{matrix}\text{脂肪酸、醇类}\\ NH_3 \text{、} H_2O \text{、} CO_2 \text{、} H_2S\end{matrix} \tag{13-3}$$

由于简单碳水化合物的分解产酸作用，要比含氮有机物的分解产氨作用迅速，故蛋白质的分解在碳水化合物分解后产生。

含氮有机物分解产生的 NH_3 除了提供合成细胞物质的氮源外，在水中部分电离，形成 NH_4HCO_3，具有缓冲消化液 pH 值的作用，有时也把继碳水化合物分解后的蛋白质分解产氨过程称为酸性减退期，其反应为：

$$NH_3 \xrightarrow{H_2O} NH_4^+ + OH^- \xrightarrow{+CO_2} NH_4HCO_3 \tag{13-4}$$

$$NH_4HCO_3 + CH_3COOH \longrightarrow CH_3COONH_4 + H_2O + CO_2 \tag{13-5}$$

2. 第二阶段为产氢产乙酸阶段

在产氢产乙酸细菌的作用下，第一阶段产生的各种有机酸和醇类被分解转化成乙酸和 H_2，在降解奇数碳素有机酸时还形成 CO_2，如：

$$\underset{\text{(戊酸)}}{CH_3CH_2CH_2COOH} + 2H_2O \longrightarrow \underset{\text{(丙酸)}}{CH_3CH_2COOH} + \underset{\text{(乙酸)}}{CH_3COOH} + 2H_2 \tag{13-6}$$

$$\underset{\text{(丙酸)}}{CH_3CH_2COOH} + 2H_2O \longrightarrow \underset{\text{(乙酸)}}{CH_3COOH} + 3H_2 + CO_2 \tag{13-7}$$

3. 第三阶段为产甲烷阶段

产甲烷细菌将乙酸（乙酸盐）、CO_2 和 H_2 等转化为甲烷。此过程由两类生理功能截然不同的产甲烷菌完成，一类把 H_2 和 CO_2 转化成甲烷，另一类从乙酸或乙酸盐脱羧产生 CH_4，前者约占总量的 $1/3$，后者约占 $2/3$，其反应式为：

$$4H_2 + CO_2 \xrightarrow{\text{产甲烷菌}} CH_4 + 2H_2O \quad \text{（占 1/3）} \tag{13-8}$$

$$CH_3COOH \xrightarrow{\text{产甲烷菌}} CH_4 + CO_2 \tag{13-9}$$

$$CH_3COONH_4 + H_2O \xrightarrow{\text{产甲烷菌}} CH_4 + NH_4HCO_3 \quad \text{（占 2/3）} \tag{13-10}$$

上述三个阶段的反应速度依废水性质而异，在含纤维素、半纤维素、果胶和酯类等污染物为主的废水中，水解作用易成为速度限制步骤；简单的糖类、淀粉、氨基酸和一般的蛋白质均能被微生物迅速分解，对含这类有机物为主的废水，产甲烷反应易成为限速阶段。

综上，厌氧消化三阶段的模式如图 13-1 所示。

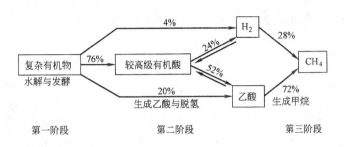

图 13-1　有机物厌氧消化三阶段模式图

虽然厌氧消化过程从理论上可分为以上 3 个阶段，但是在厌氧反应器中，这 3 个阶段是同时进行的，并保持某种程度的动态平衡，这种动态平衡一旦被 pH 值、温度、有机负荷等外加因素所破坏，则首先将使产甲烷阶段受到抑制，其结果会导致低级脂肪酸的积存和厌氧进程的异常变化，甚至会导致整个厌氧消化过程停滞。

第三节　污泥厌氧生物处理

污泥厌氧生物处理亦称污泥厌氧消化，是指在人工控制条件下，通过微生物的代谢作用，使污泥中的有机质稳定化的过程。污泥的消化分为厌氧消化和好氧消化两种，一般说的污泥消化是指厌氧消化。

一、厌氧消化

污泥中的有机物一般采用厌氧消化法，即在无氧的条件下，由兼性菌及专性厌氧菌降解有机物，使污泥得到稳定。其中化粪池、堆肥等属于自然厌氧消化，消化池属于人工强化的厌氧消化。

（一）厌氧消化机理

污泥厌氧消化的过程极其复杂，如前所述可概括为三个阶段：第一阶段是水解与发酵阶段；第二阶段，是产氢产乙酸阶段；第三阶段是产甲烷阶段。

参与第一阶段的微生物包括细菌、原生动物和真菌，统称水解与发酵细菌，大多数为专性厌氧菌，也有不少兼性厌氧菌。根据其代谢功能可分为纤维素分解菌、碳水化合物分解菌、蛋白质分解菌、脂肪分解菌几大类。原生动物主要有鞭毛虫、纤毛虫和变形虫。真菌主要有毛霉、根霉、共头霉、曲霉等，真菌参与厌氧消化过程，并从中获取生活所需能量，但丝状真菌不能分解糖类和纤维素。

参与厌氧消化第二阶段的微生物是一群极为重要的菌种——产氢产乙酸菌以及同型乙酸菌。它们能够在厌氧条件下，将丙酮酸及其他脂肪酸转化为乙酸、CO_2，并放出 H_2。同型乙酸菌的种属有乙酸杆菌，它们能够将 CO_2、H_2 转化成乙酸，也能将甲酸、甲醇转化为乙酸。由于同型乙酸菌的存在，可促进乙酸形成甲烷的进程。

参与厌氧消化第三阶段的菌种是甲烷菌或称为产甲烷菌，是甲烷发酵阶段的主要细菌，属于绝对的厌氧菌，主要代谢产物是甲烷。常见的甲烷菌有甲烷杆菌、甲烷球菌、甲烷八叠球菌、甲烷螺旋菌四种类型。

(二) 厌氧消化的影响因素

因甲烷菌对环境条件的变化最为敏感，其反应速度决定了整个厌氧消化的反应进程，因此厌氧反应的各项影响因素也以对甲烷菌的影响因素为准。

(1) 温度因素

甲烷菌对于温度的适应性，可分为两类，即中温甲烷菌（适应温度区为 30～36℃）和高温甲烷菌（适应温度区为 50～53℃）。两区之间的温度，反应速度反而减退。说明消化反应与温度之间的关系是不连续的。温度与有机物负荷、产气量关系见图 13-2。

利用中温甲烷菌进行厌氧消化处理的系统叫中温消化，利用高温甲烷菌进行消化处理的系统叫高温消化。从图 13-2 可知，中温消化条件下，有机物负荷为 2.5～3.0kg/(m³·d)，产气量约 1～1.3 m³/(m³·d)；而高温消化条件下，有机物负荷为 6.0～7.0kg/(m³·d)，产气量约 3.0～4.0m³/(m³·d)。

中温或高温厌氧消化允许的温度变动范围为±1.5～2.0℃。当有±3℃的变化时，就会抑制消化速率，有±5℃的急剧变化时，就会突然停止产气，使有机酸大量积累而破坏厌氧消化。消化温度与消化时间的关系，见图 13-3。消化时间是指产气量达到总量 90% 的所需时间。由图 13-3 可见，中温消化的消化时间约为 20～30d，高温消化约为 10～15d。因中温消化的温度与人的体温接近，故对寄生虫卵及大肠菌的杀灭率较低；高温消化对寄生虫卵的杀灭率可达 99%。

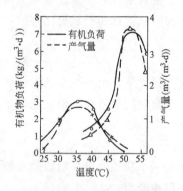

图 13-2 温度与有机物负荷、产气量关系图

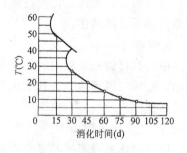

图 13-3 温度与消化时间的关系

(2) 污泥投配率

污泥投配率是指每日投加新鲜污泥体积占消化池有效容积的百分数。

投配率是消化池设计的重要参数，投配率过高，消化池内脂肪酸可能积累，pH 下降，污泥消化不完全，产气率降低；投配率过低，污泥消化完全，产气率较高，消化池容积大，基建费用增高。根据我国污水处理厂的运行经验，城市污水处理厂污泥中温消化的投配率以 5%～8% 为宜，相应的消化时间为 12.5～20d。

(3) 搅拌和混合

厌氧消化是由细菌体的内酶和外酶与底物进行的接触反应,所以必须使两者充分混合。搅拌的方法一般有:消化气循环搅拌法、泵加水射器搅拌法和混合搅拌法等。

(4) 营养与 C/N 比

厌氧消化池中,细菌生长所需营养由污泥提供。合成细胞所需的碳(C)源担负着双重任务,其一是作为反应过程的能源,其二是合成新细胞。污泥细胞质(原生质)的分子式是 $C_5H_7NO_2$,即合成细胞的 C/N 比约为 5:1。因此要求 C/N 达到 (10~20):1 为宜。如 C/N 太高,细胞的氮量不足,消化液的缓冲能力低,pH 值易降低;C/N 太低,氮量过多,pH 值可能上升,胺盐容易积累,会抑制消化进程。根据统计结果,各种污泥的 C/N 见表 13-1。

各种污泥底物含量及 C/N 表 13-1

底物名称	污 泥 种 类		
	初次沉淀池污泥	活性污泥	混合污泥
碳水化合物(%)	32.0	16.5	26.3
脂肪、脂肪酸(%)	35.0	17.5	28.5
蛋白质(%)	39.0	66.0	45.2
C/N	(9.40~10.35):1	(4.60~5.04):1	(6.80~7.50):1

从 C/N 看,初次沉淀池污泥的营养成分比较合适,混合污泥次之,而活性污泥不大适宜单独进行厌氧消化处理。

(5) 有毒物质

所谓"有毒"是相对的,事实上任何一种物质对甲烷消化都有两方面的作用,即有促进与抑制甲烷细菌生长的作用。关键在于它们的浓度界限,即毒阈浓度。

表 13-2 列举某些物质的毒阈浓度。低于毒阈浓度下限,对甲烷细菌生长有促进作用;在毒阈浓度范围内,有中等抑制作用,如果浓度是逐渐增加,则甲烷细菌可被驯化,超过毒阈浓度上限,则对甲烷细菌有强烈的抑制作用。

某些物质的毒阈浓度 表 13-2

物 质 名 称	毒阈浓度界限(mol/L)	物 质 名 称	毒阈浓度界限(mol/L)
碱金属和碱土金属 $Ca^{2+}, Mg^{2+}, Na^+, K^+$	$10^{-1} \sim 10^6$	胺类	$10^{-5} \sim 10^0$
重金属 $Cu^{2+}, Ni^{2+}, Zn^{2+}, Hg^{2+}, Fe^{2+}$	$10^{-5} \sim 10^{-3}$	有机物质	$10^{-6} \sim 10^0$
H^+ 和 OH^-	$10^{-6} \sim 10^{-4}$		

在消化过程中对消化有抑制作用的物质主要有重金属离子、S^{2-}、NH_3、有机酸等。重金属离子对甲烷消化的抑制作用体现在两个方面:

1) 与酶结合,产生变性物质,使酶的作用消失。

2) 重金属离子及氢氧化物的絮凝作用,使酶沉淀。

但重金属的毒性,可以用络合法降低。例如当锌的浓度为 1mg/L 时,具有毒性,用硫化物沉淀法,加入 Na_2S 后,产生 ZnS 沉淀,毒性得到降低。多种金属离子共存时,毒性有互相拮抗作用,允许浓度可提高。

阴离子的毒害作用,主要是 S^{2-}。硫的有利方面是:低浓度硫是细菌生长所需要的元素，可促进消化进程；硫直接与重金属络合形成硫化物沉淀。硫的有害方面是：若重金属离子较少，则消化液中将产生过多的 H_2S 释放而进入消化气中，降低消化气的质量并腐蚀金属设备（管道、锅炉等）。

S^{2-} 的来源有两方面：一是由无机硫酸盐还原而来；二是由蛋白质分解释放。

氨来源于有机物的分解，可在消化液中离解成 NH_4^+，其浓度决定于 pH 值。当有机酸积累，pH 降低，NH_3 浓度减小，NH_4^+ 浓度增大。当 NH_4^+ 浓度超过 150mg/L 时，消化即受到抑制。

(6) 酸碱度、pH 值和消化液的缓冲作用

甲烷菌对 pH 的适应范围在 6.6～7.5 之间，即只允许在中性附近波动。在消化系统中，如果第一、二阶段的反应速率超过产甲烷阶段，则 pH 值会降低，影响甲烷菌的生活环境。但由于消化液的缓冲作用，在一定范围内可以避免发生这种情况。缓冲剂是在有机物分解过程中产生的，即消化液中的 CO_2（碳酸）及 NH_3（以 NH_3 和 NH_4^+ 的形式存在，NH_4^+ 一般是以 NH_4HCO_3 存在）。因此要求消化液有足够的缓冲能力，应保持碱度在 2000mg/L 以上。

(三) 厌氧消化池池形、构造与设计

1. 池形

消化池的基本池形有圆柱形和蛋形两种。见图 13-4。

圆柱形厌氧消化池的池径一般为 6～35m，池总高与池径之比取 0.8～1.0，池底、池

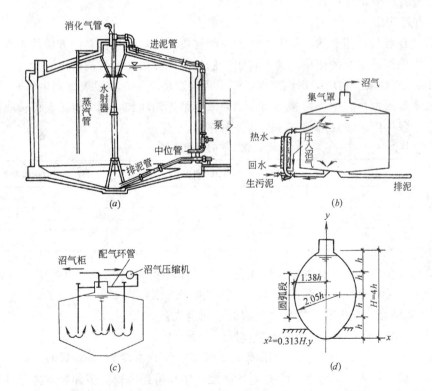

图 13-4 消化池基本池形
(a)、(b)、(c) 圆柱形；(d) 蛋形

盖倾角一般取 15°～20°，池顶集气罩直径取 2～5m，高 1～3m。

大型消化池可采用蛋形，容积可做到 10000m³ 以上。蛋形消化池在工艺与结构方面有如下优点：①搅拌充分、均匀，无死角，污泥不会在池底固结；②池内污泥的表面面积小，即使生成浮渣，也容易清除；③在池容相等的条件下，池子总表面积比圆柱形小，故散热面积小，易于保温；④蛋形的结构与受力条件最好，如采用钢筋混凝土结构，可节省材料；⑤防渗性能好，聚集沼气效果好。蛋形壳体曲线做法如图 13-4（d）所示。杭州市四堡污水处理厂即采用的蛋形消化池。

2. 构造与设计

消化池的构造主要包括污泥的投配、排泥及溢流系统；沼气排出、收集与贮气设备；搅拌设备及加温设备等。

(1) 污泥投配、排泥与溢流系统

1) 污泥投配：生污泥需先排入污泥投配池，然后用污泥泵抽送至消化池。污泥投配池一般为矩形，至少设 2 个，池容根据生污泥量及投配方式确定，通常按 12h 的贮泥量设计。投配池应加盖，设排气管及溢流管。如果采用消化池外加热生污泥的方式，则投配池可兼作污泥加热池。污泥管的最小管径为 150mm。

2) 排泥：消化池的排泥管设在池底，依靠消化池内的静压将熟污泥排至污泥的后续处理装置。

3) 溢流装置：为避免消化池的投配过量、排泥不及时或沼气产量与用气量不平衡等情况发生时，沼气室内的气压增高致使池顶压破。消化池必须设置溢流装置，及时溢流以保持沼气室压力恒定。溢流装置的设置原则是必须绝对避免集气罩与大气相通。溢流装置常用形式有倒虹管式、大气压式及水封式等 3 种。见图 13-5。

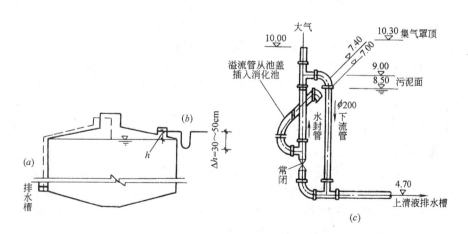

图 13-5 消化池的溢流装置
(a) 倒虹管式；(b) 大气压式；(c) 水封式

倒虹管式见图 13-5（a）。倒虹管的池内端插入污泥面，池外端插入排水槽，均需保持淹没状，当池内污泥面上升，沼气受压时，污泥或上清液可从倒虹管排出。

大气压式见图 13-5（b）。当池内沼气受到的压力超过 Δh（Δh 为"U"形管内水层高度）时，即产生溢流。

水封式见图13-5（c）。水封式溢流装置由溢流管、水封管与下流管组成。溢流管从消化池盖插入设计污泥面以下，水封管上端与大气相通，下流管的上端水平轴线标高高于设计污泥面，下端接入排水槽。当沼气受压时，污泥或上清液通过溢流管经水封管、下流管排入排水槽。

溢流管的管径一般不小于200mm。

(2) 沼气排出、收集与贮存设备

由于产气量与用气量的不平衡，所以设贮气柜调节和储存沼气。沼气从集气罩通过沼气管道输送至贮气柜。沼气管的管径按日平均产气量计算，管内流速按7~8m/s计，当消化池采用沼气循环搅拌时，则计算管径时应增加搅拌循环所需沼气量。

贮气柜有低压浮盖式与高压球形罐两种，见图13-6。贮气柜的容积一般按平均日产气量的25%~40%，即6~10h的平均产气量计算。

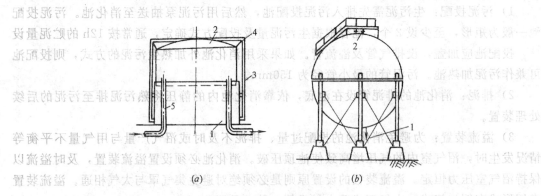

图13-6　贮气柜
(a) 低压浮盖式：1—水封柜，2—浮盖，3—外轨，4—滑轮，5—进气管；
(b) 高压球形罐：1—导气管，2—安全阀

低压浮盖式的浮盖重量决定了柜内的气压，柜内气压一般为1177~1961Pa（120~200mmH$_2$O），最高可达3432~4904Pa（350~500mmH$_2$O）。气压的大小可用盖顶加减铸铁块的数量进行调节。浮盖插入水封柜以免沼气外泄。浮盖的直径与高度比一般采用1.5：1。

高压球形罐在需要长距离输送沼气时采用。

(3) 搅拌设备

搅拌的目的是使池内污泥温度与浓度均匀，防止污泥分层或形成浮渣层，均匀池内碱度，从而提高污泥分解速度。当消化池内各处污泥浓度相差不超过10%时，即认为混合均匀。

消化池的搅拌方法有沼气搅拌、泵加水射器搅拌、联合搅拌三种方式。可连续搅拌，也可间歇搅拌，即在2~5h内将全池污泥搅拌一次。

1) 沼气搅拌

沼气搅拌的优点是没有机械磨损，搅拌比较充分，可促进厌氧分解，缩短消化时间。沼气搅拌装置见图13-4（c）。经空压机压缩后的沼气通过消化池顶盖上面的配气环管，通入每根立管，立管末端在同一标高上，距池底1~2m，或在池壁与池底连接面上。立管数量根据搅拌气量及立管内的气流速度决定。立管气流速度按7~15m/s设计，搅拌气量按每1000m^{3}池容5~7m^3/min计，空气压缩机的功率按每m^{3}池容所需功率5~8W计。

2) 泵加水射器搅拌

见图 13-4 (a)。生污泥用污泥泵加压后，射入水射器，水射器顶端位于污泥面以下 0.2~0.3m，泵压应大于 0.2MPa，生污泥量与水射器吸入的污泥量之比为 1:3~5。当消化池池径大于 10m 时，应设水射器 2 个或 2 个以上。如果需要，可以把加压后的部分污泥从中位管压入消化池进行补充搅拌。

3) 联合搅拌法

联合搅拌法的特点是把生污泥加温、沼气搅拌联合在一个热交换器装置内完成，见图 13-4 (b)。经空气压缩机加压后的沼气以及经污泥泵加压后的生污泥分别从热交换器的下端射入，并把消化池内的熟污泥抽吸出来，共同在热交换器中加热混合，然后从消化池的上部污泥面下喷入，完成加温搅拌过程。热交换器通过热量计算决定。如池径大于 10m，可设 2 个或 2 个以上热交换器。这种搅拌方法推荐使用。

其他搅拌方法如螺旋桨搅拌，现已不常用。

(4) 加温设备

消化池加温的目的在于维持消化池的消化温度（中温或高温），使消化能有效地进行。加温的方法有池内加温和池外加温两种。池内加温可采用热水或蒸汽直接通入消化池的直接加温方式，或通入设在消化池内的盘管进行间接加温的方式。由于存在一些诸如使污泥的含水率增加、局部污泥受热过高、在盘管外壁结壳等缺点，故目前很少采用。池外加温方法是在污泥进入消化池之前，把生污泥加温到足以达到消化温度和补偿消化池壳体及管道的热损失，这种方法的优点在于可有效地杀灭生污泥中的寄生虫卵。池外加温多采用套管式泥——水热交换器或图 13-4 (b) 的热交换器兼混合器完成。

(5) 消化池容积计算

消化池的数量应在 2 座或 2 座以上，以满足检修时消化池正常工作。

消化池的有效容积的计算见公式 (13-11)

$$V = \frac{Q_0}{n} \times 100 \tag{13-11}$$

式中 Q_0——生污泥量，m^3/d；

n——污泥投配率，%，中温消化一般取 5%~8%；

V——消化池的有效容积，m^3。

(四) 两级厌氧消化

两级消化是污泥消化先后在两个消化池中进行。第一级消化池有加温、搅拌设备，并有集气罩收集沼气，消化温度为 33~35℃；第二级消化池没有加温与搅拌设备，依靠余热继续消化，消化温度约为 20~26℃，消化气可收集或不收集。

两级消化是根据消化过程沼气产生的规律进行设计。图 13-7 所示为中温消化的消化时间与产气率的关系，由此可见，在消化的前 8d，产生的沼气量约占全部产气量的 80% 左右。因此，把消化池设计成两级，仅有约 20% 沼气量没有收集，但是由于

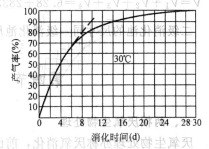

图 13-7 消化时间与产气率的关系

第二级消化池无搅拌、加温,减少了能耗,且第二级消化池有浓缩污泥的功能。

两级消化池的设计主要是计算消化池的总有效容积,用式（13-11）计算,然后按容积比为一级：二级等于 1：1, 2：1 或 3：2 分成两个池子即可。常采用 2：1 的比值。

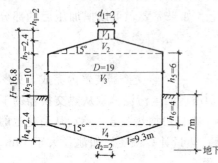

图 13-8 消化池计算尺寸

【例 13-1】 某城市污水处理厂,初沉污泥量为 $300 \text{m}^3/\text{d}$,浓缩后的剩余活性污泥 $180 \text{m}^3/\text{d}$,它们的含水率均为 96%,采用两级中温消化,试计算消化池各部分尺寸。

【解】 由于剩余活性污泥量较多,故采用污泥投配率为 5%,消化池总容积：

$$V = \frac{Q_0}{n} \times 100 = \frac{300+180}{5} \times 100 = 9600 \text{m}^3$$

用两级消化,容积比采用一级：二级=2：1,则一级消化池容积为 6400m^3,用 2 个,每个消化池容积 3200m^3；二级消化池 1 个,容积为 3200m^3。

一级消化池拟用尺寸见图 13-8。

消化池直径 $D=19\text{m}$,集气罩直径 $d_1=2\text{m}$,高 $h_1=2\text{m}$,池底锥底直径 $d_2=2\text{m}$,锥角 $15°$, $h_2=h_4=2.4\text{m}$。消化池柱体高度 h_3 应大于 $D/2=9.5\text{m}$,采用 $h_3=10\text{m}$。

消化池总高度：

$$H = h_1 + h_2 + h_3 + h_4 = 2 + 2.4 + 10 + 2.4 = 16.8\text{m}$$

消化池各部分容积：

集气罩容积： $V_1 = \frac{\pi d_1^2}{4} h_1 = \frac{3.14 \times 2^2}{4} \times 2 = 6.28 \text{m}^3$

上盖容积： $V_2 = \frac{1}{3} \times \frac{\pi D^2}{4} \times h_2 = \frac{1}{3} \times \frac{3.14 \times 19^2}{4} \times 2.4 = 226.7 \text{m}^3$

下锥体容积：等于上盖容积, $V_4 = 226.7 \text{m}^3$。

柱体容积 $V_3 = \frac{\pi D^2}{4} \times h_3 = \frac{3.14 \times 19^2}{4} \times 10 = 2833.8 \text{m}^3$

消化池有效容积：

$V = V_1 + V_2 + V_3 + V_4 = 6.28 + 2833.8 + 226.7 + 226.7 = 3287.2 \text{m}^3 > 3200 \text{m}^3$（合格）

二级消化池的尺寸同一级消化池尺寸。

第四节 两相厌氧生物处理

一、两相厌氧生物处理

厌氧生物处理亦称厌氧消化,前已述及分为三个阶段,即水解与发酵阶段、产氢产乙酸阶段及产甲烷阶段。各阶段的菌种、消化速度、对环境的要求、分解过程及消化产物等都不相同,对运行管理方面造成诸多不便。因此近年来研究采用两相消化法,即根据消化机理,把第一、二阶段与第三阶段分别在两个消化池中进行,使各自都在最佳环境条件中进行消化,使各相消化池具有更适合于消化过程三个阶段各自的菌种群生长繁殖的环境。

两相消化中第一相消化池容积的设计:投配率采用100%,即停留时间为1d;第二相消化池容积采用投配率为15%~17%,即停留时间6~6.5d。池型与构造完全同前,第二相消化池有加温、搅拌设备及集气装置,消化池的容积产气量约为$1.0~1.3m^3/m^3$,每去除1kg有机物的产气量约为$0.9~1.1m^3/kg$。

两相消化具有池容积小,加温与搅拌能耗少,运行管理方便,消化更彻底的特点。

二、两相厌氧生物处理的组成

两相厌氧生物处理法工艺流程,一般如图13-9所示,工艺流程由两大部分组成。

1. 酸化反应器

这是有机物的水解,酸化部分,一般采用完全混合方式厌氧(或缺氧)反应器。这样,不仅可使物料在反应器中均匀分布,而且即使进水中含一定量悬浮固体时,亦不至于影响反应器的正常运行。反应器出流经沉淀进行固液分离后,部分污泥回流至酸化罐,以保持罐中有一定的污泥浓度,剩余污泥排放。上清液由沉淀池上部流出,作为下一步反应器(气化罐)的进水。

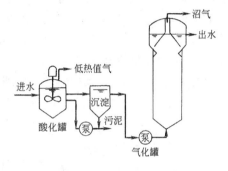

图13-9 两相厌氧处理法工艺流程

2. 气化反应器

这是有机物经水解,酸化后,继续分解产气(沼气)的部分,一般采用上流式厌氧污泥床成厌氧过滤床、膨胀床等。在这里,甲烷菌利用有机物酸化产物(低分子有机酸、醇类)为养料进行发酵产气,故称这一部分的反应器为气化反应器或甲烷反应器。反应过程中产生的沼气,自气化罐顶部收集后引出利用。

三、两相厌氧生物处理的工艺特点

由于在两相厌氧处理法中,有机物的酸化和气化是分隔在两个独立的反应器进行,总结该工艺的特点如下。

1. 可提供产酸菌和甲烷菌各自最佳的生长条件,并获得各自较高反应速率,以及良好的反应器运行情况。

2. 当进水有机物负荷变化时,由于酸化罐存在的缓冲作用,对后接气化罐的运行,影响不至过大。或者说,两相厌氧处理法具有一定的耐冲击负荷能力,运行稳定。

3. 两相厌氧处理法系统的总有机负荷率较高,致使反应器的总容积比较小。如在酸化反应器中,反应过程快,水力停留时间短,有机负荷率高。一般在反应30~35℃情况下,水力停留时间为10~24h左右,有机负荷率为$25~60kgCOD/(m^3·d)$左右(相当于厌氧产气反应器的3~4倍)。故有机物在酸化过程中所需的反应器容积是相当小的。而且,经过酸化过程后,废水的COD,一般可被去除20%~25%左右,进入气化罐的有机物负荷量就可减少,相应容积亦随之减少。

4. 采用两相厌氧处理法后,进入气化罐的废水水质情况有所改善,如有机物酸化降解为低分子有机酸,水中所含悬浮固体减少较多,使得气化罐运行条件良好。在这情况下，反应器的 COD 去除率及产气率有所提高。一般，在中温度发酵（30～35℃）情况下，COD 总去除可达 90% 左右，总产气率达 $3m^3/(m^3 \cdot d)$ 左右。

5. 由于两相厌氧处理法的反应器总容积较小，相应基本费用降低。不过，由于两相（酸化、气化）反应器容积的不等，可能给构筑物的设计和施工带来一定的困难和增添一定的工作量。

第五节 升流式厌氧污泥床（UASB 法）

升流式厌氧污泥床（UASB）工艺是由荷兰人在 20 世纪 70 年代开发的，他们在研究用升流式厌氧滤池处理马铃薯加工废水和甲醇废水时取消了池内的全部填料，并在池子的上部设置了气、液、固三相分离器，于是一种结构简单、处理效能很高的新型厌氧反应器便诞生了。UASB 反应器一出现很快便获得广泛的关注与认可，并在世界范围内得到广泛的应用，到目前为止，UASB 反应器是最为成功的厌氧生物处理工艺。

一、UASB 反应器原理

图 13-10 是 UASB 反应器工作原理的图示，污水尽可能均匀地引入反应器的底部，污

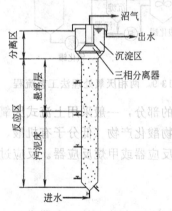

图 13-10 UASB 反应器工作原理示意

水向上通过包含颗粒污泥或絮凝污泥床。厌氧反应发生在污水与污泥颗粒的接触过程，在厌氧状态下产生的沼气（主要是甲烷和二氧化碳）引起内部循环，这对于颗粒污泥的形成和维持有利。在污泥层形成的一些气体附着在污泥颗粒上，附着和没有附着的气体向反应器顶部上升，上升到表面的颗粒碰击气体发射板的底部，引起附着气泡的污泥絮体脱气。由于气泡释放，污泥颗粒将沉淀到污泥床的表面。附着和没有附着的气体被收集到反应器顶部的集气室。置于集气室单元缝隙之下的挡板的作用为气体反射器和防止沼气气泡进入沉淀区，否则将引起沉淀区的紊动，会阻碍颗粒沉淀，包含一些剩余固体和污泥颗粒的液体经过分离器缝隙进入沉淀区。

由于分离器的斜壁沉淀区的过流面积在接近水面时增加，因此上升流速在接近排放点降低。由于流速降低，污泥絮体在沉淀区可以絮凝和沉淀。积累在相分离器上的污泥絮体在一定程度将超过其保留在斜壁上的摩擦力，其将滑回反应区，这部分污泥又可与进水有机物发生反应。

UASB 反应器最重要的设备是三相分离器，这一设备安装在反应器的顶部并将反应器分为下部的反应区和上部的沉淀区。为了在沉淀区中取得对上升流中污泥絮体/颗粒满意的沉淀效果，三相分离器第一个主要的目的就是尽可能有效地分离从污泥床（层）中产生的沼气，特别是在高负荷的情况下。在集气室下面反射板的作用是防止沼气通过集气室之间的缝隙逸出到沉淀室。另外挡板还有利于减少反应室内高产气量所造成的液体紊动。UASB 系统的原理是在形成沉降性能良好的污泥絮凝体的基础上，并结合在反应器内设置污泥沉淀系统，使气相、液相和固相三相得到分离。形成和保持沉淀性能良好的污泥（可以是絮状污泥或颗粒污泥）是 UASB 系统良好运行的根本点。

二、UASB 反应器的特性与构造

1. UASB 的特性

UASB 反应器的工艺特征是在反应器的上部设置气、液、固三相分离器，下部为污泥悬浮层区和污泥床区，污水从反应器底部流入，向上升流至反应器顶部流出，由于混合液在沉淀区进行固液分离，污泥可自行回流到污泥床区，这使污泥区可保持很高的污泥浓度。UASB 反应器还具有一个很大特点是能在反应器内实现污泥颗粒化，颗粒污泥具有良好的沉降性能和很高的产甲烷活性。污泥的颗粒化可使反应器具有很高的容积负荷。UASB 不仅适于处理高，中等浓度的有机污水，也用于处理如城市污水这样的低浓度有机污水。

UASB 反应器的构造特点是集生物反应与沉淀于一体，结构紧凑，污水由配水系统从反应器底部进入，通过反应区经气、固、液三相分离器后进入沉淀区。气、固、液分离后，沼气由气室收集，再由沼气管流向沼气柜。固体（污泥）由沉淀区沉淀后自行返回反应区、沉淀后的处理水从出水槽排出。UASB 反应器内不设搅拌设备，上升水流和沼气产生的气流足可满足搅拌需要，UASB 反应器的构造简单，便于操作运行。

2. UASB 的构造

UASB 反应器主要由下列几部分组成。

（1）布水器，即进水配水系统。其功能主要是将污水均匀地分配到整个反应器，并具有进水水力搅拌功能，这是反应器高效运行的关键之一。

（2）反应区，其中包括污泥床区和污泥悬浮层区，有机物主要在这里被厌氧菌所分解，是反应器的主要部位。

（3）三相分离器，是反应器最有特点和最重要的装置。由沉淀区、回流缝和气封组成。其功能是把气体（沼气）、固体（污泥）和液体分开，固体经沉淀后由回流缝回流到反应区，气体分离后进入气室。三相分离器的分离效果将直接影响反应器的处理效果。

（4）出水系统，其作用是把沉淀区水面处理过的水均匀地加以收集，排出反应器。

（5）气室，也称集气罩，其作用是收集沼气。

（6）浮渣清除系统，其功能是清除沉淀区液面和气室液面的浮渣，如浮渣不多可省略。

（7）排泥系统，其功能是均匀地排除反应区的剩余污泥。

UASB 反应器可分为开敞式和封闭式两种。开敞式反应器是顶部不加密封，出水水面敞开，主要适用于处理中低浓度的有机污水；封闭式反应器是顶部加盖密封，主要适用于处理高浓度有机污水或含较多硫酸盐的有机污水。

UASB 反应器断面一般为圆形或矩形，圆形一般为钢结构，矩形一般为钢筋混凝土结构。

三、UASB 反应器的运行效果

UASB 反应器能滞留高浓度活性很强的颗粒状污泥，平均浓度达 $30 \sim 40 \text{kgSS/m}^3$，使处理负荷大幅度提高，可达 $7 \sim 15 \text{kgCOD/(m}^3 \cdot \text{d)}$。同时，又不需要污泥沉淀分离、脱气、搅拌、回流污泥等的辅助装置，能耗也较低，因而已得到广泛应用。污泥床污泥密度较大，浓度可达到 $50 \sim 100 \text{kgSS/m}^3$，悬浮层污泥浓度亦可达 5kgSS/m^3 以上。

UASB 反应器在所有高速厌氧反应器中是应用最为广泛的。从 20 世纪 70 年代末 UASB 反应器首次建立生产性装置以来，目前已有近 500 家生产规模 UASB 反应器投入运行，处理各种有机废水，例如各类发酵工业、淀粉加工、制糖、罐头、饮料、牛奶与乳制品、蔬菜加工、豆制品、肉类加工、皮革、造纸、制药、石油精炼及石油化工等各种来源的有机废水，参见表 13-3。目前最大的 UASB 反应器是荷兰 Paques 公司为加拿大建造的处理造纸废水的 UASB 反应器，其容积 15600m³，设计能力为日处理 COD185t。由于 UASB 具有结构简单、处理能力大、处理效果好、投资省等优点，因此受到人们的重视。

UASB 反应器运行效果与参数　　　　表 13-3

废水类型	进水 COD (mg/L)	温度 (℃)	反应器 (m³)	负荷 (kgCOD/(m³·d))	HRT (h)	COD 去除率 (%)	产气量 (m³/kgCOD)
啤酒	1000～1500	20～24	1400	4.5～7.0	0.6	75～80	
酒精	4000～5000	32～35	700	11.5～14.5	8.2	92	0.25
玉米淀粉	10000	40	800	15	18.3	99.1	0.40
造纸	3000	30～40	1000	10.5	8～10	75	
纸浆	1000	26～30	2200	4.4～5.0	55.5	70～72	
制药	25000	30～35	800	11.8	48	93	0.45
甜菜制糖	4000～5200	30～34	200	14～16	6～8	87～95	

第六节　悬浮式厌氧生物处理法

一、厌氧接触法

为了克服普通消化池不能保留或补充厌氧活性污泥的缺点，在消化池后设沉淀池，将沉淀污泥回流至消化池，形成了厌氧接触法。该系统既能控制污泥不流失、出水水质稳定，又可提高消化池内污泥浓度，从而提高设备的有机负荷和处理效率。如图 13-11 所示。

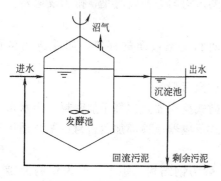

图 13-11　厌氧接触工艺流程

与普通厌氧消化池相比，它的水力停留时间大大缩短。有效处理的关键在于污泥沉降性能和污泥分离效率，由于厌氧污泥在沉淀池内继续产气所以其沉淀效果不佳。该工艺和消化工艺一样属于中低负荷工艺。一些具有高 BOD_5 的工业废水采用厌氧接触工艺处理可得到很好的稳定性，厌氧接触工艺在我国已成功应用于酒精糟液的处理。与厌氧消化法相比，厌氧接触法具有以下特点：

1. 消化池污泥浓度高，其挥发性悬浮物的浓度一般为 5～10g/L，耐冲击能力强。

2. COD 容积负荷一般为 1～5kg/(m³·d)，COD 去除率为 70%～80%；BOD_5 容积负荷为 0.5～2.5kg/(m³·d)，BOD_5 去除率为 80%～90%。

3. 增设沉淀池、污泥回流系统和真空脱气设备，流程较复杂。

4. 适合处理悬浮物和 COD 浓度高的废水，生物量（SS）可达到 50g/L。

然而，从消化池排出的混合液在沉淀池中进行固液分离有一定的困难。其主要原因如下：（1）由于混合液中污泥上附着大量的微小沼气泡，易于引起污泥上浮；（2）由于混合液中的污泥仍具有产甲烷活性，在沉淀过程中仍能继续产气，从而妨碍污泥颗粒的沉降和压缩。为了提高沉淀池中混合液的固液分离效果，目前采用以下几种方法脱气：真空脱气、热交换器急冷法、絮凝沉淀和用超滤静代替沉淀池，以改善固液分离效果。此外，为保证沉淀池分离效果，在设计时，沉淀池表面负荷应比一般废水沉淀池表面负荷小，一般不大于 1m/h，混合液在沉淀池内停留时间比一般废水沉淀时间要长，可采用 4h。

采用厌氧接触工艺可以处理含有少量悬浮物的废水。但悬浮物的积累同样会影响污泥的分离，同时悬浮物的积累会引起污泥中细胞物质比例的下降，从而会降低反应器处理效率。因此，对含悬浮物浓度较高的废水，在厌氧接触工艺之前采用分离预处理是必须的。

二、厌氧流化床

厌氧流化床（AFB）与好氧流化床工艺相同，只是在厌氧条件下运行。这种工艺是借鉴流化态技术的一种生物反应装置。它以小粒径载体充满床体内作为流化粒子，污水作为流化介质。当污水从床体底部采用一定范围的高的上流速度通过床体时，载体粒子表面长满厌氧生物膜并不断上、下流动，形成流态化。厌氧流化床反应器由于使用较小的微粒，因此形成比表面积很大的生物膜，生物浓度高，流态化又充分改善了有机质向生物膜传递的传质速率；同时它克服了厌氧滤器中可能出现的短路和堵塞。为维持较高的上流速度，流化床反应器高度与直径的比例大于其他同类的反应器，同时它采用较大的回流比（即出水回流量与原废水进液量之比）。与好氧的流化床相比，厌氧流化床不需设充氧设备。滤床一般多采用粒径为 0.2～1.0mm 左右的细颗粒填料，如石英砂、无烟煤、活性炭、陶粒和沸石等，流化床密封并设有沼气收集装置，见图 13-12。该工艺多可用来处理 COD 浓度较高的工业生产有机废水，如酵母发酵废水、土霉素废水、豆制品废水、啤酒糖化废水、啤酒废水和屠宰废水等。由于填料处于流化状态，整个滤床的填料紊动、混合条件良好，床内生物膜微生物浓度可达 20～30kgVSS/m^3；基质与微生物的接触亦相当充分，致使单位容积滤床可承

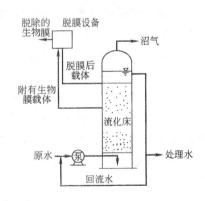

图 13-12 厌氧流化床

受较大的负荷。一般说来，在中温发酵条件下厌氧流化床的有机负荷率可达 10～40kgCOD/(m^3·d)。

该工艺控制较困难，管理较复杂，技术要求较高，投资和运行成本高，而且一些流化床反应器还需要一个单独的预酸化反应器，这使其造价更高，因而尚未普遍推广。

三、厌氧膨胀床

1. 膨胀颗粒污泥床

膨胀颗粒污泥床（EGSB）是在 UASB 反应器的基础上于 20 世纪 80 年代后期在荷兰农业大学环境系开始研究的新的厌氧反应器。EGSB 反应器与 UASB 反应器的结构非常相似，所不同的是在 EGSB 反应器中采用高达 2.5～6m/h 的上流速度，这远远大于 UASB 反应器采用的约 0.5～2.5m/h 的上流速度。因此在 EGSB 反应器中颗粒污泥床处于部分或全部"膨胀化"的状态，即污泥床的体积由于颗粒之间平均距离的增加而扩大。为了提高上流速度，EGSB 反应器采用较大的高度与直径比和大的回流比。在高的上流速度和产气的搅拌作用下，废水与颗粒污泥间的接触更充分，因此可允许废水在反应器中有很短的水力停留时间，从而 EGSB 可处理较低浓度的有机废水。一般认为 UASB 反应器更宜于处理浓度高于 1500mgCOD/L 的废水，而 EGSB 在处理低于 1500mgCOD/L 的废水时仍能有很高的负荷和去除率。

EGSB 反应器也可以看作是流化床反应器的一种改良，区别在于 EGSB 反应器不使用任何惰性的填料作为细菌的载体，细菌在 EGSB 中的滞留依赖细菌本身形成的颗粒污泥；同时 EGSB 反应器的上流速度小于流化床反应器，其中的颗粒污泥并未达到流态化的状态而只是不同程度的膨胀而已，如图 13-13 所示。

2. 厌氧生物膜膨胀床

厌氧生物膜膨胀床是为优化污水处理甲烷发酵工艺于 1974 年研究和开发出来的。与生物流化床相似，厌氧生物膜膨胀床亦是在床内填充细小的固体颗粒作为微生物附着生长的载体，但污水从床底部流入时仅使填料层膨胀而非流化，一般其膨胀率仅为 10%～20%，此时颗粒间仍保持互相接触膨胀床的床体多为圆柱形结构，由钢板或树脂强化玻璃辅以聚氯乙烯衬里而

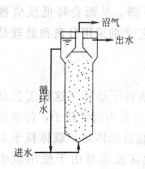

图 13-13 膨胀颗粒污泥床（EGSB）反应器

制成。载体多采用细小的固体颗粒填料，如石英砂、无烟煤、活性炭、陶粒和沸石等，其粒径一般介于 0.2～1.0mm 之间。当有厌氧菌形成的生物膜附着在载体上时，生物膜载体颗粒的粒径稍稍增大，一般为 0.3～3.0mm。在污水处理的过程中，尽管污水以上升流的形式垂直流动而使载体颗粒膨胀，但床内每个载体颗粒仍保持与其他颗粒相邻近的位置上，而非像流化床内的载体那样无规则的自由流化。厌氧生物膜膨胀床单位反应器容积内微生物浓度一般可达 30g/L，因而可承受的有机负荷达到 40kgCOD/($m^3 \cdot d$)；载体处于膨胀状态能防止滤床堵塞；床内微生物固体停留时间较长，从而可减少剩余污泥量。厌氧生物膜膨胀床工艺同膨胀颗粒污泥床相似。

第七节 厌氧生物膜法

一、厌氧滤池

厌氧滤池（AF）是一种内部填充有微生物载体的厌氧生物反应器。厌氧微生物部分附着生长在填料上，形成厌氧生物膜，另一部分在填料空隙间处于悬浮状态，一般认为，厌氧滤池是在 McMcarty 和 Couler 等人工作的基础上，由 Young 和 McCarty 于 1969 年开发的厌氧工艺。厌氧滤池是在反应器内充填各种类型的固体填料，如炉渣、瓷环、塑料等来处理有机废水，污水在流动过程中保持与生长着厌氧细菌的填料相接触，细菌生长在

填料上，不随出水流失。可以在较短的水力停留时间下取得较长的污泥龄，平均细胞停留时间可以长达 100d 以上，厌氧滤池的优点如下：

1. 生物固体浓度高，因此可以获得较高的有机负荷；
2. 微生物固体停留时间长，因此可以缩短水力停留时间，耐冲击负荷能力也较强；
3. 启动时间短，停止运行后再启动比较容易；
4. 不需污泥回流，运行管理方便。

厌氧滤池在处理溶解性废水时 COD 负荷可高达 $5\sim15kg/(m^3 \cdot d)$，是公认的早期高效厌氧生物反应器，作为高速厌氧反应器其地位的确立，在于它采用了生物固定化技术，使污泥在反应器的停留时间（SRT）极大地延长。数十年来，经过众多研究者的努力，厌氧滤池已成为一种重要的生物处理工艺，其在美国、加拿大等国家已被广泛应用于各种不同类型的工业废水，最大的厌氧生物滤池容积达 $12500m^3$。

厌氧滤池的缺点是载体相当昂贵，据估计载体的价格与构筑物建筑价格相当。另一个缺点是如采用的填料不当，在污水的悬浮物较多的情况下容易发生短路和堵塞，这是厌氧滤池工艺不能迅速推广的主要原因。

按水流的方向厌氧生物滤池可分为两种主要形式，见图 13-14。废水向上流动通过反应器的厌氧滤池称为升流式厌氧滤池，当有机物浓度和性质适宜时采用的有机负荷可高达 $10\sim20kg/(m^3 \cdot d)$。另外还有下流式厌氧滤池，也叫下流式厌氧固定膜反应器（DSFF）。不管是什么形式，系统中的填料都是固定的，废水进入反应器内，逐渐被细菌水解酸化，转变为

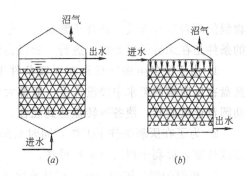

图 13-14 厌氧生物滤池的两种形式
(a) 升流式 (AF)；(b) 下流式 (DSFF)

乙酸，最终被产甲烷菌矿化为 CH_4，废水组成随反应器不同高度而变化。因此微生物种群分布也相应的发生规律性变化。在废水入口处，产酸菌和发酵细菌占较大比例；随着水流方向，产乙酸菌和产甲烷菌逐渐增多并占据主导地位。

两种厌氧生物滤池的主要不同点是其内部液体的流动方向不同，在 AF 中，水从反应器底部进入，而在 DSFF 中，进水从反应器顶部进入，两种反应器均可用于处理低浓度或高浓度废水；DSFF 由于使用了竖直排放的填料，其间距宽，因此能处理浓度相当高的悬浮性固体，而 AF 则不能。另外，在 DSFF 反应器中，菌胶团以生物膜的形式附着在填料上，而在 AF 中，菌胶团截留在填料上，特别是复合厌氧床反应器，即在厌氧滤池内有两种方式的生物量，其一是固定在填料表面的生物膜，其二是在反应器空间内形成的悬浮细菌聚集体。

厌氧生物滤池的特点：

1. 用于溶解性有机废水的厌氧处理；2. 无需污泥或出水回流；3. 出水夹带污泥很少，较洁净；4. 亦可用于低浓度有机废水的厌氧处理；5. 剩余污泥量很少，有时几乎不存在排泥问题；6. 当温度为 $30\sim35℃$ 时，有机负荷率一般可达 $3\sim6kgCOD/(m^3 \cdot d)$（块状填料）；$5\sim8kgCOD/(m^3 \cdot d)$（塑料填料），相应 COD 去除率可达 80% 以上；7. 装置简单，工艺本身能耗少，运行管理方便；8. 滤床底部容易发生堵塞，当采用块状填料时，

进水中悬浮固体（SS）含量应以不超过 200mg/L 为宜。

二、厌氧生物转盘

厌氧生物转盘在构造上类似于好氧生物转盘，即主要由盘片、传动轴与驱动装置、反应槽等部分组成。在结构上它利用一根水平轴装上一系列圆盘，若干圆盘为一组，称为一级。厌氧微生物附着在转盘表面，并在其上生长。附着在盘板表面的厌氧生物膜，代谢污水中的有机物，并保持较长的污泥停留时间。对于好氧生物转盘来说，已经较普遍应用在生活污水、工业污水，例如化纤、石油化工、印染、皮革、煤气站等污水处理，而厌氧生物转盘还大多数处于试验研究方面。

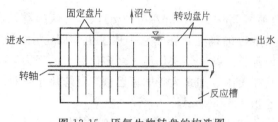

图 13-15 厌氧生物转盘的构造图

厌氧生物转盘的构造见图 13-15。

生物转盘中的厌氧微生物主要以生物膜的附着生长方式，适合于繁殖速度很慢的甲烷菌的生长，由于厌氧微生物代谢有机物的条件是在无分子氧条件下进行，所以在构造上有如下特点：

1. 由于厌氧生物转盘是在无氧条件下代谢有机物质，因此不考虑利用空气中的氧，圆盘在反应槽的废水中浸没深度一般都大于好氧生物转盘，通常采用 70%～100%，轴带动圆盘连续旋转，使各级转盘达到混合。

2. 为了在厌氧条件下工作，同时有助于收集沼气，一般将转盘加盖密封，在转盘上形成气室，以利于沼气收集和输送。

3. 相邻的级用隔板分开，以防止废水短流，并通过板孔使污水从一级流到另一级。

用厌氧生物转盘处理高浓度有机废水目前尚处于实验室阶段。下面介绍一例实验研究，试验装置用有机玻璃制成，内设 4 级生物转盘。反应器的内径和圆盘分别为 14.0cm 和 12.7cm。由变速马达带动。各级之间的隔板设一孔洞，以便固体和水流通过。每一级装有中心间距约为 0.95cm 的 10 片圆盘，盘片厚 0.318cm，提供约 2400cm^2 的总表面积。反应器的第一级前面有一个混合室，室内装有一个叶片转子，提供转子叶片搅动使污水均匀地经多孔布水板进入第一级。反应器下部设有取样口。各级所产生的沼气通过气体收集管至湿式气体流量计计量。在这组试验中 70% 的转盘表面积浸没于水中，反应器内液体容积约 5.27L。反应器内的温度保持在 35±0.5℃。

试验采用人工合成废水，用溶解性蔗糖作为单一的有机碳源，同时配上其他可溶解性无机组分，污水总有机碳（TOC）：化学需氧量：生化需氧量＝1：2.79：1.72。进水的 TOC 浓度分别采用 1075、2320、3050mg/L，厌氧生物转盘启动的接种污泥取自厌氧污水处理厂的厌氧活性污泥。启动时，在人工合成污水中投入一些甲醇，以促进甲烷细菌的生长，并把每天所排出的废水回流至厌氧生物转盘。从第 7d 起连续进料，此时每天仍回流污泥。到第 27d，附着于转盘表面的生物膜已清晰可见。这时，可以认为启动已成功，停止回流污泥和停止使用甲醇，随后逐渐提高负荷。在试验中观察到生物膜几乎覆盖在转盘的整个表面，并且从第 1 级到第 4 级，随着废水中有机物浓度的降低，膜的厚度逐渐减小，在第 4 级转盘表面上，只有一层很薄的生物膜。试验结果见表 13-4。

厌氧生物转盘进水试验结果　　　　表 13-4

试验编号	废水流量 (L/h)	停留时间 (h)	进水 TOC (mg/L)	进水有机负荷率 [kgTOC/(m³·d)]	出水 TOC (mg/L)	TOC 去除率 (%)
1	0.30	17.56	1075	1.43	44.0	96.0
2	0.60	8.75	2320	6.34	485.0	78.0
3	2.40	2.19	1075	12.02	597.0	46.0

从表 13-4 可以看出，随着 TOC 负荷率增大，TOC 去除率明显下降，pH 也呈有规律的变化。从试验来看，当 TOC 容积负荷为 1.43kgTOC/(m³·d) 时，第 4 组转盘的作用已不大，如果去掉该组转盘，水力停留时间可从 17.5h 缩到 13.0h 左右，不影响 TOC 去除率。试验结果还表明，处理溶解性有机废水时，当 TOC 去除率约 80% 时，TOC 负荷可以采用 6kg/(m³·d)。

一些研究者认为，应用厌氧生物转盘处理高浓度有机废水是可行的，厌氧微生物能迅速地附着在转盘的表面，并在转盘表面上生长。从本试验结果来看，对于含 TOC、BOD_5 和 COD 浓度分别高达 3050、5250 和 8500mg/L 的有机废水，厌氧生物转盘能进行有效处理。

根据厌氧生物转盘工作原理，它属于膜法反应装置。但根据试验观察表明，在厌氧生物转盘反应器中，厌氧生物膜是与厌氧活性污泥共生的。因此，在这类反应器中是厌氧生物膜中的微生物和悬浮生长的厌氧活性污泥共同起作用。

如果盘片上的生物膜生长过厚，则单靠水力冲刷剪切难以使生物膜脱落，从而使得生物膜过度生长。过厚的生物膜会影响基质和产物的传递，限制了微生物的活性发挥，也会造成盘片间被生物膜堵塞，导致废水与生物膜的面积减少。研究者将转盘分为固定盘片和转动盘片相间布置，两种盘片相对运动，避免了盘片间生物膜粘结和堵塞的情况发生，并取得了很好的运行效果。

思考题与习题

1. 什么是厌氧生物处理？它有什么优缺点？
2. 现阶段有哪些厌氧生物处理技术应用于水处理中？
3. 厌氧生物处理机理是什么？处理过程分哪几个阶段？
4. 厌氧生物处理的主要影响因素有哪些？请分别叙述。
5. 什么是两级厌氧生物处理？有何特点？
6. 什么是两相厌氧生物处理？有何特点？
7. UASB 反应器的原理是什么？构造如何？
8. 什么是厌氧接触法？有何特点？
9. 什么是厌氧流化床？
10. 什么是厌氧膨胀床？有哪几种分类？
11. 厌氧生物膜法有哪些分类？
12. 什么是厌氧生物转盘？在构造上有何特点？
13. 某城市污水量为 60000m³/d，污水中悬浮物浓度为 240mg/L，拟采用以活性污泥法为主体的两级处理。经一级处理后悬浮物去除率为 40%，出水 BOD_5 约为 200mg/L，曝气池容积为 10000m³，MLSS 为 4.8g/L，MLVSS 为 3g/L，BOD_5 去除率为 90%，试计算消化池的尺寸。

第十四章 污水的自然生物处理

自然生物处理是利用自然环境的净化功能对污（废）水进行处理的一种方法。分为稳定塘处理和土地处理两大类，即利用水体和土壤净化污水。

第一节 稳 定 塘

一、概述

稳定塘又称氧化塘、生物塘。它是自然的或经过人工适当修整，设围堤和防渗层的污水池塘。主要依靠自然生物净化功能净化污水，污水在塘中的净化过程与自然水体的自净过程相近。

稳定塘能够有效地处理生活污水、城市污水和各种有机性工业废水。现多作为二级处理技术考虑，也可作为一级处理或二级处理后的深度处理技术。如将其串联应用，能够完成一级、二级及深度处理全系统的净化功能。

（一）稳定塘类型与特征

根据塘水中微生物优势群体类型和塘水的溶解氧工况将稳定塘分为好氧塘、兼性塘、厌氧塘、曝气塘。专门用以处理二级处理后出水的稳定塘称为深度处理塘。

根据处理水的出水方式，稳定塘又可分为连续出水塘、控制出水塘与贮存塘三种类型。上述的几种稳定塘，在一般情况下，都按连续出水方式运行，但也可按控制出水塘和贮存塘方式运行。

稳定塘处理污水具有以下优点：建设周期短，易于施工，基建投资低；依靠自然功能净化污水，能耗低，便于维护，管理方便，运行费用低；因污水在塘内的停留时间长，故对水量、水质的变化有很强的适应能力；与养鱼、种植水生作物相结合，在塘内形成多级食物链，能够实现污水资源化，使污水处理与利用相结合；稳定塘能够将污水中的有机物转化为可用物质，处理后的污水可用于农业灌溉，以利用污水的水肥资源。

其主要缺点是：污水停留时间长，占地面积大，没有空闲的余地不宜采用；污水净化效果，在很大程度上受季节、气温、光照等自然因素的控制，不够稳定；卫生条件较差，易滋生蚊蝇，散发臭气；塘底防渗处理不好，可能引起对地下水的污染。

（二）稳定塘净化机理

1. 稳定塘生物系

在稳定塘中对污水起净化作用的生物有细菌、藻类、微型动物（原生动物与后生动物）、水生植物、水生动物等。

细菌在稳定塘内对有机污染物的降解起主要作用。稳定塘中的绝大部分细菌属兼性异养菌，这类细菌以有机化合物作为碳源，并以这些物质分解过程中产生的能量作为维持其生理活动的能源。此外，在相应的稳定塘中还存活着好氧菌、厌氧菌以及自养菌。

藻类具有叶绿体,能够进行光合作用,是塘水中溶解氧的主要提供者,在稳定塘内起着十分重要的作用。藻类在光照充足的白昼,吸收二氧化碳放出氧;在黑暗的夜晚,消耗氧并放出二氧化碳。稳定塘内藻类的主要种属有绿藻及蓝藻等。

在稳定塘内,也出现原生动物和后生动物等微型动物,它们捕食藻类、菌类,防止其过度增殖,其本身又是良好的鱼饵。水生植物,能够提高稳定塘对有机污染物和氮磷等无机营养物的去除效果,水生植物收获后也可作某些用途,能够取得一定的经济效益。

为了使稳定塘具有一定的经济效益,可以考虑利用塘水养鱼和放养鸭、鹅等水生动物及禽类。

2. 稳定塘生态系

在稳定塘内存活的不同类型的生物构成了其生态系统。菌藻共生体系是稳定塘内最基本的生态系统。其他水生植物和水生动物的作用则是辅助性的,它们的活动从不同的途径强化了污水的净化过程。

图 14-1 所示为典型的兼性稳定塘的生态系统,其中包括好氧区、厌氧区及两者之间的兼性区。

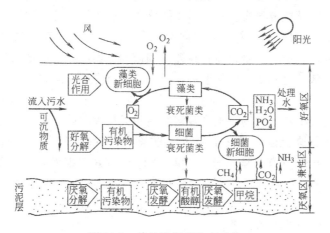

图 14-1 兼性稳定塘生态系统

(1) 稳定塘生态系中不同种群的相互关系

稳定塘内生态系统中的各种生物种群的作用各不相同,存在着互相依存、互相制约的关系。

1) 菌藻共生关系

在稳定塘内对溶解性有机污染物起降解作用的是异养菌,每分解 1g 有机物需氧 1.56g,而每合成 1g 藻类,释放出 1.244g 氧。所以,细菌代谢活动所需的氧由藻类通过光合作用提供,而其代谢产物 CO_2 又提供给藻类用于光合反应。在稳定塘内细菌和藻类之间就是保持着这样的互相依存及互相制约的关系。

2) 稳定塘内的食物链网

在稳定塘内存在着多条食物链,这些食物链纵横交错结成食物链网。

细菌、藻类及一些水生植物是生产者,处于最低营养级;细菌与藻类为原生动物及枝角类动物所食用,并不断繁殖,它们又为鱼类所吞食;藻类和水生植物既是鱼类的饵料,又可能成为鸭鹅等水禽类的饲料。在稳定塘内,水生动物处在最高营养级。如果各营养级之间保持由多到少的数量关系，则能够即使污水中有机污染物得到降解，又使其产物得到充分利用，最后得到鱼、鸭和鹅等水禽产品，建立良好的生态平衡。

（2）稳定塘内各种物质的迁移与转化

在稳定塘生态系统中，各种物质不断地进行迁移和转化，其中主要的是碳、氮及磷的迁移转化和循环。

1）碳的转化与循环

污水中的碳主要以溶解性有机碳形式进入稳定塘，在塘内首先通过细菌的新陈代谢作用，使溶解性有机碳转化为无机碳，又通过合成作用使细菌本身得到增殖；藻类通过光合作用吸收无机碳，本身机体得到增殖，当无光照射时，藻类通过呼吸作用又释放无机碳；衰死的细菌、藻类的机体沉入塘底，在厌氧发酵作用下，分解为溶解性有机碳和无机碳；塘水中的不溶性有机碳在塘底的厌氧发酵作用下分解，转化成溶解性有机碳和无机碳。

2）氮的转化及循环

污水中的氮主要为有机氮化合物和氨氮两种形态。进入稳定塘后，首先有机氮化合物在微生物作用下分解为氨态氮；氨态氮在硝化菌的作用下，转化为硝酸盐氮；硝态氮在反硝化菌的作用下，还原成分子态氮；在 pH 值较高，水力停留时间较长，温度较高的环境下，水中的氨态氮以 NH_3 形式存在，可向大气挥发；氨态氮或硝态氮可作为微生物及各种水生植物的营养，合成其本身机体；衰死的细菌和藻类经解体后形成溶解性有机氮和沉淀物；沉淀在厌氧区的有机氮在厌氧菌的作用下，也可得到分解。

3）磷的转化及循环

污水中既含有有机磷化合物，也含有溶解性的无机磷酸盐。细菌、藻类及其他生物一方面能吸收无机磷化合物以满足其生命活动的需要，并将其转化为有机磷（合成代谢）；另一方面，又可氧化分解有机磷（分解代谢）。随着白昼和夜晚光合作用的发生和停止，塘水的 pH 值随着上升和降低，使溶解性磷与不溶解磷之间在不断地相互转化；如果水中存在有三价铁化合物，可与溶解性磷酸盐结合形成磷酸铁沉淀；如果水中存在硝酸盐，则可促使沉积中的磷转化为溶解性磷。

3. 稳定塘对污水的净化作用

主要体现在以下 6 个方面：

（1）稀释作用

进入稳定塘的污水在风力、水流以及污染物的扩散作用下与塘水混合，使进水得到稀释，其中各项污染指标的浓度得以降低。稀释并没有改变污染物的性质，但为下一步的生物净化创造了条件。

（2）沉淀和絮凝作用

进入稳定塘的污水，由于流速降低，所夹带的悬浮物质沉于塘底。另外，塘水中的生物分泌物一般都具有絮凝作用，使污水中的细小悬浮颗粒产生絮凝作用，沉于塘底成为沉积层。导致污水的 SS、BOD、COD 等各项指标都得到降低。沉积层则通过厌氧微生物进行分解。

（3）好氧微生物的代谢作用

在好氧条件下，异养型好氧菌和兼性菌对有机污染物的代谢作用，是稳定塘内污水净化的主要途径。绝大部分有机污染物都是在这种作用下得以去除的，BOD 可去除 90% 以上,COD 去除率也可达 80%。

(4) 厌氧微生物的代谢作用

在兼性塘的塘底沉积层和厌氧塘内,厌氧细菌对有机污染物进行厌氧发酵分解,厌氧发酵经历水解、产氢产乙酸和产甲烷 3 个阶段,最终产物主要是 CH_4、CO_2 及硫醇等。

CH_4 通过厌氧层、兼性层以及好氧层从水面逸走,厌氧反应生成的有机酸,有可能扩散到好氧层或兼性层,由好氧微生物或兼性微生物进一步加以分解,在好氧层或兼性层内的难降解物质,可能沉于塘底,在厌氧微生物的作用下,转化为可降解物质而得以进一步降解。

(5) 浮游生物的作用

稳定塘内存活着多种浮游生物,它们各自对污水的净化从不同的方面发挥着作用。

藻类的主要功能是供氧,同时也可从塘水中去除一些污染物,如氮、磷等。

在稳定塘内的原生动物、后生动物及枝角类浮游动物的主要功能是吞食游离细菌和细小的悬浮污染物和污泥颗粒,此外,它们还分泌能够产生生物絮凝作用的黏液。

底栖动物能摄取污泥层中的藻类或细菌,使污泥数量减少。

鱼类等水生生物捕食微型水生动物和残留于水中的污物。

处于同一生物链的各种生物互相制约,其动态平衡有利于水质净化。

(6) 水生植物的作用

水生植物能吸收氮、磷等营养,使稳定塘去除氮、磷的功能得到提高;其根部具有富集重金属的功能,可提高重金属的去除率;还有向塘水供氧的功能;其根和茎能吸附有机物和微生物,使去除 BOD 和 COD 的功能有所提高。

4. 影响稳定塘净化过程的因素

(1) 温度

温度直接影响细菌和藻类的生命活动,在适宜的温度下,微生物的代谢速率较高。

(2) 光照

光是藻类进行光合作用的能源,在足够的光照强度条件下,藻类才能将各种物质转化为细胞的原生质。

(3) 混合

进水与塘内原有塘水的充分混合,能使营养物质与溶解氧均匀分布,使有机物与细菌充分接触,以使稳定塘更好地发挥其净化功能。

(4) 营养物质

要使稳定塘内微生物保持正常的生理活动,必须充分满足其所需要的营养物质,并使营养元素、微量元素保持平衡。

(5) 有毒物质

应对稳定塘进水中的有毒物质的浓度加以限制,以避免其对塘内微生物产生抑制或毒害作用。

(6) 蒸发量和降雨量

蒸发和降雨的作用使稳定塘中污染物质的浓度得到浓缩或稀释,污水在塘中的停留时间也因此而增加或缩短,将会在一定程度上影响到稳定塘的净化效率。

(7) 污水的预处理

进入稳定塘的污水,进行适当的预处理,可以提高和保证稳定塘的净化功能,使其正常工作。预处理包括:去除悬浮物和油脂、调整 pH 值、去除污水中的有毒有害物质、水解酸化等。对城市污水主要考虑的是第一项,但在厌氧塘前则勿需考虑预处理。

以上因素有些可人为控制,有些则只能顺其自然,但可以采取一定的措施,以保证稳定塘的净化功能的良好发挥。

二、好氧塘

1. 概述

好氧塘深度一般在 0.5m 左右,以使阳光能够透入塘底。主要由藻类供氧,塘表面也由于风力的搅动进行自然复氧,全部塘水都呈好氧状态,由好氧微生物对有机污染物起降解作用。在好氧塘内高效地进行着光合反应和有机物的降解反应。其功能模式见图 14-1 所示的好氧区。

好氧塘内的溶解氧是充足的,但在一日内是变化的。在白昼,藻类光合作用放出的氧远远超过细菌所需,塘水中氧的含量很高,可达到饱和状态;晚间光合作用停止,由于生物呼吸所耗,水中溶解氧浓度下降,在凌晨时最低。

随着 CO_2 浓度的变化,引起好氧塘内 pH 值的变化。在白昼 pH 值上升,夜晚又下降。

好氧塘内的生物相在种类与种属方面比较丰富。有菌类、藻类、原生动物、后生动物等。在数量上是相当可观的,每 1mL 水滴内的细菌数可高达 $10^8 \sim 5 \times 10^9$ 个。

好氧塘的优点是净化功能较高,有机污染物降解速率高,污水在塘内的停留时间短。但进水应进行比较彻底的预处理。好氧塘的缺点是占地面积大,处理水中含有大量的藻类,需进行除藻处理,对细菌的去除效果也较差。

根据有机物负荷率的高低,好氧塘还可以分为高负荷好氧塘、普通好氧塘和深度处理好氧塘 3 种。高负荷好氧塘的有机负荷率高,污水停留时间短,塘水中藻类浓度很高,这种塘仅适于气候温暖、阳光充足的地区采用。普通好氧塘的有机负荷率较前者低,以处理污水为主要功能。深度处理好氧塘以处理二级处理工艺出水为目的,有机负荷率很低,水力停留时间较长,处理水质良好。

2. 好氧塘的设计

(1) 一般规定

1) 好氧塘的分格数不宜少于两格,可串联或并联运行。每座塘的面积以不超过 $40000m^2$ 为宜。

2) 好氧塘的水深应在保证阳光透射到塘底,使整个塘容都处于好氧状态的前提下,保持一定的深度,不宜过浅。

3) 塘内污水的混合主要依靠风力,因此,好氧塘应建于通风良好的地域。

4) 塘形以矩形为宜,长宽比取 2~3:1,塘堤外坡 4~5:1,内坡 3~2:1,堤顶宽取 1.8~2.4m。

5) 以塘深 1/2 处面积作为设计计算面积,超高一般取 0.5m。

6) 进水口的设计应尽量使横断面上配水均匀,宜采用多点进水方式;进水口与出水口的直线距离应尽可能大,以避免短流。

7) 可以考虑处理水回流措施,这样可以在原污水中接种藻类,增高溶解氧浓度,有利于稳定塘净化功能的提高。

8）好氧塘处理水含有藻类，必要时应考虑除藻处理。

（2）好氧塘的计算

好氧塘的计算内容主要是确定塘的表面积。

目前，好氧塘的计算多以经验数据为准进行，即按表面有机负荷率进行计算，计算公式为：

$$A=\frac{QS_0}{N_A}$$

式中　A——好氧塘的有效面积，m^2；

　　　Q——污水设计流量，m^3/d；

　　　S_0——原污水 BOD_5 浓度，kg/m^3；

　　　N_A——BOD 面积负荷率，$kg/(m^2 \cdot d)$。

BOD 面积负荷率应根据试验或相近条件的好氧塘的运行数据确定。表 14-1 所列数据可供参考选用。

好氧塘典型设计参数　　　表 14-1

参　数	类　型		
	高负荷好氧塘	普通好氧塘	深度处理好氧塘
BOD_5 面积负荷率 $kg/(m^2 \cdot d)$	0.004～0.016	0.002～0.004	0.0005
水力停留时间(d)	4～6	2～6	5～20
水深(m)	0.3～0.45	～0.5	0.5～1.0
BOD_5 去除率(%)	80～90	80～90	60～80
出水藻类浓度(mg/L)	100～260	100～200	5～10
回流比		0.2～2.0	

三、兼性塘

1. 概述

兼性塘是城市污水处理最常用的一种稳定塘。

兼性塘塘深在 1.0～2.5m，在阳光能够照射透入的塘的上层为好氧层，与好氧塘相同，由好氧异养微生物对有机污染物进行氧化分解。由沉淀的污泥和衰死的藻类在塘的底部形成厌氧层，由厌氧微生物起主导作用进行厌氧发酵。在好氧层与厌氧层之间为兼性层，其溶解氧时有时无，一般在白昼有溶解氧存在，而在夜间又处于厌氧状态，在这层里存活的是兼性微生物，它既能够利用水中游离的分子氧，也能够在厌氧条件下，从 NO_3^- 或 CO_3^{2-} 中摄取氧。图 14-1 所示为典型的兼性塘净化功能模式。

在兼性塘内进行的净化反应是比较复杂的，生物相也比较丰富，其污水净化是由好氧、兼性、厌氧微生物协同完成的。

2. 兼性塘的计算与设计

兼性塘计算的主要内容也是求定塘的有效面积，多按经验数据进行计算。

（1）设计参数（用于城市污水处理）

1）塘深一般采用 1.2～2.5m。其中，保护高按 0.5～1.0m 考虑；冰盖厚度由地区气温而定，一般为 0.2～0.6m；污泥层厚度一般取 0.3m，在有完善的预处理工艺的条件下，此厚度可容纳 10 年左右的积泥。

2) 停留时间一般规定为 7～180d，幅度很大。主要根据地区的气象条件，水量水质情况，对处理水的水质要求等具体条件，从技术及经济两方面因素综合考虑确定。一般高值用于北方，低值用于南方，应满足使处理水水质能够达到规定的要求。

3) BOD_5 表面负荷率一般按 0.0002～0.010kg/（m^2·d）考虑。低值用于北方寒冷地区，高值用于南方炎热地区。

表 14-2 所列为我国"七五"国家重点科研攻关课题的整理数据，供设计参考。

处理城市污水兼性塘 BOD 面积负荷与水力停留时间　　　　　表 14-2

冬季月平均气温（℃）	BOD 负荷率 [kg/($10^4 m^2$·d)]	停留时间(d)	冬季月平均气温（℃）	BOD 负荷率 [kg/($10^4 m^2$·d)]	停留时间(d)
15 以上	70～100	<7	−10～0	20～30	120～40
10～15	50～70	20～7	−20～−10	10～20	150～120
0～10	30～50	40～20	−20 以下	<10	180～150

负荷率的选定应以最冷月份的平均温度作为控制条件。但在最冷月份处理水的水质不一定是最差的，应充分估计，合理确定停留时间。

4) 藻类浓度一般在 10～100mg/L。BOD 去除率一般可达 70%～90%。

5) 如采取处理水循环措施，循环率可为 0.2‰～2.0‰。

(2) 构造要求

1) 塘形以矩形为宜。四角可作成圆形，以减少死区，长宽比取 2∶1 或 3∶1。

2) 塘数一般不宜少于 2 座，小规模的兼性塘可以考虑采用 1 座。宜采用多级串联，前部塘的面积一般占总面积的 30%～60%，采用较高的负荷率，以不使全塘都处于厌氧状态为限，串联可得到优质的处理水。也可以考虑并联，并联方式可使污水中的有机污染物得到均匀分配。

3) 进水口应尽量使槽的横断面上的配水均匀，宜采用扩散管或多点进水。

4) 出水口与进水口一般按对角线设置，以减少短路。

四、厌氧塘

1. 厌氧塘的特征与控制条件

厌氧塘深度一般在 2.0m 以上，有机负荷率高，整个塘水基本上都呈厌氧状态。厌氧塘是依靠厌氧菌的代谢功能使有机污染物得到降解，包括水解、产酸及甲烷发酵等厌氧反应全过程。净化速度低，污水停留时间长。

厌氧反应机理在本书第 13 章已详细阐述，本节仅就其主要特征进行概要说明。

(1) 在参与反应的生物方面，只有细菌，不存在其他任何生物。在系统中有产酸菌、产氢产乙酸菌和产甲烷菌共存，但三者之间不是直接的食物链关系，而是产酸菌和产氢产乙酸菌的代谢产物——有机酸、乙酸和氢是产甲烷菌的营养物质。产酸菌和产氢产乙酸菌是由兼性菌和厌氧菌组成的群集，产甲烷菌则是专性厌氧菌。

(2) 在反应进程方面，产酸菌和产氢产乙酸菌的世代时间短，增殖速度较快，但由于产甲烷菌的世代时间长，增殖速度缓慢，因此，厌氧发酵反应的速度慢。在三种细菌之间应保持动态的平衡关系，否则有机酸大量积累，pH 值下降，使甲烷发酵反应受到抑制。

（3）在能量方面，厌氧反应，无论是其中间产物或最终产物，都含有相当的能量，反应过程释放的能量较少，用于菌体增殖的能量也较少。最终产物 CH_4 可作为能量而加以回收。

（4）根据不同反应阶段的微生物在生理和功能上的特征，甲烷发酵反应是厌氧发酵的控制阶段，必须创造适合产甲烷菌要求的条件。

厌氧塘对周围环境的不利影响主要体现在：

（1）厌氧塘内污水的污染物浓度高、塘深大，易于污染地下水，因此，必须有防渗措施。

（2）厌氧塘一般多散发臭气，应使其远离住宅区，一般应在 500m 以上。

（3）厌氧塘处理的某些废水，在水面上可能形成浮渣层，它对保持塘水温度有利，但有碍观瞻，且在浮渣上易滋生小虫，又有碍环境卫生，应考虑采取适当措施。

厌氧稳定塘一般作为高浓度有机废水的首级处理工艺，继之还设兼性塘、好氧塘甚至深度处理塘。该串联系统中，进入厌氧塘的污水勿需进行预处理，厌氧塘代替了初次沉淀池，其益处在于：①有机污染物降解约 30% 左右；②使一部分难降解有机物转化为可降解物质，利于后续塘处理；③厌氧反应污泥量少，减轻了污泥处理与处置工作。

2. 厌氧塘的设计

（1）设计经验数据

厌氧塘的设计一般按经验数据，下面作简要说明。

1）有机负荷率。常采用 BOD 容积负荷率；对 VSS 含量高的废水，还应采用 VSS 容积负荷率进行计算；对城市污水厌氧塘的设计一般多采用 BOD 表面负荷率。负荷率的取值最好通过试验确定。

① BOD 表面负荷率

厌氧塘为了维持其厌氧条件，应规定其最低容许 BOD 表面负荷率。如果厌氧塘的 BOD 表面负荷率过低，其工况就将接近于兼性塘。

最低容许 BOD 表面负荷率与 BOD_5 容积负荷率、气温有关。我国北方可采用 $300kg/(10^4 m^2 \cdot d)$，南方可采用 $800kgBOD_5/(10^4 m^2 \cdot d)$。我国《给水排水设计手册》对厌氧塘处理城市污水的建议负荷率值为 $(200\sim600)kgBOD_5/(10^4 m^2 \cdot d)$。

② BOD 容积负荷率

表 14-3 所列举的是美国 7 个州处理城市污水厌氧塘的设计 BOD 容积负荷率与水力停留时间二项参数。塘深介于 3～4.5m。

③ VSS 容积负荷率

下面列举的数值是国外对几种工业废水厌氧塘处理所采用的 VSS 容积负荷。

家禽粪水　　　$0.063\sim0.16kgVSS/(m^3 \cdot d)$
奶牛粪水　　　$0.166\sim1.12kgVSS/(m^3 \cdot d)$
猪粪水　　　　$0.064\sim0.32kgVSS/(m^3 \cdot d)$
菜牛屠宰废水　$0.593kgVSS/(m^3 \cdot d)$

2）水力停留时间。污水在厌氧塘内的停留时间，应通过试验确定。我国《给水排水设计手册》中的建议值，对城市污水是 30～50d。国外有长达 160d 的设计运行数据，但也有短为 12d 的。

美国7个州厌氧塘处理城市污水设计参数　　　　　表 14-3

州　名	纬度(度)	BOD 容积负荷率 [kgBOD$_5$/(m^3·d)]	水力停留时间(d)	预计去除率(%)
佐治亚洲	30.4～35	0.048①,0.24②	—	60～80
伊利诺斯州	37～42.5	0.24～0.32	5	60
爱阿华州	40.6～43.5	0.19～0.24	5～10	60～80
蒙大拿州	45～49	0.032～0.16	10(最小)	70
内布拉斯加州	40～43	0.19～0.24	3～5	75
南达科他州	43～46	0.24	—	60
德克萨斯州	26～36.4	0.4～1.6	5～30	50～100

① 不回流
② 1:1 回流

(2) 厌氧塘的布置与构造要求

1) 厌氧塘一般位于稳定塘之首，宜设为并联，这样便于清除塘泥。

2) 厌氧塘宜采用矩形，长宽比 2～2.5:1。

3) 厌氧塘单塘面积应不大于 8000m^2，堤内坡 1:1～1:3，塘底略具坡度。

4) 塘深，厌氧塘的有效深度（包括污泥层深度）为 3～5m，当土壤和地下水条件适宜时，可增大到 6m。保护高一般为 0.6～1.0m。

处理城市污水的厌氧塘的塘深为 1.0～3.6m，塘底储泥深度不小于 0.5m，污泥量按 50L/(人·a) 计算，污泥清除周期为 5～10 年。

5) 厌氧塘进出口，厌氧塘进口一般设在高于塘底 0.6～1.0m 处，使进水与塘底污泥相混合。塘底宽度小于 9m 时，可以只设一个进口，否则应采用多个进口。进水管径 200～300mm。出水口为淹没式，深入水下 0.6m，应不小于冰层厚度或浮渣层厚度。

6) 处理效果，BOD 去除率一般为 30%～60%，其对有机污染物的去除率的高低取决于水温、负荷率、水力停留时间以及污水性质等因素。厌氧塘对一些化工原料和醇、醛、酚、酮等物质也有相当的去除能力。厌氧塘还具有通过化学沉淀去除重金属离子的能力。

五、曝气塘

1. 概述

曝气塘是经过人工强化的稳定塘。塘深在 2.0m 以上，塘内设曝气设备向塘内污水充氧，并使塘水搅动。曝气设备多采用表面机械曝气器，也可以采用鼓风曝气系统。在曝气条件下，藻类的生长与光合作用受到抑制。

曝气塘又可分为好氧曝气塘及兼性曝气塘两种。主要取决于曝气设备安设的数量及密度、曝气强度的大小等。好氧曝气塘与活性污泥处理法中的延时曝气法相近。

由于经过人工强化，曝气塘的净化效果及工作效率都明显地高于一般类型的稳定塘。污水在塘内的停留时间短，曝气塘所需容积及占地面积均较小，这是曝气塘的主要优点，但由于采用人工曝气措施，能耗增加，运行费用也有所提高。

2. 曝气塘的设计与计算

(1) 设计参数

曝气塘一般按表面负荷率进行设计计算，参数取值如下：

BOD 表面负荷率，《给水排水设计手册》对城市污水处理的建议值是 30～60gBOD$_5$/

（m² · d）。

塘深与采用的表面机械曝气器的功率有关，一般介于 2.5~5.0m 之间。

停留时间，好氧曝气塘为 1~10d；兼性曝气塘为 7~20d。

塘内悬浮固体（生物污泥）浓度在 80~200mg/L 之间。

(2) 设计计算

曝气塘在工艺和有机物降解机理等方面与活性污泥法的延时曝气法相近，因此，有关活性污泥法的计算理论，也适用于曝气塘。

污水在曝气塘内的停留时间：

$$t = \frac{E}{K(100-E)} \tag{14-1}$$

式中　t——污水在塘内的停留时间，d；

E——BOD 去除率，$E = \frac{L_a - L_e}{L_a} \times 100\%$；

L_a、L_e——进出水的 BOD 值，mg/L；

K——有机污染物降解速度常数，对处理城市污水的曝气塘此值介于 0.05~0.8 之间。水温对 K 值的影响很大，应用下式加以修正：

$$K_{(T)} = K_{(20)} \cdot \theta^{(T-20)} \tag{14-2}$$

式中　T——曝气塘水温；

$K_{(T)}$——水温为 t℃时 BOD 降解常数；

$K_{(20)}$——水温为 20℃时 BOD 降解常数；

θ——温度系数，其值与污水类型有关，一般介于 1.065~1.09 之间。

【例题 14-1】 某城市污水水量为 5000m³/d，用曝气塘进行处理，水温为 12℃，要求 BOD 去除率达 80%，求所需该塘容积。

【解】 设 $K_{(20)} = 0.6$，$\theta = 1.065$，代入公式（14-2）

$$K_{(12)} = 0.6 \times 1.065^{(12-20)} = 0.36$$

代入公式（14-1）得：

$$t = \frac{80}{0.36(100-80)} = 11(d)$$

曝气塘容积为：$V = t \cdot Q = 11 \times 5000 = 55000$（m³）

六、深度处理塘

1. 概述

深度处理塘设置在二级处理工艺之后或稳定塘系统的最后。其功能是进一步降低二级处理水中残余的有机污染物（BOD、COD）、SS、细菌以及氮磷等植物性营养物质等。又称三级处理塘、熟化塘，在污水处理厂和接纳水体之间起到缓冲作用，以适应受纳水体或回用对水质的要求。

深度处理塘一般多采用好氧塘的形式，采用大气复氧或藻类光合作用的供氧方式。也有采用曝气塘的形式，用兼性塘形式的则较少。

用深度处理塘处理的污水水质，一般 BOD 不大于 30mg/L，COD 不大于 120mg/L，而 SS 则介于 30～60mg/L 之间。

深度处理塘对 BOD 的去除率一般在 30%～60%之间，残留的 BOD 值在 5～20mg/L 之间；COD 的去除率仅为 10%～25%左右，出水的 COD 值一般在 50mg/L 以上。

深度处理塘对细菌的去除效果受水温、光照强度、光照时间的影响。深度处理塘对大肠杆菌、结核杆菌、葡萄球菌属以及酵母菌等都有良好的去除效果。

深度处理塘对藻类的去除，效果比较好的方法就是在稳定塘内养鱼，通过养鱼使塘水中藻类含量降低，又可从养鱼中取得效益。

氮磷的去除，主要依靠塘水中藻类的吸收，其去除率与水温的高低有关。在夏季氮的去除率可达 30%左右；磷的去除率高达 70%以上。在冬季氮的去除率不超过 10%，磷的去除率也降至 2%～27%。

2. 深度处理塘的设计

目前深度处理塘的设计计算仍采用负荷率，根据去除对象的不同而采用不同的负荷率及其他各项设计参数。

(1) 以去除 BOD、COD 为主要目的的深度处理塘，采用表 14-4 所列参数。

以去除 BOD 值为目的的深度处理塘的设计参数   表 14-4

类 型	BOD 表面负荷 [kg/($10^4m^2 \cdot d$)]	水力停留时间(d)	深度(m)	BOD 去除率(%)
好氧深度处理塘	20～60	5～25	1～1.5	30～55
兼性深度处理塘	100～150	3～8	1.5～2.5	40

曝气塘型深度处理塘，采用的负荷率一般在 100kg/($10^4m^2 \cdot d$)以上。

(2) 以除藻为主要目的的深度处理塘，BOD_5 负荷率一般在 20～35kg/($10^4m^2 \cdot d$)，水力停留时间应不小于 15d。

(3) 以去除氨氮为目的的深度处理塘，BOD 表面负荷率不高于 20kgBOD_5/($10^4m^2 \cdot d$)，水力停留时间应不少于 12d，氨氮的去除率可达 65%～70%。

(4) 以除磷为目的的深度处理塘，BOD 表面负荷率取值在 13kgBOD_5/($10^4m^2 \cdot d$)左右，水力停留时间为 12d，磷酸盐去除率可按 60%考虑。

七、控制出水塘

1. 概述

控制出水塘的主要特征是人为地控制塘的出水，在年内的某个时期内，如在冬季低温季节，生物降解功能低下，处理水水质难于达到排放要求，此时塘内只有污水流入，而无处理水流出，塘起蓄水作用。在某个时期内，如在温暖季节，降解功能恢复正常，处理水水质达到排放标准，稳定塘开始正常运行，此时，可将塘水大量排出，出水量远超过进水量。控制出水塘的实质，是按一种特定的排放处理水制度运行的稳定塘。

控制出水塘适用于下列地区：①结冰期较长的寒冷地区；②干旱缺水，需要季节性利用塘水的地区；③稳定塘处理水季节性达不到排放标准或水体只能在丰水期接纳塘出水的地区。

控制出水塘多为兼性塘。

2. 控制出水塘的设计要点：

控制出水塘的设计没有成熟的经验和设计数据。

设计应考虑的因素有：①塘深应大于该地区冰冻深度1m，在冰层下应保证有1.0m深的水层。②多塘系统的控制出水塘，各塘应逐级降低塘底标高，以利排放塘水。③在塘底应考虑高为0.3～0.6m的贮泥层。④进出水口应设在污泥层之上，冰冻层之下。

设计一般要求：①污水进塘前需进行去除悬浮物的一级处理。②多级塘宜布置为既可按串联方式运行，又可按并联方式运行。③塘数不得少于2座。④塘型可根据地形条件，采用任何形状，但应避免短流现象产生。

城市污水控制出水塘仍按BOD表面负荷率进行计算。表14-5为控制出水塘（兼性塘）采用的参考设计数据。

控制出水塘的设计数据　　　　　　　　　　　　　　　表14-5

参数	有效水深(m)	水力停留时间(d)	BOD负荷[kg/(10^4m²·d)]	BOD去除率(%)
数值	2.0～3.5	30～60	10～80	20～40

贮存塘，即只有进水而无处理水排放的稳定塘，主要依靠蒸发和微量渗透来调节塘容。这种稳定塘需要的水面积很大，只适用于蒸发率高的地区。塘水中盐类物质的浓度将与日俱增，最终将抑制微生物的增殖，导致有机物降解效果的降低。

第二节　土地处理

一、概述

1. 污水土地处理系统

污水土地处理系统是在人工控制下，将污水投配在土地上，通过土壤——植物系统净化污水的一种处理工艺。

污水土地处理系统能够经济有效地净化污水，还能充分利用污水中的营养物质和水来满足农作物、牧草和林木对水、肥的需要，并能绿化大地、改良土壤。所以说，土地处理系统是一种环境生态工程。

2. 污水土地处理系统的组成

污水土地处理系统的组成部分包括：①预处理系统；②调节及贮存设备；③污水的输送、配布和控制系统；④土地净化田；⑤净化水收集、利用系统。

其中，土地净化田是土地处理系统的核心环节。

3. 净化机理

土壤净化作用是一个十分复杂的综合过程，其中包括：物理及物化过程的过滤、吸附和离子交换、化学反应的化学沉淀、微生物的代谢作用下的有机物分解等。

过滤是靠土壤颗粒间的孔隙来截留、滤除水中的悬浮颗粒。土壤颗粒的大小、颗粒间孔隙的形状和大小、孔隙的分布以及污水中悬浮颗粒的性质、多少与大小等都会影响土壤的过滤净化效果。悬浮颗粒过粗、过多以及微生物代谢产物过多等，会导致产生土壤颗粒的堵塞。

吸附是在非极性分子之间的范德华力的作用下，土壤中黏土矿物颗粒能够吸附土壤中的中性分子。污水中的部分重金属离子在土壤胶体表面，因阳离子交换作用而被置换吸附并生成难溶性的物质被固定在矿物的晶格中。

金属离子与土壤中的无机胶体和有机胶体颗粒,由于螯合作用而形成螯合化合物;有机物与无机物的复合化而生成复合物;重金属离子与土壤颗粒之间进行阳离子交换而被置换吸附;某些有机物与土壤中重金属生成可吸性螯合物而固定在土壤矿物的晶格中。

化学沉淀是污水中的重金属离子与土壤的某些组分进行化学反应生成难溶性化合物而沉淀。如果调整、改变土壤的氧化还原电位,能够生成难溶性硫化物。改变 pH 值,能够生成金属氢氧化物;某些化学反应还能够生成金属磷酸盐等物质,而沉积于土壤中。

在土壤中生存着的种类繁多、数量巨大的土壤微生物,对土壤颗粒中的有机固体和溶解性有机物具有强大的降解与转化能力,这也是土壤具有强大自净能力的主要原因。

二、污水土地处理系统的工艺类型

目前污水土地处理系统常用的工艺有下列几种:

1. 慢速渗滤系统

慢速渗滤处理系统是将污水投配到种有作物的土地表面,污水缓慢地在土地表面流动并向土壤中渗滤,一部分污水直接为作物所吸收,一部分则渗入土壤中,而使污水得到净化。见图 14-2。

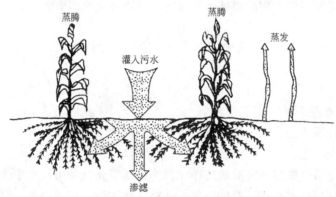

图 14-2 慢速渗滤示意图

向土地布水可采用表面布水或喷灌布水。一般采用较低的投配负荷,减慢污水在土壤层的渗滤速度,使其在含有大量微生物的表层土壤中长时间停留,以保证水质净化效果。该系统一般不考虑处理水流出。

当以处理污水为主要目的时,种植的作物可选择多年生牧草。因牧草的生长期长,对氮的利用率高,并可耐受较高的水力负荷。当以利用为主要目的时,可选种谷物。由于作物的生长受到季节及气候条件的限制,应加强对污水的水质及调蓄管理。

该工艺适用于渗水性能良好的土壤和蒸发量小、气候湿润的地区。其对 BOD 的去除率,一般可达 95% 以上,COD 去除率达 85%~90%,氮的去除率则在 70%~80% 之间。

2. 快速渗滤系统

快速渗滤系统是周期性地向具有良好渗透性能的渗滤田灌水和休灌,使表层土壤处于淹水/干燥,即厌氧、好氧交替运行状态,在污水向下渗滤的过程中,通过过滤、沉淀、氧化、还原以及生物氧化、硝化、反硝化等一系列物理、化学及生物的作用,使污水得到净化。在休灌期,表层土壤恢复为好氧状态,被土壤层截留的有机物为好氧微生物所分解，休灌期土壤层的脱水干化有利于下一个灌水期水的下渗和排除。在灌水期，表层土壤转化为缺氧、厌氧状态，在土壤层形成的交替的厌氧、好氧状态有利于氮、磷的去除。

快速渗滤处理系统见图 14-3。

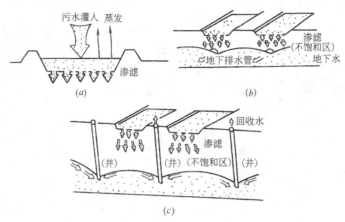

图 14-3 快速渗滤系统示意图
(a) 污水灌入；(b) 由地下管道回收处理水；(c) 由井群回收处理水

该工艺的有机负荷率及水力负荷率高于其他类型的土地处理系统，如果严格控制灌水-休灌周期，仍能达到较高的净化效果。通常情况下，其 BOD 去除率可达 95%，COD 去除率达 91%；处理水 BOD<10mg/L，COD<40mg/L。该工艺还有较好的脱氮除磷功能，氨氮去除率为 85% 左右，TN 去除率 80%，除磷率可达 65%。另外，该工艺具有较强的去除大肠菌的能力，去除率可达 99.9%，出水含大肠菌为≤40 个/100mL。

进入快速渗滤系统的污水必须经过一定的预处理，一般经过一级处理即可。如场地面积有限，需加大滤速或需要较高质量的出水，则应以二级处理作为预处理。

处理水一般采用地下排水管或井群进行回收，可用于补给地下水。

淹水期（灌水）与干化期（休灌）的确定可参考表 14-6 选取。

快速渗滤处理系统水力负荷周期（美国土地处理手册推荐值）　　　表 14-6

目　　标	预处理方式	季　节	灌水日数(d)	休灌日数(d)
使污水达到最大的入渗土壤速率	一级处理	夏冬	1~2,1~2	5~7,7~12
	二级处理		1~3,1~3	4~5,5~10
使系统达到最高的脱氮效率	一级处理	夏冬	1~2,1~2	10~14,12~16
	二级处理		7~9,9~12	10~15,12~16
使系统达到最大的硝化率	一级处理	夏冬	1~2,1~2	5~7,7~12
	二级处理		1~3,1~3	4~5,5~10

3. 地表漫流系统

地表漫流系统是将污水有控制地投配到多年生牧草、坡度和缓、土壤渗透性差的土地上，污水以薄层方式沿土地缓慢流动，在流动的过程中得到净化，然后收集排放或利用。

该工艺以处理污水为主，兼行生长牧草，因此具有一定的经济效益。处理水一般采用地表径流收集，减轻了对地下水的污染。污水在地表漫流的过程中，只有少部分水量蒸发

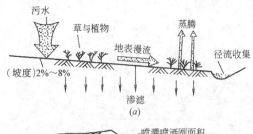

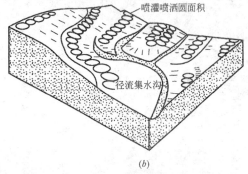

图 14-4 地表漫流处理系统
(a) 污水地表漫流；(b) 采用喷灌的地表漫流系统

和渗入地下，大部分汇入建于低处的集水沟。

地表漫流处理系统的场地和水流途径见图 14-4 所示。

该系统适用于渗透性较差的黏土、亚黏土，最佳坡度为 2%～8%。进水须经适当的预处理，如格栅、筛滤等，其出水水质则相当于传统的生物处理的出水水质。对 BOD 的去除率在 90% 左右，总氮的去除率为 70%～80%，悬浮物的去除率一般达 90%～95%。

4. 湿地处理系统

湿地处理系统是将污水投放到土壤经常处于水饱和状态而且生长有芦苇、香蒲等耐水植物的沼泽地上，污水沿一定方向流动，在流动的过程中，在耐水植物和土壤的联合作用下，使污水得到净化。

该系统对污水净化的作用机理是多方面的。有物理的沉降作用，植物根系的阻截作用，某些物质的化学沉淀作用，土壤及植物的吸附与吸收作用，微生物的代谢作用等。此外，植物根系的某些分泌物对细菌和病毒有灭活作用，细菌和病毒也可能在对其不适宜环境中自然死亡。

在湿地处理系统中，以生长在沼泽地的维管束植物为主要特征。繁茂的维管束植物向其根部输送光合作用产生的氧，每一株维管束植物都是一部"制氧机"，使其根部周围及水中保持一定浓度的溶解氧，为微生物提供了良好的栖息场所，使根区附近的微生物能够维持正常的生理活动。其次，植物也能够直接吸收和分解有机污染物。

湿地处理系统有以下几种类型。

(1) 天然湿地系统

利用天然洼淀、苇塘，并加以人工修整而成。中设导流土堤，使污水沿一定方向流动，水深一般在 30～80cm 之间，不超过 1m，净化作用类似于好氧塘，适宜作污水的深度处理，见图 14-5。

(2) 自由水面人工湿地

用人工筑成水池或沟槽状，底面铺设隔水层以防渗漏，再充填一定深度的土壤层，在土壤层种植维管束植物，污水由湿地的一端通过布水装置进入，并以较浅的水层在地表上以推流方式向前流动，从另一端溢入集水沟，在流动的过程中保持着自由水面。

图 14-5 天然湿地处理系统示意图

本工艺的有机负荷率及水力负荷率的确定，应考虑气候、土壤状况、植物类型以及接纳水体对水质的要求等因素，特别是应将使水层保持好氧状态作为首要条件，一般采用较低的负荷率。

本工艺的有机负荷率介于 18～110kgBOD$_5$/(ha·d) 的较大幅度。我国天津的运行数据，当进水 BOD$_5$=150mg/L 时，水力负荷取值 150～200m^3/(ha·d)，出水可达二级处理水标准。

(3) 人工潜流湿地处理系统

人工潜流湿地处理系统又名人工苇床，是人工筑成的床槽，床内充填介质以支持芦苇类的挺水植物生长。床底设黏土隔水层，并具有一定的坡度。污水与布满生物膜的介质表面和溶解氧充分的植物根区接触而得到净化。

根据床内充填的介质不同，人工潜流湿地处理系统又可分为两种类型。一种如图 14-6 所示，床内介质由上、下两层组成，上层为土壤，种植芦苇等耐水植物，下层为易于使水流通的介质，如炉渣、碎石等，则为植物的根系层。污水由沿床宽设置的布水管流入，布水沟内充填碎石。在出水端碎石层底部设多孔集水管与出水管相连，出水管上设闸阀，以调节床内水位。

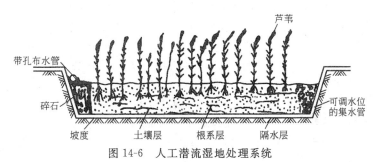

图 14-6 人工潜流湿地处理系统

另一种类型的人工潜流湿地处理构筑物称为碎石床，即在床内充填的只有碎石、砾石类的一种介质，耐水植物直接种植在介质上，其他与前一种类型的人工湿地相同。碎石充填深度应根据种植的植物根系能够达到的深度而定，一般芦苇为 60～70cm，介质粒径可介于 10～30mm 之间。

湿地系统设计可考虑采用的参考性参数：

水力停留时间（7～10d）；长宽比（$L/B>10/1$）；投配负荷率（2～20cm/d）；布水深度（夏季<10cm，冬季>30cm）；有机负荷（15～20kgBOD/(10^4m^2·d)）；植物（芦苇、香蒲、水葱、灯芯草、蓑衣草等）；湿地坡度（0～3%）；人工湿地占用土地面积（F）可用下式估算：

$$F=6.57\times10^{-3}Q \quad (10^4\text{m}^2)$$

式中 Q——污水设计流量，m^3/d。

湿地处理系统既能处理污水，又能改善环境，近年来在国内外得到比较广泛的应用。

5. 污水地下渗滤处理系统

污水地下渗滤处理系统是将经过化粪池或酸化水解池预处理后的污水有控制地通入设于地下距地面约 0.5m 深处的渗滤田，在土壤的渗滤作用和毛细管作用下，污水向四周扩散，通过过滤、沉淀、吸附和在微生物作用下的降解作用，使污水得到净化。该工艺具有以下特征：①整体处理系统都设于地下，地面上可种植绿色植物，美化环境；②不受或较小受到外界气温变化的影响；③易于建设，便于维护，不堵塞，建设投资省，运行费用低；④对进水负荷的变化适应性较强，耐冲击负荷；⑤运行得当可回收到水质良好、稳定的处理水，用于农灌、浇灌城市绿化地、街心公园等。

地下渗滤处理系统是一种以生态原理为基础，以节能、减少污染、充分利用水资源的一种新型的小规模的污水处理工艺技术。该工艺适用于处理居住小区、旅游点、度假村、疗养院等未与城市排水系统接通的分散建筑物排出的小流量的污水。

地下渗滤处理系统在一些发达国家受到重视。如在日本、美国得到了很大发展，其处理设备做到了定型化、系列化，并制定了相应的技术规范。我国近年来对这一技术也日益重视，但尚处于初步启动阶段。

思考题与习题

1. 稳定塘是如何分类的？有哪些类型？各有什么特点？
2. 利用稳定塘处理污水有哪些优缺点？
3. 稳定塘有哪几方面的净化作用？影响稳定塘净化过程的因素有哪些？
4. 稳定塘中对污水起净化作用的生物种类有哪些？各有何作用？
5. 简述稳定塘生态系统。
6. 什么是污水的土地处理系统？为什么说土地处理是一项环境生态工程？
7. 污水土地处理系统由哪几部分组成？
8. 土壤净化污水的机理是什么？采用土地处理系统处理污水有哪些优缺点？
9. 污水土地处理系统的类型有哪几种？其适用条件是什么？
10. 什么是湿地处理系统？其净化污水的特点是什么？

第十五章 污泥的处理与处置

第一节 概 述

在水处理过程中,必然产生一定数量的污泥,污泥通常是指主要由各种微生物以及有机、无机颗粒组成的絮状物。污泥来自原水中的杂质和在处理过程中投加的物质,污泥的成分与原水及处理方法密切相关。原水中的杂质是无机的,产生的污泥也是无机的;原水中的杂质是有机的,则产生的污泥一般也是有机的;物理方法产生的污泥与原水中杂质相同,化学及物理化学法产生的污泥一般与原水中的杂质不同,生物处理方法产生的污泥是生物性的。例如以地面水为水源的净化处理中产生的主要是含铝或铁的无机污泥;以含铁锰地下水为水源的净化处理中产生的是含铁锰的无机污泥;在软化处理中产生的是含钙镁的无机污泥;在生活污水物理处理中产生的是非生物性有机污泥;在生活污水生化处理中产生的是生物性有机污泥。

根据污泥中物质的成分,将污泥分为有机污泥和无机污泥两大类。有机污泥通常称为污泥,以有机物为主要成分,具有易腐化发臭、颗粒较细、比重较小、含水率高且不易脱水的特性,是呈胶状结构的亲水性物质。无机污泥通常称为沉渣,以无机物为主要成分,具有颗粒较粗、比重较大、含水率较低且易于脱水的特性。

要使水处理系统正常运行和保证处理效果,必须及时将污泥从系统中排出。但是,污泥如果直接排放到环境中,可能会造成环境污染,即二次污染;同时,污泥中的有用物质可以通过处理后回收利用,变害为利。因此,污泥的处理与处置已越来越受到人们的重视。

本章重点介绍城市污水处理中产生的有机性污泥的处理与处置方法。

一、污泥处理处置的方法

在污水处理过程中,污泥的产生量约占处理水量的0.3%～0.5%左右(以含水率为97%计)。在污水处理厂的全部建设费用中,用于处理污泥的约占20%～50%,甚至高达70%。所以污泥处理是污水处理系统的重要组成部分,必须予以充分重视。污泥处理的目的和原则有四:一是稳定化,通过稳定化处理消除恶臭;二是无害化处理,通过无害化处理,杀灭污泥中的虫卵及致病微生物,去除或转化其中的有毒有害物质,如合成有机物及重金属离子等;三是减量化处理,使之易于运输处置;四是利用,实现污泥的资源化。

污泥的处理与处置是两个不同的概念。污泥的处理方法主要包括浓缩、消化、脱水、干燥等,是为了实现污泥的稳定化、无害化和减量化;而其处置方法主要包括填埋、肥料农用、焚烧等,主要是实现污泥的利用与资源化。从流程上来看,处理在前,处置在后。污泥处理可供选择的方案大致有:

(1) 生污泥→湿污泥池→最终处置

(2) 生污泥→浓缩→自然干化→堆肥→最终处置
(3) 生污泥→浓缩→消化→最终处置
(4) 生污泥→浓缩→消化→自然干化→最终处置
(5) 生污泥→浓缩→消化→机械脱水→最终处置
(6) 生污泥→浓缩→机械脱水→干燥焚烧→最终处置

第（1）（2）方案是以堆肥、农用为主。当污泥符合农用肥料条件及附近有农、林、牧或蔬菜基地时可考虑采用方案（1）；符合农用条件的污泥，在附近无法直接利用湿污泥时，可采用方案（2）。第（3）（4）（5）方案，以消化处理为主体，消化过程产生的生物能即沼气（或称消化气、污泥气）可作为能源利用。经消化后的熟污泥可直接处置，即方案（3）；或进行脱水减容后处置，即方案（4）、（5）。第（6）方案是以干燥焚烧为主，当污泥不适于进行消化处理或不符合农用条件，或受污水处理厂用地面积的限制等地区可考虑采用，焚烧产生的热能，可作为能源。

方案（1）～（6）的处理工艺由简到繁，工程投资和管理费用亦由低到高。污泥处理方案选择时，应根据污泥的性质与数量、资金情况与运行管理费用、环境保护要求及有关法律与法规、城市农业发展情况及当地气候条件等情况，进行综合考虑后选定。

二、污泥的分类

按污水的处理方法，即污泥从污水中分离的过程，污泥可分为以下几类：
(1) 初沉污泥：指污水一级处理过程中从初沉池分离出来的沉淀物；
(2) 剩余污泥：指活性污泥处理工艺二沉池产生的沉淀物；
(3) 腐殖污泥：指生物膜法污水处理工艺中二沉池产生的沉淀物；
(4) 化学污泥：指用化学沉淀法处理污水后产生的沉淀物。

生活污水污泥易于腐化，可进一步区分如下：
(5) 生污泥：指从水处理系统沉淀池排出来的沉淀物；
(6) 消化污泥：指生污泥经厌氧分解后得到的污泥；
(7) 浓缩污泥：指生污泥经浓缩处理后得到的污泥；
(8) 脱水干化污泥：指经脱水干化处理后得到的污泥；
(9) 干燥污泥：指经干燥处理后得到的污泥。

三、表示污泥性质的指标

用于表示污泥性质的主要指标有：

(1) 污泥含水率

污泥中所含水分的重量与污泥总重量之比称为污泥的含水率。污泥的含水率一般都很高，比重接近于1。污泥的含水率、体积、重量及所含固体物浓度之间的关系可用式(15-1)表示：

$$\frac{V_1}{V_2}=\frac{W_1}{W_2}=\frac{100-p_2}{100-p_1}=\frac{C_2}{C_1} \tag{15-1}$$

式中　V_1，W_1，C_1——污泥含水率为 p_1 时的污泥体积、重量与固体物浓度；
　　　V_2，W_2，C_2——污泥含水率变为 p_2 时的污泥体积、重量与固体物浓度。

【例题 15-1】　污泥含水率从 99% 降低到 96% 时，计算污泥体积的变化。

【解】 由式（15-1）

$$V_2 = V_1 \frac{100-p_1}{100-p_2} = V_1 \frac{100-99}{100-96} = \frac{1}{4} V_1$$

可见污泥含水率从99%降低至96%，体积减少了3/4。

式（15-1）适用于含水率大于65%的污泥。因含水率低于65%以后，污泥颗粒之间不再被水填满，体积内有气体出现，体积与重量不再符合式（15-1）关系。

(2) 污泥的脱水性能与污泥比阻

污泥脱水性能是指污泥脱水的难易程度，可用有关的过滤装置进行测算。污泥比阻也可反映污泥的脱水性能。

污泥比阻是指单位过滤面积上，单位干重滤饼所具有的阻力。

$$r = \frac{2PA^2}{\mu} \cdot \frac{b}{\omega} \tag{15-2}$$

式中 r ——比阻，m/kg，1m/kg $= 9.81 \times 10^3 \text{S}^2/\text{g}$；

P ——过滤压力，kg/m²；

A ——过滤面积，m²；

μ ——滤液的动力黏滞度，kg·s/m²；

ω ——滤过单位体积的滤液在过滤介质上截留的干固体重量，kg/m³；

b ——污泥性质系数，s/m⁶。

(3) 挥发性固体和灰分

挥发性固体可近似代表污泥中有机物含量，又叫灼烧减重；灰分代表无机物含量，又叫灼烧残渣。通过烘干、高温（550℃、600℃）焚烧称重求测。

(4) 可消化程度

污泥中的有机物，是消化处理的对象。有一部分易于分解（或称可被气化，无机化），另一部分不易或不能被分解，如纤维素、橡胶制品等。用可消化程度表示污泥中挥发性固体被消化降解的百分数。可消化程度用 R_d 表示，用下式计算：

$$R_d = \left(1 - \frac{p_{V_2} p_{s_1}}{p_{V_1} p_{s_2}}\right) \times 100 \tag{15-3}$$

式中 R_d ——可消化程度，%；

p_{s_1}, p_{s_2} ——生污泥及消化污泥的无机物含量，%；

p_{V_1}, p_{V_2} ——生污泥及消化污泥的有机物含量，%。

(5) 湿污泥比重与干污泥比重

湿污泥重量等于污泥所含水分重量与干固体重量之和。湿污泥比重等于湿污泥重量与同体积的水重量之比值。由于水比重为1，所以湿污泥比重 γ 可用下式计算：

$$\gamma = \frac{p + (100-p)}{p + \frac{100-p}{\gamma_s}} = \frac{100\gamma_s}{p\gamma_s + (100-p)} \tag{15-4}$$

式中 γ ——湿污泥比重；

p——湿污泥含水率，%；
γ_s——干污泥比重。

干固体物质由有机物（即挥发性固体）和无机物（即灰分）组成，有机物比重一般等于1，无机物比重约为2.5～2.65，以2.5计，则干污泥平均比重γ_s为：

$$\gamma_s = \frac{250}{100+1.5P_V} \tag{15-5}$$

式中 P_V——污泥中有机物含量，%。

确定湿污泥比重和干污泥比重，对于浓缩池的设计、污泥运输及后续处理都有实用价值。

【例题15-2】 已知初沉池污泥的含水率为97%，有机物含量为65%。求干污泥比重和湿污泥比重。

【解】 干污泥比重用式（15-5）计算

$$\gamma_s = \frac{250}{100+1.5P_V} = \frac{250}{100+1.5\times 65} = 1.26$$

湿污泥比重用式（15-4）计算

$$\gamma = \frac{100\gamma_s}{p\gamma_s+(100-p)} = \frac{100\times 1.26}{97\times 1.26+(100-97)} = 1.006$$

(6) 污泥肥分

污泥中含有大量的植物营养素（氮、磷、钾）、微量元素及土壤改良剂（有机腐殖质），我国城市污水处理厂不同种类污泥所含肥分见表15-1。

我国城市污水处理厂污泥肥分表　　　　　　　　　表15-1

污泥类别	总氮(%)	磷(以P_2O_5计)(%)	钾(以K_2O计)(%)	有机物(%)
初沉污泥	2～3	1～3	0.1～0.5	50～60
活性污泥	3.3～7.7	0.78～4.3	0.22～0.44	60～70
消化污泥	1.6～3.4	0.6～0.8	—	25～30

(7) 污泥的毒性与环境危害性

污泥的毒性和危害性主要由于其所含有的毒性有机物、致病微生物和重金属等。

污泥中含有的毒性有机物主要是难分解的有机氯杀虫剂、苯并芘、氯丹、多氯联苯等。由于这类污染物的浓度能在农作物中富集10倍以上，因此，可能对环境和人类具有长期危害性。

污泥中含有比水中数量高得多的病原物，主要有细菌、病毒和虫卵等。常见的细菌有沙门氏菌、志贺细菌、致病性大肠杆菌、埃希氏杆菌、耶尔森氏菌和梭状芽包杆菌等；常见的病毒有肝类病毒、呼肠病毒、脊髓灰质炎病毒、柯萨奇病毒、轮状病毒等；常见的虫卵有蛔虫卵、绦虫卵等。因此，污泥必须在资源化利用之前进行消毒处理。

污泥中一般含有较大量的重金属物质，其含量的高低取决于城市污水中工业废水所占比例及工业性质。污水经二级处理后，污水中重金属离子约有50%以上转移到污泥中，因此污泥中的重金属离子含量一般都较高。故当污泥作为肥料使用时，要注意重金属离子含量是否超过我国农林业部规定的《农用污泥标准》（GB 4284—84）。表 15-2 列举我国北京、上海、天津、西安、兰州、沈阳、黄石等几个城市污水处理厂污泥中重金属含量的范围。

我国城市污水处理厂污泥中重金属成分及含量（mg/kg）　　　表 15-2

重金属离子名称		汞	镉	铬	铅	砷	锌	铜	镍
污泥中含量范围		4.63～138	3.6～24.1	9.2～540	85～2400	12.4～560	300～1119	55～460	30～47.5
GB 4284—84	酸性土壤（pH＜6.5）	5	5	600	300	75	500	250	100
	中性和碱性土壤（pH≥6.5）	15	20	1000	1000	75	1000	500	200

（8）污泥的热值与可燃性

污泥的主要成分是有机物，可以燃烧，其可燃性用干基热值表示。干基热值是指单位重量的干固体所具有的燃烧热值。根据经验，有机固体的干基热值≥6000kJ/kg 时，可稳定燃烧供热或发电。而城市污水处理的各类污泥中，新鲜污泥的热值较高，消化污泥热值较低，但其干基热值均大大超过 6000kJ/kg，所以干污泥具有很好的可燃性。然而，因为脱水后的湿污泥中所含水分一般在 70%～80%，直接焚烧时去除水分还需消耗能量，所以，湿污泥的焚烧性并不理想，一般需加入辅助燃料方可稳定燃烧。

四、污泥量计算

1. 经验数据估算

城市污水处理污泥量可按表 15-3 估算。

城市污水处理厂污泥量　　　表 15-3

污泥种类		污泥量 L/m³	含水率%	密度 kg/L
沉砂池		0.03	60	1.5
初沉池		14～25	95～97.5	1.015～1.02
二沉池	膜法	7～19	96～98	1.02
	泥法	10～21	99.2～99.6	1.005～1.008

2. 公式估算

（1）初沉污泥量

1）根据污水中悬浮物浓度、去除率、污水流量及污泥含水率，用式（15-6）计算：

$$V=\frac{100C_0\eta Q}{1000(100-p)\rho} \qquad (15-6)$$

式中　V——初沉污泥量，m³/d；

　　　Q——污水流量；m³/d；

　　　η——去除率，%；

　　　C_0——进水悬浮物浓度，mg/L；

　　　p——污泥含水率，%；

　　　ρ——沉淀污泥密度，以 1000kg/m³ 计。

2）按每人每天产泥量计算

$$V = \frac{NS}{1000} \tag{15-7}$$

式中　N——城市人口数，人；

　　　S——产泥量，L/d·人。

(2) 剩余活性污泥量

式 (15-6) 适用于初次沉淀池，二次沉淀池的污泥量也可近似地按该式计算，η 以 80% 计。

一般剩余活性污泥量用本书第十一章公式计算，即：

$$Q_S = \frac{\Delta X}{f X_r}$$

式中　Q_S——每日排出剩余污泥量，m^3/d；

　　　ΔX——挥发性剩余污泥量（干重），kg/d；

　　　f——污泥的 MLVSS/MLSS 值，对生活污水 $f = 0.75$，工业废水的 f 值通过测定确定；

　　　X_r——污泥浓度，g/L。

(3) 消化污泥量

消化污泥量可用下式计算：

$$V_d = \frac{(100 - p_1) V_1}{100 - p_d} \left[\left(1 - \frac{p_{V_1}}{100} \right) + \frac{p_{V_1}}{100} \left(1 - \frac{R_d}{100} \right) \right] \tag{15-8}$$

式中　V_d——消化污泥量，m^3/d；

　　　p_d——消化污泥含水率，%，取周平均值；

　　　V_1——生污泥量，m^3/d，取周平均值；

　　　p_1——生污泥含水率，%，取周平均值；

　　　p_{V_1}——生污泥有机物含量，%；

　　　R_d——可消化程度，%，取周平均值。

五、污泥的输送

污泥在处理、最终处置或利用时都需要进行短距离或长距离（数百米至数十公里）的输送。

1. 污泥输送方法

污泥输送的方法有管道、卡车、驳船以及它们的组合方法。采用何种方法决定于污泥的数量与性质、污泥处理的方案、输送距离与费用、最终处置与利用的方式等因素。这里重点介绍管道输送。

污泥管道输送是污水处理厂内或长距离输送的常用方法。对污泥进行长距离输送时应考虑是否符合以下条件：①污泥输送的目的地相当稳定；②污泥的流动性能较好，含水率较高；③污泥所含油脂成分较少，不会粘附于管壁而缩小管径增加阻力；④污泥的腐蚀性低，不会对管材造成腐蚀或磨损；⑤污泥的流量较大，一般应超过 $30m^3/h$。

管道输送，可分为重力管道与压力管道两种。重力管道输送时，距离不宜太长，管坡一般采用 0.01～0.02，管径不小于 200mm，中途应设置清通口，以便在堵塞时用机械清通或高压水(污水处理厂出水)冲洗。压力管道输送时,需要进行详细的水力计算。

管道输送具有卫生条件好,没有气味与污泥外溢,操作方便并利于实现自动化控制,运行管理费用低的优点。主要缺点是一次性投资大,一旦建成后,输送的地点固定,较不灵活。所以,污泥量大时一般考虑采用管道输送,对于中小型污水处理厂,可以考虑选用卡车、驳船等输送方式。

2. 污泥输送设备

污泥进行管道输送或装卸卡车、驳船时,需要抽升设备,可用污泥泵或渣泵。

输送污泥用的污泥泵,在构造上必须满足不易被堵塞与磨损,耐腐蚀等基本条件。已经有效地用于污泥抽升的设备有隔膜泵、旋转螺栓泵、螺旋泵、混流泵、柱塞泵、PW型及PWL型离心泵等。

当需要扬程较高时,可选用PW型及PWL型离心泵,但当污泥中含砂量较高,含纤维状物较多时,叶轮易被磨损与堵塞,则不宜选用。隔膜泵没有叶轮,不存在磨损与堵塞问题。螺旋泵的特点是流量大、扬程低、效率稳定、不堵塞,为敞开式,常用于曝气池污泥回流、中途泵站等。

3. 污泥流动的水力特性与水力计算

(1) 污泥流动的水力特性

污泥在含水率较高(高于99%)的状态下,属于牛顿流体,流动的特性接近于水流。随着固体浓度的增高,污泥的流动显示出半塑性或塑性流体的特性,必须克服初始剪力τ_0以后才能开始流动,固体浓度越高,τ_0值也越大,所以污泥流动特性不同于水流。污泥流动的阻力,在层流条件下,由于τ_0值的存在,较层流时的水流阻力大;在紊流条件下,反较紊流状态下的水流阻力小。因此在设计输泥管道时,常采用较大流速,使泥流处于紊流状态。压力输泥管一般采用表15-4所列举的最小设计流速。

压力输泥管最小设计流速 表15-4

污泥含水率(%)	最小设计流速(m/s)		污泥含水率(%)	最小设计流速(m/s)	
	管径150~250mm	管径300~400mm		管径150~250mm	管径300~400mm
90	1.5	1.6	95	1.0	1.1
91	1.4	1.5	96	0.9	1.0
92	1.3	1.4	97	0.8	0.9
93	1.2	1.3	98	0.7	0.8
94	1.1	1.2			

(2) 压力输泥管道的沿程水头损失

压力输泥管道的沿程水头损失用哈森-威廉姆斯紊流公式(15-9)计算:

$$h_f = 6.82 \left(\frac{L}{D^{1.17}}\right)\left(\frac{v}{C_H}\right)^{1.85} \tag{15-9}$$

式中 h_f——输泥管沿程水头损失,m;

L——输泥管长度,m;

D——输泥管管径,m;

v——污泥流速,m/s;

C_H——哈森-威廉姆斯系数,其值决定于污泥浓度,见表15-5。

污泥浓度与 C_H 值表　　　　　　　表 15-5

污泥浓度(%)	C_H 值	污泥浓度(%)	C_H 值
0.0	100	6.0	45
2.0	81	8.5	32
4.0	61	10.1	25

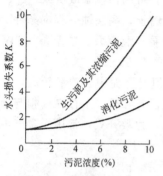

图 15-1　污泥类型及污泥浓度与 K 值图

长距离管道输送时，考虑到由于污泥，特别是生污泥、浓缩污泥可能含有油脂，固体浓度较高，使用时间长后，管壁被油脂粘附以及管底沉积，水头损失增大。为安全起见，用（15-9）公式计算出的水头损失值，再乘以水头损失系数 K。K 值与污泥类型及污泥浓度有关，见图 15-1。

根据乘以 K 值后的水头损失值，进行污泥泵的选择。

【例题 15-3】　某城市污水处理厂的初沉污泥的含水率为 98%，污泥量为 300m³/h(0.083m³/s)，用管道输送至厂外长期利用，管道长度为 500m，求水头损失。

【解】　采用紊流状态输送污泥，流速取 1.7m/s，管径为 250mm。

因污泥含水率为 98%，即污泥浓度为 2%，查表 15-5 得系数 $C_H=81$。

把已知数据代入式（15-9）得：

$$h_f=6.82\left(\frac{L}{D^{1.17}}\right)\left(\frac{v}{C_H}\right)^{1.85}=6.82\left(\frac{500}{0.2^{1.17}}\right)\left(\frac{1.7}{81}\right)^{1.85}=17.6\text{m}$$

若输送的污泥是消化污泥，根据污泥浓度为 2%，查图 15-1，得 $K=1.03$，修正后的水头损失为：

$$h_f=1.03\times17.6=18.1\text{m}$$

若输送的污泥是生污泥，查图 15-1，得 $K=1.2$，修正后的水头损失值为：

$$h_f=1.2\times17.6=21.1\text{m}$$

根据修正后的水头损失值选污泥泵。

(3) 压力输泥管的局部水头损失

长距离输泥管道的水头损失，主要是沿程水头损失。局部水头损失所占比重很小，故可忽略不计。但污水处理厂内部的输泥管道，因输送距离短，局部水头损失必须计算。局部水头损失值的计算公式见式（15-10）

$$h_i=\xi\frac{v}{2g} \qquad (15-10)$$

式中　h_i——局部水头损失，m；

　　　ξ——局部阻力系数，见表 15-6；

　　　v——管内污泥流速，m/s；

　　　g——重力加速度 9.81m/s²。

污泥管道输送局部阻力系数 ξ 值　　　表 15-6

配件名称		ξ 值	污泥含水率(%)	
			98	96
承插接头		0.4	0.27	0.43
三通		0.8	0.60	0.73
90°弯头		1.46(r/R=0.9)	0.85(r/R=0.7)	1.14(r/R=0.8)
四通		—	2.5	—
闸门	h/d=0.9	0.03	—	0.04
	0.8	0.05	—	0.12
	0.7	0.20	—	0.32
	0.6	0.70	—	0.90
	0.5	2.03	—	2.57
	0.4	5.27	—	6.30
	0.3	11.42	—	13.00
	0.2	28.70	—	29.70

第二节　污泥浓缩

污泥中所含水分大致分为 4 类：颗粒间的空隙水，约占总水分的 70%；毛细水，即颗粒间毛细管内的水，约占 20%；污泥颗粒吸附水和颗粒内部水，约占 10%，如图 15-2 所示。

污泥的含水率很高，初沉污泥含水率介于 95%～97%，剩余活性污泥达 99% 以上。因此污泥的体积非常大，对污泥的后续处理造成困难。由例题 15-1 可知，污泥含水率从 99% 降至 96%，污泥体积可减小 3/4，污泥体积的大幅度减小，为后续处理创造了条件。如后续处理是厌氧消化，消化池的容积、加热量、搅拌能耗都可大大降低；如后续处理为机械脱水，调节污泥所用的混凝剂用量、机械脱水设备的容量也可大大减小。

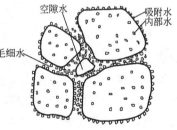

图 15-2　污泥水分示意图

降低含水率的方法有：①浓缩法，用于降低污泥中的空隙水。因空隙水所占比例最大，故浓缩是减容的主要方法；②自然干化法和机械脱水法，可以脱除毛细水。③干燥与焚烧，能够脱除吸附水与内部水。不同脱水方法的脱水效果列于表 15-7。

污泥浓缩的方法主要有重力浓缩、气浮浓缩、离心浓缩等。

一、污泥的重力浓缩

重力浓缩法是利用自然的重力沉降作用，使污泥中的间隙水得以分离。重力浓缩构筑物称为重力浓缩池。根据运行方式的不同，可分为连续式重力浓缩池和间歇式重力浓缩池两种。前者主要用于大中型污水处理厂，后者多用于小型污水处理厂或工业企业的污水处理。

1. **连续式重力浓缩池**

不同脱水方法及脱水效果表　　　　表 15-7

脱水方法		脱水装置	脱水后含水率（%）	脱水后状态
浓缩法		重力浓缩、气浮浓缩、离心浓缩	95～97	近似糊状
自然干化法		自然干化场、晒砂场	70～80	泥饼状
机械脱水	真空吸滤法	真空转鼓、真空转盘	60～80	泥饼状
	压滤法	板框压滤机	45～80	泥饼状
	滚压带法	滚压带式压滤机	78～86	泥饼状
	离心法	离心机	80～85	泥饼状
干燥法		各种干燥设备	10～40	粉状、粒状
焚烧法		各种焚烧设备	0～10	灰状

（1）基本构造

连续式重力浓缩池的基本构造见图 15-3。

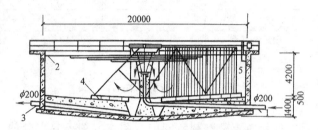

图 15-3　连续式重力浓缩池基本构造
1—中心进泥管；2—上清液溢流堰；3—排泥管；4—刮泥机；5—搅动栅

池形及工作原理同辐流式沉淀池。污泥连续由中心管 1 进入，经导流筒均匀布水进入泥水分离区，上清液由溢流堰 2 排出，浓缩污泥由刮泥机 4 缓缓刮至池中心的污泥斗并从排泥管 3 排出，刮泥机 4 上装有垂直搅拌栅 5 随着刮泥机转动，周边线速度为 1m/min 左右，每条栅条后面，可形成微小涡流，有助于颗粒之间的絮凝，使颗粒逐渐变大，并可造成空穴，促使污泥颗粒的空隙水与气泡逸出，浓缩效果可提高 20% 以上。浓缩池池径一般为 5～20m，底坡采用 1/100～1/12，一般取 1/20。

连续式重力浓缩池的其他形式有多层辐射式浓缩池，适用于土地紧缺地区；还有采用重力排泥的多斗连续式浓缩池。

（2）设计计算

1）池面积计算

浓缩池面积通常采用固体通量法进行计算。固体通量即单位时间内，通过单位面积的固体物重量，单位（kg/m²·h）。浓缩池面积按式（15-11）计算。

$$A \geqslant \frac{QC_0}{G_L} \tag{15-11}$$

式中　A——浓缩池面积，m²；
　　　Q——入流污泥量，m³/h；
　　　C_0——入流污泥固体浓度，kg/m³；

G_L——极限固体通量，kg/m²·h。

固体通量应通过试验确定，如无试验数据，可参考表 15-8 选用。

重力浓缩池生产运行数据表（入流污泥浓度 $C_0=2\sim6g/L$）　　表 15-8

污泥种类	污泥固体通量[kg/(m²·h)]	浓缩污泥浓度(g/L)
生活污水污泥	1～2	50～70
初沉污泥	4～6	80～100
改良曝气活性污泥	3～5.1	70～85
活性污泥	0.5～1.0	20～30
腐殖污泥	1.6～2.0	70～90
初沉污泥与活性污泥混合	1.2～2.0	50～80
初沉污泥与改良曝气活性污泥混合	4.0～5.1	80～120
初沉污泥与腐殖污泥混合	2.0～2.4	70～90

2）池深度计算

浓缩池总深度由压缩区高度、上清液区高度、池底坡、超高 4 部分组成。压缩区高度的计算见设计手册，一般上清液区高度取 1.5m，超高取 0.3m。

2. 间歇式重力浓缩池

间歇式重力浓缩池的构造见图 15-4。

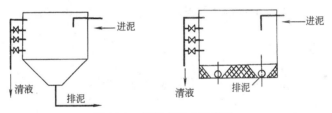

图 15-4　间歇式重力浓缩池

间歇式重力浓缩池的设计原理同连续式。运行时，应首先排除浓缩池中的上清液，腾出池容，再投入待浓缩的污泥。为此，在浓缩池深度方向的不同高度设上清液排出管。浓缩时间一般不宜小于 12 小时。

二、污泥气浮浓缩

1. 气浮浓缩的原理

气浮浓缩与重力浓缩相反，该法是依靠大量微小气泡附着于悬浮污泥颗粒上，减小污泥颗粒的密度而强制上浮，使污泥颗粒与水分离的方法。因此气浮法适用于颗粒易于上浮的疏水性污泥，或悬浮液很难沉降且易于凝聚的污泥。气浮法有加压溶气气浮、真空溶气气浮、散气气浮、电解气浮等多种形式，应用广泛的是加压溶气气浮法，多用于剩余污泥的浓缩。气浮浓缩的工艺流程见图 15-5。分为无回流、有回流两种方式。

无回流方式是将压缩空气与入流污泥在一定压力的溶气罐中混合；有回流方式是用回流水与压缩空气在溶气罐中混合，使空气大量地溶解在回流水中。通过减压阀使加压水减压至常压，进入进水室。进水室的作用是使减压后的溶气水大量释放出微细气泡，并迅速附着在污泥颗粒上。气浮池的作用是上浮浓缩，在池表面形成浓缩污泥层由刮泥机刮

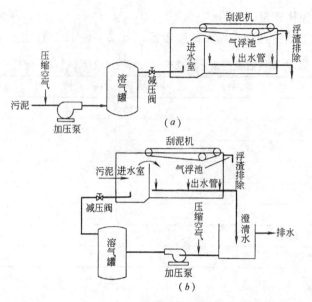

图 15-5 气浮浓缩工艺流程
(a) 无回流；(b) 有回流

出池外。不能上浮的颗粒沉至池底，随设在池底的清液排水管一起排出。

2. 气浮浓缩池的设计

气浮浓缩池的设计内容主要包括气浮浓缩池所需气浮面积、深度、空气量、溶气罐压力等。

(1) 溶气比的确定

气浮时有效空气重量与污泥中固体物重量之比称为溶气比或气固比，用 $\frac{A_a}{S}$ 表示。

无回流时：
$$\frac{A_a}{S}=\frac{S_a(fP-1)}{C_0} \tag{15-12}$$

有回流时：
$$\frac{A_a}{S}=\frac{S_aR(fP-1)}{C_0} \tag{15-13}$$

式中 $\frac{A_a}{S}$——溶气比。一般采用 0.03～0.04，或通过试验确定。$S=Q_0C_0$；

S_a——在 0.1MPa(1 大气压) 下，空气在水中的饱和溶解度 (mg/L)。其值等于 0.1MPa 下，空气在水中的溶解度 (以容积计，单位为 L/L) 与空气容重 (mg/L) 的乘积。0.1MPa 下空气在不同温度时的溶解度及容重列于表 15-9；

P——溶气罐的压力，一般用 0.2～0.4MPa，计算时以 2～4kg/cm² 代入；

R——回流比，等于加压溶气水的流量与入流污泥量 Q_0 之比，一般采用 1.0～3.0；

f——回流加压水的空气饱和度，%，一般为 50%～80%；

Q_0——入流污泥量 L/h；

C_0——入流污泥固体物浓度，mg/L。

空气溶解度及容重表　　　　　　　　　　　　　　　　　　　　　　　表 15-9

气温(℃)	溶解度(L/L)	空气容重(mg/L)	气温(℃)	溶解度(L/L)	空气容重(mg/L)
0	0.0292	1252	30	0.0157	1127
10	0.0228	1206	40	0.0142	1092
20	0.0187	1164			

(2) 气浮浓缩池表面水力负荷

气浮浓缩池的表面水力负荷 q 可参考表 15-10 选用。

气浮浓缩池水力负荷、固体负荷表　　　　　　　　　　　　　　　　表 15-10

污泥种类	入流污泥固体浓度(%)	表面水力负荷 m³/(m²·h)		表面固体负荷	气浮污泥固体浓度(%)
		有回流	无回流		
活性污泥混合液	<0.5			1.04~3.12	
剩余活性污泥	<0.5			2.08~4.17	
纯氧曝气剩余活性污泥	<0.5	1.0~3.6	0.5~1.8	2.50~6.25	3~6
初沉污泥与剩余活性污泥混合	1~3			4.17~8.34	
初沉污泥	2~4			<10.8	

(3) 回流比 R 的确定

溶气比值确定以后，根据式（15-13）可计算出 R 值。无回流时，不必计算 R。

(4) 气浮浓缩池的表面积：

无回流时：

$$A=\frac{Q_0}{q} \tag{15-14}$$

有回流时：

$$A=\frac{Q_0(R+1)}{q} \tag{15-15}$$

式中　A——气浮浓缩池表面积，m²；

　　　q——气浮浓缩池的表面水力负荷，参见表（15-11），m³/m²·d 或 m³/m²·h；

　　　Q_0——入流污泥量，m³/d 或 m³/h。

池表面积 A 求出后，需用固体负荷校核其能否满足。如不能满足，则应采用固体负荷求得的面积。

气浮浓缩可以使污泥含水率从 99% 以上降低到 95%~97%，澄清液的悬浮物浓度不超过 0.1%，可回流到污水处理厂的入流泵房。

【例题 15-4】 某城市污水处理厂，有剩余活性污泥 $Q_0=1000\text{m}^3/\text{d}$，初始浓度 $C_0=3000\text{mg/L}$，水温以 20℃ 计，采用气浮浓缩，浓缩污泥浓度要求 4% 以上。

【解】 采用回流加压气浮工艺（见图 15-5b）进行计算。

(1) 确定 $\dfrac{A_a}{S}$

由于 C_0 较低，先取 $\dfrac{A_a}{S}=0.03$。

(2) 确定回流比 R

因污泥温度为20℃，查表15-9得 $S_a=0.187\times1164=21.76\text{mg/L}$。取 $f=0.8$，溶气罐压力 P 取 4kg/cm^2，代入式（15-13）求回流比 R：

$$R=\dfrac{\dfrac{A_a}{S}C_0}{S_a(fp-1)}=\dfrac{0.03\times3000}{21.76(0.8\times4-1)}=1.88$$

(3) 气浮浓缩池表面积

查表15-10，取 $q=2.0\text{m}^3/(\text{m}^2\cdot\text{h})$。

$$A=\dfrac{Q_0(R+1)}{q}=\dfrac{1000(1.88+1)}{24\times2.0}=60\text{m}^2$$

(4) 用固体负荷校核

$$\dfrac{Q_0C_0}{A}=\dfrac{\dfrac{1000}{24}\times\dfrac{3000}{1000}}{60}=2.08\text{ kg}/(\text{m}^2\cdot\text{h})$$

符合固体负荷要求。

(5) 池形尺寸

采用矩形池，长：宽$=(3\sim4):1$，长度用15m，宽度用4m。则表面积 $A=15\times4=60\text{m}^2$。

(6) 气浮池有效水深

气浮浓缩池的深度决定于气浮停留时间。气浮停留时间与气浮污泥浓度有关，见图15-6。因气浮污泥固体浓度要求达到4%，气浮停留时间约需60min。考虑安全，停留时间采用90min，即1.5h。因入流总量等于入流污泥量加回流加压水量，即 $Q_0+1.88Q_0=120\text{m}^3/\text{h}$。则气浮池有效水深为：

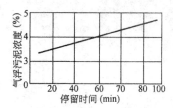

图15-6 停留时间与气浮污泥浓度的关系

$$120\times1.5=60H$$

$$H=3\text{m}$$

(7) 气浮池的总高度

超高用0.3m，并考虑安装刮泥机的高度0.3m，气浮池的总高度为：

$$H=0.3+0.3+3=3.6\text{m}$$

(8) 溶气罐容积

溶气罐的容积决定于停留时间，一般采用$1\sim3\text{min}$，若取3min，因回流水量为 $1.88Q_0=78.3\text{m}^3/\text{h}$，所以溶气罐的容积

$$V=\dfrac{78.3}{60}\times3=4.0\text{ m}^3$$

溶气罐的直径：高度，常采用$1:(2\sim4)$，如直径选1.2m，则高度为3.6m。

3. 气浮浓缩池的基本构造与形式

气浮浓缩池有圆形与矩形两种,见图15-7。圆形气浮浓缩池的刮浮泥板、刮沉泥板都安装在中心旋转轴上一起旋转。矩形气浮浓缩池的刮浮泥板与刮沉泥板由电机带动链带转动刮泥。

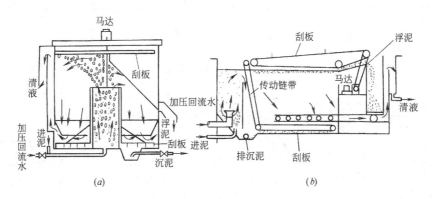

图 15-7 气浮浓缩池基本形式
(a) 圆形;(b) 矩形

4. 气浮浓缩混凝剂的应用

为提高气浮浓缩效果,可采用投加无机混凝剂如铝盐、铁盐、活性二氧化硅等,或有机高分子聚合电解质如聚丙烯酰胺(PAM)等混凝剂及起泡剂,在水中形成易于吸附或俘获空气泡的表面及构架,改变气-液界面、固-液界面的性质,使其易于互相吸附。使用何种药剂及其剂量,宜通过试验决定。

当气浮浓缩后的污泥,用以回流曝气池时,则不宜投加混凝剂。因为有些混凝剂会影响曝气池活性污泥的质量。

三、污泥的其他浓缩法

1. 离心浓缩法

离心浓缩的原理是利用污泥中的固体颗粒与液体的比重差,在离心力场所受到的离心力的不同而分离。由于离心力几千倍于重力,因此离心浓缩法占地面积小,造价低,但运行费用与机械维修费用较高。

用于离心浓缩的离心机有转盘式离心机,篮式离心机和转鼓离心机等。

各种离心浓缩机的运行数据见表15-11,浓缩污泥为剩余活性污泥。

离心浓缩的运行参数与效果　　　　表 15-11

离心机类型	Q_0(L/s)	C_0(%)	C_u(%)	固体回收率(%)	混凝剂量(kg/t)
转盘式	9.5	0.75~1.0	5.0~5.5	90	不用
转盘式	25.3	—	4.0	80	不用
转盘式	3.2~5.1	0.7	5.0~7.0	93~87	不用
篮式	2.1~4.4	0.7	9.0~10	90~70	不用
转鼓式	0.63~0.76	1.5	9~13	90	—
转鼓式	4.75~6.30	0.44~0.78	5~7	90~80	不用

续表

离心机类型	Q_0(L/s)	C_0(%)	C_u(%)	固体回收率(%)	混凝剂量(kg/t)
转鼓式	6.9～10.1	0.5～0.7	5～8	65	不用
				85	少于2.26
				90	2.26～4.54
				95	4.54～6.8

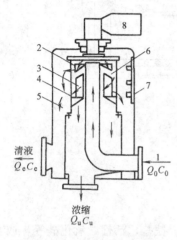

图15-8 离心筛网浓缩器
1—中心分配管；2—进水布水器；3—排出器；4—旋转筛网笼；5—出水集水室；6—调节流量转向器；7—反冲洗系统；8—电动机

2. 其他浓缩法

应用于污泥浓缩的方法还有离心筛网浓缩法、微孔滤机浓缩法等。

离心筛网浓缩器见图15-8。污泥从中心分配管1压入旋转筛网笼4，压力仅需0.03MPa，筛网笼低速旋转，使清液通过筛网从出水集水室5排出，浓缩污泥从底部排出，筛网定期用反冲洗系统7反冲。

筛网材料可用金属丝网、涤纶织物或聚酯纤维制成，网孔为165目（105μm）～400目（37μm）。筛网笼转速为60～350r/min。

离心筛网浓缩器可用作曝气池混合液的浓缩，浓缩后的污泥直接回流到曝气池。清液中悬浮物的含量较高，应流入二次沉淀池沉淀处理后排放。

微孔滤机近年来也用于浓缩污泥。污泥应先作混凝调节，可使污泥含水率从99%以上浓缩到95%。微孔滤机的滤网可用金属丝网、涤纶织物或聚酯纤维品制成，结构及工作原理类同筛网。

第三节 污泥好氧消化

(1) 好氧消化机理

污泥好氧消化反应可表示为：

$$\underset{113}{C_5H_7NO_2}+\underset{224}{7O_2}\longrightarrow 5CO_2+3H_2O+H^++NO_3^-$$

从反应式可以看出，污泥中可降解物质完全被分解为无机物质，反应彻底，氧化1kg细胞物质需氧 $224/113\pm2$ kg。

在好氧消化中，池内溶解氧不得低于2mg/L，并应使污泥保持悬浮状态。搅拌强度必须充足，为利于搅拌，污泥的含水率一般在95%左右。另外，好氧消化池内的pH值应维持在7左右，但在反应过程中，氨氮被氧化为硝氮，将引起pH值的降低，故需要有足够的碱度来调节。

(2) 好氧消化池的构造

好氧消化池的池型一般为圆形或方型，其构造类似于完全混合式活性污泥法曝气池。

图 15-9 为圆形好氧消化池。主要由曝气系统、好氧消化室、泥液分离室组成。生污泥进入好氧消化室，进行污泥好氧消化；好氧池内设曝气系统，采用表曝机或鼓风曝气方式，鼓风曝气系统由鼓风机、压缩空气管、空气扩散器、中心导流筒组成，曝气系统提供氧气并起搅拌作用；混合液进入泥液分离室，使污泥沉淀回流并把上清液排出；消化污泥由排泥管排出。

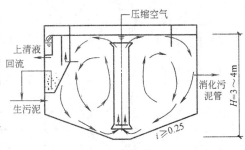

图 15-9 好氧消化池

消化池底坡 i 不小于 0.25，水深一般采用 3~4m，由鼓风机的风压所决定。

好氧消化池的设计参见设计手册。

对于小城镇、生活小区的污水处理，常采用将污水沉淀与自然消化于一体的构筑物——化粪池。污水沉淀槽的设计基本同平流沉淀池，沉淀污泥落入下面的消化室，消化室的污泥在自然温度下消化，冬季约 6℃，夏季约 25℃，消化时间长达 210 到 60 天。

污泥的堆肥稳定就是利用嗜温菌、嗜热菌的作用，在有氧的条件下将污泥中有机物分解，寄生虫卵、病菌杀灭，使污泥达到稳定。经堆肥后，污泥的肥效提高，并易于被农作物吸收，既可充分利用污泥，又可将污泥作最终处置。

污泥的石灰稳定是在污泥中投加石灰，使污泥中微生物受到抑制，防止污泥腐化而散发臭气，同时杀死病原微生物。这种方法并没有将污泥中有机物分解，只是暂时的稳定处理，但有助于污泥的脱水处理。

第四节 污泥的干化与脱水

污泥经浓缩、消化后，尚有约 95%~97% 的含水率，体积仍很大。为了综合利用和最终处置，需进一步将污泥减量，进行干化和脱水处理。两者对脱除污泥的水分，具有同等的效果。

污泥的干化与脱水方法主要有自然干化、机械脱水等。

一、污泥的自然干化

自然干化即利用自然下渗和蒸发作用脱除污泥中的水分，其主要构筑物是干化场。

1. 干化场的分类与构造

干化场分为自然滤层干化场与人工滤层干化场两种。前者适用于自然土质渗透性能好，地下水位低的地区。人工滤层干化场的滤层是人工铺设的，又可分为敞开式干化场和有盖式干化场两种。

人工滤层干化场的构造见图 15-10，它由不透水底层、排水系统、滤水层、输泥管、隔墙及围堤等部分组成。有盖式的，设有可移开（晴天）或盖上（雨天）的顶盖，顶盖一般用弓形复合塑料薄膜制成，移、置方便。

滤水层的上层用细矿渣或砂层铺设，厚度 200~300mm；下层用粗矿渣或砾石，层厚 200~300mm。排水管道系统用 100~150mm 的陶土管或盲沟铺成，管道之间中心距 4~8m，纵坡 0.002~0.003，排水管起点复土深（至砂层顶面）为 0.6m。

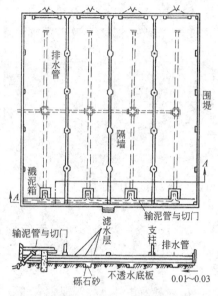

图 15-10 人工滤层干化场

不透水底板由200～400mm厚的粘土层或150～300mm厚三七灰土夯实而成，也可用100～150mm厚的素混凝土铺成，底板有0.01～0.02的坡度坡向排水管。

隔墙与围堤，把干化场分隔成若干分块，通过切门的操作轮流使用，以提高干化场利用率。

在干燥、蒸发量大的地区，可采用由沥青或混凝土铺成的不透水层而无滤水层的干化场，依靠蒸发脱水。这种干化场的优点是泥饼容易铲除。

2. 干化场的脱水特点及影响因素

干化场脱水主要依靠渗透、蒸发与撇除。渗透过程约在污泥排入干化场最初的2～3d内完成，可使污泥含水率降低至85%左右。此后水分依靠蒸发脱水，约经1周或数周（决定于当地气候条件）后，含水率可降低至75%左右。

影响干化场脱水的因素：

（1）气候条件：当地的降雨量、蒸发量、相对湿度、风速和年冰冻期。

（2）污泥性质：如初沉污泥或浓缩后的活性污泥，由于比阻较大，水分不易从稠密的污泥层中渗透下去，往往会形成沉淀，分离出上清液，故这类污泥主要依靠蒸发脱水，可在围堤或围墙的一定高度上开设撇水窗，撇除上清液，加速脱水过程。而消化污泥在消化池中承受着高于大气压的压力，污泥中含有许多沼气泡，排到干化场后，由于压力的降低，气体迅速释出，可把污泥颗粒挟带到污泥层的表面，使水的渗透阻力减小，提高了渗透脱水性能。

3. 干化场的设计

干化场设计的主要内容是确定总面积与分块数。

干化场总面积一般按面积污泥负荷进行计算。面积污泥负荷是指单位干化场面积每年可接纳的污泥量，单位 $m^3/(m^2 \cdot a)$ 或 m/a。面积负荷的数值最好通过试验确定。

干化场的分块数最好大致等于干化天数，以使每次排入干化场的污泥有足够的干化时间，并能均匀地分布在干化场上以及铲除泥饼的方便。如干化天数为8d，则分为8块，每天铲泥饼和进泥用1块，轮流使用。每块干化场的宽度与铲泥饼的机械与方法有关，一般采用6～10m。

二、污泥的机械脱水

机械脱水即利用机械设备脱除污泥中的水分。

（一）机械脱水前的预处理

1. 预处理目的

预处理的目的在于改善污泥脱水性能，提高机械脱水效果与机械脱水设备的生产能力。

初沉污泥、活性污泥、腐殖污泥、消化污泥均由亲水性带负电荷的胶体颗粒组成，有机质含量高、比阻值大，脱水困难。特别是活性污泥的有机体包括平均粒径小于 0.1μ 的胶体颗粒，$1.0\sim100\mu$ 之间的超胶体颗粒及由胶体颗粒聚集的大颗粒所组成，其比阻值最大，脱水最为困难。而消化污泥的脱水性能与其搅拌方法有关，若用水力或机械搅拌，污泥受到机械剪切，絮体被破坏，脱水性能恶化；若采用沼气搅拌脱水性能可改善。

一般认为污泥的比阻值在 $(0.1\sim0.4)\times10^9 s^2/g$ 之间时，进行机械脱水较为经济与适宜。但污泥的比阻值均大于此值，初沉污泥的比阻值在 $(4.7\sim6.2)\times10^9 s^2/g$，活性污泥的比阻值高达 $(16.8\sim28.8)\times10^9 s^2/g$，故机械脱水前，必须进行预处理。预处理的方法主要有化学调节法、热处理法、冷冻法及淘洗法等。

2. 化学调理法

化学调理法就是在污泥中投加混凝剂、助凝剂一类的化学药剂，使污泥颗粒产生絮凝，比阻降低。

(1) 混凝剂

常用的污泥化学调理混凝剂有无机、有机和生物混凝剂 3 类。无机混凝剂是一种电解质化合物，主要包括铝盐、铁盐及其高分子聚合物。有机混凝剂是一种高分子聚合电解质，按基团带电性质可分为阳离子型、阴离子型、非离子型和两性型。污水处理中常用阳离子型、阴离子型和非离子型 3 种。生物混凝剂主要有 3 种：①直接用微生物细胞为混凝剂；②从微生物细胞提取出的混凝剂；③微生物细胞的代谢产物作为混凝剂。生物混凝剂具有无毒、无二次污染、可生物降解、混凝絮体密实、对环境和人类无害等优点，因而日益受到重视。

混凝剂种类的选择及投加量的多少与许多因素有关，应通过试验确定。

(2) 助凝剂

助凝剂一般不起混凝作用。助凝剂的作用是调节污泥的 pH 值；供给污泥以多孔状格网的骨架；改变污泥颗粒结构，破坏胶体的稳定性；提高混凝剂的混凝效果；增强絮体强度等。

常用助凝剂主要有硅藻土、珠光体、酸性白土、锯屑、污泥焚烧灰、电厂粉尘、石灰及贝壳粉等。

助凝剂的使用方法有两种，一种方法是直接加入污泥中，投加量一般为 $10\sim100 mg/L$；另一种方法是配制成 $1\%\sim6\%$ 浓度的糊状物，预先涂刷在转鼓真空过滤机的过滤介质上成为预覆助凝层。

3. 热处理法

热处理可使污泥中有机物分解，破坏胶体颗粒稳定性，污泥内部水与吸附水被释放，比阻可降至 $1.0\times10^8 s^2/g$，脱水性能大大改善；同时，寄生虫卵、致病菌与病毒等也可被杀灭。因此污泥热处理兼有污泥稳定、消毒和除臭等功能。热处理后的污泥进行重力浓缩，可使其含水率从 $97\%\sim99\%$ 以上浓缩至 $80\%\sim90\%$，如直接进行机械脱水，泥饼含水率可达 $30\%\sim45\%$。

热处理法分为高温加压热处理法与低温加压热处理法两种，适用于各种污泥。

高温加压热处理法的控制温度为 $170\sim200℃$，低温加压热处理法的控制温度则低于

150℃，可在 60~80℃时运行，其他条件相同。如压力为 1.0~1.5MPa，反应时间为 1~2h。由于高温加压法能耗较多，且热交换器与反应釜容易结垢影响热处理效率，故一般采用低温加压法。

热处理法的主要缺点是能耗较多，运行费用较高，分离液的 BOD_5、COD_{cr} 高（分别为 4000~5000mg/L、2000~3000mg/L），设备易受腐蚀。

4. 冷冻法

冷冻法是将污泥进行冷冻处理。随着冷冻过程的进行，污泥中胶体颗粒被向上压缩浓集，水分被挤出，再进行融解，使污泥颗粒的结构被彻底破坏，脱水性能大大提高，颗粒沉降与过滤速度可提高几十倍，可直接进行机械脱水。冷冻——融解是不可逆的，即使再用机械或水泵搅拌也不会重新成为胶体。

淘洗法用于消化污泥的预处理。是以污水处理厂的出水或自来水、河水把消化污泥中的碱度洗掉以节省混凝剂用量，但增加了淘洗池及搅拌设备，一增一减基本上可抵消，该法已逐渐被淘汰。

（二）机械脱水的基本原理

污泥的机械脱水是以过滤介质两面的压力差作为推动力，使污泥水分被强制通过过滤介质，形成滤液；而固体颗粒被截留在介质上，形成滤饼，从而达到脱水的目的。过滤基本过程见图 15-11。

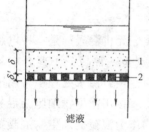

图 15-11 过滤基本过程
1—滤饼；2—过滤介质

过滤开始时，滤液仅须克服过滤介质的阻力。当滤饼逐渐形成后，还必须克服滤饼本身的阻力。式（15-16）为过滤的基本方程式，即卡门公式。

$$\frac{t}{V}=\frac{\mu\omega r}{2PA^2}V+\frac{\mu R_f}{PA} \tag{15-16}$$

式中 V——滤液体积，m^3；

t——过滤时间，s；

P——过滤压力，kg/m^2；

A——过滤面积，m^2；

μ——滤液的动力黏滞度，$kg \cdot s/m^2$；

ω——滤过单位体积的滤液在过滤介质上截留的干固体重量，kg/m^3；

r——比阻，m/kg，单位过滤面积上，单位干重滤饼所具有的阻力称为比阻；
$1m/kg = 9.81 \times 10^3 s^2/g$。

R_f——过滤介质的阻抗，$1/m^2$。

常用的污泥机械脱水方法有真空吸滤法、压滤法和离心法等。其基本原理相同，不同点仅在于过滤推动力的不同。真空吸滤脱水是在过滤介质的一面造成负压；压滤脱水是加压污泥把水分压过过滤介质；离心脱水的过滤推动力是离心力。

（三）机械脱水设备的过滤产率

机械脱水设备的过滤产率是指单位时间内在单位过滤面积上产生的滤饼干重，单位为 $kg/(m^2 \cdot s)$ 或 $kg/(m^2 \cdot h)$。过滤产率的高低取决于污泥的性质、压滤动力、预处理方法、过滤阻力及过滤面积，可用卡门公式进行计算。

若忽略过滤介质的阻抗，设过滤时间为 t，过滤周期为 t_c（包括准备时间，过滤时间，卸滤饼时间），过滤时间与过滤周期之比 $m=t/t_c$，则过滤产率计算式为：

$$L=\frac{W}{At_c}=\left(\frac{2P\omega m}{\mu r t_c}\right)^{1/2} \quad (15\text{-}17)$$

式中 L——过滤产率，$kg/(m^2 \cdot s)$；

ω——单位体积滤液产生的滤饼干重，kg/m^3；

P——过滤压力，N/m^2；

μ——滤液动力黏滞度，$kg \cdot s/m^2$；

r——比阻，m/kg；

t_c——过滤周期，s。

（四）真空过滤脱水

真空过滤脱水使用的机械是真空过滤机，主要用于初沉污泥及消化污泥的脱水。

1. 真空过滤脱水机的构造与工作过程

国内使用较广的是 GP 型转鼓真空过滤机，其构造见图 15-12。转鼓真空过滤机脱水系统的工艺流程见图 15-13。

覆盖有过滤介质的空心转鼓 1 浸在污泥槽 2 内。转鼓用径向隔板分隔成许多扇形间格 3，每格有单独的连通管，管端与分配头 4 相接。分配头由两片紧靠在一起的部件 5（与转鼓一起转动）与 6（固定）组成。转动部件 5 有一列小孔 9，每孔通过连接管与各扇形间格相连。6 有缝 7 与真空管路 13 相通，孔 8 与压缩空气管路 14 相通。当转鼓某扇形间格的连通管 9 旋转处于滤饼形成区 I 时，由于真空的作用，将污泥吸附在过滤介质上，污泥中的水通过过滤介质后沿管 13 流到气水分离罐。吸附在转鼓上的滤饼转出污泥槽后，若管孔 9 在固定部件的缝 7 范围内，则处于吸干区 II 内继续脱水，当管孔 9 与固定部件的孔 8 相通时，便进入反吹区 III 与压缩空气相通，滤饼被反吹松动，然后由刮刀 10 刮除，滤饼经皮带输送器外输。再转过休止区 IV 进入滤饼形成区 I，周而复始。

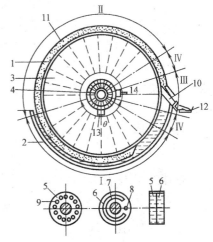

图 15-12 转鼓真空过滤机

I—滤饼形成区；II—吸干区；III—反吹区；IV—休止区；

1—空心转筒；2—污泥槽；3—扇形格；4—分配头；5—转动部件；6—固定部件；7—与真空泵通的缝；8—与空压机通的孔；9—与各扇形格相通的孔；10—刮刀；11—泥饼；12—皮带输送器；13—真空管路；14—压缩空气管路

GP 型真空转鼓过滤机的主要缺点是过滤介质紧包在转鼓上，清洗不充分，易于堵塞，影响过滤效率。为解决这个问题，可采用链带式转鼓真空过滤机，即用辊轴把过滤介质转出，卸料并将过滤介质清洗干净后转至转鼓。

2. 真空过滤设计

设计主要内容是根据原污泥量、过滤产率决定所需过滤面积与过滤机台数。

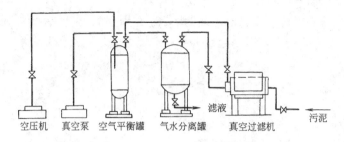

图 15-13 转鼓真空过滤机工艺流程

所需过滤机面积

$$A=\frac{W\alpha f}{L} \tag{15-18}$$

式中 A——过滤机面积，m^2；

W——原污泥干固体重量，$W=Q_0C_0$，kg/h；

Q_0——原污泥体积，m^3/h；

C_0——原污泥干固体浓度，kg/m^3；

α——安全系数，考虑污泥分布不匀及滤布阻塞，常用 $\alpha=1.15$；

f——助凝剂与混凝剂的投加量，以占污泥干固体重量百分数计，见例题 15-6；

L——过滤产率，通过试验或用式（15-17）计算，$kg/(m^2 \cdot h)$。

【例题 15-5】 污泥量为 $30m^3/h$，污泥浓度为 2%，用化学调节预处理，投加混凝剂铁盐 5%（占污泥干固体重量），助凝剂石灰 10%（占污泥干固体重量），设计真空转鼓过滤机。

【解】 原污泥浓度 $C_0=2\%=20kg/m^3$，$Q_0=30m^3/h$。

$$W=20\times30=600kg/h$$

过滤产率 L 取 $3.6kg/(m^2 \cdot h)$，所加混凝剂与助凝剂分别为 5%，10%。

$$f=1+(5/100)+(10/100)=1.15$$

由式（15-18）得：

$$A=\frac{W\alpha f}{L}=\frac{600\times1.15\times1.15}{3.6}=220m^2$$

若每台真空过滤机的过滤面积为 $22m^2$，则需真空过滤机 220/22=10 台。

3. 真空过滤脱水所需附属设备

真空泵：抽气量为每过滤面积 $0.5\sim1.0m^3/min$，真空度为 $200\sim500mmHg$，最大 600mmHg，真空泵所需电机按每 $1m^3/min$ 抽气量配 1.2kW 计算。真空泵不少于 2 台。

空压机：压缩空气量按每 m^2 过滤面积为 $0.1m^3/min$，压力（绝对压力）为 $0.2\sim0.3MPa$ 进行空压机选型。空压机所需电机按空气量每 $1m^3/min$ 配 4kW 计算。空压机不少于 2 台。

气水分离罐：容积按 3min 的空气量计算。

真空过滤脱水的特点是能够连续生产，运行平稳，可自动控制。主要缺点是附属设备较多，工序较复杂，运行费用较高，所以目前应用较少。

(五) 压滤脱水

1. 压滤脱水机构造与工作过程

压滤脱水采用板框压滤机。其基本构造见图15-14。

板与框相间排列，在滤板的两侧覆有滤布，用压紧装置把板与框压紧，即在板与框之间构成压滤室，在板与框的上端中间相同部位开有小孔，污泥由该通道进入压滤室，将可动端板向固定端板压紧，污泥加压到 0.2～0.4MPa，在滤板的表面刻

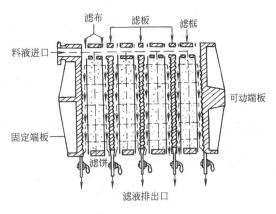

图 15-14　板框压滤机

有沟槽，下端钻有供滤液排出的孔道，滤液在压力下通过滤布，沿沟槽与孔道排出滤机，使污泥脱水。将可动端板拉开，清除滤饼。

2. 压滤机的类型

压滤机可分为人工板框压滤机和自动板框压滤机两种。

人工板框压滤机，需一块一块地卸下，剥离泥饼并清洗滤布后，再逐块装上，劳动强度大，效率低。自动板框压滤机，上述过程都是自动的，效率较高，劳动强度低，自动板框压滤机有垂直式与水平式两种。

3. 压滤脱水的设计

压滤脱水的设计主要是根据污泥量、污泥性质、调节方法、脱水泥饼浓度、压滤机工作制度、压滤压力等计算过滤产率及所需压滤机面积与台数。压滤机的产率一般为 2～4kg/(m²·h)，压滤脱水的过滤周期 1.5～4h。

板框压滤机构造较简单，过滤推动力大，适用于各种污泥，但不能连续运行。

(六) 滚压脱水

污泥滚压脱水的设备是带式压滤机。其主要特点是把压力施加在滤布上，依靠滤布的压力和张力使污泥脱水。这种脱水方法不需要真空或加压设备，动力消耗少，可以连续生产，目前应用较为广泛。带式压滤机基本构造见图15-15。

带式压滤机由滚压轴及滤布带组成。污泥先经过浓缩段（主要依靠重力），使污泥失去流动性，以免在压榨段被挤出滤布，浓缩段的停留时间 10～20s。然后进入压榨段，压榨时间 1～5min。

滚压的方式有两种，一种是滚压轴上下相对，几乎是瞬时压榨，压力大，见图 15-15 (a)；另一种是滚压轴上下错开，见图 15-15 (b)，依靠滚压轴施于滤布的张力压榨污泥，压榨的压力受张力限制，压力较小，压榨时间较长，主要依靠滚压对污泥剪切力的作用，促进泥饼的脱水。

(七) 离心脱水

污泥离心脱水采用的设备一般是低速锥筒式离心机，构造见图 15-16。

主要组成部分为螺旋输送器、锥形转筒、空心转轴。污泥从空心轴筒端进入，通过轴上小孔进入锥筒，螺旋输送器固定在空心转轴上，空心转轴与锥筒由驱动装置传动，同向

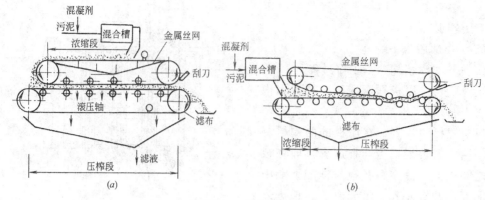

图 15-15 带式压滤机
(a) 滚压轴上下相对式；(b) 滚压轴上下错开式

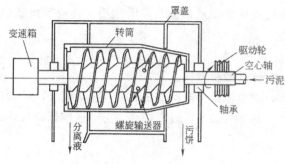

图 15-16 锥筒式离心机构造示意图

转动，但两者之间有速差，前者稍慢后者稍快。污泥中的水分和污泥颗粒由于受到的离心力不同而分离，污泥颗粒聚集在转筒外缘周围，由螺旋输送器将泥饼从锥口推出，随着泥饼的向前推进不断被离心压密，而不会受到进泥的搅动。分离液由转筒末端排出。

空心转轴与锥筒的速差越大，离心机的产率越大，泥饼在离心机中的停留时间也越短。泥饼的含水率越高，其固体回收率越低。

低速离心机由于转速低，所以动力消耗、机械磨损、噪声等都较低。污泥离心脱水具有构造简单、操作方便、可连续生产、可自动控制、卫生条件好、占地面积小、脱水效果好等优点，所以是目前污泥脱水的主要方法。缺点是污泥的预处理要求较高，必须使用高分子调节剂进行污泥调节。

第五节 污泥的消毒、干燥与焚烧

一、污泥的消毒

污泥中含有大量病原菌、病虫卵及病毒。为避免在污泥利用和污泥处理过程中对人体产生危害，造成感染，故必须对污泥进行经常性或季节性的消毒。

各种传染病菌、病虫卵与病毒等对温度都较敏感，其致死温度与时间列于表 15-12。从表中可知，其中绝大多数都能在约 60℃、60min 内死亡。但由于受到污泥的包裹，其致死温度与时间要略高于表 15-12 列数值。

在污泥处理方法中，很多兼具有消毒功能。如高温消化病虫卵的杀灭率达 95%～100%，伤寒与痢疾杆菌杀灭率为 100%。其他如消化前的污泥加温、机械脱水前的热处理、污泥干燥与焚烧、湿式氧化、堆肥等方法均有很高的杀灭率。

传染病菌、病虫卵与病毒的致死温度与时间　　　　　　　表 15-12

种　类	致死温度(℃)	所需时间(min)	种　类	致死温度(℃)	所需时间(min)
蝇蛆	51	1	猪丹毒杆菌	50	15
蛔虫卵	50～55	5～10	猪瘟病虫	50～60	迅速
钩虫卵	50	3	口蹄疫菌	60	30
蛲虫卵	50	1	畜病虫卵与幼虫	50～60	1
痢疾杆菌	60	10～20	二化螟虫	60	1
伤寒杆菌	60	10	谷象	50	5
霍乱菌	55	30	小豆象虫	60	4
大肠杆菌	55	60	小麦黑穗病菌	54	10
结核杆菌	60	30	稻热病菌	51～54	10
炭疽杆菌	50～55	60	病毒	70	25

专用的污泥消毒方法有巴氏消毒法、石灰稳定法、加氯消毒法等。

(1) 巴氏消毒法（即低热消毒法）

巴氏消毒法有两种方式：一是直接加温法，即以蒸汽直接通入污泥，使泥温达到70℃，持续30～60min，所需蒸汽量根据污泥温度计算确定。本法的优点是热效率高，但污泥的含水量将增加，污泥体积将增加 7%～20%。二是间接加温法，即用热交换器使泥温达到70℃，此法的优点是污泥的体积不会增加，但如果污泥硬度较高，会在热交换器表面产生结垢。

巴氏消毒法操作比较简单，效果好，但成本较高。热源可用消化气，消毒后的污泥余热可回收用于预热待消毒的污泥以降低耗热量。

(2) 石灰稳定法

投加消石灰调节污泥的 pH 值，使 pH 值达到 11.5，持续 2h 可杀灭传染病菌，并有防腐与抑制气味产生的效果，兼污泥稳定作用。此法消毒后的污泥，因 pH 值太高不能用于农田，可用作填地或制造建材。

(3) 加氯消毒法

污泥加氯可起消毒作用，成本低操作简单。但加氯后，会与污泥中的 H^+ 产生 HCl，使 pH 值急剧降低并可能产生氯胺。另外，HCl 会溶解污泥中的重金属使污泥水的重金属含量增加，因此采用加氯消毒法应慎重。

二、污泥的干燥

污泥干燥的原理是让污泥与热干燥介质（热干气体）接触使污泥中水分蒸发而随干燥介质除去。污泥干燥处理后，含水率可降至约 20% 左右，体积可大大减小，从而便于运输、利用或最终处置。污泥干燥与焚烧各有专用设备，也可在同一设备中进行。

根据干燥器形状可分为回转圆筒式、急骤干燥器及带式干燥器 3 种。回转圆筒式干燥器在我国应用较多，其主体是用耐火材料制成的旋转滚筒，按照热风与污泥流动方向的不同分为并流、逆流与错流 3 种类型。

并流干燥器中干燥介质与污泥的流动方向相同。含水率高温度低的污泥与含湿量低温度高的干燥介质在同一端进入干燥器，两者之间的温差大，干燥推动力也大。流至干燥器的另一端时干燥介质的温度降低，含湿量增加，污泥被干燥且温度升高。并流干燥器的沿程推动力不断降低，被介质带走的热能少，热损失较小。

逆流干燥器中干燥介质与污泥的流动方向相反。沿程干燥推动力较均匀，干燥速度也较均匀，干燥程度高。缺点是由于含水率高温度低的污泥与含湿量高且温度已降低的干燥介质接触，介质所含湿量有可能冷凝而反使污泥含水率提高。此外干燥介质排出时温度较高、热损失较大。

错流干燥器的干燥筒进口端较大、出口端较小，筒内壁固定有炒板，污泥与干燥介质同端进入后，由于筒体在旋转时，炒板把污泥炒起再掉下与干燥介质流向成为垂直相交。错流干燥器可克服并流、逆流的缺点，但构造比较复杂。

三、污泥的焚烧

符合下列情况可以考虑采用污泥焚烧工艺：①当污泥有毒物质含量高或不符合卫生要求，不能加以利用，其他处置方式又受到限制；②卫生要求高，用地紧张的大、中城市；③污泥自身的燃烧热值高，可以自燃并利用燃烧热量发电；④可与城市垃圾混合焚烧并利用燃烧热量发电。

污泥经焚烧后，含水率可降为0，使运输与最后处置大为简化。污泥在焚烧前应有效地脱水干燥。焚烧所需热量依靠污泥自身所含有机物的燃烧热值或辅助燃料。如果采用污泥焚烧工艺时，前处理不宜采用污泥消化或其他稳定处理，以避免有机物质减少而降低污泥的燃烧热值。

污泥焚烧分为两种，完全焚烧和湿式燃烧（即不完全焚烧）。

1. 完全焚烧

在高温、供氧充足、常压条件下焚烧污泥，使污泥所含水分被完全蒸发，有机物质被完全氧化，焚烧的最终产物是 CO_2，H_2O，N_2 等气体及焚烧灰。

（1）污泥的燃烧热值

污泥的燃烧热值由污泥的有机物含量，尤其是含碳量决定。可根据污泥性质及有机物含量计算得出，也可查阅表15-13。

各种污泥的燃烧热值表　　　　　表 15-13

污 泥 种 类	燃烧热值 kJ/kg(干)	污 泥 种 类	燃烧热值 kJ/kg(干)
初沉污泥	15826~18191.6	初沉污泥与活性污泥	16956.5
经消化的初沉污泥	7201.3	消化后的初沉污泥与活性污泥	7452.5
初沉污泥与腐殖污泥	14905	活性污泥	14905~15214.8
消化后的初沉污泥与腐殖污泥	6740.7~8122.4		

（2）完全焚烧设备

完全焚烧设备主要有回转焚烧炉、立式多段炉及流化床焚烧炉等。详见有关设备手册。

2. 湿式燃烧

湿式燃烧是经浓缩后的污泥（含水率约96%），在液态下加温加压、并压入压缩空气，使有机物被氧化去除，从而改变污泥结构与成分，脱水性能大大提高。湿式燃烧约有80%~90%的有机物被氧化，故又称为不完全焚烧。

湿式燃烧必须在高温高压下进行,所用的氧化剂为空气中的氧气或纯氧、富氧。湿式燃烧属于化工装置。

湿式燃烧法主要应用于:①高浓度有机性废水或污泥;②含危险物、有毒物、爆炸物废水或污泥;③回收有用物质如混凝剂、碱等;④再生活性炭等。

湿式燃烧法的主要优点:①适应性较强,难生物降解有机物也可被氧化;②达到完全杀菌;③反应在密闭的容器内进行,无臭,管理自动化;④反应时间短,仅约1h,好氧与厌氧微生物难以在短时间内降解的物质如吡啶、苯类、纤维、乙烯类、橡胶制品等,都可被碳化;⑤残渣量少,仅为原污泥的1%以下,脱水性能好;⑥分离液中氨氮含量高,有利于生物处理。

缺点有:①反应塔在高温高压下氧化过程中,产生的有机酸与无机酸,对塔壁有腐蚀作用,设备需用不锈钢制造,造价昂贵;②需要专门的高压作业人员管理;③高压泵与空压机电耗大,噪音大;④热交换器、反应塔必须经常除垢,前者每个月需用5%硝酸清洗一次,后者每年清洗一次;⑤需要有一套气体脱臭装置。

第六节 污泥的最终处置与利用

污泥的最终处置与利用的主要方法有:作为农肥利用,建筑材料利用,填地与填海造地利用等。污泥的最终处置与利用,与污泥处理工艺流程的选择密切相关,故而要统盘考虑。

一、农肥利用与土地处理

1. 污泥的农肥利用

我国城市污水处理厂污泥中含有的氮、磷、钾等植物性营养物质非常丰富,见表15-1,可作为农业肥料使用,污泥中含有的有机物又可作为土壤改良剂。

污泥作为肥料施用时必须符合:①满足卫生学要求,即不得含有病菌、寄生虫卵与病毒,故在施用前应对污泥作消毒处理或季节性施用,在传染病流行时应停止施用;②污泥所含重金属离子浓度必须符合我国农林部制定的《农用污泥标准》(GB 4284—84)(见表15-2),因重金属离子最易被植物摄取并在根、茎、叶与果实内积累;③总氮含量不能太高,氮是作物的主要肥分,但浓度太高会使作物的枝叶疯长而倒伏减产。

2. 土地处理

土地处理有两种方式:改造土壤与污泥的专用处理场。

如将污泥投放于废露天矿场、尾矿场、采石场、粉煤灰堆场、戈壁滩与沙漠等地,可改造不毛之地为可耕地。污泥投放期间,应经常测定地下水和地面水,控制投放量。

专用的污泥处理场,污泥的施用量可达农田施用量的20倍以上,专用场应设截流地面径流沟及渗透水收集管,以免污染地面水与地下水。收集的渗透水应进行适当处理,专用场地严禁种植作物。污泥投放量达到额定值后,可作为公园、绿地使用。

二、污泥堆肥

污泥堆肥是农业利用的有效途径。堆肥方法有污泥单独堆肥,污泥与城市垃圾混合堆肥两种。

污泥堆肥一般采用好氧条件下，利用嗜温菌、嗜热菌的作用，分解污泥中有机物质并杀灭传染病菌、寄生虫卵与病毒，提高污泥肥分。

堆肥时一般添加适量的膨胀剂，以增加孔隙率，改善通风以及调节污泥含水率与碳氮比。膨胀剂可用堆熟的污泥、稻草、木屑或城市垃圾等。

堆肥可分为两个阶段，即一级堆肥阶段与二级堆肥阶段。

一级堆肥分为3个过程：发热、高温消毒及腐熟，一级堆肥阶段约耗时7～9d，在堆肥仓内完成。

二级堆肥阶段是在一级堆肥完成后，停止强制通风，采用自然堆放方式，使其进一步熟化、干燥、成粒。堆肥成熟的标志是物料呈黑褐色，无臭味，手感松散，颗粒均匀，蚊蝇不繁殖，病原菌、寄生虫卵、病毒以及植物种子均被杀灭，氮、磷、钾等肥效增加且易被作物吸收，符合我国卫生部颁布的《高温堆肥的卫生评价标准》(GB 7959—87)。

堆肥过程中产生的渗透液需就地或送污水处理厂处理。

三、污泥制造建筑材料

(1) 可提取活性污泥中含有的丰富的粗蛋白与球蛋白酶制成活性污泥树脂，与纤维填料混匀压制生产生化纤维板。

(2) 利用污泥或污泥焚烧灰可生产污泥砖、地砖。

四、污泥裂解

污泥经干化、干燥后，可以用煤裂解的工艺方法将污泥裂解制成可燃气、焦油、苯酚、丙酮、甲醇等化工原料。

五、污泥填埋、填地与填海造地

填埋是我国目前污泥处置的主要方法，可以与城市垃圾联合建填埋场，具体要求见有关规范。

不符合利用条件的污泥，或当地需要时，可利用干化污泥填地、填海造地。

思考题与习题

1. 污泥如何进行分类？表示污泥性质的指标有哪些？
2. 为什么要对污泥进行处理？
3. 污泥处理处置的方法有哪些？
4. 城市污水污泥处理方案的选择和确定要考虑哪些因素？
5. 污泥管道输送有何水力特点？
6. 降低污泥含水率的方法有哪些？脱水效果如何？
7. 气浮浓缩的原理是什么？简述气浮浓缩池的组成部分及各部分的作用。
8. 污泥为什么要进行稳定处理？
9. 厌氧消化和好氧消化相比各有什么特点？
10. 简述污泥干化场的类型与构造。
11. 为什么要对污泥进行调节？污泥调节都有哪些方法？
12. 简述污泥机械脱水的基本原理。常用的污泥机械脱水方法有哪些？
13. 机械脱水设备过滤产率的高低与哪些因素有关？
14. 简述带式压滤机的基本构造。为什么带式压滤机的应用较为广泛？

15. 污泥离心脱水机的工作原理是什么？为什么新建的污水处理厂多采用离心脱水机？
16. 为什么要对污泥进行消毒？消毒的方法有哪些？
17. 什么情况下要对污泥进行干燥处理？干燥设备的类型有哪几种？
18. 什么样的污泥采用焚烧处理？完全焚烧和湿式燃烧有什么不同？
19. 污泥的最终处置与利用的方法有哪些？
20. 污泥含水率从 97% 降至 94%，计算其体积变化。
21. 已知剩余污泥的含水率为 99%，有机物含量为 75%。求干污泥比重和湿污泥比重。
22. 某城市污水处理厂的消化污泥的含水率为 98%，污泥量为 500m³/h，用管道输送至厂外长期利用，管道长度为 300m，求水头损失。
23. 某城市污水处理厂的剩余污泥量 2000m³/d，污泥浓度为 4g/L，水温以 20℃ 计，采用气浮浓缩，浓缩后污泥浓度要求在 4% 以上，试计算气浮浓缩池的各部分尺寸。

第四篇 水处理工艺及工程实例

第十六章 几种特殊水源水及特殊要求水的处理

第一节 地下水除铁除锰处理

地表水中由于含有丰富的溶解氧,水中铁、锰主要以不溶解的 $Fe(OH)_3$ 和 MnO_2 存在,故铁、锰含量不高,一般无需进行除铁除锰处理。而含铁、含锰地下水在我国分布很广,我国地下水中铁的含量一般为 $5\sim10mg/L$,锰的含量一般为 $0.5\sim2.0mg/L$。地下水中铁、锰含量高时,会使水产生色、嗅、味,使用不便;作为造纸、纺织、化工、食品、制革等生产用水,会影响其产品的质量。

我国生活饮用水卫生标准中规定,铁的含量不得超过 $0.3mg/L$、锰的含量不得超过 $0.1mg/L$。超过标准规定的原水须经除铁除锰处理。

一、地下水除铁方法

地下水中的铁主要是以溶解性二价铁离子的形态存在。二价铁离子在水中极不稳定,向水中加入氧化剂后,二价铁离子迅速被氧化成三价铁离子,由离子状态转化为絮凝胶体($Fe(OH)_3$)状态,从水中分离出去。常用于地下水除铁的氧化剂有氧、氯和高锰酸钾等,其中以利用空气中的氧气最为方便、经济。利用空气中的氧气进行氧化除铁的方法可分为自然氧化除铁法和接触氧化除铁法两种。在我国地下水除铁技术中,应用最为广泛的是接触氧化除铁法,本节进行着重介绍。

含铁地下水经曝气充氧后,水中的二价铁离子发生如下反应:

$$4Fe^{2+} + O_2 + 10H_2O = 4Fe(OH)_3 + 8H^+ \tag{16-1}$$

经研究表明,二价铁的氧化速率与水中二价铁、氧、氢氧根离子的摩尔浓度有关,可表示为:

$$-\frac{d[Fe^{2+}]}{dt} = K[Fe^{2+}][OH^-]^2 P_{O_2} \tag{16-2}$$

式中 K——反应速率常数;

P_{O_2}——氧在气相中分压;

$[OH^-]$——氢氧根离子浓度,mol/L;

$[Fe^{2+}]$——二价铁离子浓度,mol/L。

从式(16-2)可知,二价铁的氧化速率与 $[OH^-]^2$ 成正比,即与 $[H^+]^2$ 成反比,可见 pH 值对氧化除铁过程有很大影响。实践证明，提高 pH 值可使二价铁的氧化速率提高，如果 pH 值降低，二价铁的氧化速率则明显变慢，二价铁的氧化速率与 pH 值的关系如图 16-1 所示。

在自然氧化除铁过程中，由于二价铁的氧化速率比较缓慢，需要一定的时间才能完成氧化作用，但如果有催化剂存在时，可因催化作用大大缩短氧化时间。接触氧化除铁法就是使含铁地下水经过曝气后不经自然氧化的反应和沉淀设备，立即进入滤池中过滤，利用滤料颗粒表面形成的铁质活性滤膜的接触催化作用，将二价铁氧化成三价铁，并附着在滤料表面上。其特点是催化氧化和截留去除在滤池中一次完成。

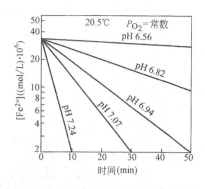

图 16-1 二价铁氧化速率与 pH 值关系

接触氧化法除铁包括曝气和过滤两个单元。

1. 曝气

曝气的目的就是向水中充氧。根据二价铁的氧化反应式（16-1）可计算出除铁所需理论氧量，即每氧化 1mg/L 的二价铁需氧 0.14mg/L。但考虑到水中其他杂质也会消耗氧及氧在水中扩散等因素，实际所需的溶解氧量通常为理论需氧量的 3~5 倍。

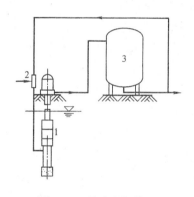

图 16-2 射流曝气装置
1—深井泵；2—水射器；3—除铁滤池

曝气装置有多种形式，常用的有跌水曝气、喷淋曝气、射流曝气、莲蓬头曝气、曝气塔曝气等。

图 16-2 所示为射流曝气装置，利用压力滤池出水回流的高压水流通过水射器时的抽吸作用吸入空气，进入深井泵吸水管中。该曝气装置具有曝气效果好、构造简单、管理方便等优点，适合于地下水中铁、锰的含量不高且无需消除水中二氧化碳以提高 pH 值的小型除铁锰装置。

图 16-3 所示为莲蓬头曝气装置，每 1.0~1.5m² 滤池面积安装一个莲蓬头，莲蓬头距滤池水面 1.5~2.5m，莲蓬头上的孔口直径为 4~8mm，孔口与中垂线夹角不大于 45°，孔眼流速 2~3m/s。该曝气装置具有曝气效果好、运行可靠、构造简单、管理方便等优点，但莲蓬头因堵塞需更换。

图 16-4 所示为曝气塔曝气装置，它是利用含铁锰的水在以水滴或水膜的形式自塔顶的穿孔管喷淋而下通过填料层时溶入氧。在曝气塔中填有多层板条或 1~3 层厚度为 300~400mm 的焦炭或矿渣填料层。该曝气装置的特点是水与空气接触时间长，充氧效果好。但当水中含铁锰量较高时，易使填料堵塞。

2. 过滤

滤池可采用重力式快滤池或压力式滤池，滤速一般为 5~10m/h。滤料可以采用石英砂、无烟煤或锰砂等。滤料粒径：石英砂为 0.5~1.2mm，锰砂为 0.6~2.0mm。滤层厚度：重力式滤池为 700~1000mm，压力式滤池为 1000~1500mm。

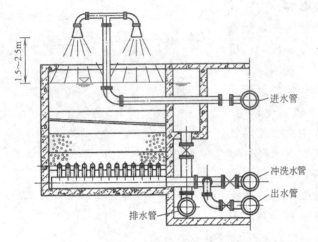
图 16-3 莲蓬头曝气装置

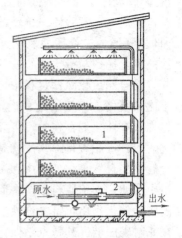
图 16-4 曝气塔曝气装置
1—焦炭层；2—浮球阀

滤池刚投入使用时，初期出水含铁量较高，一般不能达到饮用水水质标准。随着过滤的进行，在滤料表面覆盖有棕黄色或黄褐色的铁质氧化物即具有催化作用的铁质活性滤膜时，除铁效果才显示出来，一段时间后即可将水中含铁量降到饮用水标准，这一现象称为滤料的"成熟"。从过滤开始到出水达到处理要求的这段时间，称为滤料的成熟期。无论采用石英砂或锰砂为滤料，都存在滤料"成熟"这样一个过程，只是石英砂的成熟期较锰砂要长，但成熟后的滤料层都会有稳定的除铁效果。滤料的成熟期与滤料本身、原水水质及滤池运行参数等因素有关，一般为 4~20d。

二、地下水除锰方法

锰的化学性质与铁相近，常与铁共存于地下水中，但铁的氧化还原电位比锰要低，相同 pH 值时二价铁比二价锰的氧化速率快，二价铁的存在会阻碍二价锰的氧化。因此，对于铁、锰共存的地下水，应先除铁再除锰。

地下水的含铁量和含锰量均较低时，除锰时所采用的工艺流程为：

$$\text{地下水} \rightarrow \text{曝气} \rightarrow \text{催化氧化过滤} \rightarrow \text{出水}$$

二价锰氧化反应如下：

$$2Mn^{2+} + O_2 + 2H_2O = 2MnO_2 + 4H^+ \tag{16-3}$$

含锰地下水曝气后，进入滤池过滤，高价锰的氢氧化物逐渐附着在滤料表面，形成黑色或暗褐色的锰质活性滤膜（称为锰质熟砂），在锰质活性滤膜的催化作用下，水中溶解氧在滤料表面将二价锰氧化成四价锰，并附着在滤料表面上。这种在熟砂接触催化作用下进行的氧化除锰过程称为接触氧化除锰工艺。

在接触氧化法除锰工艺中，滤料也同样存在一个成熟期，但成熟期比除铁的要长得多。其成熟期的长短首先与水的含锰量有关：高含锰量的水质，成熟期约需 60~70d，而低含锰量的水质则需 90~120d，甚至更长；其次与滤料有关：石英砂的成熟期最长，无烟煤次之，锰砂最短。

根据二价锰的氧化反应式（16-3）可计算出除锰所需理论氧量，即每氧化 1mg/L 的二价锰需氧 0.29mg/L，实际所需溶解氧量须比理论值高。除锰滤池的滤料可用石英砂或锰砂，滤料粒径、滤层厚度和除铁时相同。滤速为 5～8m/h。

三、接触氧化法除铁、除锰工艺

当地下水的含铁量和含锰量均较低时，一般可采用单级曝气、过滤工艺，如图 16-5 所示。铁、锰可在同一滤池的滤层中去除，上部滤层为除铁层，下部滤层为除锰层。若水中含铁量较高或滤速较高时，除铁层会向滤层下部延伸，压缩下部的除锰层，剩余的滤层不能有效截留水中的锰，因而部分泄漏，滤后水不符合水质标准。为此，当水中含铁量、含锰量较高时，为了防止锰的泄漏，可采用两级曝气、过滤处理工艺，即第一级除铁，第二级除锰。其工艺流程如下：

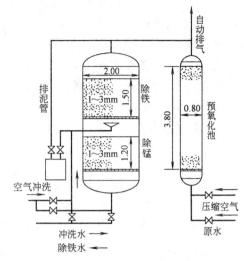

图 16-5 除铁除锰双层滤池

含铁含锰地下水→曝气→除铁滤池→除锰滤池→出水

除铁、除锰过程中，随着滤料的成熟，在滤料上不但有高价铁锰混合氧化物形成的催化活性滤膜，而且还可以观测到滤层中有大量的铁细菌群体。由于微生物的生化反应速率远大于溶解氧氧化 Mn^{2+} 的速度，所以，铁细菌的存在对于长成活性滤膜有促进作用。

第二节 软化、除盐与锅炉水处理

一、水的软化

（一）水的软化目的与方法

硬度是水质的一个重要指标，通常以水中 Ca^{2+}、Mg^{2+} 的总含量称为水的总硬度（H_t）。硬度又可分为碳酸盐硬度（H_c）和非碳酸盐硬度（H_n），前者称为暂时硬度，后者称为永久硬度。

水的硬度过高，对生活和生产都有危害，特别是锅炉用水。为了消除或减小水中硬度引起的危害，需对含有 Ca^{2+}、Mg^{2+} 的原水进行处理。降低水中 Ca^{2+}、Mg^{2+} 含量的处理过程称为水的软化。水的软化程度应根据用户对水质的要求决定，对于低压锅炉，一般要进行水的软化处理，对于中、高压锅炉，则要求进行水的软化与脱盐处理。

目前水的软化处理主要有以下两种方法：

（1）水的药剂软化法：基于溶度积原理，向原水中加入一定量的某些化学药剂（如石灰、苏打等），使之与水中的 Ca^{2+}、Mg^{2+} 反应生成难溶化合物 $CaCO_3$ 和 $Mg(OH)_2$ 沉淀析出，以达到去除水中大部分 Ca^{2+}、Mg^{2+} 的目的。工艺所需设备与常规净化工艺过程基本相同，也要经过混凝、沉淀、过滤等工序。

（2）水的离子交换软化法：基于离子交换原理，利用某些离子交换剂所具有的可交换阳离子（Na^+ 或 H^+）与水中 Ca^{2+}、Mg^{2+} 进行离子交换反应，去除水中的 Ca^{2+}、Mg^{2+}，以达到水的软化目的。

本节将着重介绍水的离子交换软化法。

（二）水的药剂软化法

常用的化学药剂有石灰（CaO）、苏打（Na_2CO_3）等。

1. 石灰软化法

石灰软化法反应如下：

$$CaO + H_2O \longrightarrow Ca(OH)_2 \tag{16-4}$$

$$CO_2 + Ca(OH)_2 \longrightarrow CaCO_3 \downarrow + H_2O \tag{16-5}$$

$$Ca(HCO_3)_2 + Ca(OH)_2 \longrightarrow 2CaCO_3 \downarrow + 2H_2O \tag{16-6}$$

$$Mg(HCO_3)_2 + 2Ca(OH)_2 \longrightarrow 2CaCO_3 \downarrow + Mg(OH)_2 \downarrow + 2H_2O \tag{16-7}$$

熟石灰 $Ca(OH)_2$ 与水中非碳酸盐的镁硬度起反应生成 $Mg(OH)_2$，但同时又产生了等当量的非碳酸盐的钙硬度，其反应如下：

$$MgSO_4 + Ca(OH)_2 \longrightarrow Mg(OH)_2 \downarrow + CaSO_4 \tag{16-8}$$

$$MgCl_2 + Ca(OH)_2 \longrightarrow Mg(OH)_2 \downarrow + CaCl_2 \tag{16-9}$$

所以，石灰软化法不能降低水的非碳酸盐硬度。但通过石灰处理，在软化的同时还可去除水中部分铁和硅的化合物。

在水的药剂软化中，由于石灰价格低，来源广，所以是最常用的软化药剂。主要适用于原水的非碳酸盐硬度较低、碳酸盐硬度较高且不要求深度软化的场合。石灰也可以与离子交换法联合使用，作为深度软化的预处理。石灰实际投加量应在生产实践中加以调试。

2. 石灰-苏打软化法

石灰软化法只能降低水的碳酸盐硬度，而不能降低水的非碳酸盐硬度，石灰-苏打软化法就是向水中同时投加石灰和苏打，以苏打来降低水的非碳酸盐硬度，反应如下：

$$CaSO_4 + Na_2CO_3 \longrightarrow CaCO_3 \downarrow + Na_2SO_4 \tag{16-10}$$

$$CaCl_2 + Na_2CO_3 \longrightarrow CaCO_3 \downarrow + 2NaCl \tag{16-11}$$

$$MgSO_4 + Na_2CO_3 \longrightarrow MgCO_3 + Na_2SO_4 \tag{16-12}$$

$$MgCl_2 + Na_2CO_3 \longrightarrow MgCO_3 + 2NaCl \tag{16-13}$$

$$MgCO_3 + Ca(OH)_2 \longrightarrow CaCO_3 \downarrow + Mg(OH)_2 \downarrow \tag{16-14}$$

（三）水的离子交换软化法

1. 离子交换的基本原理

（1）离子交换树脂

离子交换树脂是水处理中最常用的离子交换剂，它是由交联结构的高分子骨架（称为母体）与附属在骨架上的许多活性基团所构成的不溶性高分子电解质。活性基团遇水后电离成两部分：1) 固定离子，仍与骨架牢固结合，不能自由移动；2) 交换离子，能在一定范围内自由移动，并与其周围溶液中的其他同性离子进行交换反应。以强酸性阳离子交换树脂为例，可写成 $R-SO_3H$，其中 R 代表树脂母体即网状结构部分，$-SO_3^-$ 为活性基团的固定离子，H^+ 为活性基团的交换离子。有时可简化写成 RH，R 表示树脂母体和牢固结合在其上面的固定离子。

离子交换树脂包括阳离子交换树脂和阴离子交换树脂。阳离子交换树脂带有酸性活性基团，按其酸性强弱，可分为强酸性和弱酸性两种；阴离子交换树脂带有碱性活性基团，按其碱性强弱，可分为强碱性和弱碱性两种，其交换离子是 OH^-，故可简化写成 ROH。前者常用于水的软化或脱碱软化，二者配合可用于水的除盐。

(2) 离子交换树脂的基本性能

1) 密度

离子交换树脂的密度有湿真密度和湿视密度两种表示方法。

湿真密度指树脂溶胀后的质量与其本身所占体积（不包括树脂颗粒之间的空隙）之比，即：

$$湿真密度 = \frac{湿树脂质量}{湿树脂颗粒本身体积} \ (g/mL) \tag{16-15}$$

树脂的湿真密度对树脂层的反洗强度、膨胀率以及混合床再生前树脂的分层影响很大。强酸树脂的湿真密度约为 1.3g/mL；强碱树脂约为 1.1g/mL。

湿视密度指树脂溶胀后的质量与其堆积体积（包括树脂颗粒之间的空隙）之比，即：

$$湿视密度 = \frac{湿树脂质量}{湿树脂堆积体积} \ (g/mL) \tag{16-16}$$

树脂的湿视密度常用来计算交换器所需装填湿树脂的数量，一般为 0.6～0.85g/mL。

2) 有效 pH 值范围

强酸、强碱树脂的活性基团电离能力强，其交换容量基本与水的 pH 值无关。而弱酸、弱碱树脂由于活性基团的电离能力弱，其交换容量与水的 pH 值有关系。弱酸树脂在水的 pH 值低时不电离或仅部分电离，因而只能在碱性溶液中才会有较高的交换能力，其有效 pH 值范围一般为 5～14；弱碱树脂则相反，只能在酸性溶液中才会有较高的交换能力，有效 pH 值范围一般为 1～7。

3) 交换容量

树脂交换容量是定量表示树脂交换能力的大小的一项重要指标，单位为 mmol/L（湿树脂）或 mmol/g（干树脂）。

交换容量又可分为全交换容量与工作交换容量。全交换容量是指一定量树脂中所含有的全部可交换离子的数量，树脂全交换容量可由滴定法测定；工作交换容量是指一定量的树脂在给定工作条件下实际的交换容量，树脂工作交换容量与再生方式、原水含盐量及其组成、树脂层厚度、水流速度、再生剂用量等运行条件有关。一般情况下，采用逆流再生方式可获得较高的工作交换容量。在实际中，树脂工作交换容量可由模拟试验确定，亦可参考有关数据选用。

4) 选择性

树脂对水中不同离子进行交换反应时，由于树脂和各种离子之间亲合力的大小不同，交换树脂存在着对各种离子交换的选择顺序。它与树脂类型、水中离子的种类、浓度及温度等因素有关。在常温、低浓度水溶液中，各种离子交换树脂对水中常见的离子选择顺

序为:

强酸性阳离子交换树脂　　$Fe^{3+}>Al^{3+}>Ca^{2+}>Mg^{2+}>K^+>NH_4^+>Na^+>H^+>Li^+$

弱酸性阳离子交换树脂　　$H^+>Fe^{3+}>Al^{3+}>Ca^{2+}>Mg^{2+}>K^+>NH_4^+>Na^+>Li^+$

强碱性阴离子交换树脂　　$SO_4^{2-}>NO_3^->Cl^->OH^->F^->HCO_3^->HSiO_3^-$

弱碱性阴离子交换树脂　　$OH^->SO_4^{2-}>NO_3^->Cl^->F^->HCO_3^->HSiO_3^-$

应着重指出,在高浓度溶液中,浓度的高低则成为决定离子交换反应方向的关键因素。

离子交换的实质就是树脂的可交换离子与溶液中其他的同性离子进行的交换反应。例如水的离子交换软化法就是利用阳离子交换树脂交换去除水中的 Ca^{2+}、Mg^{2+},其交换反应如下:

$$2RH+Ca^{2+} \Longleftrightarrow R_2Ca+2H^+ \tag{16-17}$$

$$2RH+Mg^{2+} \Longleftrightarrow R_2Mg+2H^+ \tag{16-18}$$

$$2RNa+Ca^{2+} \Longleftrightarrow R_2Ca+2Na^+ \tag{16-19}$$

$$2RNa+Mg^{2+} \Longleftrightarrow R_2Mg+2Na^+ \tag{16-20}$$

离子交换反应为可逆反应,当树脂失效以后,利用高浓度再生液(Na^+ 或 H^+),使交换反应逆向进行,Na^+ 或 H^+ 把树脂上吸附的 Ca^{2+}、Mg^{2+} 置换出来,从而使树脂重新恢复交换能力,我们把这个的过程称为树脂再生。

(3) 离子交换过程

以离子交换柱中装填 Na 型树脂,从上而下通以含有一定浓度钙离子的硬水为例。

如图 16-6 所示为树脂饱和度示意(图 16-6(a) 中白点表示钠型树脂、黑点表示钙型树脂),树脂饱和度是指单位体积树脂所吸附的 Ca^{2+}、Mg^{2+} 的含量与其全交换容量之比。若把整个树脂层各点的饱和程度连成曲线,可绘得某一时刻的饱和度曲线,如图 16-6(b) 所示。

就整个离子交换过程而言,可分成两个阶段。一是交换带形成阶段,发生在交换开始的一段不长时间内,在此阶段内,树脂的饱和度曲线不断发生变化,直至形成一定形状的曲线。二是交换带推移阶段,即交换带以一定速度沿着水流方向向下推移的过程。交换带为交换柱中正在进行离子交换反应的区域,称之为树脂交换工作层。交换带推移阶段实际上就是树脂交换工作层沿水流方向不断向下移动的过程,当交换带(即树脂交换工作层)下端推移到达整个树脂层底部时,Ca^{2+}、Mg^{2+} 开始泄漏,应立即停止交换,进行再生。此时,整个树脂层可分成饱和层和保护层两部分,前者树脂交换容量得到充分利用,后者树脂交换容量只是部分被利用。可见,交换带厚度相当于此时的保护层厚度,如图 16-7 所示。

树脂交换带厚度的大小取决于水流通过树脂层的速度、Ca^{2+}、Mg^{2+} 浓度及树脂再生程度等因素。

2. 离子交换软化方法

(1) Na 离子交换软化法

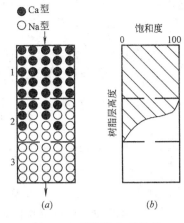

图 16-6 树脂饱和度示意

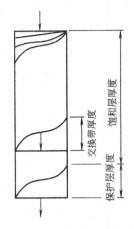

图 16-7 树脂层离子交换过程

它是最常用的一种软化法，交换反应如下：

对于碳酸盐硬度：

$$2RNa + Ca(HCO_3)_2 \Longrightarrow R_2Ca + 2NaHCO_3 \tag{16-21}$$

$$2RNa + Mg(HCO_3)_2 \Longrightarrow R_2Mg + 2NaHCO_3 \tag{16-22}$$

对于非碳酸盐硬度：

$$2RNa + CaSO_4 \Longrightarrow R_2Ca + Na_2SO_4 \tag{16-23}$$

$$2RNa + CaCl_2 \Longrightarrow R_2Ca + 2NaCl \tag{16-24}$$

$$2RNa + MgSO_4 \Longrightarrow R_2Mg + Na_2SO_4 \tag{16-25}$$

$$2RNa + MgCl_2 \Longrightarrow R_2Mg + 2NaCl \tag{16-26}$$

树脂 RNa 经交换后变成 R_2Ca、R_2Mg，树脂的再生剂为食盐：

$$R_2Ca + 2NaCl \Longrightarrow 2RNa + CaCl_2 \tag{16-27}$$

$$R_2Mg + 2NaCl \Longrightarrow 2RNa + MgCl_2 \tag{16-28}$$

该法的特点是在软化过程中不产生酸性水，设备和管道防腐设施简单；但只能去除硬度，不能脱碱。适用于原水碱度较低只须进行软化的场合，可用作低压锅炉的给水处理系统。

(2) H 离子交换软化法

其交换反应如下：

对于碳酸盐硬度：

$$2RH + Ca(HCO_3)_2 \Longrightarrow R_2Ca + 2CO_2 + 2H_2O \tag{16-29}$$

$$2RH + Mg(HCO_3)_2 \Longrightarrow R_2Mg + 2CO_2 + 2H_2O \tag{16-30}$$

对于非碳酸盐硬度：

$$2RH + CaSO_4 \Longrightarrow R_2Ca + H_2SO_4 \tag{16-31}$$

$$2RH + CaCl_2 \Longrightarrow R_2Ca + 2HCl \tag{16-32}$$

$$2RH + MgSO_4 \Longrightarrow R_2Mg + H_2SO_4 \tag{16-33}$$

$$2RH + MgCl_2 \Longrightarrow R_2Mg + 2HCl \tag{16-34}$$

$$RH + NaCl \Longrightarrow RNa + HCl \tag{16-35}$$

树脂 RH 经交换后变成 R_2Ca、R_2Mg、RNa，树脂的再生剂为硫酸或盐酸。

$$R_2Ca + H_2SO_4 \Longrightarrow 2RH + CaSO_4 \tag{16-36}$$

$$R_2Ca + 2HCl \Longrightarrow 2RH + CaCl_2 \tag{16-37}$$

$$RNa + HCl \Longrightarrow RH + NaCl \tag{16-38}$$

该法的特点是在软化过程中硬度及碱度均被去除，但出水呈酸性水，故该软化法不能单独使用，通常和钠离子交换软化法联合使用。

(3) H-Na 联合离子交换脱碱软化法

同时应用 H 和 Na 离子交换进行脱碱软化的方法，可分为 H-Na 并联离子交换系统和 H-Na 串联离子交换系统两种。

如图 16-8 所示为 H-Na 并联离子交换系统。原水分配成两部分，一部分进入 Na 离子交换器（出水呈碱性），其余部分进入 H 离子交换器（出水呈酸性），然后两者出水流入混合器进行中和反应，最后出水进入除二氧化碳器脱除 CO_2 气体后流出。中和反应如下：

$$H_2SO_4 + 2NaHCO_3 \longrightarrow Na_2SO_4 + 2CO_2 \uparrow + 2H_2O \tag{16-39}$$

$$HCl + NaHCO_3 \longrightarrow NaCl + CO_2 \uparrow + H_2O \tag{16-40}$$

考虑混合后的软化水应含有少量剩余碱度，原水流量分配可按下式计算：

$$Q_{Na} = \frac{c(1/2SO_4^{2-} + Cl^-) + A_r}{c(HCO_3^-) + c(1/2SO_4^{2-} + Cl^-)} Q \tag{16-41}$$

$$Q_H = \frac{c(HCO_3^-) - A_r}{c(HCO_3^-) + c(1/2SO_4^{2-} + Cl^-)} Q \tag{16-42}$$

式中　　　　　Q——处理水总流量，m^3/h；

Q_H——进入氢离子交换器的流量，m^3/h；

Q_{Na}——进入钠离子交换器的流量，m^3/h；

$c(1/2SO_4^{2-} + Cl^-)$——原水中硫酸根和氯根离子的含量，mmol/L；

$c(HCO_3^-)$——原水的碱度，mmol/L；

A_r——混合后软化水的剩余碱度，约等于 0.5mmol/L。

如图 16-9 所示为 H-Na 串联离子交换系统。原水一部分 Q_H 流入 H 离子交换器，出水与另一部分原水混合，然后进入除二氧化碳器脱气流入中间水箱，最后由泵打入钠离子交换器进一步软化。原水流量分配计算方法与 H-Na 并联离子交换系统完全一样。

综上所述，H-Na 并联和 H-Na 串联系统均能达到脱碱软化的目的，但 H-Na 并联系统只是一部分流量经过 Na 离子交换器，H-Na 串联系统则是全部流量经过 Na 离子交换器。因此，从运行来看，串联系统较安全可靠，更适合于处理高硬度水，能满足低压锅炉对水质的要求。

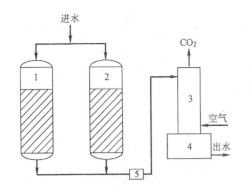

图 16-8 H-Na 并联离子交换系统
1—Na 离子交换器；2—H 离子交换器；3—除 CO_2 器；4—水箱；5—混合器

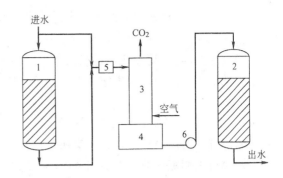

图 16-9 H-Na 串联离子交换系统
1—H 离子交换器；2—Na 离子交换器；3—除 CO_2 器；4—中间水箱；5—混合器；6—水泵

(4) 弱酸性 H 离子交换软化法

弱酸性 H 离子交换树脂的活性基团是羧酸（—COOH），可表示为 RCOOH，实际参与离子交换反应的可交换离子为 H^+，交换反应如下：

$$2RCOOH + Ca(HCO_3)_2 \Longrightarrow (RCOO)_2Ca + 2CO_2 + 2H_2O \tag{16-43}$$

$$2RCOOH + Mg(HCO_3)_2 \Longrightarrow (RCOO)_2Mg + 2CO_2 + 2H_2O \tag{16-44}$$

由于弱酸性树脂交换基团的特性，它只能去除碳酸盐硬度，而不能去除非碳酸盐硬度，该法适用于原水中碳酸盐硬度很高而非碳酸盐硬度较低的场合。其优点是交换设备体积小，再生非常容易且酸耗低，运行费用低。若需深度脱碱软化时，可与 Na 型强酸树脂联合使用组成 H-Na 串联系统或在同一交换器中填装 H 型弱酸和 Na 型强酸树脂，构成 H-Na 离子交换双层床。

3. 离子交换软化设备

常用的离子交换软化设备为离子交换器，装有 Na 型树脂的叫 Na 离子交换器，装有 H 型树脂的叫 H 离子交换器。离子交换器为能承受 400~600kPa 压力的钢罐，内部结构分为上部配水管系、树脂层、下部配水管系等三个部分。在交换器内装有厚度一般为 1.5~2.0m 树脂层。为保证树脂层反洗时有足够的膨胀空间，树脂层表面到上部配水管系之间的高度为树脂层厚度的 40%~80%。

根据运行方式的不同，离子交换软化设备可分为固定床和连续床两大类型。固定床是最基本的一种形式，其特点是交换与再生两个过程均在同一交换器中进行，树脂不向外输送。连续床是在固定床的基础上发展起来的，包括移动床和流动床两种形式。固定床根据原水与再生液的流动方向，又可分为顺流再生固定床和逆流再生固定床两种形式，前者原水与再生液分别从上而下以同一方向流经树脂层；后者原水与再生液流动方向相反。

(1) 顺流再生固定床

顺流再生固定床的运行操作包括交换、反洗、再生、清洗四个步骤，其中反洗、再生、清洗三个步骤属于再生工序。

1) 交换：交换过程就是软化过程。原水由上部配水系统进入交换器，通过树脂层交换后，软化水经下部配水系统流出。当出水硬度刚刚出现泄漏时，交换立即结束，进入再生工序。

2) 反洗：反洗水（一般用原水）由下部配水系统自下而上通过树脂层进行反洗，目的是使树脂层产生膨胀以清除树脂层内的杂质。

3) 再生：再生是交换器运行操作中重要的环节。为保持再生液的浓度，再生前应先排水，然后进再生液。再生液浓度：食盐一般为5%～10%；盐酸为4%～6%；硫酸不应大于2%。

4) 清洗：为清除树脂层中残存的再生残液，再生完毕后，应使用软化水对树脂层进行正向清洗。清洗完毕，即转入交换过程。

顺流再生固定床的优点是构造简单，运行操作简便。缺点主要表现在：树脂层上、下部再生程度高相差悬殊，即使再生剂耗量是理论值的2～3倍，再生效果仍然差；出水剩余硬度较高，特别是工作后期，由于再生时树脂层下半部再生程度低，出水提前超标，导致交换器工作周期大大缩短。顺流再生固定床只适用于处理规模较小、原水硬度较低的场合。

(2) 逆流再生固定床

逆流再生固定床与顺流再生固定床的区别是再生时再生液流动方向与交换时水流流向相反。其操作方式有两种：一种是水流向下流、再生液向上流，应用比较成功的有气顶压法、水顶压法等；另一种是水流向上流、再生液向下流，应用比较成功的有浮动床法。生产中，常见的是气顶压法逆流再生固定床。

如图16-10所示为气顶压逆流再生固定床的再生操作过程示意图，与顺流再生设备的不同之处是在树脂层表面处安装有中间排水装置。另外，在中间排水装置上面，装填一层厚约15cm的树脂或密度轻于树脂而略重于水的惰性树脂（称为压脂层），它一方面使压缩空气比较均匀而缓慢地从中间排水装置逸出，另一方面在交换时起一定预过滤作用。进再生液之前，在交换器顶部进入压强约30～50kPa的压缩空气压住树脂层，称为气顶压，其作用：一方面是在正常再生流速（5m/h左右）的情况下，保证树脂层次不乱；另一方面是借助上部压缩空气的压力，在排出向上流的再生液与清洗水时，防止树脂乱层。

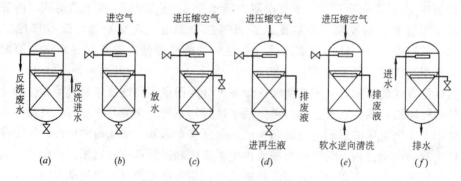

图16-10 逆流再生操作过程示意图

逆流再生固定床的再生操作步骤（图16-10所示）如下：

1) 小反洗：反洗水从中间排水装置进入，松动压脂层并清除其中悬浮固体。反洗流速约为5～10m/h，历时10～15min；

2) 放水：放掉中间排水装置上部的水；

3) 顶压：从交换器顶部进入压缩空气，使气压维持在 30～50kPa 范围内；

4) 进再生液：在有顶压的情况下，从交换器底部进再生液，上升流速约为 5m/h；

5) 逆流清洗：在有顶压的情况下，以流速为 5～7m/h 的软化水进行逆流清洗，直到排出水符合要求；

6) 正洗：以流速为 10～15m/h 的水流自上而下清洗，直到出水水质合格，即可投入交换运行。

逆流再生固定床运行若干周期后要进行一次大反洗，以去除树脂层中的杂质和碎粒。大反洗后的第一次再生时，应适当增加再生剂用量。

与顺流再生比较，逆流再生具有如下优点：再生废液中再生剂有效浓度明显降低（一般不超过 1%），再生液得到充分利用，再生剂耗量可降低 20% 以上；出水质量显著提高；原水水质适用范围扩大，对于硬度较高的水，仍能保证出水水质；再生程度较高，树脂工作交换容量有所提高。

水顶压法与气顶压法基本相同，仅是用带有一定压力的水替代压缩空气以保持树脂层不乱。水压一般为 50kPa，水量约为再生液用量的 1～1.5 倍。

无顶压逆流再生工艺是我国近年来发展起来的一种很有发展前途的再生方法。其原理是增加中间排水装置的开孔面积（使小孔流速低于 0.1～0.2m/h），在压脂层厚 20cm、再生流速小于 7m/h 的情况下，不需任何顶压手段，即可保持树脂层固定密实，而再生效果完全相同。无顶压法逆流再生工艺的应用，简化了逆流再生操作，标志着逆流再生技术在实际应用方面又进展了一步。

(3) 固定床软化设备的设计计算

离子交换器的计算公式为：

$$Fhq = QTH_t \tag{16-45}$$

式中　F——离子交换器截面积，m^2；

　　　h——树脂层高度，m；

　　　q——树脂工作交换容量，mmol/L；

　　　Q——软化水流量，m^3/h；

　　　T——软化工作时间，h；

　　　H_t——进水硬度，mmol/L。

式（16-45）左边表示离子交换器在给定工作条件下所具有的实际交换能力，右边表示在软化工作时间树脂去除水中硬度的总量。树脂的交换工作容量应由试验确定，或参照有关资料提供的数据确定。

离子交换器有系列定型产品，它的主要尺寸和树脂装填高度已定，只需按式（16-45）计算所需离子交换器的台数或软化工作时间。离子交换器的台数在实际生产中应不少于两台。

浮动床装置的特点是由底部进入的高速水流将整个树脂层托起，软化水由上部引出。再生操作时，再生液自上而下流经树脂层，同样具有逆流再生的特性。浮动床内由于树脂填充较满，难以在交换器内进行清洗，因此，必须定期将树脂移出交换器外擦洗。对于直径较小的设备，亦可采用体内抽气擦洗方式。在成床和落床过程中，保持层床不乱是浮动床能否具有逆流再生效果的重要因素。此外，在处理水量不稳定或需经常间歇运行的场合，不宜采用浮动床。

二、水的除盐

（一）复床除盐

所谓复床是指阳、阴离子交换器串联使用。复床除盐最常用的系统有：

1. 强酸-脱气-强碱系统

如图 16-11 所示，该系统是由强酸阳床、除二氧化碳器和强碱阴床组成。原水先通过强酸阳床除去水中的阳离子，出水呈酸性，再通过除二氧化碳器脱去 CO_2，最后进入强碱阴床除去水中的阴离子。

该系统是一级复床除盐中最基本的系统，多适用于制取脱盐水。在运行过程中，有时由于阳床泄漏 Na^+ 过量，造成出水的 pH 值和电导率都偏高。再生时，可采用逆流再生以提高出水水质。另外，为有利于除硅，强碱阴床应采用热碱液再生。

2. 强酸-弱碱-脱气系统

如图 16-12 所示，该系统是由强酸阳床、弱碱阴床、除二氧化碳器组成。弱碱树脂用 Na_2CO_3 或 $NaHCO_3$ 再生时，由于经弱碱阴床后，水中会增加大量的碳酸，因此脱气应在最后进行。若用 NaOH 再生，除二氧化碳器设置在弱碱阴床之前或之后均可。该系统正常运行时，出水的 pH 值为 6~6.5，电阻率在 $0.5\times10^5\Omega\cdot cm$ 左右。该脱盐系统由于弱碱树脂的应用，不仅交换容量有所提高，而且再生比耗显著降低，多适用于无除硅要求的场合。

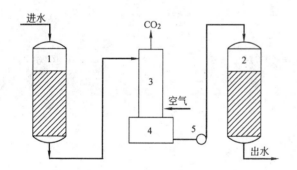

图 16-11　强酸-脱气-强碱系统
1—强酸阳床；2—强碱阴床；3—除 CO_2 器；4—中间水箱；5—水泵

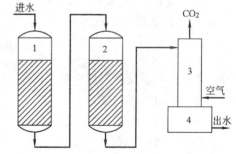

图 16-12　强酸-弱碱-脱气系统
1—强酸阳床；2—弱碱阴床；3—除 CO_2 器；4—中间水箱

3. 强酸-脱气-弱碱-强碱系统

如图 16-13 所示，该系统是由强酸阳床、除二氧化碳器、弱碱阴床、强碱阴床组成。适用于原水有机物含量较高、强酸阴离子含量较大的情况。阴离子交换树脂的再生剂以氢氧化钠为主，再生时，采用串联再生方式，全部再生液先用来再生强碱树脂，然后再生弱碱树脂。再生剂得到充分利用，再生比耗降低。该系统出水水质与 1 系统大致相同，但运行费用略低。

（二）混合床除盐

按一定比例将阴、阳树脂均匀混合在一起的离子交换器称为混合床，混合床中阴树脂的体积一般是阳树脂的两倍，再生时阴、阳树脂分层再生，使用时先将其均匀混合。当原水通过此交换器时，由于混合床中阴、阳树脂交替紧密接触，好像由无数微型的复床除盐系统串联而成的，反复进行多次脱盐，因而具有出水纯度高、出水水质稳定、间断运行对出水水质影响小、交换终点分明易于实现自动控制等优点。

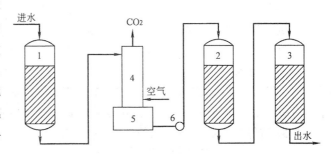

图 16-13 强酸-脱气-弱碱-强碱系统
1—强酸阳床；2—弱碱阴床；3—强碱阴床；
4—除 CO_2 器；5—中间水箱；6—水泵

混合床再生方式分体内再生与体外再生两种。体内再生又区分为酸、碱分步再生和同步再生。以体内酸、碱分步再生为例，其再生操作步骤为：

（1）反洗分层：反洗流速 10m/h 左右；

（2）进碱阴树脂再生：再生液 NaOH 浓度为 4%，流速为 5m/h；

（3）第一次正洗：脱盐水以 12～15m/h 的流速通过阴树脂层；

（4）进酸阳树脂再生：浓度 5% 盐酸或 1.5% 硫酸；

（5）第二次正洗：用脱盐水以 12～15m/h 的流速通过阳树脂层；

（6）阳、阴树脂混合：先放水至树脂层上约 10～20cm 处，然后进压缩空气约 2～3min，使阳、阴树脂搅拌均匀混合后，立即快速排水；

（7）最后正洗：流速 15～20m/h，正洗到出水电阻率大于 $5.0\times10^5\Omega\cdot cm$，即可投入运行。

混合床再生时由于阳、阴树脂分层不彻底，易形成所谓的交叉污染；另外，考虑到混合床对有机物污染很敏感，因此在水进入混合床之前，应进行必要的预处理，以防有机物污染树脂。

三、锅炉水处理

（一）锅炉给水的处理问题

进入锅炉的水叫做锅炉给水。锅炉给水包括两部分：一部分是回收的凝结水（其含盐量接近于零）；另一部分是经软化后的补充水。锅炉给水处理的目的在于防止锅炉系统中产生沉积物、腐蚀以及汽水共腾和发沫等危害。

1. 沉积物

锅炉系统中出现沉积物主要是水中溶解杂质的过饱和引起的。沉积物以水垢和水渣两种形态出现，水渣可以随水流动，因而可以通过排污排掉；当锅炉清垢时，水垢脱落会变成大块的片状沉积物，也可以通过排污水排出锅炉。

锅炉结垢后，坚硬的结垢会产生很大的热阻，从而引起加热面金属的温度过度升高。在锅炉温度过高的部分，金属会变软、胀鼓以致最后破裂，造成事故。

为了防止出现危害的沉积物，有时要做沉积物的分析。分析的目的是为了解释沉积物的来源，以便定出适宜的水处理方案。沉积物的分析有化学分析和 X 光分析两种方法，一般多采用化学分析法。

2. 腐蚀

引起腐蚀的原因主要有：水对金属的直接腐蚀、水中溶解氧引起的金属腐蚀、金属表面产生的电化学腐蚀。

3. 苛性脆化

苛性脆化是应力腐蚀破裂的一个类型。应力腐蚀破裂指金属由于拉应力及腐蚀溶液联合作用而产生的局部破裂现象。除由于苛性钠引起的苛性脆化外，氯离子及硝酸盐也能引起应力腐蚀破裂的现象。在腐蚀的过程中，还会由于其他物质（如二氧化硅及一些氧化剂）的参与而加快了破裂的过程。

4. 汽水共腾和发沫

汽水共腾和发沫都是锅炉运行中出现的不正常现象，前者是指锅水随着蒸汽冲进汽包的蒸汽空间、甚至在蒸汽引出管中出现大量锅水的现象；后者是指蒸汽从加热面上升并在锅水水面聚集成一层泡沫的现象。当出现这些现象时，由于蒸汽带水，一方面会降低蒸汽的能量效率，另一方面引起蒸汽中含盐量的增加，产生较多的沉积物，造成危害。

汽水共腾和发沫与锅水中的溶解盐分和悬浮物浓度较高、锅水的碱度较高、锅水的水位较高及锅炉的设计等因素有关。

（二）锅炉给水处理方法

锅炉给水的处理过程可分为锅外处理与锅内处理两个部分。锅外处理指锅炉补充水的混凝、沉淀、过滤、软化及除盐等过程，该内容前面已经介绍。锅内处理是指向锅内直接投加药剂，利用药剂在锅内部发生的反应来解决处理问题。本节主要介绍锅内处理。

当锅炉给水的补充水已经过锅外处理后，锅内处理的作用只是一种辅助性的。锅内处理的任务是：一是进一步去除进入锅水中的残余有害杂质；二是对锅水的杂质成分进行调整控制，从而控制结垢及腐蚀过程。

1. 阻垢处理

（1）沉淀的方法

其原理是向水中加入软化药剂使水中结垢的成分从锅水中沉淀为水渣，并同时投加有机分散剂，以利于这种水渣的流动，最后借排污水排出。根据使用的锅内软化药剂的类型，沉淀的方法又分为碱类处理及磷酸盐处理两种。

1）碱类处理

碱类处理是指利用碱类软化药剂使水中钙镁离子形成碳酸钙及氢氧化镁水渣。由于锅水碱度很高，锅水中过量的碱度使 Ca^{2+} 以 $CaCO_3$ 形式沉淀。

2）磷酸盐处理

磷酸盐处理是指利用磷酸钠盐软化药剂使水中钙离子形成磷酸钙水渣，易于借排污排除掉。为了控制形成磷酸钙水垢，锅水中必须保持一定的过量 PO_4^{3-} 浓度。

无论是碱类处理或是磷酸盐的处理，都要防止出现硫酸钙水垢，这可以通过一些锅水的经验指标来控制。通常采用的控制指标是 Na_2CO_3 与 Na_2SO_4 的比值。

在进行碱类处理或磷酸盐处理时，常在锅水中同时投加单宁等物质作为分散剂，以增加水渣的流动性，易于借排污排出。

（2）溶解的方法

其原理是向水中投加螯合剂把可能产生结垢的钙、镁离子等螯合起来，使之稳定在锅水中。常用的螯合剂为 EDTA。螯合剂的作用不仅可以同时防止锅炉前设备和锅内出现沉积物，而且还兼有对锅内原有结垢的清除作用。使用螯合剂时，为进一步控制沉积物的出现，也可同时投加分散剂。

2. 缓蚀处理

（1）除氧

溶解氧的存在会造成锅炉的腐蚀，因此必须对锅炉给水进行除氧。通常采用的除氧方法有热力除氧和化学除氧两种。

1) 热力除氧：即利用氧气在水中的溶解度随水温的上升而下降的这一现象，进入蒸汽加热至沸点，使水中的溶解氧及其他气体以气泡的形式释放出来排入大气，来去除水中溶解氧。热力除氧的设备叫做除氧器。除氧器还可以在部分真空下工作，称为真空式除氧器。

2) 化学除氧：去除溶解氧的药剂常用亚硫酸钠，反应如下：

$$2Na_2SO_3 + O_2 =\!=\!= 2Na_2SO_4 \tag{16-46}$$

为保证锅水中的溶解氧为零，一般须维持锅水中 Na_2SO_3 的剩余量约为 20～40mg/L。

另外，单宁在锅内能吸收氧气，也起除氧的作用，所以单宁兼起阻垢剂和除氧剂的双重作用。

（2）保持一定的碱度和 pH 值

控制腐蚀速度的一项重要措施是保持给水和锅水一定的碱度和 pH 值。当补充水碱度过低时，必须向给水中投加 Na_2CO_3，以保证达到锅水要求的 pH 值及碱度。

（3）控制苛性脆化

向水中投加单宁物质，不仅能增加泥渣的流动性和除氧，又能进行苛性脆化的控制。通常采用的控制苛性脆化的指标是单宁物质与碱度（用 NaOH 表示）的重量比。

第三节 水的除臭除味处理

我国饮用水卫生标准中规定不得有异臭、异味，因此，在微污染水源饮用水处理中，异臭和异味的去除逐渐成为关注的问题。生产实践表明：常规的水处理工艺很难除臭除味，常常需要结合使用化学氧化法、活性炭吸附法或生物处理法才能取得较为满意的除臭除味效果。

一、化学氧化法

采用的氧化剂主要有臭氧、氯、高锰酸钾和二氧化氯，其中以臭氧氧化较为有效。

臭氧是一种强氧化剂，不仅能氧化水中大多数有机物，去除水中色、嗅、味；还可去除水中溶解物。高剂量的臭氧可以将有机物彻底氧化成二氧化碳和水，但考虑到费用，在臭氧投加量有限的情况下，大分子有机物经臭氧氧化后被分解成分子较小的中间产物，可能存在致突变物。但这些中间产物却很容易被活性炭吸附或活性炭表面的生物所降解，因此，通常将臭氧氧化与活性炭吸附或生物处理联合使用，以充分发挥臭氧的作用。

二、活性炭吸附法

活性炭吸附法是微污染水源饮用水处理的有效方法，不仅可以吸附去除水中多种产生臭和味的物质，而且还能去除天然和合成溶解有机物及微污染物质，因此在水处理中日益受到重视。目前美国以地表水为水源的水厂中已有90%以上采用了活性炭吸附工艺。

活性炭是以褐煤、烟煤、无烟煤、果壳或木材等碳质原料经碳化和活化两个过程制成的黑色多孔性物质。其比表面积达到$1000\sim1300m^2/g$，因而有良好的吸附性能。

活性炭通常以粉末状活性炭和颗粒状活性炭两种形式应用于水处理中。

1. 粉末状活性炭：粒径约为$10\sim50\mu m$，通常与混聚剂一起投加到原水中，经混合、吸附水中产生臭和味的物质及其他可吸附的污染物质后，粘附在絮凝体上的炭粒依靠沉淀作用从水中分离出去，以去除水中臭、味。粉末状活性炭的建设与管理费用较低，但操作麻烦、一次使用后即废弃，不能回收再生重用，故费用较贵。一般宜用于短期的间歇除臭处理且粉末炭投加量不高时。

2. 颗粒状活性炭：其有效粒经一般为$0.4\sim1.0mm$，生产中，通常以粒状活性炭作为滤料组成活性炭吸附滤池。原水通过活性炭吸附滤层后，产生臭味的物质及其他可吸附的污染物质被吸附去除。

活性炭吸附通常是在常规处理工艺的基础上进行。炭滤池一般设置于普通滤池之后（也可在快滤池的砂层上铺设颗粒活性炭），炭层厚度约为$1.5\sim2.0m$，进入炭滤池的原水浊度应不超过$3\sim5$度，滤速一般采用$8\sim20m/h$，炭滤池应定期进行反冲洗，反冲洗强度为$8\sim9L/(s\cdot m^2)$，冲洗时间为$4\sim10min$。

当活性炭的吸附能力达到饱和后，可从炭池中取出，经过再生后重复使用。再生一般多采用热再生法，其过程可分加热干燥、解吸以去除挥发性物质、热解大量的有机物、以及蒸汽和热解的气体产物从炭粒的孔隙中排出等四个阶段。

三、生物活性炭法

由于水源水中有机物的种类和性质各异，采用单一的处理工艺往往很难取得理想的处理效果，因此，需要将臭氧氧化处理、生物处理和活性炭吸附与常规处理组合起来，优化组合成新的净水工艺。其中，比较典型的是由常规处理、臭氧氧化、活性炭吸附组合而成的生物活性炭法，其工艺流程如下：

```
        混凝剂              O₃
原水 ──→ 澄清 ── 过滤 ──→ 活性炭吸附 ──→ 消毒 ──→ 出水
```

在水中投加臭氧的目的是，一是将溶解和胶体状有机物转化为较易生物降解的有机物，二是将某些大分子有机物氧化分解成易被活性炭吸附的分子较小物质并被炭床中微生物所降解。

该工艺由于在活性炭滤料上滋生有大量的微生物，一方面可将水中溶解有机物进行生物氧化，并完成生物硝化作用，将NH_4^+-N转化为NO_3^-；另一方面微生物对活性炭上吸附的有机物的进行降解，促使活性炭部分再生，从而延长了再生周期。因此，在活性炭滤池中存在着活性炭吸附与生物降解的双重作用。

生物活性炭工艺不仅可以避免单独使用臭氧时，臭氧投加量大、电耗高，不经济；又可以避免单独使用活性炭时，再生周期短，成本高，因而在饮用水深度处理中得到了广泛的应用。

第四节 水的除氟处理

氟是机体生命活动所必需的微量元素之一,但过量的氟则产生毒性作用。我国饮用水卫生标准中规定氟的含量不超过1.0mg/L,超过标准规定的原水,需进行除氟处理。

我国饮用水除氟方法有吸附过滤法、混凝法、电渗析法等,其中应用最多的是吸附过滤法。吸附过滤法的原理是含氟水通过滤料时,利用吸附剂的吸附和离子交换作用,将水中氟离子吸附去除。当吸附剂失去除氟能力后,可对吸附剂再生以重复使用。作为滤料的吸附剂主要有活性氧化铝和骨炭。

一、活性氧化铝吸附过滤法

活性氧化铝是一种两性物质,其等电点约为9.5,当水的pH值在9.5以上时可吸附水中阳离子,水的pH值在9.5以下时可吸附水中阴离子,活性氧化铝吸附阴离子的顺序为 $OH^->PO_4^{3-}>F^->SO_3^->CrO_4^{2-}>SO_4^{2-}>NO_2^->Cl^->NO_3^-$,对吸附氟离子具有极大的选择性。除氟用的活性氧化铝为白色颗粒状多孔吸附剂,有较大的表面积。

活性氧化铝在使用前须用硫酸铝溶液进行活化,活化反应为:

$$(Al_2O_3)_n \cdot 2H_2O + SO_4^{2-} \longrightarrow (Al_2O_3)_n \cdot H_2SO_4 + 2OH^- \tag{16-47}$$

除氟时的反应为:

$$(Al_2O_3)_n \cdot H_2SO_4 + 2F^- \longrightarrow (Al_2O_3)_n \cdot 2HF + SO_4^{2-} \tag{16-48}$$

当活性氧化铝失去除氟能力后,需停止运行,进行再生。再生时可用浓度为1%~2%的硫酸铝溶液,再生反应为:

$$(Al_2O_3)_n \cdot 2HF + SO_4^{2-} \longrightarrow (Al_2O_3)_n \cdot H_2SO_4 + 2F^- \tag{16-49}$$

活性氧化铝对水中氟吸附能力的大小取决于其吸附容量。吸附容量是指1g活性氧化铝所能吸附氟的重量,一般为1.2~4.5mg F^-/gAl_2O_3。它主要与原水的含氟量、pH值、活性氧化铝的粒度等因素有关。原水的含氟量高时,由于对活性氧化铝颗粒能形成较高的浓度梯度,有利于氟离子进入颗粒内,从而能获得较高的吸附容量;原水的pH值在5~8之间时,活性氧化铝的吸附量较大,pH=5.5可获得最佳的吸附容量,我国多将pH值控制在6.5~7.0之间;活性氧化铝的粒度小时,吸附容量大,且再生容易,但反洗时小颗粒易流失,一般选用粒径为1~3mm。

活性氧化铝吸附过滤法除氟装置可分为固定床和流动床,一般采用固定床,滤层厚度为1.1~1.5m,滤速为3~6m/h。当活性氧化铝滤层失效后(即出水含氟量超过标准时),需停止运行,进行再生。再生时,为去除滤层中的悬浮物,应先用原水对滤层进行反冲洗(膨胀率30%~50%)。再生剂可用1%~2%硫酸铝或1.0%NaOH溶液,其浓度和用量应通过试验确定。再生后须用除氟水反冲洗,然后进水除氟至出水合格为正式运行开始。再生时间一般为1.0~1.5h。

采用流动床时,滤层厚度为1.8~2.4m,滤速10~12m/h。

二、骨炭过滤法

骨炭是由兽骨燃烧去掉有机质的产品,其主要成分是羟基磷酸三钙,故骨炭过滤法又称磷酸三钙过滤法，关于羟基磷酸三钙的分子式，国外认为是 $Ca_3(PO_4)_2 \cdot CaCO_3$，国内认为是 $Ca_{10}(PO_4)_6(OH)_2$。

除氟交换反应如下：

$$Ca_{10}(PO_4)_6(OH)_2+2F^- =\!=\!= Ca_{10}(PO_4)_6 \cdot F_2+2OH^- \tag{16-50}$$

当水中含氟量高时，反应向右进行，氟被吸附交换去除。

骨炭滤层失效后，需停止运行，进行再生，常用的再生液是浓度为 1% NaOH 溶液。再生后还需用浓度为 0.5% 的硫酸溶液中和。

第五节 水的除藻

目前，水体的富营养化现象给饮用水处理带来的问题日益严重，其中主要是由藻类和有机物引起。

一、水中藻类对饮用水处理的不利影响

水中藻类产生的不利影响主要表现在以下几个方面：

1. 藻类致臭

许多富营养化的水体都存在着不同程度的臭味。在藻类大量繁殖的水体中，藻类一般是主要的致臭微生物。

2. 藻类产生毒素

某些藻类在一定的环境下会产生毒素，这些毒素对健康有害。常规处理工艺对藻毒素的去除效率较低，而活性炭过滤或臭氧氧化则几乎可以完全去除水中藻毒素。

3. 药耗增加

生产中，为杀灭水中藻类，往往要加大消毒剂的投加量，不仅使制水成本提高，更增加了水中消毒副产物的含量，降低了饮用水的安全性。

4. 藻类堵塞滤层

原水在混凝沉淀的过程，水中大量的微小藻类因其密度小而未被去除，进入滤池后，在滤层中快速繁殖，造成滤层较早堵塞，从而使滤池工作周期大大缩短，严重时可能引起水厂被迫停产。

二、饮用水的除藻技术

当原水中藻类含量大于 100 万个/L 时，会妨碍水的常规处理，使处理水难以符合生活饮用水标准。目前水处理中含藻水的处理方法主要有：化学药剂法、微滤机除藻、气浮除藻、直接过滤除藻和生物处理除藻等。

（一）化学药剂法

常用的化学除藻剂有氯、硫酸铜、二氧化氯等。在原水中加氯进行预氯化，可杀灭藻类并可防止藻类堵塞滤池，预氯化的加氯量取决于原出水质（如含藻量、氨氮、耗氧量等），但预氯化会使水中消毒副产物增加，故采用预氯化法时，原水总有机碳宜小于 1.5mg/L，以免出厂水中氯仿含量超过饮用水标准。采用硫酸铜除藻时，由于控制藻类生长的硫酸铜浓度一般须大于 1.0mg/L，往往会使得水中铜盐浓度上升，产生毒性，因此采用硫酸铜除藻局限性较大，一般适用于原水中含藻量少且处理水量小时。二氧化氯除藻效果较好，但成本较高。

利用化学药剂控制藻类既可在水源地进行，也可在水处理厂中进行。化学药剂法应用较为灵活，但会使一些对健康不利的化学物质随之带入水中，影响饮用水的安全性。

（二）微滤机除藻

微滤机除藻一般适用于湖水或水库水在沉淀（澄清）工艺前的除藻处理，主要用以去除水中浮游动物和藻类。微滤机除藻关键在于滤网的材质与制造以及原水含藻情况，其对藻类的去除效果优于混凝沉淀，但就浊度、色度与COD_{Mn}的去除率而言，远不及混凝沉淀。

（三）气浮除藻

藻类密度一般较小，因而其絮体不易沉淀，采用气浮法则可以取得较好的除藻效果。采用气浮法除藻时，气浮池液面负荷宜小于 $7.2m^3/(m^2 \cdot h)$，絮凝时间一般为 10～15min，分离区停留时间为 10～20h，有效水深为 1.5～2.0m。气浮法的主要缺点是藻渣脱水较为困难，气浮池附近臭味重，操作环境差。当原水浊度大于 200 度时，气浮法除藻效果较差。

（四）直接过滤除藻

当湖泊水或水库水的浑浊度小于 20 度时，可考虑采用直接过滤处理。实践表明，直接过滤条件不同，除藻效率也不一样。采用直接过滤除藻时，滤料粒径与不均匀系数与普通快滤池相同。

（五）强化混凝沉淀除藻

在原水投加混凝剂的同时，通过调节水的 pH 或再加入一定量的活性硅酸及有机高分子助凝剂（如聚丙烯酸胺等），可以强化混凝沉淀，从而提高除藻效率。有研究表明：采用强化混凝的方法可以将混凝沉淀的除藻效率提高到 90%以上。

（六）生物处理除藻

生物处理对藻类有一定的去除效果，但去除率依藻类种类的不同有很大变化。采用生物预处理除藻时，其除藻效果的主要影响因素有：1）藻类种类：藻类种类是影响生物处理去除藻效率的重要因素，不同的藻类具有不同的物理、化学性质以及藻细胞的表面性质，因而影响到生物膜对藻体的吸附作用，使生物膜对不同的藻类表现出不同的去除率；2）水力负荷：水力负荷越大，停留时间越短，藻类去除率越低。

实际上，在水处理中除藻并不是由某一个单元工艺单独完成的，而是贯穿于整个净水工艺。

第六节 游泳池水处理

一、概述

游泳池经过一段时间使用后，池内水会逐渐被游泳者所污染。为保证游泳池水质安全，通常将污染水从池中排出经适当处理后再送回到游泳池中，称之为游泳池水的封闭循环再生。游泳池水采用封闭循环再生，不仅可以避免连续更换新水需补充加热所造成的高额费用，而且还可以节约大量的水。

采用封闭循环再生时，水的循环方式通常有两种：一是被污染水全部从表面沿游泳池四周的水槽排出，处理后的水从池底送回到池中；二是被污染水从表面和池底同时排出，处理后的水再从池底送回到池中。

另外，为了补充各种原因所损失的水，同时也是为了减少游泳池水中有机物、无机物和氨化合物的浓度，每天需要送入一定量的清洁水。

游泳池水处理无论采用哪种方法，均应达到我国规定的游泳池水质标准。我国卫生部颁布的游泳池水质标准见表16-1。

游泳池水质标准 表16-1

项　目	标　准
pH值	6.5～8.5
浑浊度	不大于5度或站在游泳池两岸能看清水深1.5m的池底四、五泳道线
耗氧量	不得超过6mg/L
余氯	游离余氯：0.4～0.6mg/L，化合性余氯：1.0mg/L以上
细菌总数	不得超过1000个/L
尿素	不得超过2.5mg/L
池水温度	22～26℃

二、封闭循环的游泳池水处理方法

游泳池水进行封闭循环再生的关键是对排出的污染水进行适当处理。处理工艺主要包括：过滤和消毒，其工艺流程如下：

污染水──→预过滤──→提升──→过滤──→消毒──→清洁水
（过滤前加混凝剂，消毒前加消毒剂）

1. 预过滤和提升

池内污染水从表面沿游泳池四周的水槽排入回收水池，用水泵再将该水池中水进行提升，并向水中投加混凝剂后进入滤池过滤。为避免水中可能存在的各种废物损坏水泵，应在泵前安装预过滤器。

2. 过滤

过滤设备通常采用以石英砂为滤料的压力式滤池，滤速一般为15～40m/h。滤池反冲洗既可采用高速水流反冲洗，也可采用气、水反冲洗。采用高速水流反冲洗时，反冲洗流速一般为30～40m/h。

过滤前，应向水中投加混凝剂（如硫酸铝等），使水中杂质与滤料充分碰撞接触和粘附，从而被滤层截留。滤池对水中杂质的有效截留，不仅降低了水的浊度，而且避免造成过多的消毒剂耗量。因为消毒剂的增加，会增大水中氯化物的浓度，同时还会产生总是使人讨厌的氯化有机化合物。

3. 消毒

消毒是游泳池水处理中很重要的步骤，其目的是为了防止传播疾病，阻止会使水浑浊、产生绿色的微型藻的生长。

消毒时，不仅要考虑池内水的消毒，而且对池的周围也要进行经常清洗和消毒。同时，为了避免疾病的传播，水中还必须具有规定的剩余消毒能力。

消毒的方法通常有以下几种：

(1) 氯消毒

常用的消毒剂主要是氯气，有时也可以采用次氯酸钠或漂白粉。池水中游离余氯应为

0.4~0.6mg/L，化合性余氯应在 1.0mg/L 以上。

(2) 臭氧

臭氧是氧化能力很强的消毒剂，它不仅可以杀灭细菌，还可以氧化有机物，去除水中嗅、味。但采用臭氧消毒后，往往要求在水被重新送入游泳池之前完全去除剩余臭氧，此时的游泳池水由于缺少剩余消毒成分而更容易被游泳者污染，所以，在臭氧消毒之后，必须投加少量的氯以保持水中的余氯量。

三、其他处理

1. 杀灭藻类

一般情况下，游泳池水中不会有藻类的繁殖。若发现藻类时，可向池水中投加硫酸铜进行杀灭。

2. 调整 pH 值

为了充分发挥消毒剂的消毒效能，经常需要调整循环系统中水的 pH 值。其方法是用加药泵加入碱性盐（如碳酸钠等）或加入经水稀释的盐酸。

3. 除铁和除锰

在游泳池水中有时含有一定量的铁或锰。需要去除这些物质，否则在池壁上会产生红色或黑色的沉淀物。

4. 游泳池的清洗

悬浮物质沉淀在池底后，为了防止这些物质再次上浮，必须在游泳者到达之前清除。

思考题与习题

1. 地下水中的铁、锰主要以什么形态存在？地下水除铁、除锰的方法有哪些？
2. 加快铁的氧化速率应采取什么措施并说明理由。
3. 对于铁、锰共存的地下水，为什么应先除铁再除锰？
4. 除铁、除锰滤料的成熟期是指什么？任何滤料是否需到成熟期后才出现催化氧化作用？
5. 什么情况下，接触氧化法除铁、除锰应采用两级曝气、过滤处理工艺？为什么？
6. 何谓水的离子交换软化法？离子交换树脂的结构包括哪几部分？其类型有哪些？
7. 何谓离子交换树脂的选择性？再生机理是什么？
8. 与顺流再生固定床相比，逆流再生固定床具有哪些优点？其再生操作过程是什么？
9. 何谓混合床？试说明其工作原理。
10. 锅炉给水处理的目的是什么？锅内处理的作用与方法是什么？
11. 什么叫生物活性炭法，有何特点？水中投加臭氧的作用是什么？
12. 目前饮用水除氟应用最多的方法是什么？其原理如何？
13. 试说明水中藻类对饮用水处理的不利影响。
14. 饮用水的除藻技术有哪些？影响生物除藻主要因素是什么？
15. 何谓游泳池水的封闭循环再生？游泳池水封闭循环再生的处理工艺是什么？
16. 已知原水的水质分析资料为：HCO_3^- 283mg/L、SO_4^{2-} 67mg/L、Cl^- 13mg/L。现采用 H-Na 并联软化脱碱系统进行软化处理，要求软化后剩余碱度 0.5mmol/L，若处理水量为 100m³/h，试计算流经 RH 与 RNa 的流量各是多少？

第十七章　地表水给水处理系统

　　给水处理的主要任务和目的是通过必要的处理方法去除水中杂质，以价格合理、水质优良安全的水供给人们使用，并提供符合质量要求的水用于各个行业。

　　给水处理的方法一般根据水源水质和用水对象对水质的要求而确定。地表水源包括江河、湖泊、水库等，其水质特点各不相同。由于水源水质的差异以及要求达到的水质目标不同，因此采用的给水处理工艺手段也不相同。如果原水水质好，处理工艺流程就可以简化，水质要求的目的就可以容易达到。而现实情况是原水污染情况在加剧，影响人体健康的有机物和无机杂质不断增加，水处理工艺流程也趋于复杂。

　　到本世纪初，地表水给水处理技术已基本形成了现在被普遍称之为常规处理工艺的处理方法，即混凝、沉淀或澄清、过滤和消毒。这种常规处理工艺至今仍被世界大多数国家采用，是目前给地表水给水处理的主要工艺。

第一节　给水处理工艺系统的选择原则

　　给水处理工艺选择的原则，主要是针对原水水质的特点，以最低的基建投资和经常运行费用，达到出水水质要求。给水处理工艺设计一般按扩大初步设计、施工图两阶段进行。工程规模大的可分初步设计、技术设计、施工图三阶段进行。在设计开始前，必须认真、全面地展开调查研究，掌握设计所需的全部原始资料。在采用新的处理工艺时，往往需要进行小型或中型试验，取得可靠的设计参数，做到适用、经济、安全。

一、水处理工艺选择时必需的基础资料

　　1. 原水水质分析

　　首先要确定采用哪一种水源，其供水保证率如何，它决定着水源的取舍；水质是否良好，它关系着处理的难易及费用。对确定的水源水质应有长期的观察资料，对于地表水来说，要认真分析比较丰水期和枯水期的水质、受潮汐影响河流的涨潮和落潮水质、表层与深层的水质等。对选定的水源水质分析，找出产生污染物的原因及其污染源。对于潜在的污染影响和今后的发展趋势，要做出正确的分析和判断。

　　2. 出水水质要求

　　供水对象不同，则对出水水质的要求也有所不同。在确定出水水质目标的同时，还要考虑今后可能对水质标准的提高所采取的相应规划措施。

　　3. 当地或类似水源水处理工艺的应用情况

　　了解当地已建成投产运行的给水处理厂站水处理工艺的应用情况，分析所采用的处理工艺及其处理效果。

　　4. 操作人员的经验和管理水平

　　要对操作人员和管理人员进行严格的培训，使其熟悉所选择的工艺流程，并能正确操作和管理，以达到工艺过程预期的处理目标。

5. 场地的建设条件

工艺不同，对场地面积和地基承载要求也不尽相同，因此在工艺选择时要有相关的自然资料，并留有今后扩建的可能。

6. 当地经济发展情况

当地经济发展情况决定了所选择的水处理工艺是否能够正常发挥其作用。根据当地经济条件，选择合适的基建投资和运行费用，是水处理工艺选择的重要因素之一。

二、水处理工艺选择时必需的试验

为了准确确定设计参数和验证拟采用的工艺处理效果，要进行必要的试验。除了对水质指标进行全面检测和分析以外，常用的水处理试验有搅拌试验、多嘴沉降管沉淀试验、泥渣凝聚性能试验和滤柱试验等。

1. 搅拌试验

搅拌试验的目的是分析絮凝过程的效果，选择合适的混凝剂品种、投加量、投加次数及次序。

在定量的烧杯中，投加不同品种和剂量的混凝剂和絮凝剂，同时可以进行 pH 值的调整。在设定的 G 值条件下进行模拟混合和絮凝的机械搅拌，观察絮凝体的形成过程情况，测定沉淀水的浊度、色度、沉淀污泥百分比、污泥的沉降速度等，另外还可检测沉淀水的耗氧量等其他指标。

2. 多嘴沉降管沉淀试验

用沉降管模拟池子深度，在不同深度处设置取样管嘴，原水在沉降管中完成混合、絮凝，然后进行静止沉淀。在不同沉淀时间和不同的深度，取样测定其剩余浊度。通过绘制沉降曲线，得出不同截留速度时的浊度去除率，现时可以分析不同沉速颗粒的组成百分比。对比不同深度处的沉降曲线，可以分析出颗粒在沉降过程中继续絮凝的情况。

3. 泥渣凝聚性能试验

进行泥渣凝聚性能试验，有助于分析泥渣接触型澄清池澄清分离性能及絮凝剂对澄清的影响。

在 250mL 的量筒中放入搅拌试验的泥渣，泥渣可以在不同的烧杯中收集，但须是在同一混凝剂加注量形成的泥渣。注入泥渣后的量筒静置 10min，用虹吸抽出过剩泥渣，在量筒中仅剩余 50mL 泥渣。在量筒中放入带有延伸管的漏斗，延伸管伸至离量筒底约 10mm，在漏斗中断续地小量加入搅拌试验澄清的水，多余的水将从量筒顶端溢出。记录不同泥渣膨胀高度时的水流上升流速，上升流速可通过注入 100mL 水的时间计算。上升流速与膨胀泥渣体积的关系呈线性。

4. 滤柱试验

采用模拟滤柱试验，可以对不同过滤介质的过滤性能进行比较，选择合适的滤料规格和厚度。对于活性炭等吸附介质的吸附效果，也可以采用类似方法进行试验。

对于过滤水浊度和水头损失，可以在试验过程中分层检测，进行不同滤速的比较。通过滤柱试验，对反冲洗效果进行分析，观察反冲时滤料的膨胀情况、双层或多层滤料不同滤层间的掺混情况以及冲洗排水的浊度变化等。

为观察过滤和反冲情况，滤柱采用有机玻璃制作。滤柱直径一般不小于 150mm，以避免界壁对过滤效果的影响。为了防止过滤过程中滤层中出现负压，滤柱应有足够的高度。在试验时，可以并行设置多个滤柱进行比较不同滤料、不同级配和厚度时的情况。

第二节 一般地表水处理系统

对于一般地表水处理工艺流程的选择，应当根据原水水质与用水水质要求的差距、处理规模、原水水质相似的城市或工厂的水处理经验、水处理试验资料、处理厂地区有关的具体条件等因素综合分析，进行合理的流程组合。

一般地表水处理系统，指的是常规水处理，即被处理原水在水温、浊度（含砂量）以及污染物含量方面均在常见的范围内。因此，一般地表水处理系统是指对一般浊度的原水采用混凝、沉淀、过滤、消毒的净水过程，以去除浊度、色度、细菌和病毒为主处理工艺，在水处理系统中是最常用、最基本的方法。

根据原水水质的不同，一般地表水处理系统可以分为以下几种工艺流程。

一、采用简单消毒处理工艺

对于没有受到污染，水质优良的原水，如果除细菌以外各项指标均符合出水水质要求时，采用简单的消毒处理工艺即可满足净水水质要求的标准。这种方法在一般地表水系统中很难应用，而更多地用于处理优质地下水。

二、采用直接过滤处理工艺

当原水浊度较低，经常在15NTU以下，最高不超过25NTU，色度不超过20度，一般在过滤前可以省去沉淀工艺，而直接采用过滤工艺。

直接过滤工艺又可以分为在过滤前设置絮凝设施和不设置两种情况。过滤前设置絮凝设施，是在原水加注混凝剂后，经快速的混合而流入絮凝池，在池中形成一定的大小的絮凝体，之后进入快滤池。不设置絮凝设施的情况是，采用煤、砂双层滤料，原水加注混凝剂并经快速混合后，直接进入滤池。这种情况中的絮凝过程是在滤层中进行的。加注混凝剂的原水悬浮物在煤层中一方面完成絮凝过程，同时也被部分截除，而在砂层中被充分去除掉。

直接过滤形成的絮体并不需要太大，故药耗相对较少，又被称为微絮凝过滤。由于直接过滤截留的悬浮物数量比一般滤池为多，所以在滤层选择上应注意有较高的含污能力，一般采用双层滤料。

三、混凝、沉淀、过滤、消毒处理工艺

由于人类对环境的影响，一般地表水浊度均超过了直接过滤所允许的范围，所以要求在过滤前设置混凝反应池、沉淀池，以去除大部分悬浮物质。

原水在投加混凝剂并经快速混合后进入絮凝反应池，在絮凝池中形成分离沉降所需要的絮状体。为有效提高絮状体的沉降性能，在快速混合后可以再投加高分子絮凝剂，通过架桥和吸附作用形成较易沉降的絮状体。

根据原水的水质情况，在进入混合前可投加pH调整剂和氧化剂。当原水碱度不能满足混凝要求的最佳pH值时，需要投加pH调整剂。例如原水碱度较低时，投加石灰或氢氧化物，为了去除有机物需要形成较低pH值时，则加酸处理。投加氧化剂的目的，是改善混凝性能，氧化部分有机物和保持净水处理构筑物的清洁，避免藻类滋生。

经过混凝、沉淀、过滤、消毒处理后，如果出水水质 pH 值不能满足水质稳定要求时，应在最后投加 pH 调整剂，使出水水质达到稳定。

第三节　高浊度水处理系统

一、高浊度水的水质特点及工艺选择因素

高浊度水是指浊度较高的含砂水体，并且具有清晰的界面分选沉降。通常情况下指粒径不大于 0.025mm 为主组成的含砂量较高的水体。在我国，以黄河流域和长江上游各江河采用的处理工艺较为典型。

在工艺流程选择时一般要考虑以下几个方面的因素。

1. 水文和泥砂

（1）水砂典型年和多年最大断面平均含砂量

水砂典型年作为重要的设计依据，要求对取水河流的年际和年内的水砂分配情况、最大断面平均含砂量、洪水流量、枯水流量、砂量等进行研究。水砂典型年的选择要符合规范对取水保证率和供水保证率的要求。如果处理能力不能满足要求时，要求采取相应的措施，例如在流程中增加调蓄水库，以达到要求的供水保证率。

（2）砂峰延续时间和间隔时间

通过分析砂峰延续时间和间隔时间，确定避砂峰调蓄水库的容积和允许补充调蓄水库的时间，为增大取水和净化能力补充调节器蓄水库水量，来保证安全供水。

（3）泥砂粒径

泥砂粒径的组成，直接决定着高浊度水液面沉速大小。故需要确定稳定泥砂的最大数值来选择取水和净水能力。可以通过多年最大断面平均含砂量系列中，选择分析最大或较大的各项有关泥砂粒径资料。在缺乏粒径分析资料时，也可以采用类似工程经验。

对于非稳定泥砂的粒径研究同样也很重要。例如在中下游粗砂较多的河段，泥砂对水泵的磨损较为严重，排泥水量的电耗较大。为此需要排除粒径大于 0.03mm 泥砂。

（4）脱流和断流

调蓄水库的容积确定，与取水口的脱流、断流关系密切。一些游荡性河段砂洲出没无常，主流变化不定。故需要研究取水口的脱流情况以及从脱流到归槽的时间间隔。

河道断流的情况时有发生，有些河道受沿河取水的影响，河水流量在枯水期已经出现减少的趋势。因此需要设计较大的调蓄水库来满足要求的供水保证率。

（5）冰凌

同一河道，其冰凌情况也有所差异。一般采取有效排冰措施即可正常供水。对于河道封冻和淌凌期停止引水的工程，需要增大调蓄水库以满足供水要求。

2. 药剂使用情况

高浊度水的处理需要投加的混凝剂，要求有较高的有效范围。而一般的混凝剂有效范围均较低。目前在水处理工艺中使用较多的是聚丙烯酰胺。

当沉淀构筑物设计浑液面沉速为常数时，稳定泥砂含量越大，聚丙烯酰胺的投加量越大，所以处理最大含砂量一般采用小于 $100kg/m^3$ 的使用量。

3. 排泥

高浊度水处理厂一般采用刮泥机械进行排泥,除非供水量特别小的水厂有采用斗底排泥的。在下游段大型预沉池中,多采用挖泥船来排泥,有些工程采用水力冲洗排泥。

为了减轻下游河床的淤积,保证洪水期两岸堤坝安全,不准将未经处置的排泥水直接排入河道,对于泥砂处置可以采取相应措施来合理利用,如盖淤还耕、生产砖瓦、加固大堤、改造低洼的盐碱地等。

另外还需要考虑取水口、调蓄水库、净水厂的地形地质条件选择。

二、高浊度水处理的工艺流程选择

与一般水处理工艺流程不同,高浊度水处理工艺受河道泥砂影响大,一般设有调蓄水库。在沉淀过程中,往往采用二次沉淀。

1. 不设调蓄水库时的处理工艺

多砂高浊度水一般见于长江上游各江河中,稳定泥砂以及含砂量的比例较小,砂粒比较容易下沉,并且取水可以保证。故一般不设调蓄水库,采用的工艺流程为二级或三级絮凝沉淀。如图 17-1 所示。

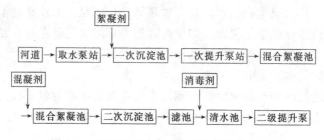

图 17-1 不设调蓄水库时的二次沉淀处理工艺

2. 设浑水调蓄水库时的处理工艺

浑水调蓄水库可以用于一次沉淀池的泥砂沉淀,设计水库时,为便于排除泥砂、节电和管理,除死库容外,一般将沉淀部分和蓄水部分分别设置。多采用沉砂条渠进行自然沉淀,或采用平流式沉淀池、辐流式沉淀池等进行自然沉淀。其工艺流程如图 17-2 所示。

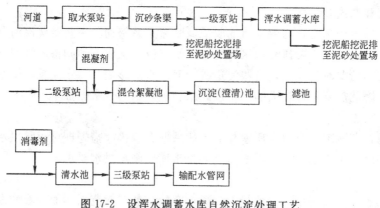

图 17-2 设浑水调蓄水库自然沉淀处理工艺

3. 设清水调蓄水库的处理流程

由于地形、地质条件的限制,以及供水安全方面的考虑,在高浊度水处理流程上采用清水调蓄水库,如图 17-3 所示。清水调蓄水库库容根据避砂峰、取水口脱流、河道断流和取水口冰害等因素确定。水厂不能取水运行时,则要消耗清水调蓄水库的水量。一旦水厂恢复取水运行,要及时补充清水调蓄水库所消耗的水量。

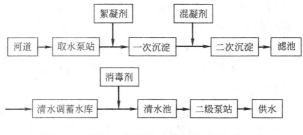

图17-3 设清水调蓄水库自然沉淀处理工艺

4. 一次沉淀(澄清)处理工艺

一次沉淀(澄清)处理工艺主要用于一些中小型工程。其工艺流程如图17-4所示。

一次沉淀(澄清)处理构筑物多采用水旋絮凝混凝澄清池一类的新型处理构筑物,这类构筑物在砂峰时,为减少出水浊度,除投加絮凝剂外,同时也投加混凝剂,河水较清时则仅投加混凝剂。由于这类池型采用絮凝混凝沉淀和沉淀泥渣的二次分离技术,故占地小、效率高。

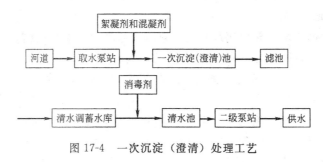

图17-4 一次沉淀(澄清)处理工艺

第四节 微污染水处理系统

一、微污染水源水的水质特点

微污染水源水是指受到有机物污染,部分指标超过饮用水源卫生标准的地表饮用水水源。这类水中所含的污染物种类较多、性质较复杂,但浓度比较低。微污染水源水中主要是有机污染物,一部分是属于天然的有机化合物,例如水中动、植物分解而形成的产物如腐殖酸等,再就是人工合成的有机物,包括农药、重金属离子、氨氮、亚硝酸盐氮及放射性物质等有害污染物。微污染水源水的水质特点表现在以下几个方面:

1. 水源受排放污水影响,使水质发生不良变化,水质波动。

微污染水源水的水质主要受排入的工业废水和生活污水影响,在江河水源上表现为氨氮,总磷,色度,有机物等指标超出生活饮用水源卫生标准。在湖泊水库水源上,表现为水库和湖泊水体的富营养化,并在一定时期藻类滋生,造成水质恶化,腐烂时腥臭逼人。

2. 有机物含量高,导致生产过程中的氯消毒副产物明显。水中溶解性有机物大量增加,特别是自来水出厂水、管网水经常于春末夏初、夏秋之交出现明显异味,氯耗季节性猛增。水中有机物多带负电,增大了混凝剂和消毒剂投量,腐蚀管壁,降低管网寿命。

3. 水质标准提高,有害微生物较难去除。2002年国家卫生部颁布的《生活饮用水卫生规范》,提出了更高的水质标准。而目前已发现的一些有害微生物较难去除,如贾第氏鞭毛虫、隐孢子虫、军团细菌、病毒等。

4. 内分泌干扰物质的去除效率不高。内分泌干扰物质又称环境荷尔蒙,指某些化学品不仅具有"三致"作用,还会严重干扰人类和动物的生殖功能。

二、微污染水源水处理技术

针对微污染水源水的水质特点,国内外进行大量的研究和应用。按照作用原理,可以分为物理、化学、生物净水工艺;按照处理工艺的流程,可以分为预处理、常规处理、深度处理;按照工艺特点,可以分为传统工艺强化技术、新型组合工艺处理技术。现就处理工艺的流程和特点不同,对微污染水源水处理技术研究现状加以综述。

(一) 预处理技术

一般把附加在传统净化工艺之前的处理工序叫预处理技术。采用适当物理、化学和生物的处理方法,是对水中的污染物进行初级去除,同时可以使常规处理更好地发挥作用,减轻常规处理和深度处理的负担,改善和提高饮用水水质。按对污染物的去除途径,预处理技术可分为氧化法和吸附法,氧化法又可分为化学氧化法和生物氧化法。

1. 化学氧化预处理技术

化学氧化预处理技术依靠氧化剂氧化能力,破坏水中污染物的结构,转化或分解污染物。化学氧化可以有效降低水中的有机物含量,提高微污染源水中有机物的可生化降解性,有利于后续处理,杀灭影响给水处理工艺的藻类,改善混凝效果,降低混凝剂的用量,去除水中三卤甲烷前体物。

(1) 预氯化氧化。预氯化氧化是应用最早的和目前应用最为广泛的方法。为了解决微污染水给净水处理所带来的困难,保证供水水质,自来水公司一般采用预氯化的措施。但是在水源水中大量加氯所产生的三氯甲烷类对人体致癌的潜在危险,且不易被后续的常规处理工艺去除,目前已普遍认识到应当尽量减少在净水工艺中氯的用量。

(2) 臭氧氧化。由于氯化氧化处理需慎重采用,饮用水预处理技术正逐渐推广使用臭氧氧化法。由于臭氧具有很强的氧化能力,它可以通过破坏有机污染物的分子结构以达到改变污染物性质的目的。

(3) 高锰酸钾及高锰酸盐复合剂氧化。高锰酸钾是强氧化剂,能显著控制氯化消毒副产物,使水中有机物数量、浓度都有显著降低,水的致突变活性由阳性转为阴性或接近阴性。

将高锰酸钾与某些无机盐有机地复合制成的高锰酸盐复合剂,在水处理过程中形成具有极强氧化能力的中间态成分,强化去除水中有机污染物、强化除藻、除嗅、除味、除色、强化除浊等。

2. 生物氧化预处理技术

生物预处理是指在常规净水工艺之前增设生物处理工艺,是对污水生物处理技术的引用,借助微生物群体的新陈代谢活动,去除水中的污染物。目前饮用水净化中采用的生物反应器大多数是生物膜类型的。就现代净水技术而言,生物预处理已成物理化学处理工艺的必要补充,与物化处理工艺相比,生物预处理技术可以有效改善混凝沉淀性能,减少混凝剂用量，并能去除传统工艺不能去除的污染物，使后续工艺简单易行，减少了水处理中氯的消耗量，出水水质明显改善，已成为当今饮用水预处理发展的主流。

（1）生物接触氧化法。是介于活性污泥法与生物滤池之间的处理方法。在池内设置人工合成的填料，经过充氧的水，以一定的速度循环流经填料，通过填料上形成的生物膜的絮凝吸附、氧化作用使水中的可生化利用的污染物基质得到降解去除。

（2）塔式生物滤池。通过填料表面的生物膜的新陈代谢活动来实现净水功能，增加了滤池的高度，分层放置轻质滤料，通风良好。克服了普通生物滤池（非曝气）溶解氧不足的缺陷，改善了传质效果。塔式滤池负荷高，产水量大，占地面积小，对冲击负荷水量和水质的突变适应性较强。但动力消耗较大。

（3）生物转盘。表现为生物膜能够周期性地运行于气液两相之间，微生物能直接从大气中吸收需要的氧气，减少了液体氧传质的困难，使生物过程更为有利的进行。

（4）淹没式生物滤池。滤池中装有比表面积较大的颗粒填料，填料表面形成固定生物膜，水流经生物膜的不断接触过程中，使水中有机物、氨氮等营养物质被生物膜吸收利用而去除，同时颗粒填料滤层还有物理筛滤截留作用。常用的生物填料有卵石、砂、无烟煤、活性炭、陶粒等。

（5）生物流化床。具有比表面积大，载体与基质（污染物）的碰撞几率大，传质速率快，水力负荷和处理效率高，抗冲击负荷能力强等优点。

3. 吸附法

利用物质强大的吸附性能、交换作用或改善混凝沉淀效果来去除水中污染物，主要有粉末活性炭吸附和沸石吸附等。

粉末活性炭吸附法是将粉末活性炭制成炭浆，投加在常规净水工艺之前，与受污染的原水混合后，在絮凝沉淀池中吸附污染物，并附着在絮状物上一起沉淀去除，少量未沉淀物在滤池中去除，从而达到脱除污染物质的目的。

沸石作为一种极性很强的吸附剂，对氨氮、氯化消毒副产物、极性小分子有机物均具有较强的去除能力，将沸石和活性炭吸附工艺联合使用，可使饮用水源中的各种有机物得到更全面和彻底的去除。

（二）深度处理技术

一般把附加在传统净化工艺之后的处理工序称为深度处理技术。在常规处理工艺以后，采用适当的处理方法，将常规处理工艺不能有效去除的污染物或消毒副产物的前驱物加以去除，以提高和保证饮用水质。应用较广泛的有生物活性炭、臭氧-活性炭联用和膜技术等。

1. 生物活性炭深度处理技术

生物活性炭深度处理技术是利用生长在活性炭上的微生物的生物氧化作用，从而达到去除污染物的技术。该技术利用微生物的氧化作用，可以增加水中溶解性有机物的去除效率，延长活性炭的再生周期，减少运行费用，而且水中的氨氮可以被生物转化为硝酸盐，从而减少了氯化的投氯量，降低了三卤甲烷的生成量。

2. 膜法深度处理技术

在膜处理技术中，反渗透（RO）、超滤（UF）、微滤（MF）、纳滤（NF）都能有效地去除水中的臭味、色度、消毒副产物前体及其他有机物和微生物，去除污染物范围广，且不需要投加药剂,设备紧凑和容易自动控制。近年来,膜法在美国受到高度重视,特别是其对消毒副产物的良好控制性,被美国国家环保总局环保部门推荐为最佳工艺之一。

3. 臭氧-活性炭联用深度处理技术

臭氧-活性炭联用深度处理技术采取先臭氧氧化后活性炭吸附,在活性炭吸附中又继续氧化的方法,使活性炭充分发挥吸附作用。预先投加臭氧,可使水中的大分子转化为小分子,改变其分子结构形态,提供了有机物进入较小孔隙的可能性,使大孔内与炭表面的有机物得到氧化分解,使活性炭可以充分吸附未被氧化的有机物,从而达到水质深度净化的目的。当然,臭氧-活性炭联用技术也有其局限性,臭氧在破坏某些有机物结构的同时也可能产生一些其他的中间产物。

4. 光催化氧化技术

光催化氧化是以化学稳定性和催化活性很好的 TiO_2 为代表的 n 型半导体为敏化剂的一种光敏化氧化,氧化能力极强,在合适的反应条件下,能将水中常见的有机污染物,包括难被臭氧氧化的六六六、六氯苯等氧化去除。

5. 紫外光和臭氧联用技术

紫外光和臭氧($UV-O_3$)结合的方法基于光激发氧化法,产生的氧化能力极强的自由基(OH·自由基)可以氧化臭氧所不能氧化的微污染水中的有机物,有效去除饮用水中的三氯甲烷、六氯苯、四氯化碳、苯等有机物,降低水中的致突变物活性。

(三) 传统工艺强化处理技术

改进和强化传统净水处理工艺是目前控制水厂出水有机物含量最经济最具实效的手段。对传统净化工艺进行改造、强化,可以进一步提高处理效率,降低出水浊度,提高水质。

1. 强化混凝

强化混凝的目的,在于合理投加新型有机及无机高分子助凝剂,改善混凝条件,提高混凝效果。包括无机或有机絮凝药剂性能的改善;强化颗粒碰撞、吸附和絮凝长大的设备的研制和改进;絮凝工艺流程的强化,如优化混凝搅拌强度、确定最佳反应 pH 值等。

有机物去除率的大小主要受混凝剂的种类和性质、混凝剂的投加量以及 pH 值等因素的影响。过量的混凝剂会引起处理费用和污泥量的增加,所以寻求安全可靠的混凝剂和适当 pH 值是关键。

2. 强化沉淀

沉淀分离是传统水处理工艺的重要组成部分,新的强化沉淀技术针对改善沉淀水流流态,减小沉降距离,大幅度提高沉淀效率。当水进入沉淀区后,通过自上而下浓缩絮凝泥渣的过程,实现对原水有机物连续性网捕、卷扫、吸附、共沉等系列的综合净化,达到以强化沉淀工艺处理微污染水的目的。

3. 强化过滤

强化过滤技术,是在不预加氯的情况下,在滤料表面培养繁殖微生物,利用生物作用去除水中有机物。强化过滤就是让滤料既能去浊,又能降解有机物、氨氮、亚硝酸盐氮等。比较常见的方法是采用活性滤池。即在普通滤池石英砂表面培养附着生物膜,用以处理微污染水源水,该工艺不增加任何设施,在现有普通滤池基础上就可实现,是解决微污染水源水质的一条新途径。

(四)新型组合工艺处理技术

采用新型组合工艺,可以有效去除水质标准要求的各种物质。如生物接触氧化-气浮工艺、臭氧-砂滤联用技术、生物活性炭-砂滤联用技术、臭氧-生物活性炭联合工艺、生物预处理-常规处理-深度处理组合工艺。利用生物陶粒预处理能有效去除氨氮、亚硝酸盐氮、锰和藻类,并能降低耗氧量、浊度和色度;强化混凝处理能提高有机物与藻类的去除率,降低出厂水的铝含量;活性炭处理对有机污染物有显著的去除效果,使Ames卫生毒理学试验结果由阳性转为阴性。

1. 臭氧、沸石、活性炭的组合工艺

沸石置于活性炭前处理含氨氮的原水,可充分利用沸石的交换能力及生物活性炭去除稳定量的氨氮的能力,对于进水的冲击负荷具有良好的削峰作用,且减少沸石再生次数,出水更加经济、稳定、可靠。

2. 高锰酸钾与粉末活性炭联合除污染技术

高锰酸钾预氧化能够显著地促进粉末活性炭对水中微量酚的去除,两者具有协同作用。生产性应用结果表明,高锰酸钾与粉末活性炭联用可显著地改善饮用水水质,有效地去除水中各种微量有机污染物,明显降低水的致突变活性。对水的其他水质化学指标也有明显的去除效果。

3. 微絮凝直接过滤工艺处理微污染水库水源

水库水源浊度低和受污染的水质特征,利用臭氧强氧化性,结合微絮凝直接过滤工艺,强化了微污染水库水的处理效果,提高了对水源浊度、COD_{Mn}、UV_{254}、NH_3-N 的去除率,降低了杀菌消毒投氯量,消除了三氯甲烷等卤代烃致癌物的副作用,省去了常规混凝-沉淀-过滤-投氯消毒工艺中的混凝和沉淀工序。以普通石英砂滤料替代活性炭滤料,大大降低了微污染水的处理成本。

4. 气浮-生物活性炭微污染水处理技术

在传统工艺沉淀池后半部分,加气浮工艺,以气浮的方式运行时,在气浮絮凝池前补充投加絮凝剂和活性炭浆,气泡与活性炭可直接粘附。由于水中的浊度低,活性炭吸附微气泡比重轻,形成的悬浮液容易加气上浮。

三、微污染水源水处理技术的发展趋势

目前,各种微污染水源水预处理和深度处理工艺技术在有着广阔的发展前景,由于这些技术目前的投资或运行操作费用较大,在我国经济还欠发达、居民生活水平和消费能力还不高的情况下,较难普遍地使用这些技术。结合当前我国的经济状况,要求普遍增加深度处理也是不现实的。因此改造已有常规的给水处理工艺、强化混凝处理过程、联系实际,充分挖掘已有设备的潜力,成为适合我国国情的微污染水源水处理技术的一个重要发展方向。

1. 强化常规处理

强化常规处理包括强化混凝、强化沉淀、强化过滤的各环节,这仍然是今后研究的方向。强化常规处理要从寻找混凝剂高效、低耗控制点入手,并且要使构筑物逐步倾向于简单化和管理方便化。

2. 改善氧化和消毒

面对复杂的原水水质,除液氯作为消毒剂外,选用既安全又经济、效果好的消毒措施，寻求合理的加注方式。

3. 组合工艺进一步深化

组合工艺在一定程度上具有互补性。对于微污染水质的不同，在设计参数和工艺布置上，以实用化为导向，在其基础上不断提高应用范围。

4. 排泥水处理和污泥处置

水厂污泥中无机成分占大多数，排泥水悬浮物浓度很高，直接排入河道会产生不良影响。因此对排泥水处理和污泥处置的研究和应用势在必行。

5. 膜处理技术

膜技术的发展，已逐步引入到生活饮用水领域的水质处理。这种技术的应用不仅成本较过去低，而且水质较为纯净，前景十分广阔。

第五节 优质饮用水处理系统

一、优质饮用水的概念

饮用水水源污染及污水回用的发展使给水处理工艺中除污染的比例越来越大、给水与污水处理之间的交叉越来越多，依靠目前水厂内常规的处理工艺有时难以达到饮用水标准。以有机污染为重点去除对象的自来水处理工艺正逐步形成。

饮用水水源污染的严重性、传统工艺本身的不足、加氯消毒的副作用、二次供水的污染问题等多种因素综合并存，使饮用水水质难以得到保证。另一方面，随着人民生活水平的提高，人们对饮用水的水质标准又提出了更高的要求。为了改善饮用水水质，就有必要对常规给水处理的出水作进一步深度处理，去除对人体健康有害的物质。在居民健康饮水意识不断提高的情况下，优质饮用水的概念应运而生。

优质饮用水是最大程度地去除原水中的有毒有害物质，同时又保留原水中对人体有益的微量元素和矿物质的饮用水。优质饮用水应仅仅局限于供人们直接饮用和做饭等那一部分直接入口的专门饮用水。城市供水中只有2%～5%用于生活饮用，其余95%～98%的水适用于生产、绿化和消防等方面。

优质饮用水包括三个方面的意义：

1. 去除了水中的病毒、病原菌、病原原生动物（如寄生虫）的卫生安全的饮用水。在目前不断发现新的病原微生物（如贾第鞭毛虫、军团菌、隐把子囊虫等）这一形势下，人们不再对消毒工艺抱有绝对信心。

2. 去除了水中的多种多样的污染物，特别是重金属和微量有机污染物等对人体有慢性、急性危害作用的污染物质，这样可保证饮用水的化学安全性。

3. 在上述基础上尽可能地保持一定浓度的人体健康所必须的各种矿物质和微量元素。

优质饮用水是安全性、合格性、健康性三者的有机统一。在三个层次上相互递进、相互统一构成了优质饮用水的实际意义。其中安全性是第一位的。

二、优质饮用水的水质

目前饮用水水质标准的基础文件有欧洲共同体（EEC）的饮用水水质指令、世界卫生组织（WHO）的饮用水水质准则、美国环保局（EPA）的安全饮水法。

我国在1993年编制了"城市供水行业2000年水质目标规划"，该规划以EEC的饮用水水质指令作为2000年我国大型水厂的水质目标。所以优质饮用水水质标准应结合上述三个国际水质标准和我国2000年水质目标规划，并应考虑美国环保局提出的129种优先控制污染物的限值制定，目标水平应高于上述三个标准。目前，中国建筑设计研究院机电院给水排水设计研究所负责修订的《饮用净水水质标准》行业标准，已完成标准征求意见稿的编制工作。征求意见稿共列出5大类计39项水质标准。

饮用水水质指标是一定发展阶段的产物，它与一定的水处理水平和分析检测水平是相互适应的，是随着人们生活水平和科学技术水平的提高而发生变化。优质饮用水的指标体系应该不同于目前的《生活饮用水卫生标准》。

由于水的浊度一定程度上反应了水质的优劣和安全程度，我国2000年供水规划要求一类自来水公司浊度达到1NTU，作为优质饮用水水质对浊度指标要求应更高，《饮用净水水质标准》（征求意见稿）建议定为0.5NTU。Ames致突变试验是综合检验水中污染物导致基因突变的一种遗传毒理学方法，在美、日、法等国较普遍地用于水质处理的评价，所以Ames试验应作为评价优质饮用水的水质指标。

我国饮用水水质标准中常规的综合指标或少数几种有毒物的最高允许浓度，已不能反应众多有机物对人体健康的危害，也不能反应多种毒物同时存在所产生的协同效应。国外先进的饮用水水质标准已经将水质指标除感官性指标和微生物指标外向农药、消毒副产物、微量有机污染物、病毒等指标发展。这应该是饮用水水质指标体系的发展方向。

三、优质饮用水处理工艺

1. 活性炭吸附深度处理工艺

以活性炭为代表的吸附工艺是目前对付有机污染物的首选工艺，其他吸附剂如多孔合成树脂、活性炭纤维等也正在推广应用当中。活性炭来源广泛，比表面积大，对色、臭、味、农药、消毒副产物、微量有机污染物等都具有一定的吸附能力，还可以有效去除铁、锰、汞、铬、砷等重金属，因此在研究和应用中使用广泛、效果较好。美国环保局认为活性炭是控制合成有机物、THMs和卤代乙酸等有机污染物的有效方法之一，美国活性炭用在给水净化上的数量占其总数量的1/3，居各种用途的首位。活性炭吸附净水技术是利用活性炭的高效吸附性能，去除水中的臭味、有机物、酚、烷基苯磺酸盐、消毒副产物、重金属离子和其他微量有害物质，其用于水的深度处理工艺流程见图17-5。颗粒活性炭净水工艺的处理效果较好，其有机物TOC的去除率达70%左右，Ames试验可由进水的阳性转变为阴性。

原水 → 常规处理 → 颗粒活性炭吸附 → 消毒

图17-5 颗粒活性炭吸附处理工艺流程

2. 臭氧-生物活性炭（O_3-BAC）处理技术

为了改善对有机物的处理效果和延长活性炭的使用寿命，1970年代欧洲开始应用臭氧-生物活性炭（O_3-BAC）处理技术，见图17-6。

原水 → 常规絮凝沉淀过滤 → O_3-BAC处理 → 消毒

图17-6 臭氧-生物活性炭（O_3-BAC）处理工艺流程

臭氧和生物活性炭联用工艺具有优异的除有机污染物性能。该工艺已经广泛地推广应用于欧洲国家如法、德、意、荷等上千座水厂中，我国已经在大庆、哈尔滨、伊春、松原等地设计和建成了 10 余座臭氧活性炭联用法深度净化水厂，总处理能力达 15×10^4 t/d。该工艺将臭氧氧化、活性炭吸附、微生物降解统为一体，其中适量的臭氧氧化所产生的中间产物有利于活性炭的吸附去除，臭氧自降解产物氧气所导致的活性炭中的好氧微生物活性提高和生物再生也都是为广大的研究人员所证实。实践证明，臭氧氧化和生物活性炭联用工艺可以使水中的 TOC、COD_{Mn}、UV_{254}、THMFP、NH_3-N 等有明显的降低，可以使 Ames 实验阳性的原水变为阴性，出水水质良好。O_3-BAC 处理工艺对去除水中的 COD、色度与臭味、酚、硝基苯、氯仿、六六六、DDT、氨氮、氰化物等均有明显效果，Ames 试验结果为阴性，并延长了活性炭的工作周期。

由于 O_3 无持续消毒能力，而 Cl_2 消毒会增加水中的消毒副产物 THMs，因此作为优质饮用水供水系统，在出厂前可采用 ClO_2 消毒，以维持管网中的杀菌能力。

3. 精密过滤处理技术

精密过滤是使用精密过滤器对水进行过滤，其能去除杂质颗粒范围视精密过滤器的种类而不同。精密过滤器在水处理中常用的有滤芯过滤器和预涂膜过滤器。滤芯过滤器的滤芯元件常用的是多孔陶瓷和聚丙烯纤维，能去除 $2\sim5\mu m$ 以上的颗粒。预涂膜过滤器常用的有硅藻土过滤，它是在过滤前首先对滤元预涂硅藻土形成 $2\sim3mm$ 厚的过滤膜，能够去除胶体颗粒、细菌和部分病毒及大分子有机物。精密过滤在优质饮用水处理中的应用时一般应与活性炭吸附相结合，流程见图 17-7。显然，经图 17-7 处理后的出水水质要高于图 17-1、图 17-2 处理流程的水质。

原水 → 常规处理 → 活性炭吸附 → 精密过滤 → 消毒

图 17-7 精密过滤处理工艺流程

4. 膜分离处理技术

反渗透膜、超滤膜、微滤膜和纳滤膜最初应用于工业用水、海水、苦咸水等的淡化和脱盐处理等，现在已经广泛地应用于去除水中的浊度、色度、嗅味、消毒副产物前驱物质、微生物、溶解性有机物等。选择合适的膜技术或膜技术组合，可以对饮用水进行深度净化处理，甚至可以将原水处理到所希望的任何水质水平。正确地设计相应的预处理流程，采用合适的清洗技术和合适的工艺参数，可以减小膜污染的趋势，延长膜体的使用寿命，可以降低整个膜系统的投资和运行费用，有利于膜技术更普遍地应用到包括饮用水处理的各个方面。特别是在受污染的水源水处理、消毒副产物的控制等方面被美国环保局推荐为最佳技术之一，膜技术也被誉为 21 世纪的水处理技术。

膜处理技术是水经过滤膜后，将水中杂质截留。膜分离分为微滤、超滤和反渗透。微滤是水通过由中空聚丙烯纤维等组成的微滤膜，微滤膜孔径在 $0.1\sim0.26\mu m$ 之间，因此能截留水中 $0.1\sim0.2\mu m$ 以上的杂质，可去除浊度、臭味、色度及较大的病毒和部分有机物，其工作压力在 $0.15\sim0.2MPa$ 之间。用于优质饮用水的处理流程见图 17-8，图中微滤前的活性炭处理可视实际水质设置或取消。

原水 → 常规处理 → 活性炭吸附 → 微滤 → 消毒

图 17-8 微滤处理工艺流程

超滤是水通过 2.0~20μm 孔径的超滤膜，因而能去除大部分有机物，并能将病毒全部去除，其工作压力为 0.5MPa 反渗透是水通过半透膜，能截留水中的小分子、离子，其工作压力达 5~10MPa。超滤和反渗透处理技术在水处理中一般用于纯水的生产，其处理工艺见图 17-9。

$$\boxed{原水} \rightarrow \boxed{常规处理} \rightarrow \boxed{深度预处理} \rightarrow \boxed{超滤或反渗透} \rightarrow \boxed{消毒}$$

图 17-9 纯水处理工艺流程

5. 生物预处理

生物预处理可部分地除去水中的有机污染物、氨氮、亚硝酸盐以及三氯甲烷前驱物质（如富里酸、苯酚、苯胺等），减轻后续工艺的有机负荷，提高整体处理流程的处理效果。强化加氯点的选择和加氯量的控制，尽量选用二氧化氯或其他消毒剂，使用臭氧、Cl_2、$KMnO_4$ 等进行预氧化等等，是控制出水有机物尤其消毒副产物的有效途径。

6. 氧化工艺

氧化工艺是饮用水深度净化的常用工艺之一。它包括臭氧、二氧化氯、双氧水、高锰酸钾氧化、光催化氧化以及紫外线和臭氧、双氧水相结合的高级氧化技术。适量低剂量的氧化剂的加入往往可以降低一部分有机污染物浓度，部分地灭活水中的细菌和病毒，改善饮水的色、臭、味等，还可引起一定的微絮凝作用并提高了混凝效果。其中臭氧的研究和开发最早、应用最广，它氧化能力很强，能与水中的大多数有机污染物和微生物发生迅速的反应，在水中完全氧化分解，其本身不产生任何副产物，这是氯气等氧化剂所不能比拟的。虽然它不能将水中的有机污染物完全氧化成二氧化碳和水，但是它降低了水中有机污染物的负荷，提高了水中有机物可生化性，有利于提高后续处理工艺的处理效率，在欧美等国使用最为普遍。但对于臭氧氧化产生的一些不完全降解产物的影响还需进一步的考察和研究（如臭氧与水中的溴化物反应能形成毒性较大的溴酸盐等）。

一般地说，单纯的氧化工艺相对来说需要的能量和费用较高，不太适合大规模的优质饮用水的制备。它只是有选择地将危害性较大的有毒有害物质变为危害较小的物质、或与其他的处理单元如活性炭吸附等作适当的结合，才有可能广泛地用于实践。

7. 其他处理工艺

水的深度处理方法还有其他一些处理工艺，如蒸馏法、电渗析法、离子交换法等。

第六节 净水厂工艺设计

一、原始资料

（一）有关设计任务的资料

1. 设计范围和设计项目。
2. 城镇发展现状和总体发展规划的资料。
3. 近期、远期的处理规模与水质标准。城镇发展有个过程，投资也有一定限制，设计时需考虑分期建设，远期可适当提高处理规模与标准。

（二）有关水量、水质的资料

水源水量情况，是否适合取水，其供水保证率如何；水质情况，处理过程难易以及程度大小。

（三）有关自然条件的资料

1. 气象资料。历年最热月或最冷月的平均气温，多年土壤最大冰冻深度，多年平均风向玫瑰图，雨量资料等。

2. 水文资料。当地河流百年一遇的最大洪水量、洪水位，枯水期95％保证率的月平均最小流量、最低水位，各特征水位时的流速，水体水质及污染情况。

3. 水文地质资料。地下水的最高、最低水位、运动状态、流动方向及其综合利用资料。

4. 地质资料。厂区地质钻孔柱状图，地基的承载力，有无流沙，地震等级等。

5. 地形资料。厂区附近1∶5000地形图，厂址和取水口附近1∶500地形图。

（四）有关编制概算和施工方面的资料

1. 当地建筑材料，设备的供应情况和价格。

2. 施工力量（技术水平，设备，劳动力）的资料。

3. 编制概算的定额资料，包括地区差价，间接费用定额，运输等。

4. 租地、征税、青苗补偿、拆迁补偿等规章和办法。

二、厂址选择

1. 厂址选择应在整个给水系统设计方案中全面规划，综合考虑，通过技术经济比较确定。在选择时要结合城市或工厂的总体规划、地形、管网布置、环保要求等因素，进行现场踏勘，进行多方案比较。

2. 厂址应选择在地形及地质条件较好、不受洪水威胁的地方。有利于处理构筑物的平面与高程的布置和施工，例如一般选择地下水位低、承载能力大、湿陷性等级不高、岩石较少的地层。同时应考虑防洪措施。

3. 少占和尽可能不占良田。

4. 考虑周围环境卫生条件，给水厂应布置在城镇上游，并满足"生活饮用水水质标准"中的卫生防护要求。

5. 尽量设置在靠近电源的地方，以方便施工和降低输电线路造价，并使管网的基建费用最省。当取水地点距用水区较近时，给水厂一般设置在取水构筑物附近；当距用水区较远时，给水厂选址通过技术经济比较后确定；对于高浊度水有时也可将预沉池与取水构筑物合建，而水厂其余部分设置在主要用水区附近。

6. 考虑交通和运输方便、防火距离、卫生防护距离、环保措施，应靠近主要用水点，远离污染源（大气、粉尘噪声等）。

7. 考虑发展扩建可能。

给水厂所需要的面积如表17-1所示，供选择厂址时参考。

给水厂所需要的面积　　　　　　表17-1

处理水量(m^3/d)	用地($m^2/m^3/d$)	处理水量(m^3/d)	用地($m^2/m^3/d$)
地面水沉淀净化工程		(1)20万以上	0.2～0.4
(1)20万以上	0.1～0.2	(2)5万～20万	0.3～0.5
(2)2万～20万	0.2～0.4	(3)2万～5万	0.8～1.2
(3)2万～5万	0.5～0.7	(4)5千～2万	1.0～1.5
(4)5千～2万	0.8～1.0	(5)5千以下	2～3
(5)5千以下	1.2～1.8	地下水除铁工程	
地面水过滤净化工程		5万以下	0.3～0.6

三、工艺流程选择

处理方法和工艺流程的选择，应根据原水水质、用水水质要求等因素，通过调查研究、必要的试验，并参考相似条件下处理构筑物的运行经验，经技术经济比较后确定。另外，还要考虑当地的电力、地形、地质、场地面积等情况，以免影响处理工艺流程及处理构筑物类型的选择。例如地下水位高，地质条件较差的地方，不宜选用深度大、施工难度高的处理构筑物。

1. 原水水质不同时的工艺流程选择

（1）取用地面水水质较好时，一般经过混凝——沉淀——过滤——消毒常规处理，水质即可达到生活饮用水标准。

（2）当原水浊度较低（如150mg/L以下），可考虑省略沉淀构筑物，原水加药后直接经双层滤料接触过滤。

（3）取用湖泊、水库水时，水中含藻类较多，可考虑采用气浮代替沉淀或用微滤机预处理及多点加氯，以延长滤池工作周期。

（4）取用高浊度水，为了达到预期混凝沉淀效果，减少混凝剂用量，应增设预沉池。

2. 用水对象不同时的工艺流程选择

用水对象不同，要求的工艺流程不同，在选择时根据具体情况进行合理确定。例如要求浊度在1000mg/L以下的热电站冷却水，由一次沉淀池处理供给；要求浊度为20～50mg/L的化工厂冷却水，由混凝沉淀供给；生活饮用水，由过滤消毒水供给；软化水由用水单位用过滤消毒水自行软化。图17-10为某大型水厂的处理流程，综合反映了以地面水为水源，分别供水的典型处理流程。其中饮用水流程为地面水处理典型工艺流程。

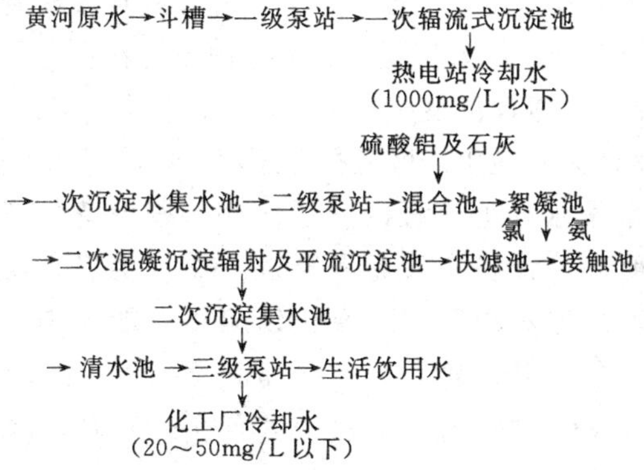

```
黄河原水→斗槽→一级泵站→一次辐流式沉淀池
                              ↓
                         热电站冷却水
                         （1000mg/L以下）

                         硫酸铝及石灰
                              ↓
→一次沉淀水集水池→二级泵站→混合池→絮凝池
                              氯 ↓ 氨
→二次混凝沉淀辐射及平流沉淀池→快滤池→接触池
     二次沉淀集水池
→清水池→三级泵站→生活饮用水
     化工厂冷却水
    （20～50mg/L以下）
```

图17-10 某大型水厂的处理流程

四、水处理厂平面和高程布置

（一）平面布置

净水厂的基本组成包括生产性构筑物和辅助性建筑物两部分。生产性构筑物包括处理构筑物、泵房、风机房、加药间、消毒间、变电所等；辅助建筑物，包括化验室、修理车间、仓库、车库、办公室、浴室、食堂、厕所等。

生产构筑物和建筑物的个数和面积由设计计算确定。辅助建筑面积应按水厂规模、工艺流程、水厂管理体制、人员编制和当地建筑标准确定，也可参考表17-2。

辅助建筑使用面积　　　　　　　　　表 17-2

序号	建筑物名称	水厂规模（万 m³/d）		
		0.5～2	2～5	5～10
1	化验室（理化、细菌）	45～55	55～65	65～80
2	修理部门（机修、电修、仪表等）	65～100	100～135	135～170
3	仓库（不包括药剂仓库）	60～100	100～150	150～200
4	值班宿舍	按值班人员数确定		
5	车库	按车辆型号数量确定		

当构筑物和建筑物个数和面积确定后，根据工艺流程和功能要求，综合考虑各类管线、道路等，结合厂内地形和地质条件，进行平面布置。

水厂平面布置的主要内容包括各种构筑物和建筑物的平面定位，生产管线、厂区内给排水、供暖系统的管路、阀井布置，供电系统及道路、围墙、绿化布置。

1. 布置紧凑，以减少占地面积和连接管渠的长度，并便于管理。生产关系密切的应互相靠近，甚至组合在一起。各构筑物的间距一般可取 5～10m，主要考虑它们中间的道路或铺建管线所需要的宽度以及施工要求，施工时地基的相互影响等。厂内车行道路面宽 3～4m，转弯半径 6m，人行道宽 1.5～2.0m。处理厂平面图可根据处理规模采用 1∶200～1∶500 比例尺绘制。

2. 各处理构筑物之间连接管渠简捷，应尽量避免立体交叉；水流路线简短，避免不必要的拐弯，并尽量避免把管线埋在构筑物下面。

3. 充分利用地形，以节省挖、填方的工程量，使处理水或排放水能自流输送。有时地形条件会反过来要求构筑物的形状和布置做某些调整，使地面得到最大限度的利用。

4. 考虑构筑物的放空及跨越，以便检修，最好做到自流放空。

5. 考虑环境卫生及安全。例如把氯库、锅炉房布置在主导风向的下风位置；化验室、办公室远离风机房、泵房，以保证良好的工作条件。在大的处理厂，最好把生产区和生活区分开，尽量避免非生产人员在生产区通行和逗留，以确保生产安全。

6. 设备布置，一般按水处理流程的先后次序，按设备的不同性质分门别类进行布置，使整个站房分区明确，设备布置整齐合理，操作维修方便；考虑留有适当通道及不同设备的吊装、组装净空和净距；水泵机组应尽可能集中布置，以便于管理维护和采取隔声、减振措施；酸、碱、盐等的贮存和制备设备也应集中布置，并考虑贮药间的防水、防腐、通风、除尘、冲洗、装卸、运输等；考虑地面排水明渠布置，保证运行场地干燥、整洁。

7. 一种处理构筑物有多座池子时，要注意配水均匀性，为此在平面布置时，常为每组构筑物设置配水井；在适当位置上设置计量设备。

8. 考虑扩建可能，留有适当的扩建余地。

（二）高程布置

净水厂高程布置的任务是：确定各处理构筑物和泵房的标高及水平标高，各种连接管渠的尺寸及标准，使水能按处理流程在处理构筑物之间靠重力自流，确定提升水泵扬程，以降低运行和维护管理费用。为此必须计算各处理构筑物之间的水头损失，定出构筑物之间的水面相对高差。各种处理构筑物的水头损失值见表 17-3。

各种处理构筑物的水头损失值　　　　　　　　　　　　　　表 17-3

构筑物名称	水头损失(m)	构筑物名称	水头损失(m)
格栅	0.1~0.25	压力滤池	5~6
反应池	0.4~0.5	曝气池	0.3~0.5
沉淀池	0.2~0.5	生物滤池	$H+1.5$
澄清池	0.7~0.8	(装旋转布水器,其工作高度为 H)	
普通快滤池	2~2.5	接触池	0.1~0.3
无阀滤池、虹吸滤池	1.5~2	污泥干化场	2~3.5
接触滤池	2.5~3		

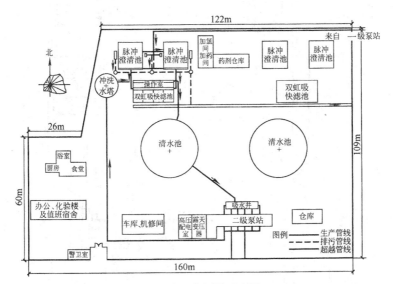

图 17-11　水厂平面布置

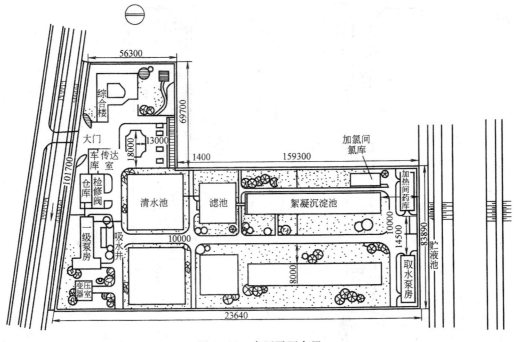

图 17-12　水厂平面布置

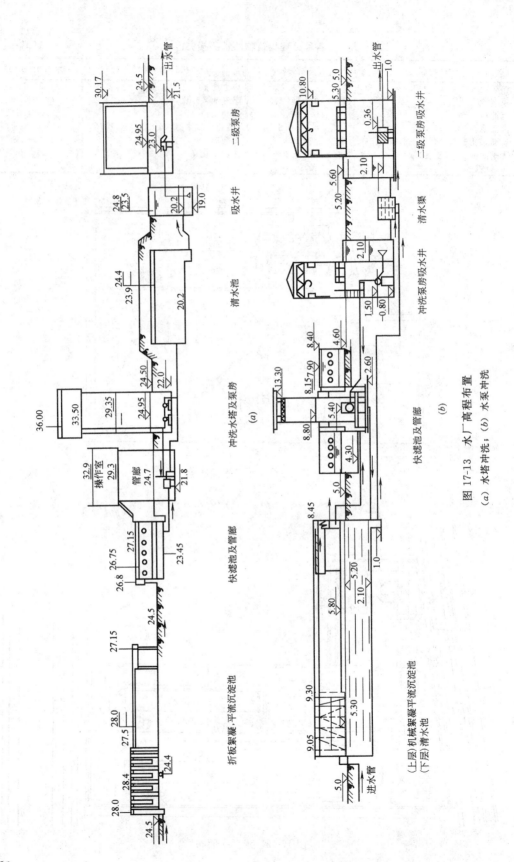

图 17-13 水厂高程布置
(a) 水塔冲洗；(b) 水泵冲洗

连接池渠的水头损失包括沿程及局部损失，按经济流速计算。经过沉淀后的水的自净流速可小于或等于 0.5m/s，滤池反冲洗排水 1～1.2m/s。计量设备水头损失按所选类型计算。

各构筑物的相对高差确定后，只要选定了某一构筑物的绝对高程，其他构筑物的绝对高程也就选定了。高程布置时要综合地形、地基、排水、放空等条件考虑，避免最低的构筑物埋深过大，最高的构筑物架高过大，并且使厂内土方平衡。

污泥及污泥水的数量比处理的水量小很多，如做不到重力自流，不妨用泵抽升。

进行高程布置的水力计算时，要选择一条距离较长、损失最大的流程，并按远期最大流量进行计算。水力计算还应考虑某个构筑物发生故障时，另一构筑物及其连接管渠能通过全部流量；还应考虑由于管道内污泥的沉积使水流阻力增加；要留有余地，以防由于水头不够而造成涌水现象，影响处理构筑物的运行。

高程布置图（或处理流程图）的横向比例尺与平面相同，纵向 1：50～1：100。图上标出构筑物顶、底部标高，水面标高及管渠标高。管渠很长时可用断线断开表示。

净水厂的设计，除了高程和平面的布置外，还有水处理厂区的绿化、道路设计，仪表、自控设计和水处理厂的人员编制、水处理成本计算等。

图 17-11、图 17-12 为典型的地表水给水处理厂平面布置示例。图 17-13 为平流沉淀池加普通快滤池给水处理厂高程图示例。

思考题与习题

1. 给水处理的主要任务和目的是什么？
2. 水处理工艺选择时必需的基础资料有哪些？
3. 常用的水处理试验有哪些？搅拌试验的目的是什么？
4. 什么是一般地表水处理系统？试述基本处理工艺流程。
5. 什么是高浊度水？在工艺流程选择时一般要考虑哪几个方面的因素？
6. 试述微污染水源水的水质特点。
7. 微污染水源水处理工艺是如何分类的？
8. 什么是优质饮用水？优质饮用水包括几个方面的意义？
9. 净水厂平面布置时，一般要考虑哪些要求？
10. 净水厂高程布置的任务是什么？

第十八章 污水处理工艺系统

第一节 城市污水处理

一、概述

(一) 城市污水的组成与水质特征

城市污水是由城市排水系统汇集的污水,它是由居民的生活污水和位于城区内的工业企业排放的工业废水所组成。

生活污水是城市污水的主要组成部分,一般情况下,城市污水都具有生活污水的特征。典型的生活污水水质见表18-1。

典型的生活污水水质　　　　表18-1

指　标	浓度(mg/L)		
	高	正常	低
总固体(TS)	1200	720	350
溶解性总固体(DS)	850	500	250
非挥发性	525	300	145
挥发性	325	200	105
悬浮物(SS)	350	220	100
非挥发性	75	55	20
挥发性	275	165	80
可沉降物(mL/L)	20	10	5
生化需氧量(BOD_5)	400	200	100
溶解性	200	100	50
悬浮性	200	100	50
总有机碳(TOC)	290	160	80
化学需氧量(COD)	1000	400	250
溶解性	400	150	100
悬浮性	600	250	150
可生物降解有机物	750	300	200
溶解性	375	150	100
悬浮性	375	150	100
总氮(N)	85	40	20
有机氮	35	15	8
游离氨	50	25	12
亚硝酸氮	0	0	0
硝酸氮	0	0	0
总磷(P)	15	8	4
有机磷	5	3	1
无机磷	10	5	3
氯化物(Cl^-)	200	100	60
碱度($CaCO_3$)	200	100	50
油脂	150	100	50

城市排水系统一般都接纳由工业企业排放的工业废水。由于各地的工业废水的水量、水质的千变万化，造成每个城市的污水水量和水质的各不相同。

（二）城市污水的设计水质

（1）生活污水

生活污水的 BOD_5 和 SS 的设计值可取为：

$$BOD_5 = 20 \sim 35 g/(人 \cdot d)$$

$$SS = 35 \sim 50 g/(人 \cdot d)$$

（2）工业废水

工业废水的水质可参照不同类型的工业企业的实测数据或经验数据确定。

（3）水质浓度

水质浓度按下式计算：

$$S = \frac{1000 a_s}{Q_s}$$

式中　S——某污染物质的浓度，mg/L；

　　　a_s——每日生活污水和工业废水中该污染物质的总排放量，kg；

　　　Q_s——每日的总排水量，以 m^3 计。

（三）城市污水处理厂的设计水量

用于城市污水处理厂的设计水量有以下几种：

（1）平均日流量（m^3/d）

表示污水处理厂的规模，即处理总水量。用于计算污水处理厂的年抽升电耗与耗药量，产生并处理的污泥总量。

（2）设计最大流量（m^3/h 或 L/s）

用于污水处理厂的进厂管道的设计。如果污水处理厂的进水为水泵抽升，则用组合水泵的工作流量作为设计最大流量。

（3）降雨时的设计流量（m^3/d 或 L/s）

这一流量包括旱天流量和截流 n 倍的初期雨水流量。用于校核初沉池前的处理构筑物和设备。

（4）污水处理厂的各处理构筑物及厂内连接各处理构筑物的管渠，都应满足设计最大流量的要求。但当曝气池的设计反应时间在 6h 以上时，可采用平均日流量作为曝气池的设计流量。

（5）当污水处理厂分期建设时，以相应的各期流量作为设计流量。

（四）正确处理工业废水与城市污水处理的关系

工业废水的成分十分复杂，可能含有特殊的污染物质，甚至所含污染物的浓度很高，如果直接排入城市排水系统，必然会对城市污水处理厂的运行管理带来不利影响。为了保证处理厂的正常运行，排入城市排水系统的工业废水必须满足下列要求：

（1）不得含有能够破坏城市排水管道的成分，如酸性废水及含有可燃和易爆物质的废水，还不得含有能够堵塞管道的物质和对养护工作人员造成伤害的物质；

(2) 所含的大部分污染物质必须是能为微生物所降解，并对微生物的代谢活动无抑制或毒害作用；

(3) 污染物质的浓度不能过高，以免增加污水处理厂的负荷，影响处理效果；

(4) 水温不得高于 40℃；

(5) 对含有病原菌的医院、疗养院的污水必须进行严格的消毒处理后再行排入。

城市的市政管理部门，可根据本市的具体条件，参照我国制定的工业废水排入城市排水系统的水质标准（CJ 3082—99），作出相应规定，以使污水水质与城市污水水质基本一致。这样既不会损坏下水道，又不会影响微生物的活动。对不符合要求的工业废水，必须在厂（院）内进行预处理，然后方可排入城市排水系统。

工业废水与城市污水共同处理具有以下优点：

(1) 建设费用与运行费用较低

污水处理厂的规模越大，其单位处理能力的基建费用和运行费用越低。日处理量在 10000m^3 以下的污水处理厂，比日处理量介于 10000～100000m^3 的污水处理厂的造价指标约提高 20%～30%。

一些中小型工业企业设置的污水处理厂（站）往往需要设水量或水质调节池，某些厂还需要向处理的废水中投加化学药剂，以保证微生物对氮、磷等营养物质的需要，这样都将增大污水处理设备的建设投资和运行费用。

(2) 占地面积小，不影响环境卫生

工业企业分散地设置独立的污水处理厂（站）往往比集中建造大型污水处理厂占用更多的土地面积，而且还会给厂区环境带来一些不良影响。而城市污水处理厂，一般都建于远离城市的郊区，而且中间隔以卫生防护带，无碍于城市环境卫生。

(3) 便于运行管理，节省管理人员

规模较大的污水处理厂，有条件配备技术水平较高的技术管理人员，有利于发挥处理设备的最大效能。单位污水量配备的管理人员数也大大低于分散处理。

(4) 能够保证污水的处理效果

中小型工业企业的工业废水，其水质和水量的波动很大，给污水处理厂的运行管理带来一定的困难，并影响处理效果。而城市污水处理厂，由于大量的城市污水而得到均衡，废水中的某些有毒物质也因此而得到稀释，氮、磷等微生物营养物质也能够得到保证，这样在一定程度上保证了处理效果。

二、设计步骤

城市污水处理厂的设计可分为：设计前期工作、扩大初步设计、施工图设计 3 个阶段。

（一）设计的前期工作

设计前期工作主要有预可行性研究（项目建议书）和可行性研究（设计任务书）。

1. 预可行性研究

预可行性研究报告是建设单位向上级送审的《项目建议书》的技术附件。须经专家评审，并提出评审意见，经上级机关审批后立项，然后可进行下一步的可行性研究。我国规定，投资在 3000 万元以上的较大的工程项目必须进行预可行性研究。

2. 可行性研究

可行性研究报告是对与本项工程有关的各个方面进行深入调查和研究，进行综合论证的重要文件，它为项目的建设提供科学依据，保证所建项目在技术上先进、可行；在经济上合理、有利；并具有良好的社会与环境效益。

城市污水处理厂工程的可行性研究报告的主要内容包括：项目概述；工程方案的确定；工程投资估算及资金筹措；工程远近期的结合；工程效益分析；工程进度计划；存在问题及建议；附图、附表、附件等。

可行性研究报告是国家控制投资决策的重要依据。可行性研究报告经上级有关部门批准后，可进行扩大初步设计。

（二）扩大初步设计

由下列五部分组成：

1. 设计说明书

包括：设计依据及有关文件；城市概况及自然条件资料；工程设计说明等。

2. 工程量

包括工程所需的混凝土量、挖填土方量等。

3. 材料与设备

即工程所需钢材、水泥、木材的数量和所需设备的详细清单。

4. 工程概算书

计算本工程所需各项费用。

5. 图纸

主要包括污水处理厂工艺流程图、总平面布置图等。

（三）施工图设计

施工图设计是以扩大初步设计为依据，并在扩大初步设计被批准后进行，原则上不能有大的方案变更及概算额超出。

施工图设计是将污水处理厂各处理构筑物的平面位置和高程，精确地表示在图纸上，并详细表示出每个节点的构造、尺寸，每张图纸都应按一定的比例，用标准图例精确绘制，要求达到能够使施工人员按图准确施工的程度。

三、厂址的选择

污水处理厂厂址的选定与城市的总体规划，城市排水系统的走向、布置，处理后污水的出路都密切相关，它是制定城市污水处理系统方案的重要环节。

污水处理厂厂址选择，应进行综合的技术、经济比较与最优化分析，并通过专家的反复论证后再行确定。一般应遵循以下原则：

（1）应与选定的污水处理工艺相适应。

（2）尽量做到少占农田和不占良田。

（3）应位于城市集中给水水源下游；设在城镇、工厂厂区及生活区的下游，并保持约300m以上的距离，但也不宜太远；并位于夏季主风向的下风向。

（4）应考虑与处理后的污水或污泥的利用用户靠近，或靠近受纳水体，并便于运输。

（5）不宜设在雨季易受水淹的低洼处；靠近水体的处理厂要考虑不受洪水威胁；应尽量设在地质条件较好的地方，以方便施工，降低造价。

（6）要充分利用地形，选择有适当坡度的地区，来满足污水处理构筑物高程布置的需要，以减少土方工程量，降低工程造价。若有可能，宜采用污水不经水泵提升而自流流入处理构筑物的方案，以节省动力费用，降低处理成本。

（7）应与城市污水管道系统布局统一考虑。

（8）应考虑城市远期发展的可能性，留有扩建余地。

污水处理厂的占地面积，与处理水量和所采用的处理工艺有关。表18-2所列用地面积可供在污水处理厂建设前期的规划设计时参考。

城市污水处理厂用地面积 表 18-2

处理厂规模(m^3/d)	一级处理占地(ha)	二级处理占地(ha)	
		生物滤池	活性污泥法
5000	0.5～0.7	2～3	1～1.25
10000	0.8～1.2	4～6	1.5～2.0
15000	1.0～1.5	6～9	1.85～2.5
20000	1.2～1.8	8～12	2.2～3.0
30000	1.6～2.5	12～18	3.0～4.5
40000	2.0～3.2	16～24	4.0～6.0
50000	2.5～3.8	20～30	5.0～7.5
70000	3.75～5.0	30～45	7.5～10.0
100000	5.0～6.5	40～60	10.0～12.5

注：$1ha=10000m^2$。

四、处理工艺流程选定应考虑的因素

污水处理的工艺系统是指在保证处理水达到所要求的处理程度的前提下，所采用的污水处理技术各单元的组合。

对于某种污水，采用哪几种处理方法组成系统，要根据污水的水质、水量，回收其中有用物质的可能性、经济性，受纳水体的具体条件，并结合调查研究与经济与技术比较后决定，必要时还需进行试验。

在选定处理工艺流程的同时，还需要考虑确定各处理技术单元构筑物的形式，两者互为制约，互为影响。

（一）选定污水处理工艺系统应考虑的因素

（1）污水的处理程度

污水处理程度是污水处理工艺流程选择的主要依据，而污水处理程度又主要取决于原污水的水质特征、处理后水的去向及相应的水质要求。

污水的水质特征，表现为污水中所含污染物的种类、形态及浓度，它直接影响到工艺流程的简单与复杂。处理后水的去向和水质要求，往往决定着污水治理工程的处理深度。

（2）工程造价与运行费用

工程造价和运行费用也是工艺流程选定的重要考虑因素，前提是处理水应达到水质标准的要求。这样，以原污水的水质、水量及其他自然状况为已知条件，以处理水应达到的水质指标为制约条件，而以处理系统最低的总造价和运行费用为目标函数，建立三者之间的相互关系。

减少占地面积是降低建设费用的一项重要措施。

(3) 当地的各项条件

当地的地形、气候等自然条件，原材料与电力供应等具体情况，也是选定处理工艺应当考虑的因素。

(4) 原污水的水量与污水流入工况

原污水的水量与污水流入工况也是选定处理工艺需要考虑的因素，直接影响到处理构筑物的选型及处理工艺的选择。

(5) 处理过程是否产生新的问题

污水处理过程中应注意避免造成二次污染。

另外，工程施工的难易程度和运行管理需要的技术条件也是选定处理工艺流程需要考虑的因素，所以，污水处理工艺流程的选定是一项比较复杂的系统工程，必须对上述各项因素进行综合考虑，进行多种方案的技术经济比较，选定技术先进可行，经济合理的污水处理工艺。

(二) 典型的城市污水处理工艺

城市污水处理的典型工艺流程是由完整的二级处理系统和污泥处理系统所组成。

该流程的一级处理是由格栅、沉砂池和初次沉淀池所组成，其作用是去除污水中的无机和有机性的悬浮污染物，污水的 BOD 值能够去除 20%～30%。

二级处理系统是城市污水处理厂的核心，其主要作用是去除污水中呈胶体和溶解状态的有机污染物，BOD 去除率达 90% 以上。通过二级处理，污水的 BOD_5 值可降至 20～30mg/L，一般可达排放水体和灌溉农田的要求。

应用于二级处理的各类生物处理技术有活性污泥法、生物膜法及自然生物处理技术，只要运行正常，都能取得良好的处理效果。

污泥是污水处理过程的副产品，也是必然的产物。污泥包括从初次沉淀池排出的初沉污泥和从生物处理系统排出的生物污泥。在城市污水处理系统中，对污泥的处理多采用浓缩、厌氧消化、脱水等技术单元组成的系统。处理后的污泥可作为肥料用于农业。

五、平面布置与高程布置

(一) 污水处理厂的平面布置

在污水处理厂厂区内有：各处理单元构筑物；连通各处理构筑物之间的管、渠及其他管线；辅助性建筑物；道路以及绿地等。在进行厂区平面规划、布置时，应从以下几方面进行考虑。

1. 各处理单元构筑物的平面布置

处理构筑物是污水处理厂的主体建筑物，在进行平面布置时，应根据各构筑物的功能要求和水力要求，结合地形和地质条件，合理布局，确定它们在厂区内平面的位置，以减少投资并使运行方便。应考虑的因素有：

(1) 应布置紧凑，以减少处理厂占地面积和连接管线的长度，但应考虑施工和运行操作的方便。

(2) 应使各处理构筑物之间的连接管渠便捷、直通，避免迂回曲折，处理构筑物一般按流程顺序布置。

(3) 充分利用地形，以节省挖填土方量，并避开劣质土壤地段，使水流能自流输送。

(4) 在处理构筑物之间，应有保证敷设连接管、渠要求的间距，一般可取值 5～10m，某些有特殊要求的构筑物，如污泥消化池、消化气贮罐等，其间距应按有关规定确定。

2. 管、渠的平面布置

在污水处理厂各处理构筑物之间，设有贯通、连接的管渠；此外，还有放空管及超越管渠，放空管的作用是在构筑物内设施需要检修时，构筑物内污水的放空。超越管的作用是在构筑物发生故障或污水没必要进构筑物处理时，能越过该处理构筑物。污水处理厂一般设有超越全部处理构筑物，直接排放水体的超越管。管渠的布置应尽量短，避免曲折和交叉。

在污水处理厂内还设有给水管、空气管、消化气管、蒸汽管以及输配电线路等。在布置时，应避免相互干扰，既要便于施工和维护管理，又要占地紧凑。既可敷设在地下，也可架空敷设。

另外，在厂区内还应有完善的雨水收集及排放系统，必要时应考虑设防洪沟渠。

3. 辅助建筑物的平面布置

污水处理厂内的辅助建筑物有：泵房、鼓风机房、加药间、办公室、集中控制室、水质分析化验室、变电所、机修车间、仓库、食堂等，它们是污水处理厂不可缺少的组成部分。其建筑面积大小应按实际情况与条件而定。有条件时，可设立试验车间，以不断研究与改进污水处理技术。

辅助建筑物的布置应根据方便、安全等原则确定。如泵房、鼓风机房应尽量靠近处理构筑物附近，变电所宜设于耗电量大的构筑物附近。操作工人的值班室应尽量布置在使工人能够便于观察处理构筑物运行情况的位置。办公室、分析化验室等均应与处理构筑物保持一定距离，并处于它们的上风向，以保证良好的工作条件。贮气罐、贮油罐等易燃易爆建筑的布置应符合防爆、防火规程。

在污水处理厂内应合理的修筑道路和停车场地。一般主干道4～6m，车行道3～4m，人行道1.5～2m。并合理植树，绿化美化厂区，改善卫生条件。按规定，污水处理厂厂区的绿化面积不得少于30%。

另外，要预留适当的扩建场地，并考虑施工方便和相互间的衔接。

总之，在工艺设计计算时，除应满足工艺设计上的要求外，还必须符合施工、运行上的要求。对于大、中型处理厂，还应作多方案比较，以便找出最佳方案。

总平面布置图可根据污水厂的规模采用1：200～1：1000的比例绘制，常用的比例尺为1：500。

图18-1所示为A市污水处理厂总平面布置图。

该厂的主要处理构筑物有机械清渣格栅、曝气沉砂池、初次沉淀池、鼓风深水中层曝气池、二次沉淀池、消化池等及若干辅助建筑物。

该厂的平面布置特点为：流线清楚，布置紧凑。鼓风机房和回流污泥泵房位于曝气池和二次沉淀池一侧，节约了管道与动力消耗，方便操作管理。污泥消化系统构筑物靠近处理厂西侧的四氯化碳制造厂，使消化气、蒸汽输送管较短，节约了建设投资。办公楼与处理构筑物、鼓风机房、泵房、消化池等保持一定距离，卫生条件与工作条件均较好。在管线布置上，尽量一管多用，如超越管、处理水出厂管都借雨水管泄入附近水体，而剩余污泥、污泥水、各构筑物放空管等，又都汇入厂内污水管，并流入泵房集水井。不足之处是由于厂东西两侧均为河浜，使得用地受到限制，无远期发展余地。

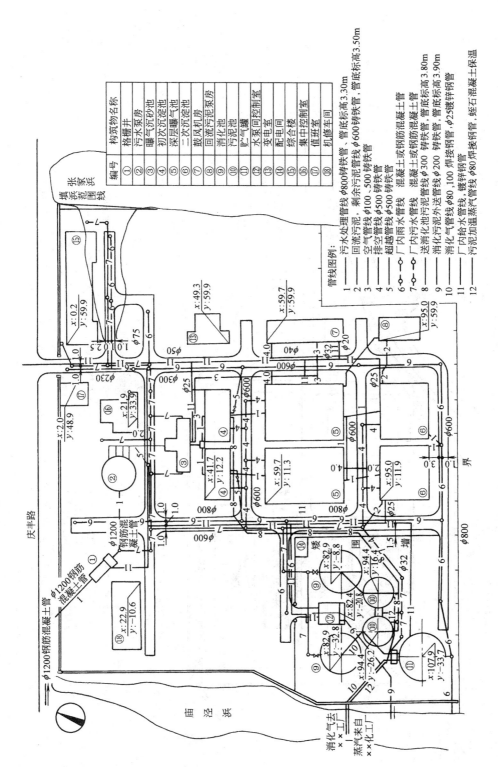

图 18-1 A 市污水处理厂总平面布置图

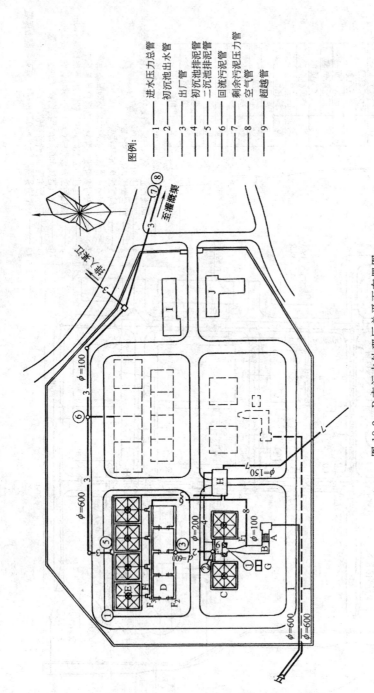

图 18-2 B市污水处理厂总平面布置图

A—格栅；B—曝气沉砂池；C—初沉池；D—曝气池；E—二沉池；F_1、F_2、F_3—计量堰；
G—除渣池；H—污泥泵房；I—机修车间；J—办公及化验室等

图例：
—— 1 进水压力总管
—— 2 初沉池出水管
—— 3 出厂管
—— 4 初沉池排泥管
—— 5 二沉池排泥管
—— 6 回流污泥管
—— 7 剩余污泥压力管
—— 8 空气管
—— 9 超越管

图 18-2 为 B 市污水处理厂总平面布置图。该厂泵站设于厂外，主要处理构筑物有格栅、曝气沉砂池、初次沉淀池、曝气池、二次沉淀池等。该厂污泥通过污泥泵房直接加压送往农田作为肥料利用。

该厂平面布置的特点是：布置整齐、紧凑。两期工程各自独成系统，对设计与运行相互干扰较小。办公室等建筑物均位于常年主风向的上风向，且与处理构筑物有一定距离，卫生、工作条件较好。在污水流入初次沉淀池、曝气池与二次沉淀池时，先后经三次计量，为分析构筑物的运行情况创造了条件。利用构筑物本身的管渠设立超越管线，既节省了管道，运行又较灵活。

二期工程预留地设在一期工程与厂前区之间，若二期工程改用其他工艺或另选池型时，在平面布置上将受到一定的限制。泵站与湿污泥地均设于厂外，管理不甚方便。此外，三次计量增加了水头损失。

（二）污水处理厂的高程布置

污水处理厂高程布置的目的是：确定各处理构筑物和泵房的标高，确定处理构筑物之间连接管渠的尺寸及其标高，计算确定各部位的水面标高，使水能按处理流程在处理构筑物之间靠重力自流，以降低运行和维护管理费用，从而保证污水处理厂的正常运行。

相邻两构筑物之间的水面相对高差，即为流程中的水头损失。水头损失包括：

（1）污水流经各处理构筑物的水头损失可参考表 18-3 选取或进行详细的水力计算。一般来讲，污水流经处理构筑物的水头损失，主要产生在进口、出口和需要的跌水处（多在出口），而流经处理构筑物本体的水头损失则较小。

污水流经各处理构筑物的水头损失　　　　　　　　表 18-3

构筑物名称	水头损失(cm)	构筑物名称	水头损失(cm)
格栅	10～25	生物滤池（工作高度为2m时）：	
沉砂池	10～25	1）装有旋转式布水器	270～280
沉淀池：平流	20～40	2）装有固定喷洒布水器	450～475
竖流	40～50	混合池或接触池	10～30
辐流	50～60	污泥干化场	200～350
双层沉淀池	10～20		
曝气池：污水潜流入池	25～50		
污水跌水入池	50～150		

（2）污水流经连接前后两处理构筑物管渠（包括配水设备）的水头损失，包括沿程与局部水头损失，需要通过水力计算得出。

（3）污水流经计量设备的水头损失。

高程布置时，应遵循以下原则：

（1）选择一条距离最长，水头损失最大的流程进行水力计算，并应留有适当余地。

（2）计算水头损失时，一般应以近期最大流量作为构筑物和管渠的设计流量；计算涉及远期流量的管渠和设备时，应以远期最大流量作为设计流量，并酌加扩建时的备用水头。

（3）在作高程布置时还应注意污水流程与污泥流程的配合，尽量减少需抽升的污泥量。在决定污泥浓缩池、消化池等构筑物的高程时，应注意它们的污泥水能自流排入厂区污水干管。

高程布置的方法是：以接纳处理水的水体的最高水位作为起点，逆污水处理流程向上倒推计算，以使处理后污水在洪水季节也能自流排出，而水泵需要的扬程则较小，运行费用也较低。但同时应考虑到构筑物的挖土深度不宜过大，以免土建投资过大和增加施工难度。还应考虑到因维修等原因需将池水放空而在高程上提出的要求。

高程布置图可绘制成污水处理与污泥处理的纵断面图或工艺流程图。绘制纵断面图时采用的比例尺，一般横向与总平面图相同，纵向为1：50～1：100。

下面以图18-2所示B市污水处理厂为例，说明其污水处理流程高程计算过程。

处理后的污水排入农田灌溉渠道以供农田灌溉，以灌溉渠水位作为起点，逆流程向上推算各处理构筑物的水面标高。

高程计算如下：

灌溉渠道（点8）水位：49.25m

排水总管（点7）水位：50.05m（跌水0.8m）

窨井6后水位：50.44m（沿程损失0.39m）

窨井6前水位：50.49m（管顶平接，两端水位差0.05m）

二次沉淀池出水井水位：50.84m（沿程损失0.35m）

二次沉淀池出水总渠起端水位：50.94m（沿程损失0.10m）

二次沉淀池中水位：51.44m（集水槽起端水深0.38m，自由跌落0.10m，堰上水头0.02m）

堰F_3后水位：51.75m（沿程损失0.03m，局部损失0.28m）

堰F_3前水位：52.16m（堰上水头0.26m，自由跌落0.15m）

曝气池出水总渠起端水位：52.38m（沿程损失0.22m）

曝气池中水位：52.64m（集水槽中水位0.26m）

堰F_2前水位：53.22m（堰上水头0.38m，自由跌落0.20m）

点3水位：53.44m（沿程损失0.08m，局部损失0.14m）

初次沉淀池出水井（点2）水位：53.66m（沿程损失0.07m，局部损失0.15m）

初次沉淀池中水位：54.33m（出水总渠沿程损失0.10m，集水槽起端水深0.44m，自由跌落0.10m，堰上水头0.03m）

堰F_1后水位：54.65m（沿程损失0.04m，局部损失0.28m）

堰F_1前水位：55.10m（堰上水头0.30m，自由跌落0.15m）

沉砂池起端水位：55.37m（沿程损失0.02m，沉砂池出口局部损失0.05m，沉砂池中水头损失0.20m）

格栅前（A点）水位：55.52m（过栅水头损失0.15m）

总水头损失6.27m

计算结果表明：终点泵站应将污水提升至标高55.52m处才能满足流程的水力要求。根据计算结果绘制了图18-3所示污水处理流程高程布置图。下面以图18-1所示的A市污水处理厂的污泥处理流程为例，作污泥处理流程的高程计算。

该厂二沉池剩余污泥重力流排入污泥泵站，加压后送入初沉池，利用生物絮凝作用提高初沉池的沉淀效果，并与初沉池污泥一起重力排入污泥投配池。污泥处理流程的高程计

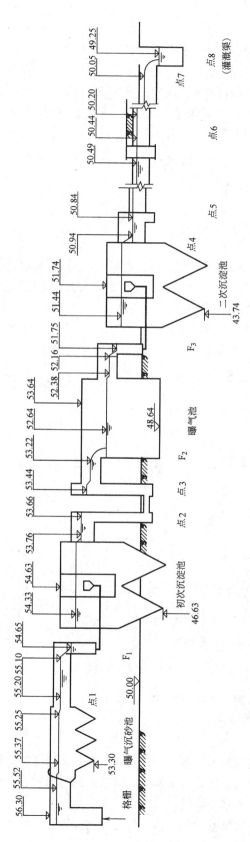

图 18-3 B 市污水处理厂污水处理流程高程布置图

算从初沉池开始，流程如下：

初沉池→污泥投配池→污泥泵站→污泥消化池→贮泥池→外运

同污水处理流程，高程计算从控制点标高开始。

厂区地面标高为4.2m，初沉池水面标高点为6.7m，初沉池至污泥投配池的管道用铸铁管，长150m，管径300mm。污泥在管内呈重力流，流速为1.5m/s，求得其水头损失为1.2m，自由水头1.5m，则管道中心标高为：

$$6.7-(1.20+1.50)=4.0m$$

流入污泥投配池的管底标高为：

$$4.0-0.15=3.85m$$

据此确定污泥投配池的标高。

消化池至贮泥池的各点标高受河水位（即河中污泥船）的影响，故以此向上推算。设要求贮泥池排泥管的管中心标高至少应为3.0m，才能自流向运泥船排净贮泥池污泥，贮泥池有效水深2.0m。消化池至贮泥池为管径200mm，长70m的铸铁管，设管内流速为1.5m/s，则求得水头损失为1.20m，自由水头设为1.5m。消化池采用间歇排泥方式，一次排泥后泥面下降0.5m，则排泥结束时消化池内泥面标高至少应为：

$$3.0+2.0+0.1+1.2+1.5=7.8m$$

开始排泥时泥面标高：

$$7.8+0.5=8.3m$$

由此选定污泥泵。根据计算结果，绘制污泥处理流程的高程图。见图18-4。

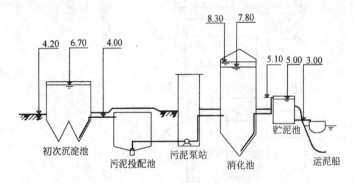

图18-4 污泥处理流程高程图

六、污水处理厂的构筑物及配水与计量

（一）处理构筑物的结构要求

1. 构筑物的结构要求

构筑物的结构设计应遵循如下原则：①结构为工艺需要服务，应能保证稳定运行，符合水力运动规律；②构筑物上要便于人员操作、检修，巡检要有安全通道及防护措施；③与构筑物相连接的管渠要考虑易于清通。

设计构筑物时，要保证构筑物功能的良好发挥，需注意以下三方面的要求：

(1) 进水

构筑物进水位置一般处于构筑物中心或进水侧中部，要尽可能采取缓冲手段，防止进水速度过大，因惯性直线前进，造成短流，影响构筑物正常功能的发挥。一般采用放大口径进水和多孔进水以降低水流速度。中心管进水需外套稳流筒，起到缓冲作用。传统进水方式采用指缝墙的较多，但会受到进水中漂浮杂质的影响，所以应在杂质进入构筑物前彻底去除，否则运行中的清理非常困难。

(2) 出水

出水有两种类型：一种是澄清型出水，另一种是非澄清型出水。澄清型出水是指沉淀池、浓缩池等构筑物，需要控制出水含带悬浮性杂质，主要有集水孔出水和锯齿堰出水等方式。由于集水、出水小孔易堵塞，通常应用锯齿堰较多，但要有较好的施工质量和密封手段，以保证锯齿堰处的出水均匀。但因堰口承受负荷较低，尤其是活性污泥法的二沉池中，污泥密度低，持水性强，沉淀效果不好，单层堰口出水局部上升流速相对偏大。现在，人们采用增加集水槽及集水槽双侧集水的方式来降低堰口负荷，已取得较好的效果。一般大型初沉池采用双侧集水，二沉池采用两道集水槽集水，沉淀效果比较理想。

非澄清型出水有水平堰口出水和直接管式出水等方式，由于出水不需要控制其含带杂质量，对堰口要求比较低，但如果是需要充分利用构筑物容积，要保证一定运行液位的构筑物，一般应采用水平出水堰口流出后经出水管出水。

(3) 放空

污水处理构筑物必须设有放空的结构部分，并能保证在需要的情况下将构筑物内的污水或污泥全部排放干净，以便进行设备检修和构筑物自身的清理。一般放空管应设在构筑物最低位置并低于构筑物内池底最低处。同时，与构筑物连通的放空排水管线要保证低于放空管，以避免污水回灌。否则则需要在构筑物内最低处设计放置潜水泵的泵坑。另外，放空管线在构筑物外要在尽可能短的距离内设检查井，以便于对放空管线进行清通和检查。

2. 构筑物的运行方式

构筑物运行方式主要有连续和间断两种。一般小规模污水处理可采用间断运行，但间断运行存在操作麻烦、不易管理等缺点。因此，构筑物最好选用连续运行方式，采取较稳定的控制手段。运行中应注意以下问题：

(1) 澄清型构筑物需要稳定的运行环境，才能达到预期的工艺效果。因此，要防止负荷的大幅度波动，使悬浮物的沉降尽可能与静止沉淀环境接近，减少出水含带杂质量，并能将沉淀物及时排出，达到最好的去除效果。

(2) 对于调节池、均和池、曝气池、吸水池等非澄清型构筑物，必须采取相应的防沉手段，不允许有杂质沉积。可采取构造措施或鼓风曝气、机械搅拌等形式，并对构筑物进行防沉淀维护，保证构筑物功能的正常发挥。

(二) 处理构筑物之间连接管渠的设计

从便于维修和清通的要求考虑，连接污水处理构筑物之间的管渠，以矩形明渠为宜。明渠多由钢筋混凝土制成，也可采用砖砌。为了安全起见，或在寒冷地区，为了防止冬季污水在明渠内结冰，一般在明渠上加设盖板。必要时或在必要部位，也可以采用钢筋混凝土管或铸铁管。

为了防止污水中的悬浮物在管渠内沉淀，污水在管渠内必须保持一定的流速。在最大流量时，明渠内流速可介于1.0～1.5m/s之间，在最低流量时，流速不得小于0.4～0.6m/s（特殊构造的渠道，流速可减至0.2～0.3m/s），在管道中的流速应大于在明渠中的流速，并尽可能大于1m/s，因为在管道中产生的沉淀难于清除，使维修工作量增加。

（三）配水设备

污水处理厂中，同类型的处理构筑物一般都应建2座或2座以上，向它们均匀配水是污水处理厂设计的重要内容之一。若配水不均匀，各池负担不一样，一些构筑物可能出现超负荷，而另一些构筑物则又没有充分发挥作用。用于实现均匀配水的配水设备的类型见图18-5所示，可按具体条件选用。

图中（a）为中管式配水井。（b）为倒虹管式配水井，通常用于2座或4座为一组的圆形处理构筑物的配水，该形式的配水设备的对称性好，效果较好。（c）为挡板式配水槽，可用于多个同类型的处理构筑物。（d）为一简单形式的配水槽，易修

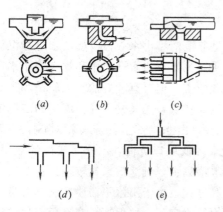

图18-5 各种类型的配水设备

建，造价低，但配水均匀性较差。（e）是它的改进形式，可用于同类型构筑物多时的情况，配水效果较好，但构造稍复杂。

（四）污水计量设备

准确地掌握污水处理厂的污水量，并对水量资料和其他运行资料进行综合分析，对提高污水处理厂的运行管理水平是十分必要的。为此，应在污水处理系统上设置计量设备。

对污水计量设备的要求是精度高、操作简单，不沉积杂物，并且能够配用自动记录仪表。

污水处理厂总处理水量的计量设备，一般安装在沉砂池与初次沉淀池之间的渠道上或在厂内的总出水管渠上。如有可能，在每座主要处理构筑物上都应安装计量设备，但这样会增加水头损失。

现用于污水处理厂的水量计量设备有：

（1）计量槽

又称巴氏槽，精确度达95%～98%，其优点是水头损失小，底部冲刷力大，不易沉积杂物。但对施工技术要求高，施工质量不好会影响量测精度。

（2）薄壁堰

这种计量设备比较稳定可靠，为了防止堰前渠底积泥，只宜设在处理系统之后。常用的薄壁堰有矩形堰、梯形堰和三角堰，后者的水头损失较大，适于量测小于100L/s的小流量。

（3）电磁流量计

由电磁流量变送器和电磁流量转换器组成。前者装于需量测的管道上，当导电液体（污水）流过变送器时，切割磁力线而产生感应电势，并以电讯号输至转换器进行放大、输出。由于感应电势的大小仅与流体的平均流速有关，因而可测得管中的流量。电磁流量

计可与其他仪表配套,进行记录、指示、计算、调节控制等。

该计量设备的优点为:①变送器结构简单可靠,内部无活动部件,维护清洗方便;②压力损失小,不易堵塞;③量测精度不受被测污水各项物理参数的影响;④无机械惯性,反应灵敏,可量测脉动流量;⑤安装方便,无严格的前置直管段的要求。

这种计量设备在目前价格昂贵,需精心保养,难于维修。安装时要求变送器附近不应有电动机、变压器等强磁场或强电场,以免产生干扰。同时,要求在变送器内必须充满污水,否则可能产生误差。

近年来,国内还开发了几种测定管道中流量的设备,如插入式液体涡轮流量计、超声波流量计等。

七、国内城市污水处理厂工程实例

1. 天津纪庄子污水处理厂

天津市纪庄子污水处理厂位于天津市市区西南部,是我国目前已建成运行,规模较大的污水处理厂之一。处理污水量 26 万 m^3/d,占地 $350000m^2$(525亩),由中国市政工程华北设计院设计,1981年开始筹建,1984年建成投产,在当时是我国已建成的规模最大的城市污水处理厂。

该厂的水质指标:

进水 BOD_5 200mg/L;SS 250mg/L

处理水 BOD_5 25mg/L;SS 60mg/L

该厂采用渐减曝气活性污泥处理工艺。污泥采用中温厌氧二级消化处理,消化后的污泥通过机械脱水后,运往农村作为肥料利用。消化过程产生的消化气则用于本厂发电和生活区生活用气。发电产生的余热用于污泥消化的加热。

该厂的污水与污泥处理工艺流程和总平面布置分别见图18-6及图18-7。而表18-4所列举的则是该厂主要处理构筑物的各项技术参数。

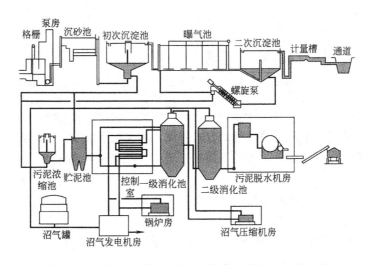

图18-6 天津纪庄子污水处理厂污水污泥处理工艺流程

该厂生物反应器采用的是五廊道推流式渐减曝气曝气池,空气扩散装置为引进英国霍克·西柏利公司生产的微孔曝气装置和与其配套的鼓风机组和仪表。初沉池和二沉池都采

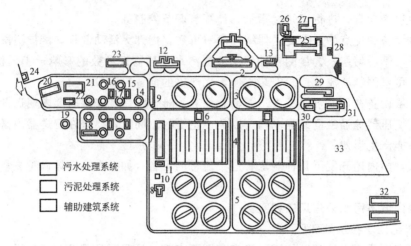

图 18-7 天津纪庄子污水处理厂平面布置图

1—污水泵房；2—沉砂池；3—初次沉淀池；4—曝气池；5—二次沉淀池；6—回流污泥泵房；7—鼓风机房；8—加氯间；9—计量槽；10—深井泵房；11—循环水池；12—总变电站；13—仪表间；14—污泥浓缩池；15—贮泥池；16—消化池；17—控制室；18—沼气压缩机房；19—沼气罐；20—污泥脱水机房；21—沼气发电机房；22—变电所；23—锅炉房；24—传达室；25—办公化验楼；26—浴室锅炉房；27—幼儿园；28—传达室；29—机修车间；30—汽车库；31—仓库；32—宿舍；33—试验厂

天津纪庄子污水处理厂主要处理构筑物各项技术参数　　　　表 18-4

处理构筑物名称	有效容积(m³)	长×宽×高(m)	座数	停留时间	液面高度(m)
曝气沉砂池	325.5	30.6×3.6×3.2	4	5min	8.13
初次沉淀池	5010	φ45×3.15	4	2h	7.00
曝气池	21840	560×7.5×5.2	4	8h	5.70
二次沉淀池	3340	φ45×2.1	8	2.5h	4.50
污泥浓缩池	916	φ18×3.6	2	12h	4.20
贮泥池	181	7×7×3.7	4	12h	2.40
一级污泥消化池	2800	φ18×19.2	8	14d	13.90
二级污泥消化池	2800	φ18×19.2	2	2.5d	12.90
贮气罐	5000	φ22×23.55	1	12h	

用辐流式，二次沉淀池采用自动吸刮泥方式排泥。污泥脱水设备为引进法国得利满公司生产的 763-D 型带式污泥脱水机。该厂还拥有先进的监测手段，其中包括 80 年代高精度的仪器设备。

该厂自投产以来，处理效果良好，出水完全达设计要求，现已回用于某煤厂制煤、道路喷洒、厂区绿化和农田灌溉。为了扩大二级处理水的回用范围，还在厂内建设了面积达 $7700m^2$ 的稳定塘，其处理效果良好，也有一定的脱氮、除磷效果。

2. 邯郸市污水处理厂

邯郸市污水处理厂是我国首次采用三沟式交替运行氧化沟处理城市污水的污水处理厂。总设计规模为 $10×10^4 m^3/d$，第一期工程规模为 $6.6×10^4 m^3/d$。1989 年动工，1990 年 11 月建成，1991 年 3 月投入运行。

该厂位于邯郸市东部，占地面积 50000m² （75 亩），服务面积 26km²，服务人口 35 万。

该厂平面布置图如图 18-8 所示。工艺流程见图 18-9。

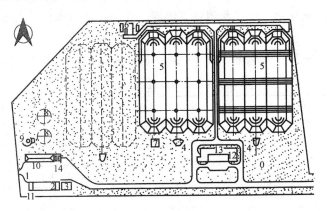

图 18-8　邯郸市污水处理厂总平面布置

1—格栅间；2—曝气沉砂池；3—计量室；4—分配井；5—氧化沟；6—鼓风机房；
7—污泥泵站；8—污泥浓缩池；9—均质池；10—污泥脱水机房；11—废水泵房；
12—变压器/配电室；13—管理室；14—容器

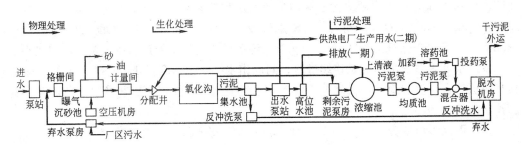

图 18-9　邯郸市污水处理厂处理流程

该厂工艺流程由 3 部分组成，第一部分是由格栅及曝气沉砂池组成的物理处理系统；第二部分是以三沟式氧化沟为处理构筑物的生物处理系统；第三部分为污泥处理系统。

该厂处理工艺的特点是：流程简单，无初沉池与二沉池及污泥回流装置，又由于污泥龄较长，污泥已趋稳定，未设污泥消化池。

三沟式交替运行氧化沟共两组，每组平面尺寸为 98m×73m，水深 3.5m，两组总容积 39900m³，共安装有直径 1m、长 9m 的曝气转刷 28 台（转速 72r/min、功率 45kW、充氧能力 74kgO$_2$/h），其中 12 台是可变速的，低速运行时仅维持污泥处于悬浮状态并推动混合液前进，无充氧功能，使混合液处于缺氧状态。中间氧化沟连续充作曝气池，而两侧的氧化沟则交替作为曝气池和二次沉淀池。氧化沟共设 6 个进水点，分别设在每座氧化沟的进水端的每条沟底部，在两侧沟的另一端共设有 5m 长的可调式溢流堰 32 座，用以控制出水和转刷的淹没深度。污泥脱水设备为 2 台 HP-2000 型带式压滤机，带宽 2m，单台能力 12～15m³/h，功率 2.5kW，原污泥含固率为 2%～4%，经压滤处理后上升到 20%。

剩余污泥经污泥泵站抽送至浓缩池，浓缩污泥经均质池送入脱水间，经带式压滤机脱水后外运。

该厂设有中心控制室,各处理构筑物和设备的运行状况都能够在中心控制室的模拟盘上显示出来,如设于氧化沟中的6个溶解氧测定仪的数据显示并连续记录,并可以根据预先设定的硝化和反硝化运行程序和溶解氧浓度,自动控制转刷的运行,取得去除BOD和脱氮的效果。

该厂投产后,运行一直正常、稳定,各项指标均达到设计要求。见表18-5。

邯郸市污水处理厂进水及处理水水质　　　　表 18-5

类　别		BOD(mg/L)	COD(mg/L)	SS(mg/L)	NH_3-N(mg/L)	TN(mg/L)	TP(mg/L)
原污水:	范围	90~130	178~225	70~150	14.5~22.3	38.5~50.4	6.9~13.3
	平均	105.8	194.8	95.5	17.4	43.8	8.3
处理水:	范围	2.5~17.1	19.5~35.8	5.5~11.8	0.65~4.1	8.9~17.9	1.8~5.3
	平均	6.8	26.6	7.7	2.5	11.7	3.1
设计值:	原污水	134	—	100	22.0	—	—
	处理水	15		10	2~3	6~12	—

3. 天津经济技术开发区污水处理厂

天津经济技术开发区污水处理厂是开发区的重点环保工程,设计规模10万t/d,处理厂占地6.71ha,污水主要来源于区内生活污水和工业园区的工业废水。设计进水水质:BOD_5 150mg/L,COD 400mg/L,SS 200mg/L。出水水质为:BOD_5 30mg/L,COD 120mg/L,SS 30mg/L,NH_3-N 10mg/L。污水经二级生化处理后排入蓟运河口入海。

该污水处理系统采用的是连续进水、间歇出水、双池串联的DAT-IAT工艺,该工艺具有构筑物少,流程简单,占地少,对水质水量变化适应性强,工艺稳定性高,可脱氮除磷并节省投资的特点。

该厂污泥负荷率为N_s＝0.052kgBOD/(kgMLSS·d),混合液浓度为MLSS＝5g/L。设6组DAT-IAT,每组池尺寸为$L×B$＝80m×32m(DAT和IAT各占40m长),池内最高水位为4.3m,最低水位为3.756m。DAT与IAT中间设两道导流墙,第一道导流墙靠近水面设导流孔,往后1.4m处的第二道导流墙靠近底部设导流孔。DAT连续进水,为完全混合流态,IAT间歇排水,其运行周期为T＝3h(曝气、沉淀、滗水各1h)。采用鼓风曝气方式,空气扩散装置为膜片式微孔曝气器。每个进气管上都设有电动蝶阀和空气流量计,可根据设置自动调节曝气量。排水装置为虹吸式滗水器,每个IAT池尾部设3台,最高水位时自动开动,最低水位时自动停止。在IAT内设2台潜污泵,使IAT污泥回流到DAT,回流比为4.5,该泵滗水时停运。剩余污泥每周期曝气阶段排泥一次,每池各设一台潜污泵。污泥处理系统采用好氧贮存和带式滤机浓缩脱水。自控系统采用集中监视,分散控制的集散系统。

4. 乌鲁木齐河东污水处理厂

河东污水处理厂位于乌鲁木齐市北郊东戈壁农场东南侧,占地20hm^2,并预留发展用地10hm^2,预留污泥干化场用地5hm^2。日处理污水量$20×10^4$m^3/d,一次建设。其中工业废水量约占58%,生活污水量约占42%。排水流域内规划人口57.7万人。该区域的工业主要是机械、建材、化学、电力、食品、纺织、煤炭、造纸等。

该厂设计进水水质：

pH=7~8；BOD_5=200mg/L；COD=500mg/L；SS=220mg/L；水温 9~16℃。

该厂处理水夏季用于农灌，冬季非灌溉季节贮存于下游水库。

设计出水水质：

BOD_5<30mg/L，COD<120mg/L，SS<30mg/L。

当冬季污水达到最低温度9℃时，出水水质允许值：

BOD_5<45mg/L，COD<180mg/L，SS<45mg/L。

该厂污水处理工艺采用生物吸附-活性污泥法处理工艺（A-B法）；污泥采用一级中温消化，二级污泥浓缩，机械脱水的处理工艺；沼气用于驱动鼓风机、燃气锅炉及生活用气，多余沼气通过火炬在大气中燃烧。该厂工艺流程见图18-10。

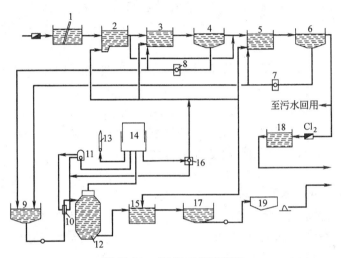

图 18-10 AB法工艺流程图

1—格栅间；2—曝气沉砂池；3—A段曝气池；4—中间沉淀池；5—B段曝气池；6—二次沉淀池；
7、8—污泥泵房；9—一次浓缩池；10—热交换器；11—沼气锅炉；12—消化池；13—沼气火炬；
14—沼气贮罐；15—污泥曝气池；16—鼓风机房；17—二次浓缩池；18—接触地；19—脱水机

该厂格栅间设粗格栅和细格栅，粗格栅栅条间距为75mm，人工清渣。细格栅栅条间距10mm，定时机械清渣。设2组曝气沉砂池，每组分两格，每格宽2.7m，长18.0m，有效水深2.7m，污水停留时间3min，水平流速0.1m/s，每组曝气沉砂池设一套桥式移动刮砂机，将池底砂粒刮至砂坑，然后由砂泵将砂粒提升至砂水分离器脱水后，通过螺旋输送器送出。

A段曝气池污泥负荷 2.36kgBOD_5/(kgMLSS·d)，容积负荷 4.2kgBOD_5/(m^3·d)，水力停留时间32min，泥龄0.75d；溶解氧控制在 0.5~0.8mg/L，采用盘式合成橡胶中孔曝气器；污泥回流比控制在40%~60%；中间沉淀池采用中心进水，周边出水的圆形辐流式沉淀池，表面负荷 11.48m^3/(m^2·h)，沉淀时间2.64h，有效水深3.9m，采用周边传动刮泥机刮泥，出水堰的溢流率为252.3m^3/(m·h)。

B段曝气池污泥负荷 0.22kgBOD_5/(kgMLSS·d)，容积负荷 0.54kgBOD_5/(m^3·d)，水力停留时间 3.3h，泥龄19.23d，污泥回流比60%~80%。二次沉淀池的池型同中间沉淀池，表面负荷 0.83m^3/(m^2·h)，沉淀时间4.7h，有效水深3.9m，出水堰的溢流率为

193.1m³/(m·h)。

中间沉淀池与二次沉淀池排出的剩余活性污泥总量为8267m³/d，含水率99.4%，总污泥干固体49.6t/d，其中有机污泥干固体35.6t/d。混合剩余污泥首先进入一次污泥浓缩池，污泥固体负荷40kg/(m²·d)，污泥浓缩时间14.3h，浓缩后污泥量1417m³/d，污泥含水率96.5%，浓缩分离的上清液回流到污水厂进水管。污泥消化采用一级厌氧中温消化，消化温度33～35℃，挥发性固体容积负荷1.24kg/(m³·d)，污泥投配率4.94%，消化时间20天，池型为圆柱形，池内污泥采用机械搅拌，热交换器加热，1kg挥发性固体产气量为0.9m³/d。消化污泥首先进入污泥曝气池，池中通入压缩空气以排除消化污泥中的剩余沼气，采用穿孔管曝气，曝气时间4h，需气量200～400m³/h，然后流入污泥浓缩池。二次污泥浓缩池的污泥固体负荷69.5kg/(m²·d)，污泥浓缩时间34.5h，浓缩后污泥含水率95%。污泥脱水设备采用带式压滤机、脱水后污泥含水率75%，污泥量1417m³/d。

第二节 城市污水的深度处理与回用

水是国民经济的重要资源。随着工业的发展和人口的增长，用水量逐年增加，使得世界范围内的淡水资源日趋短缺。同时，各个国家对环境保护的要求，防止水体的污染逐渐严格，人们对污水的利用问题给予了越来越大的关注。

一、概述

（一）城市污水的资源化与再生利用

为实现水资源的合理开发与利用，我国颁布的《中华人民共和国水法》和《水污染防治法》中阐明了"多渠道开辟水资源"等有关水资源保护和合理利用的对策与措施，城市污水的再生利用，使其资源化是一项重要而且切实可行的措施。

城市污水水量稳定，是供水可靠的水资源。在传统的二级处理的基础上，对污水再进行适当的深度处理，使其水质达到适于回用的要求，这样能够使对污水单纯净化的城市污水处理厂转变为以污水为原料的"再生水制造厂"，使城市污水成为名符其实的水资源。

我国对城市污水的利用是在20世纪50年代农田灌溉开始的。近几十年来，我国组织了城市污水资源化的科技攻关，建立了示范工程。攻关内容包括污水工业回用、市政和景观利用的水质处理技术以及中小城镇、住宅小区污水回用技术的研究。此外，还对城市污水资源化的规划、系统优化与评价、技术方案及经济政策等软科学也进行了研究。在天津、太原、大连等城市还建设了污水回用工程。

（二）污水的深度处理

深度处理是指以污水回收再用为目的，设在常规二级处理后增加的处理工艺。深度处理的主要对象是构成浊度的悬浮物和胶体、微量有机物、氮和磷、细菌等，污水的深度处理是污水再生与回用技术的发展，可以提高污水的重复使用率，节约水资源。

一般二级处理技术所能达到的处理程度为：出水中的BOD_5 20～30mg/L；COD 60～100mg/L；SS 20～30mg/L；NH_3-N 15～25mg/L；TP 6～10mg/L。

城市污水深度处理的去除对象是：

(1) 处理水中残存的悬浮物，脱色、除臭，使水进一步得到澄清。

(2) 进一步降低 BOD$_5$、COD、TOC 等指标,使水进一步稳定。

(3) 脱氮、除磷,消除能够导致水体富营养化的因素。

(4) 消毒杀菌,去除水中的有毒有害物质。

(三) 回用途径

城市污水经过以生物处理技术为中心的二级处理和一定程度的深度处理后,水质能够达到回用标准,可以作为水资源加以利用,回用的城市污水应满足下列各项要求:

(1) 必须经过完整的二级处理技术和一定的深度处理技术处理;(2) 在水质上应达到回用对象对水质的要求;(3) 在保健卫生方面不出现危害人们健康的问题;(4) 在使用上人们不产生不快感;(5) 对设备和器皿不会造成不良的影响;(6) 处理成本、经济核算合理。

回用水的价值必须大于回用水的单位成本。当城市自来水供水量不足或价格较高时,污水回用显得尤其必要。

污水回用的途径应以不直接与人体接触为准,主要可用于:

1) 用于农业灌溉

污水有控制地排放到农田中,根据灌溉用地的自然特点,选择合适的灌溉方法。我国农业灌溉的用水量很大,有广阔的应用天地。农业灌溉用水的含盐量和卫生品质要符合国家农灌水质标准,要避免污水接触供食用的果品、蔬菜等,以防止危害人类健康。

2) 用于工业生产

每个城市,从用水量和排水量看,工业都是大户。工业用水根据用途的不同,对水质的要求差异很大,水质要求越高,水处理的费用也越大。理想的回用对象应该是回用量较大且对处理要求不高的地方,如间接冷却水、冲灰及除尘等工艺用水。

3) 用于城市公共事业

一般限于两个方面:①市政用水,即浇洒花木绿地、景观、消防、补充河湖等;②杂用水,即冲洗汽车、建筑施工及公共建筑和居民住宅的冲洗厕所用水等。

4) 地下水回灌

地下水回灌可能只需要二级处理,而不需要深度处理。是将处理水直接向地下回灌,使地下水位已降低的地区的地下水量得到补充,防止地陷,同时防止咸水侵入。要达到这一目的,可以采用把水注入回灌井的方法,或把水洒到土壤表面,经土壤渗入水层的方法。

深度处理的污水可以直接重复利用,也可以间接重复利用。直接重复利用是将处理过的污水循环使用,而不再进行净化或稀释。间接重复利用是将污水排至河流,注入到地下含水层或是使污水渗入地下,经过稀释或通过一段时间的自净作用而得到进一步的处理后重复利用。

在严重缺水城市,可以将处理过的污水直接或间接用作饮用水。

二、污水的深度处理技术

(1) 悬浮物的去除

污水中含有的悬浮物是粒径从数 10nm 到 1μm 以下的胶体颗粒。经二级处理后,在处理水中残留的悬浮物是粒径从几 mm 到 10μm 的生物絮凝体和未被凝聚的胶体颗粒。这些颗粒几乎全部都是有机性的。二级处理水 BOD 值的 50%～80% 都来源于这些颗粒。

此外,去除残留悬浮物是提高深度处理和脱氮除磷效果的必要条件。

去除二级处理水中的悬浮物,采用的处理技术要根据悬浮物的状态和粒径而定。粒径在 $1\mu m$ 以上的颗粒,一般采用砂滤去除;粒径从几百 Å 到几十 μm 的颗粒,采用微滤机一类的设备去除;而粒径在 1000Å～几 Å 的颗粒,则应采用用于去除溶解性盐类的反渗透法加以去除。呈胶体状的粒子采用混凝沉淀法去除是有效的。

(2) 溶解性有机物的去除

在生活污水中,溶解性有机物的主要成分是蛋白质、碳水化合物和阴离子表面活性剂。在经过二级处理的城市污水中的溶解性有机物多为丹宁、木质素、黑腐酸等难降解的有机物。

对这些有机物,用生物处理技术是难以去除的,还没有比较成熟的处理技术。当前,从经济合理和技术可行方面考虑,采用活性炭吸附和臭氧氧化法是适宜的。

(3) 溶解性无机盐类的去除

二级处理技术对溶解性无机盐类是没有去除功能的,因此,在二级处理水中可能含有这一类物质。含有溶解性无机盐类的二级处理水,是不宜回用和灌溉农田的,因为这样做可能产生下列问题:①金属材料与含有大量溶解性无机盐类的污水相接触,可能产生腐蚀作用;②溶解度较低的 Ca 盐和 Mg 盐从水中析出,附着在器壁上,形成水垢;③SO_4^{2-} 还原,产生硫化氢,放出臭气;④灌溉用水中含有盐类物质,对土壤结构不利,影响农业生产。

当前,有效地用于二级处理水脱盐处理的技术,主要有反渗透、电渗析以及离子交换等几项。

(4) 细菌的去除

城市污水经二级处理后,水质已经改善,细菌含量也大幅度减少,但细菌的绝对值仍很可观,并存在有病原菌的可能。因此在排放水体前或在农田灌溉时,应进行消毒处理。污水消毒应连续进行,特别是在城市水源地的上游、旅游区、夏季或流行病流行季节,应严格连续消毒。非上述地区或季节,在经过卫生防疫部门的同意后,也可考虑采用间歇消毒或酌减消毒剂的投加量。

消毒的主要方法是向污水投加消毒剂。目前用于污水消毒的消毒剂有液氯、臭氧、次氯酸钠、紫外线等。

(5) 脱氮技术

在自然界,氮化合物是以有机体(动物蛋白、植物蛋白)、氨态氮(NH_4^+、NH_3)、亚硝酸氮(NO_2^-)、硝酸氮(NO_3^-)以及气态氮(N_2)形式存在的。

在二级处理水中,氮则是以氨态氮、亚硝酸氮和硝酸氮形式存在的。

氮和磷同样都是微生物保持正常的生理功能所必需的元素,即用于合成细胞。但污水中的含氮量相对来说是过剩的,所以一般二级污水处理厂对氮的去除率较低。

根据原理,脱氮技术可分为物化脱氮和生物脱氮两种技术。氨的吹脱脱氮法是一种常用的物化脱氮技术。目前采用的生物除氮工艺有缺氧-好氧活性污泥法脱氮系统(A/O)、氧化沟、生物转盘等脱氮工艺。详见本书第十一章有关内容。

(6) 磷的去除

污水中的磷一般有三种存在形态,即正磷酸盐、聚合磷酸盐和有机磷。经过二级生化处理后,有机磷和聚合磷酸盐已转化为正磷酸盐,它在污水中呈溶解状态,在接近中性的pH值条件下,主要以 HPO_4^{2-} 的形式存在。污水的除磷技术有:使磷成为不溶性的固体沉淀物,从污水中分离出去的化学除磷法和使磷以溶解态为微生物所摄取,与微生物成为一体,并随同微生物从污水中分离出去的生物除磷法。属于化学除磷法的有混凝沉淀除磷技术与晶析法除磷技术,应用广泛的是混凝沉淀除磷技术。常用的生物除磷工艺见本书第十一章。

三、污水回用处理系统

污水回用处理系统由3部分组成:前处理技术、中心处理技术和后处理技术。

前处理是为了保证中心处理技术能够正常进行而设置的,它的组成根据主处理技术而定。当以生物处理系统为中心处理技术时,即以一般的一级处理技术(格栅和初次沉淀池)为前处理,但当以膜分离技术为中心处理技术时,将生物处理技术也纳入前处理内。

中心处理技术,是处理系统的中间环节,起着承前启后的作用。中心处理技术有两类,一类是一般的二级处理,即生物处理技术(活性污泥法或生物膜法),另一类则是膜分离技术。

后处理设置的目的是使处理水质达到回用水规定的各项指标。其中采用滤池去除悬浮物;通过混凝沉淀去除悬浮物和大分子的有机物;溶解性有机物则由生物处理技术、臭氧氧化和活性炭吸附加以去除,臭氧氧化和活性炭吸附还能够去除色度、臭味;杀灭细菌则用臭氧和投氯进行。

(1) 传统深度处理组合工艺

工艺一:二级出水→砂滤→消毒

工艺二:二级出水→混凝→沉淀→过滤→消毒

工艺三:二级出水→混凝→沉淀→过滤→活性炭吸附→消毒

此类工艺是目前常用的城市污水传统深度处理技术,在实际运行过程中可根据二级污水处理效果及回用水质要求对工艺进行具体调整。

工艺一是传统简单实用的污水二级处理流程,再进一步去除水中微细颗粒物并消毒的形式制出回用水,适用作工业循环冷却用水、城市浇洒、绿化、景观、消防、补充河湖等市政用水和居民住宅的冲洗厕所用水等杂用水。美国、日本、西欧等发达国家在20世纪70年与80年代广泛使用这类处理水作回用水,被认为是水质适用面广、处理费用较低的一种安全实用的常规污水深度处理技术,目前仍被相当广泛地采用。在工程应用中,回用装置设施常与二级污水厂共同建设(在有用地的情况下),深度处理的运行费用约为0.1~0.15元/t。

工艺二是在工艺一的基础上增加了混凝沉淀,即通过混凝进一步去除二级生化处理未能除去的胶体物质、部分重金属和有机污染物,出水水质为:SS<10mg/L、BOD_5<8mg/L,优于工艺一出水。这种回用水除适用作工艺一的回用范围外,也有被回灌地下(经进一步土地吸附过滤处理);与新鲜水源混合后作为水厂原水;在工业回用方面作锅炉补给水,部分工艺用水等。国外发达国家的城市回用水(景观、浇洒、洗车、建筑用水等)一般使用这类水质的回用水。

工艺三的特点是在工艺二的基础上增加了活性炭吸附,这对去除微量有机污染物和微量金属离子,去除色度、病毒等污染物方面的作用是显著的。工艺三处理流程长,对含有重金属的污水处理效果较好。二级出水进行传统工艺三处理,可去除:浊度73%~88%,SS 60%~70%,色度40%~60%,BOD_5 31%~77%,COD 25%~40%,总磷29%~90%,且对可生物降解有机物的去除高于不易生物降解的有机物。此类工艺适用作除人体直接饮用外的各种工农业回用水和城市回用水。为此需要付出的运行费用约为0.8~1.1元/t水。

(2) 以膜分离为主的组合工艺

在回用水处理中应用较广泛的膜技术有微滤、超滤、纳滤、反渗透和电渗析等。微孔过滤可有效地去除污水中颗粒物,与传统工艺中的介质过滤处理相当;超滤可有效地去除污水中颗粒性及大分子物质;纳滤、反渗透则对水中溶解性小分子物质较有效。对小规模处理厂(2万t/d),膜分离技术的单位体积水处理费用与传统处理工艺大体相当。膜分离技术理论见第十章。

工艺四:二级出水→混凝沉淀、砂滤→膜分离→消毒

工艺五:二级出水→砂滤→微滤→纳滤→消毒

工艺六:二级出水→臭氧→超滤或微滤→消毒

可以看出,此类以膜分离为主的工艺中以超滤膜分离技术替代传统工艺中的沉淀、过滤单元,以生物反应器和膜分离有机结合为核心的膜生物反应器是一项有前途的废水回用处理系统。

为了防止膜污染,膜分离技术前必须通过预处理工艺,为了提高膜分离过程的分离效率,在预处理工艺中常常将污水中微细颗粒和胶体物质去除,并将大分子有机物转化成固相,如混凝沉淀、过滤、活性炭吸附、氯化消毒等方法,并且膜处理工艺的成功运行很大程度上取决于合适的预处理工艺。膜的后处理工艺则包括pH值调节或气提,以防止处理后的水对管道产生腐蚀。

工艺四是采用混凝沉淀作为膜处理的预处理工艺,混凝的目的是利用混凝剂将小颗粒悬浮胶体结成粗大矾花,以减小膜阻力提高透水通量;通过混凝剂的电中性和吸附作用,使溶解性的有机物变为超过膜孔径大小的微粒,使膜可截留去除,以避免膜污染。但混凝不能有效地防止膜污染,这是由于混凝主要去除大分子量有机物,而无法去除低分子量的天然有机物。混凝所去除的有机物,微滤(MF)和超滤(UF)基本上都能截留去除。

纳米过滤对一价阳离子和相对分子质量低于150的有机物的去除率低,对二价和高价阳离子及分子量大于200的有机物质的选择性较强,可完全阻挡分子直径在1nm以上的分子,可除去二级出水中2/3的盐度,4/5的硬度,超过90%的溶解碳和THM前体,出水接近安全饮用水标准。为减少消毒副产物(DBPS)和溶解有机碳(DOC),用纳米过滤比传统处理的臭氧和活性炭更便宜。

工艺六采用臭氧氧化作为膜处理的预处理工艺,通常认为臭氧氧化的作用是将有机物低分子化,因此作为膜分离的预处理是不适合的,但臭氧能将溶解性的铁和锰氧化,生成胶体并通过膜分离加以去除,因而可以提高铁锰的去除率,此外,臭氧氧化可以去除异臭味。

(3) 活性炭、滤膜分离为主的组合工艺

工艺七:二级出水→活性炭吸附或氧化铁微粒过滤→超滤或微滤→消毒

工艺八:二级出水→混凝沉淀、过滤→膜分离→(活性炭吸附)→消毒

工艺九：二级出水→臭氧→生物活性炭过滤或微滤→消毒

工艺十：二级出水→混凝沉淀→生物曝气（生物活性炭）→超滤→消毒

此类处理工艺则将粉末活性炭（PAC）与UF或MF联用，组成吸附-固液分离工艺流程进行净水处理。PAC可有效吸附水中低分子量的有机物，使溶解性有机物转移至固相，再利用MF和UF膜截留去除微粒的特性，可将低分子量的有机物从水中去除，更重要的是，PAC还可有效地防止膜污染，PAC粒径范围一般在10~500μm，大于膜孔径几个数量级，因而不会堵塞膜孔径。

工艺十适合于氨氮含量较高的城市二级出水。已有研究结果表明，在试验条件下，进水氨氮<10mg/L时，组合工艺出水的氨氮<1.0mg/L，亚硝酸盐氮<1.0mg/L，硝酸盐氮<5.0mg/L；当COD_{Mn}浓度为11.0~15.0mg/L左右时，出水COD_{Mn}<6.0mg/L；当向生物曝气池内投加10mg/L粉末活性炭形成炭污泥时，出水COD_{Mn}<5.0mg/L；当投加量增加为40mg/L时，出水COD_{Mn}降低到3.5mg/L；当投加量继续增加到50mg/L时，出水COD_{Mn}<3.0mg/L。研究还表明，中空膜可以应用于混凝沉淀-生物曝气-超滤工艺中，而且PAC的投加有利于膜水通量的提高。

第三节 工业废水的处理

一、概述

1. 工业废水的来源及特征

工业生产过程中排出的，被生产废料所污染的水称为工业废水。工业废水来自工业生产过程，其水量和水质取决于工业性质、生产工艺、生产原料、产品种类、生产设备的构造与操作条件、生产管理水平等各个方面。同一类型的工厂，由于各厂所用的原料不一样，水质变化很大。例如，在重金属冶炼厂采用不同矿石就会导致废水中含砷量有极大差别；造纸废水由于原料和生产工艺的不同，其中的污染物和浓度往往有很大差别。在一个工厂内，不同的工段会产生截然不同的工业废水。如造纸厂蒸煮车间的废水，是一种深褐色的液体，通称黑液，而造纸车间的废水，却是一种极白的水，称之为白水；染料工业既排出酸性废水，又排出碱性废水；焦化厂排出的含酚废水呈深黄褐色，并具有浓厚的石炭酸味，而煤气洗涤水则呈深灰色。即使是一套生产装置排出的废水，也可能同时含有几种性质不同的污染物。在不同的行业，虽然产品、原料和加工过程截然不同，但可能排出性质类似的废水。

为了进一步说明工业废水的来源，现对钢铁工业所产废水举例说明。钢铁工业生产过程如图18-11所示：

采矿→选矿→烧结→炼铁→炼钢→轧钢→加工
                    ↑
                   焦化

图18-11 钢铁工业生产过程示意图

（1）采矿过程废水，金属矿的开采废水主要含悬浮物和酸。矿山酸性废水一般含有一种或几种金属、非金属离子，主要有钙、铁、锰、铅、锌、铜、砷等。

（2）选矿过程废水，在选矿过程中产生大量含悬浮固体和选矿药剂的废水。这类废水一般经沉淀澄清后外排或循环利用。但对于赤铁矿的浮选厂，多采用氧化石蜡皂、塔尔油和硫酸钠等浮选药剂,矿浆浓度较大,悬浮物不易沉降,废水的 pH 值较高,且含有浮选药剂。因此这种废水需要进行特殊处理,才能排入天然水体。

(3) 烧结过程废水,废水中主要含高浓度的悬浮物。包括采用湿法除尘产生的除尘废水和地面冲洗水等。

(4) 焦化过程废水,炼焦煤气终冷水以及其他化工工段排出的废水,含有大量的酚、氨、氰化物、硫化物、焦油、吡啶等污染物,是一种污染严重而又较难处理的工业废水。

(5) 炼铁过程废水,高炉煤气洗涤水是炼铁工艺中的主要废水,含有大量的悬浮固体,其主要成分是铁、铝、锌和硅等氧化物,此外还含有微量的酸和氰化物。高炉煤气洗涤水的水量大,污染严重,但进行处理后,可以循环利用。高炉冲渣水含大量的悬浮固体,存在热污染,经沉淀除渣后可循环使用。

(6) 炼钢过程废水,转炉烟气除尘废水是炼钢工艺的主要废水,含有大量的悬浮物,其含量达 1000mg/L 以上,污泥含铁量高,可回收利用。由于悬浮物粒径小,需采用混凝沉淀的方法处理。

(7) 轧钢过程废水,主要来自加热炉、轧机轴承、轧辊的冷却和钢材除鳞。废水除水温增高外,主要含有氧化铁渣和油分。轧钢废水含油量虽然不高,但水量大,油呈乳化状态,油水分离有一定难度,所以轧钢废水的除油是关键。

(8) 金属加工过程废水,主要是金属表面清洗除锈产生的酸性废液。金属材料多用硫酸和盐酸酸洗,而不锈钢则要用硝酸、氢氟酸混合酸洗。酸洗后的钢材又要用清水漂洗,产生漂洗酸性废水。一般情况下,酸洗废液含酸 7% 左右,还含有大量溶解铁;漂洗废水的 pH 值为 1～2。

在钢铁工业生产中,产生的废水除上述外,还有大量的间接冷却水,若不加治理而排放,对天然水体的热污染将会产生十分严重的后果。

2. 工业废水对环境的污染及危害

在高度集中的现代化大工业情况下,工业生产排出的废水,对周围环境的污染日益严重。含有大量碳水化合物、蛋白质、油脂、纤维素等有机物质的工业废水排入水体,将大量消耗水体中的溶解氧,致使鱼类难以生存,水中的溶解氧如若消耗殆尽,有机物就将厌氧分解,使水质急剧恶化,释放出甲烷、硫化氢等污染性气体。这是含有有机污染物的废水最普遍、最常见的污染类型。水体的富营养化是有机物污染的另一类型,一些含有较多氮、磷、钾等植物营养物元素的工业废水,促使水中藻类和水草大量繁殖。藻类和水草枯死沉积于水中而腐败分解,会很快耗尽水中溶解氧从而使水质恶化。含有重金属的工业废水排入江河湖海,将直接对渔业和农业产生严重影响,同时直接或间接地危害人体健康。现将几种重金属的危害简单介绍如下:

(1) 汞(Hg^{2+}),其毒性作用表现为损害细胞内酶系统蛋白质的巯基。摄取无机汞致死量为 75～300mg/人。若每天吸取 0.25～0.30mg/人以上的汞,则汞在人体内就会积累,长期持续下去,就会发生慢性中毒。有机汞化合物,如烷基汞、苯基汞等,由于在脂肪中溶解度可达到在水中的 100 倍,因而易于进入生物组织,也有很高的积蓄作用,日本的水俣病公害就是无机汞转化为有机汞,这些汞经食物链进入人体而引起的。

(2) 镉(Cd^{2+}),镉的化合物毒性甚强,极易在体内富集。镉在饮用水中浓度超过

0.1mg/L时,就会在人体内产生积蓄作用从而引起贫血、新陈代谢不良、肝病变以至死亡。镉在肾脏内蓄积引起病变后,会使钙的吸收失调,从而发生骨软化病。日本富山县神通川流域发生的骨痛病公害,就是镉中毒引起的。

(3) 铬（Cr^{+6}）,六价铬化合物及其盐类毒性很大,其存在形态主要是CrO_3、CrO_4^{2-}、$Cr_2O_7^{2-}$等,易于在水中溶解存在。六价铬有强氧化性,对皮肤、黏膜有剧烈腐蚀性,近来研究认为,六价铬和三价铬都有致癌性。

(4) 铅（Pb^{2+}）,铅对人体各种组织均有毒性作用,其中对神经系统、造血系统和血管毒害最大,铅还主要蓄积在骨骼之中。慢性铅中毒,其症状主要表现为食欲不振、便秘及皮肤出现灰黑色。

(5) 锌（Zn^{2+}）,锌的盐类能使蛋白质沉淀,对皮肤和黏膜有刺激和腐蚀作用,对水生生物和农作物有明显的毒性。例如对鲢鱼的致死浓度为0.58mg/L,达到32mg/L时对农作物的生长有影响。

(6) 铜（Cu^{2+}）,铜的毒性较小,它是生命所必需的微量元素之一。但超过一定量后,就会刺激消化系统,引起腹痛、呕吐,长期过量可促成肝硬化。铜对低等生物和农作物毒性较大,对于鱼类0.1~0.2mg/L为致死量,所以一般水产用水要求含铜量在0.01mg/L以下；对于农作物,铜是重金属中毒性最高者,它以离子的形态固定于根部,影响养分吸收机能。

另一些含有毒物的工业废水,主要是含有机磷农药、芳香族氨基化合物、多氯联苯等化工产品。这些污染物的化学稳定性强,并能通过食物在生物体内成千上万倍地富集,从而引起白血病、癌症等。

除上述污染类型以外,水污染还有油污染、放射性污染及病原菌污染等,这里就不一一赘述。

3. 工业废水的治理原则

工业废水治理技术是随着工业的发展而得以不断完善的。人们对环境保护的认识也是逐步提高的,我国一些老的工业企业,废水处理设施极不完善,在扩建和改建老厂时,必须同时规划废水如何治理。要搞好废水治理规划应遵守以下几项原则：

(1) 清、污分流

生产废水一般污染较轻,是指间接冷却水等用水量很大,只是温度升高或有少量粉尘污染,不处理或稍加处理即可排放或循环利用的水。而生产工艺排水和烟尘洗涤水等称为浊水,即生产污水,必须进行处理。如果清、浊不分流,势必使大量的冷却水受到严重污染,难于实现循环利用。

(2) 充分利用原有的净化设施

对于一些老工业企业来讲,充分利用原有的净化设施,不仅能节约投资,更重要的是能减少占地。在旧设施上引进具有强化净化效果的新技术,更为经济合理。

(3) 近期改建要与远期发展相衔接

无论管道布置、处理量都要同工业生产本身发展的规模相衔接,结合生产规划,也可分期分批地安排工业废水处理工程。

(4) 区别水质,集中与分散处理相结合

采用在总排口处集中处理的方式,对一些车间排污水质差别很大的工业企业而言,显然是不合理的。对于含有特殊污染物的废水应分散进行处理。全厂的中心水处理设施应以水量大、最具代表性的一种或几种废水作为处理对象,将它们集中起来处理,这样即节省管理费用,也便于设施维护。

(5) 采用新技术、新工艺

工业废水的处理方法,正向设备化、自动化的方向发展。传统的处理方法,包括用来进行沉淀和曝气的大型混凝土水池也在不断地更新。近年来广泛发展起来的气浮、高梯度电磁过滤、臭氧氧化、离子交换等技术,都为工业废水处理提供了更多的新工艺、新技术和新的处理方法。在完善老厂的水处理方法同时,应考虑采用新技术。

工业废水中有用物质的回收利用,变害为利是治理工业废水的重要特征之一。例如,用铁氧体法处理电镀含铬废水,处理 $1m^3$ 含 $100mg/L$ CrO_3 的废水,可生成 $0.6kg$ 左右的铬铁氧体,铬铁氧体可用于制造各类磁性元件。不锈钢酸洗废液采用减压蒸发法回收酸,每处理 $1m^3$ 废液就可盈余 500 元,以年产 100t 钢材的酸洗车间计算,每年净回收价值达 20 万元。对印染工业的漂炼工段排出的废碱液进行浓缩回收,已成为我国目前普遍采用的工艺,回收的碱返回到漂炼工序。在采用氰化法提取黄金的工艺中,产生的贫液含 CN^- 的浓度达 $500\sim1000mg/L$,且含铜 $200\sim250mg/L$,具有很高的回收价值,一些金矿采用酸化法回收氰化钠和铜,获得了较高的经济效益,其尾水略加处理即可达到排放标准。影片洗印厂可从含银废液中回收银,印刷厂可从含锌废液中回收锌,所以对工业废水的治理首先应考虑回收利用,这样既减少了污染物排放,又提高了企业的生产效益。

4. 工业废水的分类

工业废水可分为三大类。

(1) 含悬浮物(包括含油)工业废水

这类废水主要是湿法除尘水、煤气洗涤水、选煤洗涤水、轧钢废水等。处理时多采用自然沉淀、混凝沉淀、压气浮选、过滤等方法净化废水。经上述处理后可循环利用。

(2) 含无机溶解物工业废水

它包括电镀废水、酸洗含酸废液、有色冶金废水、矿山酸性废水等。以含重金属离子、酸、碱为主的废水,毒害大,处理方法复杂,可先考虑将其变害为利,从中回收有用物质。这类废水一般采用物理化学法处理。

(3) 含有机物工业废水

它包括焦化废水、印染废水、造纸黑液、石油化工废水等。这类废水耗氧且有毒,应采用物化与生化相结合的方法净化。

5. 工业废水的处理方法及处理工艺

废水处理过程是将废水中所含的各种污染物与水分离或加以分解使其净化的过程。废水处理方法可分为:物理处理法、化学处理法、物化处理法和生物处理法。如常用的调节、过滤、沉淀、除油、离心分离等为物理处理法;中和、化学沉淀、氧化还原等方法为化学处理法;混凝、气浮、吸附、离子交换、膜分离等方法为物化处理法;好氧生物处理、厌氧生物处理为生物处理法。

工业废水的水质千差万别,不可能提出规范的处理流程,只能进行个别分析,最好通过试验确定。选择和确定废水处理工艺之前,必须首先了解废水中污染物的形态。根据污染物在废水中粒径的大小将其划分为悬浮、胶体和溶解物 3 种形态。一般情况下,悬浮物是最易处理的污染物,而胶体和溶解物则较难处理。悬浮物可通过沉淀、过滤等简单的物理处理方法使其与水分离,而胶体和溶解物则必须利用特殊物质使之凝聚或通过化学反应使其粒径增大到悬浮物的程度,或利用微生物或特殊的膜等将其分解或分离。

废水处理工艺的确定一般参考已有相同工厂的处理工艺,也可通过试验确定,简述如下:

(1) 有机废水

1) 含悬浮物时,用滤纸过滤,测定滤液的 BOD_5、COD。若滤液中的 BOD_5、COD 均在要求值以下,这种废水可采取物理处理方法,在悬浮物去除的同时,也能将 BOD_5、COD 一道去除。

2) 若滤液中的 BOD_5、COD 高于要求值,则需考虑采用生物处理方法。进行生物处理试验时,确定能否将 BOD 与 COD 同时去除。

生物处理法主要去除易于生物降解的污染物,表现为 BOD 的去除。通过生物处理试验可以测得废水的可生化性及 BOD_5、COD 的去除率。生物处理法分好氧法和厌氧法两种,好氧法工艺成熟,效率高且稳定,所以应用十分广泛,但由于需供氧,耗电较高。为了节能并回收沼气,可采用厌氧法,特别是处理高浓度 BOD_5 和 COD 废水比较适用($BOD_5 > 1000mg/L$),现在将厌氧法用于处理低浓度水亦获得成功。从去除效率看,厌氧法的 BOD_5 去除率不一定高,而 COD 去除率反而高些。这是由于厌氧处理能将高分子有机物转化为低分子有机物,使难降解的 COD 转化为易生物降解的 COD 所致。如仅用好氧生物处理法处理焦化厂含酚废水,出水 COD 往往保持在 $400 \sim 500mg/L$,很难继续降低;如果采用厌氧作为第一级,再串以第二级好氧法,就可使出水 COD 下降到 $100 \sim 150mg/L$。因此,厌氧法常常用于含难降解 COD 工业废水的处理。

3) 若经生物处理后 COD 不能降低到排放标准时,就要考虑采用深度处理。

(2) 无机废水

1) 含悬浮物时,首先进行沉淀试验,若在常规的静置时间内上清液达到排放标准时,这种废水可采用自然沉淀法处理。

2) 若静置出水达不到要求值时,则需进行混凝沉淀试验。

3) 当悬浮物去除后,废水中仍含有上述方法不能去除的溶解性有害物质时,可考虑采用化学沉淀、氧化还原、吸附、离子交换等化学及物化处理方法。

(3) 含油废水

首先做静置上浮试验分离浮油,如达不到要求,再进行分离乳化油的试验。

对有机性工业废水的可生化性评价,是决定工业废水可否采用生化处理法进行处理的依据。需考虑的因素有:①工业废水中所含的有机物是否能为细菌所分解;②工业废水中是否含有细菌所需要的足够的营养物,如氮、磷等;③工业废水中是否含有对细菌生长繁殖有毒害作用的物质。

BOD/COD 值越大,说明其可生化性越好。如工业废水的 BOD 与 COD 的比值与生活污水的相近似,则说明易采用生物处理。就一般而言,BOD 与 COD 的比值在 0.3 以上,且 BOD 值大于 $100mg/L$ 时,其可生化性良好,而低于此值可生化性则较差。虽然可以说 BOD 与 COD 的比值在某一界限值内废水可作生物处理,但也可能出现异常情况,有些有机物的 BOD、COD 的反映不成规律。所以,评价工业废水生物处理的可行性,最好采用试验的方法。

表 18-6 列举了国内几种工业废水 BOD 与 COD 的比值关系。

几种工业废水的 BOD 与 COD 比值　　　　　　　表 18-6

工业废水名称	BOD(mg/L)	COD(mg/L)	BOD/COD
焦化废水	300～600	1200～2000	0.25～0.35
印染废水	200～300	800～1000	0.25～0.30
人造纤维废水	150～250	400～700	0.35～0.40
木材加工废水	5000～12000	10000～15000	0.50～0.80
聚氯乙烯废水	50～500	1000～2000	0.05～0.25

多数工业废水在某种程度上都是不符合生物处理要求，它们所含的有机物比较单一，必须进行氮、磷、碳的比例调节，这样才能保证细菌正常所需的营养物。好氧生物处理的控制指标为 BOD：N：P＝100：5：1。为满足此要求，用生化法处理工业废水时，需补充一些所缺少的营养物。比如，在对焦化含酚氰废水作生物处理时，需增设加磷设备，以补足磷。工业废水的可生化性能还受废水中所含毒物的影响，如油类、氰化物、酸、碱都有一定的限制含量，对毒物必须予以预处理，以达到生化进水的要求，这样才能采用生化法处理。

二、工业废水处理技术

下面仅对毒性大，对环境和生物体危害严重的几种工业废水的处理技术进行重点介绍。

（一）含油废水的处理

1. 含油废水的来源

含油废水的来源很广，凡是直接与油接触的用水都含有油类。含油废水的性质随生产行业的不同，变化极大。例如在石油炼油厂、石油化工行业的蒸馏、裂化、叠合、焦化等工段排出的含油废水，除含油外，还含有硫化物、酚、氰等毒性物质。机械制造业中的切削、研磨、压延等过程，需要用乳化液进行润滑冷却，而排出乳化废液，其中含有较多的油类和表面活性剂。轧钢厂的轧辊滑润和冷却，船舶、车辆、飞机等发动机的清洗废水等，均含有油分。油轮压舱水、油罐冲洗水均含有较高浓度的油分。此外在纤维生产、食品制造和其他许多行业均排出各类含油废水。

2. 油在水中存在的形式

油在水中存在的形式有四种。

（1）浮油：浮油漂浮于水面，形成油膜或油层。这种油的油滴粒径较大，一般大于 $100\mu m$。

（2）分散油：以微小油滴悬浮于水中，不稳定，经静置一定时间后往往变成浮油，分散油油滴粒径为 $10～100\mu m$。

（3）乳化油：当水中含有表面活性剂时，使油成为稳定的乳化液，油滴粒径极微小，一般小于 $10\mu m$，大部分为 $0.1～2\mu m$。

（4）溶解油：是一种溶解的微粒分散油，油粒直径比乳化油还要细，有时可小到几纳米。

3. 含油废水的危害及处理方法

含油废水排入水体的危害主要表现在油膜覆盖水面，阻碍水面复氧，断绝水体氧的来源，使水中的溶解氧减少，水体二氧化碳浓度提高，pH 值降低，致水生生物死亡。含油废水流到土壤，由于土层对油污的吸附和过滤作用，也会在土壤形成油膜，使空气难于透入，阻碍土壤微生物的增殖，破坏土壤团粒结构。流入到生物处理构筑物混合污水的含油浓度通常不能大于 30mg/L，否则将影响活性污泥和生物膜的正常代谢。

含油废水的处理方法很多，处理设备类型也很多。除油工艺需根据污水的水质、水量，工艺条件和净化要求来决定，常用含油污水处理方法有以下几种：

(1) 重力分离法

依靠重力作用去除浮油和分散油，常用的设备是隔油池。参见《给水排水设计手册》6 有关章节内容。

(2) 气浮法

气浮法是使欲去除的油珠吸附在大量微细气泡上，利用气泡本身的浮力将油污带出水面，达到油水分离的目的。气浮法主要用于去除乳化油。

(3) 吸附法

吸附法是利用亲油性材料吸附水中的油。最常用的吸附剂是活性炭，它具有良好的吸油性能，可吸附废水中的分散油、乳化油和溶解油。由于活性炭价格较高，再生也比较困难，因此只作为低浓度含油废水的处理或深度处理。此外，煤炭、吸油毡、陶粒、石英砂、木屑、稻草等也具有吸油性。

(4) 粗粒化法

粗粒化是使含油废水通过一种填有粗粒化材料的装置，使废水中的微细油珠聚结成大颗粒，达到油水分离的目的。本法适用于处理分散油和乳化油。粗粒化材料一般具有良好的亲油疏水性能，当含油废水通过这种材料时，微细油珠便被吸附在其表面上，经过不断碰撞，油珠逐渐聚结扩大而形成油膜，最后在重力和水流推力下脱离材料表面而浮升于水面。粗粒化材料分为无机和有机两类，外形可做成粒状、纤维状、管状或胶结状。聚丙烯、无烟煤、陶粒、石英砂等均可作为粗粒化填料。粗粒化除油装置具有体积小、效率高、结构简单、不需加药和投资省等优点。缺点是填料容易堵塞，因而降低除油效率。

(5) 膜过滤法

膜过滤法除油是利用微孔拦截油粒，它主要是用于去除乳化油和溶解油。滤膜又可分为超滤膜、反渗透膜和混合滤膜。

超滤膜的孔径一般为 $0.005\sim0.01\mu m$，比乳化油粒要小得多。反渗透膜的孔径比超滤膜的还要小，因此在受压情况下含油污水中的油粒无法通过滤膜被截留下来。这两种膜常被制成空心纤维管过滤器，以增大膜的过滤面积。混合滤膜的孔径在 $1\mu m$ 以上，是由亲水膜和亲油膜组成。亲水膜是一种经过化学处理的尼龙超细无纺布，它只能让油粒通过，而亲油膜只能让水通过，因此利用混合膜过滤器便可达到水油两相分离的目的。

膜滤法工艺简单，处理效果好，出水一般不含油。但处理量比较小，不太适于大规模污水处理，而且过滤器容易阻塞。

(6) 生物氧化法

油类是一种烃类有机物，可以利用嗜油微生物将其分解为二氧化碳和水。

(二) 重金属废水的治理

重金属废水主要来自金属矿山矿坑内排水、废石场淋浸水、选矿厂尾矿排水、有色冶炼厂除尘排水、有色金属加工厂酸洗水、电镀厂镀件洗涤水、钢铁工业酸洗水以及金属电解、农药、医药、油漆、石油化工、颜料生产、制革、照相等行业。废水中重金属的种类、含量及存在形态随不同生产过程而异，变化比较大。

废水中常见的几种重金属有汞、镉、铬、铅、砷、铜、锌、硒、镍、钴、锰、锑及钒等。重金属废水的处理方法很多，常用的方法有化学沉淀法、氧化还原法、铁氧体法、离子交换法、电解法、吸附法、反渗透法、电渗析法、蒸发浓缩法、生物处理法等，对不同的重金属使用不同的方法。

重金属能在土壤中积累，并且无法被微生物降解，不论用什么方法处理都不能把重金属分解破坏掉，而只能转移其存在位置和改变其物理、化学形态。因此，重金属是一种永久性的污染物。对于重金属废水，必须进行适当的处理。首先应设法减少废水量，尽量进行回收利用；废水适当处理后实行循环利用，尽可能不排或少排废水；对必须排放的废水进行净化处理，使之达到排放标准；对处理过程产生的污泥和浓缩液，如无回收利用价值，应进行无害化处理，以免产生二次污染。

1. 镉

镉在工业上主要用途是作为金属保护层，塑料稳定剂和染料及蓄电池的生产。此外，在合金、杀虫剂、农药等方面的生产以及摄影行业也使用少量的镉。

产生含镉及其化合物废水的行业主要有：含镉矿石的采选和冶炼以及以镉作为原料的工业企业，如电镀、化工、染料、纺织、肥料等。含镉废水中镉的存在形态有：①矿山、冶炼厂排出废水中多呈离子态。②电镀行业排出废水中多与氰化物相混合，形成氰镉盐。③染料、涂装厂排出的废水，镉多以粒子状态含于废水中。无论哪一种废水，都不可能是单一的镉，在废水中还含有其他金属离子和盐类，且含量和形态各异，所选用的处理技术必须与之相适应。可用的处理方法有：

(1) 化学沉淀处理法

一般采用氢氧化物共沉法和硫化物共沉法。氢氧化物共沉法多以石灰作为沉淀剂，也兼作碱剂，使 pH 值介于 9.5～12.5 之间。硫化物共沉法则多以硫化钠作为沉淀剂。沉淀物的分离可采用重力沉淀或气浮分离。

(2) 电解上浮处理法

废水在直流电场作用下被分解，在阳极释放出氧气，在阴极则释放出氢气，产生非常微小的气泡。电解蚀溶产生 Fe^{2+}、Al^{3+} 离子及其水解、聚合产物能中和废水中胶体颗粒的电荷，使胶体物质脱稳、凝聚。而存在于废水中的镉离子及其络合物离子从而能形成氢氧化镉，并与氢氧化铝或氢氧化铁产生凝聚反应，形成共沉体，可被微气泡所吸附，上浮与水分离。

(3) 离子交换处理法

条件是镉以离子态存在。镉以 Cd^{2+} 离子或 $Cd(NH_3)_4^{2+}$ 络合离子形态存在，含镉量约 20mg/L 时，采用 Na 型 DK110 阳离子交换树脂处理，pH 值控制在 7 左右。如果镉以 $[CdY]^{2-}$ 形态存在，应先投加硫酸，将 pH 值调整到 2～3，使其分解，Cd^{2+} 分离出来，然后再用 Na 型 001 阳离子交换树脂处理。若镉以 $Cd(CN)_4^{2-}$ 形态存在，宜采用 D370 大孔叔胺型弱碱型阴离子交换树脂进行处理。

(4) 铁氧体处理法

在废水中投加硫酸亚铁，投加量 150～200mg/L，使水中有足够的 Fe^{2+}，然后加碱使 pH 值控制在 8～9，以产生氢氧化物沉淀。通入空气 10min 以上，使亚铁转化为三价铁，并加热到 50～70℃，保持 20min，使氢氧化物胶体破坏和脱水分解，转化为铁氧体，然后采用重力沉淀或离心分离，沉淀时间一般在 20min。该方法镉的去除率可达 99.2%，处理水镉含量在 0.1mg/L 以下。

(5) 腐殖酸树脂处理法

腐殖酸树脂对镉有较高的交换容量，处理镀镉钝化冲洗废水、无氰及氰化镀镉冲洗废水，效果良好。处理系统应设旨在强化树脂交换容量和消除干扰的前处理工艺和使树脂恢复交换功能的再生工艺环节。前处理主要是除氰和杂质；树脂再生使用的再生剂为盐酸，浓度为 1mol/L。可将再生废液的 pH 值调整到 3，然后用 3～5 倍理论用量的硫化钠饱和溶液，将 Cd^{2+} 以 CdS 的形式通过沉淀加以回收。

含镉废水经处理后，水质仍达不到标准要求时，采用吸附法作为补充处理技术，吸附剂一般用活性炭，吸附效果最好，但价格较高。也可以用无烟煤、磺化煤、矿渣、沸石作为吸附剂处理含镉废水。

2. 汞

在生产中使用汞的工业企业很多，主要有氢氧化钠生产厂，无机染料生产厂，化肥厂，电机厂，生产体温计、温度计、压力计、气压计及水银整流器的计量仪表制造厂，金属制品制造厂，生产荧光灯和水银灯的电器制造厂。还有一些厂家，如医药、生产防绣剂、起爆剂和涂料的厂家，在生产中以汞作触媒。含汞废水的处理方法应根据其在水中所处的形态而确定，常用的处理方法有：

(1) 化学沉淀法

一般采用硫化物共沉法，该法只适用于无机汞的去除。至于有机汞，可首先使用氧化剂（氯）将其氧化为无机汞，然后再用本法处理。处理时以 NaS 作为沉淀剂，并补充投加混凝剂 $FeSO_4$，这样不仅避免了沉淀剂投加过量，也产生 FeS 和 HgS 共沉，提高了混凝沉淀效果。反应过程中，应保持 pH 值在 8～10 之间。

(2) 活性炭吸附法

进一步的处理可采用活性炭吸附法，能将处理水中的汞含量降至 0.01～0.05mg/L。

(3) 离子交换法

也是对含汞废水继硫化物共沉法处理后，使其进一步处理至排放标准的一项补充处理技术。大孔巯基离子交换树脂对含阳离子形态的含汞废水有良好的处理效果。如废水中的汞是带负电荷的氯化汞络合离子时，则应采用 2017 强碱阴离子交换树脂。

此外，铁氧体处理法对含汞废水处理也是适用的。

3. 铬

产生并排放含铬废水的工业部门主要有金属制品加工、化工、制革及纤维加工等。其中金属制品加工的电镀行业，排放量大，含铬浓度高，是排放含铬废水的主要来源。因三价铬仅有微毒，因此，毒性大的六价铬是主要的去除对象。含铬废水的传统处理技术是"还原中和共沉法"，近几十年来，离子交换法也开始应用于含铬废水的处理。

(1) 还原中和共沉法

处理流程如下：

原废水→调节池→pH值调节池→还原反应池→预中和池→中和反应池→沉淀池→排放

经均质调节后的原废水送入pH值调节池，池中投加硫酸，调节pH值在3以下，然后进入还原反应池。投加亚硫酸钠或其他还原剂至还原反应池，产生还原反应，使六价铬还原为三价铬。还原剂投加量一般参照理论用量，并根据实际情况确定。废水进入预中和池，投加石灰，对废水进行预中和，使pH值上升至5，废水进入中和池。在中和池投加中和沉淀剂NaOH，将pH值调节至7.5～8.5，形成氢氧化铬沉淀物。进入沉淀池使固液分离，处理水排放，含氢氧化铬的污泥从池底排放。

六价铬具有较强的氧化能力，可通过对有机物的氧化，使其还原为三价铬。其次，电解也能使六价铬还原。

(2) 离子交换法

应用离子交换树脂处理含铬废水，其六价铬离子的浓度不宜超过200mg/L。处理过程为：含铬废水首先经过阳离子交换处理，去除废水中的共存金属离子。然后进入阴离子交换柱，去除CrO_4^{2-}及$Cr_2O_7^{2-}$。用NaOH对失效阴柱进行再生，可取得六价铬浓度较高的铬酸钠溶液。树脂宜选用强酸性阳离子交换树脂和大孔型弱碱性阴离子交换树脂。

4. 铅

在生产过程中使用铅化合物并排放含铅及其化合物的工业部门很多，其中主要有铅蓄电池制造厂、有色金属冶炼厂、无机化工厂、金属制品加工厂及玻璃及玻璃制品厂等。废水中所含的铅可能以微粒子的形态存在，也可能以铅离子（Pb^{2+}）或亚铅酸离子（$HPbO_2^-$）的溶解态存在。

微粒子形态的铅可采用自然沉淀法、混凝沉淀法和过滤处理法。对离子态的含铅废水，如共存其他金属离子的浓度很低，而无需去除；如浓度很高而影响到铅的去除，则应考虑提前加以去除。目前用于处理含铅离子废水的有效方法是氢氧化物共沉法，其他处理法有离子交换、混凝沉淀、吸附等。

5. 铜

排放含铜及其化合物废水的工厂与行业有铜矿采矿厂、铜矿选矿厂、铜合金酸洗厂、铜精炼厂、化工厂、电镀厂、电线厂等。铜极易与多种配合基结合形成稳定的络盐，所以，当水中有氰基、氨基和胶磷酸基等与铜共存时，单纯地采用中和、沉淀分离处理技术得不到应有的效果。

高浓度的含铜废水，应进行回收利用，回收方法有电解法、还原法等。对含铜废水广泛采用的而且有效的处理技术仍然是化学沉淀法。

6. 砷

砷是一种在性质上介于金属与非金属之间的物质，排放含砷及其化合物的工业部门主要有无机化学、农药、玻璃制品、有色金属冶炼等。在废水中，砷多以三价、五价或砷化氢形态存在。对含砷废水，现广泛应用的仍是化学沉淀处理法，效果显著的是氢氧化铁共沉处理法和不溶性盐类共沉处理法，其他可处理含砷废水的方法有吸附、离子交换、生物处理等。

(三) 含酚废水的处理

酚类化合物是一种原型质毒物,可使蛋白质凝固,对人类、水产及农作物都有很大危害。根据酚类能否与水蒸气共沸挥发将酚分为挥发酚与不挥发酚。一般沸点低于230℃的单元酚如苯酚等,多为挥发酚;沸点高于230℃的酚如苯二酚等,多为不挥发酚。废水中以挥发性酚造成的危害更为严重。产生合酚废水的工业部门很多,但主要来自化学工业、石油工业、煤加工工业等部门。特别是苯酚生产厂、焦化厂、煤气发生站、石油化工、炼油厂、绝缘材料、木材防腐、制药、合成纤维等生产过程中,都大量地排出浓度和成分不同的含酚废水。

根据目前回收与处理含酚废水的技术水平和经济核算的结果,通常将含酚浓度高于1000mg/L的废水称之高浓度合酚废水,首先应考虑污水中酚的回收和利用;对酚的浓度小于1000mg/L的废水,则称之为低浓度含酚废水,应使其尽量在系统中循环使用,提高含酚浓度后再进行酚的回收和利用。

1. 高浓度含酚废水的回收利用

(1) 蒸汽脱酚法

该法是在汽提脱酚塔中直接用蒸汽或热气蒸出废水中的挥发酚,酚与蒸汽形成共沸混合物,使水中的酚转入到蒸汽中,从而使废水得到净化。然后,用碱液淋洗蒸汽吸收酚,得到酚钠盐。该法回收酚的质量好,处理水量较大,而且操作较为简便。但存在设备比较庞大,只能回收挥发酚,蒸汽耗量大,脱酚效率仅为75%~85%等一些实际问题。若采用热气脱酚时,除酚效率还能有所提高,然而耗气量依然比较大,故该法有被淘汰的趋势。然而,美国有的工厂采用此法处理来自焦油提取对异丙基苯酚生产的废水,曾获得97%的脱酚效率。

(2) 吸附法

对于水量小,废水中悬浮物少的高浓度化工、制药含酚废水,用吸附法回收酚则较为有效。工业上常用的吸附剂有活性炭、硅藻、磺化煤、焦炭、褐煤、泥煤、煤渣、碳酸钙、沼铁矿等。利用活性炭吸附脱酚比较有效,脱酚效率可达99%,但存在的最大问题是活性炭再生比较困难。

(3) 蒸发浓缩法

将碱投加到高浓度的含酚废水中,使其成为酚钠盐,再作为锅炉用水送入锅炉中,蒸出的蒸汽中不含酚,用作热源,而含酚钠盐的水在锅炉中得到浓缩,取出浓缩液,再用酸中和回收酚。该法应用于水量小、浓度高的含酚废水的回收利用。

(4) 萃取法

在废水中投加能溶解酚而不溶于水的萃取剂,在萃取设备中经过一段时间的充分接触,废水中的部分酚转移到溶剂中,废水得到净化。含酚的萃取溶液利用碱液等进行反萃取而得到酚钠盐,萃取溶剂可重复利用。含酚浓度低于2000mg/L时,采用此法是不经济的。常用萃取剂有重苯油、汽油、煤油等。

2. 低浓度合酚废水的处理

含酚浓度低于500mg/L,无回收价值的废水,或经回收处理后含酚浓度仍达不到排放或回用要求的废水,常用如下方法进行无害化处理。

(1) 生物处理法

是目前含酚废水处理应用最为广泛的一种方法。活性污泥法的脱酚效率可达95%~

99%，出水中含酚为 0.3~1mg/L，效果稳定可靠。根据运行方式的不同，活性污泥法分为吸附再生工艺、完全混合工艺。为使出水的 COD 能低于 100mg/L，有时还采用延时曝气工艺。为保证处理效果，通常在废水进入生物处理前，掺和生活污水 10%~15%。

除活性污泥法可净化含酚废水外，还可采用生物滤池和生物转盘处理合酚废水。它们具有处理效率高、对负荷变动适应能力强、占地面积小等优点，已用于焦化厂、煤气厂、化纤厂的含酚废水的处理，脱酚率达 99% 以上。美国在处理炼油厂、焦化厂等含酚废水时较多地使用了氧化塘，此法处理费用低，但占地面积大，必须具备自然条件方能考虑采用。

(2) 化学氧化法

该法是投加强氧化剂，将废水中低浓度的酚氧化分解。根据氧化剂的不同，可分为空气氧化、纯氧氧化和氯气氧化等。如二氧化氯和臭氧都是有效的强氧化剂，可使酚全部分解，且没有氯酚的臭味。另外，还可采用燃烧法和电解法等。

(3) 化学沉淀法

通过投加化学药剂，使废水中的酚生成沉淀物，从而达到分离回收的目的。如投加氧化钙，使泥煤煤气站废水中的酚、脂肪酸转变为钙盐，再进一步加以回收。

由于化学法成本高，故仅限于少量低浓度含酚废水的处理，在有条件的情况下或必须进行深度处理时方可采用。

(4) 消除法

消除法是以含酚废水代替清水，用于焦炭出炉时熄焦，高炉出渣时熄矿渣，或作为煤气发生炉灰皿的注水，使废水中的酚燃烧或以吸附水的形态随炉渣排出。此法的缺点是将部分挥发酚转移到了大气中，造成了二次污染，并对设备有一定的腐蚀性，因此不宜广泛采用。

(四) 含氰废水的治理

含氰废水分为含无机氰化物和含有机氰化物两类废水。常见的无机氰化物有氰氢酸、氰化钠、氰化钾和卤族氰化物等，有机氰化物有乙腈、丁腈和丙烯腈等。含氰废水主要来源于下列三种场合：①以氰化物为原料，直接用于生产工艺，如电镀行业、热处理行业和化学工业等；②在生产过程中生成氰化合物，如城市煤气工业、钢铁工业等；③在生产过程中即不直接使用，也不生产，但氰化物却含于锅炉燃烧产生的废气的洗涤废水中。由于工业性质的不同，排出的含氰废水的性质、成分也不相同。

对于含氰废水，浓度较高时应考虑氰的回收利用，低浓度含氰废水可直接进行处理。

1. 高浓度含氰废水的处理和回收利用

高浓度含氰废水主要产生于电镀行业，含氰量平均在 20~35g/L，在废水中还含有镍、镉、铜、铬、铁等重金属离子。

(1) 电解处理法

在以石墨为阳极、铁板为阴极的电解槽内，投加一定量的 NaCl（隔膜电解或无膜电解），阳极产生的 Cl_2 可将废水中的 CN^- 和配合物氧化成氰酸盐、N_2 及 CO_2。使废水中的氰化物含量从数万 mg/L 降至 1000mg/L 以下，然后以氯碱处理法作为第二级处理技术。如含氰废水中含有硫酸盐，则影响电解氧化的处理效果。

(2) 酸分解燃烧处理法

向废水中投加硫酸，使废水中的氰化物产生酸化分解，同时，对废水进行曝气，使产生的 HCN 从水中逸出，收集送燃烧炉中燃烧，使其彻底分解为 CO_2 和 N_2。废水中残存的氰化物采用氯碱法处理。

(3) 曝气回收氢氰酸

利用酸性条件下容易挥发出氢氰酸的特性，高浓度的含氰废水经调节、加热和酸化，由发生塔的顶部淋下，来自风机和吸收塔的空气，或直接用蒸汽蒸馏，吹脱出氰化氢（HCN）。冷却后，经气-水分离，回收氢氰酸，返回发生釜循环使用。或者由风机鼓入吸收塔底部，与塔顶淋下的碱液接触，生成 NaCN 溶液，汇集至碱液贮池。碱液不断循环吸收，直至达到回用所需的浓度。

(4) 解吸法制取黄血盐

用蒸汽将废水的 HCN 蒸出，引入到吸收塔，与 Na_2CO_3、Fe 屑接触反应，生成黄血盐钠。

2. 低浓度含氰废水的处理

(1) 氯碱氧化分解处理法

向含氰废水投加氯系氧化物，使氰化物在第一阶段被氧化成氰酸盐（称不完全氧化），其毒性仅为氰化物的千分之一。在足够氧化剂的条件下，将氰酸盐进一步氧化成 CO_2 和 H_2O（称完全氧化）。常用的氧化剂有次氯酸钠、漂白粉、液氯等。

该方法处理效果可靠，设备简单，投资也少，应用较为普遍，特别适用治理中等以下浓度的污水；然而，药剂贮存和使用较为不便。

(2) 臭氧氧化法

以臭氧作为氧化剂，反应基本原理与过程与氯碱处理法基本相同。近年来，利用臭氧氧化治理含氰废水相当普遍，它可使 CN^- 浓度降低到 0.01mg/L 以下，但存在耗电高的问题。

(3) 生化处理法

已发现多种摄取氰作为碳源和氮源的细菌和霉菌，依靠这些微生物，可将无机氰、有机氰分解为二氧化碳、氨、水等。常选用塔式生物滤池、生物转盘、曝气沉淀池等。但电镀行业排出的含氰废水，因含有多种重金属，不宜采用生物处理技术进行处理。

(4) 加压水解法

将含氰废水置于密闭容器（水解器）中加碱、加温、加压。使氰化物水解，生成无毒的有机酸盐和氨。该法不仅可以处理游离氰化物，还可处理含氰的配合物，对废水中含氰浓度适应的范围广，操作简单，运行稳定。然而，工艺较为复杂，成本亦高。

(5) 配位盐法

该法利用 $FeSO_4$ 与 CN^- 形成配位盐，再使配位盐沉淀而加以除去。

(6) 自然净化法

若将含氰废水静置沉淀，CN^- 含量会随停留时间的增加而逐渐降低。

此外，电渗析法、离子交换法、活性炭吸附法等，国内外均处在生产试验阶段。由于各自方法的独特优点，均有逐步大规模推广应用的可能性。

(五) 放射性废水

自然界中约有 35 种放射性元素存在。随着核能的研究和应用越来越广泛，产生越来越多的人工放射性物质进入自然环境。放射性废水与其他工业废水治理的不同之点在于它不仅需要根据废水的所含的其他有害元素及物质确定处理方案,还需要根据废水的放射性核素及放射性强度来确定处理方案。常用的处理方法有以下几种:

(1) 化学沉淀法

利用某些化学物质作为沉淀剂与废水中微量放射性核素及其他有害元素发生共沉。常用石灰、苏打、氯化钡、三氯化铝、三氯化铁、硫酸铝、磷酸铝、高锰酸盐、二氧化锰等作为沉淀剂。化学沉淀法不仅可以处理高放射性废水,还可处理低放射性废水。处理时适宜的 pH 值一般为 9～13,放射性活性脱除系数在 10 以上,对于高放射性废水浓集达 80%～90%。对于低放射性废水经常采用石灰中和沉淀法,过滤后稀释排放,有害元素基本沉淀完全,大多能达到排放标准。

(2) 离子交换法

利用离子交换剂选择性地吸附废水中的放射性核素和其他有害元素,使废水得到净化。放射性核素活性脱除系数可达 $10^3 \sim 10^4$ 以上,其他有害元素也可达到排放标准。离子交换法常用来处理低放射性废水,而对高放射性废水只是将其活性转移到再生液中,达到浓集放射性,减少放射性废液体积。

(3) 吸附法

常用某些固体吸附剂,如活性炭等,吸附污水中的 U、Ra 及其他有害元素,达到净化或回收这些有害物质的目的。适应的 pH 值为 2.5～8,可使废水中排放量减少到 10%,活性脱除系数为 10^3。

(六) 有机磷废水的处理

有机磷化合物有多种类型,目前被公认剧毒的四种有机磷化合物是对硫磷、甲基对硫磷、乙基对硫磷、甲基内吸磷,属于中等毒性的有机磷化合物有敌敌畏、二甲硫吸磷等,属于低毒类的有机磷化合物,如乐果、马拉硫磷、敌百虫等,它们都是农药。对含有机磷废水的处理,目前采用的技术以活性炭吸附为主。

有机磷化合物的亲水性很差,适于用吸附法进行处理,活性炭以粒状为宜,吸附条件碱性较酸性为佳,饱和活性炭采用水蒸气加热再生。

除活性炭外,褐煤、焦炭、石油焦炭都可以考虑作为吸附剂用于含有机磷化合物废水的处理。

另外,氧化分解法也可用于对有机磷废水的处理,氧化剂应通过试验确定。对于低浓度的含有机磷废水,可以考虑采用生物处理方法,但微生物应经过相应的驯化。

(七) 有机金属废水的处理

有机金属化合物的毒性作用一般都大于其母体金属,母体金属的毒性作用多呈慢性中毒症状,而有机金属化合物则能够伤及中枢神经,呈现急性中毒症状。在有机金属化合物中,尤以铅及汞的毒性作用最为强烈。

1. 有机铅废水

废水中有机铅化合物主要有四乙铅、四甲铅、乙酸铅、油酸铅、乳酸铅等,均为剧毒物质。目前,有机铅废水的处理尚缺乏技术成熟、效果稳定的处理工艺,目前可采用的处理工艺有活性炭吸附法和化学氧化法。

活性炭吸附处理工艺分为两步。①前处理,其作用是去除废水中能够影响活性炭吸附过程的杂质。应根据废水中污染物的特征，选用适宜的处理技术，如气浮、过滤、絮凝沉淀等；②活性炭吸附，进水含有机铅量在 20mg/L 以下的废水，经过吸附装置处理后，处理水中有机铅含量能降至 0.5mg/L 以下，去除率在 90% 以上。活性炭在高温条件下，用 1% 的盐酸进行再生，能够取得回收铅的效益。

化学氧化法处理工艺也需先进行前处理，氧化剂可考虑选用高锰酸钾、二氧化氯及臭氧。

2. 有机汞废水

有机汞化合物很多，均为剧毒物质。目前，对含有有机汞废水，还没有开发出行之有效成熟的处理技术。一般含有机汞废水的有机汞浓度不超过 10mg/L，可供选择的处理工艺有以下几种：

(1) 处理工艺①

处理流程见图 18-12。

$$\text{原废水} \xrightarrow{Cl_2} \text{氯氧化} \xrightarrow{H_2SO_4} \text{pH 值调整} \xrightarrow{Na_2S} \text{反应} \rightarrow \text{硫化物沉淀分离} \rightarrow \text{排放}$$

图 18-12　含有机汞废水处理工艺①

本工艺的第一步是投氯氧化，将部分有机汞氧化；第二步是通过投加 H_2SO_4 将废水的 pH 值调整到 1；第三步是向废水中投加 Na_2S，在反应池内反应生成硫化汞，继之通过沉淀使其与水分离。该工艺处理水中有机汞含量可降至 0.01mg/L。

(2) 处理工艺②

本工艺为活性炭吸附处理法，处理工艺见图 18-13。

原废水→调整 pH 值→活性炭吸附→排放

图 18-13　含有机汞废水处理工艺②

处理工艺分两步实施。第一步是调整 pH 值为 6，第二步则是活性炭吸附，当原废水中有机汞含量在 10mg/L 左右时，处理水中有机汞浓度可降至 0.01mg/L 以下。

(3) 处理工艺③

工艺流程见图 18-14。

原废水→pH 值调整→臭氧氧化→氧化铝粉末混合接触→氧化铝粉末分离→排放

图 18-14　含有机汞废水处理工艺③

本工艺的第一步在是调整 pH 值的基础上，对废水进行臭氧氧化处理，臭氧氧化有机物只是部分氧化，可打开苯环、切断支链、有利于后续处理。本工艺的第二步是向水中投加粉末氧化铝，并使其与废水充分混合接触，通过氧化铝的吸收作用使废水中有机汞降低，废水得到处理。本工艺处理水中有机汞含量可降至 0.01mg/L。本工艺尚未在实际工程中应用。

(4) 处理工艺④

本工艺是以活性污泥法为核心的处理系统，其流程见图 18-15。

$$\text{原废水} \xrightarrow{H_2SO_4} \text{pH 值调整} \rightarrow \text{油水分离装置} \xrightarrow{\text{碱剂}} \text{中和反应} \rightarrow \text{活性污泥处理系统} \rightarrow \text{排放}$$

图 18-15　含有机汞废水处理工艺④

本工艺由两个阶段组成，即预处理阶段和活性污泥处理阶段，预处理阶段是以油水分离为主的工艺，调节pH值的目的是提高油水分离效果，pH值调整为1.5。然后利用活性污泥微生物降解有机汞。通过本工艺系统处理，有机汞浓度可降至0.05mg/L。本工艺尚未在实际工程中应用。

（5）处理工艺⑤

本工艺也是以活性污泥法为核心的处理系统，流程见图18-16。

$$\begin{array}{c} \text{Al、Ca、膨润土} \quad \text{消化污泥} \\ \downarrow \qquad\qquad \downarrow \\ \text{原废水}\rightarrow\text{混合反应池}\rightarrow\text{沉淀池}\rightarrow\text{活性污泥处理系统}\rightarrow\text{排放} \end{array}$$

图18-16 含有机汞废水处理工艺⑤

该处理工艺也是由预处理和活性污泥处理两部分组成。预处理是向混合反应池内投加由Al盐、Ca盐、膨润土及消化污泥等混合物，加以混合、搅拌，使之与废水充分接触，部分有机汞被吸收，也产生一定的絮凝作用，部分有机汞随絮凝体在沉淀池得到去除，降低了后续活性污泥处理系统的负荷。该工艺处理水中残留的有机汞浓度小于0.05mg/L。本工艺仅通过试验验证，尚未在实际工程中应用。

（6）处理工艺⑥

本工艺纯属试验性结果。是利用经过培养的专性细菌的作用，去除废水中的有机汞污染物。

首先向废水中投加一种属于假单胞菌属的特殊耐性菌，在30℃条件下，与废水接触30min，然后使菌体与废水分离。继之，分离出的菌体送进专设的反应器内，用人工合成的培养基对细菌进行4~6h的培养，使有机汞气化逸出。

（八）制革废水的处理

制革工业废水量大，成分复杂，悬浮物多，具有COD和BOD值高，色度高，有臭味，呈碱性，含有硫化物、铬和酚等有害物质，水质水量变化大的特点。

制革生产的工序可归结为三个阶段，即准备、鞣制和整理。废水主要产生在准备和鞣制阶段，准备阶段包括浸水、脱毛、浸灰、软化、浸酸等工序，废水量占总废水量的65%左右，水中的BOD、悬浮物、硫化物含量高，且浑浊、臭味大。为消除硫化物和碱的污染，我国已采用酶脱毛工艺，主要含有角蛋白，是很好的有机农肥。

处理制革废水主要是除去污水中的悬浮物、耗氧有机物、硫化物和铬等，在处理方式上分厂内处理和综合处理两部分。

（1）制革废水的厂内处理

采用无污染或少污染的新工艺和循环用水，在准备阶段中采用酶制剂代替灰碱脱毛，以消除硫化物污染，废水可作农业肥料。在鞣制工序，用植鞣法，采用无液（或少液）快速鞣制，时间可减少90%，拷胶可少用10%，基本无废液外排。用铬鞣制法，以多种鞣剂结合鞣制，可节省红矾30%~50%，同时减少含铬废水的污染。若将废液再用于下批皮的浸酸，可使最后排放的废水含铬量下降到0.1g/L，若采取将第二次浸水后的废水用于第一次浸水，浸灰后的洗涤废水作为配置新灰液回用，可减少排水约1/3。从准备工段的含油废水中可以回收脂肪酸，皮渣等用来生产蛋白胨、皮胶或工业明胶。

皮革鞣制中使用的红矾（重铬酸盐）是一种毒性化合物，鞣制中红矾利用率只有

60%~70%，其余随废水排出，废水中铬的含量达1000~3000mg/L，应进行回收利用。

(2) 综合处理

据报道，美国用活性污泥法处理制革废水。废水经初步处理后，必须用生活污水进行稀释，生活污水与制革污水之比2∶1或1∶1。若水中有石灰，将抑制生物反应。如果通过微生物的活动，而形成的二氧化碳不足以中和多余的石灰时，生物处理法就不能使用。如果石灰浓度高，需进行长时间的曝气。有人建议，在运转初期投加铜盐于回流活性污泥中，这样可以促进分解污染质的微生物的繁殖。事实证明，用活性污泥法处理时，制革废水中炭疽菌基本上被消灭。若经生物处理并沉淀澄清的废水，再经细砂滤池处理，则可以使水体得到有效的保护。

(九) 炸药工业废水处理

炸药工业既生产单纯的有机类硝基化合物，也生产这些化合物与无机盐类的混合物。这些有机化合物包括以下物质。

a. 硝基化合物，如二硝基甲苯（DNT）、三硝基甲苯（TNT）、硝基酚、二硝基重氮酚（DDNP）、硝基苯胺、硝基二苯胺等；

b. 脂环化合物，如环三甲基三硝基胺等；

c. 硝酸和多元醇反应的酯类，如硝化甘油、硝化乙二醇、硝化异戊四醇等；

d. 硝酸和酸类反应生成物，如硝化纤维素、珂珞酊棉等。

在此类生产废水中，均含有多种硝基化合物。如具代表性的TNT酸性废水中，还含有三硝基苯、三硝基甲酸、TNT的各种异构体、脂肪族硝基化合物、酚类的多硝基化合物等，成分比较复杂。

治理硝基化合物废水的方法很多，目前，一般采用的方法有吸附法等。

(1) 吸附法

吸附法是目前净化硝基化合物废水较为有效的一种方法。尤其在废水中污染物浓度不太高时，通常都采用粒状活性炭为吸附剂来净化硝基化合物废水。该净化系统可以除去废水中绝大部分的硝基化合物，治理效果好，出水达到排放标准，而且操作简便，易于管理，处理费用相对较低。然而，废水中的悬浮物易于堵塞活性炭的微孔，故应增设预处理将其除掉。硝基化合物的废水多为酸性，设备必须注意防腐。吸附饱和后的负载活性炭，可进行加热再生或烧毁，若不能及时处理负载硝基化合物的活性炭，则有可能出现二次污染的问题。由于活性炭价格较高，加之其再生极为困难，故使该法在中小企业中的应用受到限制。

为解决上述问题，科研工作者做了大量的工作，寻找一些廉价的吸附材料，如粉状活性炭、热解褐煤、褐煤、腐殖酸类物质等，探索其替代粒状活性炭作为吸附剂的可能性，已取得了一定的进展。国内已有对二硝基重氮酚（DDNP）生产中的酸性废水，用磺化煤吸附除去硝基化合物，残酸用石灰石中和处理的工艺流程在应用。美国还建立了几个示范性的工业装置，将吸附树脂或聚合吸附剂用于处理含芳香硝基化合物的工业废水，也可以除掉DNT、硝基甲酚和其他一些有危险性的爆炸物等。然而，这些装置均需有机溶剂进行解吸，虽然其分离技术的本身已经得到了认可，但在应用的过程中，还有一些问题需要解决。

(2) 萃取法

对于硝基化合物浓度较高的废水，采用萃取法进行回收，也有一定的效果。如用 N-503（N-二甲庚基乙酰胺）作为萃取剂，便能有效地提取废水中的许多硝基化合物。硝基化合物浓度为 1000mg/L 的进水，采用 N-503 萃取时，出水中硝基化合物的浓度可降到 100mg/L 以下。欲达到排放标准，出水尚需进一步处理。

（3）化学法

利用氧化剂分解废水中的苦味酸或 TNT 等硝基化合物，虽然方法可行，但氯气的耗量过大，费用很高。也有人提出了用废硫酸和铁屑，在加温的条件下使硝基化合物还原为胺类化合物，再进行最后处理的可行性。对于二硝基重氮酚（DDNP）碱性废水，可通过浓缩、加硫还原、中和氧化、过滤、结晶等方法，从中回收硫代硫酸钠。

（4）蒸发-焚烧法

蒸发-焚烧法是一种将废水蒸发、浓缩后的硝基化合物废液用焚烧法净化。通常采用下述两种处理流程：一是污水以喷洒的状态蒸发后，进行焚烧；二是采用一个浸没式燃烧器的多级真空蒸发。三硝基甲苯的废水只能采用蒸发-焚烧法使其氧化分解，其他方法效果不佳或不能彻底地解决废水的颜色。

（5）生化处理法

该方法包括用微生物再生硝基化合物负载的活性炭和活性炭生物膜处理硝基化合物污水两种方法。

国外首先采用了用微生物再生负载活性炭的方法。过程是将含硝基化合物的污水通过活性炭（或焦炭、矿渣）的充填层向下流动一段时间以后，用经过曝气池培养的含有良好活性的好氧微生物再生水逆向流动一段时间，在此过程中有机物被微生物降解，负载的活性炭得到再生。后来，逐步地改用了活性炭生物膜法。过程是在处理硝基化合物污水的活性污泥中，投加表面附有分解硝基化合物生物膜的粉状活性炭，因而增加了对硝基化合物的去除率。

（十）造纸废水的处理

造纸是以木材、稻草、芦苇等为原料，经分离而获得纤维素，制成纸浆而造纸的生产过程。工艺过程分为制浆和造纸，两阶段都耗费大量的水。在我国，生产 1t 纸约需水 100t，其中大部分作为废水排出。当前世界上造纸工业系投资大，能耗高，对环境污染严重的行业之一。其污染特点是废水排放量大，而且带色，生化需氧量高，废水中纤维悬浮物多，并有硫醇类恶臭气味。美国将造纸工业污染列为六大公害之一，其废水约占工业废水总量的 15%。日本造纸工业用水量占工业总水量的 60%，也列为五大公害之一。一些重要的产纸国家如瑞典和芬兰的造纸工业对水源的有机污染负荷（以生化需氧量计）均占全国工业的 80% 以上。造纸工业对环境的主要污染来自制浆造纸过程产生的各种废水，制浆可分为机械法、化学机械法和化学法三种。机械法不用化学药剂，所以废水的回收率高，排水量少。化学机械法是用化学药品处理并经蒸煮、磨碎，废水含中性盐。化学制浆法有亚硫酸盐法和碱法。亚硫酸盐法又称酸法，主要以亚硫酸钙或亚硫酸镁为蒸煮药液制浆，洗浆时，排出大量的黑褐色废液，对环境危害很大。碱法中以石灰乳为蒸煮液，碱性弱，排出的污水有石灰渣、纤维，会污染水体；烧碱法是在高温下加氢氧化钠溶液蒸煮植物原料；硫酸盐法是在高温高压下加氢氧化钠和硫化钠为蒸煮液，两种制浆工艺排出污水为黑褐色，称为黑液。我国主要用硫酸盐法制浆。

碱法造纸一般都排出以下三种废水。①蒸煮木浆（或草浆）所生成黑液。它含有大量的烧碱、木质素、糖类、纤维素、硫化物等杂质，其中 65％为有机物，浓度 5000～40000mg/L，主要为纤维素、木素和半纤维素。此外，还有果胶、丹宁、树脂、蜡质、灰分等。黑液是造纸工业的主要污染源，难于处理，使接纳水体变黑、发臭，危害极大。②打浆机和精浆机排出的污水，也称打浆污垢水或中段污水，成分与黑液相似，但浓度比黑液低，含有悬浮物、BOD_5 和 COD，污染比黑液轻。③造纸机废水，也称白水。水量大，主要含纤维和填料、胶料等，色白，污染程度较轻。

制浆造纸废水，成分很复杂，污染最严重。其组分不仅取决于纸浆的制作方法，也取决于产品品种和原料种类等多种因素。

多年来，国外造纸行业曾致力于废水中化学药品和纤维原料的回收与综合利用，这些工作较有效地减少了污染。在早期，从经济上考虑较多，而并非会重于污染的防治。20 世纪 60 年代以后，各国才重视对环境的污染问题，采取的主要措施是：①改进生产技术和加工工艺，以减轻工艺过程产生的污染物，特别是有毒物质；②提高化学药品、热能、纤维等的回收率；③进行逆流洗涤，封闭用水，回收回用废水，以减少污染排放量。

这些方法是消除废水污染最重要、最积极的措施和根本途径，一般称之为"厂内处理"，可以消除污染于工艺过程之中或者化害为利，同时，创造新的物质财富。但是，完全无污染的制浆造纸工艺技术的发展还需要较长的时间。目前"厂内处理"技术和效果还无法充分回用废水和消除污染物质，还需要作进一步的"厂外处理"。虽然要增加投资和生产成本，但是解决废水污染的重要措施。

(1) 厂内处理

在制浆造纸工艺过程中产生的蒸煮废水、打浆废水和造纸废水，将这些废水中的有用物质进行回收利用，既是一个环境保护问题，也是一个经济问题。对于黑液的提取与综合利用，应力求用最少的水或不用水。把黑液从顺煮后的浆料中提取出来，可以采用真空洗浆机、压力洗浆机、螺旋压榨机等提取设备。采用多台真空洗浆机串联，可使黑液提取率达 99％。

从洗浆机提取出来的黑液，主要成分为碱和有机物，蒸发燃烧回收碱的流程适用于大中型木浆造纸厂，用此法可使回收达 70％～80％。

但小型的以草料为原料的造纸厂黑液，浓度低，灰分含量高，蒸发过程中，易结垢，苛化效率也低，采用蒸发浓缩法回收是不适宜的。

(2) 厂外处理

造纸废水厂外处理一般采用简单的物理方法，来去除悬浮物；中和法调整 pH 值；生化法去除溶解性有机物。要求高度净化时，则再采取适当的物化法进行处理。

（十一）印染工业废水的处理

印染工业废水随织物性质而异，也受所使用的染料及其他化学药剂的影响。其用水量大，每印染加工 1t 纺织品耗水为 100～200t，其中 80％～90％成为废水排出。据统计，日本印染工厂每天用水量达 1500 万 t，全年用水量 4～5 亿 t。

根据不同的印染物质或加工工序，进行印染废水的分类。按印染物质分：有棉布纺织印染废水、毛纺废水、化学纤维加工废水。按加工工序分：退浆废水、煮炼废水、漂白废水、丝光废水、染色废水、印花废水和染整废水等。

印染废水的主要污染物：①悬浮物，包括纤维屑粒、浆料、整理药剂等。②有机物，包括染料、浆料、表面活性剂、加工药剂、醛等。③重金属毒物，包括铜、铅、锌、铬、汞、氰等。该废水水质具有色度高、成分复杂的特点，见表18-7。

印染工业废水水质情况   表18-7

项目 废水种类	pH	色度(倍)	SS(mg/L)	COD(mg/L)	BOD_5(mg/L)	BOD_5/COD
印染厂废水	8.5~10	200~500	100~300	400~500	200~300	0.375~0.5
色织厂废水	7~9	30~40	200~300	250~300	100~200	0.4~0.43
毛纺厂废水	5~7	100~200	500左右	300~500	150~300	0.5~0.6
针织厂废水	9~14	<200	200~300	200~500	100~200	0.5

印染废水的处理，国内外多数采用传统的生化法处理，以除去废水中的有机物，有些工厂在生化处理前或处理后还增加一级物化处理，少数工厂采用多级的处理。在美国，印染废水多数采用二级处理，即生化与物化结合，个别用三级，增加活性炭。日本与美国相似，但应用臭氧的报道较多。英国是羊毛加工的传统国家，一般用不完全流程，仅将洗毛水用物化初步处理与其他染色废水合并排入城市污水处理厂。国内投入运行的生化处理设施，大部分是采用完全混合活性污泥法，接触氧化等生物膜法，近年来的应用在逐步增加。

印染废水处理，应尽量采用重复使用和综合利用措施，与工艺改革和回收染料、浆料，节约用水、用碱等结合起来考虑。在国内印染废水处理中采用的完全混合式系统有加速曝气法和延时曝气法两种。废水量较大的多采用延时曝气法，废水量较小的则以加速曝气法为主。

（十二）化学纤维废水处理

化学纤维分为人造纤维和合成纤维两大类。区别是纤维加工的原料和加工方法不同。人造纤维是利用自然界中纤维素或蛋白质作原料，经化学处理喷成细丝。合成纤维则是用煤、石油、天然气等有机化合物，经化学处理成为纤维。粘胶纤维是典型的人造纤维，而合成纤维有涤纶、维纶、棉纶、氯纶、氨纶、丙纶等多种纤维。

由于化学纤维的品种、原材料、加工方法不同，废水水质也不同，造成的污染也有很大区别。通常湿法纺丝造成的污染比较严重，不仅有水的污染，还有空气的污染；干法或熔融法纺丝的水污染相对较轻。化学纤维工艺废水除粘胶纤维生产过程中产生的酸性、碱性和粘胶废水外，其他的主要来自湿法纺丝工艺，这些废水含有合成的有机污染物较多，此外还有锌、二硫化碳、硫化氢等毒性物质，pH值的变化较大，部分废水带有颜色。

寻找新的工艺从根本上控制污染，许多工厂取得了显著的效果。我国以硫氰酸钠法制备腈纶，可用一步法进行聚合，溶解制成纺丝原液，代替了价格昂贵、毒性强、沸点高的二甲基酰胺为溶剂的纺丝原液。在粘胶长丝的洗涤中，由原来的淋洗改为压洗，不但洗涤效果加强，而且废水量可减少200t/t（纤维）。在粘胶纤维凝固溶液中，用尿素代替有毒的硫酸锌，防止了有毒锌离子的污染。英国的泰克斯康公司研究出纤维素新溶剂用于生产，使工艺路线比现行的任何粘胶纤维生产路线都短，纤维质量提高，三废量减少。聚乙烯醇是难以生物降解的物质，通常的生化法几乎不能处理。德国赫司特公司在无机盐存在下，利用高射线辐照聚乙烯醇废水（浓度为 0.5%~20%）出现固态沉淀除去了水中聚乙烯醇。日本在氧化剂共存下，用紫外线照射可使聚乙烯醇凝聚而除去。

（十三）食品工业废水的处理

食品工业废水的来源很广，主要包括鱼肉类的加工；禽蛋、水果、蔬菜类加工；乳品加工；谷物加工、豆制品类加工等不同类型的加工行业。由于食品工业原料广泛，制品的种类繁多，排出废水的水质差异很大。但共同的特点是均含有大量的有机物质和悬浮性物质。

多数食品加工业的水量大，虽然不会含有毒性的污染物，但有机悬浮物含量高，易腐败产生臭气，使受纳水体富营养化，影响水体的使用价值，使景观遭到破坏，甚至还能引起病菌感染，危害人、畜等及农、牧、渔业。

1. 屠宰废水的处理

屠宰肉联加工厂的废水含有油脂和大量的有机物，水质波动较大，一般 pH 值为 5.0~7.5，甚至还有寄生虫卵。废水经过预处理后，一般采用生物滤池进行处理。废水通过串联的、有中间沉淀池的两座滤池处理后，BOD 可除去 95%。也可采用高负荷生物滤池，在初沉池和一级生物滤池之间加设预曝气池，此池的出水经回流处理水的稀释，然后再进入滤池。还可采用处理效果良好的中温或高温厌氧消化，消化池的停留时间为 12~24h。

采用活性污泥法，亦可获得相当好的处理效果，一般在处理前，污水需曝气 1h。

2. 鱼类加工废水的处理

鱼类加工废水中，有机物和油脂的含量都很高。油脂应回收，废水中的蛋白质在 pH 值调至酸性时即发生凝固，可通过浮选进行回收。沉淀后的污泥进行凝聚脱水，干燥后可作饲料或肥料，干燥器的排气应经除尘、脱臭后再排放。

3. 制糖废水的处理

制糖以甘蔗或甜菜为原料，不同的原料和生产工艺产生的废水也有差别。但共同的特点是含有较多的有机物、糖分、悬浮性固体、颜色较深，基本上不含有毒物质，废水的排放量很大。我国某制糖厂，每生产 1t 糖，排出 21m³ 废水。国外有的糖厂实行水的封闭循环，排水量已小于 0.2m³。

制糖废水是高浓度的有机废水，COD 可高达 8000mg/L，BOD_5 约为 3000~4000mg/L，水的 pH 值近似中性，可以采用厌氧生物处理和好氧生物处理的联合工艺进行处理。

制糖废水可与城市生活污水一起处理。地处农村的糖厂也可利用氧化塘、土地过滤或农田灌溉等方法。然而，即使单独采用生化处理也是适宜的。

4. 制奶废水的处理

制奶废水主要来自加工过程中的清洗、稀释和冲洗等工序。主要成分是乳糖、脂肪和蛋白质。BOD 均在 1000mg/L 以上，pH 值近似中性，易于进行厌氧发酵处理。曝气处理 1 日可去除 BOD 约 50%，两级回流生物滤池可以去除 BOD 90% 以上，活性污泥法能去除 BOD 90%~97%。

经过格栅、沉砂池、隔油池等预处理后的制奶废水，用于喷灌农田或牧场，目前广泛认为是处理它们的最好和最经济的方法。为防止可能使牲畜感染结核菌的危险，从灌溉到放牧应有一较长时间的间隔，或废水加氨，然后再氯化灭菌。用间歇砂滤床处理的效果与灌溉农田相同，用一层砂层可以除去85%～95%BOD以及90%～95%的悬浮性固体，很适合处理中小型制奶厂的废水。

5. 水果及蔬菜加工废水的处理

加工水果和蔬菜的废水，按其污染性质和程度可分为三种：

(1) 主要含无机固体的废水，它们是初加工产生的废水，冲洗水和冷却水等，占总废水量中的绝大部分。

(2) 各种有机质污染的废水，即含果汁和菜汁的废水，含糖量的差别比较大。

(3) 二氧化硫污染的废水，只是在用二氧化硫稳定处理时形成的，废水中二氧化硫的浓度约为12～17mg/L，pH值较低。

将不同污染性质的废水严格分开是十分必要的。污染的水果和蔬菜废水，不得任其腐败；各种形式的悬浮、胶状和溶解的有机物必须脱除。对于这类废水，可分别在格栅，格网上处理或用混凝法、灌溉农田以及生物滤池处理。

三、国内工业废水处理工程实例

1. 北京某纺织品厂印染废水处理

该厂的主要产品为袜子、内衣等棉织品，原料80%为棉，20%为尼龙。生产工艺包括煮炼、漂白、染色等，生产工艺流程见图18-17。

坯布→煮炼→漂洗→漂白→漂洗→成品加工

坯布→煮炼→漂洗→染色→漂洗→固色→成品加工

图18-17　生产工艺流程图

该厂所用染料主要为活性染料、直接染料、中性染料和弱酸性染料等，用量约24t/a。漂白剂为双氧水，用量约24t/a，双氧水易分解，不会在水中残留。生产过程中加入各种助剂，主要包括烧碱、纯碱、醋酸、硫酸钙、去毛剂、柔软剂等，用量约162t/a，盐360t/a。

该厂日均排放废水约250t，主要来自煮炼、漂染车间，水中有机物含量较高且碱性较强，其中漂洗水水量最大，但污染负荷相对较小，煮炼、染色工序所排放污水是有机物的主要来源，其中残留的助剂是构成有机污染的主要成分，助剂多为直链有机物。由于产品以纯棉织物为主，纯棉织物使用的染料上染率较低，废水中残留的染料较多，色度较高，染料一般为环状芳烃有机物，为难降解物质，另外废水中还有少量悬浮物。

原水COD为700～1100mg/L，BOD为150～250mg/L，色度为200～300倍，pH为9～11。根据当地环保部门要求，排放水水质标准为：COD为100mg/L，BOD为60mg/L，色度为80倍，pH为6～9。

该厂废水具有COD高，但BOD较低，BOD_5/COD比值约0.25，水的可生化性较差且碱性较强的特点，采用的处理工艺见图18-18。

筛网主要截留生产过程中流失的小件棉制品等悬浮物。厌氧酸化调节池的作用是调节废水的水质水量，使之均一，更重要的是改善废水的可生物降解性。在厌氧菌的作用下，将染料的环状难降解大分子水解为可生物降解的小分子物质，并在产酸菌作用下转化为有

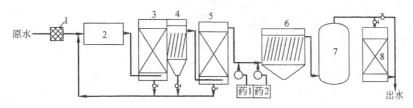

图 18-18 废水处理工艺流程图

1—筛网；2—地下酸化调节地；3—1#接触氧化塔；4—1#沉淀池；
5—2#接触氧化塔；6—2#混凝沉淀池；7—砂滤柱；8—活性炭柱

机酸，使水的 pH 值由 11 降至 9 左右，有利于后续的生物处理。在此阶段的停留时间约 10h，经过水解酸化处理，废水的可生化性提高到 0.35，COD 去除率约 30%。两段生物接触氧化由两个生物接触氧化塔串联，内置聚氯乙烯软性填料，单塔停留时间为 3.5h，经两段处理，COD 去除率约为 75%，色度降为 100 倍以下。1#沉淀池与 1#生物接触氧化塔合建，其作用是去除 1#氧化塔脱落的生物膜，减轻 2#氧化塔的处理负荷，停留时间为 1.5h。2#混凝沉淀池的作用是对经生物处理后，色度和 COD 都还未达到排放要求的处理水进行进一步的净化，以达标排放。混凝剂采用专为该厂废水研制的无机复合型絮凝剂，在 pH 调整为 8~9 左右时有非常好的脱色效果，絮体形成快、密实，沉降性好。药剂配制成溶液，用计量泵投加在 2#氧化塔至 2#混凝沉淀池的管线上，靠管中较快流速使混凝剂和助凝剂与废水充分混合。该沉淀池停留时间为 45min，COD 去除率 45%，色度小于 80 倍。砂滤柱的作用是截留沉淀池出水中悬浮的小絮体，以保证出水水质。滤层为石英砂，粒径为 0.5~1.2mm，厚度为 1000mm；承托层为粒径 2~32mm 的卵石，厚度 500mm。

该工艺运行中出现的问题：

(1) 由于厌氧池较大，厌氧污泥量有限，虽然池中设有折流板，使泥与水尽量混合均匀，但大部分厌氧污泥沉在池底，不能与污水充分接触，时间一长，水解酸化效率降低。为解决此问题，在厌氧调节池底增布了多排穿孔管，穿孔管总管与 1#沉淀池和接触氧化池底泥排泥口相连，定期回排少量污泥到调节酸化池，以搅动池底厌氧泥，使之与池内污水充分接触，这样提高了水解酸化效果，由于污泥回流量小，不会破坏池中厌氧环境，实践证明有较好效果。

(2) 该工艺未设絮凝反应池，而是利用管道混合，药剂与水混合效果还可以。但由于管道没有满流，水在流动中会充氧，夏季气温高时，沉淀池中会有絮体随着水中释放的小气泡而上浮的现象，这样加大了后面砂滤柱负荷。使砂滤柱的反洗频率和强度提高，甚至会使出水水质超标。为解决此问题，在沉淀池进水口前加装了一个圆柱形的溶解氧释放器，利用旋流器的原理，使水中大部分小气泡在进入沉淀池前释放到大气中，有效地控制了沉淀池中絮体上浮现象。

该污水处理装置运行良好，出水水质能够达到设计要求。处理效果见表 18-8。

2. 黑龙江某制革厂制革废水处理

该厂近期总废水量为 1200m³/d，远期总废水量为 1800m³/d。其中，含铬废水 8m³/h，含硫废水 15m³/h，拷胶废水 15m³/h，综合废水 75m³/h。

印染废水处理效果 表 18-8

项 目	原水	生物处理(厌氧和好氧)		混凝沉淀		总去除率%
		处理后	去除率%	处理后	去除率%	
pH	11.0	8.0	—	6.6	—	—
COD(mg/L)	825	150	82	86	43	90
BOD(mg/L)	150	45	70	30	33	80
色度	250	80	68	30	63	88

该厂综合废水设计水质：BOD_5 1200mg/L，COD 2000mg/L，SS 1300mg/L，Cr^{3+} 13mg/L。根据国家环保部门的要求，该公司执行 GB 8978—88 污水综合排放标准中新建皮革行业二级标准，即 $BOD_5 \leqslant$ 150mg/L，COD$\leqslant$300mg/L，$Cr^{3+} \leqslant$1.5mg/L，$S^{2-} \leqslant$ mg/L，pH=6～9。

(1) 含铬废水处理

通过沉淀去除水中的可沉淀固体，然后加碱将铬沉淀出来，再经浓缩和脱水，固体物加酸溶解后回用或作为特种固体物质进一步处理，铬回收后的废水进入综合废水处理系统混合池。工艺流程见图 18-19。

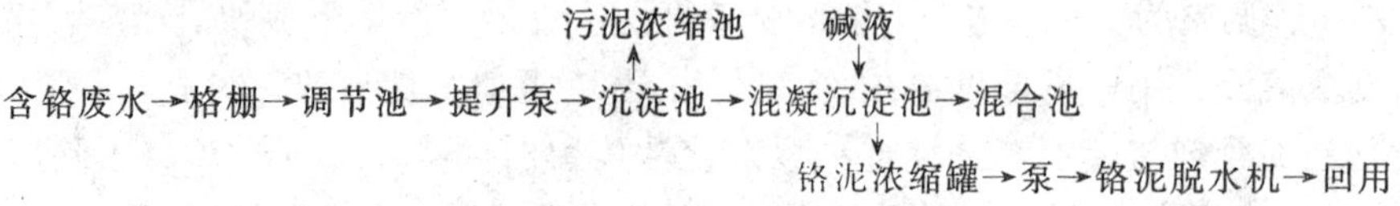

```
                              污泥浓缩池    碱液
                                  ↓        ↓
含铬废水→格栅→调节池→提升泵→沉淀池→混凝沉淀池→混合池
                                  ↓
                          铬泥浓缩罐→泵→铬泥脱水机→回用
```

图 18-19 含铬废水处理工艺流程图

(2) 含硫废水及拷胶废水处理

这两种废水均采用混凝沉淀加气浮的处理工艺，处理水进入综合废水处理系统混合池，分离出的污泥进入综合废水处理系统的浓缩池。工艺流程见图 18-20。

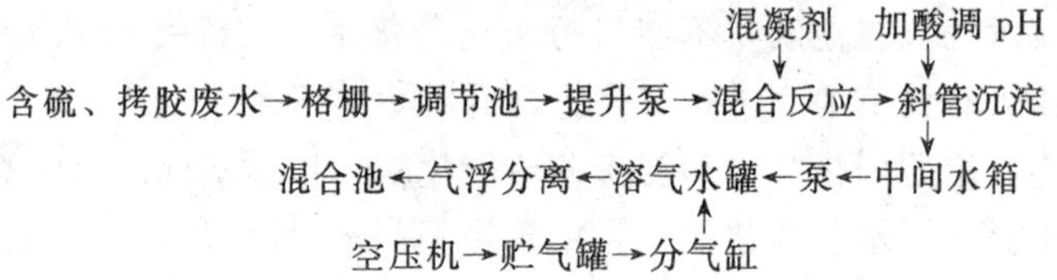

```
                                      混凝剂  加酸调 pH
                                        ↓     ↓
含硫、拷胶废水→格栅→调节池→提升泵→混合反应→斜管沉淀
                                                  ↓
                   混合池←气浮分离←溶气水罐←泵←中间水箱
                          空压机→贮气罐→分气缸
```

图 18-20 含硫、拷胶废水处理工艺流程图

(3) 综合废水处理

将经过预处理后的含铬废水、含硫废水、拷胶废水和车间的其他污水混合后集中进行处理，不但可以提高了污水的可生化性，而且可降低有害物质的浓度，提高处理设施的运行稳定性，也有利于统一规划，降低工程投资。

综合废水处理采用的方法为生物处理法，主要是通过微生物的代谢作用去除废水中的有机污染物，同时，对 Cr^{3+}、S^{2-} 也有显著的去除效果。因制革生产废水多为间歇排放，而废水中的硫化物又易导致污泥膨胀，因此，采用间歇式活性污泥法（SBR）。生化出水进一步用物化法去除残留的有机污染物及有毒、有害物质。综合废水处理工艺流程见图 18-21。

生物处理工艺之后增加气浮分离池，主要是因为制革废水成分复杂、悬浮杂质多，还

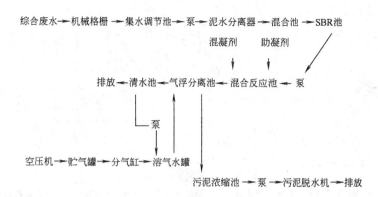

图 18-21 综合废水处理工艺流程图

含有大量难降解的有机物质，如表面活性剂、染料、单宁和大量的蛋白质等，这些物质仅用单纯的生物处理达不到排放要求。

该污水处理装置调试运行后，顺利通过了密山市环保局的验收，出水达到设计要求和排放标准。

该工程总投资 650 万元，运行成本 1.1 元（不包括设备折旧费）。

3. 北京某酿造有限公司废水处理

该公司的主要产品为清酒和味淋，清酒产量为 400t/a，味淋产量为 300t/a。其生产原料主要为大米，采用日本工艺方法，生产工艺流程为：

原料大米→洗米→泡米→酿造→产品灌装→成品

生产过程中需用大量水，大部分水用后外排，外排水占总供水量的 80% 以上，尤其是洗米和泡米工段，用水量大，排水量也大。

该厂废水由生产废水和少量生活污水组成，日均排水量约 400t。生产废水包括洗米水、泡米水、洗罐水、车间地面冲刷水等，其中尤以洗米水和泡米水的污染负荷最重。生产废水的特点是有机负荷高，其中 COD 为 500~2000mg/L，BOD 为 250~1500mg/L，SS 平均为 400mg/L，pH＝5~9，各类废水的水质详见表 18-9。

各类废水的水质　　　　　　　　　　　　　　表 18-9

废 水 种 类	pH	COD (mg/L)	BOD (mg/L)	SS (mg/L)
洗米水	6.5	1536	1029	1993
泡米水	6.5	1630	1223	2170
地面冲刷水	6.5	378	190	732
洗罐水	5.5	1519	532	1628

处理后的废水排入市政下水道，要求达到市政 A 级排放标准，即 pH＝6~9，COD≤150mg/L，BOD≤100mg/L，SS≤160mg/L。

该厂废水的可生化性较好（BOD/COD＝0.5~0.75），宜采用好氧生物处理，由于该厂废水水质波动大，并且处理站建站面积有限，所以采用了如图 18-22 所示工艺流程。

该废水处理装置的设计有如下特点：①布局紧凑、合理，平面布置与立体布置相结合；②兼性调节池与一级生化池有机结合，耐冲击负荷能力增强且减少了异味排放；③持

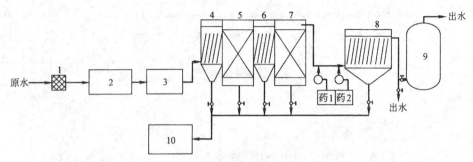

图 18-22 废水处理工艺流程

1—格栅机；2—地下兼性调节池；3—1#接触氧化池；4—1#沉淀池；5—2#接触氧化塔；
6—2#沉淀池；7—3#接触氧化塔；8—3#沉淀池；9—砂滤柱；10—污泥浓缩池

续运行处理单元与备用处理单元巧妙结合，当COD＜2000mg/L时仅生化处理系统运行，当负荷过高时（COD＞2000mg/L），才启动混凝沉淀系统，这样既保证了出水水质达标又减少了能耗；④废水经一次提升后，靠重力流完成后续处理，管道系统排列有序，外观整齐，时空利用恰当。

该处理工艺由以下单元组成：格栅机、地下兼性调节池、1#地下生物接触氧化池、1#地上斜板沉淀池、2#与3#地上生物接触氧化塔、2#地上斜板沉淀池、地上加药系统、3#地上斜板沉淀池、地下清水贮池、地上砂滤柱，风机和废水提升泵均设在地下设备间。

该处理工艺的地下兼性调节池，除了具有一般调节池均化废水水质、水量的作用外，此调节地实际还是一个兼性池，对难降解的有机化合物进行水解酸化，以提高后续生化处理的处理效果，调节池废水停留时间8h。地下生物接触氧化池采用穿孔管曝气，容积负荷为2.5kgBOD/(kgMLSS·d)，停留时间为3.5h，COD去除率为50%左右。该处理单元由于与调节池相联，兼具有调节水质水量的功能。此外，来自兼性调节池的水一般均有味，夏季更强烈，在这一处理单元经充分曝气后，水变为富氧水，再提升到地上构筑物已无味，极大改善了水处理站周围环境。两段好氧生物接触氧化塔采用钢结构，两塔串联，塔内装有聚氯乙烯软性填料，生物量较大，易挂膜。1#塔停留时间6h，2#塔停留时间5h。经此二段处理，COD去除率约为85%。此两塔直接相联，中间不设沉淀池，目的是将3#生物塔变成为活性污泥及生物接触氧化复合型处理系统，从而强化该单元处理效果。3#塔出水自流至2#斜板沉淀池，进行固液分离。混凝沉淀系统两台计量泵定量投加两种药剂到管道混合器，与2#斜板沉淀池出水混合后流入与3#斜板沉淀池相联的混凝反应器，其出水流进3#沉淀池进行固液分离，出水流进清水池后外排。若超标，经砂滤柱过滤后再外排。三个斜板沉淀池的底泥均排入地下污泥浓缩池进行浓缩脱水，然后通过板框压滤机进一步脱水，污泥含水率降为65%左右，外运至垃圾场或作花木肥料。

上述处理流程耐冲击负荷能力强，运行稳定，处理效果好，出水水质大大优于相应标准值，详细数值见表18-10。

废水处理效果　　　　　　　　　　　　　　　　表 18-10

项目	原水	出水	去除率%	项目	原水	出水	去除率%
pH	6.6	7.0	—	BOD(mg/L)	551	11	98
COD(mg/L)	823	37	96	SS(mg/L)	400	＜5	98

由于该厂生产不连续,产量不稳定,经常发生日产量是平均日产量的几倍甚至十几倍的情况,此时废水的水质水量波动极大,COD>3000mg/L,pH>10,对处理站造成极强的冲击负荷,导致该处理系统运行出现异常,主要表现在:

(1) 地上生物接触氧化塔泡沫严重

为此采取了物理方法消泡措施,一旦发生泡沫,即利用处理过的水通过花管系统水力消泡,效果很好。

(2) 出水水质恶化

设计COD值不超过2000mg/L,实践表明此系统处理进水的COD达2500mg/L时,出水仍可达标,但若COD再高,就会使出水水质恶化,使出水COD>150mg/L(排放标准)。采取主要措施:①在车间附近设浓水贮槽,定量将浓水排入调节池,以缓解对处理站的冲击负荷;②由于调节池池容较大,并且该厂废水间断排放,当出水不达标时采用循环处理方式,即将3#接触氧化塔出水排至地下调节池循环处理,直至出水达标,停止循环,恢复正常运行。

4. 九江某化肥厂污水处理

该厂年产合成氨30万吨,尿素52万吨。合成氨装置采用谢尔渣油汽化工艺、鲁奇的低温甲醇洗和凯洛格的氟合成工艺,尿素装置采用斯娜姆汽提工艺。

废水处理装置是该工程配套的公用设施之一。包括灰沉降单元、化学处理单元和生化处理单元。灰沉降单元主要利用颗粒重力沉降作用除去悬浮物;化学处理单元通过投加$NaOH$、$FeSO_4$和阴离子高分子絮凝剂,去除重金属V、Ni;生化处理单元采用A/O法。工艺流程见图18-23。

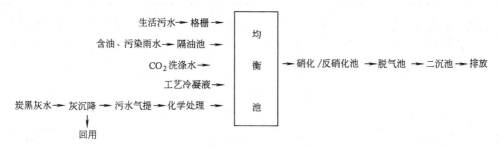

图18-23 污水处理系统工艺流程图

(1) 灰沉降单元

主要处理合成氨汽化部分约40t/h的炭黑废水,设计进水SS≤820mg/L,出水SS≤40mg/L,该单元炭黑废水经灰沉降罐,水力停留时间4h,除去部分炭黑后,约30t/h送入渣油汽化工段回用,约10t/h进入污水汽提塔脱除NH_3、H_2S后,送入化学处理单元处理。

(2) 化学处理单元

该单元设计水质见表18-11。

化学处理单元设计水质表　　　　　　　　　表18-11

项目	COD (mg/L)	V(mg/L)	Ni(mg/L)	NH_3-N(mg/L)
进水	≤300	≤52	≤141	≤265
出水		≤1	≤4	

采用化学沉淀法。用计量泵将15%的$FeSO_4$溶液加入到反应器1中,同时用NaOH调节pH值,pH值控制在9.5~11。在反应器2中,加入的二价铁与易溶的五价钒反应,生成难溶的四价钒,最终Ni以$Ni(OH)_2$,V以$VO(OH)_2$的形式沉淀下来,然后在反应器3中投加0.1%阴离子高分子电解质,促进沉淀微晶的长大和凝聚。$FeSO_4$和阴离子高分子电解质的加药量通过进入反应器1的在线流量计进行调节,脱除重金属V、Ni后的废水送入均衡池。该单元原设计V去除率为98%,Ni去除率为97%,但实际平均分别只有60%、12%左右,其主要原因是进水V和Ni含量低的缘故。

(3) 生化单元

生化处理单元主要处理经化学单元处理后的废水、合成氨装置的CO_2洗涤水、尿素装置工艺冷凝液、生活污水及罐区的污染雨水,这五股来水首先进入均衡池均匀水质,然后进入反硝化池,与回流污泥经推流式搅拌机混合均匀,发生反硝化反应,然后水经底部回流窗进入硝化池发生硝化反应,硝化后的水在鼓风动力作用下一部分通过上部回流窗回流到反硝化池,一部分经溢流堰通过重力作用流入脱气池脱气,脱气后的水最终在二沉池内进行泥水分离,澄清后的水经溢流堰流入暴雨调节池,经泵提升至长江。污泥一部分回流,一部分浓缩脱水外运,整个A/O工艺采取A、B两个系列并列运行。该单元设计水质见表18-12。

生化处理单元设计水质 　　　　　　　　　　　表 18-12

项目	pH	SS(mg/L)	COD(mg/L)	NH_3-N(mg/L)
进水			≤1100	≤80
出水	6~9	≤70	≤100	≤15

该处理装置的硝化池内安装有pH、DO在线监测仪,pH值的信号传递给酸碱计量泵,自动调节泵的冲程,控制pH值在7.5~8.4,DO的信号传递给鼓风管上的气动阀门,自动调节阀门的开度,控制DO在2~3mg/L。该单元实际运行水质情况见表18-13。

生化处理单元运行水质情况　　　　　　　　　　表 18-13

项目 年份月份	COD(mg/L)			NH_3-N(mg/L)		
	进水	出水	合格率%	进水	出水	合格率%
97.2	3392.3	2155.9	26	212.6	173.8	0
97.4	875.1	59.9	90	75.8	11.4	79
97.11	1090	27.4	100	80	14.1	87
98.4	2121	31.8	97	47.4	8.27	80
98.6	773	53.8	100	55.4	10	87
98.9	2492	140.6	63	251.4	49.1	77
98.10	625.1	73.4	84	12.2	46.7	52
99.4	2050.7	58.6	94	41.2	4.36	96
99.5	1210.9	54.06	100	44.88	3.94	100

1997年2月份COD合格率仅为26%、NH_3-N合格率为0,主要原因是系统遭受COD冲击,进水COD最高值达250000mg/L,遭受COD冲击不久,系统又遭受NH_3-N冲击,NH_3-N最高值达3065mg/L,因此整个系统C/N比完全失调,细菌基本死亡,整个系统丧失处理功能,污泥沉降性能极差,出水的SS合格率为78%。后来采取停止进生

产废水，引进生活污水作为营养源，提高 DO 至 3~4mg/L，逐步加大生产废水量的培驯方法，使系统得到恢复。

1998 年 9 月的 COD、NH_3-N 合格率也偏低，也是受 COD 冲击的缘故，但冲击程度没有 1997 年 2 月份那么严重，COD 最高达 16795mg/L，并且冲击时间相对较短，采取的措施是往硝化/反硝化池投加阳离子高分子电解质，投加浓度为 10mg/L，一边鼓风曝气，一边投加，约 1h 后，停止鼓风曝气，净置，泥水分离，在分离过程中，二沉池中也有一些悬浮物随排水漂走，净置 2h 后，转入鼓风曝气。每天投加 1 次，待硝化功能恢复，污泥沉降性能增强，停止投加阳离子高分子电解质。

1998 年 10 月出水的 NH_3-N 比进水 NH_3-N 还要高，原因是污泥遭受重金属中毒，由于该装置污泥脱水单元处于停工状态，澄清池的污泥堆积逐渐加厚，致使泥水一起流入生化处理单元，因污泥底部沉积的 V、Ni 等重金属逐步积累，从而导致污泥重金属中毒。系统中微生物失去活性，出水 NH_3-N 比进水 NH_3-N 还要高，二沉池出水颜色呈橙黄色，并发出恶臭气味。处理办法是利用阳离子高分子电解质将具有活性微生物吸附在一起，让死去的微生物通过二沉池排走。操作方法基本同前，只是发生中毒时，阳离子高分子电解质投加量大，时间持续长。

从表 18-13 还可以看出，在不受冲击的情况下，COD 合格率在 90% 以上，NH_3-N 合格率在 80% 左右，主要原因是进水 NH_3-N 负荷偏低，根据一般运行结果表明，COD/NH_3-N 的比值在 10~16，NH_3-N 去除能力达到 85% 以上，而 1997 年、1998 年 COD/NH_3-N 的比值则在 30 以上。正是由于 NH_3-N 长期处于低负荷运行，系统抵御浓度冲击的能力非常脆弱，一旦受冲击，系统马上瘫痪，恢复起来需要一定的时间，影响出水合格率。其次，原设计鼓风机向均衡池鼓风起搅拌作用，DO 被携带至反硝化池，抑制反硝化菌的正常生长，影响了脱氮功能。

该系统设计存在的问题有：

（1）回流污泥泵

原设计回流污泥泵采用立式液下泵，由于采用回流污泥作冷却水，导致轴承体磨损严重，振动大，并且容易堵塞，造成污泥回流中断。后改为无堵塞离心泵，运行效果相当好。同时流量设计偏小，当处理水量增大时，二沉池出现活性污泥流失现象。

（2）鼓风机

原设计鼓风机 3 台 GB302A、B、C（D45-81 型离心鼓风机，Q 为 45Nm^3/min，功率 75kW），2 开 1 备，向硝化池供 DO，2 台 GB 301A、B（D20-62 型离心鼓风机，Q 为 20Nm^3/min，功率 37kW），1 开 1 备，向均衡池鼓风起搅拌均匀作用，根据现场运行状况和一些参数计算，鼓风机设计功率偏大，造成了不必要的动力消耗，建议将 GB 301A、B 出口短接在 GB 302A、B、C 的出口上，切断向均衡池鼓风，1 台 GB 301 和 1 台 GB 302 向硝化池鼓风，或者根据需要一台 GB 302 向硝化池鼓风。既减少动力消耗，又能满足 DO 的需要。

思考题与习题

1. 简述城市污水的组成。其水质有什么特点？常规采用什么样的处理流程？
2. 工业废水与城市污水是采用分散处理还是联合处理？为什么？为什么工业废水要经过适当的预处

理后才允许排入城市排水系统？
3. 工程设计一般分哪几个阶段？每个阶段的主要任务是什么？
4. 城市污水处理厂规划设计需要哪些基础资料？对设计方案有什么影响？
5. 污水处理厂厂址的选定应考虑哪些因素？
6. 污水处理流程的选定与进出水的水质有何关系？举例说明。
7. 你在确定污水处理工艺时，是从哪几个方面进行考虑的？
8. 污水处理厂平面布置的原则有哪些？你能总结出不同布置方式的优缺点吗？
9. 污水处理厂高程布置的目的是什么？如何进行高程布置？
10. 处理厂平面与高程布置有什么相互关系？
11. 对水处理构筑物的结构设计有什么特殊要求？
12. 配水设备有哪些形式？各有何优缺点？采用的条件是什么？
13. 污水和污泥的计量可以采用什么类型的计量设备？
14. 什么是污水的深度处理？为什么要对污水进行深度处理？
15. 城市污水深度处理的去除对象是什么？可采用什么处理方法？
16. 什么情况下对污水进行回用？回用的途径有哪些？
17. 目前常采用的污水回用处理系统有哪几种工艺？各自的适用条件是什么？
18. 为什么工业废水对环境的污染和危害更为严重？
19. 工业废水的治理原则有哪些？为什么要首先对工业废水中的有用物质进行回收利用？
20. 工业废水是如何分类的？你了解各种类型工业废水的特点吗？
21. 工业废水的处理方法有哪些？
22. 如何选择和确定工业废水的处理工艺？
23. 工业废水采用生物处理方法应注意什么问题？
24. 介绍你所参观或实习的污水处理厂站的工艺流程、主要设备的类型及性能指标、主要处理构筑物的类型及设计参数、检测仪表的设置及平面布置等情况。你发现了什么问题？你有什么好的建议？

附 录

附录1 我国鼓风机产品规格

型号	风量 (m^3/min)	风压(9.8Pa)	电机功率(kW)	型号	风量 (m^3/min)	风压(9.8Pa)	电机功率(kW)
LG5	5	3500	4.0	LG40	40	3500	40
		5000	7.5			5000	55
LG10	10	3500	10			7000	75
		5000	13	LG60	60	3500	55
LG15	15	3500	13			5000	75
		5000	17			7000	115
LG20	20	3500	17	LG80	80	3500	75
		5000	30			5000	115
LG30	30	3500	30			7000	155
		5000	40				

附录2 氧在蒸馏水中的溶解度

水温 T(℃)	溶解氧(mg/L)	水温 T(℃)	溶解氧(mg/L)
0	14.62	16	9.95
1	14.23	17	9.74
2	13.84	18	9.54
3	13.48	19	9.35
4	13.13	20	9.17
5	12.80	21	8.99
6	12.48	22	8.83
7	12.17	23	8.63
8	11.87	24	8.53
9	11.59	25	8.38
10	11.33	26	8.22
11	11.08	27	8.07
12	10.83	28	7.92
13	10.60	29	7.77
14	10.37	30	7.63
15	10.15		

附录3 空气管道计算图

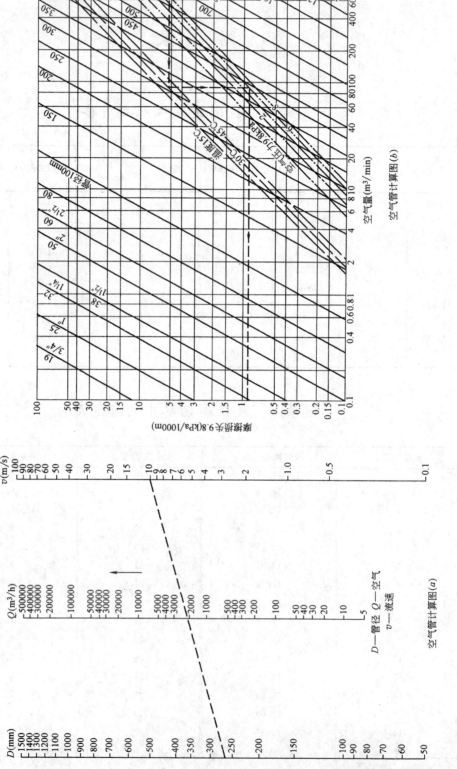

附录4 泵型曝气叶轮的技术规格

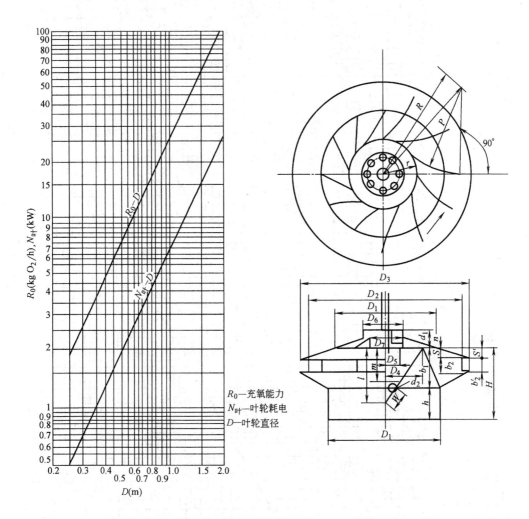

R_0—充氧能力
$N_{叶}$—叶轮耗电
D—叶轮直径

泵型 (E) 比例尺寸

代号	尺寸	代号	尺寸	代号	尺寸
D_2	D_2	b_2'	$(0.0497D_2)$	d_1	$0.0005 \times \left(\frac{\pi}{4}D_1^2\right)$ 面积
D_1	$(0.729D_2)$	S	$0.0243D_2$	d_2	$0.0004 \times \left(\frac{\pi}{4}D_1^2\right)$ 面积
D_3	$1.110D_2$	S'	$(0.0343D_2)$	R	$0.70955D_2$
D_4	$0.412D_2$	h	$0.219D_2$	r	$0.2085D_2$
D_5	$0.1875D_2$	H	$(0.3958D_2)$	P	$0.503D_2$
D_6	$0.2440D_2$	l	$0.299D_2$	叶片数 Z	12 片
D_7	$0.1390D_2$	m	$0.171D_2$	进水角 B_1	71°20′
b_1	$0.1770D_2$	n	$0.104D_2$	出水角 B_2	90°
b_2	$0.0680D_2$	W	$0.139D_2$		

浸没度：$0.0345D_2$ (mm)　线速：4.7～5.5 (m/s)

注：圆形曝气池池壁水面可装置挡流板，以破坏旋涡，防止叶轮脱水。方形、长方形则不需装置挡流板。

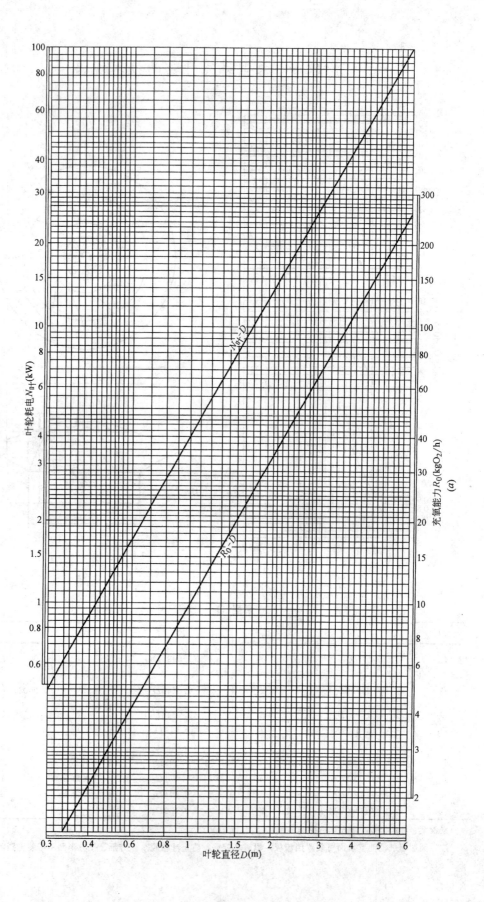

附录5 平板叶轮计算图（一）

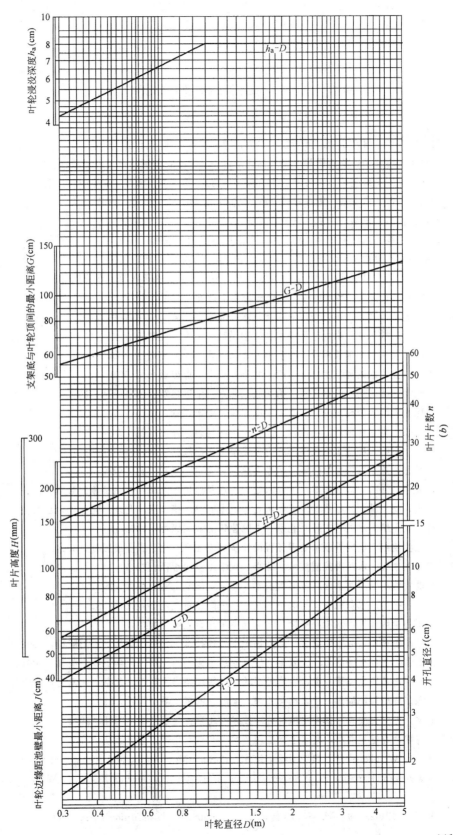

附录 5 平板叶轮计算图（二）

主要参考文献

1. 张自杰主编. 排水工程. 第4版. 北京：中国建筑工业出版社，2000
2. 聂梅生，许泽美，唐建国等. 废水处理与再用. 北京：中国建筑工业出版社，2002
3. 高廷跃，顾国维主编. 水污染控制工程（下册）. 第2版. 北京：高等教育出版社，1999
4. 唐受印，汪大翚主编. 废水处理工程. 北京：化学工业出版社，1997
5. 黄铭荣，胡纪翠编著. 水污染治理工程. 北京：高等教育出版社，1999
6. 张希衡主编. 水污染控制工程. 第2版. 冶金工业出版社，1993
7. 谷峡主编. 排水工程. 第2版. 北京：中国建筑工业出版社，1996
8. 王占生，刘文君编著. 微污染水源饮用水处理. 北京：中国建筑工业出版社，1999
9. 聂梅生，戚盛豪，严煦世等. 水资源与给水处理. 北京：中国建筑工业出版社，2001
10. 雷乐成，汪大翚. 水处理高级氧化技术. 北京：化学工业出版社，2001
11. 汪大翚，雷乐成. 水处理新技术及工程设计. 北京：化学工业出版社，2001
12. 邵刚. 膜法水处理技术及工程实例. 北京：化学工业出版社，2002
13. 邵刚. 膜法水处理技术. 第2版. 北京：冶金工业出版社，2001
14. 严煦世，范瑾初. 给水工程. 第4版. 北京：中国建筑工业出版社，2000
15. 许保玖. 给水处理理论. 北京：中国建筑工业出版社，2000
16. 张自杰. 废水处理理论与设计. 北京：中国建筑工业出版社，2000
17. 赵由才主编. 环境工程化学. 北京：化学工业出版社，2003
18. 王九思，陈学民，肖举强等. 水处理化学. 北京：化学工业出版社，2002
19. 雷仲存，钱凯，刘念华等. 工业水处理原理及应用. 北京：化学工业出版社，2003
20. 金熙，项成林，齐冬子等. 工业水处理技术问答. 第3版. 北京：化学工业出版社
21. 符九龙主编. 水处理工程. 北京：中国建筑工业出版社，2000
22. 丁亚兰主编. 国内外废水处理工程设计实例. 北京：化学工业出版社，2000
23. 王燕飞主编. 水污染控制技术. 北京：化学工业出版社，2001
24. 肖锦主编. 城市污水处理及回用技术. 北京：化学工业出版社，2002
25. 李广贺主编. 水资源利用与保护. 北京：中国建筑工业出版社，2002
26. 李圭白主编. 城市水工程概论. 北京：中国建筑工业出版社，2002
27. 李军，杨秀山，彭永臻编著. 微生物与水处理技术. 北京：化学工业出版社，2002
28. 任南琪，王爱杰等编著. 厌氧生物技术原理与应用. 北京：化学工业出版社，2004
29. 徐亚同，黄民生编著. 废水生物处理的运行管理与异常对策. 北京：化学工业出版社，2003
30. 上海市环境保护局编. 废水物化处理. 上海：同济大学出版社，1999年
31. 王琳，王宝贞编著. 饮用水深度处理技术. 北京：化学工业出版社，2002
32. 吴婉娥，葛红光编著. 废水生物处理技术. 北京：化学工业出版社，2004
33. H. S. Weinberg, W. H. Glaze, J. P. Pullin. Modification and Application of Hydrogen Peroxide Analysis in Ozonation Plant Survey. Proc. Water Quality Technol. Conf. AWWA., Denver, Colo., 1991
34. R. J. Miltner, H. M. Shukairy, R. S. Summers. Disinfection by-product Formation and Control

by Ozonation and Biotreatment. J. AWWA. . 1992
35 W. H. Glaze, H. S. Weinberh, J. E. Cavanagh. Evaluation the Formation of Brominated DBPs during Ozonation. J. AWWA. . 1993
36 M. S. Siddiqui, G. L. Amy, R. G. Rice, Bromate ion Formation: a critical review. J. AWWA. . 1995
37 M. S. Siddiqui, G. L. Amy. Factors Affecting the DBPs Formation during Ozone-Bromide Reaction. J. AWWA. . 1993
38 S. W. Krasner, W. H. Glaze. Formation and Control of Bromate during Ozonation of Waters Containing Bromide. J. AWWA. 1993